Linux 私教课

技术内核与企业运维篇

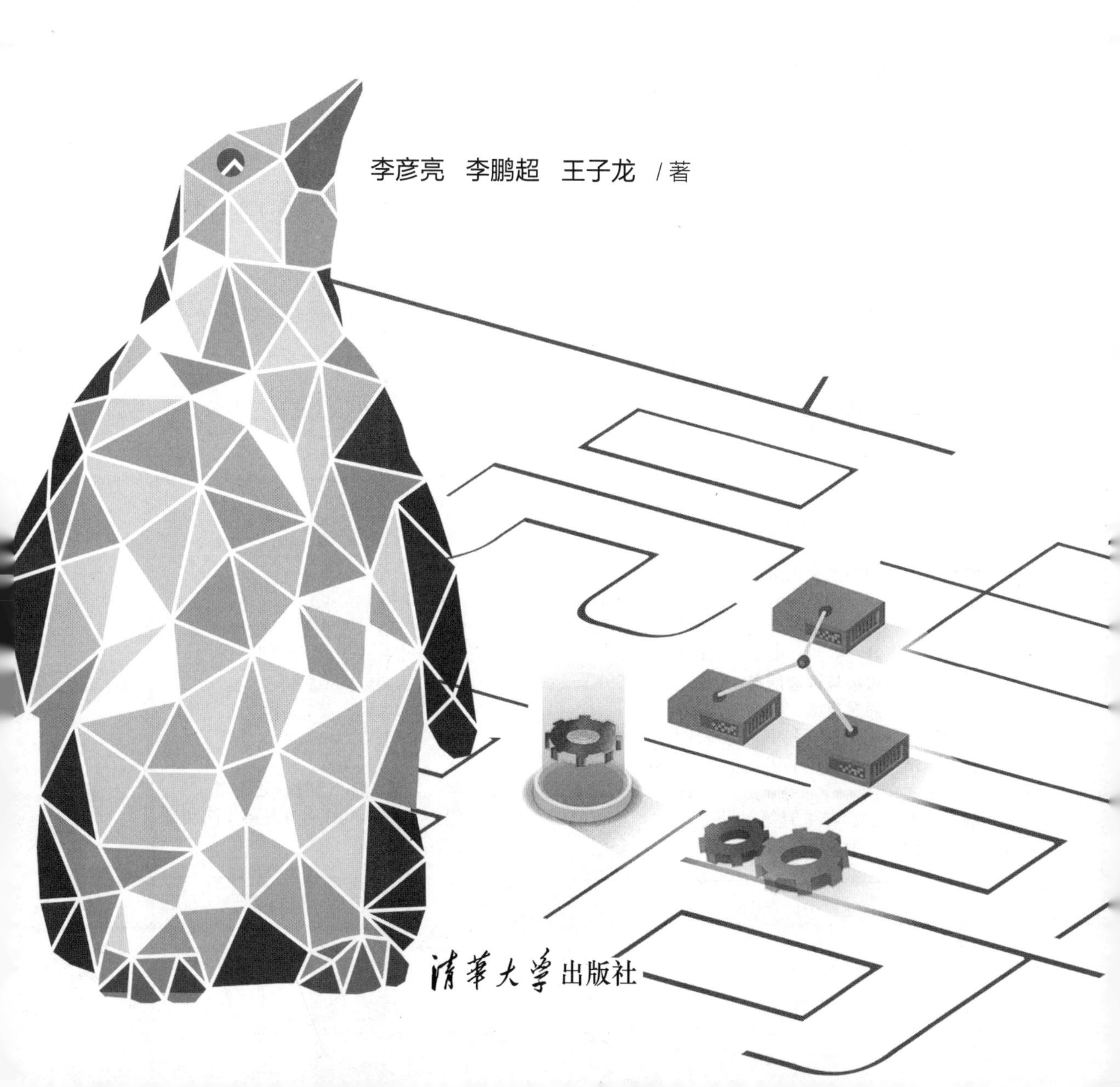

李彦亮　李鹏超　王子龙 / 著

清華大學出版社

内 容 简 介

本书围绕 Rocky Linux 系统，详细地讲解了使用 Rocky Linux 系统的各项技术要点和企业实战案例。全书共 13 章，首先对 Rocky Linux 系统进行介绍。接下来讲解了目录管理与文件管理、用户管理、权限管理、磁盘管理、进程管理、系统管理、网络管理；然后拓展了知识面，讲解了容器管理的内容。最后讲解了 Linux 系统内核优化、中小型企业上云解决方案、Prometheus 监控系统、Podman 企业实战。本书充分考虑到零基础读者的阅读需求，精心提供了笔记、示例代码、学习视频、思维导图等资源。

本书适合 Linux 系统的零基础读者、在校大学生、在职工作人员以及基础比较薄弱、想要系统学习 Rocky Linux/Linux 系统的读者学习。

图书在版编目（CIP）数据

Linux 私教课：技术内核与企业运维篇 / 李彦亮，李鹏超，王子龙著. —北京：清华大学出版社，2023.5
ISBN 978-7-302-63534-5

Ⅰ. ①L… Ⅱ. ①李… ②李… ③王… Ⅲ. ①Linux 操作系统 Ⅳ. ①TP316.85

中国国家版本馆 CIP 数据核字（2023）第 087072 号

责任编辑：王秋阳
封面设计：秦　丽
版式设计：文森时代
责任校对：马军令
责任印制：丛怀宇

出版发行：清华大学出版社
网　　址：http://www.tup.com.cn，http://www.wqbook.com
地　　址：北京清华大学学研大厦 A 座　　**邮　　编：**100084
社 总 机：010-83470000　　**邮　　购：**010-62786544
投稿与读者服务：010-62776969，c-service@tup.tsinghua.edu.cn
质量反馈：010-62772015，zhiliang@tup.tsinghua.edu.cn
印 装 者：三河市天利华印刷装订有限公司
经　　销：全国新华书店
开　　本：185mm×260mm　　**印　　张：**24.5　　**字　　数：**581 千字
版　　次：2023 年 6 月第 1 版　　**印　　次：**2023 年 6 月第 1 次印刷
定　　价：109.00 元

产品编号：096874-01

前　　言

创作背景

当前，Linux 系统在互联网行业的应用是非常普遍的，自 CentOS 6.x 和 CentOS 8.x 停更以后，国内开源的 Linux 系统究竟采用什么系统引起了不小的争议。从国外的数据来看，目前 Rocky Linux 系统已经呈现替代 CentOS 的趋势。北京赤兔码信息安全技术有限公司的联合创始人李彦亮、李鹏超、王子龙等紧跟 Linux 发展趋势共同编写了此书。

Rocky Linux 是一个开源、免费的企业级操作系统，旨在与 Red Hat（红帽）公司发布的面向企业用户的 Linux 系统（Red Hat Enterprise Linux，RHEL）100% Bug 级兼容，目前正在社区密集开发中。Rocky Linux 是一个社区拥有和管理的企业 Linux 发行版，提供强大的生产级平台，可作为 CentOS 停止维护（改为滚动更新的 Stream 版）后，RHEL 的下游 Linux 系统的替代方案，继承了原 CentOS 的开源、免费的特点。

本书围绕 Rocky Linux 系统展开讲解，从理论到实战，带领读者实现从零基础入门到动手实践的技术飞跃。书中贯穿了笔者总结的大量运维、安全以及开发经验与实践思考。

目标读者

本书面向没有 Linux 运维经验或有少量 Linux 使用经验的读者。通过学习本书可以熟练掌握 Rocky Linux 系统技术，包括但不限于以下岗位人员。

- ☑ 安全运维工程师：可以掌握 Linux 系统的基础使用要点，快速上手使用 Linux 系统进行网站的部署、容器的使用、网络的管理等。
- ☑ 测试开发工程师：有效提高自动化测试平台的部署能力。
- ☑ 运维开发工程师：有效提高自动化运维平台的搭建、部署、交付的能力，以及 DevOps 和 Podman 容器技术的使用。
- ☑ 渗透测试工程师：可以结合安全基线检查、系统安全加固、应急响应基础、网络基础、容器基础等强化基础阶段的知识体系。
- ☑ 在校大学生：本书提供了比较完善的文档体系、思维导图、视频方便自学。同时又提供了企业中很多实践应用，让同学们在学校也能了解互联网企业的实际工作场景。

本书内容

本书由浅入深，从独立知识点的详细讲解，到项目实战的逐步剖析，全面而具体。每章的知识点如下。

☑ 第 1 章：对 Rocky Linux 做了简要介绍，并讲解了 Rocky Linux 的环境搭建，包括 VMware 的使用。后续章节的内容都是基于本章搭建的开发环境讲解的。

☑ 第 2 章：讲解 Rocky Linux 的目录管理与文件管理，包括目录管理、文件管理、文件编辑、文件属性、文件查找、文件压缩与解压缩、文件传输命令及工具。

☑ 第 3 章：讲解 Rocky Linux 的用户管理，包括用户标识、用户管理命令、用户组管理命令、用户账号相关的系统文件、切换用户等。

☑ 第 4 章：讲解 Rocky Linux 的权限管理，包括 Linux 权限模型、DAC 模型下 UGO 规则、文件基本权限、设置权限、访问控制列表、SELinux 规则、文件系统特殊权限、隐藏属性、sudo 命令提权等。

☑ 第 5 章：讲解 Rocky Linux 的磁盘管理，包括磁盘结构、磁盘阵列、磁盘分区、硬盘分区管理、逻辑卷管理、文件系统等。

☑ 第 6 章：讲解 Rocky Linux 的进程管理，包括进程和进程标识、程序的父进程标识、ps 命令、kill 和 pkill 命令、程序后台运行的方式、进程间通信、进程和服务、CentOS 系统的启动流程等。

☑ 第 7 章：讲解 Rocky Linux 的系统管理，包括软件和软件包管理，SELinux 管理，计划任务管理，系统性能监控命令，NTP 服务，主机名称、语言和字符集管理等。

☑ 第 8 章：讲解 Rocky Linux 的网络管理，包括网络基础、常用的网络管理命令、firewalld 系统防火墙管理、企业实战案例分析——静态路由项目。

☑ 第 9 章：讲解 Rocky Linux 的容器管理，包括容器技术的发展过程、Podman 容器管理、镜像管理、仓库管理、容器网络、数据卷和数据卷容器、容器监控等。

☑ 第 10 章：主要讲解 Rocky Linux 的内核优化，包括内核参数优化、Linux 内核相关命令。

☑ 第 11 章：讲解中小型企业上云解决方案，以阿里云为例介绍阿里云云服务器 ECS、域名购买、域名解析、域名备案、数字证书管理服务、在 Ngnix 服务器上安装证书等。

☑ 第 12 章：讲解 Prometheus 监控系统，包括 Prometheus 系统概述、Podman 部署 Prometheus、Podman 安装 Grafana、Podman 安装 node-exporter、设置 Grafana 的数据来源、添加 Grafana 的仪表盘、Node Exporter Dashboard、AlertManager 实现告警功能、Prometheus 监控 Podman-Exporter 扩展。

☑ 第 13 章：讲解 Podman 企业实战，包括 Podman 安装容器、靶场、服务等。

读者服务

☑ 笔记。
☑ 示例代码。
☑ 学习视频。
☑ 思维导图。

读者可以通过扫码访问本书专享资源官网，获取示例代码、学习视频、思维导图，加入读者群，下载最新学习资源或反馈书中的问题。

勘误和支持

由于笔者水平有限，书中难免会有疏漏和不妥之处，恳请广大读者批评指正。

致谢

首先感谢清华大学出版社的各位编辑老师，感谢他（她）们这几个月以来对我的支持和鼓励，因工作比较忙，是各位老师引导我加班加点完成了本书的编写工作，督促我交稿改稿。另外感谢所有支持我课程的粉丝和学员，是你们的支持才让我有动力和勇气完成此书。最后感谢我的家人对我的支持和陪伴。

李彦亮
2023 年 2 月于北京

目　　录

第 1 章

Rocky Linux 系统概述

Linux（GNU/Linux）是一种免费使用和自由传播的类 UNIX 操作系统，首个 Linux 内核由林纳斯·本纳第克特·托瓦兹于 1991 年 10 月 5 日发布，它主要受到 Minix 和 UNIX 思想的启发，是一个基于 POSIX 的多用户、多任务、支持多线程和多 CPU 的操作系统。它能运行主要的 UNIX 工具软件、应用程序和网络协议，支持 32 位和 64 位硬件。Linux 继承了 UNIX 以网络为核心的设计思想，是一个性能稳定的多用户网络操作系统。Linux 有上百种不同的发行版，如基于社区开发的 Debian、archlinux 和基于商业开发的 Red Hat Enterprise Linux、SUSE、Oracle Linux 等。

1.1　从 CentOS 到 Rocky Linux

1. CentOS

CentOS（community enterprise operating system，社区企业操作系统）是红帽公司推出的免费、可以重新分发的开源操作系统。CentOS 是 Linux 发行版之一。CentOS Linux 发行版是一个稳定的、可预测的、可管理和可复现的平台，源于 RHEL 依照开放源代码（大部分是 GPL 开源协议）规定释出的源码所编译而成的，由社区开发维护。

自 2004 年 3 月以来，CentOS Linux 一直是社区驱动的开源项目，旨在与 RHEL 在功能上兼容。

2022 年 1 月 31 日，CentOS 8.x 停止更新。2024 年 6 月 30 日，红帽公司对 CentOS 7.x 的支持将要停止，CentOS 社区版的时代将宣告结束。这意味着 CentOS 的安全性将无法得到保证。

2. CentOS 存在的问题

1）红帽、CentOS 以及 IBM 的收购

红帽公司是全球著名开源解决方案供应商，旗下著名产品之一，即 RHEL 操作系统

（Red Hat Enterprise Linux），也就是人们常说的“红帽系”Linux 的重要发行版。

2014 年年初，CentOS 宣布加入 Red Hat，社区性质有所变化。2018 年 10 月 29 日，IBM 宣布收购 Red Hat，这也为后续 CentOS 项目的转变留下了伏笔。

2）CentOS 社区版的结束

2020 年 12 月 8 日，Red Hat 宣布他们将停止开发 CentOS，转而支持该操作系统更新的上游开发变体 CentOS Stream。

3. Rocky Linux 系统的诞生

CentOS 宣布停止开发后，CentOS 的创始人 Gregory Kurtzer 在 CentOS 网站上发表评论宣布，他将再次启动一个项目以实现 CentOS 的最初目标。它的名字被选为对早期 CentOS 联合创始人 Rocky McGaugh 的致敬。到 12 月 12 日，Rocky Linux 的代码仓库已经成为 GitHub 上的热门仓库，Rocky Linux 的标志如图 1.1 所示。

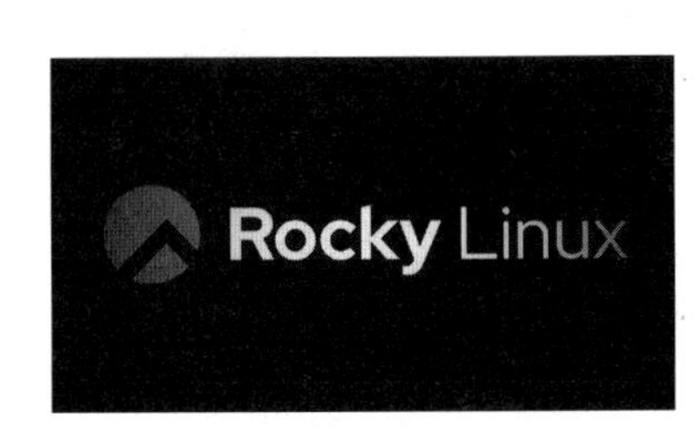

图 1.1　Rocky Linux 标志

1.2　Rocky Linux 常见发行版本

Rocky Linux 的常见发行版本如下。

☑ 2020 年 12 月，Rocky Linux 宣布初始版本的目标是在 2021 年 3 月—5 月的任何时间。2021 年 1 月 20 日，宣布在 2 月底之前向公众提供一个测试存储库，并且发布候选版本的目标是在 2021 年 3 月底。但是，那个日期稍微推迟了。

☑ 2021 年 4 月 30 日，社区发布了第一个候选版本，Rocky Linux 8.3 正式发布。

☑ 2021 年 6 月 4 日，社区发布了第二个候选版本，即稳定版本之前的最后一个版本 8.4。

☑ 2021 年 6 月 21 日，社区发布了 Rocky Linux 8.4 稳定版本，代号为 Green Obsidian，作为首个稳定版。

☑ 2022 年中旬，Rocky Linux 9.0 进入测试验证阶段。社区计划在 2022 年 6 月—7 月正式发布新版本（该版本对应的也就是前期发布的 RHEL 9.0，Linux 5.x 内核）。

☑ 2022 年 7 月 16 日，Rocky Linux 官方宣布 Rocky Linux 9.0 操作系统全面上市，可直接作为 CentOS Linux 和 CentOS Stream 的替代品。截止笔者完稿，Rocky Linux 目前最近的发行版本为 8.6。

1.3　VMware Workstation Pro 16 软件安装

在使用 Rocky Linux 操作系统时，将通过虚拟化软件——VMware Workstation Pro16 进

行虚拟机的操作。下面详细讲解软件的安装。

1.3.1　访问官网

打开 VMware 公司的中国官方网站 https://www.vmware.com/cn.html，如图 1.2 所示。

图 1.2　WMware 官方网站

在图 1.2 中顶部导航的位置找到 Anywhere Workspace 选项，在右侧“桌面 Hypervisor”下找到 Workstation Pro 工具，打开后的界面如图 1.3 所示。

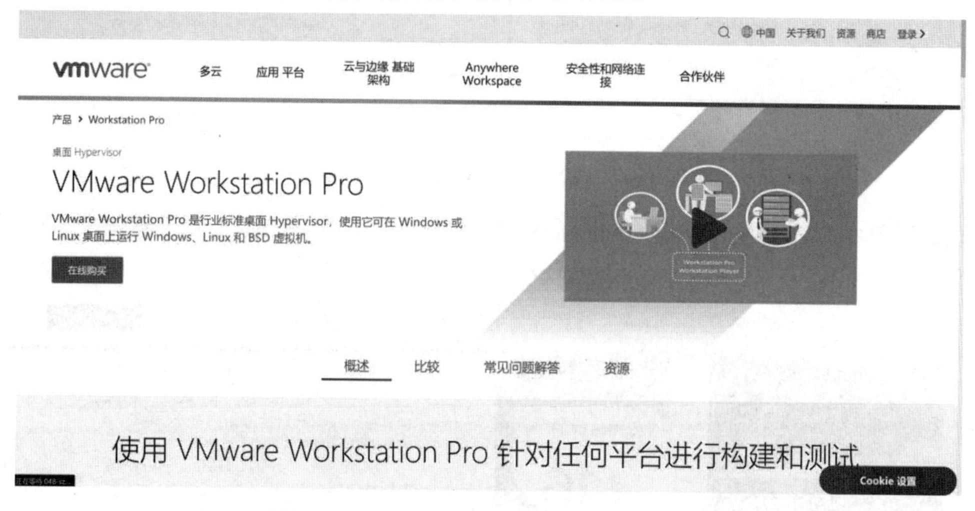

图 1.3　VMware Workstation Pro 打开后界面

1.3.2　环境要求

VMware Workstation 对系统硬件和环境的要求如图 1.4 所示。

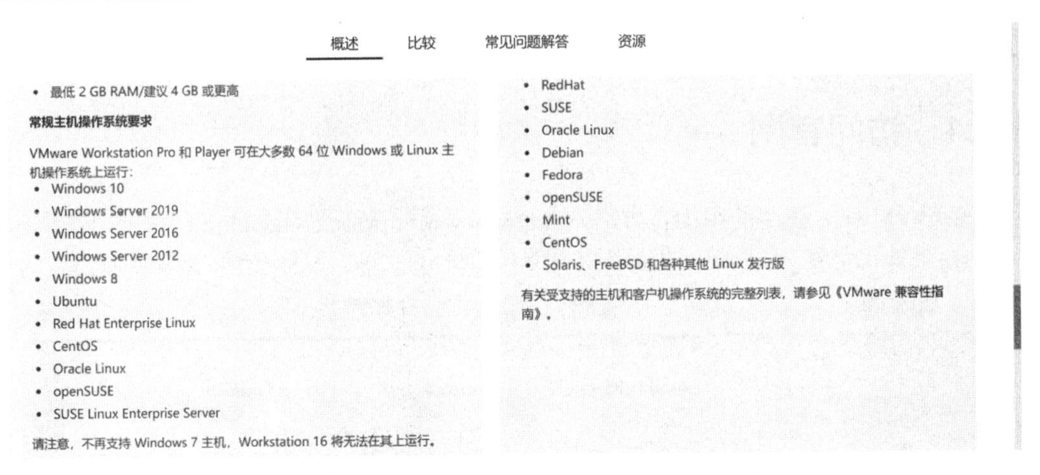

图 1.4　VMware Workstation 对系统硬件和环境的要求

1.3.3　下载试用版软件

了解系统要求后，下载软件的试用版，单击“下载试用版”超链接，如图 1.5 所示。

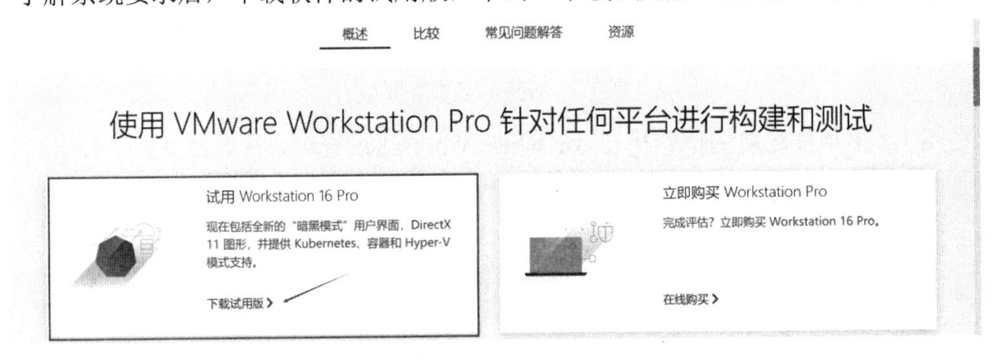

图 1.5　下载试用版 Workstation 16 Pro

页面跳转以后单击 DOWNLOAD NOW 超链接进行下载，如图 1.6 所示。

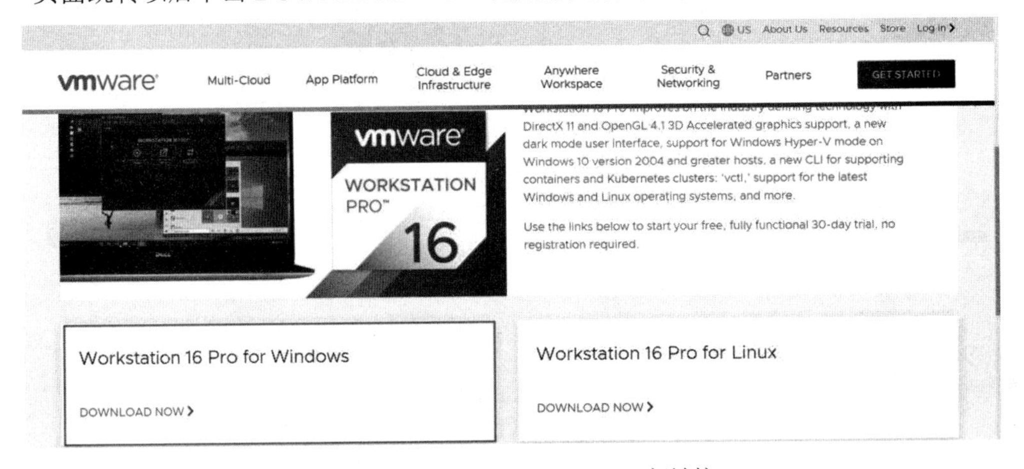

图 1.6　单击 DOWNLOAD NOW 超链接

此时就会通过我们的下载工具进行下载，下载过程如图 1.7 所示。

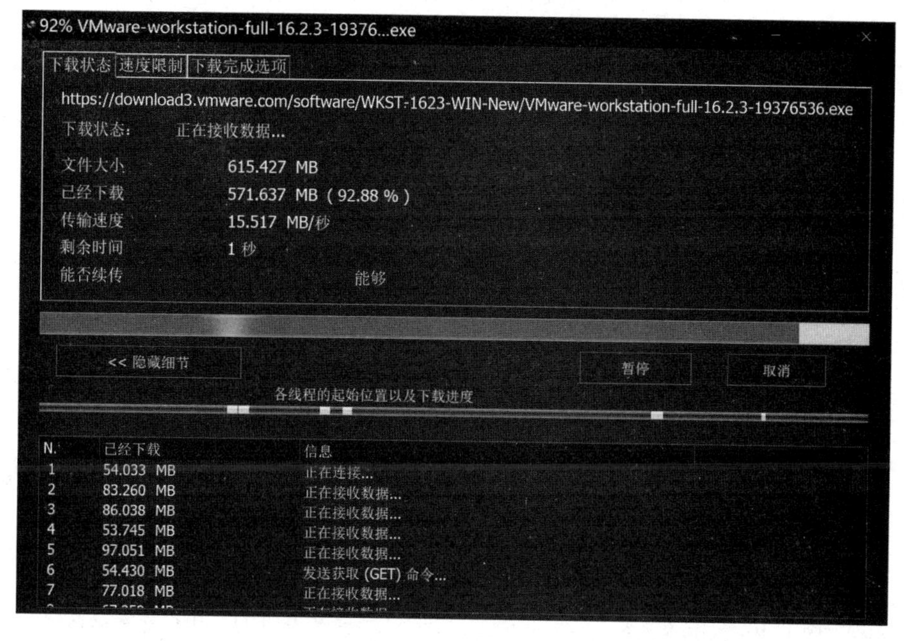

图 1.7　开始下载

如果认为以上下载操作的过程比较麻烦，可以参考本书给出的官方下载链接 https://download3.vmware.com/software/WKST-1623-WIN-New/VMware-workstation-full-16.2.3-19376536.exe 或扫描本书前言中的读者服务二维码进行下载。

1.3.4　软件安装

下载完成后双击软件弹出 VMware Workstation Pro 安装向导，如图 1.8 所示。

单击“下一步”按钮进入“最终用户许可协议”界面，如图 1.9 所示，选中“我接受许可协议中的条款”复选框。

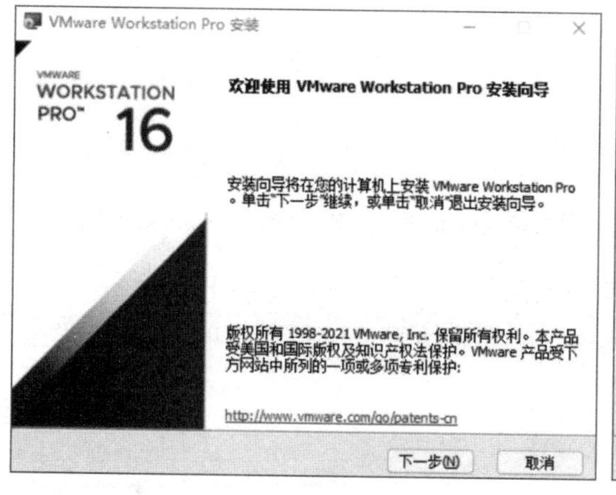

图 1.8　安装向导

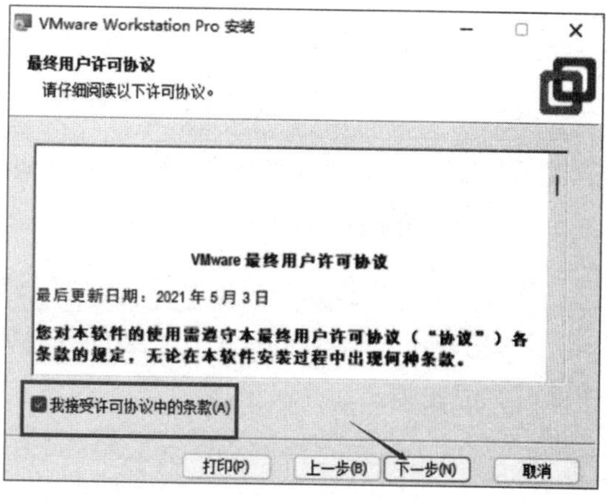

图 1.9　最终用户许可协议

接下来在“自定义安装”界面进行自定义安装的配置，如图 1.10 所示。选中“将 VMware Workstation 控制台工具添加到系统 PATH”复选框，单击“下一步”按钮。

接下来在“用户体验设置”界面进行用户体验的设置，如图 1.11 所示，选中“启动时检查产品更新”和“加入 VMware 客户体验提升计划”复选框，单击“下一步”按钮。

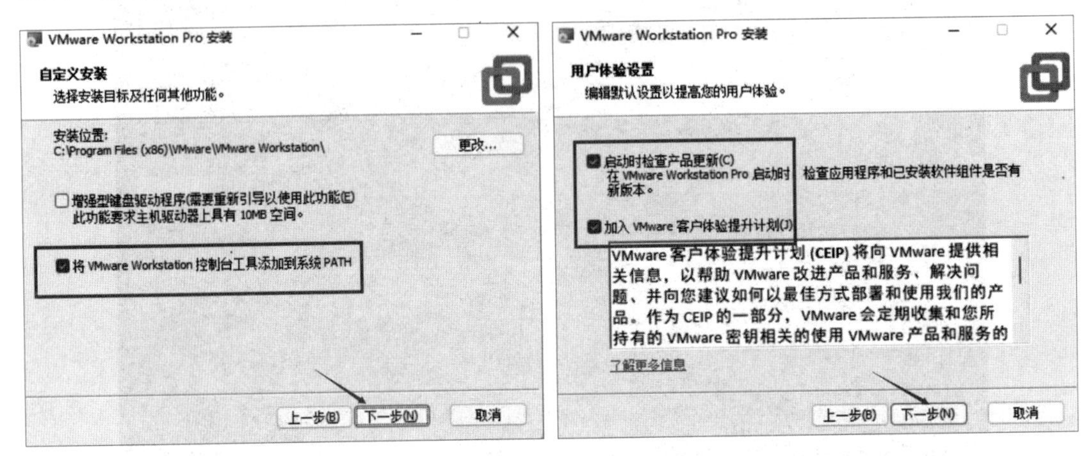

图 1.10　自定义安装　　　图 1.11　用户体验设置

在“快捷方式”界面选择创建快捷方式的位置，如图 1.12 所示，选中“桌面”和“开始菜单程序文件夹”复选框（这里可以选中也可以不选中），然后单击“下一步”按钮。

“已准备好安装 VMware Workstation Pro”的界面如图 1.13 所示。

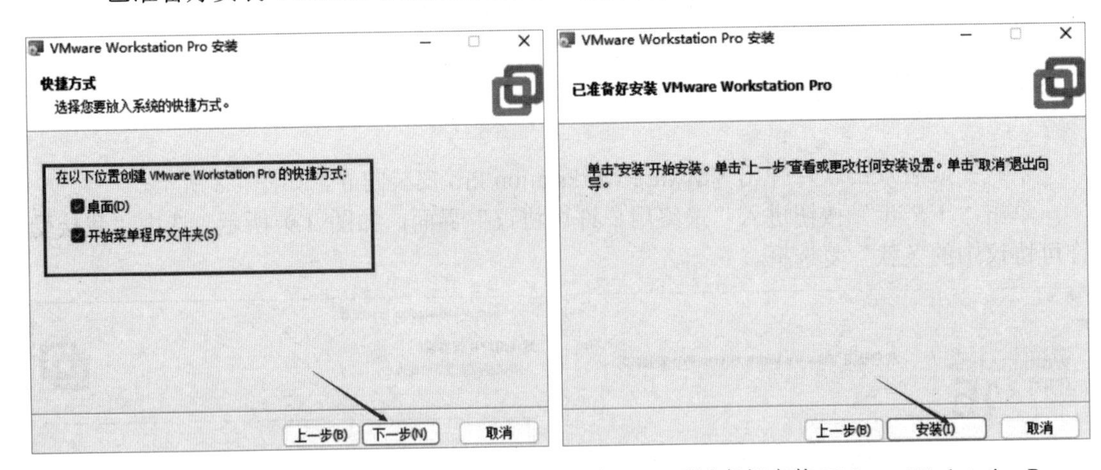

图 1.12　快捷方式　　　图 1.13　已准备好安装 VMware Workstation Pro

单击“安装”按钮即可安装软件，整个安装过程会持续几分钟，如图 1.14 所示。

“VMware Workstation Pro 安装向导已完成”的界面如图 1.15 所示，单击“完成”按钮即可完成安装。

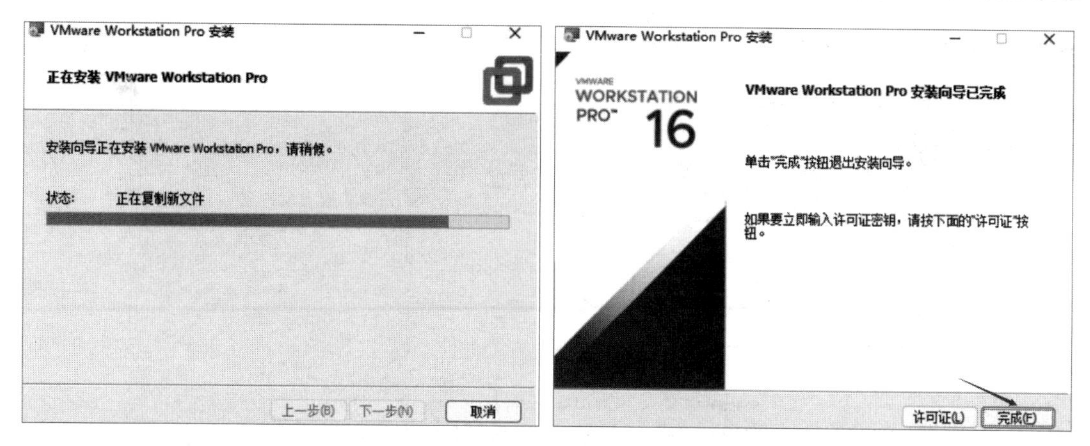

图 1.14　正在安装 VMware Workstation Pro

图 1.15　完成安装

1.3.5　许可证密钥

在“许可证密钥格式：×××××-×××××-×××××-×××××-×××××”输入框中输入产品许可证密钥，如图 1.16 所示。

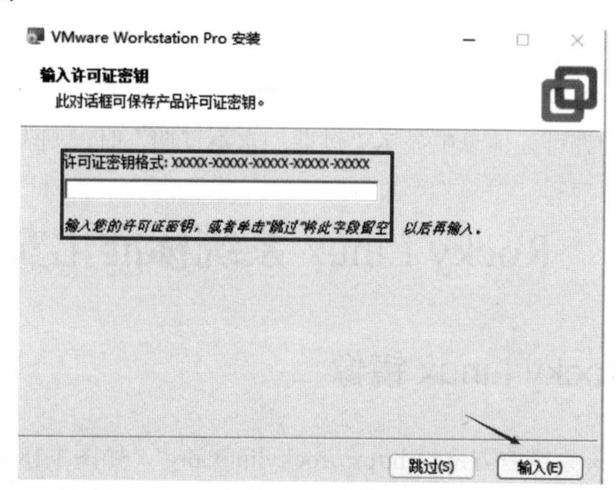

图 1.16　输入许可证密钥

可以使用以下测试密钥。

ZF3R0-FHED2-M80TY-8QYGC-NPKYF

YF390-0HF8P-M81RQ-2DXQE-M2UT6

ZF71R-DMX85-08DQY-8YMNC-PPHV8

FA1M0-89YE3-081TQ-AFNX9-NKUC0

1.3.6　校验许可

打开 VMware 软件，单击“关于”可以查看 VMware Workstation 16 Pro 的相关信息，

如图 1.17 所示。

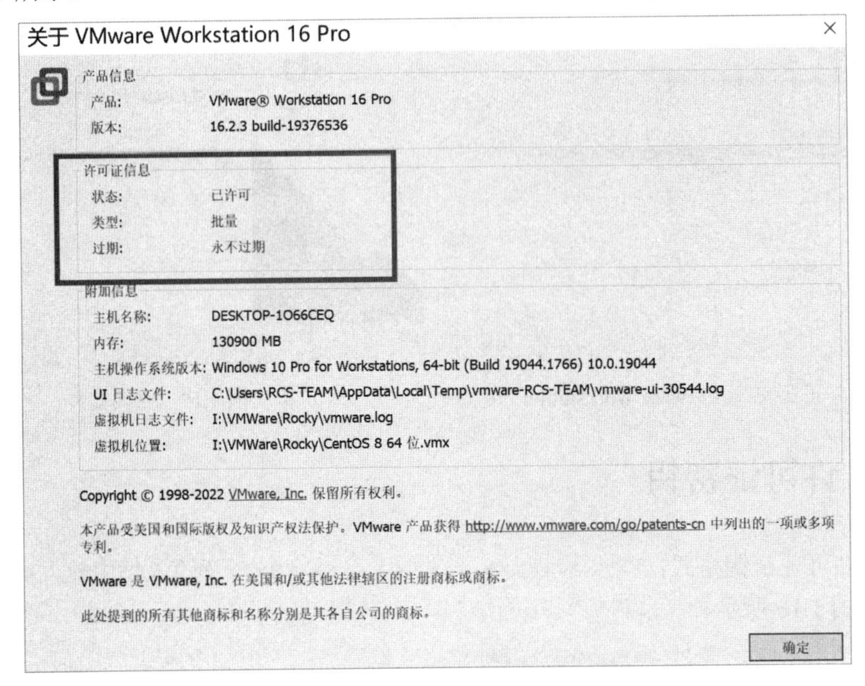

图 1.17　关于 VMware Workstation 16 Pro

当在图 1.17 中的许可证信息中显示“过期：永不过期”时，则表示软件已成功激活。

1.4　Rocky Linux 系统标准化安装

1.4.1　下载 Rocky Linux 镜像

打开 Rocky Linux 系统官方网站 https://rockylinux.org/，如图 1.18 所示。

图 1.18　Rocky Linux 网站

单击右上角的 Download 按钮进行镜像的下载。在弹出的下载页面选择 Rocky Linux 8 DVD 版（国外的镜像下载站比较慢），如图 1.19 所示。

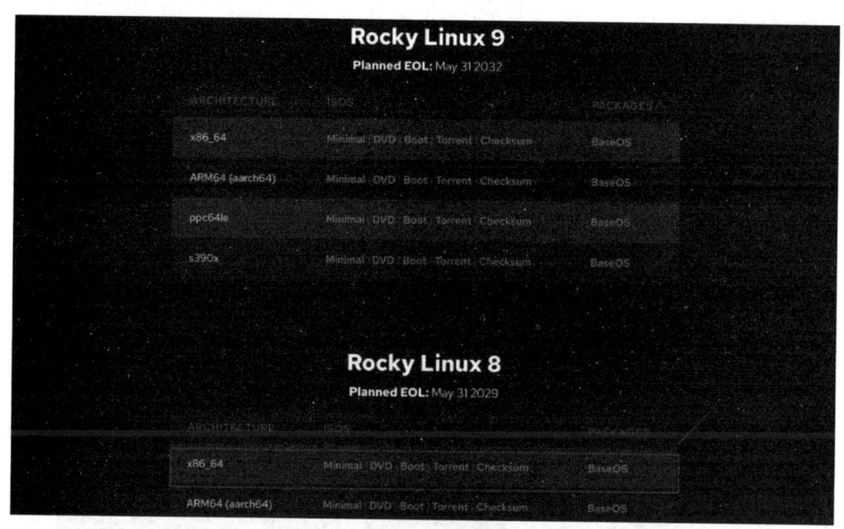

图 1.19　下载 Rocky Linux 8 x86_64 架构平台系统

单击 DVD 版后通过下载工具开始下载（下载的时间比较长）。如果下载的时间比较长，也可以使用国内的下载镜像进行下载，如图 1.20 所示。

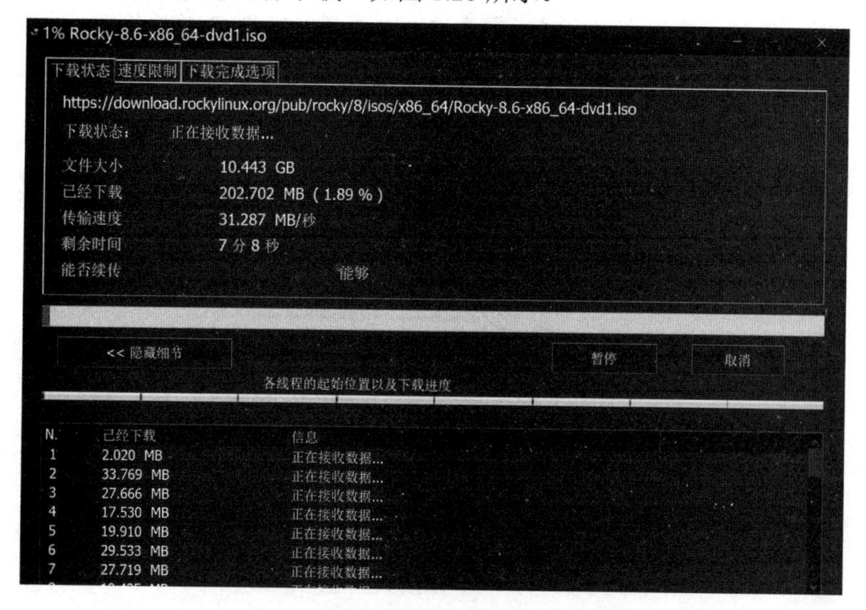

图 1.20　使用国内的下载镜像进行下载

1.4.2　标准化安装 Rocky Linux 系统

如果读者本机没有服务器来操作 Rocky Linux 系统，那么可以通过新建一个 VMware 虚拟化软件的 Linux 类型虚拟机模拟 Rocky Linux 系统的安装过程。

VMware 虚拟化软件是目前私有云市场占有率较高的软件，支持 Intel 虚拟化技术，在本机没有服务器的情况下，可以使用该工具模拟服务器操作系统的操作，后面的章节我们将学习如何通过容器技术快速搭建 Linux 操作系统的实验环境。

Rocky Linux 的安装步骤如下。

1．新建虚拟机

打开 VMware 软件的“文件”菜单，选择“新建虚拟机”命令，如图 1.21 所示。

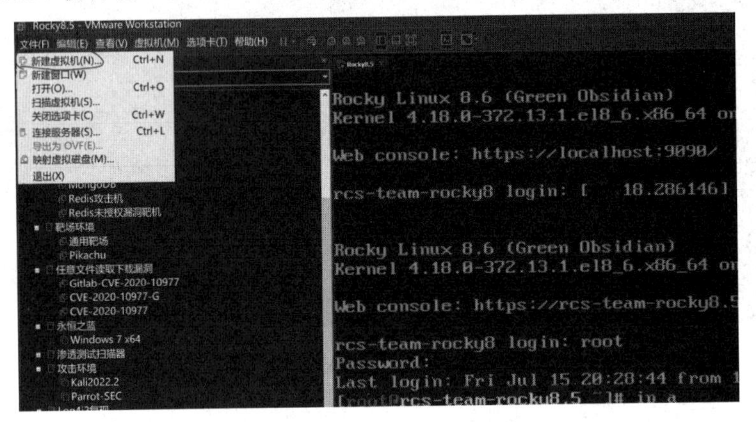

图 1.21 VMware 新建虚拟机

在弹出的“新建虚拟机向导”对话框中选中“典型（推荐）”单选按钮，当然也可以通过“自定义（高级）”的方式创建虚拟机。在初次新建虚拟机时，推荐使用“新建虚拟机向导”的方式，如图 1.22 所示。

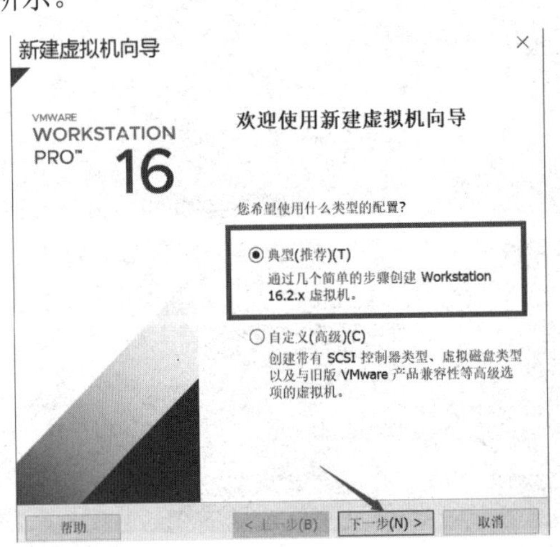

图 1.22 “新建虚拟机向导”对话框

单击“下一步”按钮进入“安装客户机操作系统”界面，如图 1.23 所示。

在“安装来源”处选中“安装程序光盘映像文件”单选按钮，然后单击右侧的“浏览”按钮，打开“浏览 ISO 映像”对话框，如图 1.24 所示，选择刚下载好的 Rocky-8.5-x86_64-dvd1.iso 文件，然后单击“打开”按钮即可选择成功。

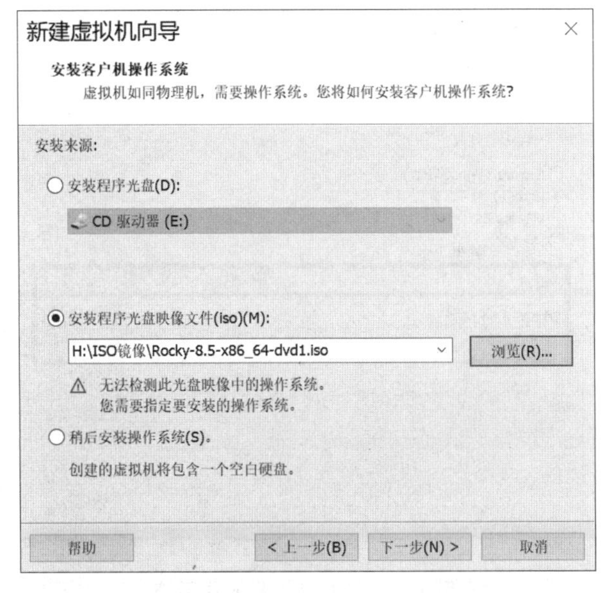

图 1.23　安装客户机操作系统界面

图 1.24　“浏览 ISO 映像”对话框

在图 1.24 中单击“下一步”按钮进入“选择客户机操作系统”界面，如图 1.25 所示。在“客户机操作系统”处选中 Linux(L)单选按钮，在“版本”下拉列表中选择“CentOS 8 64 位”选项。

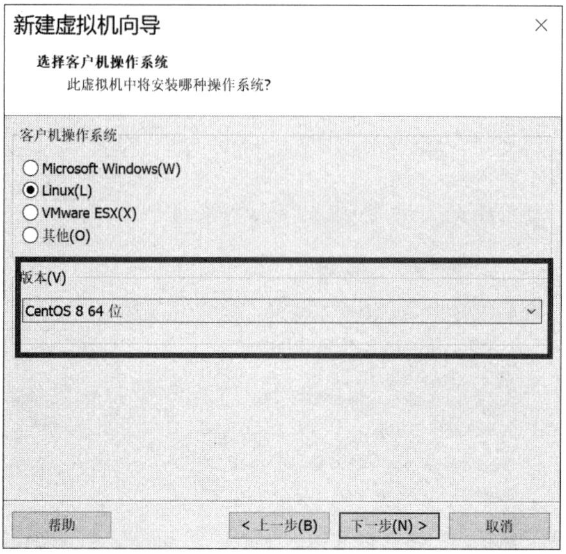

图 1.25　选择客户机操作系统

单击“下一步”按钮进入“命名虚拟机”界面，如图 1.26 所示。接下来填写“虚拟机名称”并选择“位置”信息。

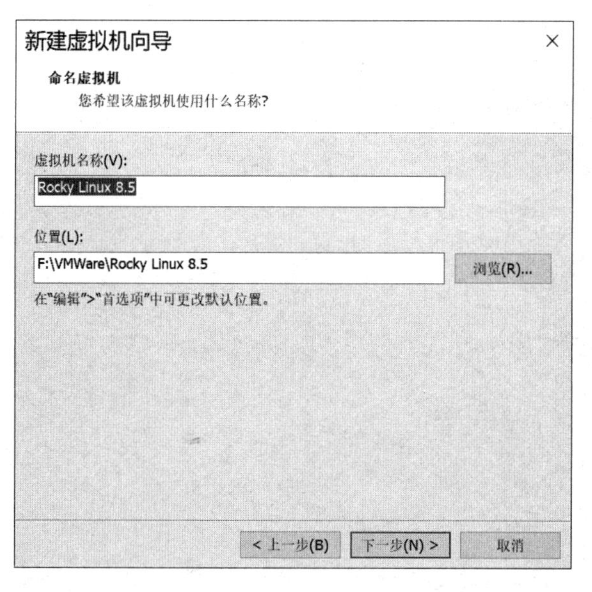

图 1.26　命名虚拟机

注意：

虚拟机名称和位置可以根据自己的需求修改。如这里为了看着醒目，将虚拟机名称修改为 Rocky Linux 8.5，位置则选择一个剩余空间比较大的可用磁盘即可。

单击“下一步”按钮进入“指定磁盘容量”界面，如图 1.27 所示。

设置“最大磁盘大小”为 20 GB，选中“将虚拟磁盘拆分成多个文件”单选按钮。

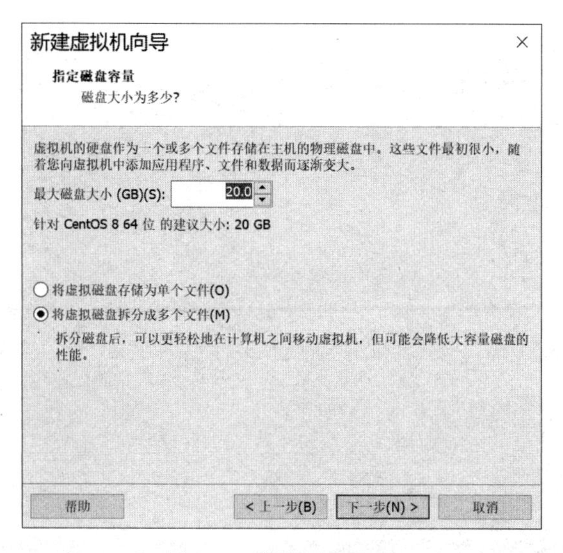

图 1.27　指定磁盘容量

注意：

Linux 系统虚拟机的默认磁盘大小为 20 GB，Windows 系统虚拟机的默认磁盘大小为 40～60 GB。

单击“下一步”按钮，进入“已准备好创建虚拟机”界面，如图 1.28 所示。

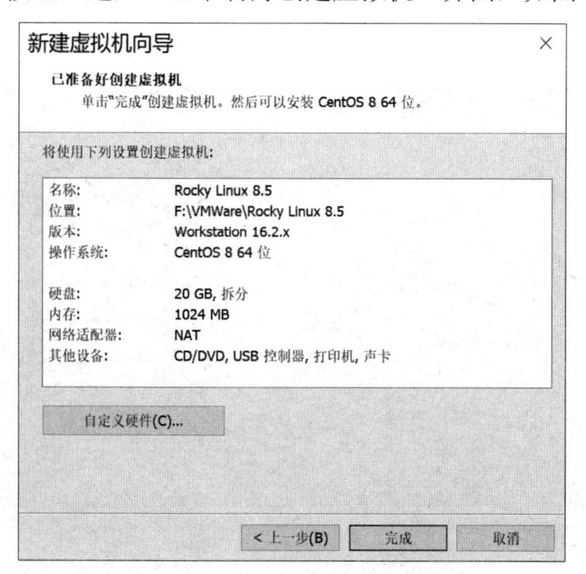

图 1.28　已准备好创建虚拟机

单击“完成”按钮，配置好虚拟机就可以安装 Rocky Linux 系统了。

2．安装 Rocky Linux 系统

刚创建好的虚拟机如图 1.29 所示，单击“开启此虚拟机”按钮打开虚拟机，开始安装操作系统。

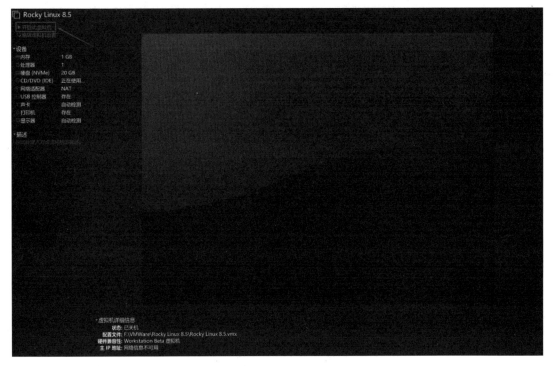

图 1.29　开启此虚拟机

如图 1.30 所示，在安装选项菜单中选择第一项 Install Rocky Linux 8。

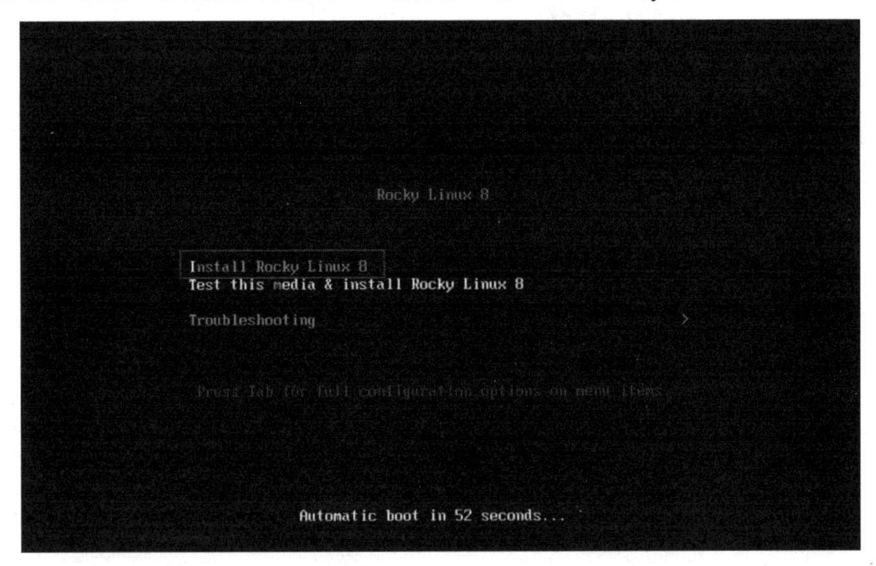

图 1.30　选择安装位置

按 Enter 键进入安装过程，开始加载安装所需的组件和数据，如图 1.31 所示。数据加载完毕以后，进入图形交互界面进行系统的安装，如图 1.32 所示。

```
         Stopping udev Kernel Device Manager...
[  OK  ] Stopped Apply Kernel Variables.
[  OK  ] Stopped Load Kernel Modules.
[  OK  ] Stopped Create Volatile Files and Directories.
[  OK  ] Stopped target Local File Systems.
[  OK  ] Stopped target Local File Systems (Pre).
[  OK  ] Stopped target Swap.
[  OK  ] Stopped target Paths.
[  OK  ] Stopped Open-iSCSI.
[  OK  ] Started Setup Virtual Console.
         Stopping iSCSI UserSpace I/O driver...
[  OK  ] Closed Open-iSCSI iscsid Socket.
[  OK  ] Started Cleaning Up and Shutting Down Daemons.
[  OK  ] Stopped iSCSI UserSpace I/O driver.
[  OK  ] Closed Open-iSCSI iscsiuio Socket.
[  OK  ] Stopped udev Kernel Device Manager.
         Stopping Hardware RNG Entropy Gatherer Daemon...
[  OK  ] Stopped Create Static Device Nodes in /dev.
[  OK  ] Stopped Create list of required static device nodes for the current kernel.
[  OK  ] Stopped dracut pre-udev hook.
[  OK  ] Stopped dracut cmdline hook.
[  OK  ] Closed udev Control Socket.
[  OK  ] Closed udev Kernel Socket.
         Starting Cleanup udevd DB...
[  OK  ] Stopped Hardware RNG Entropy Gatherer Daemon.
[  OK  ] Started Plymouth switch root service.
[  OK  ] Started Cleanup udevd DB.
[  OK  ] Reached target Switch Root.
         Starting Switch Root...
[  OK  ] Started Tell Plymouth To Write Out Runtime Data.
[  OK  ] Started Rebuild Journal Catalog.
[  OK  ] Started Import network configuration from initramfs.
         Starting Create Volatile Files and Directories...
[  OK  ] Started Create Volatile Files and Directories.
         Starting Update UTMP about System Boot/Shutdown...
[  OK  ] Started Update UTMP about System Boot/Shutdown.
_
```

图 1.31　加载数据

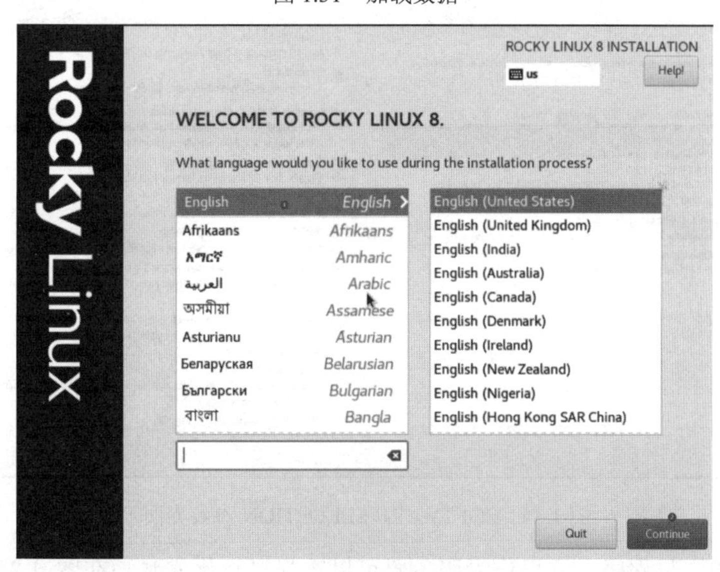

图 1.32　选择系统使用的语言

注意：

这里选择的语言是英语，这样做的好处是，当出现错误时，能准确搜索解决方案。若选择的语言是中文，将来出现问题时如果翻译不准确，则不易找到对应的文档和解决方案。

单击 Continue 按钮，进入软件环境选择界面，如图 1.33 所示。

在 SOFTWARE 处选择 Software Selection 选项，弹出如图 1.34 所示的界面。

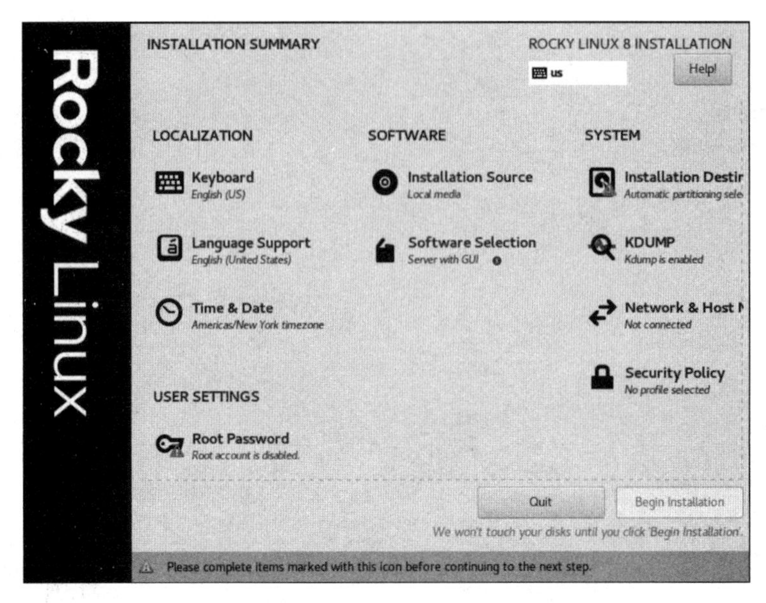

图 1.33　软件环境选择界面

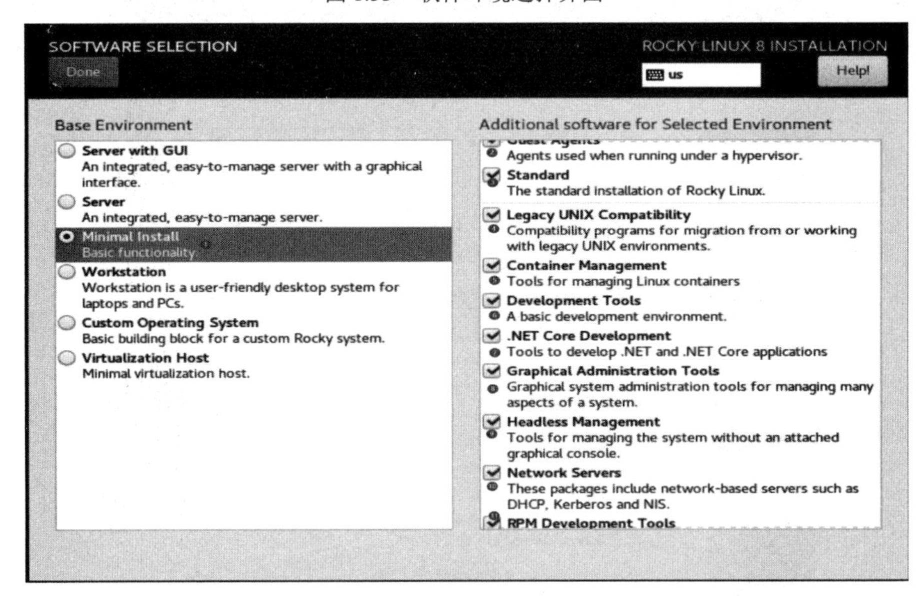

图 1.34　SOFTWARE SELECTION 参数界面

选择默认的安装程序，这里作为服务器可以选择最小化安装。在图 1.34 左侧的 Base Environment 处选中 Minimal Install 单选按钮，将右侧出现的复选框都选中。

注意：

服务器我们都是远程登录的，为了进行优化，所以这里直接选择 Minimal Install（最小化安装）。

接下来进入如图 1.35 所示界面选择磁盘分区。

在 SYSTEM 处单击 Installation Destination 按钮，弹出磁盘分区界面，如图 1.36 所示。

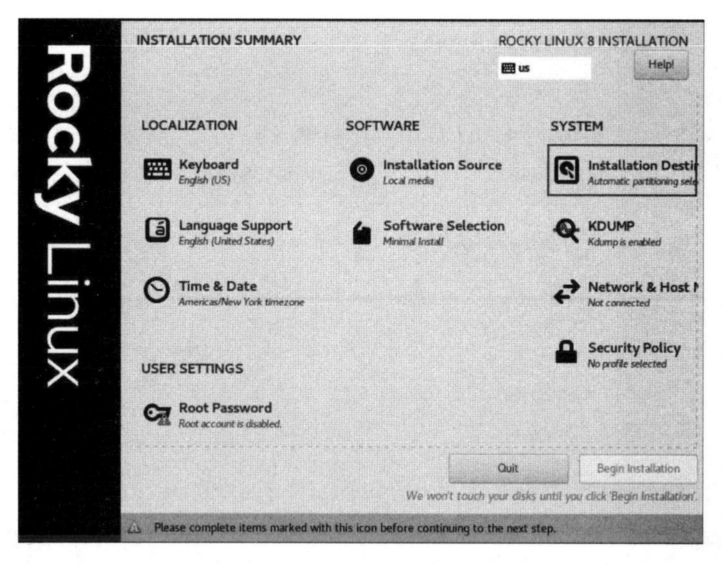

图 1.35　选择磁盘分区

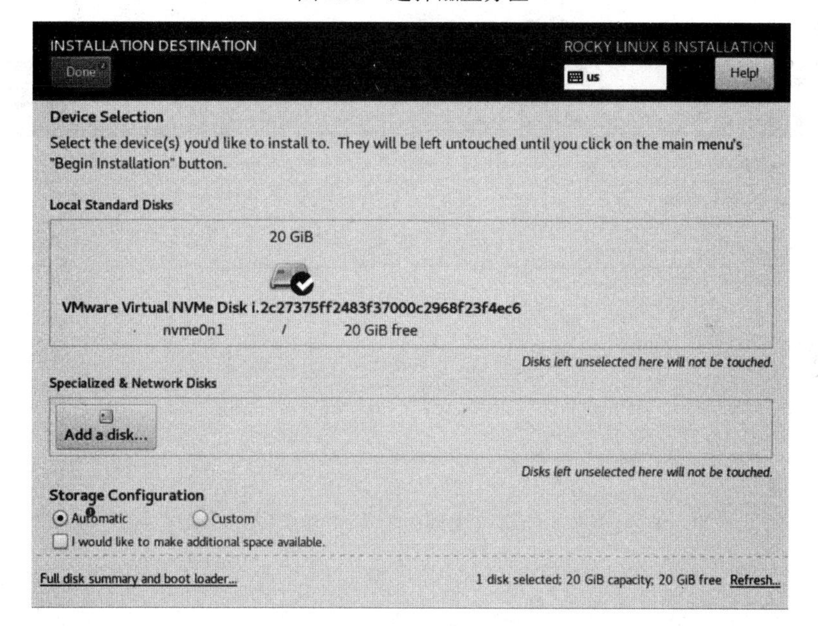

图 1.36　磁盘分区

在 Storage Configuration 处选中 Automatic 单选按钮，单击左上角的 Done 按钮即可完成设置。回到安装首页，如图 1.37 所示。

注意：

CentOS 7 以后的 Linux 系统的默认文件格式为 XFS，支持动态扩缩容。Rocky Linux 8 也是支持的。所以这里当硬盘不大于 2 TB 存储时，不需要手动进行分区。

在图 1.37 中的 SYSTEM 处关闭 KDUMP 选项，KDUMP 是当内核出现问题时转储的选项。KDUMP 设置的界面如图 1.38 所示。

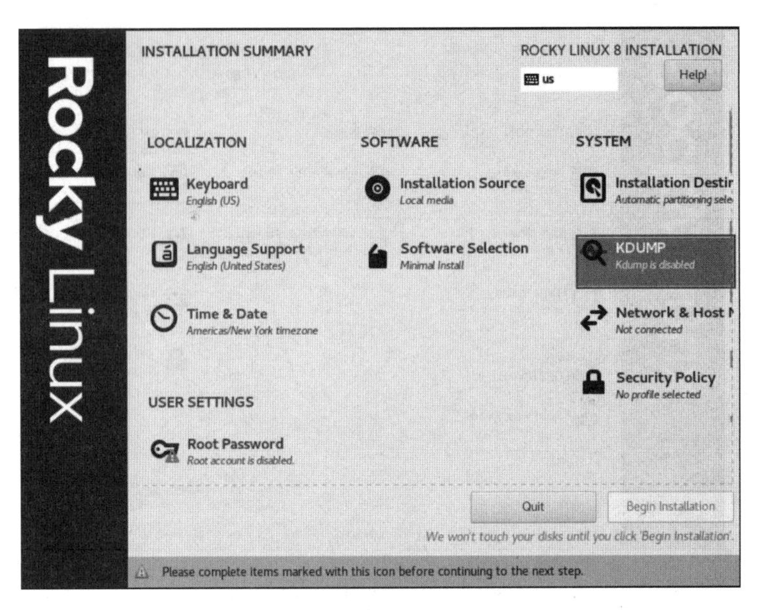

图 1.37　关闭 KDUMP 选项

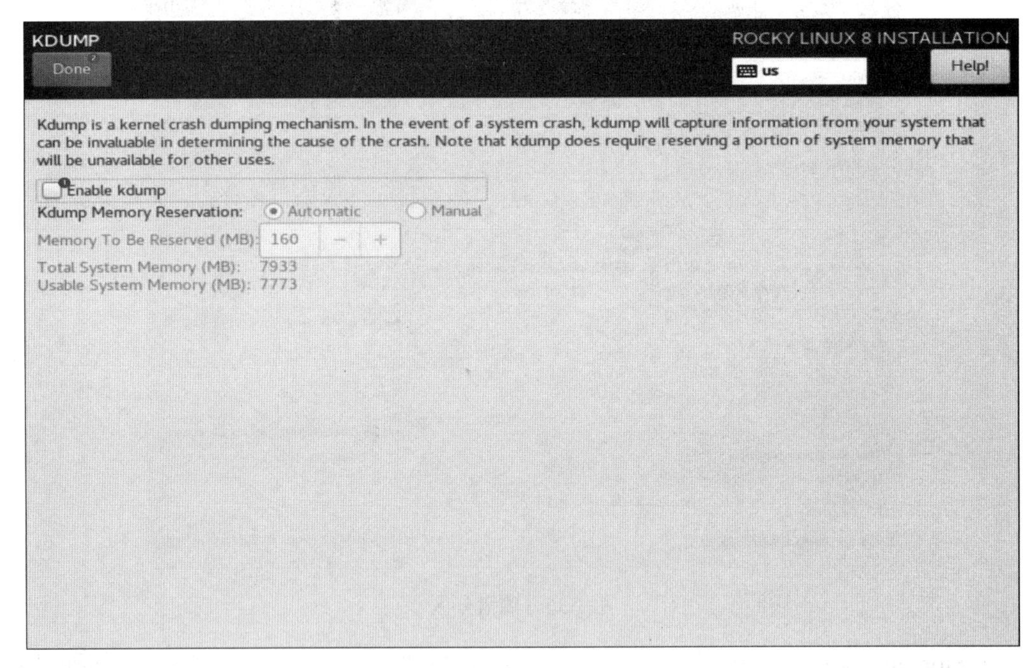

图 1.38　KDUMP 设置

如图 1.37 和图 1.38 所示，设置 KDUMP 的主要目的是内核转储功能，该功能默认是开启的。这里取消选中 Enable kdump 复选框，然后单击 Done 按钮，即可完成 KDUMP 的设置。

接下来设置时间和日期，如图 1.39 所示，单击 Time & Date 按钮。

可以设定时区为东八区、位置为 Asia（亚洲）、城市为 Shanghai（上海）、时间为当前时间 23:23，单击 Done 按钮即可完成设置。接下来开始设置网络，如图 1.40 所示。

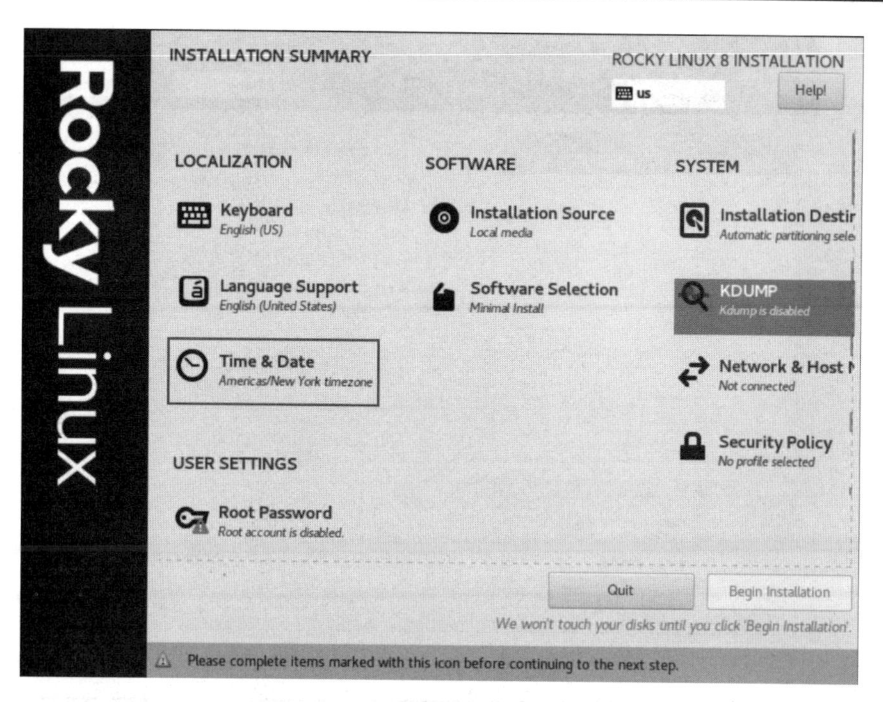

图 1.39　设置时间和日期

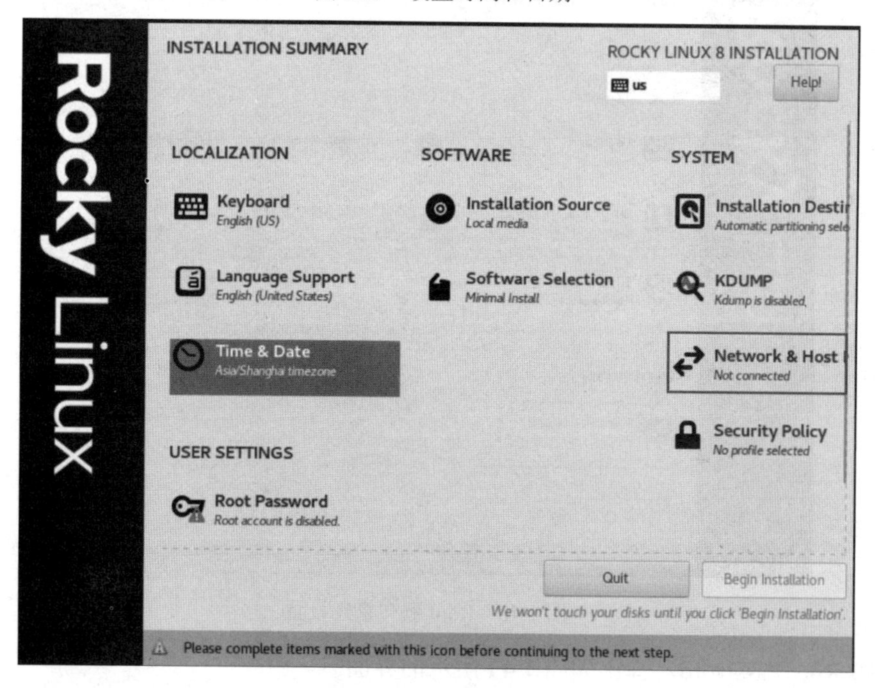

图 1.40　设置网络

单击 Network & Host 进入如图 1.41 所示的配置界面。

选择动态获取 IP 地址信息，单击 Done 按钮，即可完成网络设置。

接下来进行 Root 账户密码设置，如图 1.42 所示。

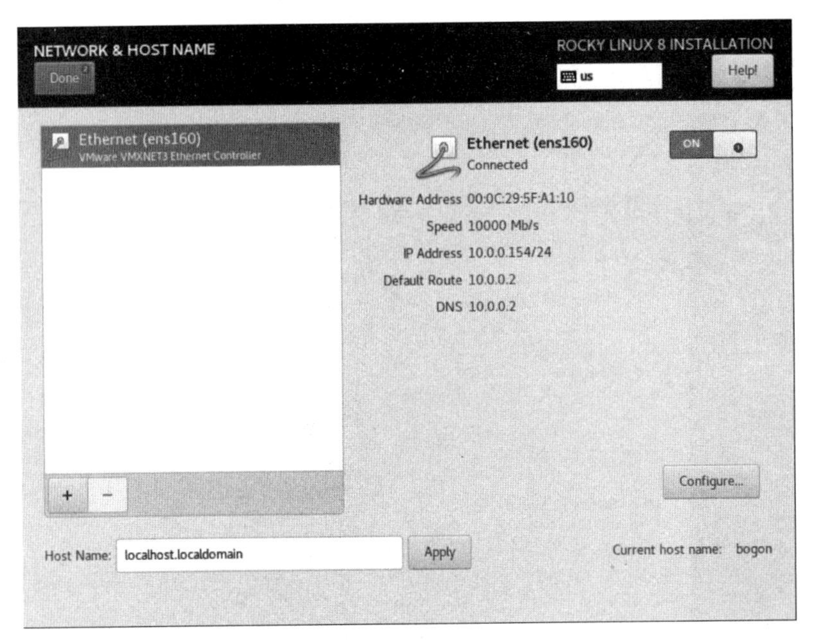

图 1.41 动态获取 IP 地址

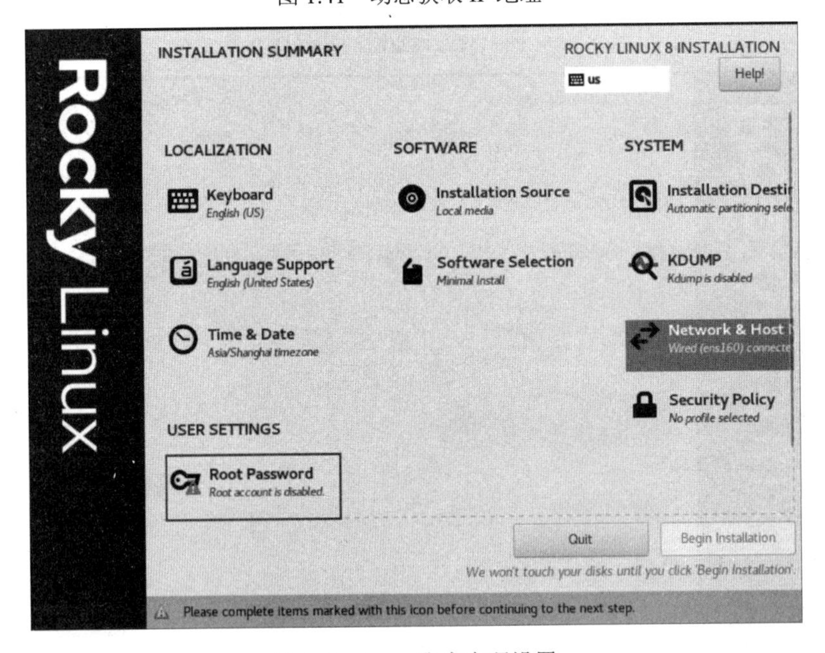

图 1.42 Root 账户密码设置

单击 Root Password，弹出如图 1.43 所示的界面。

填写 Root 账户的密码，单击 Done 按钮即可完成设置。

注意：

在企业级生产案例中需要设置一个足够复杂的密码，且需要周期性地修改服务器密码。

以上内容都设置完毕以后，就可以开始安装了，如图 1.44 所示。

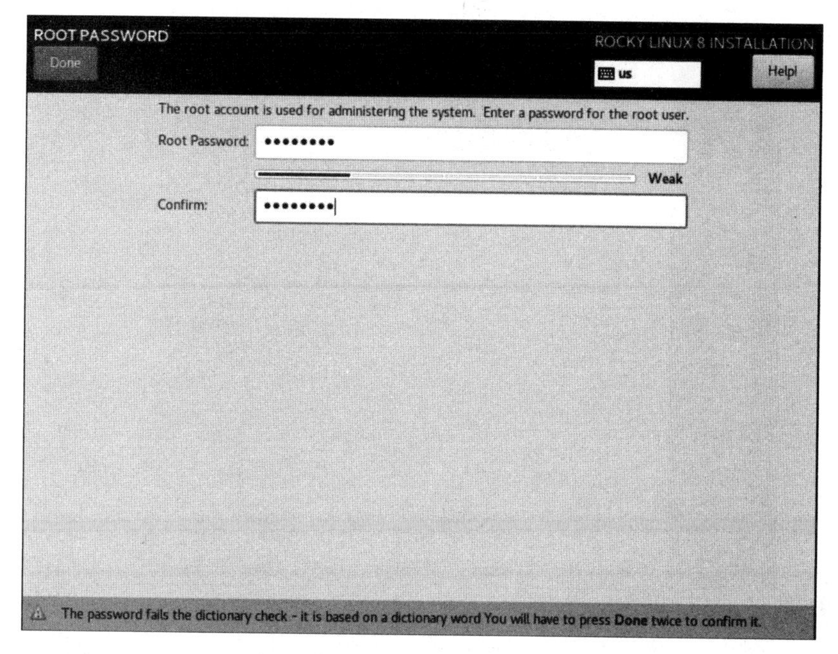

图 1.43　设置 Root 账户密码界面

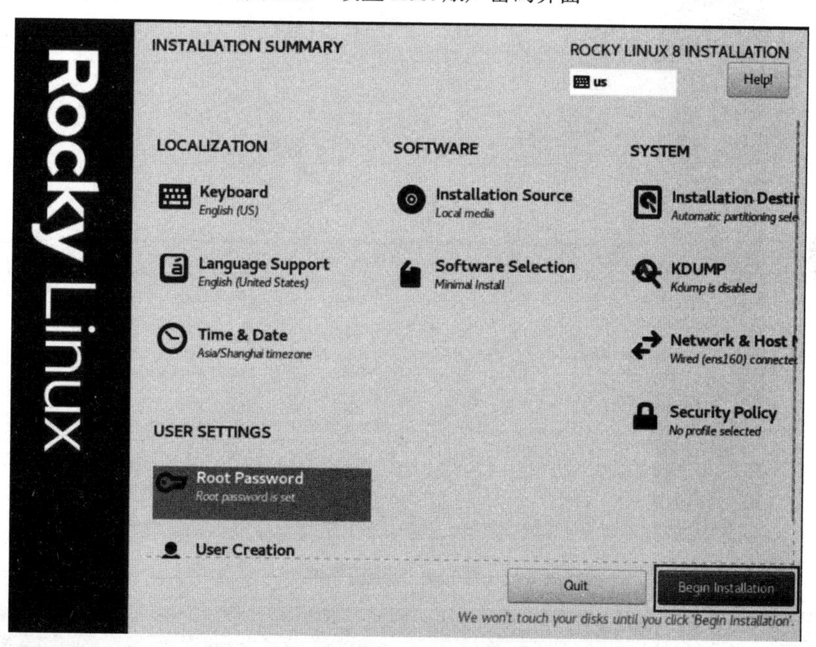

图 1.44　开始安装

单击 Begin Installation 按钮即可开始安装，安装过程如图 1.45 所示。根据读者计算机的配置不同，安装时所用的时间也会有所不同。

当进度条结束显示“Complete!”信息时，则表示安装完成，如图 1.46 所示。

单击 Reboot System 按钮重启系统。重启后的登录界面如图 1.47 所示。

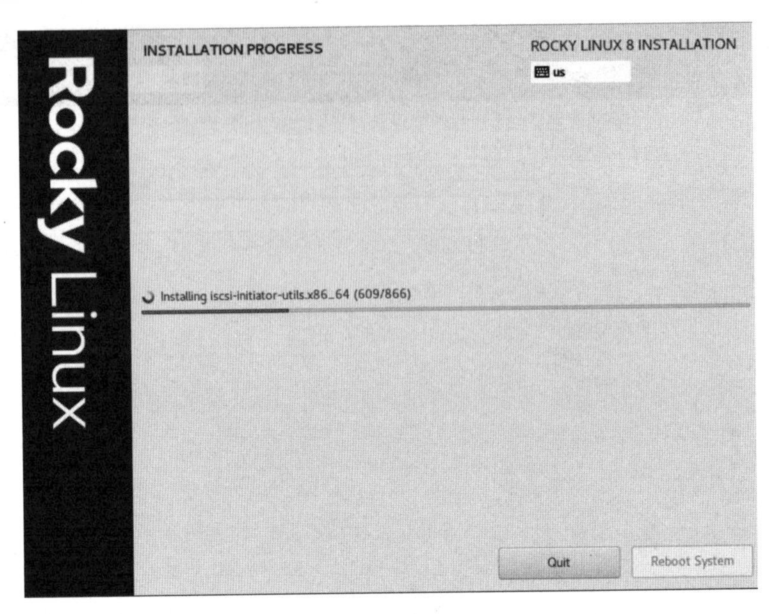

图 1.45　安装过程

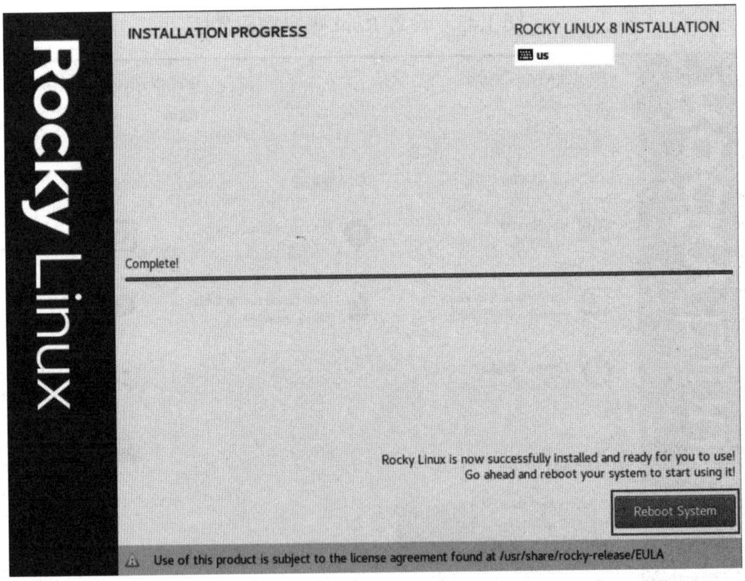

图 1.46　安装完成

图 1.47　重启后的登录界面

因为是最小化安装，所以是不带图形交互界面的。因此，当我们看到该界面时，则表示已成功安装了 Rocky Linux 操作系统。接下来需要通过 Xshell 等远程连接工具进行连接服务器操作。

为什么这里需要远程连接呢？由于我们的服务器有物理服务器、云主机等，这些服务器都是存放在机房的，开发人员、运维人员、安全从业人员是不容易进入机房的。所以都是通过远程连接服务器的方式进行操作的。这里就需要用到远程连接服务器的工具，如 Xshell，它就是一款不错的远程连接工具。

1.5　Xshell 连接 Rocky Linux 系统

1.5.1　打开下载页面链接

在浏览器地址栏输入 https://www.xshell.com/zh/xshell-download/即可进入 Xshell 的下载界面，如图 1.48 所示。

图 1.48　Xshell 的下载界面

单击“免费授权页面”下拉按钮，弹出下载 Xshell 和 XFTP 的界面，如图 1.49 所示。填写自己的邮箱就可以接收到官方发送的下载链接，如图 1.50 所示。

注意：

填写的邮箱最好不是 QQ 邮箱，可以填写如学校邮箱、163 等邮箱，这样不容易被当成是垃圾邮箱。

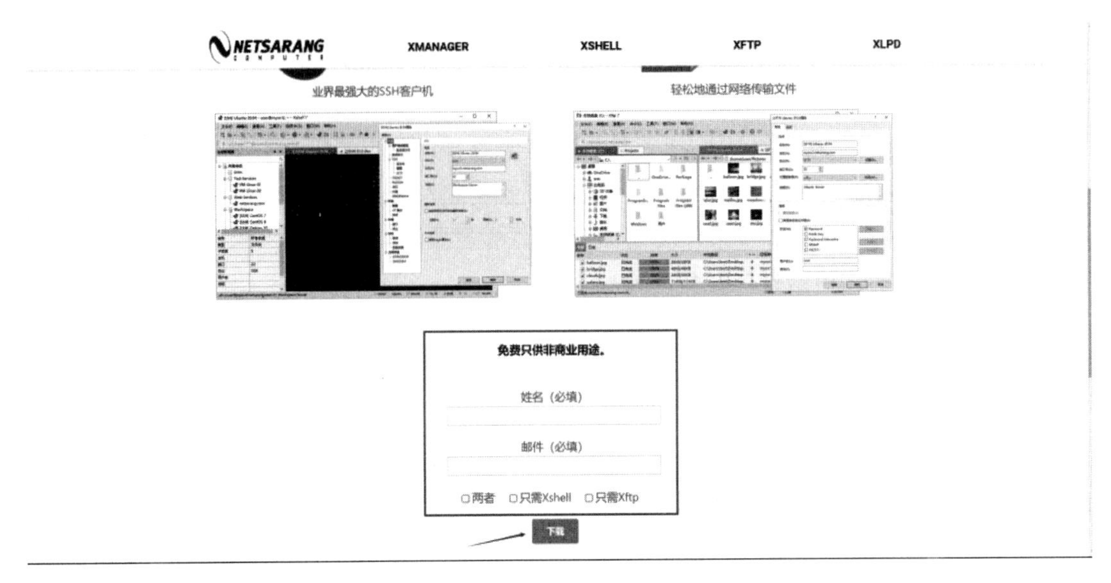

图 1.49　下载 Xshell 和 XFTP

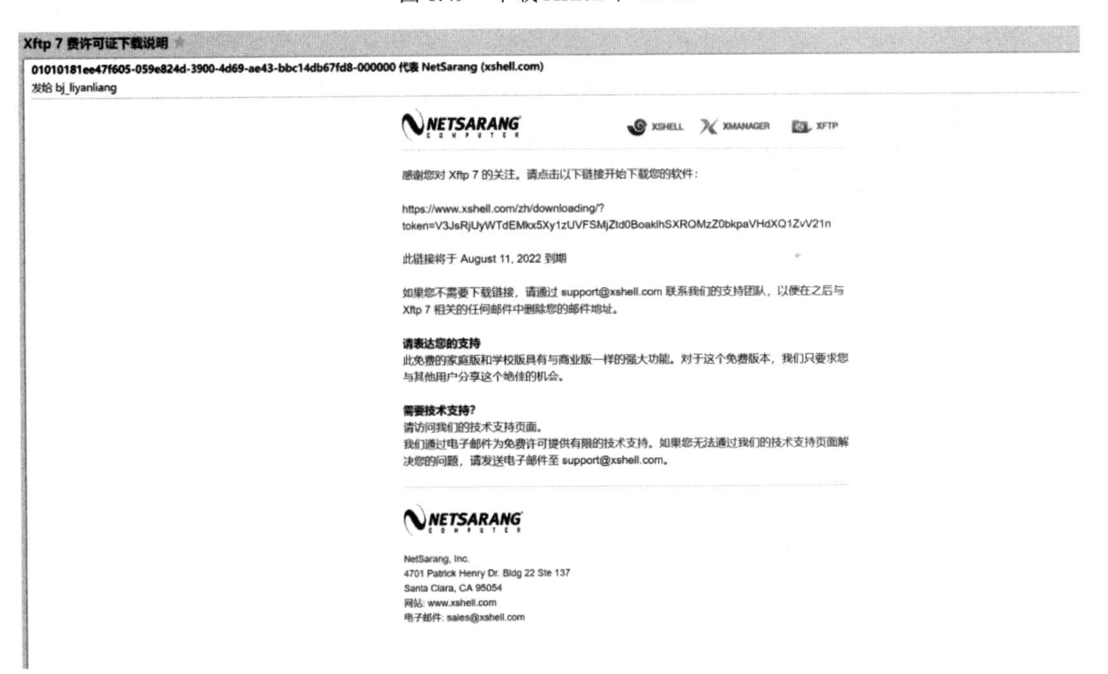

图 1.50　官方发送的下载链接

下载链接会发送到刚才填写的邮箱里，复制邮箱里的下载链接就可以免费使用了，链接打开后的界面如图 1.51 所示。

单击“请单击此处开始下载”超链接会自动跳转到下载界面进行下载，下载过程如图 1.52 所示。

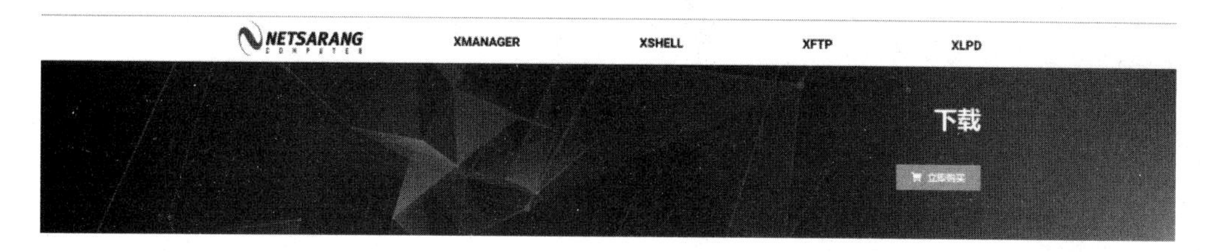

图 1.51　链接打开后界面

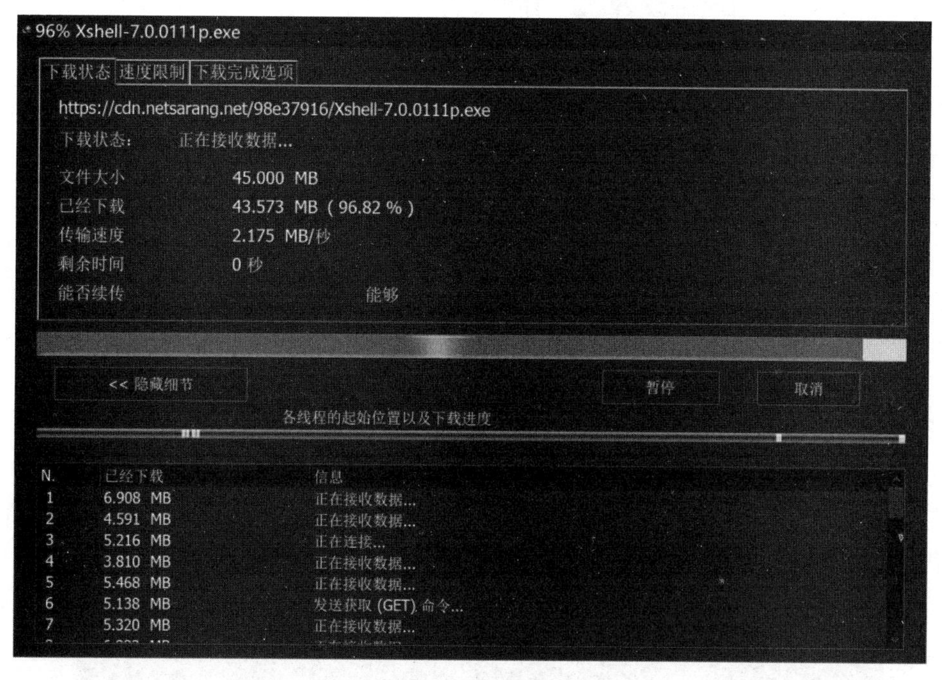

图 1.52　下载过程

1.5.2　安装 Xshell 工具

读者可以通过下载链接开始下载软件，软件下载完成后双击程序进行安装，也可以参考本书配套的软件包进行安装，Xshell 7 的安装界面如图 1.53 所示。

单击“下一步”按钮，进入如图 1.54 所示的界面。

等待进度条完成，更新完成的界面如图 1.55 所示。

单击“完成”按钮，即可结束安装程序。

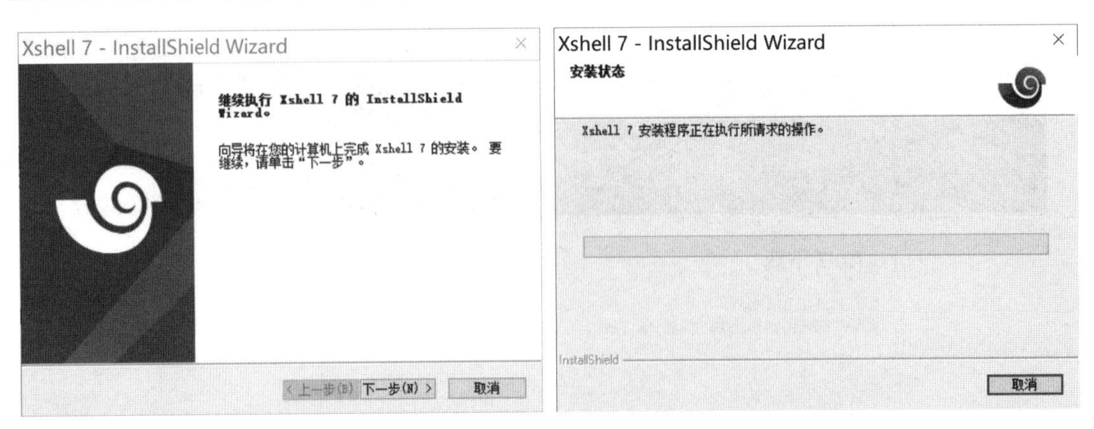

图 1.53　Xshell 7 的安装界面　　　　图 1.54　安装状态界面

图 1.55　更新完成的界面

1.5.3　远程连接 Rocky Linux

工具完成安装以后，运行 Xshell 7 工具连接虚拟机。首先在虚拟机中输入 ip a 命令查看虚拟机的 IP 地址，如图 1.56 所示。

```
Rocky Linux 8.6 (Green Obsidian)
Kernel 4.18.0-372.13.1.el8_6.x86_64 on an x86_64

Web console: https://localhost:9090/

rcs-team-rocky8 login: [   10.286146] hub 2-2:1.0: hub_ext_port_status failed (err = -110)

Rocky Linux 8.6 (Green Obsidian)
Kernel 4.18.0-372.13.1.el8_6.x86_64 on an x86_64

Web console: https://rcs-team-rocky8.5:9090/ or https://10.0.0.149:9090/

rcs-team-rocky8 login: root
Password:
Last login: Fri Jul 15 20:20:44 from 10.0.0.1
[root@rcs-team-rocky8.5 ~]# ip a
1: lo: <LOOPBACK,UP,LOWER_UP> mtu 65536 qdisc noqueue state UNKNOWN group default qlen 1000
    link/loopback 00:00:00:00:00:00 brd 00:00:00:00:00:00
    inet 127.0.0.1/8 scope host lo
       valid_lft forever preferred_lft forever
    inet6 ::1/128 scope host
       valid_lft forever preferred_lft forever
2: ens160: <BROADCAST,MULTICAST,UP,LOWER_UP> mtu 1500 qdisc mq state UP group default qlen 1000
    link/ether 00:0c:29:a0:e3:95 brd ff:ff:ff:ff:ff:ff
    inet 10.0.0.149/24 brd 10.0.0.255 scope global dynamic noprefixroute ens160
       valid_lft 1068sec preferred_lft 1068sec
    inet6 fe80::20c:29ff:fea0:e395/64 scope link noprefixroute
       valid_lft forever preferred_lft forever
```

图 1.56　查看虚拟机 IP 地址

接下来启动 Xshell 工具，创建 SSH 连接远程登录服务器进行操作，如图 1.57 所示。

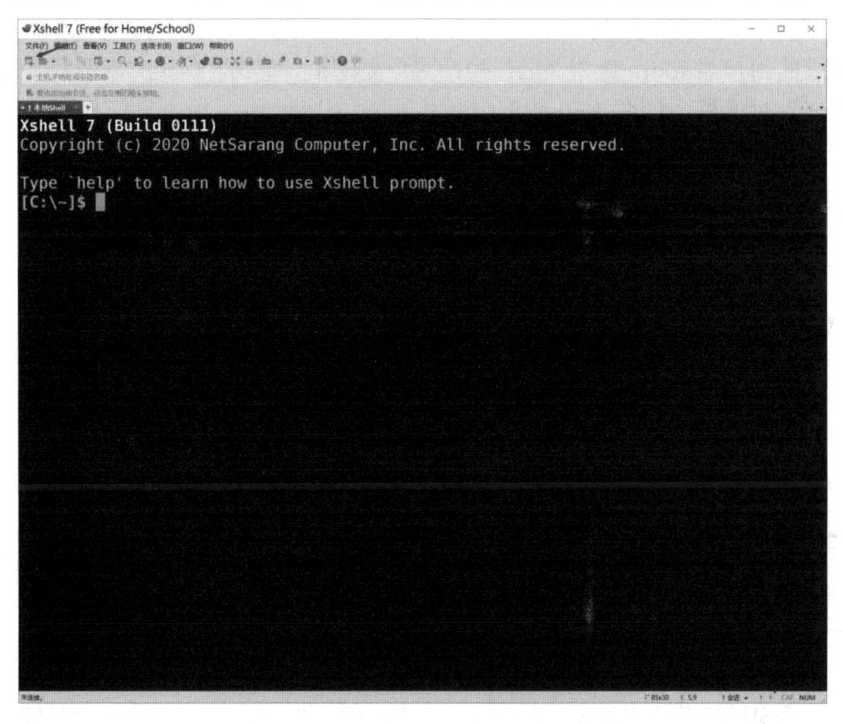

图 1.57　Xshell 启动界面

单击图 1.57 中的按钮，会弹出“新建会话属性”对话框，如图 1.58 所示。

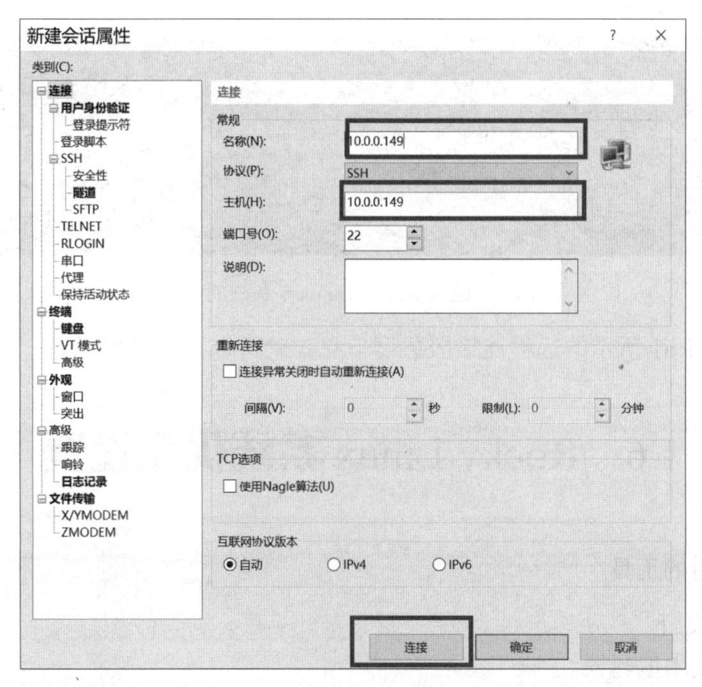

图 1.58　“新建会话属性”对话框

输入名称、主机、端口号，单击“连接”按钮，会弹出“SSH 用户名”对话框，如图 1.59 所示。

输入登录的用户名 root，选中“记住用户名”复选框，单击“确定”按钮，会弹出“SSH 用户身份验证”对话框，如图 1.60 所示。

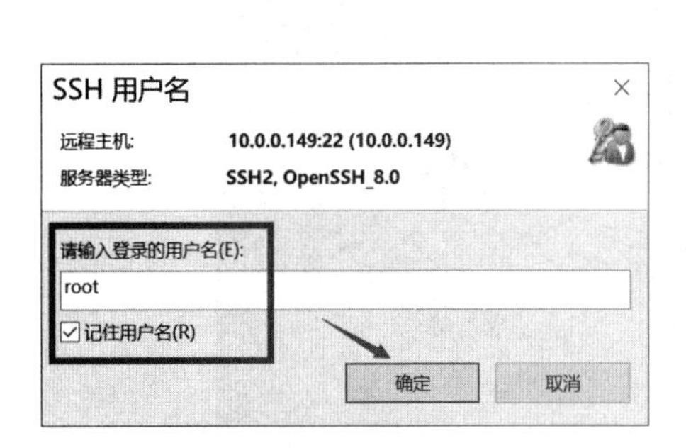

图 1.59 “SSH 用户名”对话框

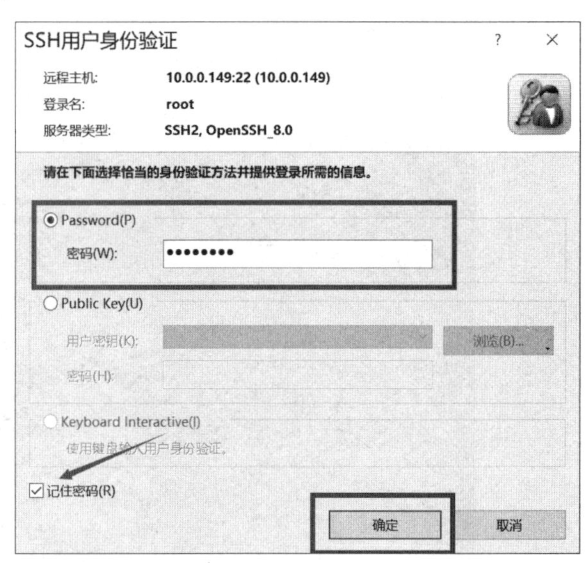

图 1.60 “SSH 用户身份验证”对话框

输入 root 用户的密码，选中“记住密码”复选框，单击“确定”按钮进入 Rocky Linux 8 系统的终端，如图 1.61 所示。

```
Connecting to 10.0.0.149:22...
Connection established.
To escape to local shell, press 'Ctrl+Alt+]'.

WARNING! The remote SSH server rejected X11 forwarding request.
Web console: https://rcs-team-rocky8.5:9090/ or https://10.0.0.149:9090/

Register this system with Red Hat Insights: insights-client --register
Create an account or view all your systems at https://red.ht/insights-dashboard
Last login: Sat Jul 16 22:31:49 2022
[root@rcs-team-rocky8.5 ~]#
```

图 1.61 进入 Rocky Linux 8 系统的终端

当看到如图 1.61 所示的远程连接服务器信息，就可以开始操作了。

1.6 Rocky Linux 系统优化设置

1. 安装常用的工具

常用的工具如下。

☑ vim：文本编辑器。

☑ wget：Linux 系统常用的下载工具。

☑　curl：HTTP 等网络请求工具。
☑　tree：树形显示目录结构工具。
☑　lrzsz：上传下载工具。
☑　net-tools：网络管理基础命令，如 ifconfig 等。

工具的安装命令如下，如图 1.62 所示。

```
[root@rcs-team-rocky8.6 ~]# dnf install -y vim wget curl tree lrzsz net-tools
```

```
[root@rcs-team-rocky8.6 ~]# dnf install -y vim wget curl tree lrzsz net-tools
Last metadata expiration check: 1:40:36 ago on Wed 20 Jul 2022 05:50:25 PM CST.
Package vim-enhanced-2:8.0.1763-19.el8_6.2.x86_64 is already installed.
Package wget-1.19.5-10.el8.x86_64 is already installed.
Package curl-7.61.1-22.el8_6.3.x86_64 is already installed.
Package tree-1.7.0-15.el8.x86_64 is already installed.
Package lrzsz-0.12.20-43.el8.x86_64 is already installed.
Package net-tools-2.0-0.52.20160912git.el8.x86_64 is already installed.
Dependencies resolved.
Nothing to do.
Complete!
[root@rcs-team-rocky8.6 ~]#
```

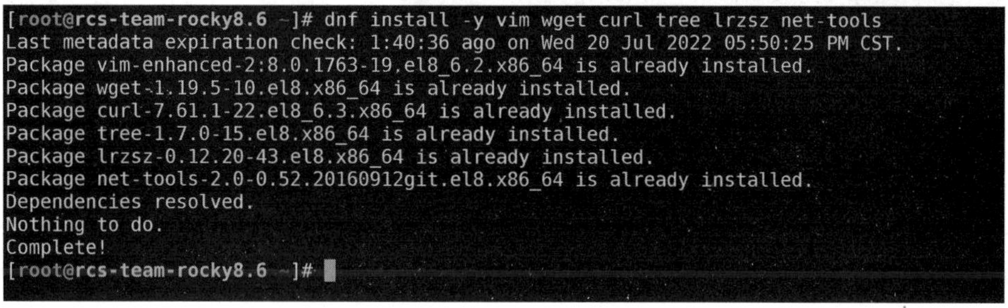

图 1.62　安装必要工具

2. 修改 rc.local 为可执行模式

命令如下。

```
[root@rcs-team-rocky8.6 ~]# chmod 755 /etc/rc.d/rc.local
```

3. 修改主机名称

命令如下。

```
[root@rcs-team-rocky8.6 ~]# hostnamectl set-hostname rcs-team-rocky8.6
```

4. 设置时区为上海

命令如下，如图 1.63 所示。

```
[root@rcs-team-rocky8.6 ~]# timedatectl set-timezone Asia/Shanghai
```

```
[root@rcs-team-rocky8.6 ~]# timedatectl set-timezone Asia/Shanghai
[root@rcs-team-rocky8.6 ~]# date -R
Wed, 20 Jul 2022 19:36:31 +0800
[root@rcs-team-rocky8.6 ~]#
```

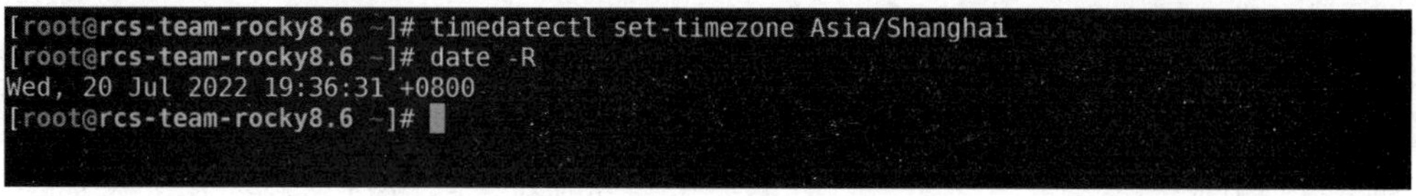

图 1.63　设置时区为上海

5. 优化网络设置，删除网卡中 UUID 参数

删除网卡中 UUID 参数的目的是，防止我们克隆虚拟机时发生 UUID 冲突，造成不能上网，如图 1.64 所示。

6. 给网卡设置静态 IP 地址

命令如下。

```
[root@rcs-team-rocky8.6 /etc/yum.repos.d]# nmtui
```

打开 nmtui 图形配置界面进行网卡配置，如图 1.65 所示。

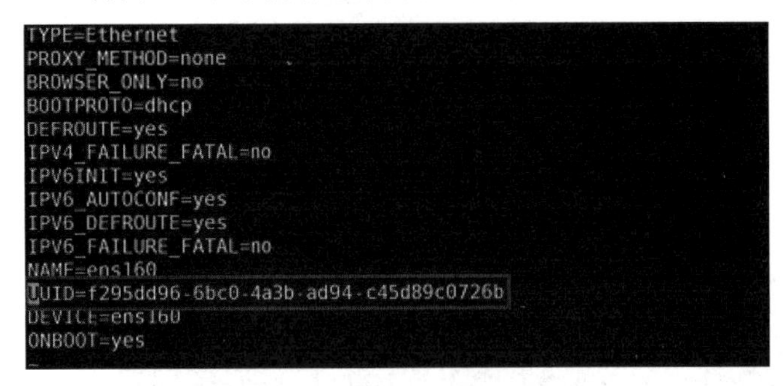

图 1.64　删除网卡中 UUID 参数

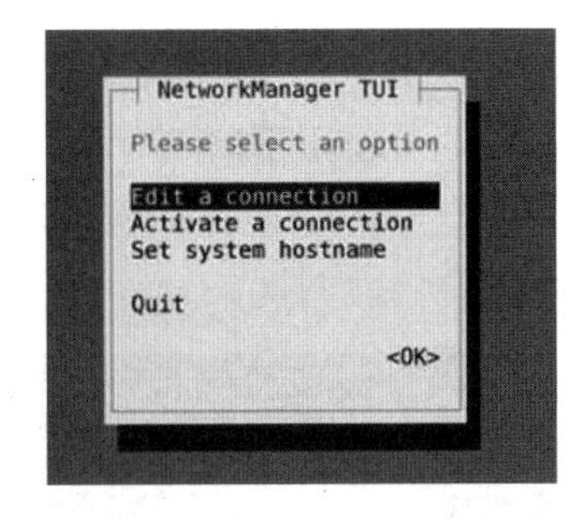

图 1.65　nmtui 图形化的方式设置 IP 地址

选择网卡名称为 ens160 并编辑，如图 1.66 所示。

通过 Tab 键可以移动选项，在 IPv4 配置处点开“<Show>”配置 IP 地址、子网掩码、网关、DNS 等信息，如图 1.67 所示。

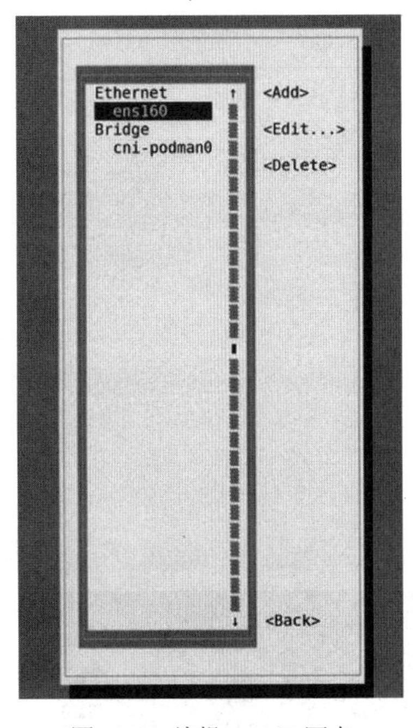

图 1.66　编辑 ens160 网卡

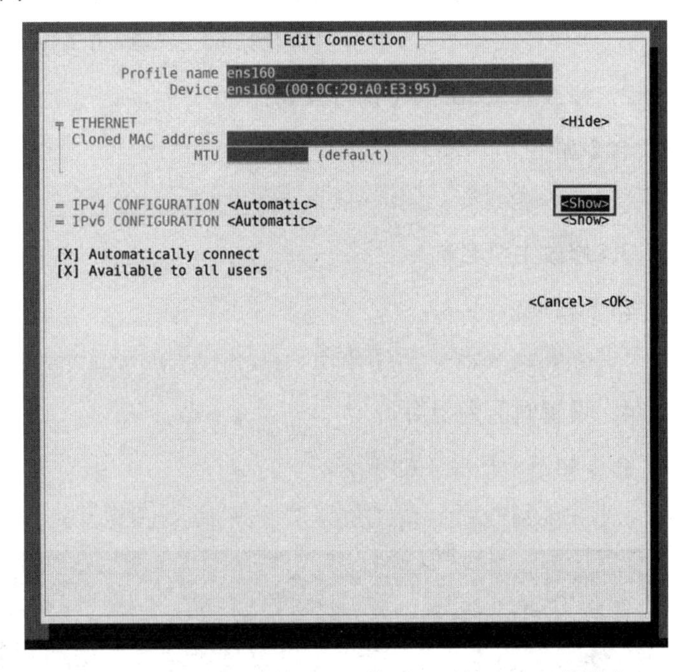

图 1.67　配置 IP 地址、子网掩码、网关、DNS 等信息

保存编辑内容并退出，如图 1.68 所示。

然后重启网卡，查看网卡配置文件的命令如下，如图 1.69 所示。

```
[root@rcs-team-rocky8.6 /etc/yum.repos.d]# nmcli c reload ens160
[root@rcs-team-rocky8.6 /etc/yum.repos.d]# nmcli c up ens160
[root@rcs-team-rocky8.6 /etc/yum.repos.d]# ip a
```

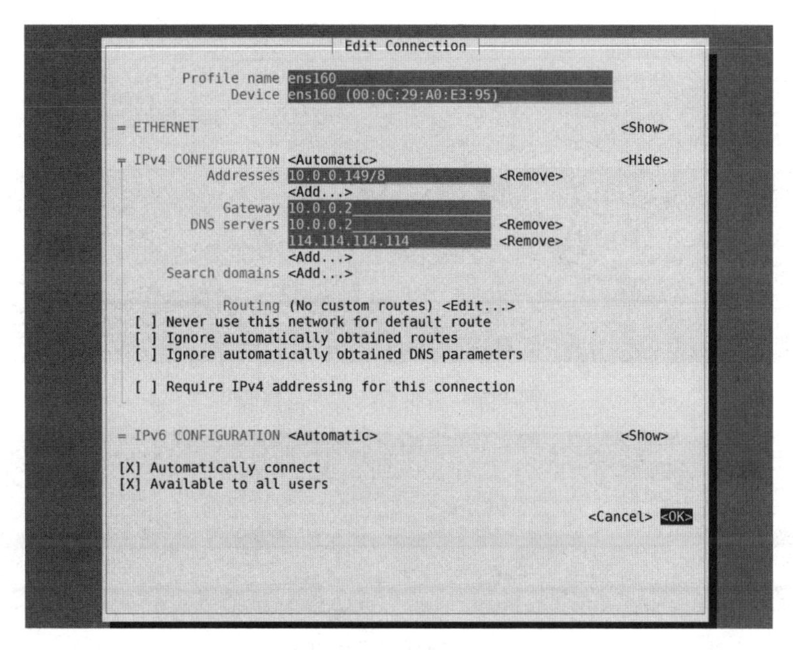

图 1.68　保存编辑内容并退出

```
[root@rcs-team-rocky8.6 /etc/yum.repos.d]# nmtui
[root@rcs-team-rocky8.6 /etc/yum.repos.d]# nmcli c reload ens160
[root@rcs-team-rocky8.6 /etc/yum.repos.d]# ip a
1: lo: <LOOPBACK,UP,LOWER_UP> mtu 65536 qdisc noqueue state UNKNOWN group default qlen 1000
    link/loopback 00:00:00:00:00:00 brd 00:00:00:00:00:00
    inet 127.0.0.1/8 scope host lo
       valid_lft forever preferred_lft forever
    inet6 ::1/128 scope host
       valid_lft forever preferred_lft forever
2: ens160: <BROADCAST,MULTICAST,UP,LOWER_UP> mtu 1500 qdisc mq state UP group default qlen 1000
    link/ether 00:0c:29:a0:e3:95 brd ff:ff:ff:ff:ff:ff
    inet 10.0.0.149/24 brd 10.0.0.255 scope global dynamic noprefixroute ens160
       valid_lft 1274sec preferred_lft 1274sec
    inet6 fe80::20c:29ff:fea0:e395/64 scope link noprefixroute
       valid_lft forever preferred_lft forever
3: cni-podman0: <BROADCAST,MULTICAST,UP,LOWER_UP> mtu 1500 qdisc noqueue state UP group default qlen 1000
    link/ether 1e:22:02:d4:75:91 brd ff:ff:ff:ff:ff:ff
    inet 10.88.0.1/16 brd 10.88.255.255 scope global cni-podman0
       valid_lft forever preferred_lft forever
    inet6 fe80::64ec:fa12:68ef:8523/64 scope link noprefixroute
       valid_lft forever preferred_lft forever
40: veth0a6e37f3@if2: <BROADCAST,MULTICAST,UP,LOWER_UP> mtu 1500 qdisc noqueue master cni-podman0 state UP group default
    link/ether 7e:33:2e:96:99:fb brd ff:ff:ff:ff:ff:ff link-netns netns-ca0b5259-eae7-189e-4124-25673222daa4
    inet6 fe80::7c33:2eff:fe96:99fb/64 scope link
       valid_lft forever preferred_lft forever
[root@rcs-team-rocky8.6 /etc/yum.repos.d]#
```

图 1.69　查看网卡配置文件

7．更换阿里源

阿里源的官方链接为 https://developer.aliyun.com/mirror/rockylinux?spm=a2c6h.13651102.0.0.cb811b11FjC04p。

更换阿里源的操作要点如下。

（1）先备份再替换，即先备份原始文件再修改，如图 1.70 所示。

（2）执行以下命令即可更换阿里源，如图 1.71 所示。

```
sed -e 's|^mirrorlist=|#mirrorlist=|g' \
-e 's|^#baseurl=http://dl.rockylinux.org/$contentdir|baseurl=https://
mirrors.aliyun.com/rockylinux|g' \
```

```
    -i.bak \
    /etc/yum.repos.d/Rocky-*.repo

dnf makecache
```

```
[root@rcs-team-rocky8.6 /etc/yum.repos.d]# cd /etc/yum.repos.d/
[root@rcs-team-rocky8.6 /etc/yum.repos.d]# mkdir backup
[root@rcs-team-rocky8.6 /etc/yum.repos.d]# cp Rocky-* backup/
[root@rcs-team-rocky8.6 /etc/yum.repos.d]# ls /etc/yum.repos.d/backup/
Rocky-AppStream.repo      Rocky-Devel.repo                  Rocky-Media.repo      Rocky-PowerTools.repo               Rocky-Sources.repo
Rocky-AppStream.repo.bak  Rocky-Devel.repo.bak              Rocky-Media.repo.bak  Rocky-PowerTools.repo.bak           Rocky-Sources.repo.bak
Rocky-BaseOS.repo         Rocky-Extras.repo                 Rocky-NFV.repo        Rocky-ResilientStorage.repo
Rocky-BaseOS.repo.bak     Rocky-Extras.repo.bak             Rocky-NFV.repo.bak    Rocky-ResilientStorage.repo.bak
Rocky-Debuginfo.repo      Rocky-HighAvailability.repo       Rocky-Plus.repo       Rocky-RT.repo
Rocky-Debuginfo.repo.bak  Rocky-HighAvailability.repo.bak   Rocky-Plus.repo.bak   Rocky-RT.repo.bak
[root@rcs-team-rocky8.6 /etc/yum.repos.d]#
```

图 1.70　备份原始文件再修改

```
[root@rcs-team-rocky8.6 /etc/yum.repos.d]# sed -e 's|^mirrorlist=|#mirrorlist=|g' \
>     -e 's|^#baseurl=http://dl.rockylinux.org/$contentdir|baseurl=https://mirrors.aliyun.com/rockylinux|g' \
>     -i.bak \
>     /etc/yum.repos.d/Rocky-*.repo
[root@rcs-team-rocky8.6 /etc/yum.repos.d]#
[root@rcs-team-rocky8.6 /etc/yum.repos.d]# dnf makecache
Rocky Linux 8 - AppStream                                  1.9 MB/s | 8.8 MB     00:04
Rocky Linux 8 - BaseOS                                     1.8 MB/s | 5.5 MB     00:02
Rocky Linux 8 - Extras                                      25 kB/s |  11 kB     00:00
Metadata cache created.
[root@rcs-team-rocky8.6 /etc/yum.repos.d]#
```

图 1.71　更换阿里源

1.7　Xshell 常见设置

Xshell 是我们日常工作中常见的远程连接工具，在使用过程中有很多个性化的设置需要我们去掌握。例如显示终端字体的大小，默认的字号 9 还是比较小的，我们可以调整设置，将显示字体的字号调整为舒适的大小。

1．设置终端字体的显示大小

单击字体符号，在下拉列表中选择自己想要的字体大小，如图 1.72 所示。

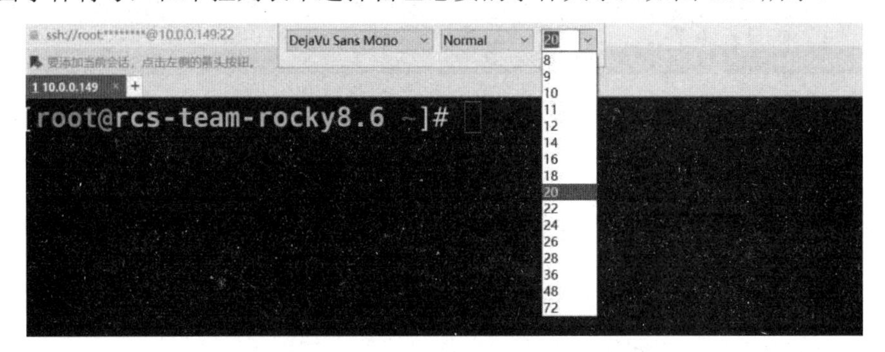

图 1.72　字体大小设置

2．设置鼠标左键和右键的复制、粘贴功能

打开 Xshell，选择“工具”菜单中的“选项”命令来设置，如图 1.73 所示。

选中图 1.74 中①、②、④所示的复选框，单击“确定”按钮即可完成设置。

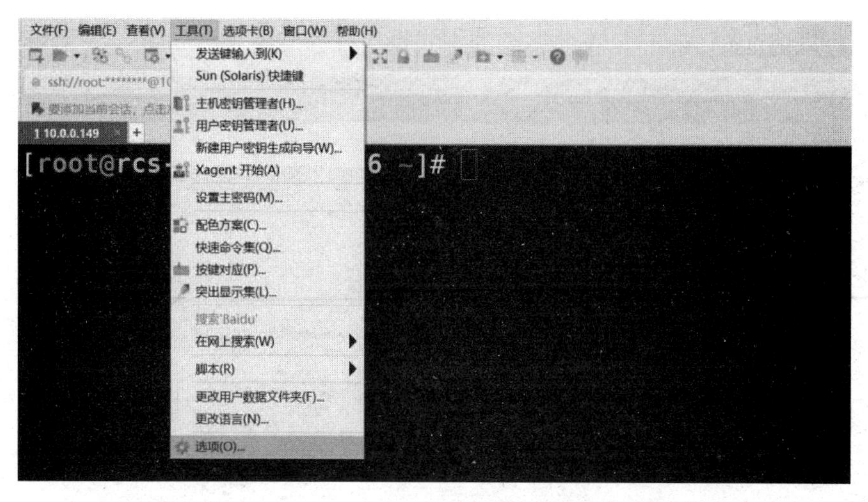

图 1.73　选择“工具”菜单中的“选项”命令

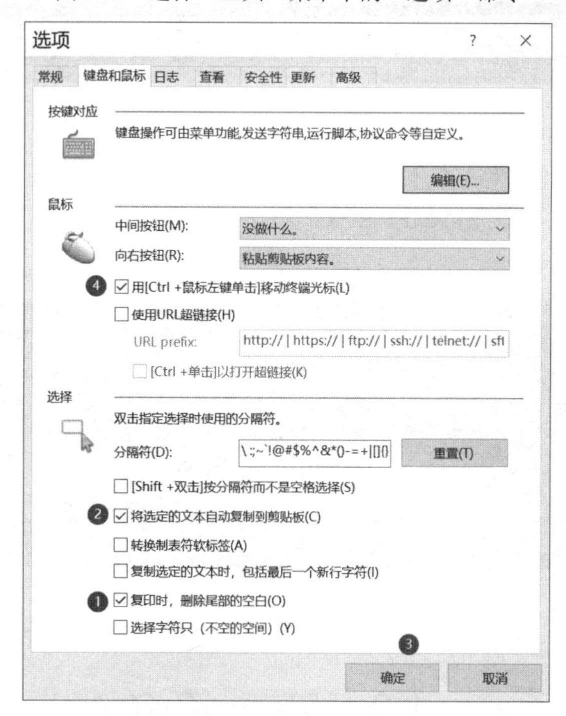

图 1.74　设置鼠标的复制、粘贴功能

1.8　Rocky Linux Cockpit 简介

Rocky Linux 自带的 Cockpit 可视化管理工具可以在不安装 Xshell 等工具的情况下，通过 WebShell 在网页上直接执行命令。Cockpit 是 Rocky Linux 新的功能，它提供了系统监控、网络管理、日志管理、终端、文件管理等功能。

这里可以通过 Cockpit 中 Web 终端的方式操作服务器系统，如图 1.75 所示。

图 1.75 Cockpit 终端

可以直接通过网页，单击左下角的“终端”进入 WebShell 终端，在终端中输入命令，然后按 Enter 键即可执行命令，如图 1.76 所示。

图 1.76 Cockpit 终端执行命令

1.9 Shell 简介

1.9.1 操作系统中的 Shell 程序

1. Shell 的概念

文字操作系统与外部最主要的接口叫作 Shell。Shell 是操作系统最外面的一层。Shell 管理用户与操作系统之间的交互，等待用户输入后向操作系统解释用户的输入，并且处理各种各样的操作系统的输出结果。

在计算机科学中，Shell 俗称壳（用来区别于核），是指“为使用者提供操作界面”的软件（命令解析器）。

它类似于 DOS 下的 COMMAND.COM 和后来的 cmd.exe。它接收用户命令，然后调用相应的应用程序。同时它又是一种程序设计语言。作为命令语言，它交互式地解释和执行用户输入的命令或者自动地解释和执行预先设定好的一连串的命令；作为程序设计语言，它定义了各种变量和参数，并提供了许多在高级语言中才具有的控制结构，包括循环和分支。

Shell 是一个命令解释器，是用户和操作系统交互沟通的一个桥梁。Shell 是操作系统中内置的程序，可以通过 cat /etc/shells 命令来查看，如图 1.77 所示。

```
[root@rcs-team-rocky8.6 ~]# cat /etc/shells
/bin/sh
/bin/bash
/usr/bin/sh
/usr/bin/bash
/usr/bin/zsh
/bin/zsh
/usr/bin/tmux
/bin/tmux
[root@rcs-team-rocky8.6 ~]#
```

图 1.77　查看系统中安装的 Shell 程序

2. Shell 的类型

UNIX 系统的 Shell 经过多年的发展，由不同的机构针对不同的目录开发出了许多不同类型的 Shell 程序，MacOS 等类 UNIX 系统提供的 Shell 也都很强大。Linux 作为免费开源的操作系统，提供的 Shell 程序功能也是有限的。目前主流的 Shell 主要是有以下几种。

- ☑ Bourne Shell(sh)：是 1979 年年底在 VT Unix（AT&T 第 7 版）中引入，并以 Stephen Bourne 的名字命名，既是第一个流行的 Shell，也是 UNIX 上的标准 Shell。不过 sh 的作业控制功能薄弱，且不支持别名与历史记录等功能。
- ☑ C Shell（csh）：是 sh 之后另一个广为流传的 Shell，由 Bill Joy 在加利福尼亚大学伯克利分校开发，语法类似 C 语言，其内部命令有 52 个，较为庞大，但目前使用的不多。
- ☑ Korn Shell（ksh）：由 AT&T 贝尔实验室的的 David Korn 开发，语法与 sh 相同，同时具备 csh 的易用特点。许多安装脚本都使用 ksh，有 42 个内部命令，但与 bash 相比有一定的限制性。
- ☑ Bourne Again Shell（bash）：是 GNU 计划的一部分，保持了对 sh 的兼容性，是大多数 Linux 发行版默认配置的 Shell。能够提供环境变量以配置用户的 Shell 环境，支持历史记录、内置算数功能，并支持通配符表达式将常用命令内置简化。

1.9.2　为什么要使用 Shell

1. 用户和操作系统的交互

首先我们来看操作系统架构，简单来说，操作系统就像是一个“煮熟的鸡蛋”。蛋壳部分就是操作系统上的安装的应用软件；蛋清部分就是命令解释器，即 Shell；蛋黄部分就是操作系统的核心。操作系统架构如图 1.78 所示。

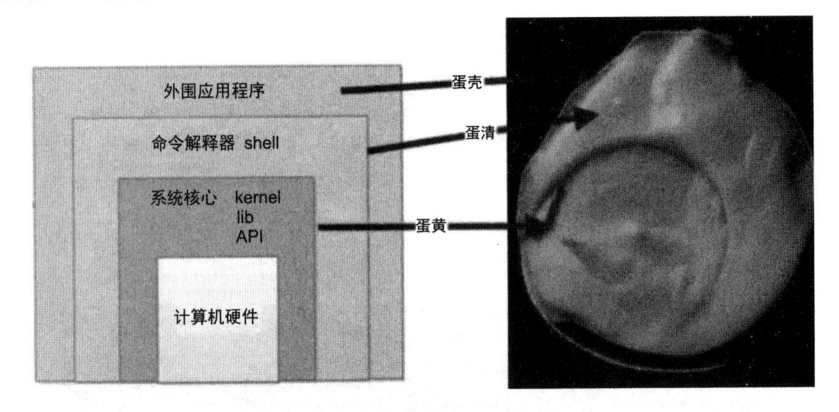

图 1.78　操作系统架构

用户在执行命令或应用程序在执行过程中，可以通过 Shell 与操作系统进行交互。Shell 可以把用户比较人性化的字符描述的命令翻译成操作系统内核能听懂的语言。这时操作系统内核来处理该命令的结果并通过 Shell 反馈给用户进行交互。在这个过程中 Shell 也会把计算机语言翻译成用户能够听懂的语言。Shell 介于操作系统内核与用户之间，负责解释命令行，如图 1.79 所示。

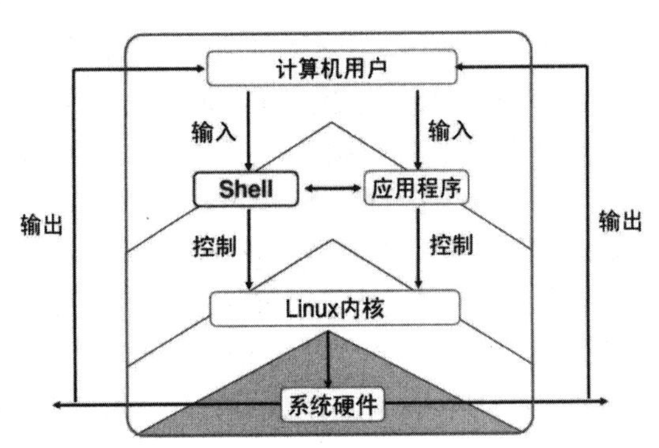

图 1.79　用户和操作系统之间的交互

2．通过 Shell 脚本实现自动化的工作

在我们实际工作中，有一些工作需要随着业务的波峰和波谷期进行操作。如在凌晨 5 点时，这时的业务比较少，处于波谷期。这时我们往往会有一些日志的收集和备份、数据库的备份、系统更新、软件版本的发布等操作。那么运维人员可以根据需要，结合系统的计划任务来实现自动化的工作，因为人不可能 24 小时不间断地进行工作，这时就可以用到 Shell 脚本程序来实现自动化的工作。

1.9.3　Shell 的模式

Shell 本身是一种高级的编程语言，有自己特殊的语法。在日常使用 Shell 的过程中，通常可以根据它的特性，将其分为交互模式和非交互模式两种。

1．交互模式

交互模式是指在终端上执行，也叫作 CLI 模式。Shell 等待用户输入命令，并且立即执行用户提交的命令，返回并回显用户所提交命令的执行结果。这种模式被称为交互式的原因是，Shell 与用户进行了交互，用户输入命令，系统回显结果，这样就完成了一次人机交互。如登录、执行一些命令、退出。

当用户退出后，Shell 也就终止了（特殊情况除外）。

输入命令 cat /etc/shells，交互模式的结果如图 1.80 所示。

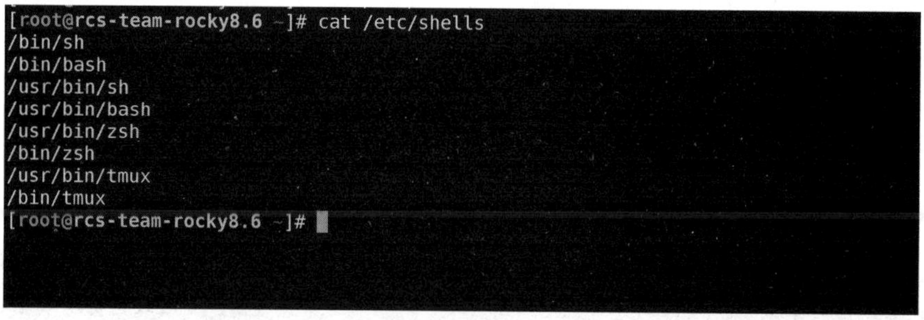

```
[root@rcs-team-rocky8.6 ~]# cat /etc/shells
/bin/sh
/bin/bash
/usr/bin/sh
/usr/bin/bash
/usr/bin/zsh
/bin/zsh
/usr/bin/tmux
/bin/tmux
[root@rcs-team-rocky8.6 ~]#
```

图 1.80　交互模式

当用户输入 cat /etc/shells 这条命令后，Shell 执行命令并显示结果给用户，这样就完成了人机交互。

2．非交互模式

非交互模式是指 Shell 不与用户进行交互，大多情况下是通过 Shell Script 自动化的形式进行的。当然，用户输入命令时，也可以通过重定向等操作实现免交互的形式。

当通过 cat 命令多行输入内容到指定文件中，如在容器中操作，某些容器中可能并没有安装 vi/vim 这样的编辑器、在线安装提示没有软件源时，都可以通过这种形式进行文件的创建。非交互模式如图 1.81 所示。

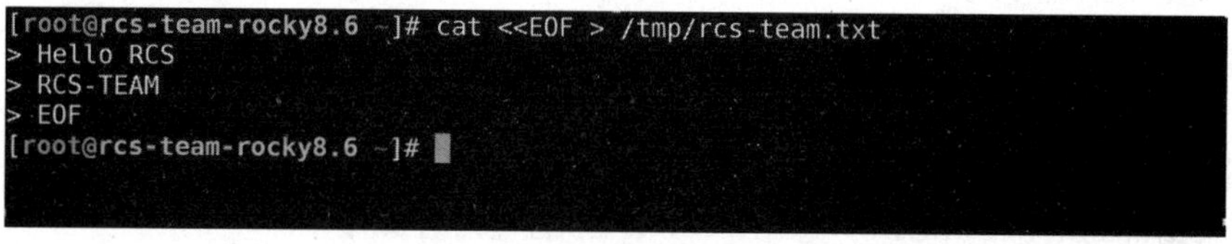

```
[root@rcs-team-rocky8.6 ~]# cat <<EOF > /tmp/rcs-team.txt
> Hello RCS
> RCS-TEAM
> EOF
[root@rcs-team-rocky8.6 ~]#
```

图 1.81　非交互模式

1.10　CLI 命令行操作模式与命令提示符

1．CLI 命令行操作模式

操作服务器的方式有两种。

（1）通过可视化图形交互界面，即 GUI 的形式。例如我们使用的 Windows 窗口，可以通过鼠标来操作光标进行移动、选取等操作。

特点是操作起来比较简单，因为是可视化的图形交互界面，想操作什么，直接单击鼠标就可以，不需要用户具备很强的专业知识，方便上手操作。

（2）通过字符终端界面，即命令行（CLI 的形式）。例如：Windows 下的 DOS 命令窗口，它是一个黑的字符终端，通过输入命令、执行命令并将命令执行结果反馈给用户。

特点是操作起来响应速度更快、更简洁，但是不适合零基础和非专业人士使用。

2. 命令提示符

由于在服务器系统安装时选择的是最小化安装，所以我们对服务器进行管理的方式就是通过字符终端 CLI 的方式进行操作的，即没有图形化交互界面，完全通过命令的形式进行操作。这样操作的好处就是执行效率较高，但是对于易用性而言大打折扣，用户需要具有一定的专业知识才能进行操作。使用 CLI 方式操作之前，需要用户了解命令提示符的含义。示例命令提示符如下，如图 1.82 所示。

```
[root@rcs-team-rocky8.6 ~]#
```

```
[root@rcs-team-rocky8.6 ~]#
```

图 1.82　命令提示符

命令解释如下。

- ☑ root 表示当前的操作用户是 root。
- ☑ @表示工作在哪台主机上。
- ☑ rcs-team-rocky8.6 为主机的 hostname。
- ☑ ~表示当前的工作路径。
- ☑ #表示当前是 root 管理员用户，$则表示是普通用户。

接下来设置命令提示符显示信息。

命令提示符显示的信息是在/etc/bashrc 文件中的 PS1 环境变量中配置的，为了优化设置让显示信息具有不同的颜色方便用户使用、区分文件和目录等。我们可以对 PS1 环境变量进行自定义的操作。

修改/etc/bashrc 中的 PS1 环境变量，PS1 的配置内容如下。

```
# [ "$PS1" = "\\s-\\v\\\$ " ] && PS1="[\u@\h \W]\\$ "
```

以上代码中通过#注释了配置文件中的 PS1 原配置内容，下面将其修改为如下内容。

```
[ "$PS1" = "\\s-\\v\\\$ " ] &&
PS1="[\[\e[34;1m\]\u@\[\e[0m\]\[\e[32;1m\]\H\[\e[0m\]
\[\e[31;1m\]\w\[\e[0m\]]\\$ "
```

修改以后保存并退出，重新载入配置文件 source /etc/bashrc。重新连接 Xshell 后就可以显示出不同颜色的命令提示符，如图 1.83 所示。

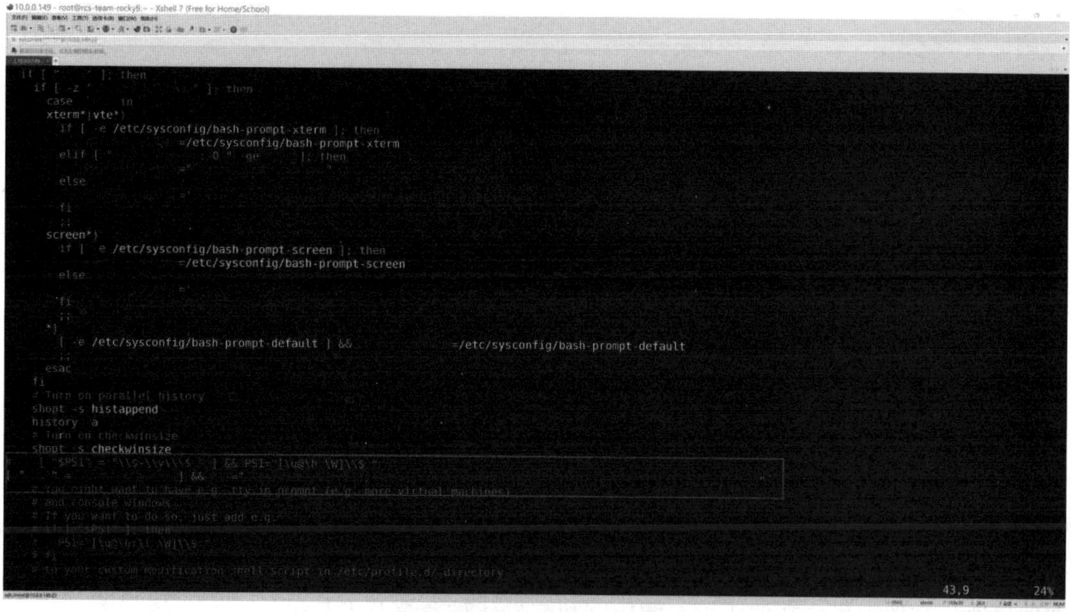

图 1.83　修改/etc/bashrc 中的 PS1 环境变量

第 2 章

目录管理与文件管理

本章主要介绍目录管理与文件管理的相关知识，包括目录管理、文件管理、文件编辑、文件属性、文件查找、文件压缩与解压缩和文件传输命令及工具等。

2.1 目 录 管 理

在 Linux 系统中经常需要用到目录的管理，如创建、删除、复制、移动、重命名目录等操作。

2.1.1 路径与目录结构

1. Linux 系统路径以及符号详解

路径（path）是对文件定位的一种方式，路径的定位包含整个文件名称及文件的位置，这样的定位就称为路径。

Linux 系统的路径可以分为绝对路径（absolute path）和相对路径（relative path）两种。

☑ 绝对路径：由根目录/写起，如/usr/share/doc 这个目录。

☑ 相对路径：不是由/写起，如由/var/www/html/进入/var/www/时，可以写成 cd ../ 这种形式。

在使用 Linux 中的路径时，会遇到一些特殊的路径符号，路径相关符号详解如图 2.1 所示。

2. 目录结构

文件夹最早出现在 MacOS 系统中，相当于一个容器，将多个文件或其他目录存储在一起。在终端模式下称之为目录，在图形化的操作系统中称之为文件夹。在一个目录中的另外一个目录被称作它的子目录（子文件夹）。这样目录就形成了上下的层级关系，这些目录就构成了树状的网络或目录树。树状目录结构如图 2.2 所示。

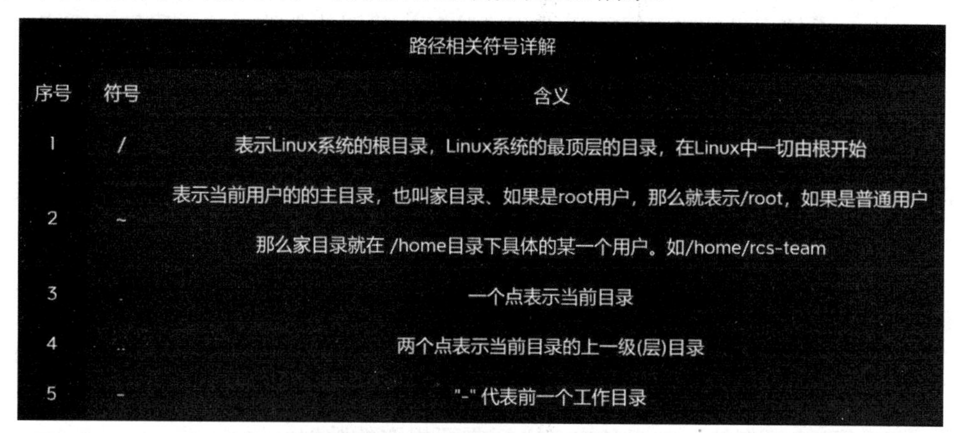

路径相关符号详解

序号	符号	含义
1	/	表示Linux系统的根目录，Linux系统的最顶层的目录，在Linux中一切由根开始
2	~	表示当前用户的的主目录，也叫家目录、如果是root用户，那么就表示/root，如果是普通用户那么家目录就在 /home目录下具体的某一个用户。如/home/rcs-team
3	.	一个点表示当前目录
4	..	两个点表示当前目录的上一级(层)目录
5	-	"-" 代表前一个工作目录

图 2.1　路径相关符号详解

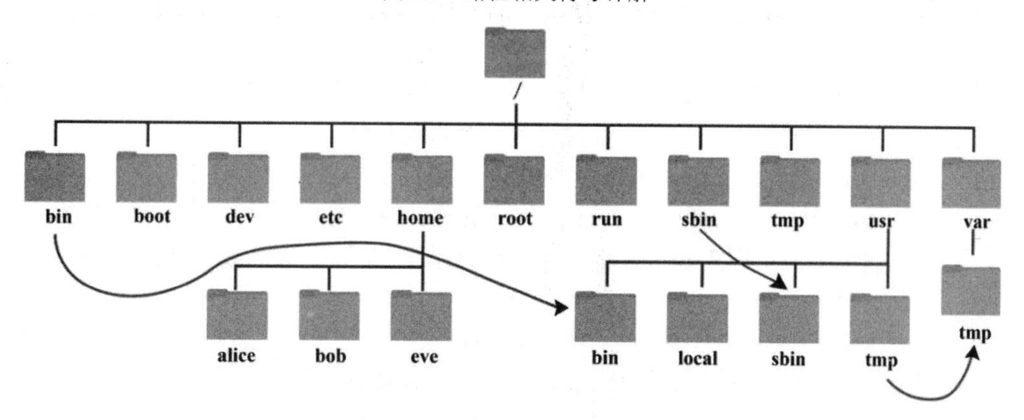

图 2.2　树状目录结构

在 Linux 系统中一切由根开始，通常用“/”来表示根目录。这和 Windows 系统中的“C:\”类似。通过图 2.2 可以知道，Linux 系统的目录结构为树形结构，且是一棵“倒着的树”。

Linux 系统有很多重要的目录，以下是对这些目录的解释。

☑　/bin：bin 是 binaries（二进制文件）的缩写，该目录存放着经常使用的命令。

☑　/boot：这里存放的是启动 Linux 时使用的一些核心文件，如连接文件以及镜像文件。

☑　/dev：dev 是 device（设备）的缩写，该目录下存放的是 Linux 的外部设备，在 Linux 中访问设备的方式和访问文件的方式是相同的。

☑　/etc：该目录用来存放所有的系统管理所需要的配置文件和子目录。

☑　/home：用户的主目录，在 Linux 中每个用户都有一个自己的目录，一般该目录名是以用户的账号命名的，如图 2.2 中的 alice、bob 和 eve。

☑　/lib：lib 是 library（库）的缩写，该目录存放着系统最基本的动态连接共享库，其作用类似于 Windows 里的 DLL 文件。几乎所有的应用程序都需要用到这些共享库。

- ☑ /media：Linux 系统会自动识别一些设备，如 U 盘、光驱等，识别设备后，Linux 会把识别的设备挂载到这个目录下。
- ☑ /mnt：系统提供该目录是为了让用户临时挂载别的文件系统，我们可以将光驱挂载在/mnt/上，然后进入该目录就可以查看光驱里的内容了。
- ☑ /opt：opt 是 optional（可选）的缩写，这是给主机额外安装软件所准备的目录。例如用户安装的 ORACLE 数据库就可以放到这个目录下，目录默认是空的。
- ☑ /proc：proc 是 processes（进程）的缩写，/proc 是一种伪文件系统（即虚拟文件系统），存储的是当前内核运行状态的一系列特殊文件，该目录是一个虚拟的目录，它是系统内存的映射，我们可以通过直接访问该目录来获取系统信息。
- ☑ /root：该目录为系统管理员目录，也称作超级权限者的用户主目录。
- ☑ /sbin：sbin 是 superuser binaries（超级用户的二进制文件）的缩写，其中的 s 表示 superuser（超级用户），这里存放的是系统管理员使用的系统管理程序。
- ☑ /srv：该目录存放一些服务启动之后需要提取的数据。
- ☑ /sys：这是 Linux 2.6 内核的一个很大的变化。该目录下安装了 Linux 2.6 内核中新出现的一个文件系统 sysfs。sysfs 文件系统集成了 3 种文件系统的信息：即针对进程信息的 proc 文件系统、针对设备的 devfs 文件系统以及针对伪终端的 devpts 文件系统。该文件系统是内核设备树的一个直观反映。
- ☑ /tmp：tmp 是 temporary（临时）的缩写，该目录用来存放一些临时文件。
- ☑ /usr：usr 是 unix shared resources（共享资源）的缩写，这是一个非常重要的目录，用户的很多应用程序和文件都放在这个目录下，类似于 Windows 下的 program files 目录。
- ☑ /var：var 是 variable（变量）的缩写，该目录中存放着在不断扩充着的内容，我们习惯将那些经常被修改的目录放在该目录下，如各种日志文件。
- ☑ /run：是一个临时文件系统，存储系统启动以来的信息。当系统重启时，该目录下的文件应该被删掉或清除。如果你的系统上有/var/run 目录，应该让它指向 run。

2.1.2 创建空目录

Mkdir（make directory）命令用于创建目录，如果目录已经存在，则不能创建成功。

1．语法格式

```
mkdir [-p] 目录名称
```

2．参数详解

- ☑ -p：确保目录名称存在，如果目录不存在就新建一个。
- ☑ -m, --mode=MODE：给创建的目录设置权限（类似 chmod），MODE 表示对应的权限，如 0744。
- ☑ -v, --verbose：每次创建新目录时都打印一个信息。

3．企业实战

【案例 1】创建空目录 rcs-team。

创建目录 rcs-team 存放资料，执行命令 mkdir rcs-team，然后按 Enter 键，如图 2.3 所示。

```
[root@rcs-team-rocky ~/Rocky]# mkdir rcs-team
[root@rcs-team-rocky ~/Rocky]# ll
total 0
drwxr-xr-x 2 root root 6 Aug 11 18:45 rcs-team
[root@rcs-team-rocky ~/Rocky]#
```

图 2.3　创建空目录 rcs-team

【案例 2】创建目录 rcs-team 及子目录 day01。

执行命令 mkdir -p rcs-team/day01，然后按 Enter 键，如图 2.4 所示。

```
[root@rcs-team-rocky ~/Rocky]# mkdir -p  rcs-team/day01
[root@rcs-team-rocky ~/Rocky]# ll
total 0
drwxr-xr-x 3 root root 19 Aug 11 18:46 rcs-team
[root@rcs-team-rocky ~/Rocky]# ll
total 0
drwxr-xr-x 3 root root 19 Aug 11 18:46 rcs-team
[root@rcs-team-rocky ~/Rocky]# ll rcs-team/
total 0
drwxr-xr-x 2 root root 6 Aug 11 18:46 day01
[root@rcs-team-rocky ~/Rocky]#
```

图 2.4　创建目录 rcs-team 及子目录 day01

【案例 3】创建 go 目录并指定其权限为 711（忽略 umask 影响）。

通常我们创建目录时，由于系统 umask 影响，目录的默认权限为 755，即 drwxr-xr-x。现在创建 go 目录并指定其权限为 711，如图 2.5 所示。

```
[root@rcs-team-rocky8.6 ~]# ll
total 4
-rw-------. 1 root root 1197 Jun 21 14:26 anaconda-ks.cfg
drwxr-xr-x  6 root root  263 Jul 10 19:20 log
drwxr-xr-x  3 root root   19 Jul 17 23:50 rcs-team
[root@rcs-team-rocky8.6 ~]# mkdir -m 711 go
[root@rcs-team-rocky8.6 ~]# ll
total 4
-rw-------. 1 root root 1197 Jun 21 14:26 anaconda-ks.cfg
drwx--x--x  2 root root    6 Jul 17 23:52 go
drwxr-xr-x  6 root root  263 Jul 10 19:20 log
drwxr-xr-x  3 root root   19 Jul 17 23:50 rcs-team
[root@rcs-team-rocky8.6 ~]#
```

图 2.5　创建目录 go 并指定其权限为 711

2.1.3　删除空目录

在 Linux 中可以通过 rmdir 命令删除一个空目录，也可以通过-p 参数递归删除空的子目录。

1. 语法格式

```
rmdir [-p] 目录名称
```

2. 参数详解

-p：若子目录被删除后当前目录成为空目录，则一并删除当前目录。

3. 企业实战

【案例 1】删除空目录 rcs-team。

执行命令 rmdir rcs-team 删除空目录，如图 2.6 所示。

```
[root@rcs-team-rocky8.6 ~]# ll
total 4
-rw-------. 1 root root 1197 Jun 21 14:26 anaconda-ks.cfg
drwx--x--x  2 root root    6 Jul 17 23:52 go
drwxr-xr-x  6 root root  263 Jul 10 19:20 log
drwxr-xr-x  2 root root    6 Jul 18 00:03 rcs-team
[root@rcs-team-rocky8.6 ~]# rmdir rcs-team/
[root@rcs-team-rocky8.6 ~]# ll
total 4
-rw-------. 1 root root 1197 Jun 21 14:26 anaconda-ks.cfg
drwx--x--x  2 root root    6 Jul 17 23:52 go
drwxr-xr-x  6 root root  263 Jul 10 19:20 log
[root@rcs-team-rocky8.6 ~]#
```

图 2.6　删除空目录 rcs-team

【案例 2】删除非空目录 linux 及其子目录 day01。

执行命令 rmdir -p linux/day01/删除目录 linux 及其子目录 day01，如图 2.7 所示。

```
[root@rcs-team-rocky8.6 ~]# ll
total 4
-rw-------. 1 root root 1197 Jun 21 14:26 anaconda-ks.cfg
drwx--x--x  2 root root    6 Jul 17 23:52 go
drwxr-xr-x  3 root root   19 Jul 18 00:05 linux
drwxr-xr-x  6 root root  263 Jul 10 19:20 log
[root@rcs-team-rocky8.6 ~]# rmdir -p linux/day01/
[root@rcs-team-rocky8.6 ~]# ll
total 4
-rw-------. 1 root root 1197 Jun 21 14:26 anaconda-ks.cfg
drwx--x--x  2 root root    6 Jul 17 23:52 go
drwxr-xr-x  6 root root  263 Jul 10 19:20 log
[root@rcs-team-rocky8.6 ~]#
```

图 2.7　删除目录 linux 及其子目录 day01

2.1.4　复制目录

在日常工作中我们常常需要复制目录或文件，可以通过 cp 命令实现。语法格式及参数详解如下。

1. 语法格式

```
cp [options] source dest
```

2. 参数详解

options 参数：

- ☑ -a：此选项通常在复制目录时使用，它保留链接、文件属性，并复制目录下的所有内容。其作用等于 dpR 参数组合。
- ☑ -d：复制时保留链接。这里所说的链接相当于 Windows 系统中的快捷方式。
- ☑ -f：覆盖已经存在的目标文件而不给出提示。
- ☑ -i：与-f 选项相反，在覆盖目标文件之前给出提示，要求用户确认是否覆盖，回答为 y 时，目标文件将被覆盖。
- ☑ -p：除复制文件的内容外，还把修改时间和访问权限也复制到新文件中。
- ☑ -r：若给出的源文件是一个目录文件，此时将复制该目录下所有的子目录和文件。
- ☑ -l：不复制文件，只是生成链接文件。

source 参数：表示源文件，这里可以是文件名称，也可以是带路径的文件名称。
dest 参数：表示目标文件，这里可以是文件名称，也可以是带路径的文件名称。

3. 企业实战

【案例】复制非空目录 rcs-team 为 new-rcs。

执行命令 cp -r rcs-team new-rcs 即可完成复制，如图 2.8 所示。

```
[root@rcs-team-rocky8.6 ~]# cp -r rcs-team new-rcs
[root@rcs-team-rocky8.6 ~]# ll
total 4
-rw-------. 1 root root 1197 Jun 21 14:26 anaconda-ks.cfg
drwx--x--x  2 root root    6 Jul 17 23:52 go
drwxr-xr-x  6 root root  263 Jul 10 19:20 log
drwxr-xr-x  3 root root   19 Jul 18 01:03 new-rcs
drwxr-xr-x  3 root root   19 Jul 18 01:03 rcs-team
[root@rcs-team-rocky8.6 ~]# 
```

图 2.8 复制非空目录 rcs-team 为 new-rcs

2.1.5 移动目录

mv（move file）命令用来为文件或目录改名或将文件或目录移到其他位置。

1. 语法格式

```
mv [options] source dest
mv [options] source... directory
```

2. 参数详解

options 参数：

- ☑ -b：当目标文件或目录存在时，在执行覆盖前会为其创建一个备份。
- ☑ -i：如果指定移动的源目录或文件与目标的目录或文件同名，则会先询问是否覆盖旧文件，输入 y 表示直接覆盖，输入 n 则表示取消该操作。
- ☑ -f：如果指定移动的源目录或文件与目标目录或文件同名，则直接覆盖旧文件，不会询问是否覆盖。
- ☑ -n：不覆盖任何已存在的文件或目录。

☑ -u：当源文件比目标文件新或者目标文件不存在时，才执行移动操作。

source 参数：表示源文件，这里可以是文件名称，也可以是带路径的文件名称。

dest 参数：表示目标文件，这里可以是文件名称，也可以是带路径的文件名称。

3．企业实战

【案例 1】修改文件夹/目录的名称（重命名操作）。

执行命令 mv rcs-team rcs 完成目录重命名操作，如图 2.9 所示。

```
[root@rcs-team-rocky ~/Rocky]# ll
total 0
drwxr-xr-x 3 root root 19 Aug 11 18:46 rcs-team
[root@rcs-team-rocky ~/Rocky]# mv rcs-team rcs
[root@rcs-team-rocky ~/Rocky]# ll
total 0
drwxr-xr-x 3 root root 19 Aug 11 18:46 rcs
[root@rcs-team-rocky ~/Rocky]#
```

图 2.9　rcs-team 目录重命名

在当前目录下同级操作时就是重命名操作。

【案例 2】移动 rcs 目录到/tmp 目录下。

执行命令 mv rcs /tmp/完成目录移动操作，如图 2.10 所示。

```
[root@rcs-team-rocky ~/Rocky]# mv rcs /tmp/
[root@rcs-team-rocky ~/Rocky]# ll
total 0
[root@rcs-team-rocky ~/Rocky]# ll /tmp
total 4
-rw-r--r-- 1 root root 29 Aug 11 18:54 date.log
drwxr-xr-x 2 root root 18 Aug  3 18:01 hsperfdata_root
drwxr-xr-x 3 root root 19 Aug 11 18:46 rcs
drwx------ 3 root root 17 Aug  9 07:02 systemd-private-27717f3e2b954072b0e45884c1c178e6-chronyd.service-9jmC3f
drwx------ 2 root root  6 Aug  4 11:02 vmware-root_895-3979642976
drwx------ 2 root root  6 Aug  9 07:02 vmware-root_913-4013723377
drwx------ 2 root root  6 Aug  3 17:59 vmware-root_914-2689209517
drwx------ 2 root root  6 Aug  4 07:00 vmware-root_917-4022308724
drwx------ 2 root root  6 Aug  3 18:03 vmware-root_927-3980167416
drwx------ 2 root root  6 Aug  4 10:32 vmware-root_930-2722763397
[root@rcs-team-rocky ~/Rocky]#
```

图 2.10　移动 rcs 目录到/tmp 目录下

2.1.6　切换目录

cd（change directory）命令用于切换当前工作目录。

1．语法格式

```
cd [dirName]
```

2．参数详解

dirName：要切换的目标目录。

3．企业实战

【案例 1】切换当前工作目录为/etc。

命令如下，如图 2.11 所示。

```
[root@rcs-team-rocky ~]# cd /etc
```

```
[root@rcs-team-rocky ~]# cd /etc
[root@rcs-team-rocky /etc]# pwd
/etc
[root@rcs-team-rocky /etc]#
```

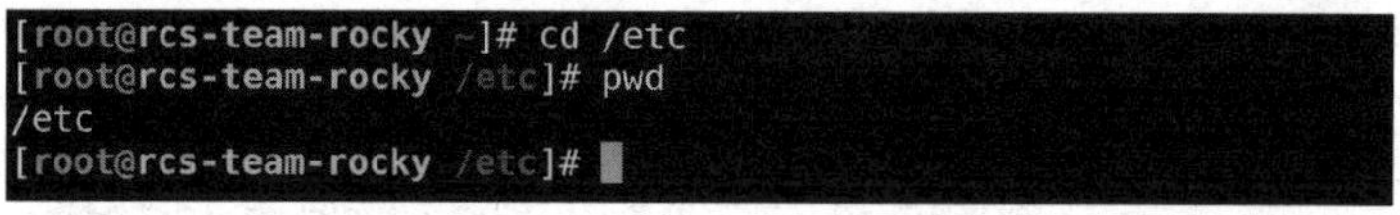

图 2.11　切换当前工作目录为/etc

【案例 2】切换当前工作目录为/。

命令如下，如图 2.12 所示。

```
[root@rcs-team-rocky /etc]# cd /
```

```
[root@rcs-team-rocky /etc]# cd /
[root@rcs-team-rocky /]# pwd
/
[root@rcs-team-rocky /]#
```

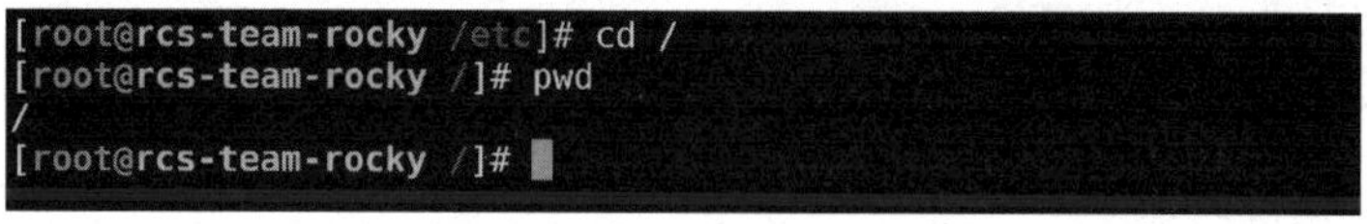

图 2.12　切换当前工作目录为/

【案例 3】切换当前工作目录为家目录（~）。

命令如下，如图 2.13 所示。

```
[root@rcs-team-rocky /]# cd ~
```

```
[root@rcs-team-rocky /]# cd ~
[root@rcs-team-rocky ~]# pwd
/root
[root@rcs-team-rocky ~]#
```

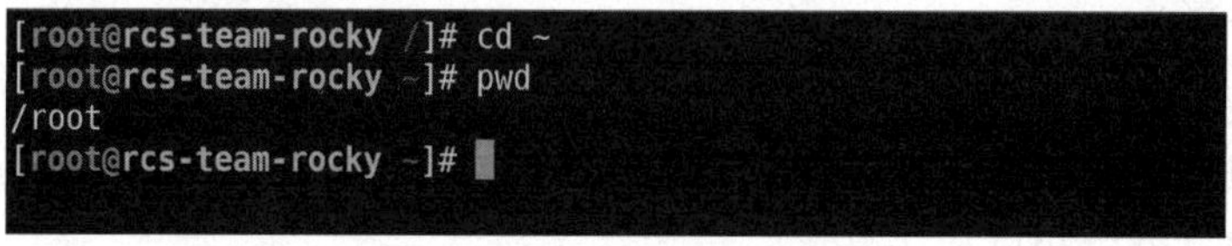

图 2.13　切换当前工作目录为家目录

【案例 4】切换当前工作目录为上次进入的目录（-）。

命令如下，如图 2.14 所示。

```
[root@rcs-team-rocky ~]# cd -
```

```
[root@rcs-team-rocky ~]# cd -
/
[root@rcs-team-rocky /]# pwd
/
[root@rcs-team-rocky /]#
```

图 2.14　切换当前工作目录为上次进入的目录

【案例 5】切换当前工作目录为上一级（层）目录。

命令如下，如图 2.15 所示。

```
[root@rcs-team-rocky /]# cd ..
```

```
[root@rcs-team-rocky /]# cd ..
[root@rcs-team-rocky /]# pwd
/
[root@rcs-team-rocky /]#
```

图 2.15　切换当前工作目录为上一级（层）目录

【案例 6】切换工作目录为当前工作目录的子目录。

命令如下，如图 2.16 所示。

```
[root@rcs-team-rocky ~/Rocky]# cd ./day01
```

```
[root@rcs-team-rocky ~/Rocky]# ll
total 0
drwxr-xr-x 2 root root 6 Aug 11 19:03 day01
[root@rcs-team-rocky ~/Rocky]# cd ./day01
[root@rcs-team-rocky ~/Rocky/day01]# pwd
/root/Rocky/day01
[root@rcs-team-rocky ~/Rocky/day01]#
```

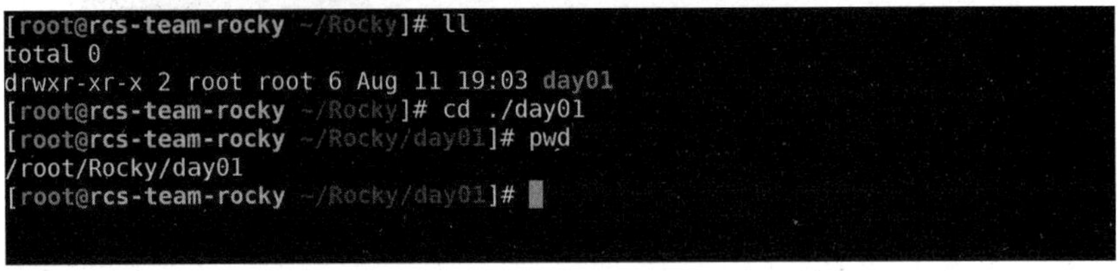

图 2.16　切换工作目录为当前工作目录的子目录

2.1.7　列出目录及文件名

ls（list files）命令用于显示指定工作目录下的内容（列出当前工作目录所含的文件及子目录）。

1．语法格式

```
ls [-alrtAFR] [name...]
```

2．参数详解

- ☑ -a：显示所有文件及目录（以.开头的隐藏文件也会列出）。
- ☑ -l：以长格式显示文件和目录信息，包括权限、所有者、大小、创建时间等。
- ☑ -r：将文件以相反次序显示。
- ☑ -t：将文件以建立时间的先后次序列出。
- ☑ -A：同-a ，但不列出“.”（目前目录）及“..”（父目录）。
- ☑ -F：在列出的文件名称后加一符号；例如可执行档则加“*”，目录则加“/”。
- ☑ -R：递归显示目录中的所有文件和子目录。

3．企业实战

【案例 1】列出根目录下的所有目录。

命令如下，如图 2.17 所示。

```
[root@rcs-team-rocky ~]# ls /
```

```
[root@rcs-team-rocky ~]# ls /
bin  boot  dev  etc  home  lib  lib64  media  mnt  opt  proc  root  run  sbin  srv  sys  usr  var
[root@rcs-team-rocky ~]#
```

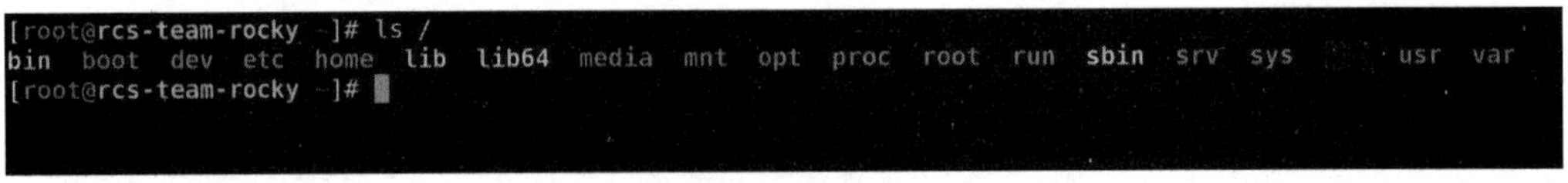

图 2.17　列出根目录下的所有目录

【案例 2】列出/etc 下的所有目录。

命令如下，如图 2.18 所示。

```
[root@rcs-team-rocky ~]# ls /etc
```

```
[root@rcs-team-rocky ~]# ls /etc
adjtime                 dhcp                     idmapd.conf      logrotate.d              passwd-              rhsm                    sysctl.conf
aliases                 DIR_COLORS               init.d           lsm                      pcp                  rocky-release           sysctl.d
alternatives            DIR_COLORS.256color      inittab          lvm                      pcp.conf             rocky-release-upstream  systemd
anacrontab              DIR_COLORS.lightbgcolor  inputrc          machine-id               pcp.env              rpc                     system-release
asciidoc                dnf                      insights-client  magic                    pesign               rpm                     system-release-cpe
at.deny                 dracut.conf              iproute2         mailcap                  pinforc              rsyncd.password         tcsd.conf
audit                   dracut.conf.d            ipsec.conf       makedumpfile.conf.sample pkcs11               rsyslog.conf            terminfo
authselect              environment              ipsec.d          man_db.conf              pki                  rsyslog.d               tmpfiles.d
bash_completion.d       ethertypes               ipsec.secrets    mcelog                   plymouth             rwtab.d                 trusted-key.key
bashrc                  exports                  issue            microcode_ctl            pm                   samba                   tuned
bindresvport.blacklist  favicon.png              issue.d          mime.types               polkit-1             sasl2                   udev
binfmt.d                filesystems              issue.net        mke2fs.conf              popt.d               security                unbound
centos-release          firewalld                java             modprobe.d               prelink.conf.d       selinux                 updatedb.conf
chkconfig.d             fonts                    jvm              modules-load.d           printcap             services                vconsole.conf
chrony.conf             fprintd.conf             jvm-commmon      motd                     profile              sestatus.conf           vimrc
chrony.keys             fstab                    kdump            motd.d                   profile.d            setroubleshoot          virc
cifs-utils              fuse.conf                kdump.conf       mtab                     protocols            sgml                    vmware-tools
cni                     gcrypt                   kernel           nanorc                   qemu-ga              shadow                  wgetrc
cockpit                 gdbinit                  keyutils         netconfig                qemu-kvm             shadow-                 X11
containers              gdbinit.d                krb5.conf        NetworkManager           rc0.d                shells                  xattr.conf
cron.d                  glvnd                    krb5.conf.d      networks                 rc1.d                skel                    xdg
cron.daily              gnupg                    ld.so.cache      nftables                 rc2.d                smartmontools           xinetd.d
cron.deny               GREP_COLORS              ld.so.conf       nsswitch.conf            rc3.d                sos                     xml
cron.hourly             groff                    ld.so.conf.d     nsswitch.conf.bak        rc4.d                ssh                     yum
cron.monthly            group                    libaudit.conf    nvme                     rc5.d                ssl                     yum.conf
crontab                 group-                   libibverbs.d     oddjob                   rc6.d                sssd                    yum.repos.d
cron.weekly             grub2.cfg                libnl            oddjobd.conf             rc.d                 subgid                  zlogin
crypto-policies         grub.d                   libpaper.d       oddjobd.conf.d           rc.local             subgid-                 zlogout
crypttab                gshadow                  libreport        openldap                 rdma                 subuid                  zprofile
csh.cshrc               gshadow-                 libssh           opt                      redhat-release       subuid-                 zshenv
csh.login               gss                      libuser.conf     os-release               redis.conf           sudo.conf               zshrc
dbus-1                  host.conf                locale.conf      PackageKit               redis-sentinel.conf  sudoers
dconf                   hostname                 localtime        pam.d                    request-key.conf     sudoers.d
default                 hosts                    login.defs       papersize                request-key.d        sudo-ldap.conf
depmod.d                httpd                    logrotate.conf   passwd                   resolv.conf          sysconfig
[root@rcs-team-rocky ~]#
```

图 2.18　列出/etc 下的所有目录

【案例 3】以长格式的方式列出/etc 下的所有目录。

命令如下，如图 2.19 所示。

```
[root@rcs-team-rocky ~]# ls -l /etc
```

```
[root@rcs-team-rocky ~]# ls -l /etc
total 1332
-rw-r--r--. 1 root root      16 Jun 21 14:25 adjtime
-rw-r--r--. 1 root root    1529 Mar 15  2021 aliases
drwxr-xr-x. 2 root root    4096 Aug  3 18:01 alternatives
-rw-r--r--. 1 root root     541 Apr 20 05:53 anacrontab
drwxr-xr-x. 4 root root    4096 Jun 21 14:21 asciidoc
-rw-r--r--. 1 root root       1 Apr 12  2021 at.deny
drwxr-x---. 4 root root     100 Jul 15 15:18 audit
drwxr-xr-x. 3 root root     228 Jun 21 14:25 authselect
drwxr-xr-x. 2 root root     135 Aug  4 06:54 bash_completion.d
-rw-r--r--. 1 root root    3135 Jun 24 13:53 bashrc
-rw-r--r--. 1 root root     535 Apr 20 07:33 bindresvport.blacklist
drwxr-xr-x. 2 root root       6 Aug  2 15:47 binfmt.d
lrwxrwxrwx  1 root root      13 May 21 05:45 centos-release -> rocky-release
drwxr-xr-x. 2 root root       6 Oct 11  2021 chkconfig.d
-rw-r--r--. 1 root root    1078 Oct 12  2021 chrony.conf
-rw-r-----. 1 root chrony   540 May 12  2021 chrony.keys
drwxr-xr-x. 2 root root      26 Jun 28 23:25 cifs-utils
drwxr-xr-x. 3 root root      19 Jul 19 16:37 cni
```

图 2.19　以长格式的方式列出/etc 下的所有目录

【案例 4】以长格式的方式列出家目录下的所有目录（含隐藏文件和目录）。

命令如下，如图 2.20 所示。

```
[root@rcs-team-rocky ~]# ls -al
```

```
[root@rcs-team-rocky ~]# ls -al
total 340
dr-xr-x---. 15 root root  4096 Aug 11 18:38 .
dr-xr-xr-x. 17 root root   244 Jul 18 00:23 ..
-rw-------.  1 root root  1197 Jun 21 14:26 anaconda-ks.cfg
-rw-------   1 root root 30072 Aug  9 07:01 .bash_history
-rw-r--r--.  1 root root    18 Mar 15  2021 .bash_logout
-rw-r--r--.  1 root root   176 Mar 15  2021 .bash_profile
-rw-r--r--.  1 root root   176 Mar 15  2021 .bashrc
drwxr-xr-x   4 root root    35 Aug  5 13:45 .config
-rw-r--r--.  1 root root   100 Mar 15  2021 .cshrc
drwxr-xr-x   2 root root     6 Jul 22 12:54 data
drwx--x--x   2 root root     6 Jul 17 23:52 go
-rw-r--r--   1 root root    58 Aug  7 00:04 go.rar
-rw-r--r--   1 root root   111 Aug  6 23:05 go.tar.bz2
```

图 2.20　以长格式的方式列出家目录下的所有目录

注意：

隐藏文件是以“.”开头的，通常是一些比较重要的系统配置文件、用户配置文件，为了保证文件的安全性和保密性，通常都是以隐藏文件的形式显示。

2.1.8 显示当前的工作目录

pwd（print work directory）命令用于显示当前的工作目录。

1. 语法格式

```
pwd [--help][--version]
```

2. 参数详解

☑ --help：在线帮助。

☑ --version：显示版本信息。

3. 企业实战

【案例】显示用户当前的工作目录。

命令如下，如图 2.21 所示。

```
[root@rcs-team-rocky ~]# pwd
```

```
[root@rcs-team-rocky ~]# pwd
/root
[root@rcs-team-rocky ~]#
```

图 2.21　显示用户当前的工作目录

2.1.9 删除文件或目录

rm（remove）命令用于删除一个文件或目录。

1. 语法格式

```
rm [options] name...
```

2. 参数详解

options 可选参数：

☑ -i：删除前逐一询问确认。

☑ -f：即使原档案属性设为唯读，亦直接删除，无须逐一确认。

☑ -r：将目录及以下之档案亦逐一删除。

name 参数：表示要删除的文件或目录的名称。

3. 企业实战

【案例】删除非空目录。

命令如下，如图 2.22 所示。

```
[root@rcs-team-rocky ~]# rm -rf Rocky
```

```
[root@rcs-team-rocky ~]# rm -rf Rocky
[root@rcs-team-rocky ~]# ll
total 256
-rw-------. 1 root root   1197 Jun 21 14:26 anaconda-ks.cfg
drwxr-xr-x  2 root root      6 Jul 22 12:54 data
drwx--x--x  2 root root      6 Jul 17 23:52 go
-rw-r--r--  1 root root    223 Aug  6 23:08 go.tar.Z
-rw-r--r--  1 root root    156 Aug  6 23:11 go.zip
drwxr-xr-x  2 root root      6 Jul 22 13:13 grafana_data
-rwxr-xr-x  1 root root  17800 Aug  5 20:33 hello
-rw-r--r--  1 root root     66 Aug  5 20:33 hello.c
drwxr-xr-x  3 root root     56 Jul 20 23:05 log
-rw-r--r--  1 root root    307 Jul 20 14:21 Podmanfile
drwxr-xr-x  3 root root     90 Jul 22 23:27 prometheus_conf
drwxr-xr-x  3 root root     19 Jul 18 01:03 rcs-team
drwxr-xr-x  2 root root      6 Jul 21 14:58 test
drwxr-xr-x  2 root root     20 Aug  7 00:48 Test
drwxr-xr-x  3 ftp  ftp      18 Jul 25 01:03 vsftpd
drwxr-xr-x  2 root root   4096 Jul 20 13:50 yum.repos.d
-rw-r--r--  1 root root 214358 Aug  1 19:47 zkz_tdxlZkz_w.ly1221@gmail.com_WY.pdf
[root@rcs-team-rocky ~]#
```

图 2.22　递归删除非空目录

以上命令中的-r 参数表示递归删除目录和子目录，-f 参数表示强制删除。

注意：

在实际工作过程中为了避免误删除，建议使用 rm -ri 命令进行操作，另外，在删除、修改文件之前要做到先备份再删除。

2.2　文件管理

Linux 中所有内容都是以文件的形式保存和管理的，即一切皆文件。在这个文件系统中我们基本上每天都需要和文件打交道进行文件的管理，如创建、删除、复制、移动、重命名文件，查看文件内容等。

- ☑　普通文件是文件。
- ☑　目录是特殊文件。
- ☑　硬件设备是特殊文件（打印机、硬盘、键盘）。
- ☑　套接字、网络通信等资源也都是文件。

Linux 对文件的操作命令包括 touch、rm、cp、mv、cat、more 和 tail 等。

2.2.1　touch 命令

touch 命令用于修改文件或目录的时间属性，包括存取时间和更改时间。若文件不存在，系统则会创建一个新的文件。ls -l 可以显示档案的时间记录。

1．语法格式

```
touch [-acfm][-d<日期时间>][-r<参考文件或目录>][-t<日期时间>][--help][--version]
[文件或目录…]
```

2. 参数详解

☑ a：改变档案的读取时间记录。
☑ c：假如目的档案不存在，不会建立新的档案，与--no-create 的效果一样。
☑ f：不使用，是为了与其他 UNIX 系统的相容性而保留。
☑ m：改变档案的修改时间记录。
☑ d：设定时间与日期，可以使用各种不同的格式。
☑ r：使用参考档案的时间记录，与--file 的效果一样。
☑ t：设定档案的时间记录，格式与 date 指令相同。
☑ --no-create：不会建立新档案。
☑ --help：列出指令格式。
☑ --version：列出版本信息。

3. 企业实战

【案例 1】创建名为 Hello.txt 的空文件。

命令如下，如图 2.23 所示。

```
[root@rcs-team-rocky ~/Rocky]# touch Hello.txt
```

```
[root@rcs-team-rocky ~/Rocky]# touch Hello.txt
[root@rcs-team-rocky ~/Rocky]# ll
total 0
drwxr-xr-x 2 root root 6 Aug 11 19:03 day01
-rw-r--r-- 1 root root 0 Aug 11 22:39 Hello.txt
[root@rcs-team-rocky ~/Rocky]#
```

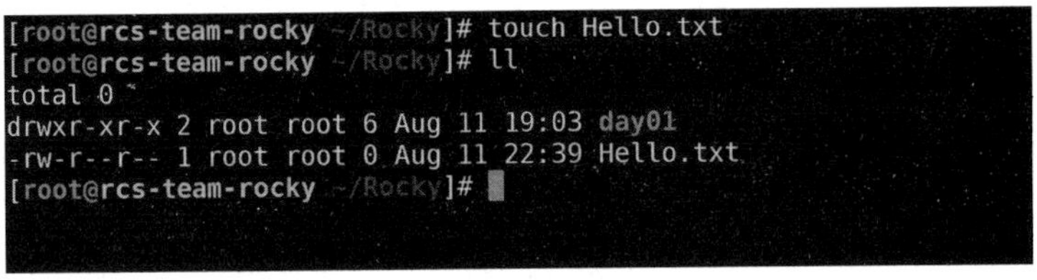

图 2.23　创建名为 Hello.txt 的空文件

【案例 2】创建名为.rcs_team.conf 的隐藏文件。

命令如下，如图 2.24 所示。

```
[root@rcs-team-rocky ~/Rocky]# touch .rcs_team.conf
```

```
[root@rcs-team-rocky ~/Rocky]# touch .rcs_team.conf
[root@rcs-team-rocky ~/Rocky]# ll
total 0
drwxr-xr-x 2 root root 6 Aug 11 19:03 day01
-rw-r--r-- 1 root root 0 Aug 11 22:39 Hello.txt
[root@rcs-team-rocky ~/Rocky]# ls -al
total 4
drwxr-xr-x   3 root root   58 Aug 11 22:40 .
dr-xr-x---. 15 root root 4096 Aug 11 22:33 ..
drwxr-xr-x   2 root root    6 Aug 11 19:03 day01
-rw-r--r--   1 root root    0 Aug 11 22:39 Hello.txt
-rw-r--r--   1 root root    0 Aug 11 22:40 .rcs_team.conf
[root@rcs-team-rocky ~/Rocky]#
```

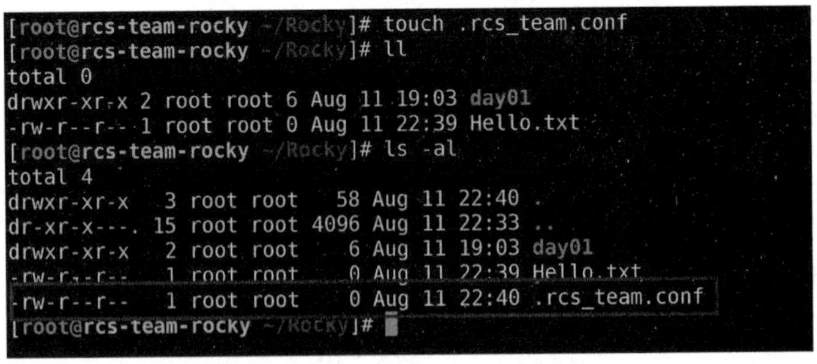

图 2.24　创建名为.rcs_team.conf 的隐藏文件

【案例 3】创建多个文件（如 1.txt、2.txt、3.txt、4.txt、5.txt）。

命令如下，如图 2.25 所示。

```
[root@rcs-team-rocky ~/Rocky]# touch {1..5}.txt
```

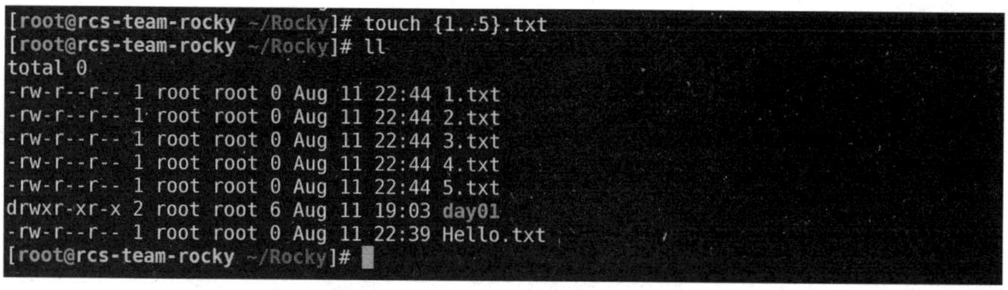

```
[root@rcs-team-rocky ~/Rocky]# touch {1..5}.txt
[root@rcs-team-rocky ~/Rocky]# ll
total 0
-rw-r--r-- 1 root root 0 Aug 11 22:44 1.txt
-rw-r--r-- 1 root root 0 Aug 11 22:44 2.txt
-rw-r--r-- 1 root root 0 Aug 11 22:44 3.txt
-rw-r--r-- 1 root root 0 Aug 11 22:44 4.txt
-rw-r--r-- 1 root root 0 Aug 11 22:44 5.txt
drwxr-xr-x 2 root root 6 Aug 11 19:03 day01
-rw-r--r-- 1 root root 0 Aug 11 22:39 Hello.txt
[root@rcs-team-rocky ~/Rocky]#
```

图 2.25　创建多个文件

2.2.2　rm 命令

rm（remove）命令用于删除一个文件或目录。具体的语法格式、参数已经在 2.1.9 节介绍过了，这里直接通过案例演示。

企业实战

【案例 1】删除文件（带提示）。

命令如下，如图 2.26 所示。

```
[root@rcs-team-rocky ~]# rm go.rar
```

```
drwxr-xr-x  2 root root      6 Jul 22 12:54 data
drwx--x--x  2 root root      6 Jul 17 23:52 go
-rw-r--r--  1 root root     58 Aug  7 00:04
-rw-r--r--  1 root root    111 Aug  6 23:05 go.tar.bz2
-rw-r--r--  1 root root    105 Aug  6 23:00 go.tar.gz
-rw-r--r--  1 root root    223 Aug  6 23:08 go.tar.Z
-rw-r--r--  1 root root    156 Aug  6 23:11 go.zip
drwxr-xr-x  2 root root      6 Jul 22 13:13 grafana_data
-rwxr-xr-x  1 root root  17800 Aug  5 20:33 hello
-rw-r--r--  1 root root     66 Aug  5 20:33 hello.c
drwxr-xr-x  3 root root     56 Jul 20 23:05 log
-rw-r--r--  1 root root    307 Jul 20 14:21 Podmanfile
drwxr-xr-x  3 root root     90 Jul 22 23:27 prometheus_conf
drwxr-xr-x  3 root root     19 Jul 18 01:03 rcs-team
drwxr-xr-x  3 root root     19 Aug 11 19:03 Rocky
drwxr-xr-x  2 root root      6 Jul 21 14:58 test
drwxr-xr-x  2 root root     20 Aug  7 00:48 Test
drwxr-xr-x  3 ftp  ftp      18 Jul 25 01:03 vsftpd
drwxr-xr-x  2 root root   4096 Jul 20 13:50 yum.repos.d
-rw-r--r--  1 root root 214358 Aug  1 19:47 zkz_tdxlZkz_w.ly1221@gmail.com_WY.pdf
[root@rcs-team-rocky ~]# rm go.rar
rm: remove regular file 'go.rar'? y
[root@rcs-team-rocky ~]# ll
total 264
-rw-------. 1 root root   1197 Jun 21 14:26 anaconda-ks.cfg
drwxr-xr-x  2 root root      6 Jul 22 12:54 data
drwx--x--x  2 root root      6 Jul 17 23:52 go
-rw-r--r--  1 root root    111 Aug  6 23:05 go.tar.bz2
-rw-r--r--  1 root root    105 Aug  6 23:00 go.tar.gz
```

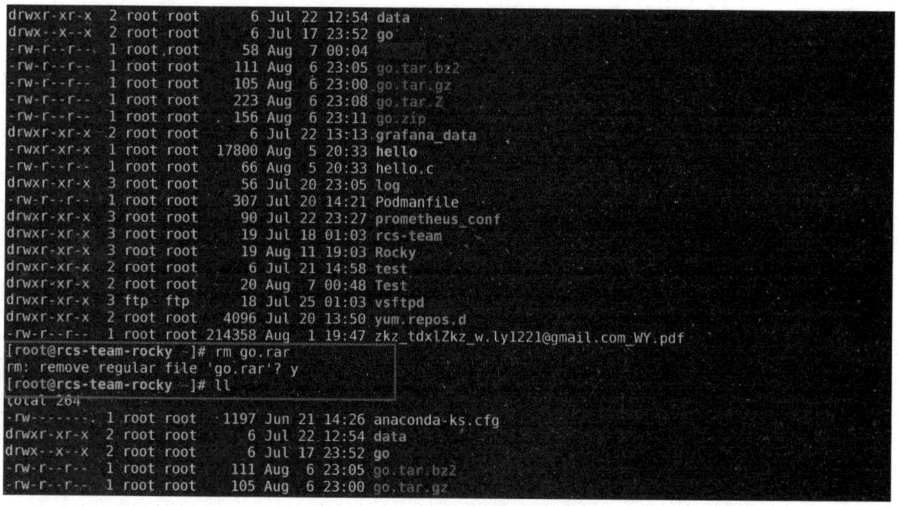

图 2.26　删除 go.rar 文件

注意：

如图 2.26 所示，删除 go.rar 文件时需要输入 y 参数进行确认后才能进行删除。

【案例 2】强制删除文件（不带提示，谨慎操作）。

命令如下，如图 2.27 所示。

```
[root@rcs-team-rocky ~]# rm -rf go.tar.bz2
```

【案例 3】强制删除文件（安全删除）。

命令如下，如图 2.28 所示。

```
[root@rcs-team-rocky ~]# rm -rfi go.tar.gz
```

```
[root@rcs-team-rocky ~]# ll
total 264
-rw-------. 1 root root   1197 Jun 21 14:26 anaconda-ks.cfg
drwxr-xr-x  2 root root      6 Jul 22 12:54 data
drwx--x--x  2 root root      6 Jul 17 23:52 go
-rw-r--r--  1 root root    111 Aug  6 23:05 go.tar.bz2
-rw-r--r--  1 root root    105 Aug  6 23:00 go.tar.gz
-rw-r--r--  1 root root    223 Aug  6 23:08 go.tar.Z
-rw-r--r--  1 root root    156 Aug  6 23:11 go.zip
drwxr-xr-x  2 root root      6 Jul 22 13:13 grafana_data
-rwxr-xr-x  1 root root  17800 Aug  5 20:33 hello
-rw-r--r--  1 root root     66 Aug  5 20:33 hello.c
drwxr-xr-x  3 root root     56 Jul 20 23:05 log
-rw-r--r--  1 root root    307 Jul 20 14:21 Podmanfile
drwxr-xr-x  3 root root     90 Jul 22 23:27 prometheus_conf
drwxr-xr-x  3 root root     19 Jul 18 01:03 rcs-team
drwxr-xr-x  3 root root     19 Aug 11 19:03 Rocky
drwxr-xr-x  2 root root      6 Jul 21 14:58 test
drwxr-xr-x  2 root root     20 Aug  7 00:48 Test
drwxr-xr-x  3 ftp  ftp      18 Jul 25 01:03 vsftpd
drwxr-xr-x  2 root root   4096 Jul 20 13:50 yum.repos.d
-rw-r--r--  1 root root 214358 Aug  1 19:47 zkz_tdxlZkz_w.ly1221@gmail.com_WY.pdf
[root@rcs-team-rocky ~]# rm -rf go.tar.bz2
[root@rcs-team-rocky ~]# ll
total 260
-rw-------. 1 root root   1197 Jun 21 14:26 anaconda-ks.cfg
drwxr-xr-x  2 root root      6 Jul 22 12:54 data
drwx--x--x  2 root root      6 Jul 17 23:52 go
-rw-r--r--  1 root root    105 Aug  6 23:00 go.tar.gz
-rw-r--r--  1 root root    223 Aug  6 23:08 go.tar.Z
```

图 2.27　强制删除 go.tar.bz2 文件

```
-rw-r--r--  1 root root    105 Aug  6 23:00
-rw-r--r--  1 root root    223 Aug  6 23:08 go.tar.Z
-rw-r--r--  1 root root    156 Aug  6 23:11 go.zip
drwxr-xr-x  2 root root      6 Jul 22 13:13 grafana_data
-rwxr-xr-x  1 root root  17800 Aug  5 20:33 hello
-rw-r--r--  1 root root     66 Aug  5 20:33 hello.c
drwxr-xr-x  3 root root     56 Jul 20 23:05 log
-rw-r--r--  1 root root    307 Jul 20 14:21 Podmanfile
drwxr-xr-x  3 root root     90 Jul 22 23:27 prometheus_conf
drwxr-xr-x  3 root root     19 Jul 18 01:03 rcs-team
drwxr-xr-x  3 root root     19 Aug 11 19:03 Rocky
drwxr-xr-x  2 root root      6 Jul 21 14:58 test
drwxr-xr-x  2 root root     20 Aug  7 00:48 Test
drwxr-xr-x  3 ftp  ftp      18 Jul 25 01:03 vsftpd
drwxr-xr-x  2 root root   4096 Jul 20 13:50 yum.repos.d
-rw-r--r--  1 root root 214358 Aug  1 19:47 zkz_tdxlZkz_w.ly1221@gmail.com_WY.pdf
[root@rcs-team-rocky ~]# rm -rfi go.tar.gz
rm: remove regular file 'go.tar.gz'? y
[root@rcs-team-rocky ~]# ll
total 256
-rw-------. 1 root root   1197 Jun 21 14:26 anaconda-ks.cfg
drwxr-xr-x  2 root root      6 Jul 22 12:54 data
drwx--x--x  2 root root      6 Jul 17 23:52 go
-rw-r--r--  1 root root    223 Aug  6 23:08 go.tar.Z
-rw-r--r--  1 root root    156 Aug  6 23:11 go.zip
```

图 2.28　删除 go.tar.gz 文件

2.2.3　cp 命令

在日常工作中常常需要复制目录或文件，通过 cp 命令可以完成复制需求。具体参数以及使用方法参考 2.1.4 节，下面直接进行案例展示。

企业实战

【案例】备份/etc/yum.repos.d/中的*.repo 文件到/backup 目录中。

命令如下，如图 2.29 所示。

```
[root@rcs-team-rocky /etc/yum.repos.d]# cp *.repo ./backup/
```

```
[root@rcs-team-rocky /etc/yum.repos.d]# ll backup/
```

```
[root@rcs-team-rocky /etc/yum.repos.d]# cp *.repo ./backup/
[root@rcs-team-rocky /etc/yum.repos.d]# ll backup/
total 52
-rw-r--r-- 1 root root  711 Aug 11 23:02 Rocky-AppStream.repo
-rw-r--r-- 1 root root  696 Aug 11 23:02 Rocky-BaseOS.repo
-rw-r--r-- 1 root root 1758 Aug 11 23:02 Rocky-Debuginfo.repo
-rw-r--r-- 1 root root  361 Aug 11 23:02 Rocky-Devel.repo
-rw-r--r-- 1 root root  696 Aug 11 23:02 Rocky-Extras.repo
-rw-r--r-- 1 root root  732 Aug 11 23:02 Rocky-HighAvailability.repo
-rw-r--r-- 1 root root  680 Aug 11 23:02 Rocky-Media.repo
-rw-r--r-- 1 root root  681 Aug 11 23:02 Rocky-NFV.repo
-rw-r--r-- 1 root root  691 Aug 11 23:02 Rocky-Plus.repo
-rw-r--r-- 1 root root  716 Aug 11 23:02 Rocky-PowerTools.repo
-rw-r--r-- 1 root root  747 Aug 11 23:02 Rocky-ResilientStorage.repo
-rw-r--r-- 1 root root  682 Aug 11 23:02 Rocky-RT.repo
-rw-r--r-- 1 root root 2340 Aug 11 23:02 Rocky-Sources.repo
[root@rcs-team-rocky /etc/yum.repos.d]#
```

图 2.29　备份/etc/yum.repos.d/中的*.repo 文件到/backup 目录中

在替换系统的默认源时，要先备份再修改。由于这是实战性非常高的操作，因此在进行操作时要有安全意识，防止在没有备份的情况下进行增、删、改等操作，以免造成损失（如因配置文件等的修改造成服务启动失败）。这样做的目的是便于我们在遇到问题时，能够快速还原问题并解决问题。

2.2.4　mv 命令

mv 命令用来为文件/目录改名或将文件/目录移入其他位置。具体语法格式和参数请参考 2.1.5 节，本节仅进行案例展示。

企业实战

【案例 1】文件在同级目录下进行重命名的操作。

命令如下，如图 2.30 所示。

```
[root@rcs-team-rocky /usr/local]# mv nginx-1.18.0 nginx
```

```
-rw-r--r--  1 root     root      1039530 Apr 21  2020 nginx-1.18.0.tar.gz
drwxr-xr-x  2 rcs-team rcs-team      192 May  5 02:22 rar
-rw-r--r--  1 root     root       604520 May  5 02:22 rarlinux-x64-612.tar.gz
drwxr-xr-x. 2 root     root            6 Oct 11  2021 sbin
drwxr-xr-x. 5 root     root           49 Jun 21 14:17 share
drwxr-xr-x  3 root     root           26 Jul 15 14:41 soft
drwxr-xr-x. 2 root     root            6 Oct 11  2021 src
-rw-r--r--  1 root     root      3036328 Jun 21 22:44 zsh-5.5.1-10.el8.x86_64.rpm
[root@rcs-team-rocky /usr/local]# mv nginx-1.18.0 nginx
[root@rcs-team-rocky /usr/local]# ll
total 5692
drwxr-xr-x. 2 root     root           49 Aug  7 00:02 bin
-rw-r--r--  1 root     root      1140692 Jul 16 02:12 cockpit-navigator-0.5.8-2.el8.noarch.rpm
drwxr-xr-x. 2 root     root            6 Oct 11  2021 etc
drwxr-xr-x. 2 root     root            6 Oct 11  2021 games
drwxr-xr-x. 2 root     root            6 Oct 11  2021 include
drwxr-xr-x. 2 root     root            6 Oct 11  2021 lib
drwxr-xr-x. 3 root     root           17 Jun 21 14:17 lib64
drwxr-xr-x. 2 root     root            6 Oct 11  2021 libexec
drwxr-xr-x  9     1001     1001      186 Jul 15 14:39 nginx
```

图 2.30　重命名操作

【案例 2】移动文件到指定路径。

命令如下，如图 2.31 所示。

```
[root@rcs-team-rocky ~]# mv go /tmp
```

```
[root@rcs-team-rocky ~]# ll
total 256
-rw-------. 1 root root    1197 Jun 21 14:26 anaconda-ks.cfg
drwxr-xr-x  2 root root       6 Jul 22 12:54 data
drwx--x--x  2 root root       6 Jul 17 23:52 go
-rw-r--r--  1 root root     223 Aug  6 23:08 go.tar.Z
-rw-r--r--  1 root root     156 Aug  6 23:11 go.zip
drwxr-xr-x  2 root root       6 Jul 22 13:13 grafana_data
-rwxr-xr-x  1 root root   17800 Aug  5 20:33 hello
-rw-r--r--  1 root root      66 Aug  5 20:33 hello.c
drwxr-xr-x  3 root root      56 Jul 20 23:05 log
-rw-r--r--  1 root root     307 Jul 20 14:21 Podmanfile
drwxr-xr-x  3 root root      90 Jul 22 23:27 prometheus_conf
drwxr-xr-x  3 root root      19 Jul 18 01:03 rcs-team
drwxr-xr-x  2 root root       6 Jul 21 14:58 test
drwxr-xr-x  2 root root      20 Aug  7 00:48 Test
drwxr-xr-x  3 ftp  ftp       18 Jul 25 01:03 vsftpd
drwxr-xr-x  2 root root    4096 Jul 20 13:50 yum.repos.d
-rw-r--r--  1 root root  214358 Aug  1 19:47 zkz_tdxlZkz_w.ly1221@gmail.com_WY.pdf
[root@rcs-team-rocky ~]# mv go /tmp
[root@rcs-team-rocky ~]# ll /tmp
total 4
-rw-r--r-- 1 root root 29 Aug 11 23:10 date.log
drwx--x--x 2 root root  6 Jul 17 23:52 go
drwxr-xr-x 2 root root 18 Aug  3 18:01 hsperfdata_root
drwxr-xr-x 3 root root 19 Aug 11 18:46 rcs
drwx------ 3 root root 17 Aug  9 07:02 systemd-private-27717f3e2b954072b0e45884c1c178e6-chronyd.service-9jmC3f
drwx------ 2 root root  6 Aug  4 11:02 vmware-root_895-3979642976
drwx------ 2 root root  6 Aug  9 07:02 vmware-root_913-4013723377
drwx------ 2 root root  6 Aug  3 17:59 vmware-root_914-2689209517
drwx------ 2 root root  6 Aug  4 07:00 vmware-root_917-4022308724
drwx------ 2 root root  6 Aug  3 18:03 vmware-root_927-3980167416
drwx------ 2 root root  6 Aug  4 10:32 vmware-root_930-2722763397
[root@rcs-team-rocky ~]#
```

图 2.31　移动文件到指定路径

2.2.5　cat 命令

cat（concatenate）命令用于连接文件并打印到标准输出设备上。

1. 语法格式

```
cat [-AbeEnstTuv] [--help] [--version] fileName
```

2. 参数详解

[-AbeEnstTuv]（必选参数）：

- ☑ -A, --show-all：等价于-vET。
- ☑ -b 或--number-nonblank：与-n 相似，只不过对于空白行不编号。
- ☑ -e：等价于-vE。
- ☑ -E 或--show-ends：在每行结束处显示$。
- ☑ -n 或--number：由 1 开始对所有输出的行数编号。
- ☑ -s 或--squeeze-blank：当遇到连续两行以上的空白行，就替换为一行的空白行。
- ☑ -t：等价于-vT。
- ☑ -T 或--show-tabs：将 TAB 字符显示为^Ｉ。
- ☑ -v 或--show-nonprinting：使用^和 M-符号，LFD 和 TAB 除外。

--help：可选参数，这里可以不选。

--version：可选参数，这里可以不选。

fileName：必选参数，表示文件名称（可以带路径）。

3．企业实战

【案例 1】显示 Hello.txt 文件的内容到屏幕。

命令如下，如图 2.32 所示。

```
[root@rcs-team-rocky ~]# cat Hello.txt
```

```
[root@rcs-team-rocky ~]# cat Hello.txt
RCS-TEAM
RCS-TEAM
RCS-TEAM
RCS-TEAM
RCS-TEAM
[root@rcs-team-rocky ~]#
```

图 2.32　显示 Hello.txt 文件的内容到屏幕

【案例 2】清空 Hello.txt 文件的内容。

命令如下，如图 2.33 所示。

```
[root@rcs-team-rocky ~]# cat  /dev/null > Hello.txt
```

```
[root@rcs-team-rocky ~]# cat  /dev/null > Hello.txt
[root@rcs-team-rocky ~]# cat Hello.txt
[root@rcs-team-rocky ~]#
```

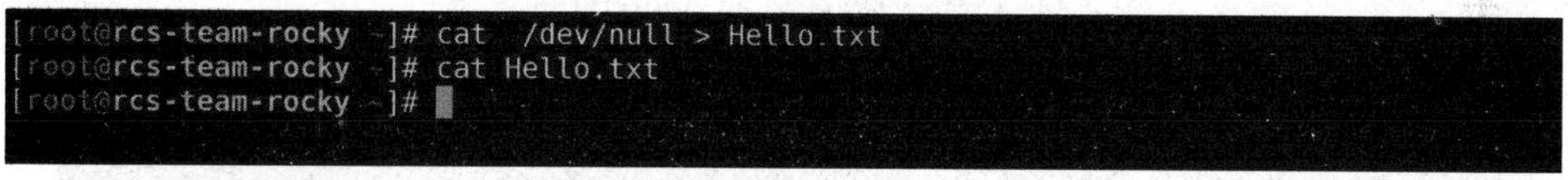

图 2.33　清空 Hello.txt 文件的内容

2.2.6　more 命令

more 命令类似于 cat 命令，不过会以一页一页的形式显示，更方便使用者逐页阅读，最基本的指令就是按空白键（space）就往下一页显示，按 b 键就会往回一页显示，而且还有搜寻字串的功能（与 vi 相似），若要查看使用中的说明文件，请按 h 键。

1．语法格式

```
more [-dlfpcsu] [-num] [+/pattern] [+linenum] [fileNames...]
```

2．参数详解

☑ -d：提示使用者，在画面下方显示“Press space to continue, 'q' to quit.”，如果使用者按错键，则会显示“Press 'h' for instructions.”，而不是“哔”声。

☑ -l：不要在任何包含^L（换页）的行之后暂停。

☑ -f：计算行数时，以实际上的行数，而非自动换行过后的行数（有些单行字数太长的会被扩展为两行或两行以上）。

☑ -p：不以卷动的方式显示每一页内容，而是先清除荧幕后再显示内容。

☑ -c：跟-p 相似，不同的是，先显示内容再清除其他旧资料。

☑ -s：当遇到有连续两行以上的空白行，就替换为一行的空白行。

☑ -u：不显示下引号（根据环境变数 TERM 指定的 terminal 而有所不同）。

☑ -num：可选参数，一次显示的行数。

☑ +/pattern：可选参数，在每个文档显示前搜寻该字串（pattern），然后从该字串之后开始显示。

☑ +linenum：可选参数，从第 num 行开始显示。

☑ fileNames：必选参数，欲显示内容的文档，可为复数个数。

3. 企业实战

【案例】用分页的形式显示 Hello.txt 的内容（每页显示 5 行）。

命令如下，如图 2.34 所示。

```
[root@rcs-team-rocky ~]# more -5 Hello.txt
```

```
[root@rcs-team-rocky ~]# more -5 Hello.txt
RCS-TEAM
RCS-TEAM
RCS-TEAM
RCS-TEAM
RCS-TEAM
--More--(29%)
```

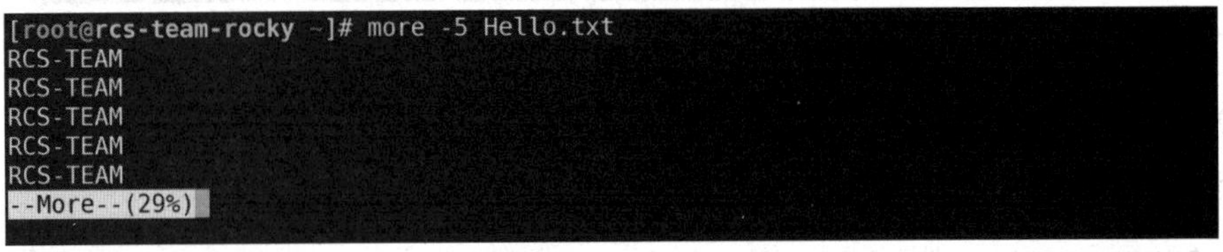

图 2.34 分页的形式显示 Hello.txt 的内容

按 Enter 键向下继续显示 5 行（默认是显示 1 行），如图 2.35 所示。

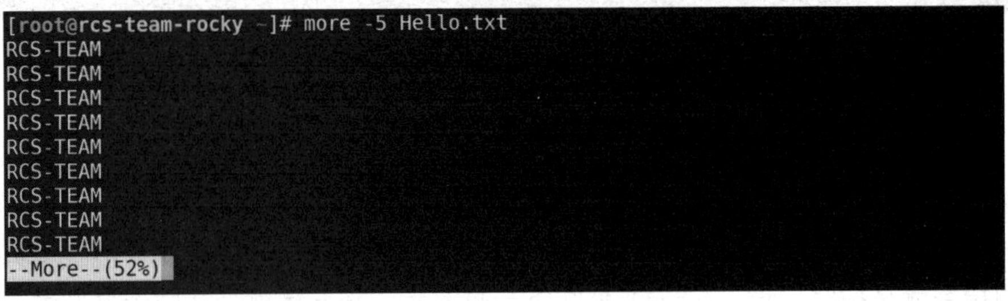

```
[root@rcs-team-rocky ~]# more -5 Hello.txt
RCS-TEAM
RCS-TEAM
RCS-TEAM
RCS-TEAM
RCS-TEAM
RCS-TEAM
RCS-TEAM
RCS-TEAM
RCS-TEAM
--More--(52%)
```

图 2.35 按 Enter 键向下继续显示 5 行

常用操作命令如下。

☑ Enter 表示向下显示 n 行，n 需要自定义，n 默认为 1。

☑ Ctrl+F 表示向下滚动一屏。

☑ 空格键表示向下滚动一屏。

☑ Ctrl+B 表示返回上一屏。

☑ =表示输出当前行的行号。

☑ :f 表示输出文件名和当前行的行号。

☑ q 表示退出 more 命令。

2.2.7 tail 命令

tail 命令可用于查看文件的内容，参数-f 常用于查阅正在改变的日志文件。

tail -f filename 会把 filename 文件中的最尾部的内容显示在屏幕上，并且不断进行刷新，只要 filename 更新就可以看到最新的文件内容。

1. 语法格式

```
tail [参数] [文件名称]
```

2. 参数详解

可选参数如下。

- ☑ -f：循环读取。
- ☑ -q：不显示处理信息。
- ☑ -v：显示详细的处理信息。
- ☑ -c<数目>：显示的字节数。
- ☑ -n<行数>：显示文件尾部的 n 行内容。
- ☑ --pid=PID：与-f 合用，表示进程 ID，PID 死掉之后结束。
- ☑ -q, --quiet, --silent：从不输出给出文件名的首部。
- ☑ -s, --sleep-interval=S：与-f 合用，表示在每次反复地间隔休眠 S 秒。

3. 企业实战

【案例 1】显示/var/log/dnf.log 文件的最后 10 行。

命令如下，如图 2.36 所示。

```
[root@rcs-team-rocky /var/log]# tail dnf.log
```

```
[root@rcs-team-rocky /var/log]# tail dnf.log
2022-08-11T23:10:01+0800 DEBUG DNF version: 4.7.0
2022-08-11T23:10:01+0800 DDEBUG Command: dnf makecache --timer
2022-08-11T23:10:01+0800 DDEBUG Installroot: /
2022-08-11T23:10:01+0800 DDEBUG Releasever: 8
2022-08-11T23:10:01+0800 DEBUG cachedir: /var/cache/dnf
2022-08-11T23:10:01+0800 DDEBUG Base command: makecache
2022-08-11T23:10:01+0800 DDEBUG Extra commands: ['makecache', '--timer']
2022-08-11T23:10:01+0800 DEBUG Making cache files for all metadata files.
2022-08-11T23:10:01+0800 INFO Metadata cache refreshed recently.
2022-08-11T23:10:01+0800 DDEBUG Cleaning up.
[root@rcs-team-rocky /var/log]#
```

图 2.36　显示文件的最后 10 行

【案例 2】实时显示/var/log/dnf.log 文件的内容。

命令如下，如图 2.37 所示。

```
[root@rcs-team-rocky /var/log]# tail -f dnf.log
```

```
[root@rcs-team-rocky /var/log]# tail -f dnf.log
2022-08-11T23:10:01+0800 DEBUG DNF version: 4.7.0
2022-08-11T23:10:01+0800 DDEBUG Command: dnf makecache --timer
2022-08-11T23:10:01+0800 DDEBUG Installroot: /
2022-08-11T23:10:01+0800 DDEBUG Releasever: 8
2022-08-11T23:10:01+0800 DEBUG cachedir: /var/cache/dnf
2022-08-11T23:10:01+0800 DDEBUG Base command: makecache
2022-08-11T23:10:01+0800 DDEBUG Extra commands: ['makecache', '--timer']
2022-08-11T23:10:01+0800 DEBUG Making cache files for all metadata files.
2022-08-11T23:10:01+0800 INFO Metadata cache refreshed recently.
2022-08-11T23:10:01+0800 DDEBUG Cleaning up.
```

图 2.37　实时显示文件的内容

2.3 文件编辑

2.3.1 vi/vim 文本编辑器

1. 文本编辑器介绍

1）vi 编辑器

vi 编辑器是所有 UNIX 及 Linux 系统下标准的编辑器，相当于 Windows 系统中的记事本，功能强大，不逊色于任何最新的文本编辑器，是使用 Linux 系统时不能缺少的工具。对 UNIX 及 Linux 系统的任何版本来说，vi 编辑器是完全相同的。

2）vim 编辑器

vim（vi improved）编辑器是从 vi 编辑器发展出来的，具有代码补完、编译及错误跳转、语法高亮等方便编程的功能，因此在程序员中被广泛使用。

简单来说，vi 是老式的工具，vim 则可以说是一项很好用的工具。vim 的官方网站（http://www.vim.org）强调，vim 是一个程序开发工具而非文字处理软件。

2. 文本编辑器的安装

系统默认是没有安装 vim 文本编辑器的，我们可以通过 dnf 在线安装的方式进行安装，安装命令如下，如图 2.38 所示。

```
[root@rcs-team-rocky ~]#dnf install -y vim
```

```
[root@rcs-team-rocky ~]# dnf install -y vim
Last metadata expiration check: 1:54:29 ago on Fri 05 Aug 2022 07:44:51 PM CST.
Package vim-enhanced-2:8.0.1763-19.el8_6.4.x86_64 is already installed.
Dependencies resolved.
Nothing to do.
Complete!
[root@rcs-team-rocky ~]#
```

图 2.38　vim 文本编辑器安装

3. vim 的 3 种工作模式

（1）命令模式（普通模式）。

（2）插入模式（编辑模式）。

（3）底行模式（命令行模式）。

2.3.2 命令模式

打开文件首先进入命令模式，命令模式是使用 vim 的入口。在命令模式下敲击键盘的动作会被 vim 识别为命令，而非输入的字符。若想要编辑文本，必须切换到输入模式。

通常我们通过 vim 命令创建或编辑文件时，如果文件已经存在，就进入命令模式；如果文件不存在，就先创建文件再进入命令模式。进入 file.txt 文件普通模式的命令如下，如图 2.39 所示。

```
[root@rcs-team-rocky ~]# vim file.txt
```

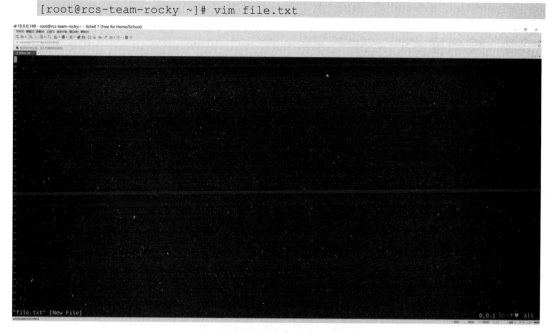

图 2.39　vim 的普通模式

如图 2.39 所示，可以看到在 vim 普通模式下左下角显示 file.txt 文件是一个“New File”，即一个新的文件。

在该模式下不能直接进行文件的编辑，需要通过很多命令或快捷方式才能进行文件的操作。该模式下命令较多，为了增加实战性、减少读者的负担，只介绍以下常用的命令。

☑　光标上、下、左、右键：表示可以移动光标。

☑　home 键：表示光标行首。

☑　End 键：表示光标行尾。

☑　gg 命令：表示光标到首行行首。

☑　ngg 命令：表示 n 行行首。

☑　G 命令：表示末行行首。

☑　dd 命令：表示删除当前光标所在行。

☑　ndd 命令：表示删除当前光标所在行开始的 n 行。

☑　{命令：表示段落行首。

☑　}{命令：表示段落行尾。

☑　ZZ 命令：表示保存退出。

☑　n+空格：表示右移 n 个字符。

☑　x 命令：表示删除光标所在字符。

☑　yy 命令：表示复制光标所在行。

- ☑ nyy 命令：表示从光标所在行开始复制 n 行。
- ☑ p 命令：表示粘贴。
- ☑ u 命令：表示撤销。
- ☑ :n 命令：表示直接跳转到 n 行。

2.3.3 编辑模式

进入编辑模式可以正常编辑文字，可以通过移动光标从键盘输入内容到文件中。通过以下命令可以从普通模式进入编辑模式，如图 2.40 所示。

模式转换

序号	编辑模式 命令	说明
1	i	在普通模式下输入字母 i ,进入到编辑模式，就是在当前字符前插入数据
2	I	在光标所在的行行首插入
3	a	在当前字符后插入数据
4	A	光标所在行行尾插入
5	o	在当前行下一行插入新的一行
6	O	在当前行的上一行插入新的一行

图 2.40 普通模式进入编辑模式

进入编辑模式末尾的标志如图 2.41 所示，可以发现左下角的标志已经变为--INSERT--，表示这时就可以进行输入了。

图 2.41 编辑模式标志

输入完毕以后，我们如何保存文件的内容呢？

这时就需要转换状态进行内容的保存，即通过按 Esc 键返回普通模式，在普通模式下输入 ZZ（注意是大写字母）命令保存退出即可，如图 2.42 所示。

```
Hello RCS-TEAM!Rocky Linux!
Hello RCS-TEAM!Rocky Linux!
Hello RCS-TEAM!Rocky Linux!
Hello RCS-TEAM!Rocky Linux!
Hello RCS-TEAM!Rocky Linux!
Hello RCS-TEAM!Rocky Linux!
Hello RCS-TEAM!Rocky Linux!
Hello RCS-TEAM!Rocky Linux!
Hello RCS-TEAM!Rocky Linux!
Hello RCS-TEAM!Rocky Linux!
Hello RCS-TEAM!Rocky Linux!
~
~
~
```

图 2.42　按 Esc 键返回普通模式

我们可以通过 cat 等命令查看 file.txt 文件的内容，如图 2.43 所示。

```
[root@rcs-team-rocky ~]# vim file.txt
[root@rcs-team-rocky ~]# cat file.txt
Hello RCS-TEAM!Rocky Linux!
Hello RCS-TEAM!Rocky Linux!
Hello RCS-TEAM!Rocky Linux!
Hello RCS-TEAM!Rocky Linux!
Hello RCS-TEAM!Rocky Linux!
Hello RCS-TEAM!Rocky Linux!
Hello RCS-TEAM!Rocky Linux!
Hello RCS-TEAM!Rocky Linux!
Hello RCS-TEAM!Rocky Linux!
Hello RCS-TEAM!Rocky Linux!
Hello RCS-TEAM!Rocky Linux!
[root@rcs-team-rocky ~]#
```

图 2.43　cat 命令查看 file.txt 文件的内容

2.3.4　底行模式

底行模式也叫命令行模式，通常可以通过命令的方式在这里执行如保存、搜索等操作。

执行保存、退出等操作是从命令模式进入的。如果要退出 vi 模式返回控制台，需要在底行模式下输入命令，是 vi 编辑器的出口。

在底行命令模式中，基本的命令如下（已经省略了冒号）。

☑　q：退出程序。

☑　w：保存文件。

vim 文本编辑器在使用上还是比较简单的。vim 编辑器的各个模式之间的转换都是从普通模式进行转换的。我们可以在普通模式下通过“:”（冒号）进入底行模式，如图 2.44 所示。

进入底行模式后，在 vim 文本编辑器的左下角可以看到一个“:”标志。在底行模式下的常见命令如图 2.45 所示。

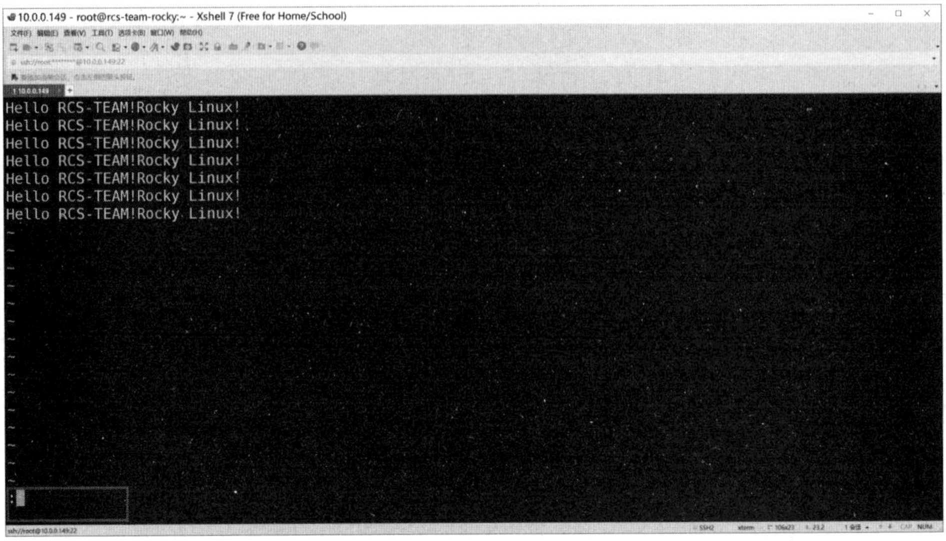

```
Hello RCS-TEAM!Rocky Linux!
Hello RCS-TEAM!Rocky Linux!
Hello RCS-TEAM!Rocky Linux!
Hello RCS-TEAM!Rocky Linux!
Hello RCS-TEAM!Rocky Linux!
Hello RCS-TEAM!Rocky Linux!
Hello RCS-TEAM!Rocky Linux!
~
:
```

图 2.44　vim 底行模式

常见命令

序号	命令	说明
1	:	输入冒号进入到底行模式 shift + :
2	set nu	设置行号
3	set nonu	取消行号
4	q	保存并退出
5	q!	强制退出
6	w	仅保存不退出
7	w!	强制保存
8	wq	保存并退出
9	x	保存并退出
10	1,5d	删除1到5行
11	:150	跳转到指定的行
12	: 150d	删除指定行
13	:nohi	关键字不高亮显示
14	/字符串	在文本中查找字符串，按从左到右的顺序显示./表示正向扫描
15	%s/Hello/要替换的内容/g	替换整个文档中Hello这个字段
16	/字符串\c	匹配大写和小写的"字符串"

图 2.45　vim 底行模式下的常见命令

2.3.5　三种模式之间的转换

vim 文本编辑器的三种模式是从普通模式向插入模式、底行模式转换的。下面以使用命令 vim file.txt 创建文件为例介绍三种模式之间的转换，如图 2.46 所示。

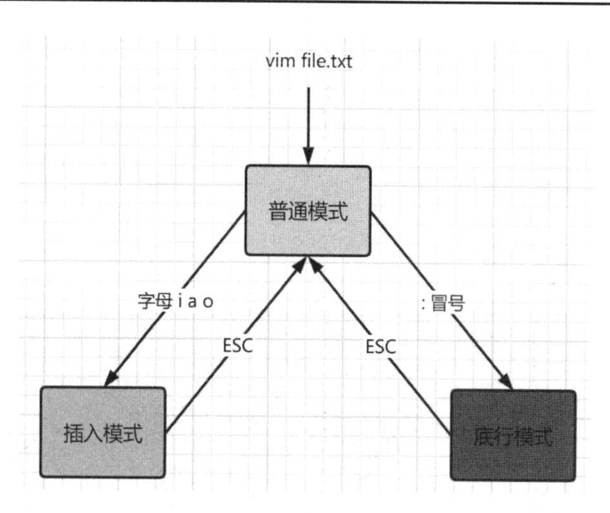

图 2.46 三种模式之间的转换

2.3.6 查找和替换

1．查找

这里可以在底行模式下通过“:/要查找的目标字符串”的方式搜索关键字，其应用场景比较多，如修改 httpd.conf 的配置文件、查找端口等。全局查找 RCS 关键字如图 2.47 所示。

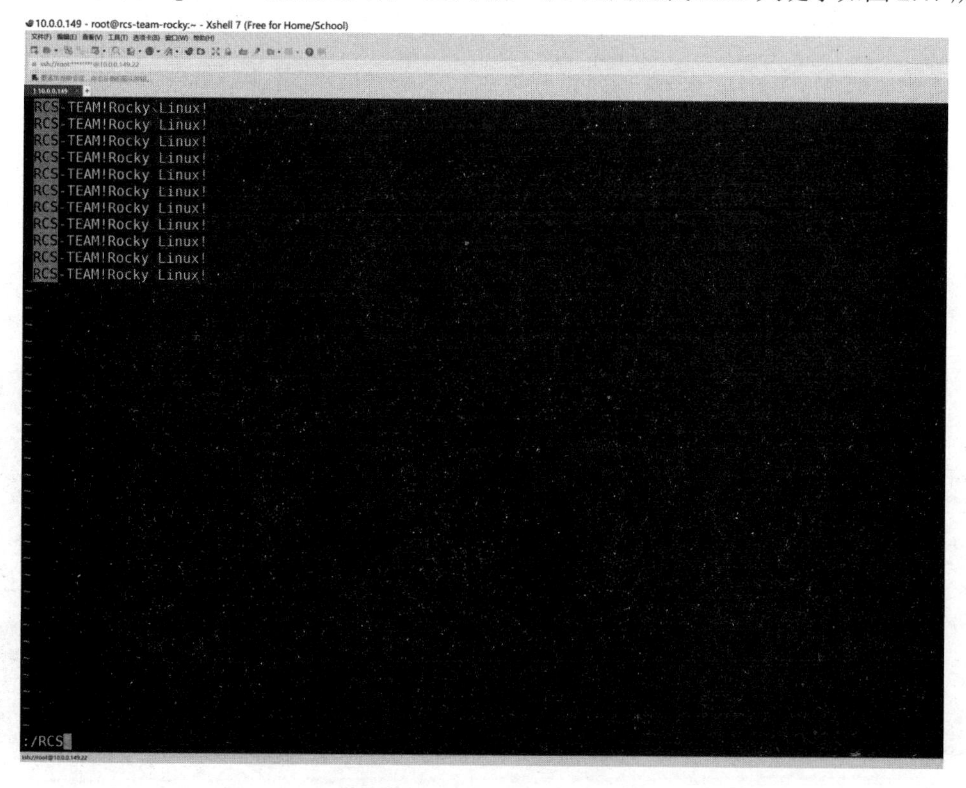

图 2.47 全局查找 RCS 关键字

2. 替换

在底行模式下通过“%s/要查找的字符串/替换字符串/g”的方式可以进行查找和替换的操作，要查找的源文件如图 2.48 所示。

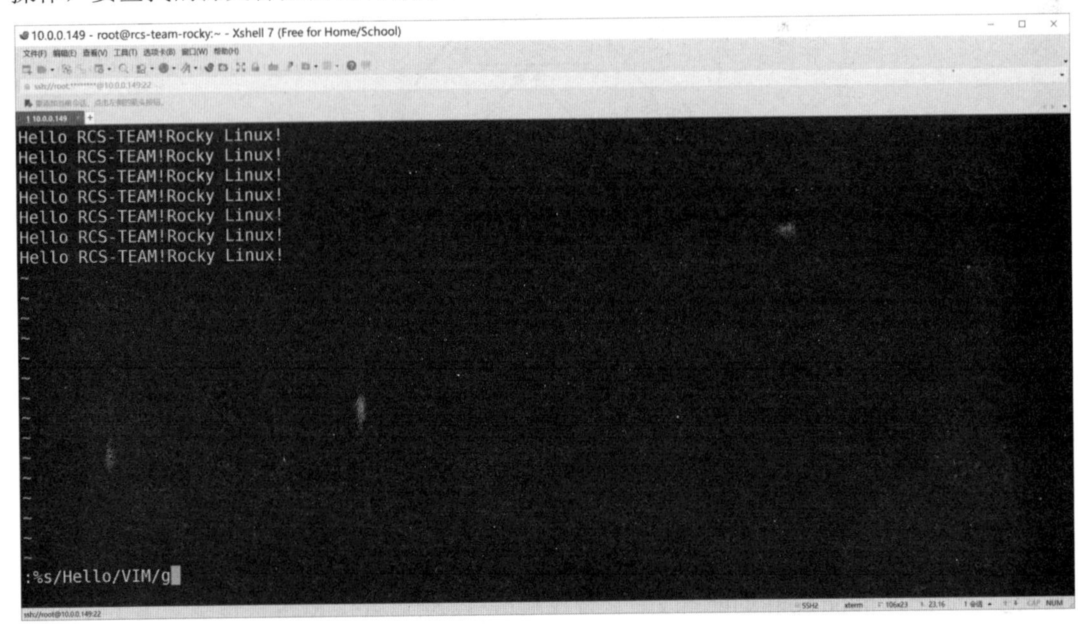

图 2.48　要查找的源文件

这里把整篇文档中的 Hello 字符串从上到下全部替换为 VIM 字符串，“%s/要查找的字符串/替换字符串/g”中的 g 表示全局搜索并替换，替换后的结果如图 2.49 所示。

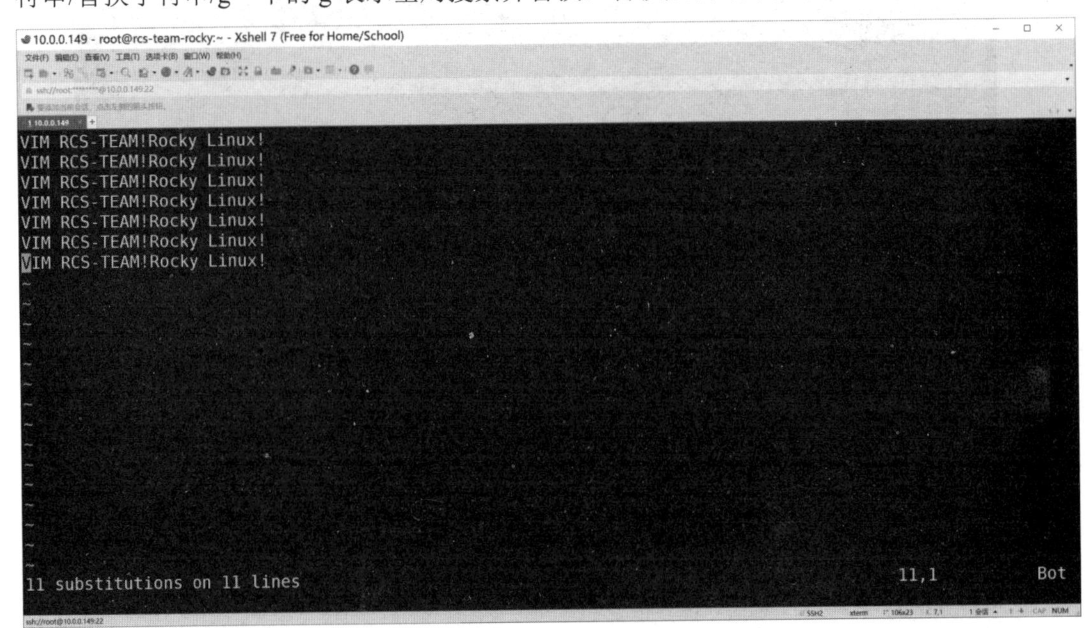

图 2.49　替换后的结果

2.4 文件属性

文件系统通过文件属性描述文件的特征，如文件的名称、大小、硬链接数、属主、属组权限等。

2.4.1 文件基本属性

通过 ls -l 或 ll 命令可以用长格式的方式显示文件的基本属性信息，如图 2.50 所示。

```
lrwxrwxrwx.   1 root root    7 Oct 11  2021 bin -> usr/bin
```

图 2.50 文件基本属性

该属性的描述的内容如下：

☑ 第 1 列。
  ➢ 第 1 个字母：l 表示文件类型。
  ➢ 第 2～4 个字母：表示文件属主的读、写、执行权限。
  ➢ 第 5～7 个字母：表示文件属组的读、写、执行权限。
  ➢ 第 8～10 个字母：表示其他用户的读、写、执行权限。
  ➢ .表示 SELinux 状态。

☑ 第 2 列：文件硬链接数。
☑ 第 3 列：文件属主。
☑ 第 4 列：文件属组。
☑ 第 5 列：文件大小。
☑ 第 6～8 列：文件的修改时间。
☑ 第 9 列：文件名称。

2.4.2 文件类型

在 Linux 系统中常见的文件类型有 7 种，如表 2.1 所示。

表 2.1 常见文件类型

表示方式	类型	表示方式	类型
-	普通文件	c	字符设备文件
d	目录文件（文件夹）	p	管道文件
l	链接文件	s	套接字文件
b	块设备文件		

通过 ll 命令可以查看当前目录下的内容，如图 2.51 所示显示了链接文件和目录。

```
[root@rcs-team-rocky /]# ll
total 28
lrwxrwxrwx.链接文件root root    7 Oct 11  2021 bin -> usr/bin
dr-xr-xr-x.   5 root root 4096 Aug  4 06:54 boot
drwxr-xr-x目录20 root root 3160 Aug  4 11:02 dev
drwxr-xr-x. 118 root root 8192 Aug  5 20:02 etc
drwxr-xr-x.   7 root root   75 Jul 15 21:31 home
lrwxrwxrwx.   1 root root    7 Oct 11  2021 lib -> usr/lib
lrwxrwxrwx.   1 root root    9 Oct 11  2021 lib64 -> usr/lib64
drwxr-xr-x.   2 root root    6 Oct 11  2021 media
```

图 2.51　链接文件和目录

如图 2.52 所示显示了块设备和字符设备。

```
brw-rw---- 1 root disk    259,   0 Aug  4 11:02 nvme0n1  块设备 磁盘
brw-rw---- 1 root disk    259,   1 Aug  4 11:02 nvme0n1p1
brw-rw---- 1 root disk    259,   2 Aug  4 11:02 nvme0n1p2
crw------- 1 root root     10, 144 Aug  4 11:02 nvram
crw-r----- 1 root kmem      1,   4 Aug  4 11:02 port
crw------- 1 root root    108,   0 Aug  4 11:02 ppp  字符设备
```

图 2.52　块设备和字符设备

如图 2.53 所示显示了管道文件。

```
[root@rcs-team-rocky /]# ll /run/systemd/inaccessible/fifo
p--------- 1 root root 0 Aug  4 11:02 /run/systemd/inaccessible/fifo
[root@rcs-team-rocky /]#
```

图 2.53　管道文件

如图 2.54 所示显示了 socket 文件类型。

```
[root@rcs-team-rocky /]# ll /var/lib/pcp/pmcd/root.socket
srwxr-xr-x 1 root root 0 Aug  4 11:02 /var/lib/pcp/pmcd/root.socket
[root@rcs-team-rocky /]#
```

图 2.54　socket 文件类型

2.4.3　文件名称

文件名称由两部分组成，第一部分是文件名称（该名称必须是一个合法的标识符，开发中尽量用英文命名，不要出现汉语拼音），然后以“.”作为分隔符；第二部分是扩展名，表示文件的类型。如图 2.55 所示。

```
-rw-r--r--  1 root root    66 Aug  5 20:33 hello.c
```

图 2.55　文件名称

常见的扩展名及说明如下。

☑　*.c：C 语言源文件。

- ☑ *.C 或*.cpp 或*.cc：C++语言源文件。
- ☑ *.java：Java 语言源文件。
- ☑ *.go：Go 语言源文件。
- ☑ *.py：Python 语言源文件。
- ☑ *.php：PHP 语言源文件。
- ☑ *.sql：SQL 文件。
- ☑ *.conf：配置文件。
- ☑ *.cnf：配置文件。
- ☑ *.so：动态链接库文件。
- ☑ *.a：静态链接库文件。

2.5 文件查找

2.5.1 whereis 命令

whereis 命令用于查找文件，该命令会在特定目录中查找符合条件的文件，只能用于查找二进制文件、源代码文件和 man 手册页，一般文件的定位需使用 locate 或 find 命令。

1. 语法格式

```
whereis [-bfmsu] [-B<目录>...] [-M<目录>...] [-S<目录>...] [文件...]
```

2. 参数详解

- ☑ -b：仅搜索二进制文件。
- ☑ -B <目录>：只在设置的目录下查找二进制文件。
- ☑ -m：仅查找说明文件。
- ☑ -M <目录>：只在设置的目录下查找说明文件。
- ☑ -s：仅搜索原始代码文件。
- ☑ -S <目录>：只在设置的目录下查找原始代码文件。
- ☑ -f：不显示文件名前的路径名称。
- ☑ -u：搜索不寻常的条目，如果文件没有每种请求类型的一个条目，则该文件被认为是不寻常的，即查找不包含指定类型的文件。
- ☑ -l：输出有效的查找路径。

3. 企业实战

【案例 1】列出 whereis 命令搜索的目录。

默认情况下，whereis 命令在系统的环境变量（$PATH）中搜索可执行文件、源代码和帮助文档，并列出它们的位置。

命令如下，如图 2.56 所示。

```
[root@rcs-team-rocky ~]# whereis -l
```

```
[root@rcs-team-rocky ~]# whereis -l
bin: /usr/bin
bin: /usr/sbin
bin: /usr/lib
bin: /usr/lib64
bin: /etc
bin: /usr/games
bin: /usr/local/bin
bin: /usr/local/sbin
bin: /usr/local/etc
bin: /usr/local/lib
bin: /usr/local/games
bin: /usr/include
bin: /usr/local
bin: /usr/libexec
bin: /usr/share
man: /usr/share/man/man1
man: /usr/share/man/man8
man: /usr/share/man/man5
man: /usr/share/man/man7
man: /usr/share/man/overrides
man: /usr/share/man/man0p
man: /usr/share/man/man1p
man: /usr/share/man/man1x
man: /usr/share/man/man2
man: /usr/share/man/man2x
man: /usr/share/man/man3
man: /usr/share/man/man3p
man: /usr/share/man/man3x
man: /usr/share/man/man4
man: /usr/share/man/man4x
man: /usr/share/man/man5x
man: /usr/share/man/man6
```

图 2.56　whereis 命令搜索目录

【案例 2】获取有关 bash 命令的路径信息。

执行以下命令可以找到 bash 命令的路径信息（包括二进制文件、源文件、手册文件的位置），如图 2.57 所示。

```
[root@rcs-team-rocky ~]# whereis bash
```

```
[root@rcs-team-rocky ~]# whereis bash
bash: /usr/bin/bash /usr/share/man/man1/bash.1.gz /usr/share/info/bash.info.gz
[root@rcs-team-rocky ~]#
```

图 2.57　获取 bash 命令的路径信息

2.5.2　which 命令

which 命令用于查找文件，它的工作原理是，which 命令会在环境变量$PATH 设置的目录路径中查找符合条件的文件。

1．语法格式

```
which [options] [--] COMMAND [...]
```

2．参数详解

options 说明如下。

☑　--version, -[vV]：打印版本信息。

☑ --help：打印帮助信息。
☑ --skip-dot：跳过以点开头的路径中的目录。
☑ --skip-tilde：跳过以波浪线开头的路径，以及位于 HOME 目录中的可执行文件。
☑ --show-dot：不将点扩展到输出中的当前目录。
☑ --show-tilde：输出一个家目录的非根。
☑ --tty-only：如果不在 tty 上，则停止右侧的处理选项。
☑ --all, -a：打印所有的匹配项，而不打印第一个。
☑ --read-alias, -i：从标准输入读取别名列表。
☑ --skip-alias：忽略选项--read-alias，不读取标准输入。
☑ --read-functions：从标准输入读取 shell 方法。
☑ --skip-functions：忽略选项--read-functions。

3．企业实战

【案例 1】查找 bash 命令所在的绝对路径。

执行以下命令，即可显示 bash 命令的路径，如图 2.58 所示。

```
[root@rcs-team-rocky ~]# which bash
```

```
[root@rcs-team-rocky ~]# which bash
/usr/bin/bash
[root@rcs-team-rocky ~]#
```

图 2.58　查找 bash 命令所在的绝对路径

【案例 2】查找 git 命令所在的绝对路径。

使用 Jenkins 等工具时需要配置环境变量，如果想获取如 git、Java SDK 等的路径，就需要通过 which 等命令来查找。命令如下，如图 2.59 所示。

```
[root@rcs-team-rocky ~]# which git
```

```
[root@rcs-team-rocky ~]# which git
/usr/bin/git
[root@rcs-team-rocky ~]#
```

图 2.59　查找 git 命令所在的绝对路径

2.5.3　locate 命令

locate 命令用来查找文件或目录。locate 命令要比 find -name 快得多，原因在于它不会搜索具体的目录，而是搜索一个数据库/var/lib/mlocate/mlocate.db。这个数据库中含有本地所有的文件信息。Linux 系统自动创建这个数据库，并且每天自动更新一次，因此，我们在使用 whereis 和 locate 命令查找文件时，有时会找到已经被删除的数据或搜索不到新创建的文件，却无，这是因为数据库文件没有被更新。为了避免出现这种情况，可以在使用 locate

命令之前使用 updatedb 命令手动更新数据库。整个 locate 命令工作其实是由以下 4 个部分组成的。

☑ /usr/bin/updatedb：主要用来更新数据库，通过 crontab 自动完成的。

☑ /usr/bin/locate：查询文件位置。

☑ /etc/updatedb.conf：updatedb 的配置文件。

☑ /var/lib/mlocate/mlocate.db：存放文件信息的文件。

执行以下命令安装，如图 2.60 所示。

```
[root@rcs-team-rocky ~]# dnf install -y mlocate
```

```
[root@rcs-team-rocky ~]# dnf install -y mlocate
Last metadata expiration check: 3:37:23 ago on Sat 06 Aug 2022 05:46:47 PM CST.
Package mlocate-0.26-20.el8.x86_64 is already installed.
Dependencies resolved.
Nothing to do.
Complete!
[root@rcs-team-rocky ~]#
```

图 2.60　安装 locate

1. 语法格式

```
locate [OPTIONS]
```

2. 参数详解

OPTIONS 说明如下。

☑ -b, --basename：仅将基本名称与指定模式匹配。

☑ -c, --count：只输出找到的数量。

☑ -d, --database DBPATH：使用 DBPATH 指定的数据库，而不是默认数据库/var/lib/mlocate/mlocate.db。

☑ -e, --existing：仅打印运行 locate 时存在的文件的条目。

☑ -L, --follow：检查文件是否存在时（如果指定了--existing 选项），后面要接软链接。这会导致从输出中省略损坏的软链接。这是默认行为，可以使用--nofollow 指定相反的情况。

☑ -h, --help：显示帮助。

☑ -i, --ignore-case：忽略大小写。

☑ -l, --limit, -n LIMIT：找到 LIMIT 个数的条目后成功退出。如果指定了--count 选项，数量也被限定为 LIMIT。

☑ -m, --mmap：忽略。与 BSD 和 GNU locate 兼容。

☑ -P, --nofollow, -H：在检查文件是否存在时（如果指定了--existing 选项），后面不要接软链接。因为这会导致像其他文件一样输出损坏的软链接。这是与--follow 选项相反的情况。

☑ -0, --null：在输出中使用 ASCII NUL 分隔条目，而不是每行一个条目。此选项旨在与 GNU xargs 的--null 选项进行互操作。

- ☑ -S, --statistics：将每个读取数据库的统计信息写入标准输出，而不是搜索文件并成功退出。
- ☑ -q, --quiet：安静模式，不会显示任何错误信息。
- ☑ -r, --regexp REGEXP：使用基本正则表达式。
- ☑ --regex：使用扩展正则表达式。
- ☑ -s, --stdio：忽略，与 BSD 和 GNU locate 兼容。
- ☑ -V, --version：显示版本信息。
- ☑ -w, --wholename：仅将整个路径名与指定模式匹配，这是默认行为。可以使用 --basename 指定相反的情况。

3. 企业实战

【案例 1】搜索 etc 目录下所有以 sh 开头的文件。

命令如下，如图 2.61 所示。

```
[root@rcs-team-rocky ~]# locate /etc/sh
```

```
[root@rcs-team-rocky ~]# locate /etc/sh
/etc/shadow
/etc/shadow-
/etc/shells
```

图 2.61　搜索 etc 目录下所有以 sh 开头的文件

【案例 2】新建文件无显示结果，使用 updatedb 更新数据库。

命令如下，如图 2.62 所示。

```
[root@rcs-team-rocky ~]# touch newfile.txt
[root@rcs-team-rocky ~]# locate newfile.txt     #这时无显示结果
[root@rcs-team-rocky ~]# updatedb               #同步数据
[root@rcs-team-rocky ~]# locate newfile.txt     #这时显示结果
/root/newfile.txt
```

```
[root@rcs-team-rocky ~]# touch newfile.txt
[root@rcs-team-rocky ~]# locate newfile.txt
[root@rcs-team-rocky ~]# updatedb
[root@rcs-team-rocky ~]# locate newfile.txt
/root/newfile.txt
[root@rcs-team-rocky ~]#
```

图 2.62　新建文件无显示结果，使用 updatedb 更新数据库

2.5.4　find 命令

find 命令用来在文件系统上查找符合条件的文件。find 命令有很好的灵活性，且功能强大，可以指定丰富的搜索条件（如文件权限、属主、属组、文件类型、日期和大小等）来定位系统中的文件和目录，同时还支持对搜索的结果进行命令操作。find 命令是运维人员与安全从业人员必须掌握的文件查找命令。

1. 语法格式

```
find [path(查找路径)] [expression(查找条件)] [action(处理动作)]
```

find 命令接收一个或多个路径作为搜索范围，并在该路径下递归搜索，即检索完指定目录后，还会对该目录下的子目录进行检索，直至检索完所有层级下的文件。

在默认情况下（不带任何搜索条件），find 命令会返回指定目录下的所有文件，所以经常会通过特定的 expression 对结果进行筛选。

find 默认命令的 action 是 print（打印），即将所有检索结果打印至标准输出。可以通过自定义 action，让 find 命令对搜索到的结果进行特定的操作。由于权限等问题，可能会查找报错，建议最后将标准错误输出重定向到/dev/null 文件中，避免显示大量无用信息。

2. 参数详解

path（查找路径）：该参数主要用于指定要在哪里进行查找，即查找路径。

expression（查找条件）说明如下。

- ☑ -amin<分钟>：查找在指定时间曾被存取过的文件或目录，单位以分钟计算。
- ☑ -anewer<参考文件或目录>：查找其存取时间较指定文件或目录的存取时间更接近于现在的文件或目录。
- ☑ -atime<24 小时数>：查找在指定时间之时曾被存取过的文件或目录，单位以 24 小时计算。
- ☑ -cmin<分钟>：查找在指定时间之时被更改过的文件或目录。
- ☑ -cnewer<参考文件或目录>查找其更改时间较指定文件或目录的更改时间更接近于现在的文件或目录。
- ☑ -ctime<24 小时数>：查找在指定时间之时属性被更改的文件或目录，单位以 24 小时计算。
- ☑ -daystart：从本日开始计算时间。
- ☑ -depth：从指定目录下最深层的子目录开始查找。
- ☑ -expty：寻找文件大小为 0 Byte 的文件或目录下没有任何子目录或文件的空目录。
- ☑ -exec<执行指令>：假设 find 命令的回传值为 True，就执行该指令。
- ☑ -false：将 find 命令的回传值皆设为 False。
- ☑ -fls<列表文件>：此参数的效果和指定 -ls 参数类似，但会把结果保存为指定的列表文件。
- ☑ -follow：排除符号连接。
- ☑ -fprint<列表文件>：此参数的效果和指定 -print 参数类似，但会把结果保存成指定的列表文件。
- ☑ -fprint0<列表文件>：此参数的效果和指定 -print0 参数类似，但会把结果保存成指定的列表文件。
- ☑ -fprintf<列表文件><输出格式>：此参数的效果和指定 -printf 参数类似，但会把结果保存成指定的列表文件。
- ☑ -fstype<文件系统类型>：只寻找该文件系统类型下的文件或目录。
- ☑ -gid<群组识别码>：查找符合指定群组识别码的文件或目录。
- ☑ -group<群组名称>：查找符合指定群组名称的文件或目录。

- ☑ -help 或--help：在线帮助。
- ☑ -ilname<范本样式>：此参数的效果和指定 -lname 参数类似，但忽略字符大小写的差别。
- ☑ -iname<范本样式>：此参数的效果和指定 -name 参数类似，但忽略字符大小写的差别。
- ☑ -inum<inode 编号>：查找符合指定的 inode 编号的文件或目录。
- ☑ -ipath<范本样式>：此参数的效果和指定 -path 参数类似，但忽略字符大小写的差别。
- ☑ -iregex<范本样式>：在文件路径中执行基于正则表达式的不区分大小写的匹配。
- ☑ -links：查找符号链接文件，并根据不同的操作符进行匹配。
- ☑ -lname<范本样式>：指定字符串作为寻找符号连接的范本样式。
- ☑ -ls：假设 find 指令的回传值为 True，就将文件或目录名称列出到标准输出。
- ☑ -maxdepth<目录层级>：设置最大目录层级。
- ☑ -mindepth<目录层级>：设置最小目录层级。
- ☑ -mmin<分钟>：查找在指定时间曾被更改过的文件或目录，以分钟为单位计算。
- ☑ -mount：此参数的效果和指定-xdev 参数相同。
- ☑ -mtime<24 小时数>：查找在指定时间内容曾被更改过的文件或目录，单位以 24 小时计算。
- ☑ -name<范本样式>：指定字符串作为寻找文件或目录的范本样式。
- ☑ -newer<参考文件或目录>：查找其更改时间较指定文件或目录的更改时间更接近于现在的文件或目录。
- ☑ -nogroup：找出不属于本地主机群组识别码的文件或目录。
- ☑ -noleaf：禁用文件系统的优化搜索。通常情况下，find 命令会尝试利用文件系统的目录结构进行搜索优化，这种优化被称为“索引节点号排序”。索引节点号排序使 find 命令在搜索期间可以跳过某些目录，从而提高搜索效率。然而，在某些特殊情况下，如使用一些特殊的文件系统，或在处理某些特定的目录结构时，索引节点号排序可能会导致意外的结果或错误的搜索。在这种情况下，可以使用-noleaf 参数禁用这种优化，强制 find 命令进行完整的目录遍历搜索。注意，使用-noleaf 参数可能会导致 find 命令的搜索速度变慢，特别是在大型目录结构下。这是因为禁用了优化的目录遍历，需要逐个处理每个目录和文件。
- ☑ -nouser：找出不属于本地主机用户识别码的文件或目录。
- ☑ -ok<执行指令>：此参数的效果和指定 -exec 参数类似，但在执行指令之前会先询问用户，若回答 y 或 Y，则放弃执行命令。
- ☑ -path<范本样式>：指定字符串作为寻找目录的范本样式。
- ☑ -perm<权限数值>：查找符合指定的权限数值的文件或目录。
- ☑ -print：假设 find 指令的回传值为 True，就将文件或目录名称列出到标准输出。格式为每列一个名称，每个名称前皆有“./”字符串。
- ☑ -print0：假设 find 指令的回传值为 True，就将文件或目录名称列出到标准输出。

格式为全部的名称皆在同一行。

☑ -printf<输出格式>：假设 find 指令的回传值为 True，就将文件或目录名称列出到标准输出，格式可以自行指定。

☑ -prune：不寻找字符串作为寻找文件或目录的范本样式。

☑ -regex<范本样式>：指定字符串作为寻找文件或目录的范本样式。

☑ -size<文件大小>：查找符合指定文件大小的文件。

☑ -true：将 find 命令的回传值皆设为 True。

☑ -type<文件类型>：只寻找符合指定的文件类型的文件。

☑ -uid<用户识别码>：查找符合指定的用户识别码的文件或目录。

☑ -used<日数>：查找文件或目录被更改之后在指定时间曾被存取过的文件或目录，单位以日计算。

☑ -user<拥有者名称>：查找符合指定的拥有者名称的文件或目录。

☑ -version 或--version：显示版本信息。

☑ -xdev：将范围局限在先行的文件系统中。

☑ -xtype<文件类型>：此参数的效果和指定 -type 参数类似，差别在于，它针对符号连接检查。

[action(处理动作)]：action 查找到结果执行的动作，如查找到文件执行删除、改名、移动、压缩、解压缩等操作。

3. 企业实战

【案例 1】列出当前目录及子目录下所有文件和文件夹。

命令如下，如图 2.63 所示。

```
[root@rcs-team-rocky ~]# find .
```

```
[root@rcs-team-rocky ~]#
[root@rcs-team-rocky ~]# find .
.
./.bash_logout
./.bash_profile
./.bashrc
./.cshrc
./.tcshrc
./anaconda-ks.cfg
./.bash_history
./data
./grafana_data
./prometheus_conf
./prometheus_conf/alertmanager.yml
./prometheus_conf/template
./prometheus_conf/template/wechat.tmpl
./prometheus_conf/prometheus.yml
./prometheus_conf/firstrules.yml
./file.txt
./.viminfo
./log
./log/log20220704.log
./log/test.cfg
```

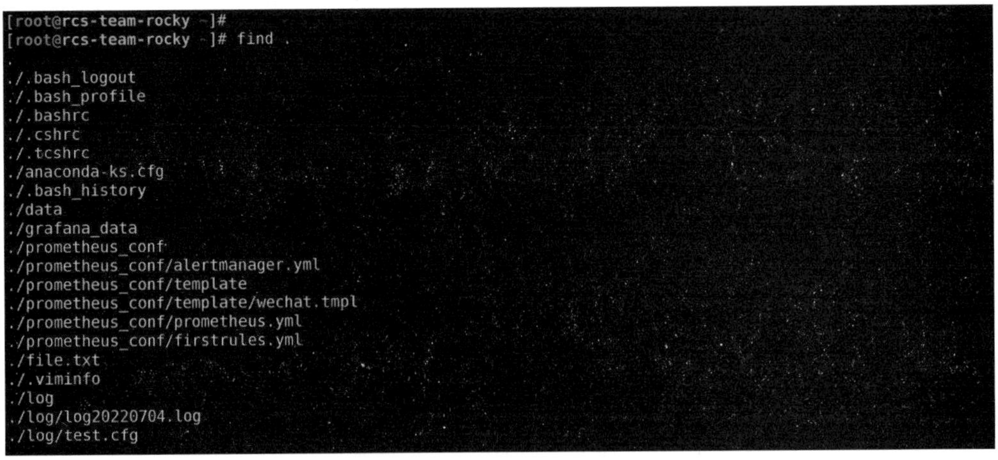

图 2.63　列出当前目录及子目录下所有文件和文件夹

【案例 2】列出当前目录下以.txt 结尾的文件名。

命令如下，如图 2.64 所示。

```
[root@rcs-team-rocky ~]# find .-name "*.txt"
```

```
[root@rcs-team-rocky ~]# find . -name "*.txt"
./file.txt
./newfile.txt
[root@rcs-team-rocky ~]#
```

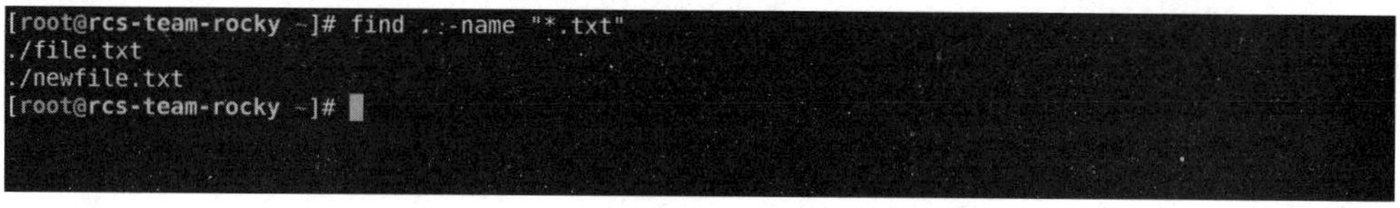

图 2.64　列出当前目录下以.txt 结尾的文件名

【案例 3】列出当前目录下以.txt 结尾的文件名（忽略大小写）。

命令如下，如图 2.65 所示。

```
[root@rcs-team-rocky ~]# find .-iname "*.txt"
```

```
[root@rcs-team-rocky ~]# find . -iname "*.txt"
./file.txt
./newfile.txt
[root@rcs-team-rocky ~]#
```

图 2.65　列出当前目录下以.txt 结尾的文件名（忽略大小写）

【案例 4】列出当前目录中指定文件类型的内容。

在当前目录下查找文件类型为 s 的内容，命令如下，如图 2.66 所示。

```
[root@rcs-team-rocky ~]# find / -type s
```

```
[root@rcs-team-rocky ~]#
[root@rcs-team-rocky ~]# find / -type s
/run/httpd/cgisock.45230
/run/httpd/cgisock.44992
/run/httpd/cgisock.44695
/run/httpd/cgisock.44456
/run/chrony/chronyd.sock
/run/pcp/pmlogger.1789.socket
/run/pcp/pmproxy.socket
/run/pcp/pmcd.socket
/run/vmware/guestServicePipe
/run/mcelog-client
/run/.heim_org.h5l.kcm-socket
/run/dbus/system_bus_socket
/run/podman/podman.sock
/run/lsm/ipc/sim
/run/lsm/ipc/simc
/run/lvm/lvmpolld.socket
/run/user/0/bus
/run/user/0/podman/podman.sock
/run/user/0/systemd/private
/run/user/0/systemd/notify
/run/udev/control
```

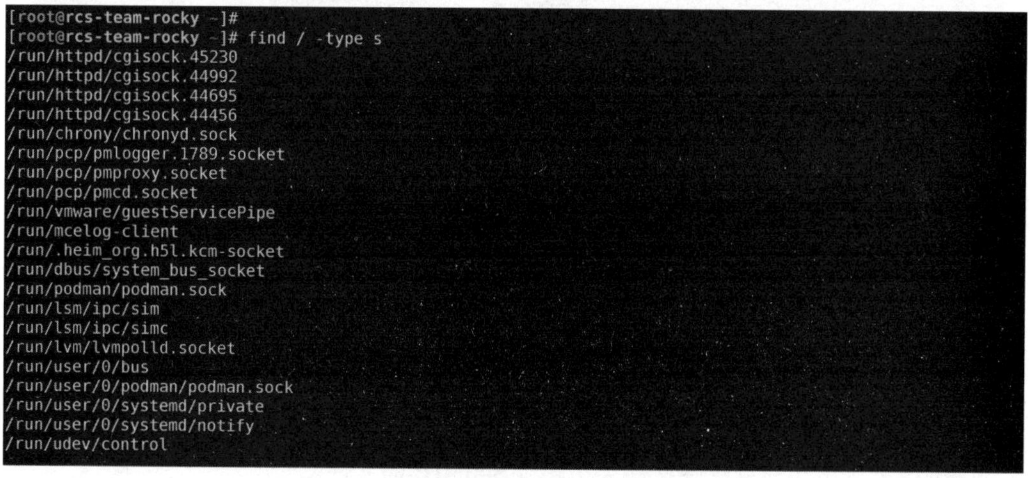

图 2.66　列出当前目录中指定文件类型的内容

【案例 5】列出当前目录下最近 7 天内被访问过的所有文件。

命令如下，如图 2.67 所示。

```
[root@rcs-team-rocky ~]# find / -type f -atime -7
```

【案例 6】列出当前目录下第 7 天被访问过的所有文件。

命令如下，如图 2.68 所示。

```
[root@rcs-team-rocky ~]# find / -type f -atime 7
```

```
[root@rcs-team-rocky ~]# find . -type f -atime -7
./.bash_logout
./.bash_profile
./.bashrc
./.bash_history
./file.txt
./.viminfo
./.ssh/known_hosts
./.wget-hsts
./hello.c
./hello
./newfile.txt
[root@rcs-team-rocky ~]#
```

图 2.67　列出当前目录下最近 7 天内被访问过的所有文件

```
[root@rcs-team-rocky ~]# find . -type f -atime 7
[root@rcs-team-rocky ~]#
```

图 2.68　列出当前目录下第 7 天被访问过的所有文件

【案例 7】列出当前目录下 7 天前被访问过的所有文件。

命令如下，如图 2.69 所示。

```
[root@rcs-team-rocky ~]# find / -type f -atime +7
```

```
[root@rcs-team-rocky ~]# find . -type f -atime +7
./.cshrc
./.tcshrc
./anaconda-ks.cfg
./prometheus_conf/alertmanager.yml
./prometheus_conf/template/wechat.tmpl
./prometheus_conf/prometheus.yml
./prometheus_conf/firstrules.yml
./log/log20220704.log
./log/test.cfg
./yum.repos.d/Rocky-AppStream.repo
./yum.repos.d/Rocky-BaseOS.repo
./yum.repos.d/Rocky-Devel.repo
./yum.repos.d/Rocky-Debuginfo.repo
./yum.repos.d/Rocky-Extras.repo
./yum.repos.d/Rocky-HighAvailability.repo
./yum.repos.d/Rocky-NFV.repo
./yum.repos.d/Rocky-Media.repo
./yum.repos.d/Rocky-Plus.repo
./yum.repos.d/Rocky-PowerTools.repo
./yum.repos.d/Rocky-RT.repo
./yum.repos.d/Rocky-ResilientStorage.repo
./yum.repos.d/Rocky-Sources.repo
./Podmanfile
```

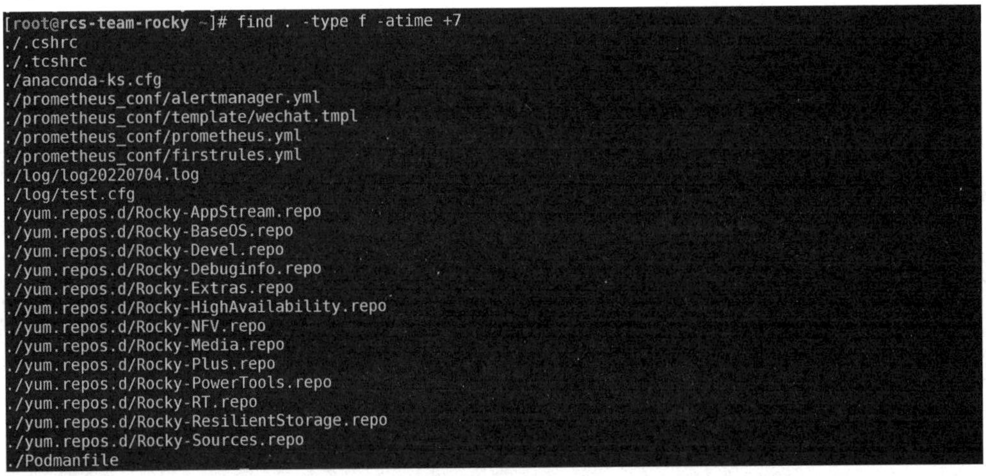

图 2.69　列出当前目录下 7 天前被访问过的所有文件

【案例 8】列出当前目录下文件大小超过 500 MB 的文件。

命令如下，如图 2.70 所示。

```
[root@rcs-team-rocky ~]# find / -type f -size +500M
```

```
[root@rcs-team-rocky ~]# find / -type f -size +500M
/proc/kcore
find: '/proc/75069/task/75069/fdinfo/6': No such file or directory
find: '/proc/75069/fdinfo/5': No such file or directory
/var/www/html/bt3-final.iso
[root@rcs-team-rocky ~]#
```

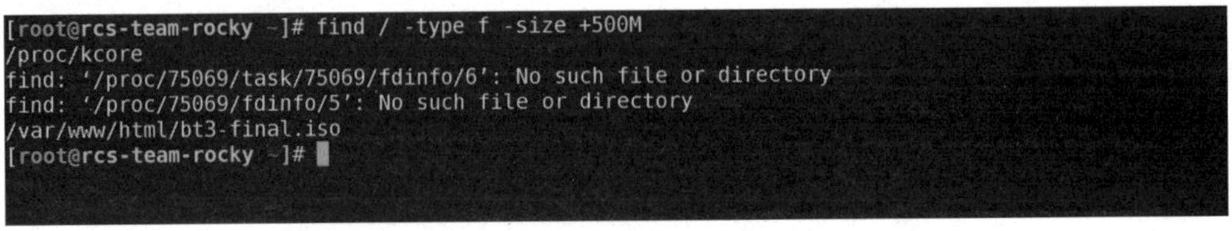

图 2.70　列出当前目录下文件大小超过 500 MB 的文件

【案例 9】搜索以 bt3 开头的文件并删除。

命令如下，如图 2.71 所示。

```
[root@rcs-team-rocky ~]# find / -type f -name "bt3*" -delete
```

```
[root@rcs-team-rocky ~]# find / -type f -name "bt3*"
/var/www/html/bt3-final.iso
[root@rcs-team-rocky ~]# find / -type f -name "bt3*" -delete
[root@rcs-team-rocky ~]# ls -l /var/www/html/
total 710140
-rw-r--r-- 1 root root       719 Jul  7 14:59 111.zip
-rw-r--r-- 1 root root        14 Jul  7 14:51 a.txt.bz2
-rw-r--r-- 1 root root 209715200 Jul  7 14:42 bt.tar.gz.00
-rw-r--r-- 1 root root 209715200 Jul  7 14:42 bt.tar.gz.01
-rw-r--r-- 1 root root 209715200 Jul  7 14:42 bt.tar.gz.02
-rw-r--r-- 1 root root  98006533 Jul  7 14:42 bt.tar.gz.03
drwxr-xr-x 2 root root        59 Jul  7 15:08 test
drwxr-xr-x 6 root root        98 Jul  7 14:52 WebApp
-rw-r--r-- 1 root root       602 Jul  7 14:50 WebApp.bz2
-rw-r--r-- 1 root root       549 Jul  7 14:30 WebApp.gz
-rw-r--r-- 1 root root       602 Jul  7 14:50 WebApp.tar.bz2
-rw-r--r-- 1 root root       549 Jul  7 14:30 WebApp.tar.gz
-rw-r--r-- 1 root root         0 Jul  7 14:57 WebApp.tar.Z
-rw-r--r-- 1 root root       549 Jul  7 14:29 WebApp.tgz
[root@rcs-team-rocky ~]#
```

图 2.71　搜索以 bt3 开头的文件并删除

【案例 10】列出当前目录下文件权限为 777 的文件。

命令如下，如图 2.72 所示。

```
[root@rcs-team-rocky ~]# find / -type f -perm 777
```

```
[root@rcs-team-rocky ~]# find . -type f -perm 777
./file.txt
[root@rcs-team-rocky ~]#
```

图 2.72　列出当前目录下文件权限为 777 的文件

【案例 11】列出当前目录下属主为 root 的所有目录。

命令如下，如图 2.73 所示。

```
[root@rcs-team-rocky ~]# find / -type d -user root
```

```
[root@rcs-team-rocky ~]# find . -type d -user root
.
./data
./grafana_data
./prometheus_conf
./prometheus_conf/template
./log
./log/ftp
./log/ftp/c
./.ssh
./go
./rcs-team
./rcs-team/day01
./.config
./.config/systemd
./.config/systemd/user
./.config/systemd/user/sockets.target.wants
./.config/procps
./yum.repos.d
./test
[root@rcs-team-rocky ~]#
```

图 2.73　列出当前目录下属主为 root 的所有目录

这里的属主就是指该文件或目录的创建者、拥有者。

【案例 12】搜索当前目录下所有以 txt 结尾的文件并通过-exec 删除。

命令如下，如图 2.74 所示。

```
[root@rcs-team-rocky ~]# find . -type f -name "*.txt" - exec rm -rf {} \;
[root@rcs-team-rocky ~]# find . -type f -name "*.txt"
```

```
[root@rcs-team-rocky ~]# find . -type f -name "*.txt" -exec rm -rf {} \;
[root@rcs-team-rocky ~]# find . -type f -name "*.txt"
[root@rcs-team-rocky ~]#
```

图 2.74　搜索当前目录下所有以 txt 结尾的文件并通过-exec 删除

【案例 13】搜索当前目录下所有空文件并通过-exec 删除。

命令如下，如图 2.75 所示。

```
[root@rcs-team-rocky ~]# find . -type f -empty -exec rm -rf {} \;
```

```
[root@rcs-team-rocky ~]# find . -type f -empty -exec rm -rf {} \;
[root@rcs-team-rocky ~]# ll
total 36
-rw-------. 1 root root  1197 Jun 21 14:26 anaconda-ks.cfg
drwxr-xr-x  2 root root     6 Jul 22 12:54 data
drwx--x--x  2 root root     6 Jul 17 23:52 go
drwxr-xr-x  2 root root     6 Jul 22 13:13 grafana_data
-rwxr-xr-x  1 root root 17800 Aug  5 20:33 hello
-rw-r--r--  1 root root    66 Aug  5 20:33 hello.c
drwxr-xr-x  3 root root    56 Jul 20 23:05 log
-rw-r--r--  1 root root   307 Jul 20 14:21 Podmanfile
drwxr-xr-x  3 root root    90 Jul 22 23:27 prometheus_conf
drwxr-xr-x  3 root root    19 Jul 18 01:03 rcs-team
drwxr-xr-x  2 root root     6 Jul 21 14:58 test
drwxr-xr-x  3 ftp  ftp     18 Jul 25 01:03 vsftpd
drwxr-xr-x  2 root root  4096 Jul 20 13:50 yum.repos.d
[root@rcs-team-rocky ~]#
```

图 2.75　搜索当前目录下所有空文件并通过-exec 删除

find 命令十分强大、参数也非常多。这里只是把工作中较为常见的、能够用得到的参数作为案例演示。对于其他参数，希望读者在工作中多实践、多体会其用法。

2.6　文件压缩与解压缩

在日常工作中系统长时间地运行会产生较大的文件，如系统日志或用户自己的文件。为了方便管理、减少磁盘空间的占用、方便通过网络传输、备份等操作，通常会通过 tar 命令实现文件的打包与压缩的管理。

tar 命令将多个文件打包成一个文件包，既方便传输，也可以用于文件备份。同时也可以用 tar 命令来解压归档文件。

我们在使用 tar 命令时，一般会同时对文件进行压缩，以降低空间使用率。tar 命令支持的压缩格式如下。

☑　.tar：默认模式，不压缩，只是将所有文件放到一个包里。

☑ .tar.gz：常用模式，采用 gzip 算法压缩。压缩率一般，压缩时间中等。
☑ .tar.bz2：不常用，采用 bz2 算法压缩。压缩率稍差，压缩时间较短。
☑ .tar.xz：不常用，采用 xz 算法压缩。压缩率较好，压缩时间较长。

1. 语法格式

```
tar [OPTIONS]...[NAME]...
```

2. 参数详解

☑ -c：建立一个压缩文件的参数指令。
☑ -x：解开一个压缩文件的参数指令。
☑ -t：查看 tarfile（tar 格式的打包文件）中的文件。
☑ -z：是否同时具有 gzip 的属性，即是否需要 gzip 压缩。
☑ -j：是否同时具有 bzip2 的属性，即是否需要 bzip2 压缩。
☑ -v：压缩的过程中显示文件，这个经常使用。
☑ -f：使用档名，注意在 f 之后要立即接档名，不需要加参数。

这里需要注意的是，-c/-x/-t 参数只能存在一个。

3. 企业实战

【案例 1】仅打包当前目录，但不压缩（生成 tar 格式文件包）。

命令如下，如图 2.76 所示。

```
[root@rcs-team-rocky ~]# tar cvf go.tar go
```

```
[root@rcs-team-rocky ~]# tar cvf go.tar go
go/
[root@rcs-team-rocky ~]# ll
total 48
-rw-------. 1 root root  1197 Jun 21 14:26 anaconda-ks.cfg
drwxr-xr-x  2 root root     6 Jul 22 12:54 data
drwx--x--x  2 root root     6 Jul 17 23:52 go
-rw-r--r--  1 root root 10240 Aug  6 22:54 go.tar
drwxr-xr-x  2 root root     6 Jul 22 13:13 grafana_data
-rwxr-xr-x  1 root root 17800 Aug  5 20:33 hello
-rw-r--r--  1 root root    66 Aug  5 20:33 hello.c
drwxr-xr-x  3 root root    56 Jul 20 23:05 log
-rw-r--r--  1 root root   307 Jul 20 14:21 Podmanfile
drwxr-xr-x  3 root root    90 Jul 22 23:27 prometheus_conf
drwxr-xr-x  3 root root    19 Jul 18 01:03 rcs-team
drwxr-xr-x  2 root root     6 Jul 21 14:58 test
drwxr-xr-x  3 ftp  ftp     18 Jul 25 01:03 vsftpd
drwxr-xr-x  2 root root  4096 Jul 20 13:50 yum.repos.d
[root@rcs-team-rocky ~]#
```

图 2.76　仅打包当前目录，但不压缩（生成 tar 格式文件包）

【案例 2】解开 tar 格式的文件包到当前目录中。

命令如下，如图 2.77 所示。

```
[root@rcs-team-rocky ~]# tar xvf go.tar
```

【案例 3】打包并压缩 go 目录为 go.tar.gz 压缩包。

命令如下，如图 2.78 所示。

```
[root@rcs-team-rocky ~]# tar zcvf go.tar.gz go
```

```
[root@rcs-team-rocky ~]# tar xvf go.tar
go/
[root@rcs-team-rocky ~]# ll
total 48
-rw-------. 1 root root  1197 Jun 21 14:26 anaconda-ks.cfg
drwxr-xr-x  2 root root     6 Jul 22 12:54 data
drwx--x--x  2 root root     6 Jul 17 23:52 go
-rw-r--r--  1 root root 10240 Aug  6 22:54 go.tar
drwxr-xr-x  2 root root     6 Jul 22 13:13 grafana_data
-rwxr-xr-x  1 root root 17800 Aug  5 20:33 hello
-rw-r--r--  1 root root    66 Aug  5 20:33 hello.c
drwxr-xr-x  3 root root    56 Jul 20 23:05 log
-rw-r--r--  1 root root   307 Jul 20 14:21 Podmanfile
drwxr-xr-x  3 root root    90 Jul 22 23:27 prometheus_conf
drwxr-xr-x  3 root root    19 Jul 18 01:03 rcs-team
drwxr-xr-x  2 root root     6 Jul 21 14:58 test
drwxr-xr-x  3 ftp  ftp     18 Jul 25 01:03 vsftpd
drwxr-xr-x  2 root root  4096 Jul 20 13:50 yum.repos.d
[root@rcs-team-rocky ~]#
```

图 2.77　解开 tar 格式的文件包到当前目录中

```
[root@rcs-team-rocky ~]# tar zcvf go.tar.gz go
go/
[root@rcs-team-rocky ~]# ll
total 40
-rw-------. 1 root root  1197 Jun 21 14:26 anaconda-ks.cfg
drwxr-xr-x  2 root root     6 Jul 22 12:54 data
drwx--x--x  2 root root     6 Jul 17 23:52 go
-rw-r--r--  1 root root   105 Aug  6 23:00 go.tar.gz
drwxr-xr-x  2 root root     6 Jul 22 13:13 grafana_data
-rwxr-xr-x  1 root root 17800 Aug  5 20:33 hello
-rw-r--r--  1 root root    66 Aug  5 20:33 hello.c
drwxr-xr-x  3 root root    56 Jul 20 23:05 log
-rw-r--r--  1 root root   307 Jul 20 14:21 Podmanfile
drwxr-xr-x  3 root root    90 Jul 22 23:27 prometheus_conf
drwxr-xr-x  3 root root    19 Jul 18 01:03 rcs-team
drwxr-xr-x  2 root root     6 Jul 21 14:58 test
drwxr-xr-x  3 ftp  ftp     18 Jul 25 01:03 vsftpd
drwxr-xr-x  2 root root  4096 Jul 20 13:50 yum.repos.d
[root@rcs-team-rocky ~]#
```

图 2.78　打包并压缩 go 目录为 go.tar.gz 压缩包

【案例 4】解压缩 go.tar.gz 压缩包为 go 目录。

命令如下，如图 2.79 所示。

```
[root@rcs-team-rocky ~]# tar zxvf go.tar.gz
```

```
[root@rcs-team-rocky ~]# tar zxvf go.tar.gz
go/
[root@rcs-team-rocky ~]# ll
total 40
-rw-------. 1 root root  1197 Jun 21 14:26 anaconda-ks.cfg
drwxr-xr-x  2 root root     6 Jul 22 12:54 data
drwx--x--x  2 root root     6 Jul 17 23:52 go
-rw-r--r--  1 root root   105 Aug  6 23:00 go.tar.gz
drwxr-xr-x  2 root root     6 Jul 22 13:13 grafana_data
-rwxr-xr-x  1 root root 17800 Aug  5 20:33 hello
-rw-r--r--  1 root root    66 Aug  5 20:33 hello.c
drwxr-xr-x  3 root root    56 Jul 20 23:05 log
-rw-r--r--  1 root root   307 Jul 20 14:21 Podmanfile
drwxr-xr-x  3 root root    90 Jul 22 23:27 prometheus_conf
drwxr-xr-x  3 root root    19 Jul 18 01:03 rcs-team
drwxr-xr-x  2 root root     6 Jul 21 14:58 test
drwxr-xr-x  3 ftp  ftp     18 Jul 25 01:03 vsftpd
drwxr-xr-x  2 root root  4096 Jul 20 13:50 yum.repos.d
[root@rcs-team-rocky ~]#
```

图 2.79　解压缩 go.tar.gz 为 go 目录

【案例 5】压缩 go 目录为 go.tar.bz2 压缩包。

命令如下，如图 2.80 所示。

```
[root@rcs-team-rocky ~]# tar jcvf go.tar.bz2 go
```

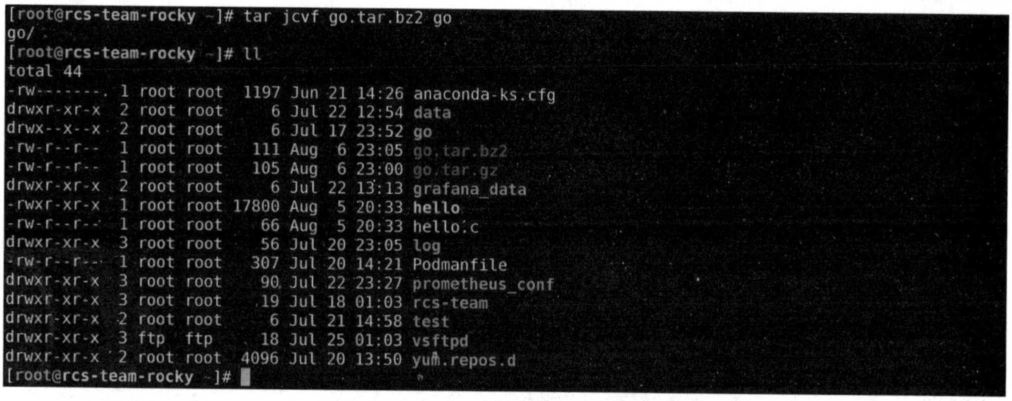

```
[root@rcs-team-rocky ~]# tar jcvf go.tar.bz2 go
go/
[root@rcs-team-rocky ~]# ll
total 44
-rw-------. 1 root root  1197 Jun 21 14:26 anaconda-ks.cfg
drwxr-xr-x  2 root root     6 Jul 22 12:54 data
drwx--x--x  2 root root     6 Jul 17 23:52 go
-rw-r--r--  1 root root   111 Aug  6 23:05 go.tar.bz2
-rw-r--r--  1 root root   105 Aug  6 23:00 go.tar.gz
drwxr-xr-x  2 root root     6 Jul 22 13:13 grafana_data
-rwxr-xr-x  1 root root 17800 Aug  5 20:33 hello
-rw-r--r--  1 root root    66 Aug  5 20:33 hello.c
drwxr-xr-x  3 root root    56 Jul 20 23:05 log
-rw-r--r--  1 root root   307 Jul 20 14:21 Podmanfile
drwxr-xr-x  3 root root    90 Jul 22 23:27 prometheus_conf
drwxr-xr-x  3 root root    19 Jul 18 01:03 rcs-team
drwxr-xr-x  2 root root     6 Jul 21 14:58 test
drwxr-xr-x  3 ftp  ftp     18 Jul 25 01:03 vsftpd
drwxr-xr-x  2 root root  4096 Jul 20 13:50 yum.repos.d
[root@rcs-team-rocky ~]#
```

图 2.80　压缩 go 目录为 go.tar.bz2 压缩包

【案例 6】解压缩 go.tar.bz2 压缩包为 go 目录。

命令如下，如图 2.81 所示。

```
[root@rcs-team-rocky ~]# tar jxvf go.tar.bz2
```

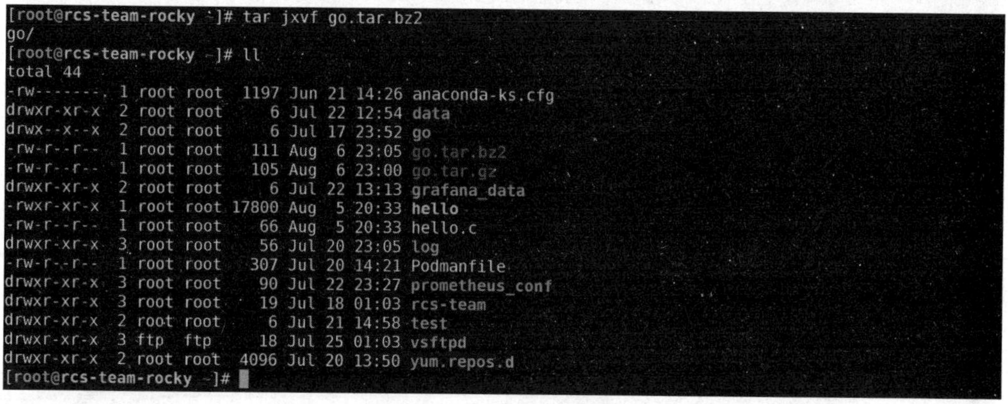

```
[root@rcs-team-rocky ~]# tar jxvf go.tar.bz2
go/
[root@rcs-team-rocky ~]# ll
total 44
-rw-------. 1 root root  1197 Jun 21 14:26 anaconda-ks.cfg
drwxr-xr-x  2 root root     6 Jul 22 12:54 data
drwx--x--x  2 root root     6 Jul 17 23:52 go
-rw-r--r--  1 root root   111 Aug  6 23:05 go.tar.bz2
-rw-r--r--  1 root root   105 Aug  6 23:00 go.tar.gz
drwxr-xr-x  2 root root     6 Jul 22 13:13 grafana_data
-rwxr-xr-x  1 root root 17800 Aug  5 20:33 hello
-rw-r--r--  1 root root    66 Aug  5 20:33 hello.c
drwxr-xr-x  3 root root    56 Jul 20 23:05 log
-rw-r--r--  1 root root   307 Jul 20 14:21 Podmanfile
drwxr-xr-x  3 root root    90 Jul 22 23:27 prometheus_conf
drwxr-xr-x  3 root root    19 Jul 18 01:03 rcs-team
drwxr-xr-x  2 root root     6 Jul 21 14:58 test
drwxr-xr-x  3 ftp  ftp     18 Jul 25 01:03 vsftpd
drwxr-xr-x  2 root root  4096 Jul 20 13:50 yum.repos.d
[root@rcs-team-rocky ~]#
```

图 2.81　解压缩 go.tar.bz2 压缩包为 go 目录

【案例 7】压缩 go 目录为 go.tar.Z 压缩包。

命令如下，如图 2.82 所示。

```
[root@rcs-team-rocky ~]# tar Zcvf go.tar.Z go
```

【案例 8】解压缩 go.tar.Z 压缩包为 go 目录。

命令如下，如图 2.83 所示。

```
[root@rcs-team-rocky ~]# tar Zxvf go.tar.Z
```

【案例 9】压缩 go 目录为 go.zip 压缩包。

.zip 格式在 Windows 系统中较为常见，这里使用时需要先使用以下命令进行安装。

```
[root@rcs-team-rocky ~]# dnf install -y unzip
```

压缩命令如下，如图 2.84 所示。

```
[root@rcs-team-rocky ~]# zip go.zip go
```

```
[root@rcs-team-rocky ~]# tar Zcvf go.tar.Z go
go/
[root@rcs-team-rocky ~]# ll
total 48
-rw-------. 1 root root  1197 Jun 21 14:26 anaconda-ks.cfg
drwxr-xr-x  2 root root     6 Jul 22 12:54 data
drwx--x--x  2 root root     6 Jul 17 23:52 go
-rw-r--r--  1 root root   111 Aug  6 23:05 go.tar.bz2
-rw-r--r--  1 root root   105 Aug  6 23:00 go.tar.gz
-rw-r--r--  1 root root   223 Aug  6 23:08 go.tar.Z
drwxr-xr-x  2 root root     6 Jul 22 13:13 grafana_data
-rwxr-xr-x  1 root root 17800 Aug  5 20:33 hello
-rw-r--r--  1 root root    66 Aug  5 20:33 hello.c
drwxr-xr-x  3 root root    56 Jul 20 23:05 log
-rw-r--r--  1 root root   307 Jul 20 14:21 Podmanfile
drwxr-xr-x  3 root root    90 Jul 22 23:27 prometheus_conf
drwxr-xr-x  3 root root    19 Jul 18 01:03 rcs-team
drwxr-xr-x  2 root root     6 Jul 21 14:58 test
drwxr-xr-x  3 ftp  ftp     18 Jul 25 01:03 vsftpd
drwxr-xr-x  2 root root  4096 Jul 20 13:50 yum.repos.d
[root@rcs-team-rocky ~]#
```

图 2.82　压缩 go 目录为 go.tar.Z 压缩包

```
[root@rcs-team-rocky ~]# tar Zxvf go.tar.Z
go/
[root@rcs-team-rocky ~]# ll
total 48
-rw-------. 1 root root  1197 Jun 21 14:26 anaconda-ks.cfg
drwxr-xr-x  2 root root     6 Jul 22 12:54 data
drwx--x--x  2 root root     6 Jul 17 23:52 go
-rw-r--r--  1 root root   111 Aug  6 23:05 go.tar.bz2
-rw-r--r--  1 root root   105 Aug  6 23:00 go.tar.gz
-rw-r--r--  1 root root   223 Aug  6 23:08 go.tar.Z
drwxr-xr-x  2 root root     6 Jul 22 13:13 grafana_data
-rwxr-xr-x  1 root root 17800 Aug  5 20:33 hello
-rw-r--r--  1 root root    66 Aug  5 20:33 hello.c
drwxr-xr-x  3 root root    56 Jul 20 23:05 log
-rw-r--r--  1 root root   307 Jul 20 14:21 Podmanfile
drwxr-xr-x  3 root root    90 Jul 22 23:27 prometheus_conf
drwxr-xr-x  3 root root    19 Jul 18 01:03 rcs-team
drwxr-xr-x  2 root root     6 Jul 21 14:58 test
drwxr-xr-x  3 ftp  ftp     18 Jul 25 01:03 vsftpd
drwxr-xr-x  2 root root  4096 Jul 20 13:50 yum.repos.d
[root@rcs-team-rocky ~]#
```

图 2.83　解压缩 go.tar.Z 压缩包为 go 目录

```
[root@rcs-team-rocky ~]# dnf install -y unzip
Last metadata expiration check: 1:35:15 ago on Sat 06 Aug 2022 09:35:38 PM CST.
Package unzip-6.0-46.el8.x86_64 is already installed.
Dependencies resolved.
Nothing to do.
Complete!
[root@rcs-team-rocky ~]# zip go.zip go
  adding: go/ (stored 0%)
[root@rcs-team-rocky ~]# ll
total 52
-rw-------. 1 root root  1197 Jun 21 14:26 anaconda-ks.cfg
drwxr-xr-x  2 root root     6 Jul 22 12:54 data
drwx--x--x  2 root root     6 Jul 17 23:52 go
-rw-r--r--  1 root root   111 Aug  6 23:05 go.tar.bz2
-rw-r--r--  1 root root   105 Aug  6 23:00 go.tar.gz
-rw-r--r--  1 root root   223 Aug  6 23:08 go.tar.Z
-rw-r--r--  1 root root   156 Aug  6 23:11 go.zip
```

图 2.84　压缩 go 目录为 go.zip 压缩包

【案例 10】解压缩 go.zip 压缩包为 go 目录。

命令如下，如图 2.85 所示。

```
[root@rcs-team-rocky ~]# unzip go.zip
```

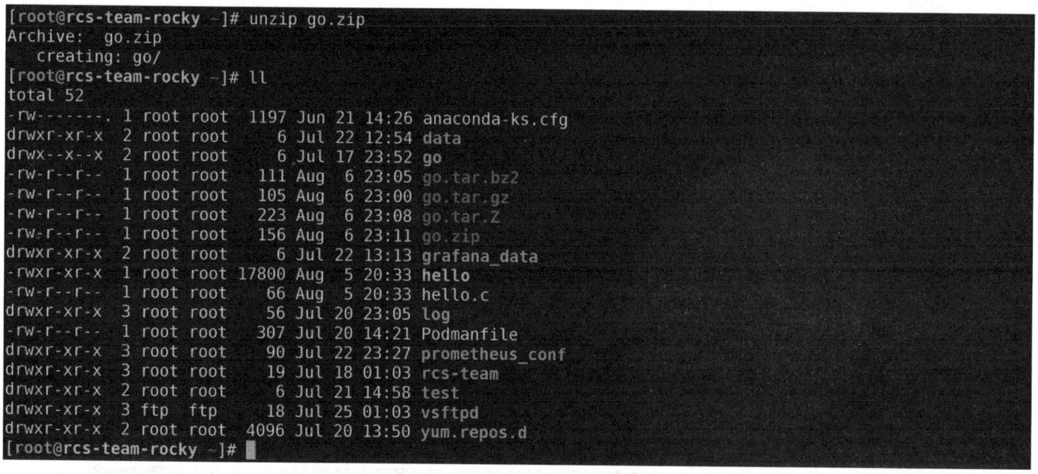

```
[root@rcs-team-rocky ~]# unzip go.zip
Archive:  go.zip
   creating: go/
[root@rcs-team-rocky ~]# ll
total 52
-rw-------. 1 root root  1197 Jun 21 14:26 anaconda-ks.cfg
drwxr-xr-x  2 root root     6 Jul 22 12:54 data
drwx--x--x  2 root root     6 Jul 17 23:52 go
-rw-r--r--  1 root root   111 Aug  6 23:05 go.tar.bz2
-rw-r--r--  1 root root   105 Aug  6 23:00 go.tar.gz
-rw-r--r--  1 root root   223 Aug  6 23:08 go.tar.Z
-rw-r--r--  1 root root   156 Aug  6 23:11 go.zip
drwxr-xr-x  2 root root     6 Jul 22 13:13 grafana_data
-rwxr-xr-x  1 root root 17800 Aug  5 20:33 hello
-rw-r--r--  1 root root    66 Aug  5 20:33 hello.c
drwxr-xr-x  3 root root    56 Jul 20 23:05 log
-rw-r--r--  1 root root   307 Jul 20 14:21 Podmanfile
drwxr-xr-x  3 root root    90 Jul 22 23:27 prometheus_conf
drwxr-xr-x  3 root root    19 Jul 18 01:03 rcs-team
drwxr-xr-x  2 root root     6 Jul 21 14:58 test
drwxr-xr-x  3 ftp  ftp     18 Jul 25 01:03 vsftpd
drwxr-xr-x  2 root root  4096 Jul 20 13:50 yum.repos.d
[root@rcs-team-rocky ~]#
```

图 2.85　解压 go.zip 压缩包

【案例 11】wget 下载 RAR 格式安装包并解压。

RAR 格式的压缩文件是我们熟悉的 Windows 下的压缩格式，那么 Linux 如何使用 RAR 格式的压缩包呢？需要通过官方网站 https://www.rarlab.com/download.htm 下载对应平台的工具进行安装。

命令如下，如图 2.86 所示。

```
[root@rcs-team-rocky /usr/local]# wget https://www.rarlab.com/rar/
 rarlinux-x64-612.tar.gz
[root@rcs-team-rocky /usr/local]#  tar zxvf rarlinux-x64-612.tar.gz
```

```
[root@rcs-team-rocky /usr/local]# wget https://www.rarlab.com/rar/rarlinux-x64-612.tar.gz ①
--2022-08-06 23:59:50--  https://www.rarlab.com/rar/rarlinux-x64-612.tar.gz
Resolving www.rarlab.com (www.rarlab.com)... 51.195.68.162
Connecting to www.rarlab.com (www.rarlab.com)|51.195.68.162|:443... connected.
HTTP request sent, awaiting response... 200 OK
Length: 604520 (590K) [application/x-gzip]
Saving to: 'rarlinux-x64-612.tar.gz'

rarlinux-x64-612.tar.gz    100%[======================================>] 590.35K  68.7KB/s    in 11s

2022-08-07 00:00:02 (53.3 KB/s) - 'rarlinux-x64-612.tar.gz' saved [604520/604520]

[root@rcs-team-rocky /usr/local]# tar zxvf rarlinux-x64-612.tar.gz ②
rar/
rar/unrar
rar/acknow.txt
rar/whatsnew.txt
rar/order.htm
rar/readme.txt
rar/rar.txt
rar/makefile
rar/default.sfx
rar/rar
rar/rarfiles.lst
rar/license.txt
[root@rcs-team-rocky /usr/local]#
```

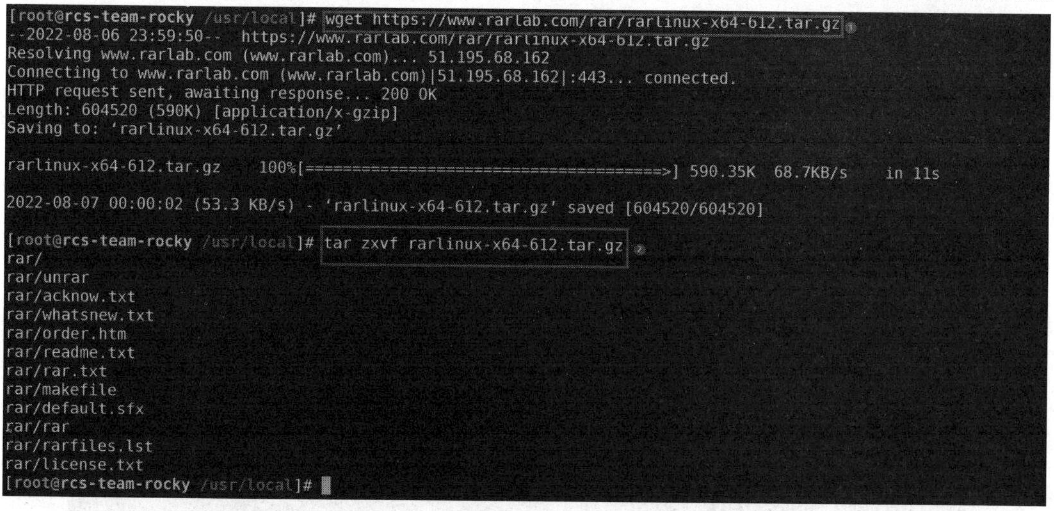

图 2.86　wget 下载 RAR 格式安装包并解压

执行以下命令，这样在全局就可以访问这两条命令了，如图 2.87 所示。

```
[root@rcs-team-rocky /usr/local/rar]# ln -s /usr/local/rar/rar
/usr/local/bin/rar
[root@rcs-team-rocky /usr/local/rar]#  ln -s /usr/local/rar/unrar
/usr/local/bin/unrar
```

```
[root@rcs-team-rocky /usr/local/rar]# ll
total 1336
-rw-r--r-- 1 rcs-team rcs-team   2721 May  5 02:22 acknow.txt
-rwxr-xr-x 1 rcs-team rcs-team 203624 May  5 02:22 default.sfx
-rw-r--r-- 1 rcs-team rcs-team   6753 May  5 02:22 license.txt
-rw-r--r-- 1 rcs-team rcs-team    428 May  5 02:22 makefile
-rw-r--r-- 1 rcs-team rcs-team   3326 May  5 02:22 order.htm
-rwxr-xr-x 1 rcs-team rcs-team 638712 May  5 02:22 rar
-rw-r--r-- 1 rcs-team rcs-team   1177 May  5 02:22 rarfiles.lst
-rw-r--r-- 1 rcs-team rcs-team 107288 May  5 02:22 rar.txt
-rw-r--r-- 1 rcs-team rcs-team    692 May  5 02:22 readme.txt
-rwxr-xr-x 1 rcs-team rcs-team 355344 May  5 02:22 unrar
-rw-r--r-- 1 rcs-team rcs-team  28551 May  5 02:22 whatsnew.txt
[root@rcs-team-rocky /usr/local/rar]# ln -s /usr/local/rar/rar /usr/local/bin/rar
[root@rcs-team-rocky /usr/local/rar]# ln -s /usr/local/rar/unrar /usr/local/bin/unrar
[root@rcs-team-rocky /usr/local/rar]#
```

图 2.87　进入 rar 目录链接文件

执行以下压缩命令即可将 go 目录打包为.rar 格式的压缩包，如图 2.88 所示。

```
[root@rcs-team-rocky ~]# rar a go.rar go
```

```
[root@rcs-team-rocky ~]# rar a go.rar go

RAR 6.12   Copyright (c) 1993-2022 Alexander Roshal   4 May 2022
Trial version             Type 'rar -?' for help

Evaluation copy. Please register.

Creating archive go.rar

Adding    go                                                        OK
Done
[root@rcs-team-rocky ~]# ll
total 56
-rw-------. 1 root root  1197 Jun 21 14:26 anaconda-ks.cfg
drwxr-xr-x  2 root root     6 Jul 22 12:54 data
drwx--x--x  2 root root     6 Jul 17 23:52 go
-rw-r--r--  1 root root    58 Aug  7 00:04 go.rar
```

图 2.88　将 go 目录打包为.rar 格式的压缩包

【案例 12】解压缩 go.rar 压缩包为 go 目录。

命令如下，如图 2.89 所示。

```
[root@rcs-team-rocky ~]# rar x go.rar
```

```
[root@rcs-team-rocky ~]# rar x go.rar

RAR 6.12   Copyright (c) 1993-2022 Alexander Roshal   4 May 2022
Trial version             Type 'rar -?' for help


Extracting from go.rar

Creating    go                                                      OK
All OK
[root@rcs-team-rocky ~]# ll
total 56
-rw-------. 1 root root  1197 Jun 21 14:26 anaconda-ks.cfg
drwxr-xr-x  2 root root     6 Jul 22 12:54 data
drwx--x--x  2 root root     6 Jul 17 23:52 go
-rw-r--r--  1 root root    58 Aug  7 00:04 go.rar
-rw-r--r--  1 root root   111 Aug  6 23:05 go.tar.bz2
-rw-r--r--  1 root root   105 Aug  6 23:00 go.tar.gz
-rw-r--r--  1 root root   223 Aug  6 23:08 go.tar.Z
-rw-r--r--  1 root root   156 Aug  6 23:11 go.zip
drwxr-xr-x  2 root root     6 Jul 22 13:13 grafana_data
-rwxr-xr-x  1 root root 17800 Aug  5 20:33 hello
-rw-r--r--  1 root root    66 Aug  5 20:33 hello.c
drwxr-xr-x  3 root root    56 Jul 20 23:05 log
-rw-r--r--  1 root root   307 Jul 20 14:21 Podmanfile
drwxr-xr-x  3 root root    90 Jul 22 23:27 prometheus_conf
drwxr-xr-x  3 root root    19 Jul 18 01:03 rcs-team
drwxr-xr-x  2 root root     6 Jul 21 14:58 test
drwxr-xr-x  3 ftp  ftp     18 Jul 25 01:03 vsftpd
drwxr-xr-x  2 root root  4096 Jul 20 13:50 yum.repos.d
[root@rcs-team-rocky ~]#
```

图 2.89　解压缩 go.rar 压缩包为 go 目录

2.7　文件传输命令及工具

在生产环境中的服务器基本上都是联网的（特殊情况下除外），通过网络可以进行数据的传输、共享、交换等。

在数据传输的过程中为了提高数据传输的效率，我们通常都是先打包压缩，然后再通过相关的文件传输命令进行传输。在 Linux 系统中常见的文件传输命令及工具如下。

☑　scp 命令。

☑　rsync 命令。

☑　wget 命令。

☑　lrzsz 工具。

2.7.1　scp 命令

scp（secure copy）命令用于在 Linux 下进行远程复制文件，和它类似的命令有 cp，不过 cp 只是在本机进行复制不能跨服务器，而且 scp 传输是加密的，可能会稍微影响传输速度。当服务器硬盘变为只读 read only system 时，用 scp 可以把文件移出来。另外，scp 不会占用太多资源，也不会增加过多的系统负荷。在这一点上，rsync 就远远不及它了。虽然 rsync 比 scp 会快一点，但在小文件众多的情况下，rsync 会导致硬盘的 I/O 非常高，而 scp 基本上不会影响系统的正常使用。

scp 命令是在全量备份时使用，它不支持断点续传和增量备份。所以我们一般使用它做全量备份。在 ssh 服务中自带这个命令。

1. 语法格式

（1）从服务器上下载文件到本地。

```
scp local_file remote_username@remote_ip:remote_file
```

（2）本地文件上传到服务器中。

```
scp local_file remote_username@remote_ip:remote_folder
```

2. 参数详解

☑　-1：强制 scp 命令使用协议 ssh1。

☑　-2：强制 scp 命令使用协议 ssh2。

☑　-4：强制 scp 命令只使用 IPv4 寻址。

☑　-6：强制 scp 命令只使用 IPv6 寻址。

☑　-B：使用批处理模式（传输过程中不询问传输口令或短语）。

☑　-C：允许压缩（将-C 标志传递给 ssh，从而打开压缩功能）。

- ☑ -p：保留原文件的修改时间、访问时间和访问权限。
- ☑ -q：不显示传输进度条。
- ☑ -r：递归复制整个目录。
- ☑ -v：以详细方式显示输出。scp 和 ssh(1)会显示出整个过程的调试信息。这些信息用于调试连接、验证和配置问题。
- ☑ -c cipher：以 cipher 将数据传输进行加密，这个选项将直接传递给 ssh。
- ☑ -F ssh_config：指定一个替代的 ssh 配置文件，此参数直接传递给 ssh。
- ☑ -i identity_file：从指定文件中读取传输时使用的密钥文件，此参数直接传递给 ssh。
- ☑ -l limit：限定用户所能使用的带宽，以 Kbit/s 为单位。
- ☑ -o ssh_option：指定额外的 SSH 选项，SSH 选项允许用户在执行 scp 命令时传递特定的配置参数给底层的 SSH 连接。这些选项通常用于自定义和优化 SSH 连接的行为和属性。
- ☑ -P port：注意是大写的 P，port 是指定数据传输用到的端口号。
- ☑ -S program：指定加密传输时所使用的程序，此程序必须能够理解 ssh(1)的选项。

3．企业实战

【案例 1】本地文件上传到远程服务器。

将本地压缩包上传同步到远程服务器的/tmp 目录下，命令如下，如图 2.90 所示。

```
[root@rcs-team-rocky ~]# scp /root/go.rar root@10.0.0.11:/tmp/
```

```
[root@rcs-team-rocky ~]# scp /root/go.rar root@10.0.0.11:/tmp/
The authenticity of host '10.0.0.11 (10.0.0.11)' can't be established.
ECDSA key fingerprint is SHA256:+tSQBVchMXxq8ssz1L9LzjhJwLdyy+HG8zfgFS0jEB0.
Are you sure you want to continue connecting (yes/no/[fingerprint])? yes
Warning: Permanently added '10.0.0.11' (ECDSA) to the list of known hosts.
root@10.0.0.11's password:
go.rar                                                  100%   58    71.2KB/s   00:00
[root@rcs-team-rocky ~]#
```

图 2.90　本地文件上传到远程服务器

在远程服务器的/tmp 目录中验证文件是否上传成功，如图 2.91 所示。

```
[root@rcs-team-rocky ~]# cd /tmp
[root@rcs-team-rocky /tmp]# ll
total 8
-rw-r--r-- 1 root root  58 Aug  7 00:45 go.rar
drwxr-xr-x 2 root root  19 Jul 28 06:19 hsperfdata_root
-rw-r--r-- 1 root root 103 Jul 28 06:19 lua_liGKty
drwx------ 2 root root   6 Jul 28 06:24 vmware-root_907-4021784429
drwx------ 2 root root   6 Jul 27 14:38 vmware-root_917-4022308724
drwx------ 2 root root   6 Aug  3 17:28 vmware-root_929-3980167385
drwx------ 2 root root   6 Jul 27 19:04 vmware-root_934-2731086592
drwx------ 2 root root   6 Aug  7 00:45 vmware-root_939-4022308693
drwx------ 2 root root   6 Aug  3 17:23 vmware-root_965-4256676100
[root@rcs-team-rocky /tmp]#
```

图 2.91　在远程服务器校验文件是否上传成功

【案例 2】远程服务器的文件下载到本地的指定目录中。

把远程服务器的/tmp/go.rar 下载到本地/root/Test/目录中，命令如下，如图 2.92 所示。

```
[root@rcs-team-rocky ~]# scp root@10.0.0.11:/tmp/go.rar ./
```

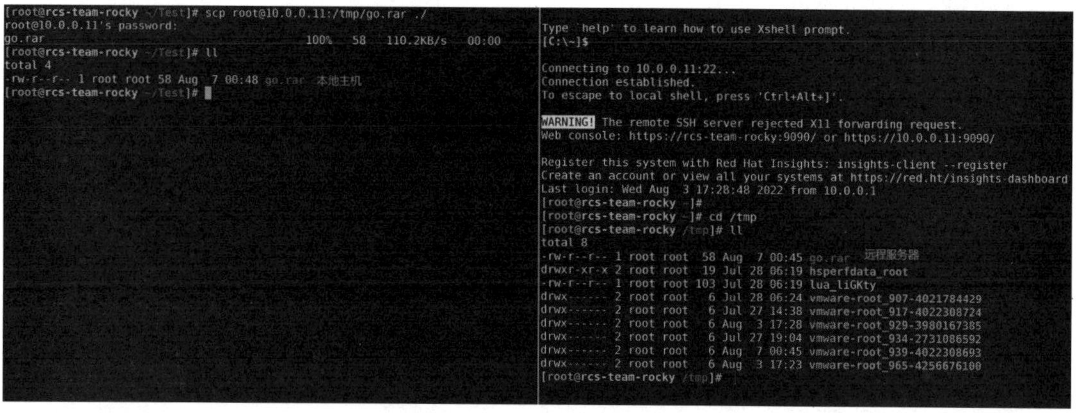

图 2.92　远程服务器的文件下载到本地的指定目录中

2.7.2　rsync 命令

rsync（remote synchronize）是一个远程数据同步工具，可通过 LAN/WAN 快速同步多台主机之间的文件。也可以使用 rsync 同步本地硬盘中的不同目录。

rsync 是一个用于替代 rcp 的工具，使用所谓的“rsync 算法”进行数据同步，这种算法只传送两个文件中的不同部分，而不是整份传送，因此速度相当快。

rsync 的初始作者是 Andrew Tridgell 和 Paul Mackerras，目前由 http://rsync.samba.org 维护。它支持大多数的类 UNIX 系统，无论是在 Linux、Solaris，还是在 BSD 都经过了良好的测试。CentOS 系统默认安装了 rsync 的软件包。此外，在 Windows 系统上也有相应的版本，如 cwrsync 和 DeltaCopy 等。

rsync 具有如下基本特性：

☑　可以镜像保存整个目录树和文件系统。

☑　可以很容易做到保持原来文件的权限、时间、软硬链接等。

☑　无须特殊权限即可安装。

☑　优化的流程，文件传输效率快。

☑　可以使用 rsh、ssh 方式传输文件，也可以通过 socket 直接连接。

☑　支持匿名传输，以方便进行网站镜像。

在使用 rsync 进行远程同步时可以使用两种方式：远程 Shell 方式（建议使用 ssh，用户验证由 ssh 负责）和 C/S 方式（即客户连接远程 rsync 服务器，用户验证由 rsync 服务器负责）。

无论本地同步目录还是远程同步数据，首次运行时将会把全部文件复制一次，以后再运行时将只复制有变化的文件（对于新文件）或文件的变化部分（对于原有文件）。

rsync 的安装命令如下。

```
dnf install -y rsync
```

1. 语法格式

1）本地使用

```
rsync [OPTION...] SRC... [DEST]
```

2）通过远程 Shell 使用

```
拉：rsync [OPTION...] [USER@]HOST:SRC... [DEST]
推：rsync [OPTION...] SRC... [USER@]HOST:DEST
```

3）访问 rsync 服务器

```
拉：rsync [OPTION...] [USER@]HOST::SRC... [DEST]
推：rsync [OPTION...] SRC... [USER@]HOST::DEST
拉：rsync [OPTION...] rsync://[USER@]HOST[:PORT]/SRC... [DEST]
推：rsync [OPTION...] SRC... rsync://[USER@]HOST[:PORT]/DEST
```

☑ SRC：要复制的源位置。
☑ DEST：复制的目标位置。
☑ 若本地登录用户与远程主机上的用户一致，可以省略 USER@。
☑ 当使用远程 shell 同步时，主机名与资源之间使用单个冒号“:”作为分隔符。
☑ 当使用 rsync 服务器同步时，主机名与资源之间使用两个冒号“::”作为分隔符。
☑ 当访问 rsync 服务器时也可以使用 rsync:// URL。
☑ “拉”复制是指从远程主机复制文件到本地主机。当进行“拉”复制时，若指定一个 SRC 且省略 DEST，则只列出资源而不进行复制。
☑ “推”复制是指从本地主机复制文件到远程主机。

2. 参数详解

一般同步传输目录时都使用 azv 参数。

☑ -v, --verbose：详细输出模式。
☑ -q, --quiet：精简输出模式。
☑ -c, --checksum：打开校验开关，强制对文件传输进行校验。
☑ -a, --archive：归档模式，表示以递归方式传输文件，并保持所有文件属性，等价于-rlptgoD。
☑ -r, --recursive：以递归模式处理子目录。
☑ -R, --relative：使用相对路径信息。
☑ -b, --backup：创建备份，即对于目前已经存在同样的文件名时，将旧文件重新命名为~filename。可以使用--suffix 选项来指定不同的备份文件前缀。
☑ --backup-dir：将备份文件（如~filename）存放在该目录下。
☑ -suffix=SUFFIX：定义备份文件前缀。
☑ -u, --update：仅仅进行更新，表示把 DEST 中比 SRC 还新的文件排除掉（不会覆盖文件）。
☑ -l, --links：保留软链接。

- ☑ -L, --copy-links：像对待常规文件一样处理软链接。
- ☑ --copy-unsafe-links：仅仅复制指向 SRC 路径目录树以外的链接。
- ☑ --safe-links：忽略指向 SRC 路径目录树以外的链接。
- ☑ -H, --hard-links：保留硬链接。
- ☑ -p, --perms：保持文件权限。
- ☑ -o, --owner：保持文件属主信息。
- ☑ -g, --group：保持文件属组信息。
- ☑ -D, --devices：保持设备文件信息。
- ☑ -t, --times：保持文件时间信息。
- ☑ -S, --sparse：对稀疏文件进行特殊处理以节省 DEST 的空间。
- ☑ -n, --dry-run：显示哪些文件将被传输。
- ☑ -W, --whole-file：复制文件，不进行增量检测。
- ☑ -x, --one-file-system：不要跨越文件系统边界。
- ☑ -B, --block-size=SIZE：检验算法使用的块尺寸，默认是 700 字节。
- ☑ -e, --rsh=COMMAND：指定使用 rsh、ssh 方式进行数据同步。
- ☑ --rsync-path=PATH：指定远程服务器上的 rsync 命令所在的路径信息。
- ☑ -C, --cvs-exclude：使用和 CVS 一样的方法自动忽略文件，用来排除那些不希望传输的文件。
- ☑ --existing：仅仅更新那些已经存在于 DEST 的文件，而不备份那些新创建的文件。
- ☑ --delete：删除那些 DEST 中 SRC 没有的文件。
- ☑ --delete-excluded：删除接收端那些被该选项指定排除的文件。
- ☑ --delete-after：传输结束后再删除。
- ☑ --ignore-errors：即使出现 IO 错误也进行删除。
- ☑ --max-delete=NUM：最多删除 NUM 个文件。
- ☑ --partial：保留那些因故没有完全传输的文件，亦是加快随后的再次传输。
- ☑ --force：强制删除目录，即使不为空。
- ☑ --numeric-ids：不将数字的用户和组 ID 匹配为用户名和组名。
- ☑ --timeout=TIME IP：超时时间，单位为秒。
- ☑ -I, --ignore-times：不跳过那些有同样时间和长度的文件。
- ☑ --size-only：当决定是否要备份文件时，仅仅查看文件大小，而不考虑文件时间。
- ☑ --modify-window=NUM：决定文件是否时间相同时使用的时间戳窗口，默认为 0。
- ☑ -T --temp-dir=DIR：在 DIR 中创建临时文件。
- ☑ --compare-dest=DIR：比较 DIR 中的文件，决定是否需要备份。
- ☑ -P：等同于--partial。
- ☑ --progress：显示备份过程。
- ☑ -z, --compress：对备份的文件在传输时进行压缩处理。
- ☑ --exclude=PATTERN：指定排除不需要传输的文件模式。
- ☑ --include=PATTERN：指定不排除而需要传输的文件模式。

☑ --exclude-from=FILE：排除 FILE 中指定模式匹配的文件。
☑ --include-from=FILE：不排除 FILE 中指定模式匹配的文件。
☑ --version：打印版本信息。
☑ --address：绑定到特定的地址。
☑ --config=FILE：指定其他的配置文件，不使用默认的 rsyncd.conf 文件。
☑ --port=PORT：指定其他的 rsync 服务端口。
☑ -blocking-io：启用阻塞 I/O 模式进行数据传输。
☑ -stats：给出某些文件的传输状态。
☑ --progress：在传输时显示传输过程。
☑ --log-format：指定日志文件的输出格式。
☑ --password-file=FILE：从 FILE 中得到密码。
☑ --bwlimit=KBPS：限制 I/O 带宽，单位为 KB/s。
☑ -h, --help：显示帮助信息。

3. 企业实战

【案例 1】本地服务器文件推送到远程服务器。

服务器安装 rsync 的命令如下，如图 2.93 所示。

```
[root@rcs-team-rocky /var/log]# dnf install -y rsync
```

```
[root@rcs-team-rocky /var/log]# dnf install -y rsync
Last metadata expiration check: 0:05:41 ago on Fri 12 Aug 2022 10:02:02 AM CST.
Package rsync-3.1.3-14.el8_6.2.x86_64 is already installed.
Dependencies resolved.
Nothing to do.
Complete!
[root@rcs-team-rocky /var/log]# cd ~
[root@rcs-team-rocky ~]#
```

图 2.93 服务器安装 rsync

安装好 rsync 后可以通过以下命令把本地 go.zip 文件推送到远程服务器/tmp 目录下，如图 2.94 所示。

```
[root@rcs-team-rocky ~]# rsync -avz go.zip root@10.0.0.11:/tmp
```

```
[root@rcs-team-rocky ~]# ll    服务器
total 260
-rw-------. 1 root root   1197 Jun 21 14:26 anaconda-ks.cfg
drwxr-xr-x  2 root root      6 Jul 22 12:54 data
-rw-r--r--  1 root root    223 Aug  6 23:08 go.tar.Z
-rw-r--r--  1 root root    156 Aug  6 23:11 go.zip  要推送的文件
drwxr-xr-x  2 root root      6 Jul 22 13:13 grafana_data
-rwxr-xr-x  1 root root  17800 Aug  5 20:33 hello
-rw-r--r--  1 root root     66 Aug  5 20:33 hello.c
-rw-r--r--  1 root root    153 Aug 11 23:34 Hello.txt
drwxr-xr-x  3 root root     56 Jul 20 23:05 log
-rw-r--r--  1 root root    307 Jul 20 14:21 Podmanfile
drwxr-xr-x  3 root root     90 Jul 22 23:27 prometheus_conf
drwxr-xr-x  3 root root     19 Jul 18 01:03 rcs-team
drwxr-xr-x  2 root root      6 Jul 21 14:58 test
drwxr-xr-x  2 root root     20 Aug  7 00:48 Test
drwxr-xr-x  3 ftp  ftp      18 Jul 25 01:03 vsftpd
drwxr-xr-x  2 root root   4096 Jul 20 13:50 yum.repos.d
-rw-r--r--  1 root root 214358 Aug  1 19:47 zkz_tdxlZkz_w.ly1221@gmail.com_WY.p
df
[root@rcs-team-rocky ~]# rsync -avz go.zip root@10.0.0.11:/tmp  推送的命令
root@10.0.0.11's password:
sending incremental file list
go.zip

sent 248 bytes  received 35 bytes  43.54 bytes/sec
total size is 156  speedup is 0.55
[root@rcs-team-rocky ~]#
```

```
[root@rcs-team-rocky /tmp]# ll    远程服务器
total 4
drwxr-xr-x 2 root root  19 Jul 28 06:19 hsperfdata_root
-rw-r--r-- 1 root root 103 Jul 28 06:19 lua_liGKty
drwx------ 2 root root   6 Jul 28 06:24 vmware-root_907-4021784429
drwx------ 2 root root   6 Jul 27 14:38 vmware-root_917-4022308724
drwx------ 2 root root   6 Aug  3 17:28 vmware-root_929-3980167385
drwx------ 2 root root   6 Jul 27 19:04 vmware-root_934-2731086592
drwx------ 2 root root   6 Aug  7 00:45 vmware-root_939-4022308693
drwx------ 2 root root   6 Aug  3 17:23 vmware-root_965-4256676100
[root@rcs-team-rocky /tmp]# ll
total 8
-rw-r--r-- 1 root root 156 Aug  6 23:11 go.zip  推送过来的文件
drwxr-xr-x 2 root root  19 Jul 28 06:19 hsperfdata_root
-rw-r--r-- 1 root root 103 Jul 28 06:19 lua_liGKty
drwx------ 2 root root   6 Jul 28 06:24 vmware-root_907-4021784429
drwx------ 2 root root   6 Jul 27 14:38 vmware-root_917-4022308724
drwx------ 2 root root   6 Aug  3 17:28 vmware-root_929-3980167385
drwx------ 2 root root   6 Jul 27 19:04 vmware-root_934-2731086592
drwx------ 2 root root   6 Aug  7 00:45 vmware-root_939-4022308693
drwx------ 2 root root   6 Aug  3 17:23 vmware-root_965-4256676100
[root@rcs-team-rocky /tmp]#
```

图 2.94 本地 go.zip 文件推送到远程服务器/tmp 目录下

【案例 2】远程服务器文件拉取到本地服务器目录。

把远程服务器/tmp 目录下的 go.zip 文件拉取到本地服务器的/tmp 目录下，命令如下，如图 2.95 所示。

```
[root@rcs-team-rocky ~]# rsync -v root@10.0.0.11:/tmp/go.zip /tmp/
```

```
[root@rcs-team-rocky ~]# rsync -v root@10.0.0.11:/tmp/go.zip /tmp/
root@10.0.0.11's password:
go.zip

sent 43 bytes  received 239 bytes  80.57 bytes/sec
total size is 156  speedup is 0.55
[root@rcs-team-rocky ~]# ll /tmp
total 8
-rw-r--r-- 1 root root  29 Aug 12 10:16 date.log
drwx--x--x 2 root root   6 Jul 17 23:52 go
-rw-r--r-- 1 root root 156 Aug 12 10:17 go.zip    下载到本地以后的文件
drwxr-xr-x 2 root root  18 Aug  3 18:01 hsperfdata_root
drwxr-xr-x 3 root root  19 Aug 11 18:46 rcs
drwx------ 3 root root  17 Aug  9 07:02 systemd-private-27717f3e2b954072b0e4588
4c1c178e6-chronyd.service-9jmC3f
drwx------ 2 root root   6 Aug  4 11:02 vmware-root_895-3979642976
drwx------ 2 root root   6 Aug  9 07:02 vmware-root_913-4013723377
drwx------ 2 root root   6 Aug  3 17:59 vmware-root_914-2689209517
drwx------ 2 root root   6 Aug  4 07:00 vmware-root_917-4022308724
drwx------ 2 root root   6 Aug  3 18:03 vmware-root_927-3980167416
drwx------ 2 root root   6 Aug  4 10:32 vmware-root_930-2722763397
[root@rcs-team-rocky ~]#
```

```
[root@rcs-team-rocky /tmp]# ll
total 4
drwxr-xr-x 2 root root  19 Jul 28 06:19 hsperfdata_root
-rw-r--r-- 1 root root 103 Jul 28 06:19 lua_liGKty
drwx------ 2 root root   6 Jul 28 06:24 vmware-root_907-4021784429
drwx------ 2 root root   6 Jul 27 14:38 vmware-root_917-4022308724
drwx------ 2 root root   6 Aug  3 17:28 vmware-root_929-3980167385
drwx------ 2 root root   6 Jul 27 19:04 vmware-root_934-2731086592
drwx------ 2 root root   6 Aug  7 00:45 vmware-root_939-4022308693
drwx------ 2 root root   6 Aug  3 17:23 vmware-root_965-4256676100
[root@rcs-team-rocky /tmp]# ll
total 8
-rw-r--r-- 1 root root 156 Aug  6 23:11 go.zip 远程服务器要下载的文件
drwxr-xr-x 2 root root  19 Jul 28 06:19 hsperfdata_root
-rw-r--r-- 1 root root 103 Jul 28 06:19 lua_liGKty
drwx------ 2 root root   6 Jul 28 06:24 vmware-root_907-4021784429
drwx------ 2 root root   6 Jul 27 14:38 vmware-root_917-4022308724
drwx------ 2 root root   6 Aug  3 17:28 vmware-root_929-3980167385
drwx------ 2 root root   6 Jul 27 19:04 vmware-root_934-2731086592
drwx------ 2 root root   6 Aug  7 00:45 vmware-root_939-4022308693
drwx------ 2 root root   6 Aug  3 17:23 vmware-root_965-4256676100
[root@rcs-team-rocky /tmp]#
```

图 2.95　远程服务器/tmp 目录下的 go.zip 拉取到本地/tmp 目录

2.7.3　wget 命令

wget 是一个下载文件的工具，它用在命令行下，对于 Linux 用户来说是必不可少的工具，我们经常要下载一些软件或从远程服务器恢复备份到本地服务器。

wget 支持 HTTP、HTTPS 和 FTP 协议，可以使用 HTTP 代理。所谓的自动下载是指 wget 可以在用户退出系统后在后台执行。这意味着用户可以登录系统，启动一个 wget 下载任务，然后退出系统，wget 将在后台执行直到任务完成。

wget 可以跟踪 HTML 页面上的链接并依次下载来创建远程服务器的本地版本，完全重建原始站点的目录结构，这又常被称作“递归下载”。

wget 非常稳定，它在带宽很窄和网络不稳定的情况下有很强的适应性。如果是由于网络的原因导致下载失败，wget 会不断地尝试，直到整个文件下载完毕。如果是由于服务器的原因打断下载过程，它会再次连接到服务器上，从停止的地方继续下载。这对从那些限定了链接时间的服务器上下载大文件时非常有用。

安装 wget 的命令如下。

```
dnf install -y wget
```

1. 语法格式

```
wget [options] [url]
```

2. 参数详解

options 说明如下：

1）启动参数

☑　-V, --version：显示软件的版本号后退出。

☑　-h, --help：显示软件帮助信息。

☑　-b, --background：启动后转入后台执行。

☑ -e, --execute=COMMAND：执行“.wgetrc”格式的命令，更多关于 wgetrc 格式的内容，读者可自行通过 cat /etc/wgetrc 查看。

2）记录和输入文件参数

☑ -o, --output-file=FILE：把记录写到 FILE 文件中。
☑ -a, --append-output=FILE：把记录追加到 FILE 文件中。
☑ -d, --debug：打印调试输出。
☑ -q, --quiet：安静模式（没有输出）。
☑ -v, --verbose：冗长模式（这是默认设置）。
☑ -nv, --non-verbose：关掉冗长模式，但不是安静模式。
☑ -i, --input-file=FILE：下载在 FILE 文件中出现的 URLs。
☑ -F, --force-html：把输入文件当作 HTML 格式文件对待。
☑ -B, --base=URL：将 URL 作为在-F -i 参数指定的文件中出现的相对链接的前缀。
☑ --sslcertfile=FILE：可选客户端证书。
☑ --sslcertkey=KEYFILE：可选客户端证书的 KEYFILE。
☑ --egd-file=FILE：指定 EGD socket 的文件名。

3）下载参数

☑ --bind-address=ADDRESS：指定本地使用地址（主机名或 IP，当本地有多个 IP 或名字时使用）。
☑ -t, --tries=NUMBER：设定最大尝试链接次数（0 表示无限制）。
☑ -O --output-document=FILE：把文档写入 FILE 文件中。
☑ -nc, --no-clobber：不要覆盖存在的文件或使用.#前缀。
☑ -c, --continue：接着下载没下载完的文件。
☑ --progress=TYPE：设定进程条标记。
☑ -N, --timestamping：不要重新下载文件，除非比本地文件新。
☑ -S, --server-response：打印服务器的回应。
☑ --spider：不下载任何东西。
☑ -T, --timeout=SECONDS：设定响应超时的秒数。
☑ -w, --wait=SECONDS：两次尝试之间间隔 SECONDS 秒。
☑ --waitretry=SECONDS：在重新链接之间等待 1～SECONDS 秒。
☑ --random-wait：在下载之间等待 0～2×WAIT 秒。
☑ -Y, --proxy=on/off：打开或关闭代理。
☑ -Q, --quota=NUMBER：设置下载的容量限制。
☑ --limit-rate=RATE：限定下载速率。

4）目录参数

☑ -nd --no-directories：不创建目录。
☑ -x, --force-directories：强制创建目录。
☑ -nH, --no-host-directories：不创建主机目录。
☑ -P, --directory-prefix=PREFIX：将文件保存到目录 PREFIX/...。

☑ --cut-dirs=NUMBER：忽略 NUMBER 层远程目录。

5）HTTP 选项参数

☑ --http-user=USER：设定 HTTP 用户名为 USER。
☑ --http-passwd=PASS：设定 HTTP 密码为 PASS。
☑ -C, --cache=on/off：允许/不允许服务器端的数据缓存（一般情况下允许）。
☑ -E, --html-extension：将所有 text/html 文档以.html 扩展名保存。
☑ --ignore-length：忽略“Content-Length”头域。
☑ --header=STRING：在 headers 中插入字符串 STRING。
☑ --proxy-user=USER：设定代理的用户名为 USER。
☑ --proxy-passwd=PASS：设定代理的密码为 PASS。
☑ --referer=URL：在 HTTP 请求中包含“Referer: URL”头。
☑ -s, --save-headers：保存 HTTP 头到文件。
☑ -U, --user-agent=AGENT：设定代理的名称为 AGENT，而不是 Wget/VERSION。
☑ --no-http-keep-alive：关闭 HTTP 活动链接（永远链接）。
☑ --cookies=off：不使用 cookies。
☑ --load-cookies=FILE：在开始会话前从 FILE 文件中加载 cookies。
☑ --save-cookies=FILE：在会话结束后将 cookies 保存到 FILE 文件中。

6）FTP 选项参数

☑ -nr, --dont-remove-listing：不移走“.listing”文件。
☑ -g, --glob=on/off：打开或关闭文件名的 globbing 机制。
☑ --passive-ftp：使用被动传输模式（默认值）。
☑ --active-ftp：使用主动传输模式。
☑ --retr-symlinks：在递归时，将链接指向文件（而不是目录）。

7）递归下载参数

☑ -r, --recursive：递归下载（慎用）。
☑ -l, --level=NUMBER：最大递归深度（inf 或 0 代表无穷）。
☑ --delete-after：在成功下载文件后立即删除远程服务器上的文件。
☑ -k, --convert-links：转换非相对链接为相对链接。
☑ -K, --backup-converted：在转换文件 X 之前，将之备份为 X.orig。
☑ -m, --mirror：等价于-r -N -l inf -nr。
☑ -p, --page-requisites：下载显示 HTML 文件的所有图片。

8）递归下载中的包含和不包含（接受和拒绝接受）

☑ -A, --accept=LIST：被接受的扩展名的列表。
☑ -R, --reject=LIST：不被接受的扩展名的列表。
☑ -D, --domains=LIST：被接受的域的列表。
☑ --exclude-domains=LIST：不被接受的域的列表。
☑ --follow-ftp：跟踪 HTML 文档中的 FTP 链接。
☑ --follow-tags=LIST：被跟踪的 HTML 标签的列表。

- ☑ -G, --ignore-tags=LIST：被忽略的 HTML 标签的列表。
- ☑ -H, --span-hosts：当递归时转到外部主机。
- ☑ -L, --relative：仅仅跟踪相对链接。
- ☑ -I, --include-directories=LIST：包含目录的列表。
- ☑ -X, --exclude-directories=LIST：不被包含目录的列表。
- ☑ -np, --no-parent：不要追溯到父目录。

url 的格式为 http://host[:port]/path。

3. 企业实战

【案例】wget 下载 redis-5.0.5 的压缩包。

命令如下，如图 2.96 所示。

```
[root@rcs-team-rocky ~]#wget http://download.redis.io/releases/redis-5.0.5.tar.gz
```

```
[root@rcs-team-rocky ~]# wget http://download.redis.io/releases/redis-5.0.5.tar.gz
--2022-08-12 10:28:46--  http://download.redis.io/releases/redis-5.0.5.tar.gz
Resolving download.redis.io (download.redis.io)... 45.60.125.1
Connecting to download.redis.io (download.redis.io)|45.60.125.1|:80... connected.
HTTP request sent, awaiting response... 200 OK
Length: 1975750 (1.9M) [application/octet-stream]
Saving to: 'redis-5.0.5.tar.gz'

redis-5.0.5.tar.gz            100%[==========================================>]   1.88M  22.6KB/s    in 76s

2022-08-12 10:30:03 (25.4 KB/s) - 'redis-5.0.5.tar.gz' saved [1975750/1975750]

[root@rcs-team-rocky ~]#
```

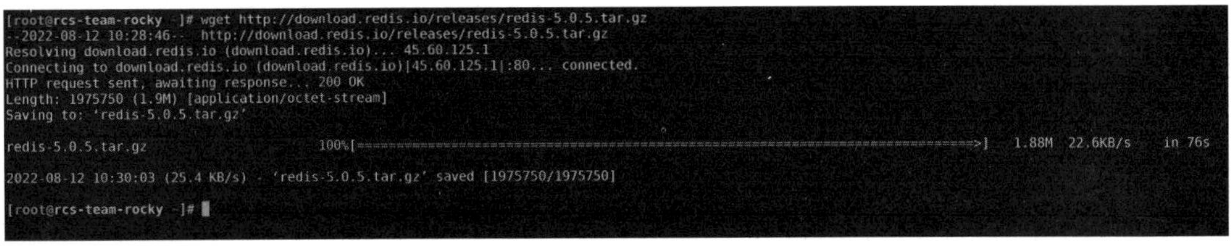

图 2.96 wget 下载 redis-5.0.5 的压缩包

2.7.4 lrzsz 工具

lrzsz 是一款在 Linux 系统中可代替 FTP 上传和下载的程序，但上传速度比较慢，适用于比较小的文件。在 Windows 中可以直接拖曳文件上传到 Linux 系统中。一般可以在没有 FTP 软件的情况下实现文件的上传和下载，但不支持目录的直接拖曳，需要打包以后上传。

执行以下命令安装 lrzsz 工具，如图 2.97 所示。

```
[root@rcs-team-rocky ~]# dnf install -y lrzsz
```

```
[root@rcs-team-rocky ~]# dnf install -y lrzsz
Last metadata expiration check: 2:42:18 ago on Sat 06 Aug 2022 09:35:38 PM CST.
Package lrzsz-0.12.20-43.el8.x86_64 is already installed.
Dependencies resolved.
Nothing to do.
Complete!
[root@rcs-team-rocky ~]#
```

图 2.97 安装 lrzsz 工具

1. 语法格式

```
rz/sz filename
```

2. 参数详解

☑ rz：用于文件的上传（接收服务器接收）。

☑ sz：用于文件的下载（发送服务器发送）。

☑ filename：文件名（不支持目录上传，需要进行压缩）。

3. 企业实战

【案例 1】通过 lrzsz 工具在 Windows 系统中直接拖曳文件上传到 Linux 服务器中。

执行以下命令安装 lrzsz，如图 2.98 所示。

```
[root@rcs-team-rocky ~]# dnf install -y lrzsz
```

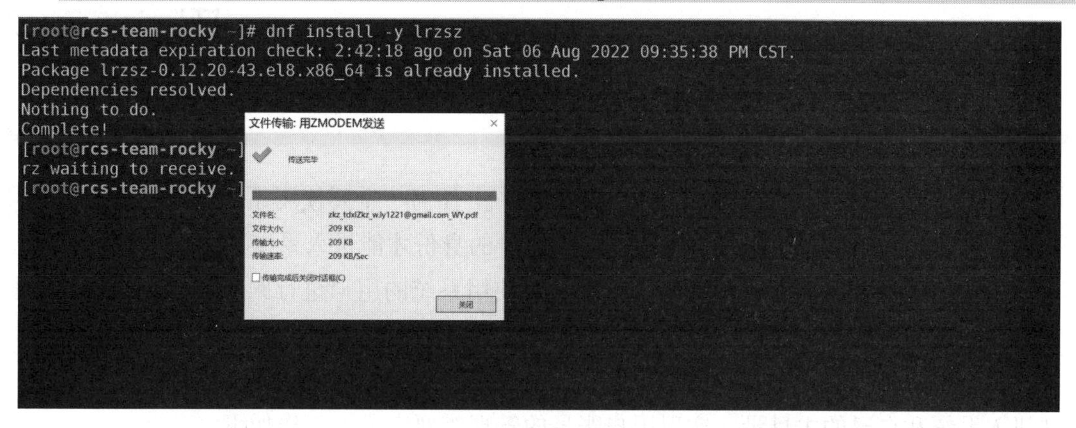

图 2.98　在 Windows 系统中拖曳文件上传到 Linux 服务器中

【案例 2】通过 lrzsz 工具下载 Linux 服务器上内容到 Windows 系统中。

执行以下命令进行下载，如图 2.99 所示。

```
[root@rcs-team-rocky ~]# sz go.rar
```

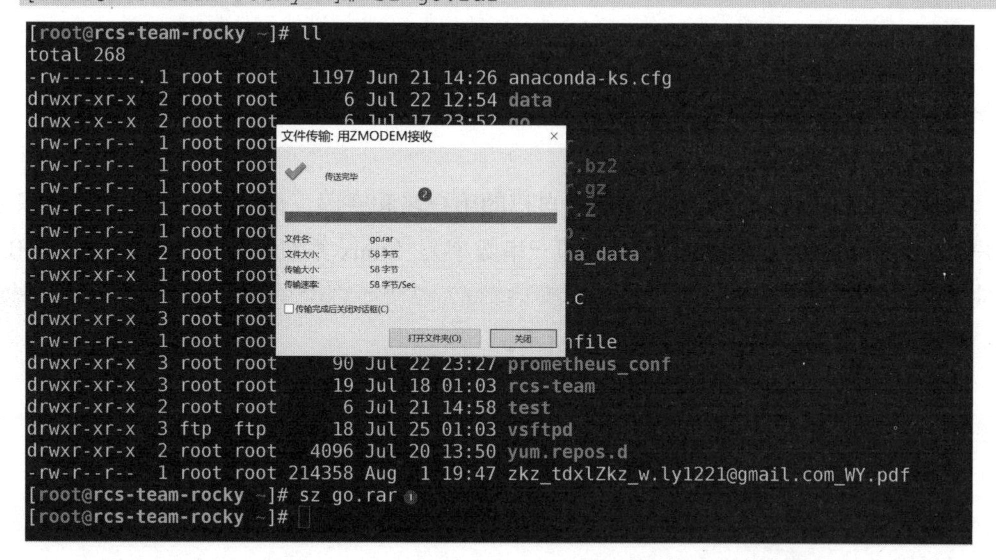

图 2.99　通过 lrzsz 工具下载 Linux 服务器上内容到 Windows 系统中

第3章

用户管理

Linux 是一个多用户、多任务的分时操作系统，任何一个要使用系统资源的用户都必须先向系统管理员申请一个账号，然后以这个账号的身份才能进入系统。

用户的账号一方面可以帮助系统管理员对使用系统的用户进行跟踪，并控制他们对系统资源的访问；另一方面也可以帮助用户组织文件，并为用户提供安全保障。

每个用户都拥有一个唯一的用户名和口令。用户在登录时输入正确的用户名和口令就能进入系统和自己的主目录。实现用户账号的管理需要完成的工作如下。

☑ 用户账号的添加、删除与修改。

☑ 用户口令的管理。

☑ 用户组的管理。

3.1 用户标识

登录 Linux 系统时，虽然输入的是自己的用户名和密码，但其实 Linux 并不认识你的用户名，它只认识用户名对应的 ID（即一串数字）。Linux 系统将所有用户的名称与 ID 的对应关系都存储在/etc/passwd 文件中。

/etc/passwd 文件中的内容如图 3.1 所示。

```
[root@rcs-team-rocky ~]# cat /etc/passwd
root:x:0:0:root:/root:/bin/bash
bin:x:1:1:bin:/bin:/sbin/nologin
daemon:x:2:2:daemon:/sbin:/sbin/nologin
adm:x:3:4:adm:/var/adm:/sbin/nologin
lp:x:4:7:lp:/var/spool/lpd:/sbin/nologin
sync:x:5:0:sync:/sbin:/bin/sync
shutdown:x:6:0:shutdown:/sbin:/sbin/shutdown
halt:x:7:0:halt:/sbin:/sbin/halt
mail:x:8:12:mail:/var/spool/mail:/sbin/nologin
operator:x:11:0:operator:/root:/sbin/nologin
games:x:12:100:games:/usr/games:/sbin/nologin
ftp:x:14:50:FTP User:/var/ftp:/sbin/nologin
nobody:x:65534:65534:Kernel Overflow User:/:/sbin/nologin
dbus:x:81:81:System message bus:/:/sbin/nologin
systemd-coredump:x:999:997:systemd Core Dumper:/:/sbin/nologin
systemd-resolve:x:193:193:systemd Resolver:/:/sbin/nologin
tss:x:59:59:Account used for TPM access:/dev/null:/sbin/nologin
polkitd:x:998:996:User for polkitd:/:/sbin/nologin
unbound:x:997:993:Unbound DNS resolver:/etc/unbound:/sbin/nologin
libstoragemgmt:x:996:992:daemon account for libstoragemgmt:/var/run/lsm:/sbin/nologin
setroubleshoot:x:995:991::/var/lib/setroubleshoot:/sbin/nologin
cockpit-ws:x:994:990:User for cockpit web service:/nonexisting:/sbin/nologin
cockpit-wsinstance:x:993:989:User for cockpit-ws instances:/nonexisting:/sbin/nologin
sssd:x:992:988:User for sssd:/:/sbin/nologin
pesign:x:991:987:Group for the pesign signing daemon:/var/run/pesign:/sbin/nologin
chrony:x:990:986::/var/lib/chrony:/sbin/nologin
tcpdump:x:72:72::/:/sbin/nologin
sshd:x:74:74:Privilege-separated SSH:/var/empty/sshd:/sbin/nologin
apache:x:48:48:Apache:/usr/share/httpd:/sbin/nologin
rcs-team:x:1000:1000::/home/rcs-team:/bin/sh
testG1:x:1005:1005::/home/testG1:/bin/bash
testG2:x:1006:1006::/home/testG2:/bin/bash
rsync:x:1007:1008::/home/rsync:/sbin/nologin
pcp:x:989:985:Performance Co-Pilot:/var/lib/pcp:/sbin/nologin
redis:x:988:984:Redis Database Server:/var/lib/redis:/sbin/nologin
[root@rcs-team-rocky ~]#
```

图 3.1　/etc/passwd 文件中的内容

3.1.1　UID 和 GID

简单来说，用户名无实际作用，仅仅是为了方便用户记忆、提高用户名的可读性。在 Linux 系统中每个用户的 ID 可以细分为以下两种。

☑　UID：用户 ID。

☑　GID：组 ID。

我们可以通过 id 命令进行查看当前用户的 UID 和 GID，如图 3.2 所示。

```
[root@rcs-team-rocky ~]# id
uid=0(root) gid=0(root) groups=0(root)
[root@rcs-team-rocky ~]#
```

图 3.2　查看当前用户的 UID 和 GID

如何更好地去理解 UID 和 GID 呢？其实 UID 就相当于是人的身份证，是用户的唯一标识。GID 就相当于是人的户口本，记录了你的家庭关系，这个家庭就是一个群组。UID 的取值为 0～65535。

3.1.2　查询命令

Linux 中的 id 命令用于显示用户的 ID 及所属群组的 ID。

id 命令会显示用户以及所属群组的实际的 ID 与有效的 ID。若两个 ID 相同，则仅显示实际的 ID；若仅指定用户名称，则显示目前用户的 ID。

1. 语法格式

```
id [-gGnru][--help][--version][用户名称]
```

2. 参数详解

- ☑ -g 或--group：显示用户所属群组的 ID。
- ☑ -G 或--groups：显示用户所属附加群组的 ID。
- ☑ -n 或--name：显示用户所属群组或附加群组的名称。
- ☑ -r 或--real：显示实际的 ID。
- ☑ -u 或--user：显示用户的 ID。
- ☑ --help：显示帮助。
- ☑ --version：显示版本信息。

3. 企业实战

【案例 1】查看当前用户的 UID 和 GID。

命令如下，如图 3.3 所示。

```
[root@rcs-team-rocky ~]# id
```

```
[root@rcs-team-rocky ~]# id
uid=0(root) gid=0(root) groups=0(root)
[root@rcs-team-rocky ~]#
```

图 3.3 查看当前用户的 UID 和 GID

【案例 2】查看指定用户的 UID 和 GID。

命令如下，如图 3.4 所示。

```
[root@rcs-team-rocky ~]# id rcs-team
```

```
[root@rcs-team-rocky ~]# id rcs-team
uid=1000(rcs-team) gid=1000(rcs-team) groups=1000(rcs-team)
[root@rcs-team-rocky ~]#
```

图 3.4 查看指定用户的 UID 和 GID

3.1.3 Linux 系统用户分类

Linux 系统用户主要分为以下 3 种。

- ☑ 管理员用户。管理员用户就是我们常见的 root 用户，其 UID=0，GID=0，能够登录并管理系统和其他用户。
- ☑ 普通用户。普通用户就是通过管理员用户创建的普通用户，不具备管理员权限，如 tom。在 CentOS 7（含）以后普通用户的 UID 取值为 1000～65535。CentOS 6（含）普通用户的 UID 取值为 500～65535。

☑ 系统用户。也叫虚拟用户，不能用来登录系统，可以执行某些程序，如 FTP。在 CentOS 7（含）以后用户的 UID 取值为 1～999。CentOS 6（含）用户的 UID 取值为 1～499。

可以通过以下命令来统计普通用户的个数，如图 3.5 所示。

```
[root@rcs-team-rocky ~]# awk -F: '$3>1000{a++}END{print a}' /etc/passwd
```

```
[root@rcs-team-rocky ~]# awk -F: '$3>1000{a++}END{print a}' /etc/passwd
7
[root@rcs-team-rocky ~]#
```

图 3.5 统计普通用户的个数（CentOS 7 以后）

3.2 用户管理命令

Linux 中用户在使用时必须先创建一个账号，不能让每一个用户都用 root 账号操作或授权 root 账号远程登录，这样是很危险的。例如在实际项目中，root 账号权限只能授权给运维人员，不能给开发人员授予 root 账号管理权限，以免因线上权限过大而造成事故。这就需要我们灵活地对用户账号进行管理，可以使用下面的命令进行账号的添加、删除、启用、禁用，修改密码等操作。

3.2.1 useradd 命令

添加用户账号是指在系统中创建一个新账号，然后为新账号分配用户号、用户组、主目录和登录 Shell 等资源。刚添加的账号是被锁定的，无法使用。

1. 语法格式

```
useradd 选项 用户名
```

2. 参数详解

选项如下。

☑ -b,--base-dir BASE_DIR：如果未指定-d HOME_DIR，则为系统默认的基本目录。将 BASE_DIR 与账户名连接以定义主目录。如果未使用-m 选项，BASE_DIR 必须存在；如果未指定此选项，useradd 将使用/etc/default/useradd 中 HOME 变量指定的基本目录或默认使用/home。

☑ -c, --comment COMMENT：任何文本字符串。通常是登录名的简短描述，目前用作用户全名的字段。

☑ -d, --home-dir HOME_DIR：使用 HOME_DIR 作为用户登录目录的值创建新用户。

默认值是将 LOGIN 名附加到 BASE_DIR，并将其用作登录目录名。HOME_DIR 目录不必存在，但如果缺少，将不会创建。

- ☑ -e, --expiredate EXPIRE_DATE：用户账户将被禁用的日期，以 YYYY-MM-DD 的格式指定。如果未指定，useradd 将使用/etc/default/useradd 中的 EXPIRE 变量指定的默认值为账户的到期日期，或默认为空字符串（无到期）。
- ☑ -f, --inactive INACTIVE：密码过期后直到账户被永久禁用的天数。值为 0 表示在密码过期后立即禁用账户；值为-1 表示禁用该功能。如果未指定，useradd 将使用/etc/default/useradd 中的 INACTIVE 变量指定的默认非活动期，或默认为-1。
- ☑ -g, --gid GROUP：用户初始登录组的组名或组号，组名必须存在。组号必须引用已存在的组。如果未指定，useradd 的行为将取决于/etc/login.defs 中的 USERGROUPS_ENAB 变量。如果此变量设置为 yes（或命令行上指定了-U/--user-group），将为用户创建一个组，组名与其登录名相同。如果该变量设置为 no（或命令行上指定了-N/--no-user-group），useradd 将新用户的主组设置为/etc/default/useradd 中的 GROUP 变量指定的值，或默认为 100。
- ☑ -G, --groups GROUP1[,GROUP2,...[,GROUPN]]]：用户还是其成员的一组补充组。每个组与下一个组之间用逗号分隔，中间没有空格。组受到与-g 选项给定的组相同的限制。默认情况下，用户只属于初始组。
- ☑ -h, --help：显示帮助信息并退出。
- ☑ -k, --skel SKEL_DIR：骨架目录，其中包含要在创建用户主目录时复制到用户主目录中的文件和目录。仅当指定-m（或--create-home）选项时，此选项才有效。如果未设置此选项，则骨架目录由/etc/default/useradd 中的 SKEL 变量定义，或默认为/etc/skel。如果可能，将复制 ACL 和扩展属性。
- ☑ -K, --key KEY=VALUE：覆盖/etc/login.defs 的默认值（UID_MIN、UID_MAX、UMASK、PASS_MAX_DAYS 等）。

  示例：创建系统账户时，可以使用-K PASS_MAX_DAYS=-1 关闭密码老化，尽管系统账户根本没有密码。可以指定多个-K 选项，如，-K UID_MIN=100 -K UID_MAX=499。
- ☑ -l, --no-log-init：不将用户添加到 lastlog 和 faillog 数据库。默认情况下，会重置用户在 lastlog 和 faillog 数据库中的条目，以避免重用先前删除用户的条目。
- ☑ -m, --create-home：如果用户的家目录不存在，则创建用户的家目录。骨架目录中的文件和目录（可以使用-k 选项定义）将被复制到家目录中。默认情况下，如果未指定此选项且未启用 CREATE_HOME，则不会创建家目录。创建用户的家目录的目录必须存在，并具有适当的 SELinux 上下文和权限。否则，无法创建或访问用户的家目录。
- ☑ -M, --no-create-home：不创建用户的主目录，即使在/etc/login.defs（CREATE_HOME）中的系统范围（CREATE_HOME）设置为 yes。
- ☑ -N, --no-user-group：不要创建与用户同名的组，而是将用户添加到-g 选项或

/etc/default/useradd 中的 GROUP 变量指定的组。默认行为（如果未指定-g、-N 和 -U 选项）由/etc/login.defs 中的 USERGROUPS_ENAB 变量定义。

☑ -o, --non-unique：允许创建具有重复（非唯一）UID 的用户账户，该选项仅与-u 选项结合使用时才有效。

☑ -p, --password PASSWORD：由 crypt(3)返回的加密密码，默认值是禁用密码。注意，不建议使用此选项，因为密码（或加密密码）将对列出进程的用户可见，应确保密码符合系统的密码策略。

☑ -r,--system：创建系统账户。系统用户将在/etc/shadow 中不包含任何账户年龄信息，并且其数字标识符将在/etc/login.defs 中定义的 SYS_UID_MIN-SYS_UID_MAX 中选择，而不是 UID_MIN-UID_MAX（以及用于组创建的 GID 对应项）中选择。注意，useradd 不会为这种用户创建主目录，无论/etc/login.defs 中的默认设置（CREATE_HOME）如何。如果要为系统账户创建主目录，则必须指定-m 选项。

☑ -R, --root CHROOT_DIR：在 CHROOT_DIR 目录中应用更改，并使用来自 CHROOT_DIR 目录的配置文件。

☑ -P, --prefix PREFIX_DIR：在 PREFIX_DIR 目录中应用更改并使用来自 PREFIX_DIR 目录的配置文件。此选项不执行 chroot，用于准备交叉编译目标。
一些限制：未验证 NIS 和 LDAP 用户/组。PAM 认证使用主机文件，没有 SELinux 支持。

☑ -s, --shell SHELL：用户的登录 shell 名称。默认值为空白，这将导致系统选择/etc/default/useradd 中 SHELL 变量指定的默认登录 shell，或默认为空字符串。

☑ -u, --uid UID：用户 ID 的数值。除非使用-o 选项，否则该值必须唯一，且必须为非负数。默认值是大于或等于 UID_MIN 且大于所有其他用户的最小 ID 值。

☑ -U, --user-group：创建与用户同名的组，并将用户添加到此组。

用户名：指定新账号的登录名。

3. 企业实战

【案例 1】创建账号 rcs 并指定其家目录为 rcs_home。

命令如下，如图 3.6 所示。

```
[root@rcs-team-rocky ~]# useradd -d /home/rcs_home -m rcs
```

```
[root@rcs-team-rocky ~]# useradd -d /home/rcs_home -m rcs
[root@rcs-team-rocky ~]# ll /home
total 0
drwx------. 2     1003 root      62 Jun 30 11:39 admin
drwx------  2 rcs      rcs       76 Aug 12 11:35 rcs_home
drwx------. 2 rcs-team rcs-team  62 Jun 30 11:18 rcs-team
drwxr-xr-x  2 root     root      34 Jul  4 10:19 Test
drwx------  2 testG1   testG1    83 Jul  7 11:34 testG1
drwx------  2 testG2   testG2    83 Jul  7 11:34 testG2
[root@rcs-team-rocky ~]#
```

图 3.6　创建账号 rcs 并指定其家目录为 rcs_home

这里使用 -d 参数可以指定当前用户的主目录为一个自定义的目录 rcs_home，-m 选项则表示如果目录不存在就创建。如果我们不使用 -d 参数，系统就会默认创建一个名称为 rcs 的主目录。

【案例 2】创建账号 tom 并让系统默认生成主目录。

命令如下，如图 3.7 所示。

```
[root@rcs-team-rocky /home]# useradd tom
```

```
[root@rcs-team-rocky /home]# useradd tom
[root@rcs-team-rocky /home]# ll
total 0
drwx------  2 tom      tom      76 Aug 12 12:25 admin
drwx------  2 rcs      rcs      76 Aug 12 11:35 rcs_home
drwx------. 2 rcs-team rcs-team 62 Jun 30 11:18 rcs-team
drwxr-xr-x  2 root     root     34 Jul  4 10:19 Test
drwx------  2 testG1   testG1   83 Jul  7 11:34 testG1
drwx------  2 testG2   testG2   83 Jul  7 11:34 testG2
drwx------  2 tom      tom      76 Aug 12 12:26 tom
[root@rcs-team-rocky /home]#
```

图 3.7　创建账号 tom

【案例 3】创建账号 sam 并指定登录 Shell 为/bin/bash。

命令如下，如图 3.8 所示。

```
[root@rcs-team-rocky /home]# useradd -s /bin/bash sam
```

```
[root@rcs-team-rocky /home]# useradd -s /bin/bash sam
[root@rcs-team-rocky /home]# ll
total 0
drwx------  2 rcs      rcs      76 Aug 12 11:35 rcs_home
drwx------. 2 rcs-team rcs-team 62 Jun 30 11:18 rcs-team
drwx------  2 sam      sam      76 Aug 12 14:59 sam
drwxr-xr-x  2 root     root     34 Jul  4 10:19 Test
drwx------  2 testG1   testG1   83 Jul  7 11:34 testG1
drwx------  2 testG2   testG2   83 Jul  7 11:34 testG2
drwx------  2 tom      tom      76 Aug 12 12:26 tom
[root@rcs-team-rocky /home]#
```

图 3.8　创建账号 sam 并指定登录 Shell 为/bin/bash

这时可以在/etc/passwd 文件中查看我们刚才创建的账号信息，如图 3.9 所示。

```
tss:x:59:59:Account used for TPM access:/dev/null:/sbin/nologin
polkitd:x:998:996:User for polkitd:/:/sbin/nologin
unbound:x:997:993:Unbound DNS resolver:/etc/unbound:/sbin/nologin
libstoragemgmt:x:996:992:daemon account for libstoragemgmt:/var/run/lsm:/sbin/nologin
setroubleshoot:x:995:991::/var/lib/setroubleshoot:/sbin/nologin
cockpit-ws:x:994:990:User for cockpit web service:/nonexisting:/sbin/nologin
cockpit-wsinstance:x:993:989:User for cockpit-ws instances:/nonexisting:/sbin/nologin
sssd:x:992:988:User for sssd:/:/sbin/nologin
pesign:x:991:987:Group for the pesign signing daemon:/var/run/pesign:/sbin/nologin
chrony:x:990:986::/var/lib/chrony:/sbin/nologin
tcpdump:x:72:72::/:/sbin/nologin
sshd:x:74:74:Privilege-separated SSH:/var/empty/sshd:/sbin/nologin
apache:x:48:48:Apache:/usr/share/httpd:/sbin/nologin
rcs-team:x:1000:1000::/home/rcs-team:/bin/sh
testG1:x:1005:1005::/home/testG1:/bin/bash
testG2:x:1006:1006::/home/testG2:/bin/bash
rsync:x:1007:1008::/home/rsync:/sbin/nologin
pcp:x:989:985:Performance Co-Pilot:/var/lib/pcp:/sbin/nologin
redis:x:988:984:Redis Database Server:/var/lib/redis:/sbin/nologin
rcs:x:1008:1009::/home/rcs_home:/bin/bash
tom:x:1009:1010::/home/tom:/bin/bash
sam:x:1010:1011::/home/sam:/bin/bash
[root@rcs-team-rocky ~]#
```

图 3.9　查看/etc/passwd 文件中创建的账号信息

3.2.2　userdel 命令

如果一个用户账号不再使用，可以从系统中删除。删除用户账号就是将/etc/passwd 等系统文件中的该用户记录删除，必要时还会删除用户的主目录。

1．语法格式

```
userdel 选项 用户账号
```

2．参数详解

- ☑ -f, --force：强制执行可能会失败的操作，如删除仍然登录的用户或不属于这个用户的文件。
- ☑ -h, --help：显示此帮助信息并退出。
- ☑ -r, --remove：删除主目录和邮件池。
- ☑ -R, --root CHROOT_DIR：应用更改到 CHROOT_DIR 目录，并使用该目录中的配置文件。这里的 CHROOT_DIR 是指更改默认的系统的根位置。
- ☑ -Z, --selinux-user：为用户删除所有的 SELinux 用户映射。

3．企业实战

【案例 1】删除用户账号但保留用户的家目录文件和邮件池。

命令如下，如图 3.10 所示。

```
[root@rcs-team-rocky ~]# userdel sam
```

```
[root@rcs-team-rocky ~]# userdel sam
[root@rcs-team-rocky ~]# ls /home
rcs_home  rcs-team  sam  Test  testG1  testG2  tom
[root@rcs-team-rocky ~]#
```

图 3.10　删除 sam 账号但保留用户文件

删除账号后我们看到，在/home 目录中依然有 sam 账号的家目录，在邮件池中 sam 账号依然也存在。

命令如下，如图 3.11 所示。

```
[root@rcs-team-rocky ~]# ls /var/spool/mail/sam
```

```
[root@rcs-team-rocky ~]# ls /var/spool/mail/sam
/var/spool/mail/sam
[root@rcs-team-rocky ~]#
```

图 3.11　查看邮件池中 sam 账号信息

【案例 2】删除用户账号的同时删除用户的主目录与邮件池。

命令如下，如图 3.12 所示。

```
[root@rcs-team-rocky ~]# userdel -r tom
```

```
[root@rcs-team-rocky ~]# userdel -r tom
[root@rcs-team-rocky ~]# ls /home
rcs_home  rcs-team  sam  Test  testG1  testG2
[root@rcs-team-rocky ~]# ls /var/spool/mail/tom
ls: cannot access '/var/spool/mail/tom': No such file or directory
[root@rcs-team-rocky ~]#
```

图 3.12　删除用户账号的同时删除用户文件

通过图 3.12 可以看到删除了/home/tom 主目录，同时查看邮件池可以发现/var/spool/mail/tom 账号信息已经不存在了。

3.2.3　usermod 命令

usermod 命令用于修改用户账号。修改用户账号就是根据实际情况更改用户的有关属性，如用户号、主目录、用户组、登录 Shell 等。

1．语法格式

```
usermod 选项 用户账号
```

2．参数详解

☑ -c：修改用户账号的备注文字。
☑ -d：修改用户登入时的目录。
☑ -e：修改账号的有效期限。
☑ -f：修改在密码过期后多少天后关闭该账号，即修改账号的有效期限。
☑ -g：修改用户所属的群组。
☑ -G：修改用户所属的附加群组。
☑ -l：修改用户账号名称。
☑ -L：锁定用户密码，使密码无效。
☑ -s：修改用户登入后所使用的 Shell。
☑ -u：修改用户 ID。
☑ -U：解除密码锁定。

3．企业实战

【案例】修改账号 tom 的登录 Shell 为/bin/sh。

修改命令如下，如图 3.13 所示。

```
[root@rcs-team-rocky ~]# usermod -s /bin/sh tom
```

修改完毕以后我们通过以下命令进行查看。

```
[root@rcs-team-rocky ~]# cat /etc/passwd | grep tom
```

```
[root@rcs-team-rocky ~]# usermod -s /bin/sh tom
[root@rcs-team-rocky ~]# cat /etc/passwd | grep tom
tom:x:1009:1010::/home/tom:/bin/sh
[root@rcs-team-rocky ~]#
```

图 3.13　修改账号 tom 的登录 Shell 为/bin/sh

3.2.4　passwd 命令

用户管理的一项重要内容是用户口令的管理。用户账号刚创建时没有口令，但是会被系统锁定并无法使用，因此必须为其指定口令后才可以使用，即使是指定空口令。

指定和修改用户口令的 Shell 命令是 passwd。超级用户可以为自己和其他用户指定口令，普通用户只能修改自己的口令。

1. 语法格式

```
passwd 选项 用户账号
```

2. 参数详解

☑ -l：锁定口令，即禁用账号。

☑ -u：启用已被停止的账号。

☑ -d：删除密码，即使账号无口令。

☑ -f：强迫用户下次登录时修改口令。如果默认用户名，则修改当前用户的口令。

3. 企业实战

【案例 1】修改 tom 账号的登录密码。

命令如下，如图 3.14 所示。

```
[root@rcs-team-rocky ~]# passwd tom
```

```
[root@rcs-team-rocky ~]# passwd tom
Changing password for user tom.
New password:
Retype new password:
passwd: all authentication tokens updated successfully.
[root@rcs-team-rocky ~]# 
```

图 3.14　修改 tom 账号的登录密码

注意：

这里是在 root 用户下才能修改普通用户的密码。普通用户只能修改自己账号的密码。设置密码时需要保证密码的复杂度，防止爆破。

【案例 2】锁定 tom 账号，使其不能登录（禁用账号）。

命令如下，如图 3.15 所示。

```
[root@rcs-team-rocky ~]# passwd -l tom
```

```
[root@rcs-team-rocky ~]# passwd -l tom
Locking password for user tom.
passwd: Success
[root@rcs-team-rocky ~]# 
```

图 3.15　锁定 tom 账号

通过图 3.15 可以发现这里主要是通过-l(lock)选项锁定某一个用户，使其不能登录。我们在工作中有很多这样的场景，如某员工 tom 离职了，使用以上命令就可以禁用他的账号了。

【案例 3】解锁 tom 账号，使其能登录（启用账号）。

命令如下，如图 3.16 所示。

```
[root@rcs-team-rocky ~]# passwd -u tom
```

```
[root@rcs-team-rocky ~]# passwd -u tom
Unlocking password for user tom.
passwd: Success
[root@rcs-team-rocky ~]#
```

图 3.16 解锁 tom 账号

【案例 4】设置 tom 账号的密码为空。

命令如下，如图 3.17 所示。

```
[root@rcs-team-rocky ~]# passwd -d tom
```

```
[root@rcs-team-rocky ~]# passwd -d tom
Removing password for user tom.
passwd: Success
[root@rcs-team-rocky ~]#
```

图 3.17 设置 tom 账号的密码为空

现实生活中类似这样的场景有很多，如忘记了账号密码或员工离职没有交接清楚，这时都可以通过以上命令进行重置、清空等操作。

3.3 用户组管理命令

每个用户都有一个用户组，系统可以对一个用户组中的所有用户进行集中管理。不同 Linux 系统对用户组的规定有所不同，如 Linux 下的用户属于与它同名的用户组，这个用户组在创建用户时会同时创建。

3.3.1 groupadd 命令

groupadd 命令用于创建一个新的工作组，新工作组的信息将被添加到系统文件中。相关文件如下。

☑ /etc/group：组账户信息。

☑ /etc/gshadow：安全组账户信息。

☑ /etc/login.defs Shadow：密码套件配置。

1. 语法格式

```
groupadd 选项 用户组
```

2. 参数详解

- ☑ -g：指定新建工作组的 ID。
- ☑ -r：创建系统工作组，系统工作组的组 ID 小于 500。
- ☑ -K：覆盖配置文件/etc/login.defs。
- ☑ -o：允许添加组 ID 号不唯一的工作组。
- ☑ -f,--force：如果指定的组已经存在，此选项将声明仅以成功状态退出。当与-g 参数一起使用，并且指定的 GID_MIN 已经存在时，选择另一个唯一的 GID（即-g 关闭）。

3. 企业实战

【案例 1】创建一个新的用户组，默认的方式分配 GID。

命令如下，如图 3.18 所示。

```
[root@rcs-team-rocky ~]# groupadd rcs
```

创建好新的用户组以后，通过以下命令查看用户组内容。

```
[root@rcs-team-rocky ~]# cat /etc/group | grep rcs
```

```
[root@rcs-team-rocky ~]# groupadd rcs
[root@rcs-team-rocky ~]# cat /etc/group | grep rcs
rcs-team:x:1000:
rcs:x:1012:
[root@rcs-team-rocky ~]#
```

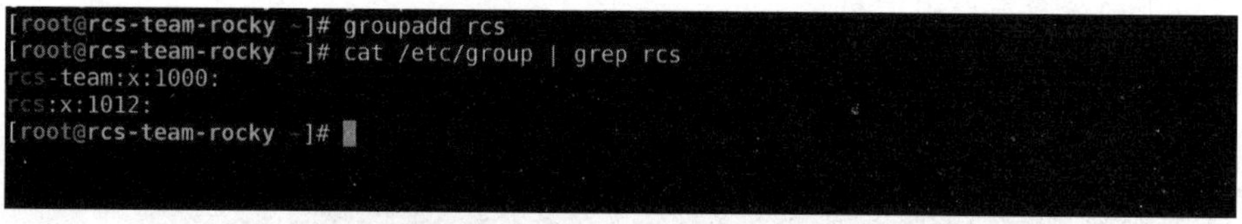

图 3.18 创建一个新的用户组 rcs

【案例 2】创建一个新的用户组，以 GID 值的方式分配 GID。

命令如下，如图 3.19 所示。

```
[root@rcs-team-rocky ~]# groupadd -g 1013 newgroup
```

创建好新的用户组以后，通过以下命令查看用户组内容。

```
[root@rcs-team-rocky ~]# cat /etc/group | grep newgroup
```

```
[root@rcs-team-rocky ~]# groupadd -g 1013 newgroup
[root@rcs-team-rocky ~]# cat /etc/group | grep newgroup
newgroup:x:1013:
[root@rcs-team-rocky ~]#
```

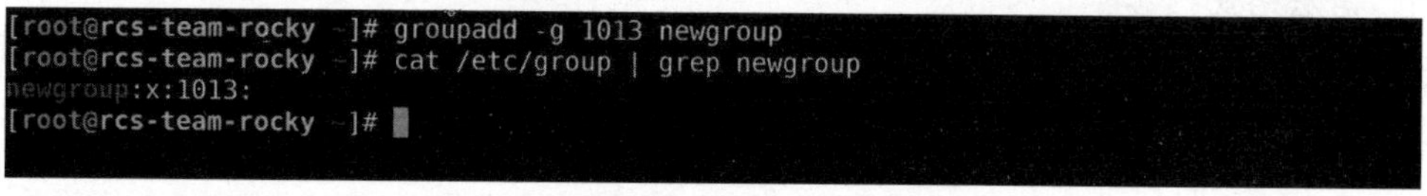

图 3.19 创建一个新的用户组并指定 GID

3.3.2 groupdel 命令

groupdel（group delete）命令用于删除群组。当需要从系统上删除群组时，可使用 groupdel 命令完成删除操作。倘若该群组中仍包括某些用户，则必须先删除这些用户后，方能删除群组。

1．语法格式

```
groupdel [群组名称]
```

2．参数详解

☑ -f：强制删除组，即使有用户存在。

☑ -h, --help：显示帮助信息并退出。

☑ -R, --root CHROOT_DIR：在 CHROOT_DIR 目录中应用更改，并使用 CHROOT_DIR 目录中的配置文件。

☑ -P, --prefix PREFIX_DIR：在 PREFIX_DIR 目录中应用更改，并使用 PREFIX_DIR 目录中的配置文件。此选项不进行 chroot，并且旨在准备交叉编译目标。其限制为不验证 NIS 和 LDAP 用户/组。PAM 身份验证使用主机文件，没有 SELinux 支持。

3．企业实战

【案例】删除 newgroup 群组信息。

命令如下，如图 3.20 所示。

```
[root@rcs-team-rocky ~]# groupdel -f  newgroup
```

通过以下命令查看群组信息。

```
[root@rcs-team-rocky ~]# cat /etc/group | grep newgroup
```

```
[root@rcs-team-rocky ~]# groupdel -f  newgroup
[root@rcs-team-rocky ~]# cat /etc/group | grep newgroup
[root@rcs-team-rocky ~]# 
```

图 3.20　删除 newgroup 群组信息

3.3.3　groupmod 命令

groupmod 命令用于更改群组的识别码或名称。当需要更改群组的识别码或名称时，可用 groupmod 指令来完成这项工作。

1．语法格式

```
groupmod [-g <群组识别码><-o>][-n <新群组名称>][群组名称]
```

2．参数详解

☑ -g <群组识别码>：设置欲使用的群组识别码。

☑ -o：重复使用群组识别码。

☑ -n <新群组名称>：设置欲使用的群组名称。

3．企业实战

【案例】修改群组 rcs 的名称为 rcs-team。

命令如下，如图 3.21 所示。

```
[root@rcs-team-rocky ~]# groupmod -n rcs-team rcs
```

通过以下命令查看群组内容。

```
[root@rcs-team-rocky ~]# cat /etc/group | grep rcs
```

```
[root@rcs-team-rocky ~]# groupmod -n rcs-team rcs
[root@rcs-team-rocky ~]# cat /etc/group | grep rcs
rcs-team:x:1012:
[root@rcs-team-rocky ~]#
```

图 3.21　修改已存在的群组名称

3.4　用户账号相关的系统文件

完成用户管理的工作有许多种方法，但是每一种方法实际上都是对有关的系统文件进行修改。与用户和用户组相关的信息都存放在一些系统文件中，这些文件包括/etc/passwd、/etc/shadow、/etc/group、/etc/skel、/etc/gshadow 等。

下面分别介绍这些文件的内容。

3.4.1　/etc/passwd

在该文件中，每一行用户记录的各个数据段用“:”分隔，分别定义了用户的各方面属性。字段的排列顺序如下。

```
账号:口令:用户标识:用户组标识:用户名:用户主目录:命令解释程序
```

/etc/passwd 文件的内容如图 3.22 所示。

```
[root@rcs-team-rocky ~]# cat /etc/passwd
root:x:0:0:root:/root:/bin/bash
bin:x:1:1:bin:/bin:/sbin/nologin
daemon:x:2:2:daemon:/sbin:/sbin/nologin
adm:x:3:4:adm:/var/adm:/sbin/nologin
lp:x:4:7:lp:/var/spool/lpd:/sbin/nologin
sync:x:5:0:sync:/sbin:/bin/sync
shutdown:x:6:0:shutdown:/sbin:/sbin/shutdown
halt:x:7:0:halt:/sbin:/sbin/halt
mail:x:8:12:mail:/var/spool/mail:/sbin/nologin
operator:x:11:0:operator:/root:/sbin/nologin
games:x:12:100:games:/usr/games:/sbin/nologin
ftp:x:14:50:FTP User:/var/ftp:/sbin/nologin
nobody:x:65534:65534:Kernel Overflow User:/:/sbin/nologin
dbus:x:81:81:System message bus:/:/sbin/nologin
systemd-coredump:x:999:997:systemd Core Dumper:/:/sbin/nologin
systemd-resolve:x:193:193:systemd Resolver:/:/sbin/nologin
tss:x:59:59:Account used for TPM access:/dev/null:/sbin/nologin
polkitd:x:998:996:User for polkitd:/:/sbin/nologin
unbound:x:997:993:Unbound DNS resolver:/etc/unbound:/sbin/nologin
libstoragemgmt:x:996:992:daemon account for libstoragemgmt:/var/run/lsm:/sbin/nologin
setroubleshoot:x:995:991::/var/lib/setroubleshoot:/sbin/nologin
cockpit-ws:x:994:990:User for cockpit web service:/nonexisting:/sbin/nologin
cockpit-wsinstance:x:993:989:User for cockpit-ws instances:/nonexisting:/sbin/nologin
sssd:x:992:988:User for sssd:/:/sbin/nologin
pesign:x:991:987:Group for the pesign signing daemon:/var/run/pesign:/sbin/nologin
chrony:x:990:986::/var/lib/chrony:/sbin/nologin
tcpdump:x:72:72::/:/sbin/nologin
sshd:x:74:74:Privilege-separated SSH:/var/empty/sshd:/sbin/nologin
apache:x:48:48:Apache:/usr/share/httpd:/sbin/nologin
rcs-team:x:1000:1000::/home/rcs-team:/bin/sh
testG1:x:1005:1005::/home/testG1:/bin/bash
testG2:x:1006:1006::/home/testG2:/bin/bash
rsync:x:1007:1008::/home/rsync:/sbin/nologin
```

图 3.22　/etc/passwd 文件

每个字段的的含义如下。

☑ 账号：root 账号，用于区分不同的用户。在同一系统中用户名是唯一的。

☑ 口令：系统用口令来验证用户的合法性。超级用户 root 或某些高级用户可以使用系统命令 passwd 更改系统中所有用户的口令，普通用户可以在登录系统后使用 passwd 命令更改自己的口令。

☑ 用户标识：UID 是一个数值，是 Linux 系统中唯一的用户标识，用于区分不同的用户。在系统内部管理进程和文件保护时使用 UID 字段。在 Linux 系统中，注册名和 UID 都可以用于标识用户，对于系统来说 UID 更为重要；而对于用户来说，注册名使用起来更方便。在某些特定目的下，系统中可以存在多个拥有不同注册名、但相同 UID 的用户。事实上，这些使用不同注册名的用户实际上是同一个用户。

☑ 用户组标识：GID 是当前用户的默认工作组标识。具有相似属性的多个用户可以被分配到同一个组内，每个组都有自己的组名，且以自己的组标识号相区分。与 UID 一样，用户的组标识号也存放在 passwd 文件中。在现代的 UNIX/Linux 中，每个用户可以同时属于多个组。除了在 passwd 文件中指定其归属的基本组之外，还可以在/etc/group 文件中指明一个组所包含的用户。

☑ 用户名：包含有关用户的一些信息，如用户的真实姓名、办公室地址、联系电话等。在 Linux 系统中，mail 和 finger 等程序利用这些信息来标识系统的用户。

☑ 用户主目录：该字段定义了个人用户的主目录，当用户登录后，他的 Shell 将该目录作为用户的工作目录。在 UNIX/Linux 系统中，超级用户 root 的工作目录为/root；而其他个人用户在/home 目录下均有自己独立的工作环境，系统在该目录下为每个用户配置了自己的主目录，个人用户的文件都存放在各自的主目录下。

☑ 命令解释程序：是当用户登录系统时运行的程序名称，通常是一个 Shell 程序的全路径名，如/bin/bash。

3.4.2 /etc/shadow

如图 3.23 所示，/etc/shadow 文件用于存储 Linux 系统中用户的密码信息，又称为“影子文件”。由于/etc/passwd 文件允许所有用户读取，这样容易造成用户密码泄露，因此 Linux 系统将用户的密码信息从/etc/passwd 文件中分离出来，并单独放到了此文件中。

注意：

/etc/shadow 文件只有 root 用户拥有读权限，其他用户没有任何权限，这样就保证了用户密码的安全性。

如果这个文件的权限发生了改变，则需要注意是否被恶意攻击。

同/etc/passwd 文件一样，该文件中每行代表一个用户，同样使用“:”作为分隔符，不同之处在于，每行用户信息被划分为 9 个字段，字段的排列顺序如下。

```
用户名:加密密码:最后一次修改时间:最小修改时间间隔:密码有效期:密码需要变更前的警告天数:密码过期后的宽限时间:账号失效时间:保留字段
```

```
[root@rcs-team-rocky ~]# cat /etc/shadow
root:$6$OYE1Q2rcUocB/bhO$o950x5.a6ZW01LJ5sEJyGekbvmhf/ViWrbX.rFWRpRkGDApTd3keRcNiwxPX0fQwMDJ3qbkibC/e44jylEuzF/:19173:0:99999:7:::
bin:*:18700:0:99999:7:::
daemon:*:18700:0:99999:7:::
adm:*:18700:0:99999:7:::
lp:*:18700:0:99999:7:::
sync:*:18700:0:99999:7:::
shutdown:*:18700:0:99999:7:::
halt:*:18700:0:99999:7:::
mail:*:18700:0:99999:7:::
operator:*:18700:0:99999:7:::
games:*:18700:0:99999:7:::
ftp:*:18700:0:99999:7:::
nobody:*:18700:0:99999:7:::
dbus:!!:19164::::::
systemd-coredump:!!:19164::::::
systemd-resolve:!!:19164::::::
tss:!!:19164::::::
polkitd:!!:19164::::::
unbound:!!:19164::::::
libstoragemgmt:!!:19164::::::
setroubleshoot:!!:19164::::::
cockpit-ws:!!:19164::::::
cockpit-wsinstance:!!:19164::::::
sssd:!!:19164::::::
pesign:!!:19164::::::
chrony:!!:19164::::::
tcpdump:!!:19164::::::
sshd:!!:19164::::::
apache:!!:19171::::::
rcs-team:$6$.hJQruZiI4XldOny$FWt5iFuJaiflD7HEr3k2SR3HfrjavrkA4vvsCvVkZORUvUjrOsdLgmUerzogPPzQ/hhDiTaX09LMdNjszPKkR.:19173:0:99999:7:::
testG1:!!:19177:0:99999:7:::
testG2:!!:19177:0:99999:7:::
rsync:!!:19183:0:99999:7:::
```

图 3.23　/etc/shadow 文件

每个字段的含义如下。

☑　用户名：可以登录系统的用户。

☑　加密密码：真正加密的密码，是单向不可逆的。目前 Linux 的密码采用的是 SHA512 散列加密算法，该算法的加密等级更高，也更加安全。

☑　最后一次修改时间：表示最后一次修改密码的时间，是从 1970 年 1 月 1 日不断累加到现在的天数，1970 年 1 月 1 日作为 1，过一天则加 1。

☑　最小修改时间间隔：表示从变更密码的日期算起，多少天内无法再次修改密码，如果是 0，则没有限制。

☑　密码有效期：该字段的默认值为 99999，也就是 273 年，可认为是永久生效。如果改为 90，则表示密码被修改 90 天之后必须再次修改，否则该用户的密码即将过期。我们可以通过这个字段强制用户定期修改密码。

☑　密码需要变更前的警告天数：当密码快过期时，系统就会给出警告信息，提醒用户“再过 n 天你的密码就要过期了，请尽快重新设置你的密码！”。该字段的默认值是 7。

☑　密码过期后的宽限时间：在密码过期后，密码不会立即失效，则在此字段规定的宽限天数内，用户还是可以登录系统的；如果过了宽限天数，系统将不再让此账户登录，也不会提示账户过期，是完全禁用。

☑　账号失效时间：过了这个日期，账号就无法使用。使用自 1970 年 1 月 1 日以来的总天数作为账户的失效时间。该字段通常被使用在具有收费服务的系统中。

☑　保留字段：这个字段目前未被使用。

3.4.3　/etc/group

/ect/group 是用户组配置文件，即用户组的所有信息都存放在此文件中。

此文件记录组 ID 和组名相对应的文件。

如图 3.24 所示，此文件使用“:”作为分隔符，字段的排列顺序如下。

```
组名:口令:用户组标识:组内用户列表
```

```
[root@rcs-team-rocky ~]# cat /etc/group
root:x:0:
bin:x:1:
daemon:x:2:
sys:x:3:
adm:x:4:
tty:x:5:
disk:x:6:
lp:x:7:
mem:x:8:
kmem:x:9:
wheel:x:10:
cdrom:x:11:
mail:x:12:
man:x:15:
dialout:x:18:
floppy:x:19:
games:x:20:
tape:x:33:
video:x:39:
ftp:x:50:
lock:x:54:
audio:x:63:
users:x:100:
nobody:x:65534:
dbus:x:81:
utmp:x:22:
```

图 3.24 /etc/group 文件

每个字段的含义如下。

☑ 组名：组名是指用户组的名称，由字母或数字构成。与/etc/passwd 中的登录名一样，组名不能重复。

☑ 口令：口令字段存放的是用户组加密后的口令字。一般来说，Linux 系统的用户组都没有口令，即这个字段一般为空或是*。

☑ 用户组标识：用户组标识与用户标识类似，也是一个整数，被系统内部用来标识组。

☑ 组内用户列表：是属于这个组的所有用户的列表，不同用户之间用“,”分隔。这个用户组可能是用户的主组，也可能是附加组。

3.4.4 /etc/skel

/etc/skel/是用来存放新用户配置文件的目录，当我们添加新用户时，这个目录下的所有文件会自动被复制到新添加的用户的家目录下。这个目录下的所有文件都是隐藏文件（以“.”开头的文件）。

通过修改、添加、删除/etc/skel 目录下的文件，我们可为新创建的用户提供统一、标准的初始化用户环境，/etc/skel 目录中的重要配置文件如图 3.25 所示。

```
[root@rcs-team-rocky ~]# cd /etc/skel/
[root@rcs-team-rocky /etc/skel]# ls -al
total 28
drwxr-xr-x.   2 root root   76 Jul 15 13:51 .
drwxr-xr-x. 118 root root 8192 Aug 12 18:54 ..
-rw-r--r--.   1 root root   18 Aug  2 15:41 .bash_logout
-rw-r--r--.   1 root root  141 Aug  2 15:41 .bash_profile
-rw-r--r--.   1 root root  376 Aug  2 15:41 .bashrc
-rw-r--r--    1 root root  658 Jun  9 17:12 .zshrc
[root@rcs-team-rocky /etc/skel]#
```

图 3.25 /etc/skel 目录中的重要配置文件

3.4.5 /etc/gshadow

/etc/gshadow 是保存组密码的文件。如果我们给用户组设定了组管理员，并给该用户组设定了组密码，那么组密码就保存在这个文件中，组管理员就可以利用这个密码管理这个用户组。/etc/gshadow 文件的内容如图 3.26 所示。

```
[root@rcs-team-rocky ~]#
[root@rcs-team-rocky ~]# cat /etc/gshadow
root:::
bin:::
daemon:::
sys:::
adm:::
tty:::
disk:::
lp:::
mem:::
kmem:::
wheel:::
cdrom:::
mail:::
man:::
dialout:::
floppy:::
games:::
tape:::
video:::
ftp:::
lock:::
```

图 3.26　/etc/gshadow 文件

该文件同样使用“:”作为分隔符，把文件划分为 4 个字段，字段的排列顺序如下。

```
组名:组密码:组管理员用户名:组中的附加用户
```

每个字段的含义如下。

☑ 组名：用户的组名。
☑ 组密码：实际加密的组密码。读者可以发现，对于大多数用户来说，这个字符不是空就是“!”，代表这个组没有合法的组密码。如果我们想给用户组设置密码，可以通过 gpasswd 来实现。
☑ 组管理员用户名：表示这个组的管理员是哪个用户。
☑ 组中的附加用户：用于显示这个用户组中有哪些附加用户。

3.5 切换用户

切换用户的命令为 su（switch user）。su 命令用于变更为其他使用者的身份，除 root 外，需要输入该使用者的密码。

```
使用权限:所有使用者
```

1. 语法格式

```
su [-fmp] [-c command] [-s shell] [--help] [--version] [-] [USER [ARG]]
```

2. 参数详解

- ☑ -f 或--fast：不必读启动档（如 csh.cshrc 等），仅用于 csh 或 tcsh。
- ☑ -m -p 或--preserve-environment：执行 su 时不改变环境变数。
- ☑ -c command 或--command=command：变更成账号为 USER 的使用者，并执行指令（command）后再变回原来的使用者。
- ☑ -s shell 或--shell=shell：指定要执行的 shell（bash、csh、tcsh 等），预设值为/etc/passwd 内的该使用者 shell。
- ☑ --help：显示说明文件。
- ☑ --version：显示版本信息。
- ☑ -, -l, --login：-l 和--login 意思是一样的，以类似真实登录的环境启动 shell。清除所有环境变量（除了 TERM），初始化环境变量 HOME、SHELL、USER、LOGNAME 和 PATH，切换到目标用户的主目录，将 shell 的 argv[0]设置为“-”，以使 shell 成为登录 shell。
- ☑ USER：欲变更的使用者账号。
- ☑ ARG：传入新的 shell 参数。

3. 企业实战

【案例 1】普通用户切换为 root 用户（需要知道 root 用户的密码）。

当普通用户在安装软件、修改配置文件等时，有时会提示权限不足。这时就需要我们切换为 root 用户来执行操作或通过 sudo 命令提权。

切换为 root 用户的命令如下，如图 3.27 所示。

```
[tom@rcs-team-rocky ~]$ su root
```

```
[tom@rcs-team-rocky ]$ su root
Password:
[root@rcs-team-rocky ]#
```

图 3.27 切换为 root 用户

注意：

虽然我们已经切换为 root 用户，但是当前的环境仍然是 tom 用户，并没有加载 root 用户的配置。

【案例 2】普通用户切换为 root 用户并加载 root 用户的环境（需要知道 root 用户的密码）。

命令如下，如图 3.28 所示。

```
[tom@rcs-team-rocky ~]$ su - root
```

```
[tom@rcs-team-rocky ]$ su - root
Password:
[root@rcs-team-rocky ]#
```

图 3.28 切换为 root 用户并加载 root 用户的环境

注意：

命令“su - root”中的“-”表示不但会切换用户为 root，同时还会加载 root 用户的环境。

3.6　账号身份

whoami 命令用于显示自身的用户名称，相当于执行“id -un”指令。

1．语法格式

```
whoami [--help][--version]
```

2．参数详解

☑ --help：在线帮助。

☑ --version：显示版本信息。

3．企业实战

【案例】whoami 与 who am i 命令的区别。

whoami 命令显示当前用户名称为 root，而 who am i 命令显示的是“登录用户”的用户名。whoami 与 who am i 命令的区别如图 3.29 所示。

```
[root@rcs-team-rocky ~]# whoami
[root@rcs-team-rocky ~]# who am i
```

```
[root@rcs-team-rocky ~]# whoami
root
[root@rcs-team-rocky ~]# who am i
root     pts/0        2022-08-11 18:37 (10.0.0.1)
[root@rcs-team-rocky ~]#
```

图 3.29　whoami 与 who am i 命令的区别

第4章

权限管理

本章主要讲解Rocky Linux系统中的权限管理，包括Linux权限模型、DAC模型下UGO规则、文件基本权限、设置权限、访问控制列表、SELinux 规则、文件系统特殊权限、隐藏属性、sudo命令提权等。

4.1 Linux权限模型

Linux系统有多种权限控制机制，常见的机制如下。

☑ DAC（discretionary access control，自主访问控制）机制。

☑ MAC（mandatory access control，强制访问控制）机制。

DAC是Linux权限管理的基础机制，本章的重点也是DAC。

自主访问控制如图4.1所示。其实本质上DAC和MAC这两种机制类似，参与的对象有3种，即主体（subject）、客体（object）、规则（policy）。

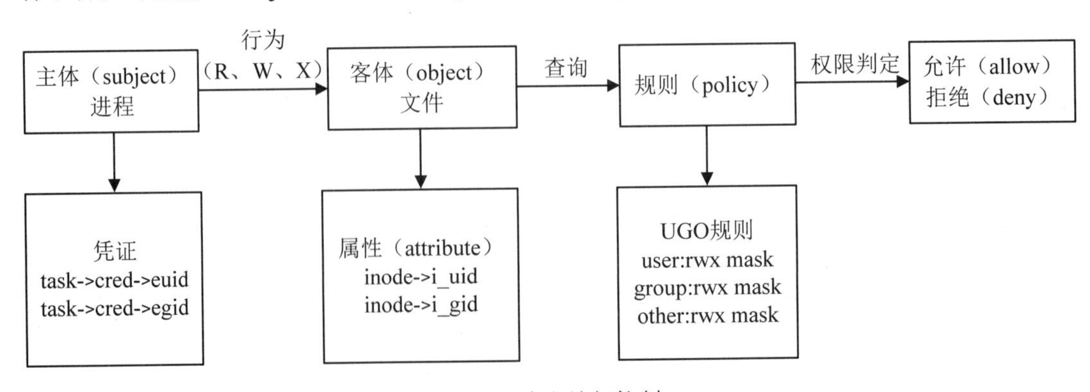

图4.1　自主访问控制

4.2 DAC 模型下 UGO 规则

DAC 模型下的 UGO 规则是 Linux 系统文件基础权限体系的基础。UGO 规则如下。

☑ U：文件或文件夹的所属用户的权限。

☑ G：文件或文件夹的所属组的权限。

☑ O：其他用户对文件或文件夹的权限。

权限判定的过程大概如下。

☑ 主体用自己的凭证来标识自己的身份。在 DAC 中，主体通常是进程，而凭证是进程对应的 euid 和 egid。

☑ 客体用属性来标识自己的身份。在 DAC 中，客体通常是文件，而权限相关属性是文件对应的 uid 和 gid。

☑ 主体对客体的操作可以称为行为。DAC 的特点是行为比较简单，行为仅包括 R（读）、W（写）、X（执行）3 种。

☑ 针对“主体对客体发起的行为”，通过查询规则表来进行权限判定。DAC 的 UGO 规则非常简单，把主体分为 user/group/other（所有者/组/其他）3 种类型，每种类型拥有自己的 RWX mask。

☑ DAC 的权限控制策略是非常简洁，行为是简单的 R、W、X 3 种，主体也很简单地就能被分为 U、G、O 3 类。这种简洁造就了 DAC 检查的开销非常小。

DAC 的简洁造就了它的高效，但是过于简洁也让它的权限划分粒度过大，一旦获得了 root 权限，几乎就是无所不能。在 CPU 日益高涨的今天，性能开销已经不是问题了，权限的细粒度管理更加重要，所以诞生了 MAC。MAC 在 DAC 的基础上，把行为、规则、判定结果进一步细分。所以它的权限管理粒度更细，但是开销也稍大。

4.3 文件基本权限

文件权限设置可以赋予某个用户或组以何种方式访问某个文件。我们可以通过 ls -l 或 ll 命令查看文件的属性及文件所属的用户和组，ll 命令查看文件属性如图 4.2 所示。

```
[root@rcs-team-rocky ~]# ll
total 2192
-rw-------. 1 root root    1197 Jun 21 14:26 anaconda-ks.cfg
drwxr-xr-x  2 root root       6 Jul 22 12:54 data
-rw-r--r--  1 root root     223 Aug  6 23:08 go.tar.Z
-rw-r--r--  1 root root     156 Aug  6 23:11 go.zip
drwxr-xr-x  2 root root       6 Jul 22 13:13 grafana_data
```

图 4.2 ll 命令查看文件属性

Linux/UNIX 系统的文件调用权限分为 3 级：文件所有者（owner）、用户组（group）、其他用户（other users）。

基本权限如图 4.3 所示。

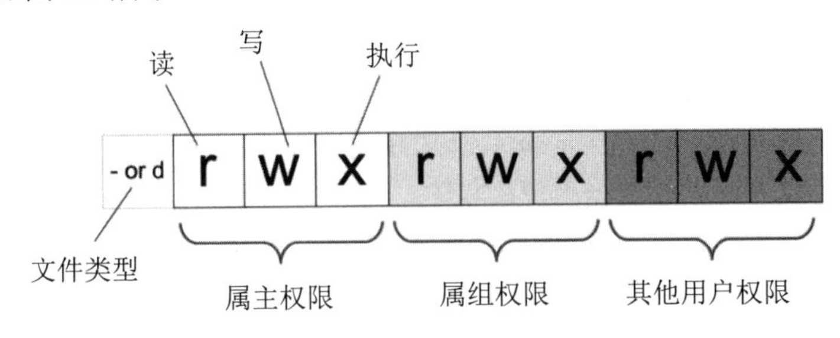

图 4.3　基本权限

在图 4.2 中第一列中共 11 个字符，如下所示。

☑ 第一个字符：文件类型，-表示为文件，d 表示为目录。
☑ 第二个字符：属主（文件的所有者）的读权限。
☑ 第三个字符：属主（文件的所有者）的写权限。
☑ 第四个字符：属主（文件的所有者）的执行权限。
☑ 第五个字符：属组（所有者的同组用户）的读权限。
☑ 第六个字符：属组（所有者的同组用户）的写权限。
☑ 第七个字符：属组（所有者的同组用户）的执行权限。
☑ 第八个字符：其他用户的读权限。
☑ 第九个字符：其他用户的写权限。
☑ 第十个字符：其他用户的执行权限。
☑ 第十一个字符：为第一列最后一个字符“.”，只有在当前系统打开 SELinux 功能的前提下，创建的文件或目录才会有该标志。

基本权限的表示方式如下。

☑ 字母表示：R、W、X、-、+。
☑ 八进制数字表示：4、2、1、0。

4.4　设置权限

4.4.1　chmod 命令

chmod（change mode）命令用来控制用户对文件的权限。文件的基本权限如图 4.4 所示。

只有文件所有者和超级用户可以修改文件或目录的权限。可以使用绝对模式（八进制数字模式）、符号模式指定文件的权限，UGO 模型如图 4.5 所示。

使用权限 ：所有使用者

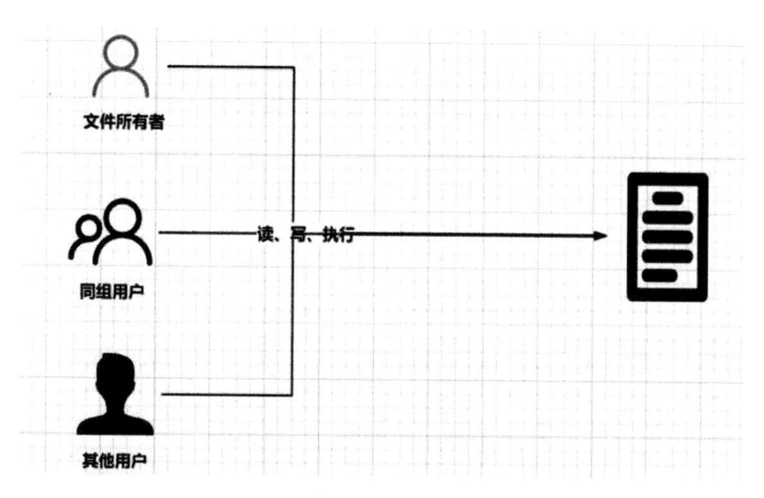

图 4.4 文件的基本权限

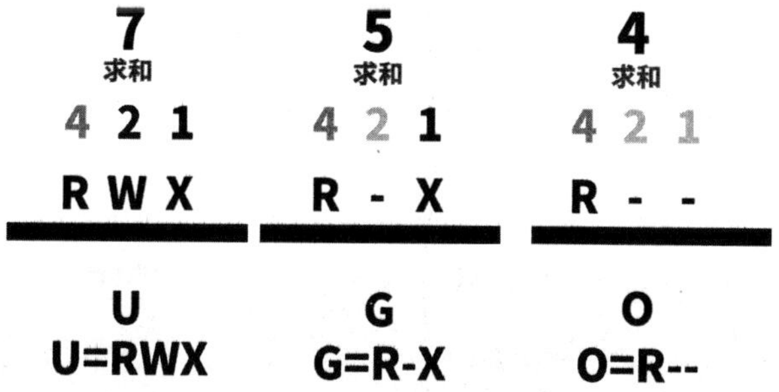

7	5	4
求和	求和	求和
4 2 1	4 2 1	4 2 1
R W X	R - X	R - -
U	G	O
U=RWX	G=R-X	O=R--

图 4.5 UGO 模型

1. 语法格式

```
chmod [-cfvR] [--help] [--version] mode file...
```

2. 参数详解

- ☑ u 表示该文件的拥有者，g 表示与该文件的拥有者属于同一个用户组，o 表示其他用户，a 表示包括这三类用户。
- ☑ + 表示增加权限；-表示取消权限；=表示将权限设置为指定的值，覆盖先前的权限设置。
- ☑ r 表示可读取，w 表示可写入，x 表示可执行，X 表示只有当该文件是子目录或该文件已经被设定过为可执行。
- ☑ -c：若该文件权限确实已经更改，才显示其更改动作。
- ☑ -f：若该文件权限无法被更改，也不要显示错误信息。
- ☑ -v：显示权限变更的详细资料。
- ☑ -R：对目前目录下的所有文件与子目录进行相同的权限变更（以递归的方式逐个变更）。
- ☑ --help：显示辅助说明。
- ☑ --version：显示版本。

3．企业实战

【案例 1】修改 file.txt 文件的权限为所有人都可以读取。

命令如下，如图 4.6 所示。

```
[root@rcs-team-rocky ~/rocky]# chmod ugo+r file.txt
```

或

```
[root@rcs-team-rocky ~/rocky]# chmod a+r file.txt
```

```
[root@rcs-team-rocky ~/rocky]# chmod ugo+r file.txt
[root@rcs-team-rocky ~/rocky]# ll
total 0
-rw-r--r-- 1 root root 0 Aug 12 21:26 file.txt
[root@rcs-team-rocky ~/rocky]# chmod a+r file.txt
[root@rcs-team-rocky ~/rocky]# ll
total 0
-rw-r--r-- 1 root root 0 Aug 12 21:26 file.txt
[root@rcs-team-rocky ~/rocky]#
```

图 4.6　chmod 修改文件权限

【案例 2】修改 file1.txt 文件的权限为所有人都可以读、写、执行。

命令如下，如图 4.7 所示。

```
[root@rcs-team-rocky ~/rocky]# chmod 777 file1.txt
```

```
[root@rcs-team-rocky ~/rocky]# touch file1.txt
[root@rcs-team-rocky ~/rocky]# chmod 777 file1.txt
[root@rcs-team-rocky ~/rocky]# ll
total 0
-rwxrwxrwx 1 root root 0 Aug 12 21:30 file1.txt
-rw-r--r-- 1 root root 0 Aug 12 21:26 file.txt
[root@rcs-team-rocky ~/rocky]#
```

图 4.7　chmod 八进制数修改文件权限为所有人都可以读、写、执行

- ☑ 所有者的权限用数字表达：属主的 3 个权限位的数字相加的总和。如 rwx，即 4+2+1，结果是 7。
- ☑ 用户组的权限用数字表达：属组的 3 个权限位数字相加的总和。如 rw-，即 4+2+0，结果是 6。
- ☑ 其他用户的权限数字表达：其他用户的 3 个权限位的数字相加的总和。如 r-x，即 4+0+1，结果是 5。

【案例 3】给 install.sh 文件增加执行权限。

当我们写了一个脚本文件时，一般是不具备执行权限的。我们需要手动给脚本文件进行加权，命令如下，如图 4.8 所示。

```
[root@rcs-team-rocky ~/rocky]# chmod +x install.sh
```

```
[root@rcs-team-rocky ~/rocky]# chmod +x install.sh
[root@rcs-team-rocky ~/rocky]# ll
total 0
-rwxrwxrwx 1 root root 0 Aug 12 21:30 file1.txt
-rw-r--r-- 1 root root 0 Aug 12 21:26 file.txt
-rwxr-xr-x 1 root root 0 Aug 12 21:34 install.sh
[root@rcs-team-rocky ~/rocky]#
```

图 4.8　给 install.sh 文件增加执行权限

【案例 4】给 install.sh 文件的拥有者增加执行权限。

命令如下，如图 4.9 所示。

```
[root@rcs-team-rocky ~/rocky]# chmod u+x install.sh
```

```
[root@rcs-team-rocky ~/rocky]# chmod u+x install.sh
[root@rcs-team-rocky ~/rocky]# ll
total 0
-rwxrwxrwx 1 root root 0 Aug 12 21:30 file1.txt
-rw-r--r-- 1 root root 0 Aug 12 21:26 file.txt
-rwxr--r-- 1 root root 0 Aug 12 22:43 install.sh
[root@rcs-team-rocky ~/rocky]#
```

图 4.9　给 install.sh 文件的拥有者增加执行权限

【案例 5】设置 file.txt 文件的拥有者及其所属同一群组者可以写入，但其他用户不可写入文件的权限。

命令如下，如图 4.10 所示。

```
[root@rcs-team-rocky ~/rocky]# chmod ug+w,o-w file.txt
```

```
[root@rcs-team-rocky ~/rocky]# touch file.txt
[root@rcs-team-rocky ~/rocky]# chmod ug+w,o-w file.txt
[root@rcs-team-rocky ~/rocky]# ll
total 0
-rw-rw-r-- 1 root root 0 Aug 12 22:47 file.txt
-rwxr--r-- 1 root root 0 Aug 12 22:43 install.sh
[root@rcs-team-rocky ~/rocky]#
```

图 4.10　修改 file.txt 文件的权限

4.4.2　chown 命令

chown（change owner）命令用于设置文件所有者和文件关联组。

Linux/UNIX 是多人多工操作系统，所有的文件皆有拥有者。利用 chown 命令将指定文件的拥有者改为指定的用户或组，用户可以是用户名或用户 ID，组可以是组名或组 ID，文件是以空格分开的要改变权限的文件列表的形式，支持通配符。

执行 chown 命令需要具有超级用户 root 的权限。只有超级用户和属于组的文件所有者才能变更文件关联组。非超级用户设置关联组时，需要使用 chgrp 命令。

1. 语法格式

```
chown [-cfhvR] [--help] [--version] user[:group] file...
```

2. 参数详解

☑ -c：显示更改部分的信息。
☑ -f：忽略错误信息。
☑ -h：修复符号链接。
☑ -v：显示详细的处理信息。
☑ -R：处理指定目录及其子目录下的所有文件。

☑ --help：显示辅助说明。

☑ --version：显示版本。

☑ user：新文件拥有者的使用者 ID。

☑ group：新文件拥有者的使用者组。

3. 企业实战

【案例 1】设置 file.txt 文件的属主和属组都为 tom。

在工作中经常会遇到这样的问题，如我们在安装部署环境时，使用 root 运行时会失败，所以需要指定配置文件、程序所在的目录为指定用户。

命令如下，如图 4.11 所示。

```
[root@rcs-team-rocky ~/rocky]# chown tom:tom file.txt
```

```
[root@rcs-team-rocky ~/rocky]# chown tom:tom file.txt
[root@rcs-team-rocky ~/rocky]# ll
total 0
-rw-rw-r-- 1 tom  tom  0 Aug 12 22:47 file.txt
-rwxr--r-- 1 root root 0 Aug 12 22:43 install.sh
[root@rcs-team-rocky ~/rocky]#
```

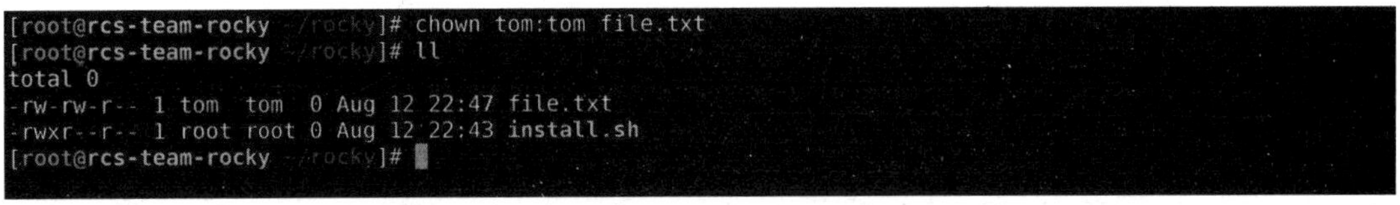

图 4.11　chown 修改目录或文件的属主和属组

【案例 2】设置 file 目录以及子目录的属主为 tom。

命令如下，如图 4.12 所示。

```
[root@rcs-team-rocky ~/rocky]# chown -R tom:tom file
```

```
[root@rcs-team-rocky ~/rocky]# mkdir file
[root@rcs-team-rocky ~/rocky]# chown -R tom:tom file
[root@rcs-team-rocky ~/rocky]# ll
total 0
drwxr-xr-x 2 tom  tom  6 Aug 12 22:55 file
-rw-rw-r-- 1 tom  tom  0 Aug 12 22:47 file.txt
-rwxr--r-- 1 root root 0 Aug 12 22:43 install.sh
[root@rcs-team-rocky ~/rocky]#
```

图 4.12　chown 修改目录以及子目录的属主

4.5　访问控制列表

传统权限是根据所有者、属组和其他用户这 3 种进行设置的，这样的设置存在缺陷，即当在一个文件中设置权限时，只能根据这 3 种用户进行设置。权限位有 9 个，前三位表示所有者，中间三位表示属组，最后三位表示其他用户。这种设置方法非常不灵活。

文件基本权限只有 3 种，即使用者权限、群组权限、其他用户权限。我们无法针对某一个使用者或某一个群组设定特定的权限，例如我们有一个文件 data.file，当前的权限为 774，即该文件的所有者，以及群组的人员有权限对这个文件进行读、写和执行，其他用户只能读取文件内容。假设一个临时用户 temp，不属于 data.file 文件的所属的组群，但是想拥有对 data.file 文件的读和执行的权限，这时就有点麻烦了。

简单来讲，对于无法使用 UGO 权限来控制，这时可以使用访问控制列表（access control lists，ACL）设置更加灵活的权限。

场景描述：现在 UGO 规则中都是 RWX，有一个用户 Tom 也需要访问/DATA 目录中的数据，但是他的权限为 R-X。Tom 现在不满足 UGO 这样的权限控制规则，那么我们可以通过 ACL 来实现，如图 4.13 所示。

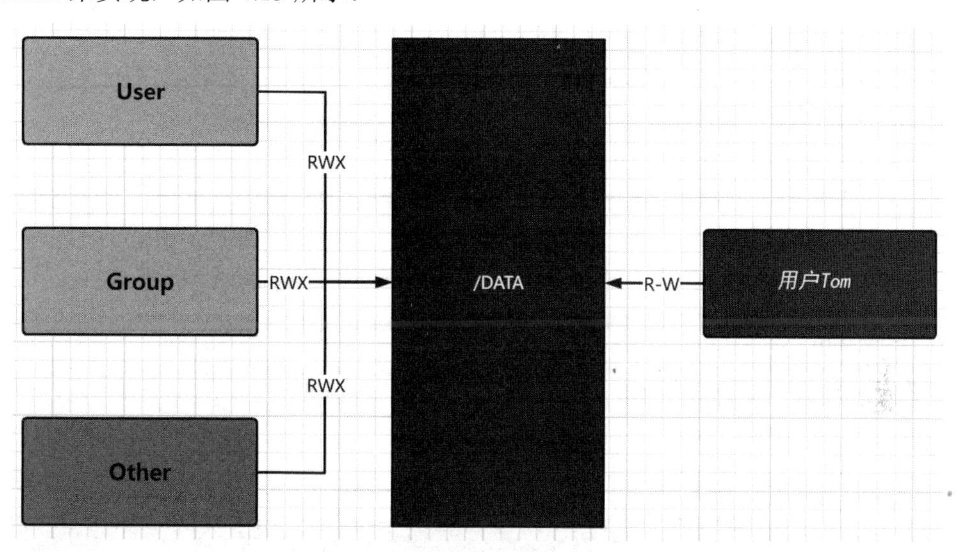

图 4.13　访问控制列表

4.5.1　查看 ACL 权限命令——getfacl

getfacl 命令用于查看文件的 ACL 信息。对于每一个文件和目录，getfacl 命令可以显示文件的名称、用户所有者、组群所有者和访问控制列表。

1．语法格式

```
getfacl [-aceEsRLPtpndvh] file ...
```

2．参数详解

☑　-a, --access：显示文件访问控制列表。

☑　-c, --omit-header：不显示注释头（每个文件输出的前三行）。

☑　-e, --all-effective：打印所有的有效权限注释，即使与 ACL 条目定义的权限相同。

☑　-E, --no-effective：不打印有效权限注释。

☑　-s, --skip-base：跳过只有基本 ACL 条目（所有者、组、其他用户）的文件。

☑　-R, --recursive：递归列出所有文件和目录的 ACL。

☑　-L, --logical：逻辑遍历，跟随符号链接到目录。默认行为是跟随符号链接参数，并跳过在子目录中遇到的符号链接，仅与-R 结合使用时有效。

☑　-P, --physical：物理遍历，不跟随符号链接到目录。跳过符号链接参数，仅与-R 结合使用时有效。

☑ -t, --tabular：使用替代的表格输出格式。ACL 和默认 ACL 会并排显示。由于 ACL 掩码条目而无效的权限会以大写字母显示。ACL_USER_OBJ 和 ACL_GROUP_OBJ 条目的条目标签名称也会以大写字母显示，这有助于识别这些条目。

☑ -p, --absolute-names：不要去掉前导斜杠字符（/）。默认行为是去掉前导斜杠字符。

☑ -n, --numeric：列出数字用户和组 ID。

☑ -d, --default：显示默认的访问控制列表。

☑ -v, --version：打印 getfacl 的版本并退出。

☑ -h, --help：打印帮助说明命令行选项。

☑ --：表示命令行选项的结束，所有剩余的参数都被解释为文件名，即使它们以“-”开头。

☑ -：如果文件名参数是一个“-”，getfacl 将从标准输入读取文件列表。

3．企业实战

【案例】获取当前目录下 file.txt 文件的 ACL 信息。

命令如下，如图 4.14 所示。

```
[root@rcs-team-rocky ~/rocky]# getfacl file.txt
```

```
[root@rcs-team-rocky ~/rocky]# getfacl file.txt
# file: file.txt
# owner: tom
# group: tom
user::rw-
group::rw-
other::r--

[root@rcs-team-rocky ~/rocky]#
```

图 4.14 getfacl 获取文件的 ACL 信息

4.5.2 设置 ACL 权限命令——setfacl

setfacl 命令用于设置 ACL 的权限，可以用来细分 Linux 系统下的文件权限。chmod 命令可以把文件权限分为 U、G、O 3 个组，而 setfacl 命令可以对每一个文件或目录设置更精确的文件权限。换句话说，setfacl 命令可以更精确地控制权限的分配。

例如：让某一个用户对某一个文件具有某种权限。

ACL 可以针对单一用户、文件或目录来进行读、写、执行的权限控制，对于需要设置特殊权限的使用情况时有一定的帮助。如某一个文件，设置不让单一的某个用户访问。

1．语法格式

```
setfacl [-bkndRLP] { -m|-M|-x|-X ... } file ...
```

2．参数详解

☑ -b, --remove-all：删除所有扩展 ACL 条目。保留所有者、组和其他的基本 ACL 条目。

☑ -k, --remove-default：删除默认 ACL 条目。如果默认 ACL 条目不存在，则不发出警告。

☑ -n, --no-mask：不重新计算有效权限掩码。setfacl 的默认行为是重新计算 ACL 掩码条目，除非明确给出了掩码条目。掩码条目设置为所有者、组和所有指定用户和组条目的权限的并集（这些条目正是受掩码条目影响的条目）。

☑ --mask：即使给出了 ACL 掩码条目，也要重新计算有效权限掩码（参考-n 选项）。

☑ -d, --default：所有操作都应用于默认 ACL。输入集中的常规 ACL 条目被提升为默认 ACL 条目。输入集中的默认 ACL 条目将被丢弃（如果发生这种情况，将发出警告）。

☑ --restore=file：恢复由 getfacl -R 或类似命令创建的权限备份。使用此机制还原整个目录子树的所有权限。如果输入包含所有者注释或组注释，setfacl 尝试还原所有者和拥有组。如果输入包含标志注释（定义了 setuid、setgid 和粘滞位），setfacl 会相应地设置这三个位；否则会清除它们。此选项不能与除--test 之外的其他选项混合使用。

☑ --test：测试模式。不改变任何文件的 ACL，而是列出生成的 ACL。

☑ -R, --recursive：递归应用所有文件和目录的操作。此选项不能与--restore 混合使用。

☑ -L, --logical：逻辑遍历，跟随指向目录的符号链接。默认行为是跟随符号链接参数，并跳过子目录中遇到的符号链接。仅在与-R 结合使用时有效。此选项不能与--restore 混合使用。

☑ -P, --physical：物理遍历，不跟随指向目录的符号链接。跳过符号链接参数，仅与-R 结合使用时有效。此选项不能与--restore 混合使用。

☑ -v, --version：打印 setfacl 的版本信息并退出。

☑ -h, --help：打印帮助说明命令行选项。

☑ --：命令行选项的结束。所有剩余的参数都被解释为文件名，即使它们以“-”开头。

☑ -：如果文件名参数是一个“-”，setfacl 会从标准输入中读取文件列表。

3. 企业实战

【案例】修改 file.txt 文件的 ACL 权限，添加 tom 用户的权限为 r-x。

命令如下，如图 4.15 所示。

```
[root@rcs-team-rocky ~/rocky]# setfacl -m u:tom:r-x file.txt
```

```
[root@rcs-team-rocky ~/rocky]# setfacl -m u:tom:r-x file.txt
[root@rcs-team-rocky ~/rocky]# getfacl file.txt
# file: file.txt
# owner: tom
# group: tom
user::rw-
user:tom:r-x
group::rw-
mask::rwx
other::r--

[root@rcs-team-rocky ~/rocky]# 
```

图 4.15　setfacl 设置 tom 用户可以访问 file.txt 文件

4.6　SELinux 规则

在 UGO 使用的过程中，我们可以发现 UGO 的弊端——权限划分的粒度过粗。为了解决这个问题，ACL 和 Capability 尝试从不同的角度解决这个问题。

（1）ACL 尝试扩充 UGO 的用户组，把三组行为扩充成自定义多组行为。

（2）Capability 尝试扩充 RWX 行为，把三组行为扩充成多组行为。

在这之后，SELinux（security-enhanced Linux）综合了 ACL 和 Capability 的扩展思路，推出了一套完整的扩充用户组和行为的细粒度权限管理方案（第 7 章会详细分析 SELinux 的实现）。

4.7　文件系统特殊权限

Linux 文件系统特殊权限不止读、写、执行这么简单，还有一些特殊权限是用来破坏限制和默认的安全上下文规则的，有显式的特殊权限，也有隐式的特殊权限。下面介绍 Linux 文件系统上的 SUID、SGID、STICKY BIT 权限。

（1）SUID：只对文件有效，表示文件在执行时以文件的所属用户的权限执行，如 /usr/bin/passwd 在终端上文件会显示为红色，并且 U 权限中的 x 会被替换成 s，如图 4.16 所示。

```
[root@rcs-team-rocky ~]# ls -l /usr/bin/passwd
```

```
[root@rcs-team-rocky ~]# ls -l /usr/bin/passwd
-rwsr-xr-x 1 root root 33424 Apr 20 07:49 /usr/bin/passwd
[root@rcs-team-rocky ~]#
```

图 4.16　/usr/bin/passwd

（2）SGID：通常对文件夹有效，表示在文件夹中建立文件或文件夹时继承该文件夹的组用户。G 权限中的 x 会被替换成 s，如图 4.17 所示。

```
[root@rcs-team-rocky ~]# ll -L /usr/bin/locate
```

```
[root@rcs-team-rocky ~]# ll -L /usr/bin/locate
-rwx--s--x. 1 root slocate 42248 Apr 12  2021 /usr/bin/locate
[root@rcs-team-rocky ~]#
```

图 4.17　/usr/bin/locate

（3）STICKY BIT：简称 SBIT 特殊权限，作用于文件夹，表示在该文件夹下的文件只能由文件的 owner 删除，其他用户可以在文件夹下创建、浏览，但只能删除自己为 owner 的文件。O 权限中的 x 会被替换成 t，如图 4.18 所示。

```
[root@rcs-team-rocky ~]# ls -ld /tmp
```

```
[root@rcs-team-rocky ~]# ls -ld /tmp
drwxrwxrwt. 17 root root 4096 Aug 12 23:11 /tmp
[root@rcs-team-rocky ~]#
```

图 4.18　/tmp

特殊权限的设置，SUID:4 SGID:2 SBIT:1。如想给 file 目录设置 SUID 权限，命令如下，如图 4.19 所示。

```
[root@rcs-team-rocky ~/rocky]# chmod 4755 file
```

```
[root@rcs-team-rocky ~/rocky]# ll
total 0
drwxr-xr-x  2 tom  tom  6 Aug 12 22:55 file
-rw-rwxr--+ 1 tom  tom  0 Aug 12 22:47 file.txt
-rwxr--r--  1 root root 0 Aug 12 22:43 install.sh
[root@rcs-team-rocky ~/rocky]# chmod 4755 file
[root@rcs-team-rocky ~/rocky]# ll -d file
drwsr-xr-x 2 tom tom 6 Aug 12 22:55 file
[root@rcs-team-rocky ~/rocky]#
```

图 4.19　给 file 目录设置 SUID 权限

这里不难看出，特殊权限就是在原来基础权限的基础上设置的，如果在基础权限前+4 就是设置 SUID 权限，+2 就是设置 SGID 权限，+1 就是设置 SBIT 权限。

4.8　隐藏属性

管理 Linux 系统中的文件和目录，除了可以设定普通权限和特殊权限外，还可以利用文件和目录具有的一些隐藏属性，常用的属性选项如图 4.20 所示。

属性选项	功能
i	如果对文件设置 i 属性，那么不允许对文件进行删除、改名，也不能添加和修改数据； 如果对目录设置 i 属性，那么只能修改目录下文件中的数据，但不允许建立和删除文件；
a	如果对文件设置 a 属性，那么只能在文件中增加数据，但是不能删除和修改数据； 如果对目录设置 a 属性，那么只允许在目录中建立和修改文件，但是不允许删除文件；
u	设置此属性的文件或目录，在删除时，其内容会被保存，以保证后期能够恢复，常用来防止意外删除文件或目录。
s	和 u 相反，删除文件或目录时，会被彻底删除（直接从硬盘上删除，然后用 0 填充所占用的区域），不可恢复。

图 4.20　常用属性选项

4.8.1　查看隐藏属性命令——lsattr

lsattr 用于显示文件或目录的隐藏属性。

1. 语法格式

```
lsattr [选项] 文件或目录名
```

2. 参数详解

☑ -a：显示所有文件和目录（包括隐藏文件和目录），后面不带文件或目录名。
☑ -d：如果目标是目录，只会列出目录本身的隐藏属性，而不会列出所含文件或子目录的隐藏属性信息。
☑ -R：和-d 恰好相反，作用于目录时会连同子目录的隐藏信息数据一并显示出来。

3. 企业实战

【案例】查看 file.txt 文件的隐藏属性。

命令如下，如图 4.21 所示。

```
[root@rcs-team-rocky ~/rocky]# lsattr file.txt
```

```
[root@rcs-team-rocky ~/rocky]# lsattr file.txt
-------------------- file.txt
[root@rcs-team-rocky ~/rocky]#
```

图 4.21　查看 file.txt 文件的隐藏属性

4.8.2　修改隐藏属性命令——chattr

chattr 专门用来修改文件或目录的隐藏属性，只有 root 用户可以使用。

1. 语法格式

```
chattr [+-=] [属性] 文件或目录名
```

2. 参数详解

☑ +：表示给文件或目录添加属性。
☑ -：表示移除文件或目录拥有的某些属性。
☑ =：表示给文件或目录设定一些属性。

3. 企业实战

【案例】设置不允许对 file.txt 文件进行删除、改名，也不能添加和修改数据。

例如为系统中的重要的文件、配置等内容设置其隐藏属性，防止被误删，如图 4.22 所示。

```
[root@rcs-team-rocky ~/rocky]# chattr +i file.txt
[root@rcs-team-rocky ~/rocky]# rm -rf file.txt
rm: cannot remove 'file.txt': Operation not permitted
[root@rcs-team-rocky ~/rocky]# ll
total 0
drwsr-xr-x  2 tom  tom  6 Aug 12 22:55 file
-rw-rwxr--+ 1 tom  tom  0 Aug 12 22:47 file.txt
-rwxr--r--  1 root root 0 Aug 12 22:43 install.sh
[root@rcs-team-rocky ~/rocky]# lsattr file.txt
----i--------------- file.txt
[root@rcs-team-rocky ~/rocky]#
```

图 4.22　设置文件的隐藏属性，实现防删除

4.9　sudo 命令提权

sudo 命令会以系统管理者的身份执行指令，即经由 sudo 命令所执行的指令就好像是由 root 亲自执行。使用权限为在/etc/sudoers 中出现的使用者。

1. 语法格式

```
sudo [OPTIONS] COMMAND
```

2. 参数详解

☑ OPTIONS 的常见参数如下。

- -h：显示帮助信息，列出可用的选项和参数。
- -V：显示 sudo 的版本信息。
- -l：列出当前用户可执行的命令列表。
- -u <用户>：以指定的用户身份执行命令，默认为超级用户（root）。
- -i：以 root 用户的身份登录并执行 Shell。使用此选项时需要输入 root 用户的密码。
- -s：以 root 用户的身份执行 Shell，但环境变量仍保持为普通用户的环境变量。
- -E：保持环境变量不变，即使用普通用户的环境变量。
- -k：使 sudo 忘记已经输入的密码，下次使用 sudo 时将要求再次输入密码。
- -b：在后台运行命令。
- -P：使用完整的环境变量，包括 HOME、USER、SHELL 等。

☑ COMMAND：要执行的命令。

3. 企业实战

【案例】普通用户安装软件时权限不足，通过 sudo 命令提权。

命令如下，如图 4.23 所示。

```
[tom@rcs-team-rocky ~]$ sudo dnf install -y lrzsz
```

```
[tom@rcs-team-rocky ~]$ sudo dnf install -y lrzsz

We trust you have received the usual lecture from the local System
Administrator. It usually boils down to these three things:

    #1) Respect the privacy of others.
    #2) Think before you type.
    #3) With great power comes great responsibility.

[sudo] password for tom:
```

图 4.23　普通用户通过 sudo 命令提权

注意：

需要在/etc/sudoers 文件中加入能够提权操作的用户，即在图 4.24 中的第 101 行添加配置。

```
 85 #
 86 # Defaults   env_keep += "HOME"
 87
 88 Defaults    secure_path = /sbin:/bin:/usr/sbin:/usr/bin
 89
 90 ## Next comes the main part: which users can run what software on
 91 ## which machines (the sudoers file can be shared between multiple
 92 ## systems).
 93 ## Syntax:
 94 ##
 95 ##      user    MACHINE=COMMANDS
 96 ##
 97 ## The COMMANDS section may have other options added to it.
 98 ##
 99 ## Allow root to run any commands anywhere
100 root    ALL=(ALL)       ALL
101 tom     ALL=(ALL)       ALL
102
103 ## Allows members of the 'sys' group to run networking, software,
104 ## service management apps and more.
105 # %sys ALL = NETWORKING, SOFTWARE, SERVICES, STORAGE, DELEGATING, PROCESSES, LOCATE, DRIVERS
106
-- INSERT --
```

图 4.24　在/etc/sudoers 文件的第 101 行添加配置

如果在提权过程中不想输入密码，在图 4.25 中第 111 行添加注释即可。

```
 97 ## The COMMANDS section may have other options added to it.
 98 ##
 99 ## Allow root to run any commands anywhere
100 root    ALL=(ALL)       ALL
101 tom     ALL=(ALL)       ALL
102
103 ## Allows members of the 'sys' group to run networking, software,
104 ## service management apps and more.
105 # %sys ALL = NETWORKING, SOFTWARE, SERVICES, STORAGE, DELEGATING, PROCESSES, LOCATE, DRIVERS
106
107 ## Allows people in group wheel to run all commands
108 %wheel  ALL=(ALL)       ALL
109
110 ## Same thing without a password
111 # %wheel        ALL=(ALL)       NOPASSWD: ALL
112
113 ## Allows members of the users group to mount and unmount the
114 ## cdrom as root
115 # %users  ALL=/sbin/mount /mnt/cdrom, /sbin/umount /mnt/cdrom
116
117 ## Allows members of the users group to shutdown this system
118 # %users  localhost=/sbin/shutdown -h now
-- INSERT --
```

图 4.25　在/etc/sudoers 文件的第 111 行添加注释

第 5 章

磁盘管理

在 Linux 系统中，文件系统是创建在硬盘上的，因此，要想彻底了解文件系统的管理机制，就要从了解硬盘开始。

硬盘是计算机的主要外部存储设备。计算机中的存储设备种类非常多，常见的存储设备主要有光盘、硬盘、U 盘等，以及网络存储设备 SAN、NAS 等，不过使用最多的还是硬盘。

如果从存储数据的介质上来区分，硬盘可分为机械硬盘（hard disk drive，HDD）和固态硬盘（solid state disk，SSD），机械硬盘通过磁性碟片存储数据，而固态硬盘通过闪存颗粒存储数据。

5.1 磁盘结构

磁盘结构分为物理结构和逻辑结构两部分，物理结构主要介绍的是机械硬盘的物理结构，包括盘片、主轴等，而逻辑结构包括磁道、扇区等。

5.1.1 物理结构

先来看最常见的机械硬盘。相信读者都见过机械硬盘的外观，机械硬盘有 3.5 寸和 2.5 寸两种。

那么硬盘内部是什么样子的呢？机械硬盘的物理结构如图 5.1 所示。

机械硬盘主要由磁盘盘片、磁头、主轴与传动轴等组成，数据就存储在磁盘盘片中。盘片顺时针高速旋转，常见的转速有 7200 rpm[①]、12000 rpm 以及更高的转速，所以运行中的磁盘非常怕晃动和摔。机械硬盘一般都是双磁头的，能够上下两面读取或写入盘片上的信息。盘片和磁头如图 5.2 所示。另外，因为机械硬盘具有超高的转速，如果内部有灰尘，

---

① rpm 是 revolutions per minute 的缩写，即转每分，表示设备每分钟的旋转次数。

则会造成磁头或盘片的损坏，所以机械硬盘的内部是封闭的，如果不是在无尘环境下，则禁止拆开机械硬盘。

图 5.1　机械硬盘的物理结构

图 5.2　盘片和磁头

5.1.2　逻辑结构

我们已经知道数据是写入磁盘盘片的，那么数据是按照什么结构写入的呢？机械硬盘的逻辑结构主要包括磁道、扇区和柱面 3 个部分。

（1）磁道：每个盘片都在逻辑上有很多的同心圆，最外面的同心圆就是 0 磁道。我们将每个同心圆称作磁道（注意，磁道只是逻辑结构，在盘面上并没有真正的同心圆）。硬盘的磁道密度非常高，通常一面上就有上千个磁道。但是相邻的磁道之间并不是紧挨着的，这是因为磁化单元相隔太近会相互产生影响。

（2）扇区：扇区其实是很形象的，相信许多读者都见过折叠的纸扇，纸扇打开后是半圆形或扇形的，不过这个扇形是由每个扇骨组合形成的。在磁盘上每个同心圆是磁道，从圆心向外呈放射状地产生分割线（扇骨），将每个磁道等分为若干弧段，每个弧段就是一个扇区。每个扇区的大小是固定的，为 512 字节。扇区是磁盘的最小存储单位。磁道和扇区如图 5.3 所示。

（3）柱面：如果硬盘是由多个盘片组成的，每个盘面都被划分为数目相等的磁道，那么所有盘片都会从外向内进行磁道编号，最外侧的就是 0 磁道。具有相同编号的磁道会形成一个圆柱，这个圆柱被称作磁盘的柱面，如图 5.4 所示。

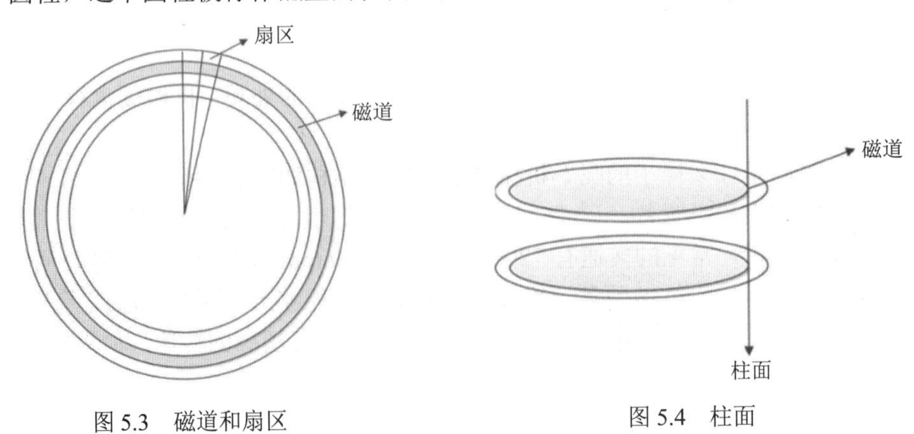

图 5.3　磁道和扇区

图 5.4　柱面

5.1.3 硬盘接口

1. 机械硬盘接口

机械硬盘通过接口与计算机主板进行连接。硬盘的读取和写入速度与接口有很大关系。目前，常见的机械硬盘接口有以下几种。

（1）IDE 硬盘接口：IDE 的全称为 integrated drive electronics，即电子集成驱动器，并口，也称作“ATA 硬盘”或“PATA 硬盘”，是早期机械硬盘的主要接口，ATA133 硬盘的理论速度可以达到 133 MB/s（此速度为理论平均值），IDE 硬盘接口如图 5.5 所示。

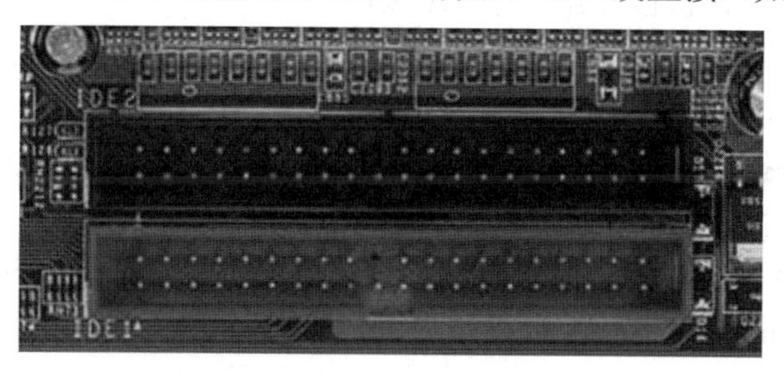

图 5.5　IDE 硬盘接口

（2）SATA 接口（serial ATA，串行 ATA）：是速度更高的硬盘标准，具备了更高的传输速度和更强的纠错能力。SATA 接口是最常见的接口，无论是机械硬盘还是固态硬盘，大部分都是通过 SATA 接口与主板连接的。SATA 接口发展到今天已经是第三代了，即 SATA 3.0，现在很少能见到 SATA 2.0 或 1.0 的接口，就算是见到了也不用担心，因为 SATA 是向前兼容的，即使是 SATA 3.0 的硬盘插在 SATA 2.0 接口上也是可以使用的，就算理论速度会降低一半。而现在 SATA 3.0 理论速度最高支持 6 GB/s，而对于当红的固态硬盘，这个速度倒是成为了瓶颈，所以后续才会出现更多的接口。SATA 接口如图 5.6 所示。

（3）SCSI 接口（small computer system interface，小型计算机系统接口）：广泛应用在服务器上，具有应用范围广、多任务、带宽大、CPU 占用率低及热插拔等优点，理论传输速度可达 320 MB/s，SCSI 接口如图 5.7 所示。

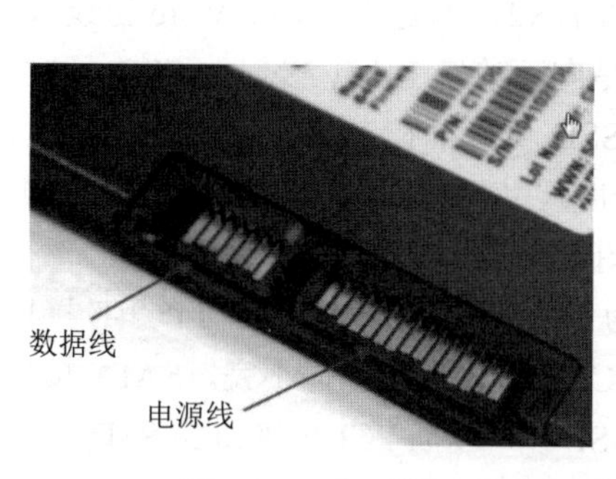

图 5.6　SATA 接口

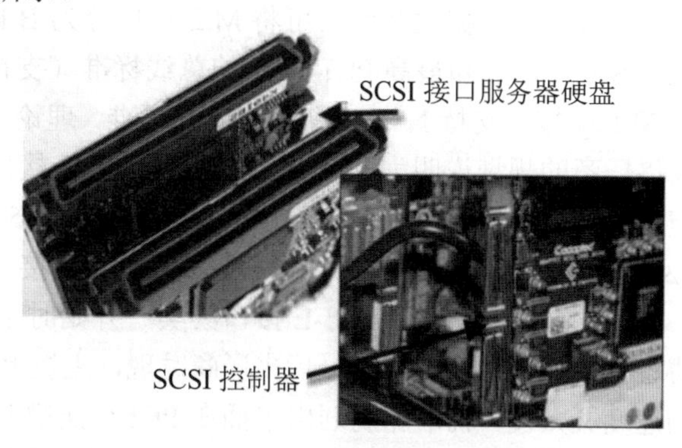

图 5.7　SCSI 接口

（4）SAS 接口（serial attached SCSI，串行连接 SCSI），是新一代的 SCSI 技术，连接

小型计算机系统接口，采用串行技术可以获得更高的传输速度，并通过缩短连结线改善内部空间等。SAS 接口是并行 SCSI 接口之后开发出的全新接口，此接口的设计是为了改善存储系统的效能、可用性和扩充性，提供与 SATA 硬盘的兼容性。虽然 SCSI 是一个具有很多特性的并行总线技术，但 SAS 是串行互连架构，可以让企业用户以更为灵活的方式进行扩展和管理用户的存储系统。而第二代 SAS 则具有更高的性能，带宽也增加了一倍，从 3 GB/s 的连接速度提高到 6 GB/s。SAS 接口如图 5.8 所示。

2. 固态硬盘接口

固态硬盘接口有以下几种。

（1）SATA 接口：同机械硬盘的 SATA 接口。

（2）SAS 接口：同机械硬盘的 SAS 接口。

（3）mSATA 接口：mSATA 的全称为 mini-SATA，这个接口当时是为笔记本这类内部空间比较狭小的设备提供 SSD 而制定的。mSATA 顾名思义就是一个缩小版的 SATA 接口，无论是在总线标准和协议标准，还是在传输速度上，都是和 SATA 3.0 接口一样的。唯一需要注意的是，mSATA SSD 的尺寸有两种，一种是全高尺寸（30 mm×50 mm），另一种是半高尺寸（30 mm×25 mm）。mSATA 接口如图 5.9 所示。

图 5.8　SAS 接口

图 5.9　mSATA 接口

（4）M.2 接口：M.2 接口原名为 NGFF 接口，改名的原因是，M.2 出现了支持 NVMe 标准的接口。根据改名前后可将 M.2 接口分为 B-key 和 M-key 两种类型。B-key 接口可以支持 SATA 总线和最高 PCI-E x2 的总线标准（支持 PCI-E x2，但是不支持 NVMe 协议），而 M-key 接口支持 NVMe 高速协议的标准，理论上也是向下兼容 B-key 接口的 SSD（同样要以厂商的规划说明为准 ）。简单来说，B-key 接口的 SSD 可以插在 M-key 接口的插槽上，但是反过来是不可以的。在尺寸上，M.2 接口有 5 种长度尺寸，分别是 2230、2242、2260、2280 和 22110，其中最常见的就是 2280。M.2 接口如图 5.10 所示。

（5）PCI-E 接口：PCI-E 接口其实一开始时不是为 SSD 定制的，毕竟定制 PCI-E 接口协议时，SSD 还没有出生。后来厂商发现，主板上的 PCI-E 插槽反正也插不完，SATA 接口的速度又太慢，就干脆规划出了插在 PCI-E 插槽上的 SSD。一般插 PCI-E 接口的 SSD 是走 PCI-E 总线的，虽然 SATA 标准的 SSD 也可以通过转接卡插在 PCI-E 接口上，但是速度不会有提升。在尺寸类型上，PCI-E 接口的 SSD 还分为 PCI-E 2.0 x2、x4、x8 和 PCI-E 3.0 x2、 x4 的版本，现在最常用的是 PCI-E 3.0 x4 的 SSD。PCI-E 接口如图 5.11 所示。

图 5.10　M.2 接口

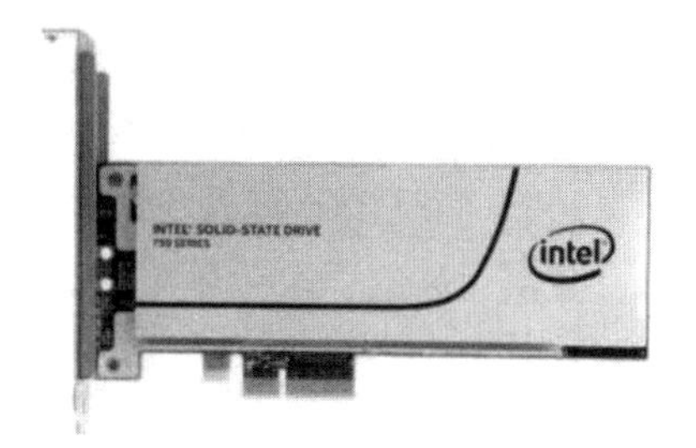

图 5.11　PCI-E 接口

5.2　磁 盘 阵 列

磁盘阵列（redundant arrays of independent disks，RAID）有“数块独立磁盘构成具有冗余能力的阵列”之意。

磁盘阵列是由很多块独立的磁盘组合成一个容量巨大的磁盘组，利用个别磁盘提供数据所产生的加成效果来提升整个磁盘的系统效能。利用这项技术将数据切割成许多区段，分别存放在各个硬盘上。

磁盘阵列还能利用同位检查（parity check）的观念，当数组中任意一个硬盘发生故障时，仍可读出数据。在数据重构时，可将数据经计算后重新置入新的硬盘中。使用磁盘阵列可以让服务器获得更快的速度、更大的存储、更高的性能和更好的冗余。

1. 磁盘阵列卡

磁盘阵列卡（RAID 卡）是一种硬件设备，用于管理和控制磁盘阵列的操作。它通常安装在计算机系统的扩展插槽上，并与主板连接。磁盘阵列卡具有自己的处理器、内存和固件，它们独立于主机系统，能够提供更高效的磁盘管理和数据保护功能。

磁盘阵列卡的主要功能是实现 RAID（冗余阵列磁盘）技术。RAID 技术通过将多个独立的磁盘驱动器组合成一个逻辑卷，提供数据冗余和性能增强。磁盘阵列卡负责管理磁盘阵列中的数据读写、数据分发、数据恢复和故障处理等任务。

磁盘阵列卡通过使用硬件级别的 RAID 控制器，相较于软件 RAID，具有更高的性能和可靠性。它可以减轻主机系统的负载，提供更快的数据传输速度和更低的延迟。此外，磁盘阵列卡通常提供了额外的功能，如缓存、缓存一致性保护、热插拔支持和远程管理等，以增强系统的数据保护和管理能力。

磁盘阵列卡支持多种 RAID 级别，如 RAID 0、RAID 1、RAID 5、RAID 6 等，每个级别都有不同的特性和适用场景。用户可以通过磁盘阵列卡的管理界面或工具配置和监控 RAID 阵列，进行故障检测和修复，以确保数据的完整性和可用性。

总之，磁盘阵列卡是一种重要的硬件组件，用于管理磁盘阵列，并提供高级的数据保护和性能增强功能。它在服务器和存储系统中广泛应用，提供了可靠的数据存储和管理解决方案。

2．常见 RAID 级别

☑ RAID 0：又称 stripe 或 stripping。整个逻辑盘的数据被分条分布在多个物理磁盘上，可以并行读/写，提供最快的速度，但没有冗余能力，要求至少两个磁盘。我们通过 RAID 0 可以获得更大的单个逻辑盘的容量，通过对多个磁盘的同时读取，获得更高的存取速度。RAID 0 首先考虑的是磁盘的速度和容量，忽略了安全，一旦其中一个磁盘出了问题，那么整个阵列的数据都会没有了。RAID 0 如图 5.12 所示。

☑ RAID 1：又称镜像方式，即数据的冗余。在整个镜像过程中，只有一半的磁盘容量是有效的，另一半的磁盘容量用来存放同样的数据。同 RAID 0 相比，RAID 1 首先考虑的是安全性，容量减半、速度不变。RAID 1 如图 5.13 所示。

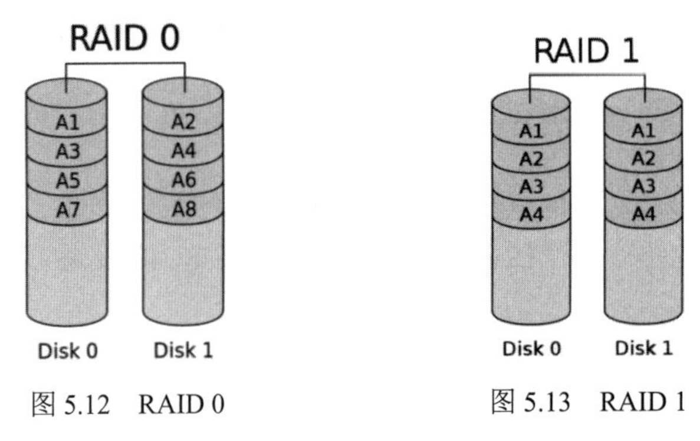

图 5.12　RAID 0　　　图 5.13　RAID 1

☑ RAID 5：其工作方式是将各个磁盘生成的数据校验切成块，分别存放到组成阵列的各个磁盘中，这样就缓解了校验数据存放时所产生的瓶颈问题，但是在分割数据及控制存放时都要付出速度上的代价。RAID 5 如图 5.14 所示。

☑ RAID 10：RAID 10 是 RAID 0 和 RAID 1 的结合，同时拥有 RAID 0 的超凡速度和 RAID 1 的数据高可靠性，但 CPU 占用率同样也更高，而且磁盘的利用率比较低。RAID 10 又称为 RAID1+0，先进行镜像（RAID 1），再进行条带存放（RAID 0）。RAID 10 如图 5.15 所示。

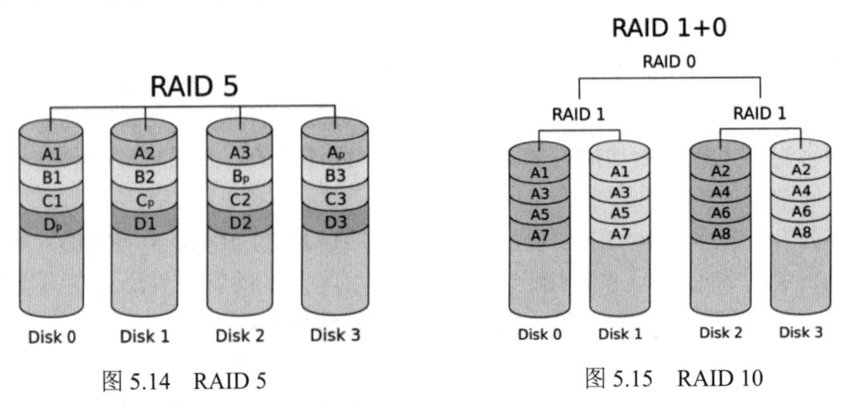

图 5.14　RAID 5　　　图 5.15　RAID 10

常见 RAID 级别的比较如表 5.1 所示。

表 5.1　常见 RAID 级别的比较

RAID 级别	RAID 0	RAID 1	RAID 3	RAID 5	RAID 10
别名	条带	镜像	专用奇偶位条带	分布奇偶位条带	镜像阵列条带
容错性	无	有	有	有	有
用于类型	无	镜像	奇偶校验	奇偶校验	镜像
备盘	无	有	有	有	有
读性能	高	低	高	高	中间
随机写性能	高	低	最低	低	中间
连续写性能	高	低	低	低	中间
需要磁盘数	2 个或更多	2N	3 个或更多	3 个或更多	4 个或 2N（N 大于 2）
可用容量	总磁盘容量	50%	N-1/N	N-1/N	50%

5.3　磁 盘 分 区

磁盘分区是指根据用户不同的使用需求划分出不同容量的空间，然后对划分出的空间进行重命名操作。

1．磁盘分区的作用

磁盘分区的作用是方便使用者对数据归类、查阅及预览、数据隔离、格式化，从而提高数据安全。

2．磁盘分区的组成

磁盘分区由主分区、逻辑分区及扩展分区组成，如图 5.16 所示。

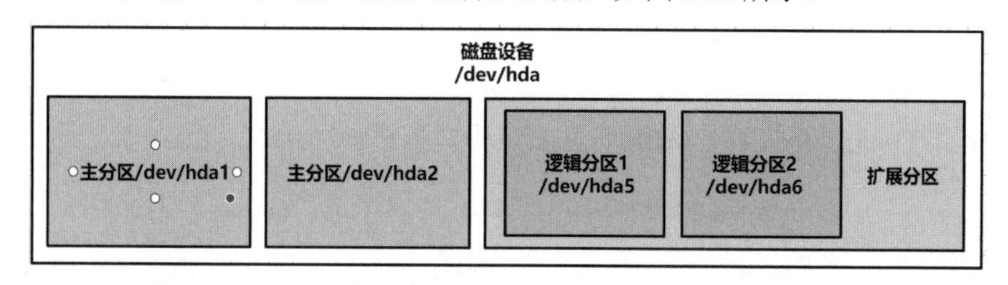

图 5.16　磁盘分区的组成

1）主分区

主分区也叫引导分区，主要用来安装操作系统。如果是 MBR（master boot record，主引导记录）分区，一块硬盘最多可分为 4 个主分区，最少可分为 1 个主分区。如果磁盘被分成了 4 个主分区，就不能再继续划分扩展分区了。

在 Linux 系统中第一块硬盘分区为 hda，主分区编号为 hda1～hda4，逻辑分区从 hda5 开始编号。

硬盘的容量=主分区的容量+扩展分区的容量

2）逻辑分区

建立逻辑分区时，需要先建立扩展分区，然后在扩展分区的基础上建立逻辑分区。逻辑分区是扩展分区的组成部分，两者缺一不可，相互依存。

3）扩展分区

扩展分区是磁盘分区的一种。所谓扩展分区，严格地讲它不是一个具有实际意义的分区，它仅仅是一个指向下一个分区的指针，这种指针结构将形成一个单向链表。这样，在主引导扇区中除了主分区外，仅需要存储一个被称为扩展分区的分区数据，通过这个扩展分区的数据可以找到下一个分区（实际上是下一个逻辑磁盘）的起始位置，以此起始位置类推，可以找到所有的分区。无论系统中建立多少块逻辑磁盘，在主引导扇区中通过一个扩展分区的参数就可以逐个找到每一块逻辑磁盘。

扩展分区的容量=各个逻辑分区的容量之和

3．MBR 分区表

主引导记录也被称为主引导扇区，是计算机开机以后访问硬盘时必须要读取的第一个扇区。在深入讨论主引导扇区内部结构时，有时也将其开头的 446 字节内容特指为主引导记录，其后是 4 个 16 字节的磁盘分区表（disk partition table，DPT），以及 2 字节的结束标志（55AA）。因此，在使用主引导记录这个术语时，需要根据具体情况判断其到底是指整个主引导扇区，还是指主引导扇区的前 446 字节。

主引导扇区记录着硬盘本身的相关信息以及硬盘各个分区的大小及位置信息。如果它受到破坏，硬盘上的基本数据结构信息将会丢失，需要用烦琐的方式，试探性地重建数据结构信息后，才有可能重新访问原先的数据。主引导扇区内的信息可以通过任何一种基于某种操作系统的分区软件写入，但和某种操作系统没有特定的关系，即只要创建了有效的主引导记录，就可以引导任意一种操作系统。

主引导记录位于硬盘的第一物理扇区。由于历史原因，硬盘的一个扇区大小是 512 字节，最多包含 446 字节的启动代码、4 个硬盘分区表项（每个表项 16 字节，共 64 字节）、2 个签名字节（0x55、0xAA），MBR 分区表结构如图 5.17 所示。

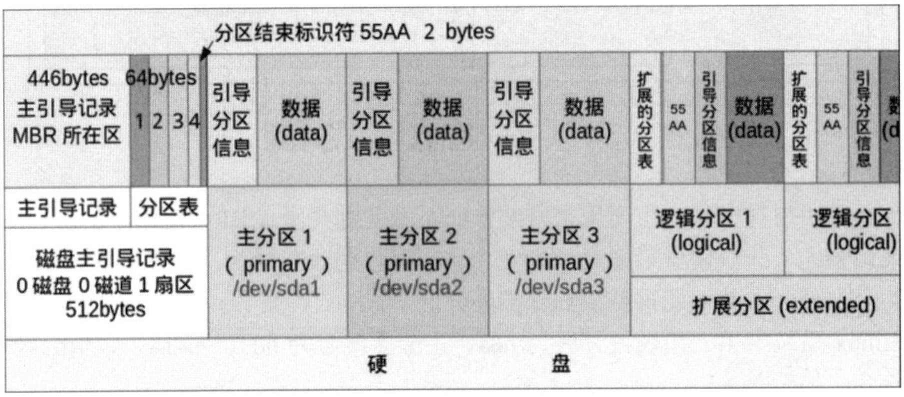

图 5.17　MBR 分区表结构

MBR 分区表在使用上有一些限制，正是因为这些限制，制约了 MBR 分区表的性能，使之不能很好地处理大容量硬盘。

☑ 主分区的总数不能超过 4，即一块硬盘最多可以被划分为 4 个主分区。

☑ 如果划分扩展分区，那么一个硬盘只能有一个扩展分区，且主分区与扩展分区的分区数目之和不能超过 4，即一个硬盘最多可以被划分为 3 个主分区与 1 个扩展分区。

☑ 在扩展分区中创建逻辑分区的数目没有限制，如果有需要，可以创建任意多个逻辑分区。事实上，微软公司在 MBR 分区表中引入扩展分区与逻辑分区的概念，目的是突破 MBR 最多只能划分为 4 个主分区的限制。

☑ 任何分区，包括主分区、扩展分区、逻辑分区，分区的大小都不能超过 2 TB，这是一条使得 MBR 分区表不能很好地处理大容量硬盘的限制。

☑ 任何分区，其起始地址不能位于硬盘物理地址 2 TB 之后，实际情况是，不仅是起始地址，结束地址在硬盘物理地址 2 TB 之后的分区也会导致很多严重的问题。这条限制直接宣告 MBR 不适合于管理超过 2 TB 的大容量硬盘。

☑ UEFI 对 MBR 分区表支持不好，UEFI 是新一代的 BIOS，现在的新电脑，不论是台式机还是笔记本，都开始支持 UEFI 了。本文不对 UEFI 做更多介绍，读者可以去查询相关的资料。UEFI 应该与 GPT 分区表配合使用，在 UEFI 下使用 MBR 分区表会出现很多问题。

MBR 的每个分区的信息占 16 个字节，如图 5.18 所示。

每个分区的信息 16个字节			
序号	偏移	长度(单位 字节)	意义
1	00H	1	分区状态：00->非活动分区；80->活动分区，其他的数没有意义
2	01H	1	分区其它磁头号 HEAD，1个字节，正好是8位，即8bits
3	02H	2	分区起始扇区号2个字节 16bits，占据了02H的0-5位;该分区的起始磁柱号，占6-7位和03H的全部8位
4	04H	1	文件系统的标志位
5	05H	1	分区结束磁头HEAD，用全部8位，即8bits
6	06H	2	分区结束扇区号2个字节，即16bits。占据了06H的0-5位，该分区的结束磁头号，占6-7位和07H的全部8位
7	08H	4	分区起始相对扇区号，占用4个字节共32bits
8	0CH	4	分区总的扇区数，占用4个字节共32bits

图 5.18　MBR 每个分区的信息

我们在学习介绍 MBR 分区时了解，MBR 最多可分为 4 个主分区，最少可分为 1 个主分区。那么这 4 个分区是如何计算出来的？根据图 5.18 可以知道，标准 MBR 的分区表字节长度是 64 字节，而每个分区的信息占了 16 个字节，即 64/16=4。

4．GPT 分区表

如果服务器硬盘的容量超过了 2 TB 或您的电脑使用了 UEFI，那么 GPT 分区表更能满足您的需求。GPT 是新一代分区表格式，能很好地管理大容量硬盘，更好地与 UEFI 相配合。

关于 GPT 分区表，本文不介绍其技术细节。事实上 GPT 分区表比 MBR 要复杂很多。本文只介绍使用 GPT 分区表时需要知道的一些知识及一些注意事项。

☑ GPT 分区表没有扩展分区与逻辑分区的概念，所有分区都是主分区。

☑ GPT 分区表的一个物理硬盘在 Windows 下最多可以划分出 128 个分区，是足够用的。

☑ GPT 分区表每个分区的最大容量是 18 EB（1 EB = 1024 PB = 1048576 TB），不用考虑硬盘容量太大的问题。

☑ GPT 分区表与使用 UEFI 的新计算机配合得非常好，但使用 BIOS 的旧机器会出一些问题，不建议使用。

☑ GPT 分区表对新的 Windows 操作系统，如 Windows 7、Windows 8、Windows 10 都支持得非常好，但只支持 64 位的 Windows XP。

5.4 硬盘分区管理

5.4.1 fdisk 命令

fdisk 是一个创建和维护分区表的程序，它兼容 DOS 类型的分区表、BSD 或者 SUN 类型的磁盘列表。

1. 语法格式

```
fdisk [必要参数][选择参数]
```

2. 参数详解

必要参数：

☑ -l：列出所有分区表。

☑ -u：与 -l 搭配使用，可以显示分区数目。

选择参数：

☑ -s<分区编号>：指定分区。

☑ -v：版本信息。

菜单操作说明：

☑ m：显示菜单和帮助信息。

☑ a：活动分区标记/引导分区。

☑ d：删除分区。

☑ l：显示分区类型。

☑ n：新建分区。

☑ p：显示分区信息。

- ☑ q：退出不保存。
- ☑ t：设置分区号。
- ☑ v：进行分区检查。
- ☑ w：保存修改。
- ☑ x：扩展应用（高级功能）。

3. 企业实战

【案例 1】查看当前服务器硬盘列表情况。

命令如下，如图 5.19 所示。

```
[root@rcs-team-rocky ~]# fdisk -l
```

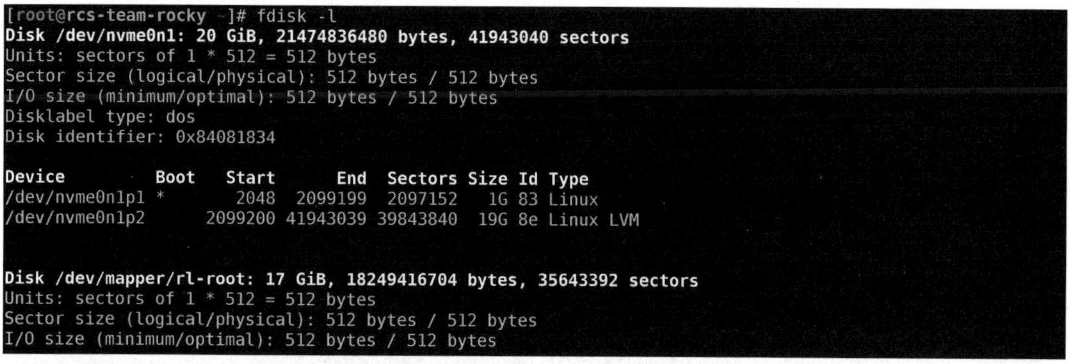

```
[root@rcs-team-rocky ~]# fdisk -l
Disk /dev/nvme0n1: 20 GiB, 21474836480 bytes, 41943040 sectors
Units: sectors of 1 * 512 = 512 bytes
Sector size (logical/physical): 512 bytes / 512 bytes
I/O size (minimum/optimal): 512 bytes / 512 bytes
Disklabel type: dos
Disk identifier: 0x84081834

Device         Boot   Start      End  Sectors Size Id Type
/dev/nvme0n1p1 *       2048  2099199  2097152   1G 83 Linux
/dev/nvme0n1p2      2099200 41943039 39843840  19G 8e Linux LVM


Disk /dev/mapper/rl-root: 17 GiB, 18249416704 bytes, 35643392 sectors
Units: sectors of 1 * 512 = 512 bytes
Sector size (logical/physical): 512 bytes / 512 bytes
I/O size (minimum/optimal): 512 bytes / 512 bytes
```

图 5.19　查看当前服务器硬盘列表情况

【案例 2】对一块新的硬盘进行分区。

虚拟机添加硬盘需要我们先关闭虚拟机，然后再添加硬盘。添加硬盘、选择磁盘类型、指定磁盘容量分别如图 5.20～图 5.22 所示。

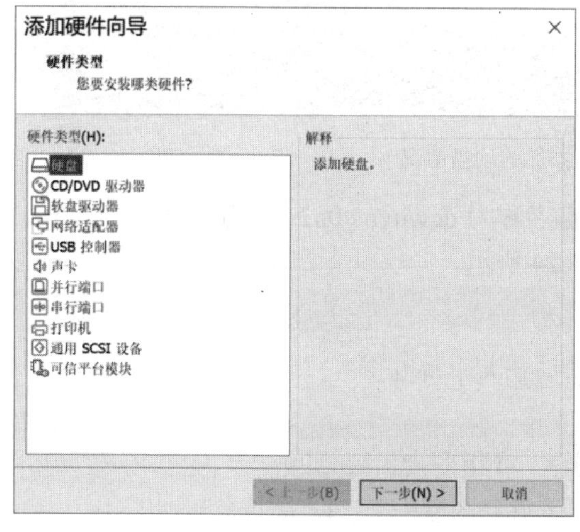

图 5.20　添加硬盘

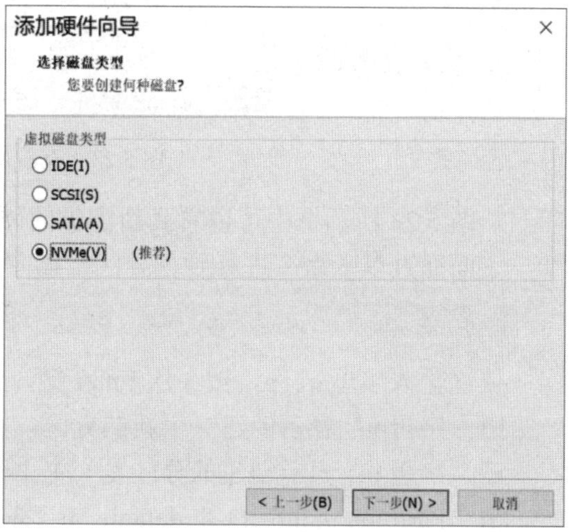

添加硬件向导
选择磁盘类型
您要创建何种磁盘？
虚拟磁盘类型
IDE(I)
SCSI(S)
SATA(A)
NVMe(V)　(推荐)
< 上一步(B)　下一步(N) >　取消

图 5.21　选择磁盘类型

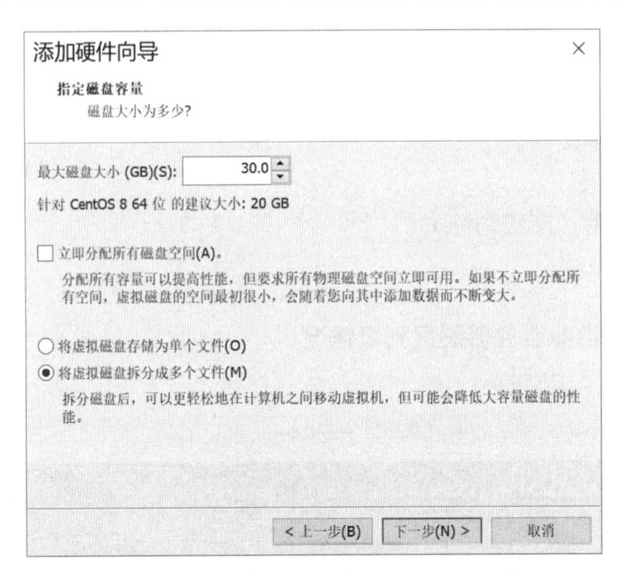

图 5.22　指定磁盘容量

通过 fdisk -l 命令可以查看刚才添加的硬盘情况，如图 5.23 所示。

```
Device         Boot   Start      End  Sectors Size Id Type
/dev/nvme0n1p1 *       2048  2099199  2097152   1G 83 Linux
/dev/nvme0n1p2      2099200 41943039 39843840  19G 8e Linux LVM

Disk /dev/nvme0n2: 30 GiB, 32212254720 bytes, 62914560 sectors
Units: sectors of 1 * 512 = 512 bytes
Sector size (logical/physical): 512 bytes / 512 bytes
I/O size (minimum/optimal): 512 bytes / 512 bytes

Disk /dev/mapper/rl-root: 17 GiB, 18249416704 bytes, 35643392 sectors
Units: sectors of 1 * 512 = 512 bytes
Sector size (logical/physical): 512 bytes / 512 bytes
I/O size (minimum/optimal): 512 bytes / 512 bytes

Disk /dev/mapper/rl-swap: 2 GiB, 2147483648 bytes, 4194304 sectors
Units: sectors of 1 * 512 = 512 bytes
Sector size (logical/physical): 512 bytes / 512 bytes
I/O size (minimum/optimal): 512 bytes / 512 bytes
[root@rcs-team-rocky ~]#
```

图 5.23　查看新添加的硬盘情况

从图 5.23 所示框中可以看到新添加的硬盘名称为/dev/nvme0n2，容量大小为 30 GiB。下面通过以下命令进行硬盘分区，如图 5.24 所示。

```
[root@rcs-team-rocky ~]# fdisk /dev/nvme0n2
```

依次输入字母 n、p，按 3 次 Enter 键，然后输入字母 w。

- ☑ 字母 n：表示创建一个新的分区。
- ☑ 字母 p：表示创建的分区是一个主分区，e 指令为扩展分区。
- ☑ Partition number(1-4, default 1)：表示磁盘分区号为 1～4，默认分区号是 1。
- ☑ First sector(2048-62914559, default 2048)：表示起始的扇区。
- ☑ Last sector，+sectors or +size{K,M,G,T,P}(2048-62914559,default 62914559)：表示

终止扇区。

☑ 字母 w：表示保存分区表到磁盘，并同步磁盘分区表。

```
[root@rcs-team-rocky ~]# fdisk /dev/nvme0n2

Welcome to fdisk (util-linux 2.32.1).
Changes will remain in memory only, until you decide to write them.
Be careful before using the write command.

Device does not contain a recognized partition table.
Created a new DOS disklabel with disk identifier 0x220f1792.

Command (m for help): n
Partition type
   p   primary (0 primary, 0 extended, 4 free)
   e   extended (container for logical partitions)
Select (default p): p
Partition number (1-4, default 1):
First sector (2048-62914559, default 2048):
Last sector, +sectors or +size{K,M,G,T,P} (2048-62914559, default 62914559):

Created a new partition 1 of type 'Linux' and of size 30 GiB.

Command (m for help): w
The partition table has been altered.
Calling ioctl() to re-read partition table.
Syncing disks.

[root@rcs-team-rocky ~]#
```

图 5.24　对新硬盘分区

接下来使用 fdisk -l 命令查看新建主分区的情况，如图 5.25 所示。

```
[root@rcs-team-rocky ~]# fdisk -l
```

```
[root@rcs-team-rocky ~]# fdisk -l
Disk /dev/nvme0n1: 20 GiB, 21474836480 bytes, 41943040 sectors
Units: sectors of 1 * 512 = 512 bytes
Sector size (logical/physical): 512 bytes / 512 bytes
I/O size (minimum/optimal): 512 bytes / 512 bytes
Disklabel type: dos
Disk identifier: 0x84081834

Device         Boot   Start      End  Sectors Size Id Type
/dev/nvme0n1p1 *       2048  2099199  2097152   1G 83 Linux
/dev/nvme0n1p2      2099200 41943039 39843840  19G 8e Linux LVM


Disk /dev/nvme0n2: 30 GiB, 32212254720 bytes, 62914560 sectors
Units: sectors of 1 * 512 = 512 bytes
Sector size (logical/physical): 512 bytes / 512 bytes
I/O size (minimum/optimal): 512 bytes / 512 bytes
Disklabel type: dos
Disk identifier: 0x220f1792

Device         Boot Start      End  Sectors Size Id Type
/dev/nvme0n2p1       2048 62914559 62912512  30G 83 Linux


Disk /dev/mapper/rl-root: 17 GiB, 18249416704 bytes, 35643392 sectors
Units: sectors of 1 * 512 = 512 bytes
Sector size (logical/physical): 512 bytes / 512 bytes
I/O size (minimum/optimal): 512 bytes / 512 bytes


Disk /dev/mapper/rl-swap: 2 GiB, 2147483648 bytes, 4194304 sectors
Units: sectors of 1 * 512 = 512 bytes
Sector size (logical/physical): 512 bytes / 512 bytes
I/O size (minimum/optimal): 512 bytes / 512 bytes
[root@rcs-team-rocky ~]#
```

图 5.25　新建主分区/dev/nvme0n2p1 的情况

5.4.2 mkfs 命令

mkfs（make file system）命令用于在特定的分区上建立 Linux 文件系统。

1. 语法格式

```
mkfs [-V] [-t fstype] [fs-options] filesys [block] [device]
```

2. 参数详解

☑ -V：详细显示模式。
☑ -t：给定档案系统的型式，Linux 的预设值为 ext2。
☑ -c：在制作档案系统前检查该分区是否有坏轨。
☑ -l bad_blocks_file：将有坏轨的块资料加到 bad_blocks_file 中。
☑ block：给定块的大小。
☑ device：预备检查的硬盘分区，如/dev/sda1。

3. 企业实战

【案例】格式化新建分区为 xfs 格式。

命令如下，如图 5.26 所示。

```
[root@rcs-team-rocky ~]# mkfs.xfs /dev/nvme0n2p1
```

```
[root@rcs-team-rocky ~]# mkfs.xfs /dev/nvme0n2p1
meta-data=/dev/nvme0n2p1         isize=512    agcount=4, agsize=1966016 blks
         =                       sectsz=512   attr=2, projid32bit=1
         =                       crc=1        finobt=1, sparse=1, rmapbt=0
         =                       reflink=1    bigtime=0 inobtcount=0
data     =                       bsize=4096   blocks=7864064, imaxpct=25
         =                       sunit=0      swidth=0 blks
naming   =version 2              bsize=4096   ascii-ci=0, ftype=1
log      =internal log           bsize=4096   blocks=3839, version=2
         =                       sectsz=512   sunit=0 blks, lazy-count=1
realtime =none                   extsz=4096   blocks=0, rtextents=0
[root@rcs-team-rocky ~]#
```

图 5.26 格式化分区为 xfs 格式

5.4.3 mount 命令

mount 是经常会使用的命令，它用于挂载 Linux 系统外的文件。

1. 语法格式

```
mount [-hV]
mount -a [-fFnrsvw] [-t vfstype]
mount [-fnrsvw] [-o options [,...]] device | dir
mount [-fnrsvw] [-t vfstype] [-o options] device dir
```

2. 参数详解

☑ -h：显示辅助信息。

- ☑ -V：显示程序版本。
- ☑ -v：执行时显示详细信息，通常和-f 一起使用，用来除错。
- ☑ -a：将/etc/fstab 中定义的所有档案系统挂上。
- ☑ -F：通常和-a 一起使用，它会为每一个 mount 的动作产生一个行程负责执行。在系统需要挂上大量 NFS 档案系统时，可以加快挂上的动作。
- ☑ -f：通常用来除错。它会使 mount 并不执行实际挂上的动作，而是模拟整个挂上的过程。通常会和-v 一起使用。
- ☑ -n：用于取消将挂载信息写入/etc/mtab 文件的操作。通常，当挂载文件系统时，系统会将相关信息记录在/etc/mtab 文件中，以便后续查询和管理。然而，当系统中不存在可写入的文件系统时，使用-n 选项可以取消将挂载信息写入/etc/mtab 文件的动作。这在一些特殊情况下很有用，如在启动过程中，当根文件系统以只读模式挂载时，可以使用-n 选项避免将挂载信息写入/etc/mtab 文件。
- ☑ -s-r：等同于-o ro。
- ☑ -w：等同于-o rw。
- ☑ -L：将含有特定标签的硬盘分割挂上。
- ☑ -U：以 UUID 指定要挂载的设备。
- ☑ -t：指定档案系统的形态，通常不必指定，mount 会自动选择正确的形态。
- ☑ -o async：打开非同步模式，所有的档案读写动作都会在非同步模式下执行。
- ☑ -o sync：在同步模式下执行。
- ☑ -o atime、-o noatime：当 atime 打开时，系统会在每次读取档案时更新档案的“上一次调用时间”。当使用 flash 档案系统时，可能会把这个选项关闭，以减少写入的次数。
- ☑ -o auto、-o noauto：打开/关闭自动挂上模式。
- ☑ -o defaults：使用预设的选项 rw、suid、dev、exec、auto、nouser 和 async。
- ☑ -o dev、-o nodev-o exec、-o noexec：允许执行档被执行。
- ☑ -o suid、-o nosuid：允许执行档在 root 权限下执行。
- ☑ -o user、-o nouser：使用者可以执行 mount/umount 的动作。
- ☑ -o remount：重新挂载已经挂载的文件系统，并改变文件系统的挂载选项。使用-o remount 选项，可以在不卸载文件系统的情况下更改挂载选项。
- ☑ -o ro：用唯读模式挂上。
- ☑ -o rw：用可读写模式挂上。
- ☑ -o loop=：使用 loop 模式将一个档案当成硬盘分割挂上系统。

3. 企业实战

【案例】把指定的分区挂载到指定的目录下。

命令如下，如图 5.27 所示。

```
[root@rcs-team-rocky /]# mount /dev/nvme0n2p1 /data
```

在我们实际工作中也可以用只读的方式挂载，适用于 ISO 文件、光驱等。挂载完毕以后可以通过 df -Th 命令查看挂载点的信息。

```
[root@rcs-team-rocky /]# mount /dev/nvme0n2p1 /data
[root@rcs-team-rocky /]# df -Th
Filesystem            Type      Size  Used Avail Use% Mounted on
devtmpfs              devtmpfs  3.9G     0  3.9G   0% /dev
tmpfs                 tmpfs     3.9G     0  3.9G   0% /dev/shm
tmpfs                 tmpfs     3.9G  9.1M  3.9G   1% /run
tmpfs                 tmpfs     3.9G     0  3.9G   0% /sys/fs/cgroup
/dev/mapper/rl-root xfs        17G   11G  6.5G  63% /
/dev/nvme0n1p1        xfs      1014M  269M  746M  27% /boot
tmpfs                 tmpfs     793M     0  793M   0% /run/user/0
/dev/nvme0n2p1        xfs        30G  247M   30G   1% /data
[root@rcs-team-rocky /]#
```

图 5.27　把指定的分区挂载到指定的目录下

5.4.4　/etc/fstab 文件

磁盘被手动挂载之后必须将挂载信息写入/etc/fstab 文件中，否则下次开机启动时仍然需要重新挂载。

系统开机时会主动读取/etc/fstab 文件中的内容，根据文件中的配置挂载磁盘。因此只需要将磁盘的挂载信息写入/etc/fstab 文件中，我们就不需要在每次开机启动之后手动进行挂载了。/etc/fstab 文件的内容如图 5.28 所示。

```
[root@rcs-team-rocky /]# cat /etc/fstab

#
# /etc/fstab
# Created by anaconda on Tue Jun 21 06:16:33 2022
#
# Accessible filesystems, by reference, are maintained under '/dev/disk/'.
# See man pages fstab(5), findfs(8), mount(8) and/or blkid(8) for more info.
#
# After editing this file, run 'systemctl daemon-reload' to update systemd
# units generated from this file.
#
/dev/mapper/rl-root     /                       xfs     defaults        0 0
UUID=ad64dfb1-a5be-498a-b287-45c4ee5c7a21 /boot                   xfs     defaults        0 0
/dev/mapper/rl-swap     none                    swap    defaults        0 0
[root@rcs-team-rocky /]#
```

图 5.28　/etc/fstab 文件

图 5.28 文件中各个字段的内容如下。

☑ UUID=ad64dfb1-a5be-498a-b287-45c4ee5c7a21：第一列表示设备名称或 UUID。这里的 UUID 可以通过命令“blkid+磁盘分区”获得，如 blkid/dev/nvmeOnlpl。

☑ /boot：第二列表示挂载点。

☑ xfs：第三列表示文件系统的类型。

☑ defaults：第四列为文件系统参数，表示同时具有 rw、suid、dev、exec、auto、nouser、async 等默认参数的设置。

☑ 0：第五列表示能否被 dump 备份命令操作，0 表示不做备份，1 表示每天进行备份操作，2 表示不定期进行备份操作。

☑ 0：第六列表示是否检验扇区。0 表示不检验，1 表示最早检验，2 表示一级检验完成后进行检验。

如果想让挂载点在服务器重启以后依然有效，那么就需要把挂载点的信息加入该文件中，这样挂载点才会永久有效。

5.4.5　df 命令

df（disk free）命令用于显示在 Linux 系统上的文件系统磁盘目前的使用情况。

1．语法格式

```
df [选项]... [FILE]...
```

2．参数详解

- ☑ -a, --all：包含所有的具有 0 Blocks 的文件系统。
- ☑ --block-size={SIZE}：使用{SIZE}大小的 Blocks。
- ☑ -h, --human-readable：使用人类可读的格式（预设值是不加这个选项的）。
- ☑ -H, --si：很像-h，但是用 1000 而不是用 1024 为单位。
- ☑ -i, --inodes：列出 inode 资讯，不列出已使用 block。
- ☑ -k, --kilobytes：就像是--block-size=1024。
- ☑ -l, --local：限制列出的文件结构。
- ☑ -m, --megabytes：就像--block-size=1048576。
- ☑ --no-sync：取得资讯前不同步（预设值）。
- ☑ -P, --portability：使用 POSIX 输出格式。
- ☑ --sync：在取得资讯前同步。
- ☑ -t, --type=TYPE：限制列出文件系统的 TYPE。
- ☑ -T, --print-type：显示文件系统的形式。
- ☑ -v：忽略。
- ☑ --help：显示帮助并且离开。
- ☑ --version：输出版本资讯并且离开。

3．企业实战

【案例 1】显示文件系统的磁盘使用情况。

命令如下，如图 5.29 所示。

```
[root@rcs-team-rocky /]# df -Th
```

```
[root@rcs-team-rocky /]# df -Th
Filesystem          Type      Size  Used Avail Use% Mounted on
devtmpfs            devtmpfs  3.9G     0  3.9G   0% /dev
tmpfs               tmpfs     3.9G     0  3.9G   0% /dev/shm
tmpfs               tmpfs     3.9G  9.1M  3.9G   1% /run
tmpfs               tmpfs     3.9G     0  3.9G   0% /sys/fs/cgroup
/dev/mapper/rl-root xfs        17G   11G  6.4G  63% /
/dev/nvme0n1p1      xfs      1014M  269M  746M  27% /boot
tmpfs               tmpfs     793M     0  793M   0% /run/user/0
/dev/nvme0n2p1      xfs        30G  247M   30G   1% /data
[root@rcs-team-rocky /]#
```

图 5.29　显示文件系统的磁盘使用情况

【案例 2】显示文件系统的磁盘使用情况（带 **inode** 信息）。

命令如下，如图 5.30 所示。

```
[root@rcs-team-rocky /]# df -Thi
```

```
[root@rcs-team-rocky /]# df -Thi
Filesystem             Type     Inodes IUsed IFree IUse% Mounted on
devtmpfs               devtmpfs   987K   419  987K    1% /dev
tmpfs                  tmpfs      992K     1  992K    1% /dev/shm
tmpfs                  tmpfs      992K   751  991K    1% /run
tmpfs                  tmpfs      992K    17  992K    1% /sys/fs/cgroup
/dev/mapper/rl-root xfs           8.5M  278K  8.3M    4% /
/dev/nvme0n1p1         xfs        512K   323  512K    1% /boot
tmpfs                  tmpfs      992K     7  992K    1% /run/user/0
/dev/nvme0n2p1         xfs         15M     3   15M    1% /data
[root@rcs-team-rocky /]#
```

图 5.30　显示文件系统的磁盘使用情况（带 inode 信息）

5.5　逻辑卷管理

逻辑卷管理（logical volume manager，LVM）是在 Linux 2.4 内核以上实现的磁盘管理技术，它是 Linux 环境下对磁盘分区进行管理的一种机制。现在不仅仅是在 Linux 系统上可以使用 LVM 这种磁盘管理机制，对于其他的类 UNIX 操作系统及 Windows 操作系统都有类似于 LVM 的磁盘管理软件。

LVM 的工作原理其实很简单，它就是通过将底层的物理硬盘抽象地封装起来，然后以逻辑卷的方式呈现给上层应用。在传统的磁盘管理机制中，上层应用直接访问文件系统，从而对底层的物理硬盘进行读取；而在 LVM 中，其通过对底层的硬盘进行封装，当我们对底层的物理硬盘进行操作时，其不再是针对于分区进行操作，而是通过一个叫作逻辑卷的东西来对其进行底层的磁盘管理操作。例如增加一个物理硬盘，这时上层的服务是感觉不到的，因为呈现给上层服务时是以逻辑卷的方式。

5.5.1　LVM 的优缺点

1. 优点

（1）可以在系统运行的状态下动态地扩展文件系统的大小。在 Linux 操作系统中的磁盘管理机制和 Windows 系统上类似，绝大多数情况都是使用 MBR 先对一个硬盘进行分区，然后再将该分区进行文件系统的格式化，如果要在 Linux 系统中使用该分区，将其挂载上去即可；如果在 Windows 系统上使用，其实底层也是自动将所有的分区挂载好，然后我们就可以对该分区进行使用了。可这样做也会带来很多问题，如使用的一个分区所剩空间大小已经不够使用了，这时我们没法对分区进行扩充，只能通过增加硬盘，然后在新的硬盘上创建分区对分区进行格式化，将之前分区的所有内容都复制到新的分区才行。但是新增加的硬盘是作为独立的文件系统存在的，原有的文件系统并没有得到任何的扩充，上层应用只能访问到一个文件系统。这样的方式对个人的电脑来说可能还能接受，对于生产环境下的服务器来说，这是不可接受的。因为如果要把一个分区的内容都复制到另一个分区，势必要首先卸载之前的那个分区，然后再对整个分区进行复制，如果服务器上运行着一个重要的服务，要求是 7×24 小时正常运行的，那么卸载分区的后果是不可想象的。同时，如果该分区保存的内容非常多，那么在对分区进行转移时所耗费的时间可能会很久。所以，这时我们就会受到传统磁盘管理的限制，因为其不能进行动态的磁盘管理。因此，为了解决这个问题，LVM 技术就诞生了，这也是 LVM 最大的优点。

（2）文件系统可以跨多个磁盘，因此文件系统大小不会受物理磁盘的限制。

（3）可以增加新的磁盘到 LVM 的存储池中。

（4）可以以镜像的方式冗余重要的数据到多个物理磁盘。

（5）可以方便地导出整个卷组到另外一台机器。

2．缺点

（1）在从卷组中移除一个磁盘时必须使用 reducevg 命令（这个命令要求具有 root 权限，并且不允许在快照卷组中使用）。

（2）当卷组中的一个磁盘损坏时，整个卷组都会受到影响。

（3）因为加入了额外的操作，存储性能会受到影响。

5.5.2　LVM 基本结构

LVM 是在磁盘分区和文件系统之间添加的一个逻辑层，为文件系统屏蔽下层磁盘分区布局，提供一个抽象的盘卷并在盘卷上建立文件系统。下面讨论以下 LVM 术语。

☑ 物理存储介质（physical media）：指系统的存储设备——硬盘，如/dev/hda1、/dev/sda 等，是存储系统最底层的存储单元。

☑ 物理卷（physical volume，PV）：物理卷是指硬盘分区或从逻辑上与磁盘分区具有同样功能的设备（如 RAID），是 LVM 的基本存储逻辑块，但和基本的物理存储介质（如分区、磁盘等）比较，却包含有与 LVM 相关的管理参数。

☑ 卷组（volume group，VG）：LVM 卷组类似于非 LVM 系统中的物理硬盘，由物理卷组成。可以在卷组上创建一个或多个“LVM 分区”（逻辑卷），LVM 卷组由一个或多个物理卷组成。

☑ 逻辑卷（logical volume，LV）：LVM 的逻辑卷类似于非 LVM 系统中的硬盘分区，在逻辑卷之上可以建立文件系统（如/home、/usr 等）。

☑ 物理块（physical extent，PE）：每一个物理卷被划分为称作 PE 的基本单元，具有唯一编号的 PE 是可以被 LVM 寻址的最小单元。PE 的大小是可配置的，默认大小为 4 MB。

☑ 逻辑块（logical extent，LE）：逻辑卷也被划分为被称为 LE 的可被寻址的基本单位。在同一个卷组中，LE 和 PE 的大小是相同的，并且一一对应。

LVM 基本结构如图 5.31 所示。

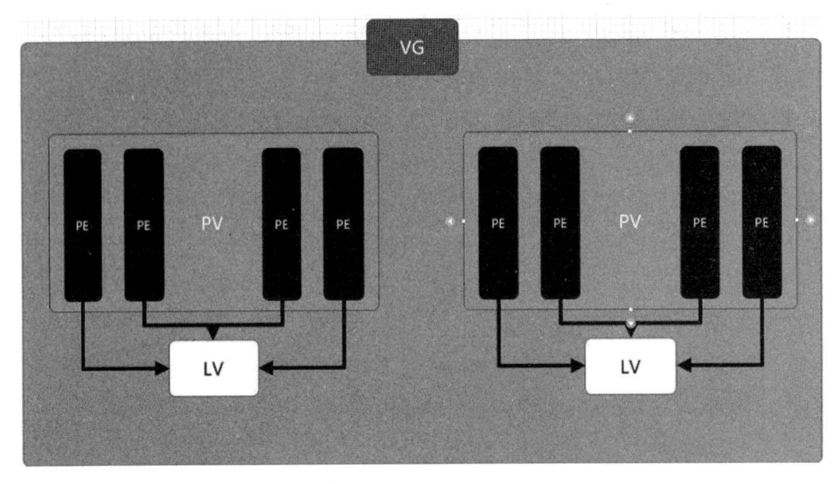

图 5.31　LVM 基本结构

5.5.3　企业案例分析

【案例】阿里云云服务器 ECS 的 CentOS 系统根目录扩容。

模拟线上环境可以使用阿里云，这里使用的是笔者的私有云平台。

操作步骤如下。

（1）我们需要给虚拟机添加一块云盘，如图 5.32 所示。

名称	控制台	启用状态	CPU	内存	IPv4地址	IPv6地址	CPU架构	平台	标签	操作
RCS-TEAM-T-5		运行中	1	1 GB	172.20.0.100	无	x86_64	Linux	学生使用	···
RCS-TEAM-T-3		运行中	1	1 GB	172.20.0.40	无	x86_64	Linux	学生使用	···
RCS-TEAM-T-2		停止	1	1 GB	172.20.0.56	无	x86_64	Linux	学生使用	···
RCS-TEAM-T-4		停止	1	1 GB	172.20.0.84	无	x86_64	Linux	学生使用	···
RCS-TEAM-T-1		停止	1	1 GB	172.20.0.98	无	x86_64	Linux	学生使用	···
通用模板机		停止	1	1 GB	172.20.0.10	无	x86_64	Linux	通用模板	···

图 5.32　找云主机列表

这里需要注意的是，添加云盘是在关机情况下进行的，如图 5.33 所示。

添加好硬盘以后，开机并连接虚拟机。

（2）查看新添加的磁盘信息。通过 fdisk -l 命令查看新添加的磁盘信息，如图 5.34 所示。

（3）通过 fdisk 命令创建分区，如图 5.35 所示。

（4）通过 mkfs.xfs -f /dev/sdb1 命令创建文件系统，如图 5.36 所示。

（5）查看卷组的信息。

命令如下，如图 5.37 所示。

```
vgdisplay
```

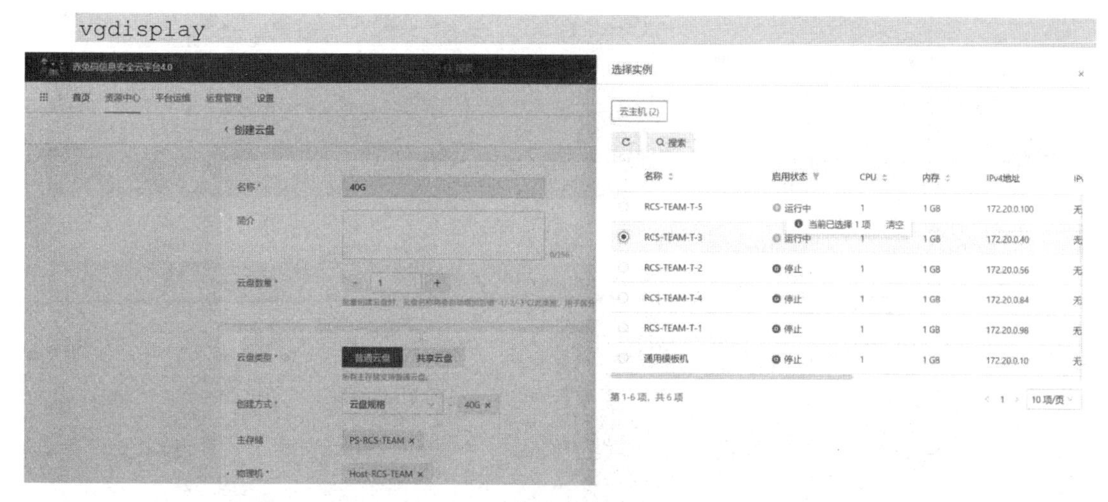

图 5.33　关机添加云盘

```
[root@rcs-team ~]# fdisk -l

磁盘 /dev/sda: 21.5 GB, 21474836480 字节, 41943040 个扇区
Units = 扇区 of 1 * 512 = 512 bytes
扇区大小(逻辑/物理): 512 字节 / 512 字节
I/O 大小(最小/最佳): 512 字节 / 512 字节
磁盘标签类型: dos
磁盘标识符: 0x000a2b69

   设备 Boot      Start         End      Blocks   Id  System
/dev/sda1   *        2048     2099199     1048576   83  Linux
/dev/sda2         2099200    41943039    19921920   8e  Linux LVM

磁盘 /dev/sdb: 42.9 GB, 42949672960 字节, 83886080 个扇区
Units = 扇区 of 1 * 512 = 512 bytes
扇区大小(逻辑/物理): 512 字节 / 512 字节
I/O 大小(最小/最佳): 512 字节 / 512 字节


磁盘 /dev/mapper/centos-root: 18.2 GB, 18249416704 字节, 35643392 个扇区
Units = 扇区 of 1 * 512 = 512 bytes
扇区大小(逻辑/物理): 512 字节 / 512 字节
I/O 大小(最小/最佳): 512 字节 / 512 字节


磁盘 /dev/mapper/centos-swap: 2147 MB, 2147483648 字节, 4194304 个扇区
Units = 扇区 of 1 * 512 = 512 bytes
扇区大小(逻辑/物理): 512 字节 / 512 字节
I/O 大小(最小/最佳): 512 字节 / 512 字节
```

图 5.34　查看新添加的磁盘信息

```
[root@rcs-team ~]# fdisk /dev/sdb
欢迎使用 fdisk (util-linux 2.23.2)。

更改将停留在内存中，直到您决定将更改写入磁盘。
使用写入命令前请三思。

Device does not contain a recognized partition table
使用磁盘标识符 0x373b5fbb 创建新的 DOS 磁盘标签。

命令(输入 m 获取帮助): n
Partition type:
   p   primary (0 primary, 0 extended, 4 free)
   e   extended
Select (default p): p
分区号 (1-4，默认 1): 1
起始 扇区 (2048-83886079，默认为 2048):
将使用默认值 2048
Last 扇区, +扇区 or +size{K,M,G} (2048-83886079，默认为 83886079):
将使用默认值 83886079
分区 1 已设置为 Linux 类型，大小设为 40 GiB

命令(输入 m 获取帮助): w
The partition table has been altered!

Calling ioctl() to re-read partition table.
正在同步磁盘。
```

图 5.35　创建分区

```
[root@rcs-team /]# mkfs.xfs -f /dev/sdb1
meta-data=/dev/sdb1              isize=512    agcount=4, agsize=2621376 blks
         =                       sectsz=512   attr=2, projid32bit=1
         =                       crc=1        finobt=0, sparse=0
data     =                       bsize=4096   blocks=10485504, imaxpct=25
         =                       sunit=0      swidth=0 blks
naming   =version 2              bsize=4096   ascii-ci=0 ftype=1
log      =internal log           bsize=4096   blocks=5119, version=2
         =                       sectsz=512   sunit=0 blks, lazy-count=1
realtime =none                   extsz=4096   blocks=0, rtextents=0
[root@rcs-team /]#
```

图 5.36　创建文件系统

```
[root@rcs-team /]# vgdisplay
  --- Volume group ---
  VG Name               centos
  System ID
  Format                lvm2
  Metadata Areas        1
  Metadata Sequence No  3
  VG Access             read/write
  VG Status             resizable
  MAX LV                0
  Cur LV                2
  Open LV               2
  Max PV                0
  Cur PV                1
  Act PV                1
  VG Size               <19.00 GiB
  PE Size               4.00 MiB
  Total PE              4863
  Alloc PE / Size       4863 / <19.00 GiB
  Free  PE / Size       0 / 0
  VG UUID               FeZ3Ce-8wBz-1NZe-jbTd-Vafd-tbj7-VPsel2

[root@rcs-team /]#
```

图 5.37　查看卷组信息

可以发现卷组的信息，接下来把刚添加的新硬盘设置成 VG 中的物理卷。

创建物理卷的命令如下，如图 5.38 所示。

```
pvcreate /dev/sdb1
```

```
[root@rcs-team /]# pvcreate /dev/sdb1
WARNING: xfs signature detected on /dev/sdb1 at offset 0. Wipe it? [y/n]: y
  Wiping xfs signature on /dev/sdb1.
  Physical volume "/dev/sdb1" successfully created.
[root@rcs-team /]#
```

图 5.38　创建物理卷

校验信息的命令如下，如图 5.39 所示。

```
pvdisplay
```

```
[root@rcs-team /]# pvdisplay
  --- Physical volume ---
  PV Name               /dev/sda2
  VG Name               centos
  PV Size               <19.00 GiB / not usable 3.00 MiB
  Allocatable           yes (but full)
  PE Size               4.00 MiB
  Total PE              4863
  Free PE               0
  Allocated PE          4863
  PV UUID               QnBUlx-AexI-hnoS-Befv-ULS6-ta7f-KeHO11

  "/dev/sdb1" is a new physical volume of "<40.00 GiB"
  --- NEW Physical volume ---
  PV Name               /dev/sdb1
  VG Name
  PV Size               <40.00 GiB
  Allocatable           NO
  PE Size               0
  Total PE              0
  Free PE               0
  Allocated PE          0
  PV UUID               85whbl-PA1Q-043T-nFuj-COvc-30sw-HXT737

[root@rcs-team /]#
```

图 5.39　校验信息

执行命令后发现，刚才添加的新内容可以显示出来。

（6）把 PV 加入 VG 中。

命令如下，如图 5.40 所示。

```
vgextend centos /dev/sdb1
```

```
[root@rcs-team /]# pvdisplay
  --- Physical volume ---
  PV Name               /dev/sda2
  VG Name               centos
  PV Size               <19.00 GiB / not usable 3.00 MiB
  Allocatable           yes (but full)
  PE Size               4.00 MiB
  Total PE              4863
  Free PE               0
  Allocated PE          4863
  PV UUID               QnBUlx-AexI-hnoS-Befv-ULS6-ta7f-KeH011

  "/dev/sdb1" is a new physical volume of "<40.00 GiB"
  --- NEW Physical volume ---
  PV Name               /dev/sdb1
  VG Name
  PV Size               <40.00 GiB
  Allocatable           NO
  PE Size               0
  Total PE              0
  Free PE               0
  Allocated PE          0
  PV UUID               85whbl-PA1Q-043T-nFuj-COvc-30sw-HXT737

[root@rcs-team /]# vgextend centos /dev/sdb1
  Volume group "centos" successfully extended
[root@rcs-team /]#
```

图 5.40　将 PV 添加 VG 中

命令中的 centos 为 VG 的名称。

添加完毕以后进行校验，如图 5.41 所示。

```
[root@rcs-team /]# vgextend centos /dev/sdb1
  Volume group "centos" successfully extended
[root@rcs-team /]# pvdisplay
  --- Physical volume ---
  PV Name               /dev/sda2
  VG Name               centos
  PV Size               <19.00 GiB / not usable 3.00 MiB
  Allocatable           yes (but full)
  PE Size               4.00 MiB
  Total PE              4863
  Free PE               0
  Allocated PE          4863
  PV UUID               QnBUlx-AexI-hnoS-Befv-ULS6-ta7f-KeH011

  --- Physical volume ---
  PV Name               /dev/sdb1
  VG Name               centos
  PV Size               <40.00 GiB / not usable 3.00 MiB
  Allocatable           yes
  PE Size               4.00 MiB
  Total PE              10239
  Free PE               10239
  Allocated PE          0
  PV UUID               85whbl-PA1Q-043T-nFuj-COvc-30sw-HXT737

[root@rcs-team /]#
```

图 5.41　校验

（7）查看逻辑卷的情况。

命令如下，如图 5.42 所示。

```
lvdisplay
```

下面对根分区/dev/centos/root 进行 10 GB 的扩展，命令如下，如图 5.43 所示。

```
lvextend -L +10G /dev/centos/root
```

```
[root@rcs-team /]# lvdisplay
  --- Logical volume ---
  LV Path                /dev/centos/swap
  LV Name                swap
  VG Name                centos
  LV UUID                TfMnfT-DL5v-Xjrv-x5tT-RRzb-1Evr-kj06D6
  LV Write Access        read/write
  LV Creation host, time bogon, 2021-11-04 09:34:19 -0400
  LV Status              available
  # open                 2
  LV Size                2.00 GiB
  Current LE             512
  Segments               1
  Allocation             inherit
  Read ahead sectors     auto
  - currently set to     8192
  Block device           253:1

  --- Logical volume ---
  LV Path                /dev/centos/root
  LV Name                root
  VG Name                centos
  LV UUID                rT4It8-PlZ4-M3FR-RZDA-1Qfp-d6xH-QlRi99
  LV Write Access        read/write
  LV Creation host, time bogon, 2021-11-04 09:34:19 -0400
  LV Status              available
  # open                 1
  LV Size                <17.00 GiB
  Current LE             4351
  Segments               1
  Allocation             inherit
  Read ahead sectors     auto
  - currently set to     8192
  Block device           253:0

[root@rcs-team /]#
```

图 5.42　查看逻辑卷的情况

```
  --- Logical volume ---
  LV Path                /dev/centos/root
  LV Name                root
  VG Name                centos
  LV UUID                rT4It8-PlZ4-M3FR-RZDA-1Qfp-d6xH-QlRi99
  LV Write Access        read/write
  LV Creation host, time bogon, 2021-11-04 09:34:19 -0400
  LV Status              available
  # open                 1
  LV Size                <17.00 GiB
  Current LE             4351
  Segments               1
  Allocation             inherit
  Read ahead sectors     auto
  - currently set to     8192
  Block device           253:0

[root@rcs-team /]# lvextend -L +10G /dev/centos/root
  Size of logical volume centos/root changed from <17.00 GiB (4351 extents) to <27.00 GiB (6911 extents).
  Logical volume centos/root successfully resized.
[root@rcs-team /]#
```

图 5.43　对根分区进行 10 GB 的扩展

扩展前 LV 情况如图 5.44 所示。

```
  --- Logical volume ---
  LV Path                /dev/centos/root
  LV Name                root
  VG Name                centos
  LV UUID                rT4It8-PlZ4-M3FR-RZDA-1Qfp-d6xH-QlRi99
  LV Write Access        read/write
  LV Creation host, time bogon, 2021-11-04 09:34:19 -0400
  LV Status              available
  # open                 1
  LV Size                <17.00 GiB
  Current LE             4351
  Segments               1
  Allocation             inherit
  Read ahead sectors     auto
  - currently set to     8192
  Block device           253:0
```

图 5.44　扩展前 LV 情况

扩展后 LV 情况如图 5.45 所示。

```
--- Logical volume ---
LV Path                /dev/centos/root
LV Name                root
VG Name                centos
LV UUID                rT4It8-PlZ4-M3FR-RZDA-1Qfp-d6xH-QlRi99
LV Write Access        read/write
LV Creation host, time bogon, 2021-11-04 09:34:19 -0400
LV Status              available
# open                 1
LV Size                <27.00 GiB
Current LE             6911
Segments               2
Allocation             inherit
Read ahead sectors     auto
- currently set to     8192
Block device           253:0

[root@rcs-team /]#
```

图 5.45　扩展后 LV 情况

（8）同步 XFS 文件系统。

XFS 文件系统需要使用 xfs_growfs 同步，命令如下，如图 5.46 所示。

```
xfs_growfs /dev/centos/root
```

```
[root@rcs-team /]# xfs_growfs /dev/centos/root
meta-data=/dev/mapper/centos-root isize=512    agcount=4, agsize=1113856 blks
         =                       sectsz=512   attr=2, projid32bit=1
         =                       crc=1        finobt=0 spinodes=0
data     =                       bsize=4096   blocks=4455424, imaxpct=25
         =                       sunit=0      swidth=0 blks
naming   =version 2              bsize=4096   ascii-ci=0 ftype=1
log      =internal               bsize=4096   blocks=2560, version=2
         =                       sectsz=512   sunit=0 blks, lazy-count=1
realtime =none                   extsz=4096   blocks=0, rtextents=0
data blocks changed from 4455424 to 7076864
[root@rcs-team /]#
```

图 5.46　同步 XFS 文件系统

至此，扩容已完成。通过 df -Th 命令即可查看磁盘情况，如图 5.47 所示。

```
[root@rcs-team /]# df -Th
文件系统                类型      容量  已用  可用 已用% 挂载点
/dev/mapper/centos-root xfs        27G  2.7G   25G   10% /
devtmpfs                devtmpfs  475M     0  475M    0% /dev
tmpfs                   tmpfs     487M     0  487M    0% /dev/shm
tmpfs                   tmpfs     487M  7.7M  479M    2% /run
tmpfs                   tmpfs     487M     0  487M    0% /sys/fs/cgroup
/dev/sda1               xfs      1014M  133M  882M   14% /boot
tmpfs                   tmpfs      98M     0   98M    0% /run/user/0
[root@rcs-team /]#
```

图 5.47　查看磁盘情况

5.6　文件系统

文件系统是操作系统用于明确存储设备或分区上的文件的方法和数据结构，即在存储设备上组织文件的方法。操作系统中负责管理和存储文件信息的软件结构称为文件管理系统，简称文件系统。从系统角度来看，文件系统对文件存储设备的空间进行组织和分配，负责文件存储并对存入的文件进行保护和检索。具体地说，它负责为用户建立文件，存入、读出、修改、转储文件，控制文件的存取。

文件系统的基本数据单位是文件，它的目的是对磁盘上的文件进行组织管理，不同的组织方式就会形成不同的文件系统。

Linux 最经典的一句话是“一切皆文件”，不仅是普通的文件和目录，块设备、管道、socket 等也都是统一交给文件系统管理的。

5.6.1 文件系统的数据结构

Linux 文件系统会为每个文件分配两个数据结构：索引节点（index node，inode）和目录项（directory entry，dentry），它们主要用来记录文件的元信息和目录层次结构。

1. 索引节点

索引节点用来记录文件的元信息，如索引节点编号、文件大小、访问权限、创建时间、修改时间、数据在磁盘的位置等。索引节点是文件的唯一标识，它们之间一一对应，也同样都会被存储在硬盘中，所以索引节点同样占用磁盘空间，索引节点如图 5.48 所示。

```
[root@rcs-team-rocky /]# ll -i
total 28
   16397 lrwxrwxrwx.   1 root root    7 Oct 11  2021 bin -> usr/bin
     128 dr-xr-xr-x.   5 root root 4096 Aug  4 06:54 boot
     128 drwxr-xr-x    2 root root    6 Aug 13 23:58 data
       3 drwxr-xr-x   20 root root 3220 Aug 13 22:22 dev
16777345 drwxr-xr-x. 118 root root 8192 Aug 13 22:19 etc
16922282 drwxr-xr-x.   9 root root  100 Aug 12 15:17 home
     144 lrwxrwxrwx.   1 root root    7 Oct 11  2021 lib -> usr/lib
     146 lrwxrwxrwx.   1 root root    9 Oct 11  2021 lib64 -> usr/lib64
33632456 drwxr-xr-x.   2 root root    6 Oct 11  2021 media
50348944 drwxr-xr-x.   3 root root   18 Jun 21 14:21 mnt
     147 drwxr-xr-x.   2 root root    6 Oct 11  2021 opt
       1 dr-xr-xr-x  200 root root    0 Aug 13 22:19 proc
33575041 dr-xr-x---.  14 root root 4096 Aug 13 22:16 root
   13701 drwxr-xr-x   38 root root 1080 Aug 13 22:19 run
   16402 lrwxrwxrwx.   1 root root    8 Oct 11  2021 sbin -> usr/sbin
16922283 drwxr-xr-x.   2 root root    6 Oct 11  2021 srv
       1 dr-xr-xr-x   13 root root    0 Aug 13 22:19 sys
33632457 drwxrwxrwt.  17 root root 4096 Aug 15 00:10
33575067 drwxr-xr-x.  13 root root  158 Jun 21 14:21 usr
50331777 drwxr-xr-x.  22 root root 4096 Jun 28 14:21 var
[root@rcs-team-rocky /]#
```

图 5.48　索引节点

2. 目录项

目录项用来记录文件的名字、索引节点指针以及与其他目录项的层级关联关系。多个目录项关联起来就会形成目录结构。与索引节点不同的是，目录项是由内核维护的一个数据结构，不存放于磁盘，而是缓存在内存中。

由于索引节点唯一标识一个文件，而目录项记录着文件的名称，所以目录项和索引节点的关系是多对一，即一个文件可以有多个别名。例如，硬链接的实现就是多个目录项中的索引节点指向同一个文件。

5.6.2 文件系统和存储之间的关系

在 Linux 文件系统中，文件系统和存储之间的关系如图 5.49 所示。

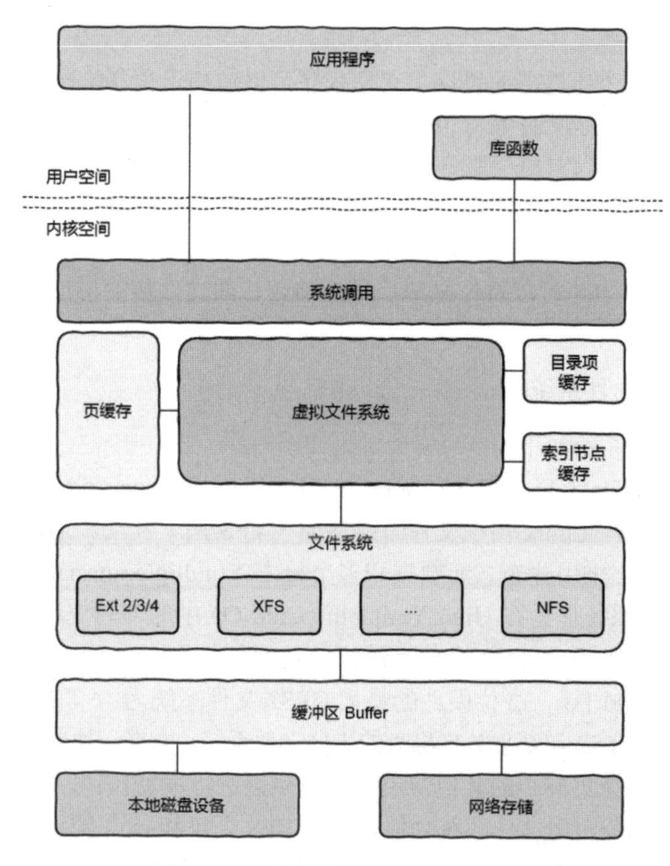

图 5.49　文件系统和存储之间的关系

5.6.3　文件系统类型

1. Linux 文件系统

☑ ext2（extended file system）：适用于那些分区容量不是太大，更新也不频繁的情况，如/boot 分区。

☑ ext3：是 ext2 的改进版本，其支持日志功能，能够帮助系统从非正常关机导致的异常中恢复，常被用作通用需求的文件系统。

☑ ext4：是 ext 文件系统的最新版。提供了很多新的特性，包括纳秒级时间戳、创建和使用巨型文件（16 TB）、最大 1 EB 的文件系统及速度的提升。

☑ xfs：SGI，支持最大 8 EB 的文件系统，CentOS 7 系统默认的格式。

☑ btrfs（Oracle）、reiserfs、jfs（AIX）、swap。

2. 常见的网络文件系统

常见的网络文件系统如下。

☑ 网络文件系统（network file system，NFS），是由 SUN 公司研制的 UNIX 表示层协议（presentation layer protocol），能使使用者访问网络上别处的文件，就像访问本地文件一样。

- ☑ CIFS，是一个新提出的协议，它使程序可以访问远程 Internet 计算机上的文件并要求此计算机提供服务。CIFS 使用客户/服务器模式。客户程序请求远在服务器上的服务器程序为它提供服务，服务器获得请求并返回响应。CIFS 是公共的或开放的 SMB 协议版本，并由 Microsoft 使用。SMB 是在局域网上用于服务器文件访问和打印的协议。像 SMB 协议一样，CIFS 在高层运行，而不像 TCP/IP 协议那样运行在底层。CIFS 可以看作是应用程序协议，如文件传输协议和超文本传输协议的一个实现。

3．常见的集群文件系统

常见的集群文件系统如下。

- ☑ GFS2：Red Hat GFS2 文件系统包含在 Resilient Storage Add-On 中。它是固有文件系统，直接与 Linux 内核文件系统界面（VFS 层）互动。当作为集群文件系统使用时，GFS2 采用分布式元数据和多个日志（multiple journal）。Red Hat 只支持将 GFS2 文件系统作为在 High Availability Add-On 中的部署使用。GFS2 基于 64 位构架，理论上可提供 8 EB 文件系统。但是，目前支持的 64 位硬件的最大 GFS2 文件系统为 100 TB，32 位硬件的最大 GFS2 文件系统为 16 TB。
- ☑ OCFS2：OCFS2 是基于共享磁盘的集群文件系统，它在一块共享磁盘上创建 OCFS2 文件系统，让集群中的其他节点可以对磁盘进行读写操作。OCFS2 由两部分内容构成，一部分实现文件系统功能，位于 VFS 之下和 ext4 同级别；另一部分实现集群节点的管理。测试环境 OCFS2 集群如图 5.50 所示。

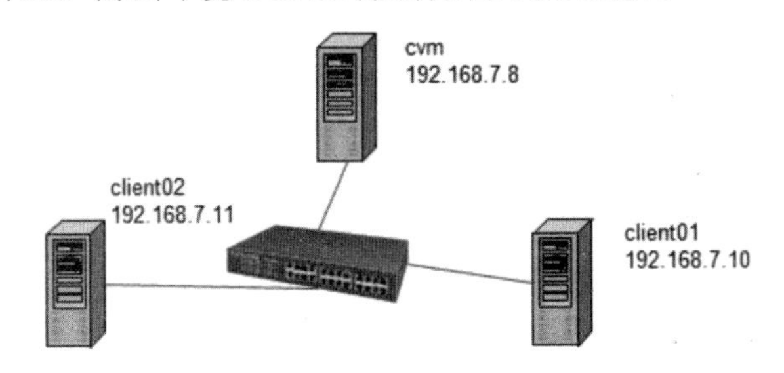

图 5.50　测试环境 OCFS2 集群

4．常见的分布式文件系统

常见的分布式文件系统如下。

- ☑ FastDFS：FastDFS 是一个开源的轻量级分布式文件系统，它对文件进行管理，功能包括文件存储、文件同步、文件访问（文件上传、下载）等，解决了大容量存储和负载均衡的问题。特别适合以文件为载体的在线服务，如相册网站、视频网站等。FastDFS 为互联网量身定制，充分考虑了冗余备份、负载均衡、线性扩容等机制，并注重高可用、高性能等指标，使用 FastDFS 可以很容易地搭建一套高性能的文件服务器集群，提供文件上传、下载等服务。

☑ Ceph：Linux 持续不断进军可扩展计算空间，特别是可扩展存储空间。Ceph 最近加入到 Linux 中令人印象深刻的文件系统备选行列，它是一个分布式文件系统，能够在维护 POSIX 兼容性的同时加入复制和容错功能。Ceph 在一个统一的系统中独特地提供对象、块和文件存储。Ceph 高度可靠、易于管理且免费。Ceph 的强大功能可以改变您公司的 IT 基础架构和管理大量数据。Ceph 提供了非凡的可扩展性——数以千计的客户端访问 PB 到 EB 的数据。Ceph 存储集群相互通信以动态复制和重新分配数据。

☑ MooseFS：基于 linux 内核，提供整套分布式文件服务。MooseFS 是一款网络分布式文件系统。它把数据分散在多台服务器上，但对于用户来讲，看到的只是一个源。MooseFS 也像其他类 UNIX 文件系统一样，包含了层级结构（目录树），存储着文件属性（权限、最后访问和修改时间），可以创建特殊的文件（块设备、字符设备、管道、套接字）、符号链接、硬链接。

☑ MogileFS：MogileFS 是一个开源的分布式文件存储系统，由 Six Apart 开发；它主要由三部分组成，第一部分是 server 端，包括 mogilefsd 和 mogstored 两个应用程序。mogilefsd 实现的是 tracker，它通过数据库来保存元数据信息，包括站点 domain、class、host 等；mogstored 是存储节点（store node），它其实是个 WebDAV 服务，默认监听 7500 端口，接收客户端的文件存储请求。在 MogileFS 安装完后，要运行 mogadm 工具将所有的存储节点注册到 mogilefsd 的数据库中，mogilefsd 会对这些节点进行管理和监控。第二部分是 MogileFS 的 utils，这部分主要是一些管理工具，如 mogadm、mogupload、mogfileinfo 等。第三部分是客户端 API，MogileFS 支持众多编程语言的客户端 API 接口，使用对应的客户端 API 接口，我们可以编写 MogileFS 的客户端（见图 5.51），从而管理 MogileFS 上的文件。

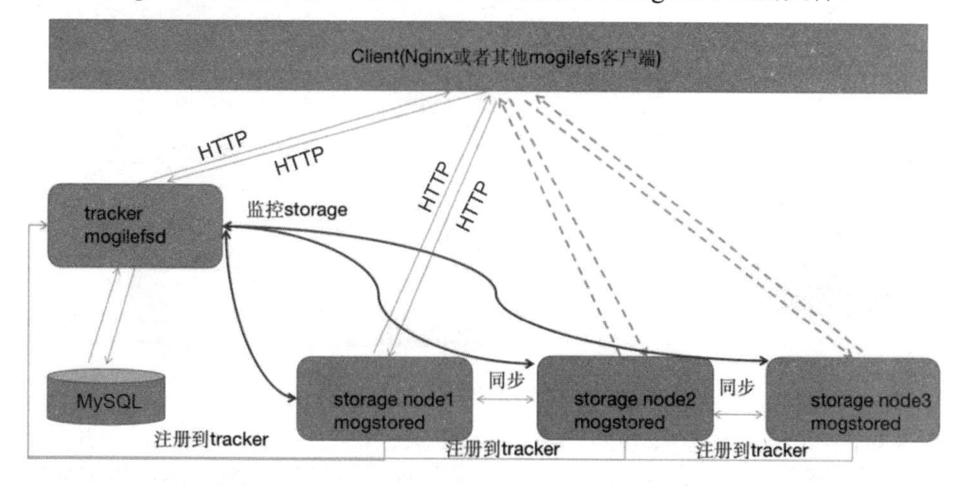

图 5.51　MogileFS 客户端

☑ GlusterFS：GlusterFS 是一个开源的分布式文件系统，旨在提供高可扩展性和高可靠性的存储解决方案。它允许将多个存储服务器连接在一起，形成一个统一的文件系统，通过网络共享和管理数据。GlusterFS 采用水平扩展的方法，可以轻松地增加存储容量和性能，以适应不断增长的数据需求。GlusterFS 的核心思想是将存储服务器组织成一个存储池，这个存储池被称为“存储卷”。每个存储卷可以包含多个存储服务器，这些服务器可以是物理服务器或虚拟机。GlusterFS 通过将文件分割成小的存储单元（称为 brick），并将这些存储单元分布在不同的存储服务器上，实现数据的分布和冗余存储。存储卷可以动态地扩展和缩减，而不会中断对数据的访问。GlusterFS 提供了一种灵活的存储管理方式，可以根据具体需求进行配置。它支持多种文件系统接口，包括标准的 POSIX 接口和 SMB/CIFS 接口，使得在不同的操作系统和应用程序之间共享数据变得简单和透明。此外，GlusterFS 还提供了一些高级功能，如数据复制、快照、数据恢复和负载均衡，以提高数据的可用性和性能。GlusterFS 已经被广泛应用于许多领域，特别是需要大规模存储和处理海量数据的场景，如云计算、大数据分析、虚拟化环境等。它具有良好的扩展性、弹性和容错能力，可以适应不断增长的存储需求，并确保数据的安全性和可靠性。GlusterFS 的原理如图 5.52 所示。

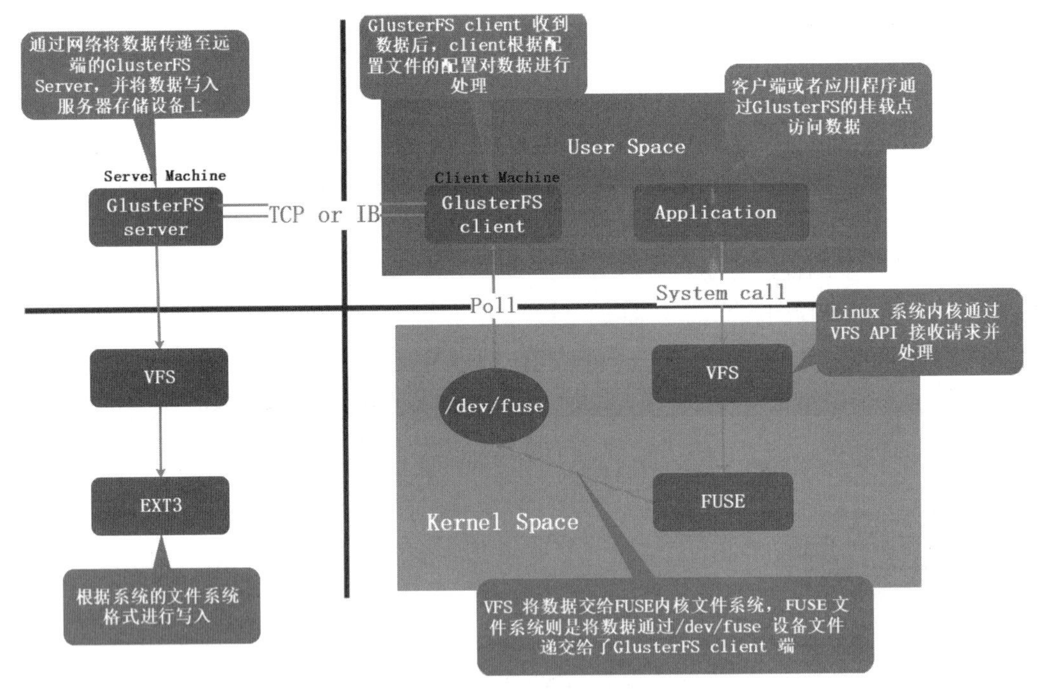

图 5.52 GlusterFS 原理

☑ Lustre：Lustre 是 HP、Intel、Cluster File System 公司联合美国能源部开发的 Linux 集群并行文件系统。该系统已推出 1.0 的发布版本，是第一个基于对象存储设备的、开源的并行文件系统。Lustre 技术架构如图 5.53 所示。

可以看出它由客户端，两个 MDS、OSD 设备池通过高速的以太网或 QWS Net 构成。可以支持 1000 个客户端节点的 I/O 请求，两个 MDS 采用共享存储设备的 Active-Standby

方式的容错机制，存储设备跟普通的、基于块的 IDE 存储设备不同，是基于对象的智能存储设备。

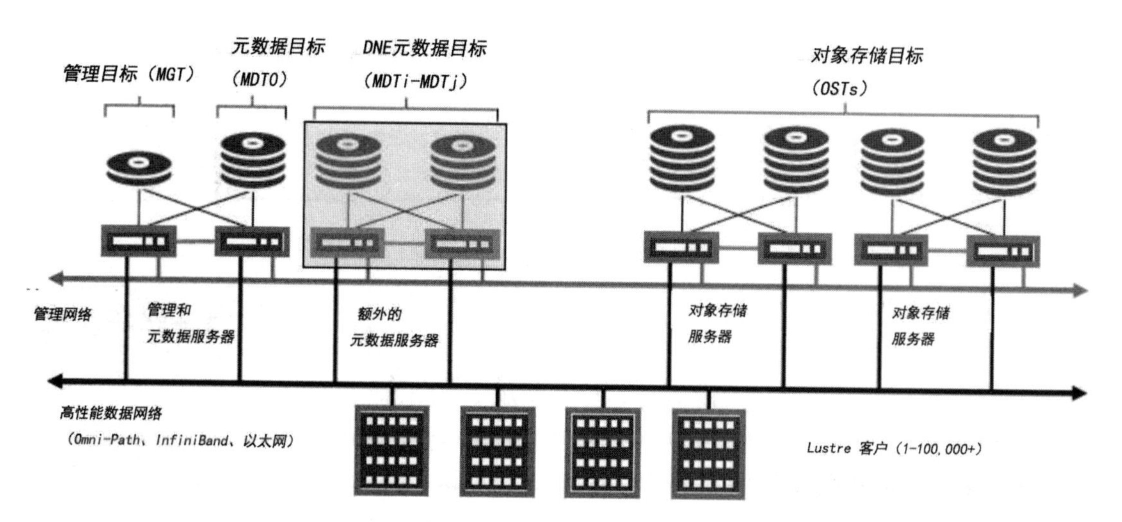

图 5.53　Lustre 技术架构图

第6章

进程管理

本章主要介绍进程与进程标识、程序的父进程标识、ps 命令、kill 和 pkill 命令、程序后台运行的方式、进程间通信、进程和服务及 CentOS 系统的启动流程。

6.1 进程和进程标识

1. 进程

进程（process）是指计算机中已运行的程序，是计算机中的程序关于某数据集合上的一次运行活动，是系统进行资源分配和调度的基本单位，同时也是操作系统结构的基础。在早期面向进程设计的计算机结构中，进程是程序的基本执行实体；在当代面向线程设计的计算机结构中，进程是线程的容器。程序是指令、数据及其组织形式的描述，进程是程序的实体。

进程就是一个程序的执行实例，即正在执行的程序。在操作系统的眼中，进程是一个担当分配系统资源 CPU 时间和内存的实体。

进程控制是指对系统中的所有进程实施有效的管理，它具有创建新进程、撤销已有进程、实现进程状态之间的转换等功能。

进程在运行中不断地改变其运行状态，一个进程在运行期间，不断地从一种状态转换到另一种状态，它可以多次处于就绪状态和执行状态，也可以多次处于阻塞状态。

进程的特征如下。

- ☑ 动态性：进程的实质是程序在多道程序系统中的一次执行过程，进程是动态产生、动态消亡的。
- ☑ 并发性：任何进程都可以同其他进程一起并发执行。
- ☑ 独立性：进程是一个能独立运行的基本单位，同时也是系统分配资源和调度的独立单位。
- ☑ 异步性：由于进程间的相互制约，使进程具有执行的间断性，即进程按各自独立的、不可预知的速度向前推进。

进程的结构特征为进程由程序、数据和进程控制块三部分组成。多个不同的进程可以包含相同的程序：一个程序在不同的数据集中就构成不同的进程，得到不同的结果；但是在执行过程中，程序不能发生改变。

2. 进程标识

Linux 系统给每个进程定义了一个唯一标识该进程的非负整数——进程标识符（process identifier，PID）。每个进程都有唯一的非负整数表示进程的 ID。

虽然进程 ID 是唯一的，但是进程 ID 是可以复用的。当一个进程终止时，其进程 ID 就成为了复用的候选者。大多数的 UNIX 系统实现延时复用算法，使得赋予的新建进程的 ID 不同于最近终止进程所使用的 ID，目的是防止将新进程误认为是使用同一 ID 的某个已终止的先前进程。

3. 程序和进程的关系

程序和进程的关系如下。

（1）程序表示的是静态的概念。一个编译出来的可执行文件是一些保存在磁盘上的指令的有序集合，没有任何执行的概念。如 a.out 文件就是一个可执行的程序。

（2）进程表示的是动态的概念。a.out 文件要被执行，其执行过程是动态的，需要把这些可执行的程序指令搬运到内存中，占用一些内存的资源，这就是进程，也可以理解为“正在运行的程序”。

同一个程序文件可以被加载多次成为不同的进程，每次产生进程时，操作系统就会为其分配一个唯一的标识符来标识这个进程。进程与进程标识符之间是一对一的关系，而进程与程序之间是多对一的关系。程序和进程的关系如图 6.1 所示。

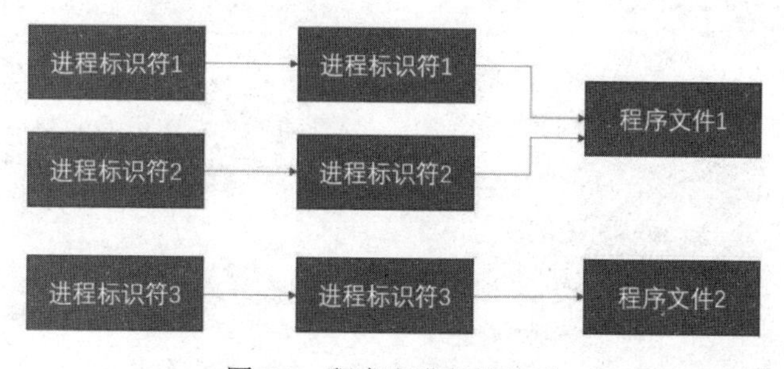

图 6.1　程序和进程的关系

4. 进程的状态

进程的状态如下。

☑ R：运行状态。

☑ S：睡眠状态。

☑ I：空闲状态。

☑ Z：僵尸状态（不存在，但暂时无法消除）。

☑ D：不可中断的休眠状态。

- ☑ T：终止状态。
- ☑ P：等待交换页。
- ☑ W：没有足够的内存分页可分配。
- ☑ <：高优先级的进程。
- ☑ N：低优先级的进程。

6.2 程序的父进程标识

在 Linux 操作系统中，init 进程是整个操作系统的最开始的进程，这个进程创建子进程，子进程再层层创建下去，形成当前 Linux 系统可以使用的多个进程的环境。除了 init 进程，所有的进程都有自己的父进程。PPID 指的是父进程的 PID，即父进程的进程标识（进程 ID 号）。

我们可以通过 pstree 命令查看系统中所有进程的树型关系，通过图 6.2 可以清晰地看到每个进程的父进程是谁。

```
[root@rcs-team-rocky ~]# pstree -p
```

```
[root@rcs-team-rocky ~]# pstree -p
systemd(1)─┬─NetworkManager(1030)─┬─{NetworkManager}(1034)
           │                      └─{NetworkManager}(1035)
           ├─VGAuthService(894)
           ├─atd(1052)
           ├─auditd(857)─┬─sedispatch(859)
           │             ├─{auditd}(858)
           │             └─{auditd}(860)
           ├─chronyd(21304)
           ├─crond(1049)
           ├─dbus-daemon(910)
           ├─firewalld(964)─┬─{firewalld}(1274)
           │                └─{firewalld}(6745)
           ├─irqbalance(912)───{irqbalance}(916)
           ├─login(1062)───bash(1428)
           ├─lsmd(892)
           ├─mcelog(909)
           ├─pmcd(1408)───pmdaroot(1490)─┬─pmdakvm(1495)
           │                             ├─pmdalinux(1494)
           │                             ├─pmdaproc(1491)
           │                             └─pmdaxfs(1493)
           ├─pmlogger(1789)
           ├─pmpause(5773)
           ├─pmproxy(1499)
           ├─polkitd(891)─┬─{polkitd}(926)
           │              ├─{polkitd}(927)
           │              ├─{polkitd}(929)
           │              ├─{polkitd}(930)
           │              ├─{polkitd}(931)
           │              ├─{polkitd}(932)
           │              └─{polkitd}(959)
           ├─redis-server(1037)─┬─{redis-server}(1055)
           │                    ├─{redis-server}(1056)
           │                    └─{redis-server}(1057)
```

图 6.2 所有进程的树型关系

6.3 ps 命令

通过 ps 命令可以查看当前系统下正在运行的进程信息，如图 6.3 所示。

```
[root@rcs-team-rocky ~]# ps -u
USER         PID %CPU %MEM    VSZ   RSS TTY      STAT START   TIME COMMAND
root        1428  0.0  0.0  27544  5248 tty1     Ss+  Aug04   0:00 -bash
root        1461  0.0  0.0  50872  7020 pts/0    Ss   Aug04   0:00 -bash
root       36240  0.0  0.0  58752  3992 pts/0    R+   12:56   0:00 ps -u
[root@rcs-team-rocky ~]#
```

图 6.3　ps 命令显示正在运行的进程信息

图 6.3 中所示第一列为用户，第二列为 PID，即之前介绍的进程标识符，这个标识符是唯一的，最后一列为进程的程序文件名，这里可以找到多个进程对同一个程序文件名的情况，这是因为有一些常用的程序被多次运行了，如 bash 等。

1. 语法格式

```
ps [options] [--help]
```

2. 参数详解

- ☑ -A：显示所有进程（等价于-e）。
- ☑ -a：显示一个终端的所有进程，除了会话引线。
- ☑ -N：忽略选择。
- ☑ -d：显示所有进程，但省略所有的会话引线。
- ☑ -x：显示没有控制终端的进程，同时显示各个命令的具体路径。d 与 x 不可合用。
- ☑ -p pid：进程使用 CPU 的时间。
- ☑ -u uid or username：选择有效的用户 ID 或是用户名。
- ☑ -g gid or groupname：显示组的所有进程。
- ☑ U username：显示该用户下的所有进程及各个命令的详细路径，如 U zhang。
- ☑ -f：全部列出，通常和其他选项联用。如 ps -fa 或 ps -fx 等。
- ☑ -l：长格式（有 F、wchan、C 等字段）。
- ☑ -j：作业格式。
- ☑ -o：用户自定义格式。
- ☑ v：以虚拟存储器格式显示。
- ☑ s：以信号格式显示。
- ☑ -m：显示所有的线程。
- ☑ -H：显示进程的层次（和其他参数合用，如 ps -Ha）。
- ☑ e：命令之后显示环境（如 ps -d e、ps -a e）。
- ☑ h：不显示第一行。

3. 企业实战

【案例 1】显示所有进程信息。

命令如下，如图 6.4 所示。

```
[root@rcs-team-rocky ~]#ps -aux
```

```
[root@rcs-team-rocky ~]# ps -aux
USER         PID %CPU %MEM    VSZ   RSS TTY      STAT START   TIME COMMAND
root           1  0.0  0.1 238352 10960 ?        Ss   Aug04   0:04 /usr/lib/systemd/systemd --switched-root --system --deserialize 18
root           2  0.0  0.0      0     0 ?        S    Aug04   0:00 [kthreadd]
root           3  0.0  0.0      0     0 ?        I<   Aug04   0:00 [rcu_gp]
root           4  0.0  0.0      0     0 ?        I<   Aug04   0:00 [rcu_par_gp]
root           6  0.0  0.0      0     0 ?        I<   Aug04   0:00 [kworker/0:0H-events_highpri]
root           9  0.0  0.0      0     0 ?        I<   Aug04   0:00 [mm_percpu_wq]
root          10  0.0  0.0      0     0 ?        S    Aug04   0:00 [rcu_tasks_rude_]
root          11  0.0  0.0      0     0 ?        S    Aug04   0:00 [rcu_tasks_trace]
root          12  0.0  0.0      0     0 ?        S    Aug04   0:00 [ksoftirqd/0]
root          13  0.0  0.0      0     0 ?        I    Aug04   1:33 [rcu_sched]
root          14  0.0  0.0      0     0 ?        S    Aug04   0:00 [migration/0]
root          15  0.0  0.0      0     0 ?        S    Aug04   0:00 [watchdog/0]
root          16  0.0  0.0      0     0 ?        S    Aug04   0:00 [cpuhp/0]
root          17  0.0  0.0      0     0 ?        S    Aug04   0:00 [cpuhp/1]
root          18  0.0  0.0      0     0 ?        S    Aug04   0:00 [watchdog/1]
root          19  0.0  0.0      0     0 ?        S    Aug04   0:00 [migration/1]
root          20  0.0  0.0      0     0 ?        S    Aug04   0:00 [ksoftirqd/1]
root          22  0.0  0.0      0     0 ?        I<   Aug04   0:00 [kworker/1:0H-events_highpri]
root          23  0.0  0.0      0     0 ?        S    Aug04   0:00 [cpuhp/2]
root          24  0.0  0.0      0     0 ?        S    Aug04   0:00 [watchdog/2]
root          25  0.0  0.0      0     0 ?        S    Aug04   0:00 [migration/2]
root          26  0.0  0.0      0     0 ?        S    Aug04   0:00 [ksoftirqd/2]
root          28  0.0  0.0      0     0 ?        I<   Aug04   0:00 [kworker/2:0H-events_highpri]
root          29  0.0  0.0      0     0 ?        S    Aug04   0:00 [cpuhp/3]
```

图 6.4　显示所有进程信息

图 6.4 中进程中的各个字段含义如下。

☑ USER：进程所有者。

☑ PID：进程标识。

☑ %CPU：占用的 CPU 使用率。

☑ %MEM：占用的内存使用率。

☑ VSZ：占用的虚拟内存大小。

☑ RSS：占用的内存大小。

☑ TTY：与进程关联的终端 TTY。

☑ STAT：进程的状态。

☑ START：进程开始的时间。

☑ TIME：执行的时间。

☑ COMMAND：所执行的命令。

【案例 2】显示指定进程的信息。

通常情况下，我们以管道形式查找指定进程的信息，如显示 sshd 进程的信息，命令如下，如图 6.5 所示。

```
[root@rcs-team-rocky ~]#ps -ef | grep sshd
```

```
[root@rcs-team-rocky ~]# ps -ef | grep sshd
root        1040       1  0 Aug04 ?        00:00:00 /usr/sbin/sshd -D -oCiphers=aes256-gcm@openssh.com,chacha20-poly1305@openssh.com,aes256-ctr,aes256-cbc,aes1
28-gcm@openssh.com,aes128-ctr,aes128-cbc -oMACs=hmac-sha2-256-etm@openssh.com,hmac-sha1-etm@openssh.com,umac-128-etm@openssh.com,hmac-sha2-512-etm@openssh.com,
hmac-sha2-256,hmac-sha1,umac-128@openssh.com,hmac-sha2-512 -oGSSAPIKexAlgorithms=gss-curve25519-sha256-,gss-nistp256-sha256-,gss-group14-sha256-,gss-group16-sh
a512-,gss-gex-sha1-,gss-group14-sha1- -oKexAlgorithms=curve25519-sha256,curve25519-sha256@libssh.org,ecdh-sha2-nistp256,ecdh-sha2-nistp384,ecdh-sha2-nistp521,d
iffie-hellman-group-exchange-sha256,diffie-hellman-group14-sha256,diffie-hellman-group16-sha512,diffie-hellman-group18-sha512,diffie-hellman-group-exchange-sha
1,diffie-hellman-group14-sha1 -oHostKeyAlgorithms=ecdsa-sha2-nistp256,ecdsa-sha2-nistp256-cert-v01@openssh.com,ecdsa-sha2-nistp384,ecdsa-sha2-nistp384-cert-v01
@openssh.com,ecdsa-sha2-nistp521,ecdsa-sha2-nistp521-cert-v01@openssh.com,ssh-ed25519,ssh-ed25519-cert-v01@openssh.com,rsa-sha2-256,rsa-sha2-256-cert-v01@opens
sh.com,rsa-sha2-512,rsa-sha2-512-cert-v01@openssh.com,ssh-rsa,ssh-rsa-cert-v01@openssh.com -oPubkeyAcceptedKeyTypes=ecdsa-sha2-nistp256,ecdsa-sha2-nistp256-cer
t-v01@openssh.com,ecdsa-sha2-nistp384,ecdsa-sha2-nistp384-cert-v01@openssh.com,ecdsa-sha2-nistp521,ecdsa-sha2-nistp521-cert-v01@openssh.com,ssh-ed25519,ssh-ed2
5519-cert-v01@openssh.com,rsa-sha2-256,rsa-sha2-256-cert-v01@openssh.com,rsa-sha2-512,rsa-sha2-512-cert-v01@openssh.com,ssh-rsa,ssh-rsa-cert-v01@openssh.com -o
CASignatureAlgorithms=ecdsa-sha2-nistp256,ecdsa-sha2-nistp384,ecdsa-sha2-nistp521,ssh-ed25519,rsa-sha2-256,rsa-sha2-512,ssh-rsa
root        1458    1040  0 Aug04 ?        00:00:00 sshd: root [priv]
root        1460    1458  0 Aug04 ?        00:00:01 sshd: root@pts/0
root       36834    1461  0 13:35 pts/0    00:00:00 grep --color=auto sshd
[root@rcs-team-rocky ~]#
```

图 6.5　显示 sshd 进程的信息

【案例 3】显示用户 root 的进程信息。

命令如下，如图 6.6 所示。

```
[root@rcs-team-rocky ~]#ps -u root
```

```
[root@rcs-team-rocky ~]# ps -u root
    PID TTY          TIME CMD
      1 ?        00:00:04 systemd
      2 ?        00:00:00 kthreadd
      3 ?        00:00:00 rcu_gp
      4 ?        00:00:00 rcu_par_gp
      6 ?        00:00:00 kworker/0:0H-events_highpri
      9 ?        00:00:00 mm_percpu_wq
     10 ?        00:00:00 rcu_tasks_rude_
     11 ?        00:00:00 rcu_tasks_trace
     12 ?        00:00:00 ksoftirqd/0
     13 ?        00:01:34 rcu_sched
     14 ?        00:00:00 migration/0
     15 ?        00:00:00 watchdog/0
     16 ?        00:00:00 cpuhp/0
     17 ?        00:00:00 cpuhp/1
     18 ?        00:00:00 watchdog/1
     19 ?        00:00:00 migration/1
     20 ?        00:00:00 ksoftirqd/1
     22 ?        00:00:00 kworker/1:0H-events_highpri
     23 ?        00:00:00 cpuhp/2
     24 ?        00:00:00 watchdog/2
     25 ?        00:00:00 migration/2
     26 ?        00:00:00 ksoftirqd/2
     28 ?        00:00:00 kworker/2:0H-events_highpri
     29 ?        00:00:00 cpuhp/3
     30 ?        00:00:00 watchdog/3
     31 ?        00:00:00 migration/3
     32 ?        00:00:00 ksoftirqd/3
     34 ?        00:00:00 kworker/3:0H-events_highpri
     39 ?        00:00:00 kdevtmpfs
     40 ?        00:00:00 netns
     41 ?        00:00:00 kauditd
     45 ?        00:00:00 khungtaskd
     46 ?        00:00:00 oom_reaper
     47 ?        00:00:00 writeback
     48 ?        00:00:00 kcompactd0
     49 ?        00:00:00 ksmd
```

图 6.6　显示用户 root 的进程信息

【案例 4】显示所有进程的详细信息（包括父进程的信息）。

这里可以通过 ps -ef 命令查看所有进程的详细信息(包括父进程及详细执行的命令等)，如图 6.7 所示。

```
[root@rcs-team-rocky ~]#ps -ef
```

```
[root@rcs-team-rocky ~]# ps -ef
UID          PID    PPID  C STIME TTY          TIME CMD
root           1       0  0 Aug04 ?        00:00:04 /usr/lib/systemd/systemd --switched-root --system --deserialize 18
root           2       0  0 Aug04 ?        00:00:00 [kthreadd]
root           3       2  0 Aug04 ?        00:00:00 [rcu_gp]
root           4       2  0 Aug04 ?        00:00:00 [rcu_par_gp]
root           6       2  0 Aug04 ?        00:00:00 [kworker/0:0H-events_highpri]
root           9       2  0 Aug04 ?        00:00:00 [mm_percpu_wq]
root          10       2  0 Aug04 ?        00:00:00 [rcu_tasks_rude_]
root          11       2  0 Aug04 ?        00:00:00 [rcu_tasks_trace]
root          12       2  0 Aug04 ?        00:00:00 [ksoftirqd/0]
root          13       2  0 Aug04 ?        00:01:34 [rcu_sched]
root          14       2  0 Aug04 ?        00:00:00 [migration/0]
root          15       2  0 Aug04 ?        00:00:00 [watchdog/0]
root          16       2  0 Aug04 ?        00:00:00 [cpuhp/0]
root          17       2  0 Aug04 ?        00:00:00 [cpuhp/1]
root          18       2  0 Aug04 ?        00:00:00 [watchdog/1]
root          19       2  0 Aug04 ?        00:00:00 [migration/1]
root          20       2  0 Aug04 ?        00:00:00 [ksoftirqd/1]
root          22       2  0 Aug04 ?        00:00:00 [kworker/1:0H-events_highpri]
root          23       2  0 Aug04 ?        00:00:00 [cpuhp/2]
root          24       2  0 Aug04 ?        00:00:00 [watchdog/2]
root          25       2  0 Aug04 ?        00:00:00 [migration/2]
root          26       2  0 Aug04 ?        00:00:00 [ksoftirqd/2]
root          28       2  0 Aug04 ?        00:00:00 [kworker/2:0H-events_highpri]
root          29       2  0 Aug04 ?        00:00:00 [cpuhp/3]
root          30       2  0 Aug04 ?        00:00:00 [watchdog/3]
root          31       2  0 Aug04 ?        00:00:00 [migration/3]
root          32       2  0 Aug04 ?        00:00:00 [ksoftirqd/3]
root          34       2  0 Aug04 ?        00:00:00 [kworker/3:0H-events_highpri]
root          39       2  0 Aug04 ?        00:00:00 [kdevtmpfs]
root          40       2  0 Aug04 ?        00:00:00 [netns]
root          41       2  0 Aug04 ?        00:00:00 [kauditd]
root          45       2  0 Aug04 ?        00:00:00 [khungtaskd]
root          46       2  0 Aug04 ?        00:00:00 [oom_reaper]
```

图 6.7　显示所有进程的详细信息（包括父进程的信息）

6.4 kill 和 pkill 命令

6.4.1 kill 命令

kill 命令用来终止运行指定的进程，它是 Linux 系统下进程管理的常用命令。通常，终止一个前台进程可以使用 Ctrl+C 快捷键，但对于一个后台进程则必须使用 kill 命令来终止，我们需要首先使用 ps/pidof/pstree/top 等工具获取 PID，然后使用 kill 命令“杀死”该进程。kill 命令是通过向进程发送指定的信号来结束相应进程的。在默认情况下，采用编号为 15 的 TERM 信号，TERM 信号将终止所有不能捕获该信号的进程。对于那些可以捕获该信号的进程就要用编号为 9 的 kill 信号强行“杀死”该进程。

1. 语法格式

```
kill [参数] PID
```

2. 参数详解

- ☑ -l：信号，如果不加信号的编号参数，使用-l 参数则会列出全部的信号名称。
- ☑ -a：当处理当前进程时，不限制命令名和进程号的对应关系。
- ☑ -p：指定 kill 命令只打印相关进程的进程号，而不发送任何信号。
- ☑ -s：指定发送信号。
- ☑ -u：指定用户。

3. 企业实战

【案例 1】 列出所有信号名称。

命令如下，如图 6.8 所示。

```
kill -l
```

```
[root@rcs-team-rocky ~]# kill -l
 1) SIGHUP       2) SIGINT       3) SIGQUIT      4) SIGILL       5) SIGTRAP
 6) SIGABRT      7) SIGBUS       8) SIGFPE       9) SIGKILL     10) SIGUSR1
11) SIGSEGV     12) SIGUSR2     13) SIGPIPE     14) SIGALRM     15) SIGTERM
16) SIGSTKFLT   17) SIGCHLD     18) SIGCONT     19) SIGSTOP     20) SIGTSTP
21) SIGTTIN     22) SIGTTOU     23) SIGURG      24) SIGXCPU     25) SIGXFSZ
26) SIGVTALRM   27) SIGPROF     28) SIGWINCH    29) SIGIO       30) SIGPWR
31) SIGSYS      34) SIGRTMIN    35) SIGRTMIN+1  36) SIGRTMIN+2  37) SIGRTMIN+3
38) SIGRTMIN+4  39) SIGRTMIN+5  40) SIGRTMIN+6  41) SIGRTMIN+7  42) SIGRTMIN+8
43) SIGRTMIN+9  44) SIGRTMIN+10 45) SIGRTMIN+11 46) SIGRTMIN+12 47) SIGRTMIN+13
48) SIGRTMIN+14 49) SIGRTMIN+15 50) SIGRTMAX-14 51) SIGRTMAX-13 52) SIGRTMAX-12
53) SIGRTMAX-11 54) SIGRTMAX-10 55) SIGRTMAX-9  56) SIGRTMAX-8  57) SIGRTMAX-7
58) SIGRTMAX-6  59) SIGRTMAX-5  60) SIGRTMAX-4  61) SIGRTMAX-3  62) SIGRTMAX-2
63) SIGRTMAX-1  64) SIGRTMAX
[root@rcs-team-rocky ~]#
```

图 6.8 列出所有信号名称

注意：

只有第 9 种信号 SIGKILL 才可以无条件终止进程，对于其他信号，则进程都有权忽略。

【案例 2】强制“杀死”httpd 进程。

这里通常需要配合 ps 命令获得我们要结束进程的 ID，然后再使用 kill 命令通过-9 信号“杀死”进程。命令如下，如图 6.9 所示。

```
ps -ef | grep httpd
kill -9 44456
```

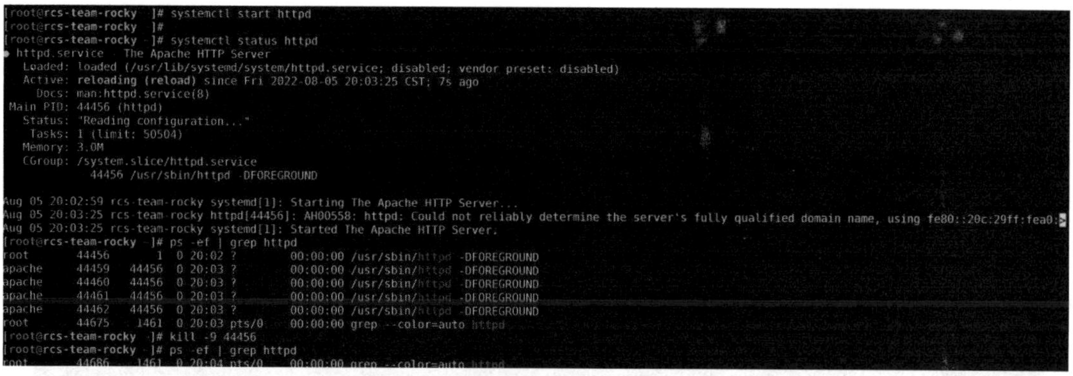

```
[root@rcs-team-rocky ]# systemctl start httpd
[root@rcs-team-rocky ]#
[root@rcs-team-rocky ]# systemctl status httpd
● httpd.service - The Apache HTTP Server
   Loaded: loaded (/usr/lib/systemd/system/httpd.service; disabled; vendor preset: disabled)
   Active: reloading (reload) since Fri 2022-08-05 20:03:25 CST; 7s ago
     Docs: man:httpd.service(8)
 Main PID: 44456 (httpd)
   Status: "Reading configuration..."
    Tasks: 1 (limit: 50504)
   Memory: 3.0M
   CGroup: /system.slice/httpd.service
           44456 /usr/sbin/httpd -DFOREGROUND

Aug 05 20:02:59 rcs-team-rocky systemd[1]: Starting The Apache HTTP Server...
Aug 05 20:03:25 rcs-team-rocky httpd[44456]: AH00558: httpd: Could not reliably determine the server's fully qualified domain name, using fe80::20c:29ff:fea0:>
Aug 05 20:03:25 rcs-team-rocky systemd[1]: Started The Apache HTTP Server.
[root@rcs-team-rocky ]# ps -ef | grep httpd
root      44456      1  0 20:02 ?        00:00:00 /usr/sbin/httpd -DFOREGROUND
apache    44459  44456  0 20:03 ?        00:00:00 /usr/sbin/httpd -DFOREGROUND
apache    44460  44456  0 20:03 ?        00:00:00 /usr/sbin/httpd -DFOREGROUND
apache    44461  44456  0 20:03 ?        00:00:00 /usr/sbin/httpd -DFOREGROUND
apache    44462  44456  0 20:03 ?        00:00:00 /usr/sbin/httpd -DFOREGROUND
root      44675   1461  0 20:03 pts/0    00:00:00 grep --color=auto httpd
[root@rcs-team-rocky ]# kill -9 44456
[root@rcs-team-rocky ]# ps -ef | grep httpd
root      44686   1461  0 20:04 pts/0    00:00:00 grep --color=auto httpd
```

图 6.9 强制“杀死”httpd 进程

当然我们也可以通过以下命令“杀死”所有与 httpd 相关的进程。

```
kill -9 $(ps -ef | grep httpd)
```

【案例 3】强制“杀死”rcs-team 用户所启动的进程。

命令如下。

```
kill -u rcs-team
```

这里需要注意的是，init 进程和 systemd 进程是 Linux 系统操作中不可缺少的程序，是由内核启动的用户级进程。内核自行启动（已经被载入内存、开始运行、并已初始化所有的设备驱动程序和数据结构等）之后，就通过启动一个用户级程序 init 的方式完成引导进程。所以，init 始终是第一个进程（其进程编号始终为 1），其他所有进程都是 init 进程的子孙，init 进程是不可“杀死”的。同样，从 CentOS 7 开始，init 进程被 systemd 进程代替，该进程也是不可以“杀死”的。

6.4.2 pkill 命令

我们在实际工作中可能会由于多线程技术开启了很多程序，如果通过 kill 命令一个一个 PID 去查杀，工作效率就会比较低。此时我们可以通过 pkill 命令，在不用查找程序的 PID 的情况下，就可以直接通过运行程序的关键字“杀死”与该关键字相关的所有进程。

1．语法格式

```
pkill [信号] [程序名称或关键字]
```

2. 参数详解

信号：一般为数字 9，数字信号 9 表示最大、最强。

可选项包含如下几个参数。

☑ -o：仅向找到的最小（起始）进程号发送信号。

☑ -n：仅向找到的最大（结束）进程号发送信号。

☑ -P：指定父进程号发送信号。

☑ -g：指定进程组。

☑ -t：指定开启进程的终端。

3. 企业实战

【案例】pkill 命令“杀死”httpd 进程。

命令如下，如图 6.10 所示。

```
pkill -9 httpd
```

```
[root@rcs-team-rocky ~]# systemctl start httpd
[root@rcs-team-rocky ~]# ps -ef | grep httpd
root       44992       1  0 20:18 ?        00:00:00 /usr/sbin/httpd -DFOREGROUND
apache     44993   44992  0 20:18 ?        00:00:00 /usr/sbin/httpd -DFOREGROUND
apache     44994   44992  0 20:18 ?        00:00:00 /usr/sbin/httpd -DFOREGROUND
apache     44995   44992  0 20:18 ?        00:00:00 /usr/sbin/httpd -DFOREGROUND
apache     44996   44992  0 20:18 ?        00:00:00 /usr/sbin/httpd -DFOREGROUND
root       45209   44927  0 20:18 pts/0    00:00:00 grep --color=auto httpd
[root@rcs-team-rocky ~]# pkill -9 httpd
[root@rcs-team-rocky ~]# ps -ef | grep httpd
root       45216   44927  0 20:19 pts/0    00:00:00 grep --color=auto httpd
[root@rcs-team-rocky ~]#
```

图 6.10　pkill 命令“杀死”httpd 进程

6.5　程序后台运行的方式

Linux 系统中程序后台运行可以通过&和 nohup 两个命令来实现。在实际工作中有很多这样的应用场景，例如我们通过 Xshell 远程连接服务器运行了很多程序，当关闭 Xshell 后，这些程序也会自动退出，所以就需要一种能让程序在后台执行的方式。

☑ &：把程序放入后台执行，返回 PID。当 Xshell 退出后，程序会终止运行。

☑ nohup：把程序以忽略挂起信号的形式在后台运行，即被运行的程序，输出的结果不打印到终端，无论是否将 nohup 命令的输出重定向到终端，nohup 命令执行的输出结果都会写入当前目录的 nohup.out 文件中。

下面分析以下命令。

```
nohup command > out.file 2>&1 &
```

以上命令表示将标准错误重定向到标准输出，然后被重定向写入 out.file 文件中。“2>&1”中的数字 2 表示标准错误，1 表示标准输出，“>&”是一个整体，不可分开。最后的“&”表示在后台执行。以上命令表示把正确的输出结果和错误的输出结果都写入 out.file 文件中。

注意：

在 Java、Python 等编程语言开发过程中会用 nohup 命令启动程序。

6.6 进程间通信

进程间通信（inter-process communication，IPC）是在 Linux 系统中的多个进程间的通信机制，它是多个进程之间相互沟通的一种方法。在 Linux 系统下有多种进程间通信的方法，如无名管道、命名管道、内存映射、消息队列、信号、信号量、共享内存、套接字等。

1．无名管道

无名管道（pipe）是指管道允许一个进程和另一个与它有共同祖先的进程之间进行通信。

2．命名管道

命名管道（FIFO）类似于管道，但是它可以用于任何两个进程之间通信，命名管道在文件系统中有对应的文件名，通过命令 mkfifo 或系统调用 mkfifo 即可创建命名管道。

3．内存映射

内存映射（mapped memory）允许任何多个进程间通信，每一个使用该机制的进程通过把一个共享的文件映射到自己的进程地址空间来实现它。

4．消息队列

消息队列（message queue）是消息的连接表，包括 POSIX 消息队列和 System V 消息队列。有足够权限的进程可以向队列中添加消息，被赋予读权限的进程则可以读取队列中的消息。消息队列克服了信号承载信息量少、管道只能承载无格式字节流以及缓冲区大小受限等缺点。

5．信号

信号（signal）是比较复杂的通信方式，用于通知接收进程有某种事件发生。除了用于进程间通信外，进程还可以发送信号给进程本身；Linux 系统除了支持 UNIX 系统早期信号语义函数 signal 外，还支持语义符合 POSIX.1 标准的信号函数 sigaction（实际上，该函数是基于 BSD 的，BSD 既能实现可靠信号机制，又能统一对外接口，即用 sigaction 函数重新实现了 signal 函数的功能）。

6．信号量

信号量（semaphore）主要是进程间以及同进程不同线程之间的一种同步手段。

7．共享内存

共享内存（shared memory）使得多个进程可以访问同一块内存空间，是最快的可用 IPC

形式。这是针对其他通信机制运行效率较低而设计的。它往往与其他通信机制（如信号量）结合使用，以达到进程间的同步及互斥。

8. 套接字

套接字（socket）是更为通用的进程间通信机制，可用于不同机器之间的进程间通信。起初是由UNIX系统的BSD分支开发出来的，但现在一般可以移植到其他类UNIX系统上。Linux和System V的变种都支持套接字。

6.7 进程和服务

Linux系统中的服务是一类常驻在内存中的进程，这类进程启动后就在后台中一直持续不断地运行，负责一些系统提供的功能，服务用户执行的各项任务，所以这类进程被称为服务，又叫作daemon进程（守护进程）。

Linux系统的服务非常多，大致分为如下两类。

- ☑ 系统本身所需的服务（如crond、atd、rsyslogd等）。
- ☑ 网络服务（如Apache、named、postfix、vostfix、vsftpd等）。

常见的系统服务名称通常以字母d结尾，如sshd等。

systemctl是对service和chkconfig这两个命令功能的整合，在CentOS 7就开始被使用了。

1. 语法格式

```
systemctl 参数 服务名称
```

2. 参数详解

- ☑ stop：停止服务。
- ☑ start：开启服务。
- ☑ restart：重启服务。
- ☑ status：服务状态。
- ☑ enable：开机自启。
- ☑ disable：取消开机自启。
- ☑ list-units：显示服务列表。

3. 企业实战

【案例1】查看firewalld服务的状态。

命令如下，如图6.11所示。

```
systemctl status firewalld
```

【案例2】关闭firewalld服务。

命令如下，如图6.12所示。

```
systemctl stop firewalld
```

```
[root@rcs-team-rocky ~]# systemctl status firewalld
● firewalld.service - firewalld - dynamic firewall daemon
   Loaded: loaded (/usr/lib/systemd/system/firewalld.service; enabled; vendor preset: enabled)
   Active: active (running) since Thu 2022-08-04 11:02:15 CST; 1 day 5h ago
     Docs: man:firewalld(1)
 Main PID: 964 (firewalld)
    Tasks: 3 (limit: 50504)
   Memory: 35.3M
   CGroup: /system.slice/firewalld.service
           └─964 /usr/libexec/platform-python -s /usr/sbin/firewalld --nofork --nopid

Aug 04 11:20:27 rcs-team-rocky firewalld[964]: WARNING: ALREADY_ENABLED: 80:tcp
Aug 04 11:20:32 rcs-team-rocky firewalld[964]: WARNING: ALREADY_ENABLED: 8088:tcp
Aug 04 11:20:44 rcs-team-rocky firewalld[964]: WARNING: AllowZoneDrifting is enabled. This is considered an insecure configuration option. It will be removed >
Aug 04 11:22:26 rcs-team-rocky firewalld[964]: WARNING: AllowZoneDrifting is enabled. This is considered an insecure configuration option. It will be removed >
Aug 04 11:31:44 rcs-team-rocky firewalld[964]: WARNING: AllowZoneDrifting is enabled. This is considered an insecure configuration option. It will be removed >
Aug 04 11:34:48 rcs-team-rocky firewalld[964]: WARNING: AllowZoneDrifting is enabled. This is considered an insecure configuration option. It will be removed >
Aug 04 11:35:16 rcs-team-rocky firewalld[964]: WARNING: AllowZoneDrifting is enabled. This is considered an insecure configuration option. It will be removed >
Aug 04 11:43:22 rcs-team-rocky firewalld[964]: WARNING: AllowZoneDrifting is enabled. This is considered an insecure configuration option. It will be removed >
Aug 04 11:51:47 rcs-team-rocky firewalld[964]: WARNING: AllowZoneDrifting is enabled. This is considered an insecure configuration option. It will be removed >
Aug 04 11:57:50 rcs-team-rocky firewalld[964]: WARNING: AllowZoneDrifting is enabled. This is considered an insecure configuration option. It will be removed >
```

图 6.11　查看 firewalld 服务的状态

```
[root@rcs-team-rocky ~]# systemctl stop firewalld
[root@rcs-team-rocky ~]# systemctl status firewalld
● firewalld.service - firewalld - dynamic firewall daemon
   Loaded: loaded (/usr/lib/systemd/system/firewalld.service; enabled; vendor preset: enabled)
   Active: inactive (dead) since Fri 2022-08-05 16:51:12 CST; 1s ago
     Docs: man:firewalld(1)
  Process: 964 ExecStart=/usr/sbin/firewalld --nofork --nopid $FIREWALLD_ARGS (code=exited, status=0/SUCCESS)
 Main PID: 964 (code=exited, status=0/SUCCESS)

Aug 04 11:22:26 rcs-team-rocky firewalld[964]: WARNING: AllowZoneDrifting is enabled. This is considered an insecure configuration option. It will be removed
Aug 04 11:31:44 rcs-team-rocky firewalld[964]: WARNING: AllowZoneDrifting is enabled. This is considered an insecure configuration option. It will be removed
Aug 04 11:34:48 rcs-team-rocky firewalld[964]: WARNING: AllowZoneDrifting is enabled. This is considered an insecure configuration option. It will be removed
Aug 04 11:35:16 rcs-team-rocky firewalld[964]: WARNING: AllowZoneDrifting is enabled. This is considered an insecure configuration option. It will be removed
Aug 04 11:43:22 rcs-team-rocky firewalld[964]: WARNING: AllowZoneDrifting is enabled. This is considered an insecure configuration option. It will be removed
Aug 04 11:51:47 rcs-team-rocky firewalld[964]: WARNING: AllowZoneDrifting is enabled. This is considered an insecure configuration option. It will be removed
Aug 04 11:57:50 rcs-team-rocky firewalld[964]: WARNING: AllowZoneDrifting is enabled. This is considered an insecure configuration option. It will be removed
Aug 05 16:51:11 rcs-team-rocky systemd[1]: Stopping firewalld - dynamic firewall daemon...
Aug 05 16:51:12 rcs-team-rocky systemd[1]: firewalld.service: Succeeded.
Aug 05 16:51:12 rcs-team-rocky systemd[1]: Stopped firewalld - dynamic firewall daemon.
lines 1-17/17 (END)
```

图 6.12　关闭 firewalld 服务

【案例 3】启动 firewalld 服务。

命令如下，如图 6.13 所示。

```
systemctl start firewalld
```

```
[root@rcs-team-rocky ~]# systemctl start firewalld
[root@rcs-team-rocky ~]# systemctl status firewalld
● firewalld.service - firewalld - dynamic firewall daemon
   Loaded: loaded (/usr/lib/systemd/system/firewalld.service; enabled; vendor preset: enabled)
   Active: active (running) since Fri 2022-08-05 16:53:46 CST; 1s ago
     Docs: man:firewalld(1)
 Main PID: 40282 (firewalld)
    Tasks: 2 (limit: 50504)
   Memory: 23.8M
   CGroup: /system.slice/firewalld.service
           └─40282 /usr/libexec/platform-python -s /usr/sbin/firewalld --nofork --nopid

Aug 05 16:53:46 rcs-team-rocky systemd[1]: Starting firewalld - dynamic firewall daemon...
Aug 05 16:53:46 rcs-team-rocky systemd[1]: Started firewalld - dynamic firewall daemon.
Aug 05 16:53:46 rcs-team-rocky firewalld[40282]: WARNING: AllowZoneDrifting is enabled. This is considered an insecure configuration option. It will be remove>
lines 1-13/13 (END)
```

图 6.13　启动 firewalld 服务

【案例 4】重启 firewalld 服务。

命令如下，如图 6.14 所示。

```
systemctl restart firewalld
```

```
[root@rcs-team-rocky ~]# systemctl restart firewalld
[root@rcs-team-rocky ~]# systemctl status firewalld
● firewalld.service - firewalld - dynamic firewall daemon
   Loaded: loaded (/usr/lib/systemd/system/firewalld.service; enabled; vendor preset: enabled)
   Active: active (running) since Fri 2022-08-05 16:54:36 CST; 1s ago
     Docs: man:firewalld(1)
 Main PID: 40365 (firewalld)
    Tasks: 2 (limit: 50504)
   Memory: 23.8M
   CGroup: /system.slice/firewalld.service
           └─40365 /usr/libexec/platform-python -s /usr/sbin/firewalld --nofork --nopid

Aug 05 16:54:36 rcs-team-rocky systemd[1]: Starting firewalld - dynamic firewall daemon...
Aug 05 16:54:36 rcs-team-rocky systemd[1]: Started firewalld - dynamic firewall daemon.
Aug 05 16:54:36 rcs-team-rocky firewalld[40365]: WARNING: AllowZoneDrifting is enabled. This is considered an insecure configuration option. It will be remove>
lines 1-13/13 (END)
```

图 6.14　重启 firewalld 服务

【案例 5】开机自动启动 **firewalld** 服务。

命令如下，如图 6.15 所示。

```
systemctl enable firewalld
```

```
[root@rcs-team-rocky ~]# systemctl enable firewalld
Created symlink /etc/systemd/system/dbus-org.fedoraproject.FirewallD1.service → /usr/lib/systemd/system/firewalld.service.
Created symlink /etc/systemd/system/multi-user.target.wants/firewalld.service → /usr/lib/systemd/system/firewalld.service.
[root@rcs-team-rocky ~]#
```

图 6.15　开机自动启动 firewalld 服务

【案例 6】取消开机自动启动 **firewalld** 服务。

命令如下，如图 6.16 所示。

```
systemctl disable firewalld
```

```
[root@rcs-team-rocky ~]# systemctl disable firewalld
Removed /etc/systemd/system/multi-user.target.wants/firewalld.service.
Removed /etc/systemd/system/dbus-org.fedoraproject.FirewallD1.service.
[root@rcs-team-rocky ~]#
```

图 6.16　取消开机自动启动 firewalld 服务

【案例 7】查看所有已启动的服务。

命令如下，如图 6.17 所示。

```
systemctl list-units --type=service
```

```
[root@rcs-team-rocky ~]# systemctl list-units --type=service
UNIT                                LOAD   ACTIVE SUB     DESCRIPTION
atd.service                         loaded active running Job spooling tools
auditd.service                      loaded active running Security Auditing Service
chronyd.service                     loaded active running NTP client/server
crond.service                       loaded active running Command Scheduler
dbus.service                        loaded active running D-Bus System Message Bus
dracut-shutdown.service             loaded active exited  Restore /run/initramfs on shutdown
firewalld.service                   loaded active running firewalld - dynamic firewall daemon
getty@tty1.service                  loaded active running Getty on tty1
import-state.service                loaded active exited  Import network configuration from initramfs
irqbalance.service                  loaded active running irqbalance daemon
kmod-static-nodes.service           loaded active exited  Create list of required static device nodes for the current kernel
kpatch.service                      loaded active exited  "Apply kpatch kernel patches"
libstoragemgmt.service              loaded active running libstoragemgmt plug-in server daemon
lvm2-monitor.service                loaded active exited  Monitoring of LVM2 mirrors, snapshots etc. using dmeventd or progress polling
lvm2-pvscan@259:2.service           loaded active exited  LVM event activation on device 259:2
mcelog.service                      loaded active running Machine Check Exception Logging Daemon
NetworkManager-wait-online.service  loaded active exited  Network Manager Wait Online
NetworkManager.service              loaded active running Network Manager
nis-domainname.service              loaded active exited  Read and set NIS domainname from /etc/sysconfig/network
plymouth-quit-wait.service          loaded active exited  Hold until boot process finishes up
plymouth-quit.service               loaded active exited  Terminate Plymouth Boot Screen
plymouth-read-write.service         loaded active exited  Tell Plymouth To Write Out Runtime Data
plymouth-start.service              loaded active exited  Show Plymouth Boot Screen
pmcd.service                        loaded active running Performance Metrics Collector Daemon
pmlogger.service                    loaded active running Performance Metrics Archive Logger
pmlogger_farm.service               loaded active running pmlogger farm service
pmproxy.service                     loaded active running Proxy for Performance Metrics Collector Daemon
polkit.service                      loaded active running Authorization Manager
redis.service                       loaded active running Redis persistent key-value database
rsyslog.service                     loaded active running System Logging Service
smartd.service                      loaded active running Self Monitoring and Reporting Technology (SMART) Daemon
```

图 6.17　查看所有已启动的服务

6.8　CentOS 系统的启动流程

CentOS 6.x 与 CentOS 7.x 以后版本的系统的启动流程是有区别的。下面分别介绍 CentOS 6.x 与 CentOS 7.x 系统的启动流程。

6.8.1　CentOS 6.x 系统启动流程

CentOS 6.x 系统启动流程分为以下 5 个阶段。

1．硬件启动阶段

- ☑ 打开电源。
- ☑ POST 自检。
- ☑ BIOS 逐一排查设备启动顺序，如果是硬盘启动，读取硬盘的 MBR 的 BootLoader（主引导程序），这里默认 MBR 分区，暂不考虑 GPT 分区。

在这里主要有 3 个需要了解的概念，分别是 BIOS 启动顺序、MBR 和 BootLoader。

1）BIOS 启动顺序

BIOS 启动顺序取决于不同的主板和 PC 制造商的设置。通常来说，可以在开机时按 Delete 键或 F2 键进入 BIOS 设置界面，找到 Boot Sequence 或类似的标签，调整 CD-ROM 或类似选项至第一个位置，按 Esc 键保存并退出即可。

2）MBR

MBR 是硬盘的 0 柱面、0 磁道、1 扇区（第一个扇区），称为主引导扇区，也称为主引导记录。它由三部分组成：主引导程序、硬盘分区表和硬盘有效标志（55AA）。

（1）主引导程序，占 446 个字节，负责从活动分区中装载，并运行系统引导程序。

（2）硬盘分区表，占 64 个字节，有 4 个分区表项，每个分区表项占 16 个字节，硬盘中分区有多少及每一个分区的大小都记录在其中。

（3）硬盘的有效标志，占 2 个字节，固定为 55AA。如果这个标志为 0xAA55，就认为这个是 MBR。

注意：

硬盘默认的一个扇区大小为 512 字节。

3）BootLoader

不同的系统有不同的主引导程序。Windows NT 系列操作系统使用的是 NTLDR（NT Loader，系统加载程序），Windows Vista、Windows 7、Windows 8、Windows 10 使用的是 Bootmgr（Boot Manager，启动管理器）；Linux 一般使用的是 GRUB（也叫 GRUB legacy）和 GRUB2。CentOS 6 一般使用的是 GRUB（GRand Unified Bootloader），它是一个来自 GNU 项目的多操作系统启动程序。

2. GRUB 引导阶段

GRUB 程序加载执行并引导内核程序，其中包含如下 3 个阶段。

注意：

GRUB 引导阶段的文件都在/boot/grub/目录下。

1）stage1

这一阶段其实执行的是系统安装时预先写入 MBR 的 BootLoader 程序。它的任务仅是读取（加载）硬盘的 0 柱面、0 磁道、2 扇区的内容（/boot/grub/stage1）并执行。

```
[root@CentOS6 ~]# ll /boot/grub/stage1
 -rw-r--r--. 1 root root 512 Mar 13  2018 /boot/grub/stage1
```

另外，这一阶段并没有识别文件系统的能力。这一阶段使硬件初始化，为 stage2 准备 RAM 空间（内存空间），读取 stage2 到 RAM 空间（应该涉及了 stage1.5），即 stage1.5 或 stage2 的入口，引导进入 stage1.5 或 stage2。

2）stage1.5

这一阶段是 stage1 和 stage2 的桥梁，具有识别分区文件系统的能力，此后 GRUB 程序便有能力去访问/boot/grub/stage2，并将其读取到内存执行。

```
[root@CentOS6 ~]# ll -h /boot/grub/stage2       //大于 512 字节了
-rw-r--r--. 1 root root 124K Mar 21  2018 /boot/grub/stage2
[root@CentOS6 ~]# ls /boot/grub/*stage1_5       //有各种文件系统格式
/boot/grub/e2fs_stage1_5     /boot/grub/minix_stage1_5
/boot/grub/fat_stage1_5      /boot/grub/reiserfs_stage1_5
/boot/grub/ffs_stage1_5      /boot/grub/ufs2_stage1_5
/boot/grub/iso9660_stage1_5  /boot/grub/vstafs_stage1_5
/boot/grub/jfs_stage1_5      /boot/grub/xfs_stage1_5
```

3）stage2

这一阶段会初始化本阶段需要用到的硬件、检测系统的内存映像、解析 GRUB 的配置文件/boot/grub/grub.conf，根据配置文件加载内核镜像到内存中，通过 initrd 程序建立虚拟根文件系统，最后调用（转交）内核。

```
[root@CentOS6 ~]# cat /boot/grub/grub.conf

# anaconda 生成 grub.conf
#

# 更改此文件后不用重新运行 grub
#
# 注意：你有一个/boot 分区，这意味着所有内核和 initrd 路径都是相对于/boot/的，例如，

#          root  (hd0,0)

#          kernel /vmlinuz-version ro root=/dev/mapper/vg_centos6-lv_root
```

```
#        initrd /initrd-[generic-]version.img

#boot=/dev/sda

default=0                                   //设置默认启动项为第一个内核
timeout=5                                   //菜单项等待选项时间为 5 秒
splashimage=(hd0,0)/grub/splash.xpm.gz //菜单背景图片
hiddenmenu                                  //隐藏菜单
//这里有时候会有 password 参数，即进入急救模式（单用户模式）的密码是多少，可以是明文密码，也可以是加密密码
//例如：password --md5 $1$1S9Xy$1MuGZSoPc2vAtkW.jvz0X/代表进入急救模式的password 经过 MD5 加密，加密密码为$1$1S9Xy$1MuGZSoPc2vAtkW.jvz0X/
```

3．内核引导阶段

调用虚拟根文件系统中的 init 程序，加载驱动模块初始化系统的各个设备并做相关配置，其中包括 CPU、I/O、存储设备，使内核能够识别并加载根“/”的中间桥梁，加载并切换真正的根文件系统（在 grub.conf 中的“root=”所指定的内容）并协助内核呼叫进程/sbin/init 程序。

4．init 阶段（系统初始化阶段）

- ☑ 获取用户级别，这里可以通过/etc/inittab 文件获取。
- ☑ 执行/etc/rc/sysinit 脚本。
  - ➢ 获取网络环境与主机类型。
  - ➢ 打印文本欢迎信息。
  - ➢ 决定是否启动 SELinux。
  - ➢ 测试域载入内存设备/proc、USB 设备及/sys 等信息。
  - ➢ 接口设备的检测与即插即用（PnP）参数的测试。
  - ➢ 挂载所有在/etc/fstab 定义的文件系统。
  - ➢ 根据/etc/sysctl.conf 文件设定的内核参数值加载核心的相关设置。
  - ➢ 设置系统时间。
  - ➢ 设置终端控制台的字形。
  - ➢ 设置 RAID 与 LVM 等硬盘功能。
  - ➢ 以 fack 检查磁盘文件系统。
  - ➢ 进行磁盘配额（quota）的转换。
  - ➢ 重新以可读取模式载入系统磁盘。
  - ➢ 启动 quota 功能。
  - ➢ 启动系统随机数设备。
  - ➢ 清除启动过程中的临时文件。
  - ➢ 将启动相关信息加载到/var/log/dmesg 日志文件中。
- ☑ 加载系统服务。
  - ➢ /etc/rc/d/rc#.d：根据运行级别启动/etc/rc.d/rc#.d 目录下对应的服务。

➢ /etc/rc.local：加载用户自定义的服务。

5．启动终端阶段

默认情况下执行/sbin/mingetty 会打开 6 个纯文本终端。如果运行级别为 5，则打开 X-Window 图形交互界面，CentOS 6.x 系统启动流程如图 6.18 所示。

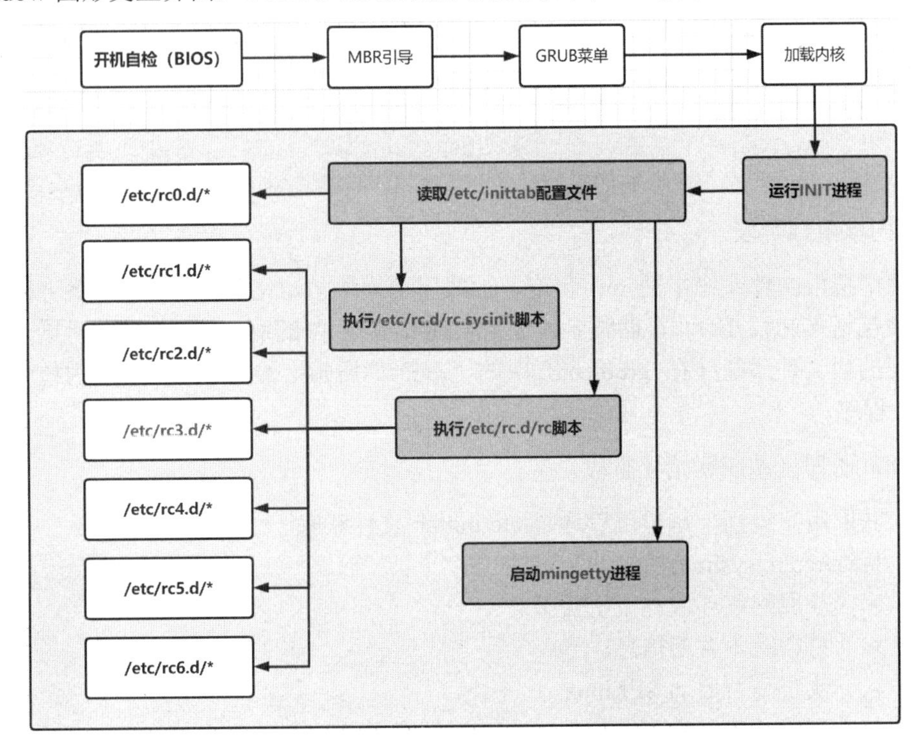

图 6.18　CentOS 6.x 系统启动流程

6.8.2　CentOS 7.x 以后的系统启动流程

CentOS 7.x 以后的系统启动流程分为以下 4 个阶段。

1．硬件启动阶段

这个阶段与 CentOS 6.x 启动类似，可以参照 CentOS 6.x 系统的启动流程。

2．GRUB2 引导阶段

从这一步开始，CentOS 6 和 CentOS 7 启动流程的区别开始展现出来了，CentOS 7 的主引导程序使用的是 GRUB2。

本阶段的主要流程如下。

☑ 加载两个镜像 Boot.img 和 Core.img。

☑ 加载 MOD 模块文件，将 GRUB2 程序加载执行。

☑ 解析配置文件/boot/grub/grub.cfg，根据配置文件加载内核模块到内存。

☑ 构建虚拟根文件系统，最后转到内核。

3．内核引导阶段

这一步与 CentOS 6 类似，即加载驱动、切换到真正的根文件系统，唯一不同的是执行的初始化程序变成了/usr/lib/systemd/system。

4．systemd 初始化阶段（系统初始化阶段）

CentOS 7 中初始化进程变成了 systemd，本阶段初始化的流程如下。

☑ 执行默认 target 配置文件/etc/systemd/system/default.target（这是一个软链接，与默认运行级别有关）。

☑ 执行 sysinit.target 初始化系统，执行 basic.target 准备操作系统。

☑ 启动 multi-user.target 下的本机服务，并检查/etc/rc.d/rc.local 文件是否有用户自定义脚本需要启动。

☑ 执行 multi-user 下的 getty.target 及登录服务，检查 default.target 是否有其他的服务需要启动。

CentOS 7.x 以后系统的启动流程如图 6.19 所示。

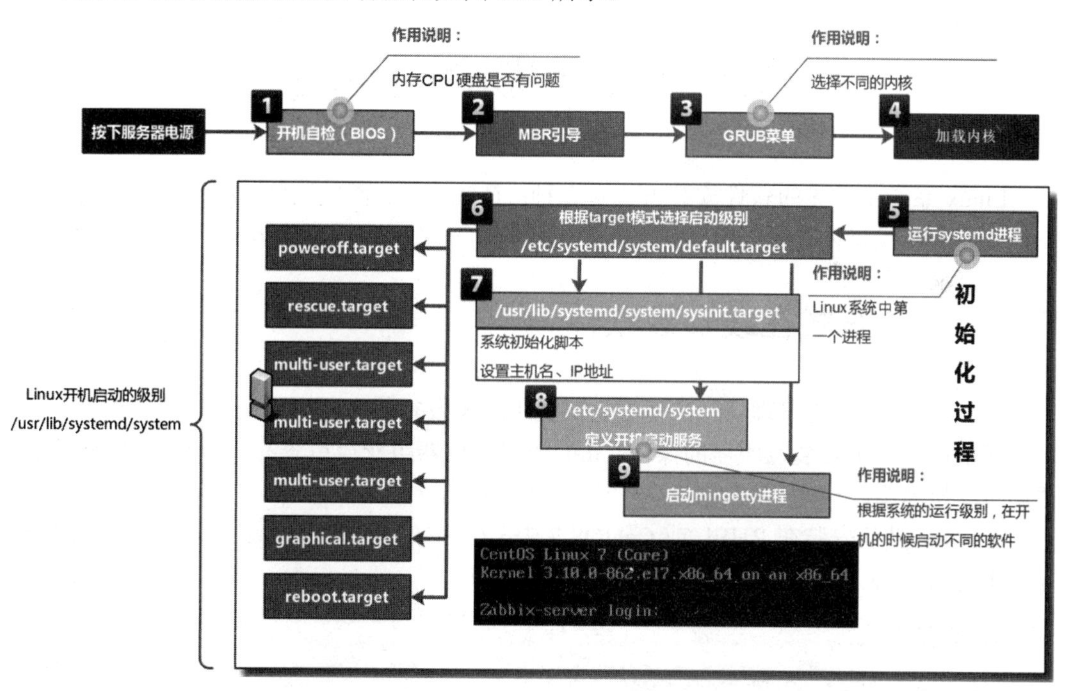

图 6.19 CentOS 7.x 以后系统启动流程

第 7 章 系统管理

本章主要介绍 Rocky Linux 系统中的软件和软件包管理、SELinux 管理、计划任务管理、系统性能监控命令、NTP 服务、主机名称、语言和字符集管理等。

7.1 软件和软件包管理

Linux 系统中常见的软件安装方式有 3 种：在线安装、离线安装、源码编译安装。通过在线安装或离线安装时就要用到我们所说的软件包，软件包通常为 rpm、deb 等格式。

7.1.1 dnf 方式在线安装软件

dnf 是一个软件包管理器，在基于 rpm 的 Linux 发行版上可以安装、更新和删除包，自动计算依赖并确定安装包所需的操作。dnf 使维护机器组变得更容易，无须使用 rpm 手动更新每个机器组。

dnf 并未默认安装在 RHEL 或 CentOS 7 中，CentOS 8 中默认安装了 dnf。Rocky Linux 是基于 CentOS 8.x 打造的，所以也默认安装了 dnf。

1. 语法格式

```
dnf <options> <command> <package>
```

2. 参数详解

options 可选参数如下。

- ☑ -c [config file], -config [config file]：配置文件位置。
- ☑ -q,--quiet：静默执行。
- ☑ -v,--verbose：详尽执行。

- ☑ -version：显示 dnf 版本信息并退出。
- ☑ --version：查看 dnf 版本信息。
- ☑ -installroot [path]：设置安装目录。
- ☑ -noplugins：禁用所有插件。
- ☑ -enableplugin[plugin]：启用指定名称的插件。
- ☑ -disableplugin[plugin]：禁用指定名称的插件。
- ☑ -h,--help,--help-cmd：显示命令帮助。
- ☑ -allowerasing：允许解决依赖关系时删除已安装的软件包。
- ☑ -b,--best：在事务中尝试追加软件包版本。
- ☑ -nobest：不用把事务限制在最佳选择。
- ☑ -C,-cacheonly：完全从系统缓存运行，不升级缓存。
- ☑ -R [minutes],-randomwait [minutes]：最大等待时间。
- ☑ -d [debug level],-debuglevel[debug level]：调试输出最高级别。
- ☑ -showduplicates：在 list 或 search 命令下显示仓库里的重复条目。
- ☑ -y,--assumeyes：全部问题自动应答为是。
- ☑ -assumeno：全部问题自动应答为否。
- ☑ -downloadonly：仅下载软件包。

command 可选参数如下。

- ☑ alias：列出或创建命令别名。
- ☑ autoremove：删除所有原来因为依赖关系安装的不需要的软件包。
- ☑ check：在包数据库中寻找问题。
- ☑ check-update：检查是否有软件包升级。
- ☑ dnf check-update：检查是否有软件包可以升级。
- ☑ clean：删除已缓存的数据。
- ☑ deplist：列出软件包的依赖关系和提供这些软件包的源。
- ☑ dnf deplist package：列出 package 包的依赖关系。
- ☑ distro-sync：同步已经安装的软件包到最新可用版本。
- ☑ downgrade：降级包。
- ☑ download：只下载，不安装。
- ☑ group：显示或使用组信息。
- ☑ grouplist：显示所有的软件包组。
- ☑ dnf grouplist：查看所有的软件包组。
- ☑ groupinstall：安装软件包组。
- ☑ dnf groupinstall group：安装 group 软件包组。
- ☑ help：显示一个有帮助的用法信息。
- ☑ history：显示历史信息。
- ☑ info：显示关于软件包或软件包组的详细信息。
- ☑ dnf info package：查看 package 包的详情。

- ☑ install：安装一个或多个软件包。
- ☑ dnf install package：安装 package 包。
- ☑ dnf install package1 package2：安装 package1 包和 package2 包。
- ☑ list：列出一个或一组软件包。
- ☑ dnf list：列出所有 rpm 包。
- ☑ dnf list installed：列出已经安装的 rpm 包。
- ☑ dnf list available：列出可供安装的 rpm 包。
- ☑ makecache：创建数据缓存。
- ☑ dnf makecache：创建新的数据缓存。
- ☑ mark：在已安装的软件包中标记或取消标记由用户安装的软件包。
- ☑ module：与模块互交。
- ☑ provides：查找提供指定内容的软件包。
- ☑ reinstall：重新安装。
- ☑ remove：卸载一个或多个软件包。
- ☑ dnf remove package：卸载 package 包。
- ☑ repolist：显示已配置的软件仓库。
- ☑ dnf repolist：查看系统中可用的 dnf 软件库。
- ☑ dnf repolist all：查看所有的 dnf 软件库。
- ☑ repoquery：搜索匹配关键字的软件包。
- ☑ repository-packages：对指定仓库中的所有软件包运行命令。
- ☑ search：在软件包详细信息中搜索指定的字符串。
- ☑ dnf search package：搜索 package 包。
- ☑ shell：运行交互式的 dnf 终端。
- ☑ swap：运行交互式的 dnf 终端以删除或安装 spec 描述文件。
- ☑ update：升级软件包。
- ☑ dnf update：升级所有能升级的包。
- ☑ dnf update package：更新 package 包。
- ☑ updateinfo：显示软件包的参考意见。
- ☑ upgrade：升级系统中的一个或多个软件包。
- ☑ dnf upgrade：升级所有能升级的包。
- ☑ upgrade-minimal：将每个软件包更新，提供错误修复、增强功能或安全修复程序的最新版本。

package：软件包名称。

3. 企业实战

【案例 1】在线安装 unzip 工具。

命令如下，如图 7.1 所示。

```
[root@rcs-team-rocky8.6 ~]# dnf install -y unzip
```

```
[root@rcs-team-rocky8.6 ~]# dnf install -y unzip
Last metadata expiration check: 2:30:52 ago on Wed 03 Aug 2022 06:15:33 PM CST.
Dependencies resolved.
================================================================================
 Package         Architecture       Version             Repository        Size
================================================================================
Installing:
 unzip           x86_64             6.0-46.el8          baseos           195 k

Transaction Summary
================================================================================
Install  1 Package

Total download size: 195 k
Installed size: 414 k
Downloading Packages:
unzip-6.0-46.el8.x86_64.rpm                    677 kB/s | 195 kB     00:00
--------------------------------------------------------------------------------
Total                                          674 kB/s | 195 kB     00:00
Running transaction check
Transaction check succeeded.
Running transaction test
Transaction test succeeded.
Running transaction
  Preparing        :                                                        1/1
  Installing       : unzip-6.0-46.el8.x86_64                                1/1
  Running scriptlet: unzip-6.0-46.el8.x86_64                                1/1
  Verifying        : unzip-6.0-46.el8.x86_64                                1/1

Installed:
  unzip-6.0-46.el8.x86_64

Complete!
[root@rcs-team-rocky8.6 ~]#
```

图 7.1　在线安装 unzip 工具

【案例 2】在线卸载 unzip 工具。

命令如下，如图 7.2 所示。

```
[root@rcs-team-rocky8.6 ~]# dnf remove -y unzip
```

```
[root@rcs-team-rocky8.6 ~]# dnf remove -y unzip
Dependencies resolved.
================================================================================
 Package                  Architecture   Version              Repository   Size
================================================================================
Removing:
                          x86_64         6.0-46.el8           @baseos     414 k
Removing dependent packages:
                          noarch         129-1.el8            @appstream  147 k
                          x86_64         4.14.3-23.el8        @appstream  292 k
                          x86_64         4.6-4.el8            @appstream    0
                          x86_64         3.0-23.el8           @anaconda   808 k
Removing unused dependencies:
                          x86_64         10.29-3.el8          @appstream  135 k
                          x86_64         1.66.0-10.el8        @AppStream  8.6 k
                          x86_64         1.66.0-10.el8        @AppStream   38 k
                          x86_64         1.66.0-10.el8        @AppStream   78 k
                          x86_64         1.66.0-10.el8        @AppStream  111 k
                          x86_64         1.66.0-10.el8        @AppStream   22 k
                          x86_64         1.66.0-10.el8        @AppStream  179 k
                          x86_64         1.66.0-10.el8        @AppStream   30 k
                          x86_64         0.12-10.el8          @AppStream  225 k
                          x86_64         11.0.0-3.el8         @AppStream   14 M
                          noarch         3-3.el8              @AppStream   38 k
                          x86_64         0.186-1.el8          @baseos     2.7 M
                          x86_64         0.186-1.el8          @baseos     8.3 k
                          x86_64         0.186-1.el8          @baseos     172 k
                          noarch         1.4.2-7.el8          @AppStream  414
                          noarch         2-17.el8             @AppStream  7.2 k
                          x86_64         1.4.4-1.el8          @anaconda   149 k
                          x86_64         1:0.3.0-11.el8_6.1   @baseos      87 k
                          noarch         5-4.el8              @AppStream  737
                          noarch         2-2.el8              @AppStream  104
                          noarch         1-25.el8             @AppStream  794
```

图 7.2　在线卸载 unzip 工具

【案例 3】在线搜索 unzip 软件包。

命令如下，如图 7.3 所示。

```
[root@rcs-team-rocky8.6 ~]# dnf search unzip
```

```
[root@rcs-team-rocky8.6 ~]# dnf search unzip
Last metadata expiration check: 2:30:41 ago on Wed 03 Aug 2022 06:15:33 PM CST.
============================ Name Exactly Matched: unzip ============================
unzip.x86_64 : A utility for unpacking zip files
```

图 7.3　在线搜索 unzip 软件包

【案例 4】查看所有安装事务的历史记录。

命令如下，如图 7.4 所示。

```
[root@rcs-team-rocky8.6 ~]# dnf history
```

```
[root@rcs-team-rocky8.6 ~]# dnf history
ID     | Command line                              | Date and time    | Action(s)      | Altered
-----------------------------------------------------------------------------------------------
    25 | install -y unzip                          | 2022-08-03 20:46 | Install        |    1
    24 | remove -y unzip                           | 2022-08-03 20:44 | Removed        |   37
    23 |                                           | 2022-08-03 18:01 | Upgrade        |    1 EE
    22 | install -y podman-docker                  | 2022-07-22 01:52 | Install        |    1
    21 | install -y httpd                          | 2022-07-21 14:46 | Install        |    1
    20 |                                           | 2022-07-21 07:07 | ?, E, I, U     |   14
    19 | module install -y container-tools         | 2022-07-19 16:54 | Install        |   11
    18 |                                           | 2022-07-18 06:42 | ?, E, I, U     |   14
    17 |                                           | 2022-07-15 15:34 | Install        |    1
    16 |                                           | 2022-07-15 15:31 | I, U           |   46
    15 |                                           | 2022-07-15 15:18 | I, U           |  270
    14 |                                           | 2022-07-15 15:11 | Install        |    1
    13 |                                           | 2022-07-15 15:10 | Install        |    6
    12 | groupupdate System Tools                  | 2022-07-15 14:54 | Install        |    1
    11 | groupinstall System Tools                 | 2022-07-15 14:53 | I, U           |   45
    10 | install -y openssl openssl-devel          | 2022-07-15 14:40 | I, U           |   17 <
     9 | install sysstat                           | 2022-07-15 01:25 | Install        |    2 >
     8 | install -y rsync                          | 2022-07-10 19:40 | Upgrade        |    1
     7 | install -y ncompress                      | 2022-07-07 15:08 | Install        |    1
     6 | groupinstall -y Development Tools         | 2022-06-30 23:55 | I, U           |   45
     5 | install -y httpd                          | 2022-06-28 14:21 | Install        |    9 EE
     4 | install cockpit                           | 2022-06-24 14:04 | Upgrade        |    1
     3 | install -y unzip                          | 2022-06-24 14:02 | Upgrade        |    1
     2 | install -y vim tree wget curl lrzsz       | 2022-06-24 13:51 | I, U           |    3
     1 |                                           | 2022-06-21 14:16 | Install        |  794 EE
[root@rcs-team-rocky8.6 ~]#
```

图 7.4　查看所有安装事务的历史记录

我们使用 yum 或 dnf 命令时都需要依赖网络环境，在一些比较特殊的情况下，如内网环境无法访问的情况，就需要使用 rpm 包的方式进行离线安装或编译安装。当然，我们也可以自己搭建内网的 dnf 源或 yum 源。

【案例 5】通过安装历史记录撤销单个事件。

命令如下，如图 7.5 所示。

```
[root@rcs-team-rocky8.6 ~]# dnf history undo 24
```

```
[root@rcs-team-rocky8.6 ~]# dnf history
ID     | Command line                              | Date and time    | Action(s)      | Altered
-----------------------------------------------------------------------------------------------
    25 | install -y unzip                          | 2022-08-03 20:46 | Install        |    1
    24 | remove -y unzip                           | 2022-08-03 20:44 | Removed        |   37
    23 |                                           | 2022-08-03 18:01 | Upgrade        |    1 EE
    22 | install -y podman-docker                  | 2022-07-22 01:52 | Install        |    1
    21 | install -y httpd                          | 2022-07-21 14:46 | Install        |    1
    20 |                                           | 2022-07-21 07:07 | ?, E, I, U     |   14
    19 | module install -y container-tools         | 2022-07-19 16:54 | Install        |   11
    18 |                                           | 2022-07-18 06:42 | ?, E, I, U     |   14
    17 |                                           | 2022-07-15 15:34 | Install        |    1
    16 |                                           | 2022-07-15 15:31 | I, U           |   46
    15 |                                           | 2022-07-15 15:18 | I, U           |  270
    14 |                                           | 2022-07-15 15:11 | Install        |    1
    13 |                                           | 2022-07-15 15:10 | Install        |    6
    12 | groupupdate System Tools                  | 2022-07-15 14:54 | Install        |    1
    11 | groupinstall System Tools                 | 2022-07-15 14:53 | I, U           |   45
    10 | install -y openssl openssl-devel          | 2022-07-15 14:40 | I, U           |   17 <
     9 | install sysstat                           | 2022-07-15 01:25 | Install        |    2 >
     8 | install -y rsync                          | 2022-07-10 19:40 | Upgrade        |    1
     7 | install -y ncompress                      | 2022-07-07 15:08 | Install        |    1
     6 | groupinstall -y Development Tools         | 2022-06-30 23:55 | I, U           |   45
     5 | install -y httpd                          | 2022-06-28 14:21 | Install        |    9 EE
     4 | install cockpit                           | 2022-06-24 14:04 | Upgrade        |    1
     3 | install -y unzip                          | 2022-06-24 14:02 | Upgrade        |    1
     2 | install -y vim tree wget curl lrzsz       | 2022-06-24 13:51 | I, U           |    3
     1 |                                           | 2022-06-21 14:16 | Install        |  794 EE
[root@rcs-team-rocky8.6 ~]# dnf history undo 24
Last metadata expiration check: 2:36:56 ago on Wed 03 Aug 2022 06:15:33 PM CST.
Dependencies resolved.
===============================================================================================
 Package                 Architecture          Version                 Repository         Size
===============================================================================================
```

图 7.5　通过安装历史记录撤销单个事件

【案例 6】查看哪些软件包提供了可用的更新。

命令如下，如图 7.6 所示。

```
[root@rcs-team-rocky8.6 ~]# dnf check-update
```

```
[root@rcs-team-rocky8.6 ~]# dnf check-update
Last metadata expiration check: 2:39:48 ago on Wed 03 Aug 2022 06:15:33 PM CST.
[root@rcs-team-rocky8.6 ~]#
```

图 7.6　查看哪些软件包提供了可用的更新

【案例 7】Cokpit（Web）可视化方式升级软件包。

下面使用 Cokpit（Web）可视化方式升级软件包，如图 7.7 所示。

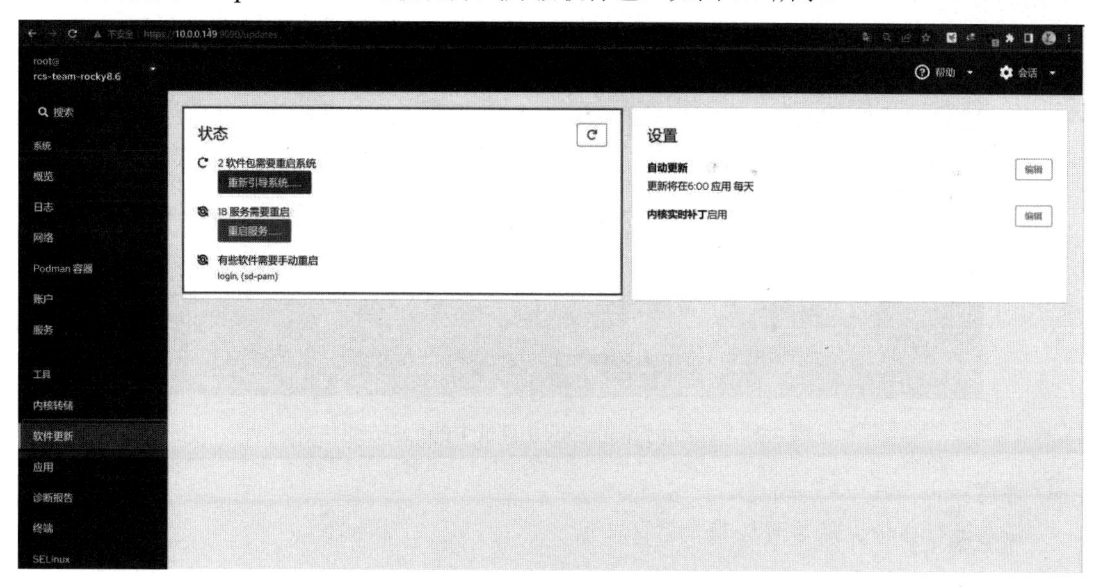

图 7.7　Cokpit（Web）可视化方式升级软件包

【案例 8】替换 dnf 默认源为国内阿里源。

这里通过阿里云提供的 Rocky Linux dnf 源来替换系统中默认源，输入网址 https://developer.aliyun.com/mirror/rockylinux 即可进入 Rocky Linux 镜像的配置引导界面，如图 7.8 所示。

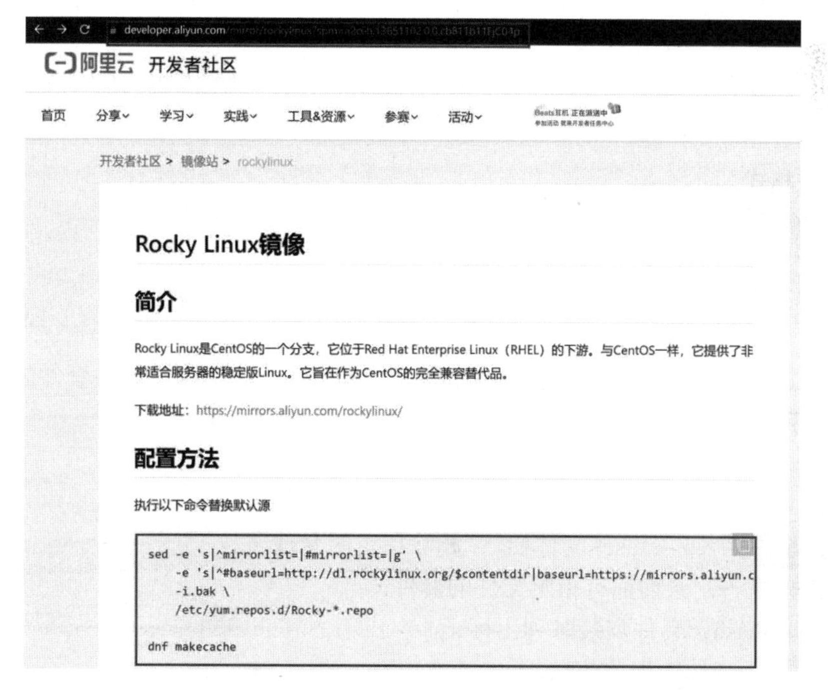

图 7.8　替换 Rocky Linux 8.x 默认源为阿里源

先备份/etc/yum.repos.d 目录中的*.repo 源信息，即复制图 7.8 中“配置方法”中被方框框住的内容，如图 7.9 所示。

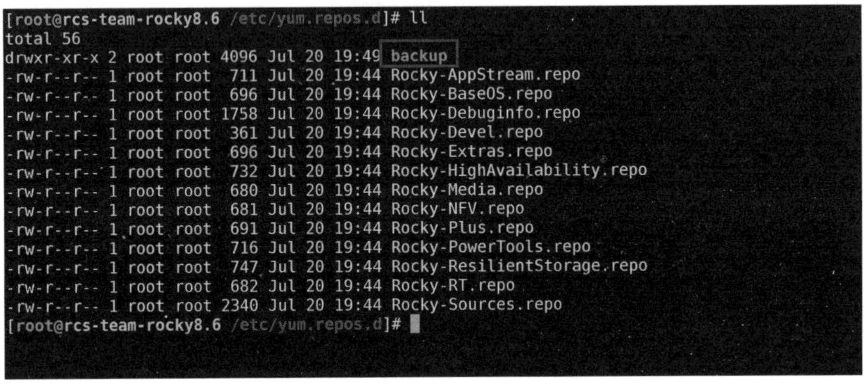

```
[root@rcs-team-rocky8.6 /etc/yum.repos.d]# ll
total 56
drwxr-xr-x 2 root root 4096 Jul 20 19:49 backup
-rw-r--r-- 1 root root  711 Jul 20 19:44 Rocky-AppStream.repo
-rw-r--r-- 1 root root  696 Jul 20 19:44 Rocky-BaseOS.repo
-rw-r--r-- 1 root root 1758 Jul 20 19:44 Rocky-Debuginfo.repo
-rw-r--r-- 1 root root  361 Jul 20 19:44 Rocky-Devel.repo
-rw-r--r-- 1 root root  696 Jul 20 19:44 Rocky-Extras.repo
-rw-r--r-- 1 root root  732 Jul 20 19:44 Rocky-HighAvailability.repo
-rw-r--r-- 1 root root  680 Jul 20 19:44 Rocky-Media.repo
-rw-r--r-- 1 root root  681 Jul 20 19:44 Rocky-NFV.repo
-rw-r--r-- 1 root root  691 Jul 20 19:44 Rocky-Plus.repo
-rw-r--r-- 1 root root  716 Jul 20 19:44 Rocky-PowerTools.repo
-rw-r--r-- 1 root root  747 Jul 20 19:44 Rocky-ResilientStorage.repo
-rw-r--r-- 1 root root  682 Jul 20 19:44 Rocky-RT.repo
-rw-r--r-- 1 root root 2340 Jul 20 19:44 Rocky-Sources.repo
[root@rcs-team-rocky8.6 /etc/yum.repos.d]#
```

图 7.9　备份/etc/yum.repos.d 目录中的*.repo 源信息

注意：

要先进行备份，然后再替换。

7.1.2　rpm 软件包方式离线安装软件

rpm（Red Hat package manager）命令用于管理套件。rpm 原本是 Red Hat Linux 发行版专门用来管理 Linux 系统各项套件的程序，由于它遵循 GPL 规则且功能强大，因而广受欢迎，逐渐被其他发行版采用。RPM 套件管理方式的出现，使 Linux 易于安装和升级，间接地提升了 Linux 系统的适用度。

简单来说，RPM 就是 Linux 系统中的软件包。我们可以通过 RPM 软件包的形式进行离线安装，解决 dnf 以及 yum 没有网络的情况。

1. 语法格式

```
rpm 参数
```

2. 参数详解

- ☑ -a：查询所有套件。
- ☑ -b<完成阶段><套件档>+或-t <完成阶段><套件档>+：设置包装套件的完成阶段，并指定套件档的文件名称。
- ☑ -c：只列出组态配置文件，本参数需配合-l 参数使用。
- ☑ -d：只列出文本文件，本参数需配合-l 参数使用。
- ☑ -e<套件档>或--erase<套件档>：删除指定的套件。
- ☑ -f<文件>+：查询拥有指定文件的套件。
- ☑ -h 或--hash：套件安装时列出标记。
- ☑ -i：显示套件的相关信息。
- ☑ -i<套件档>或--install<套件档>：安装指定的套件档。

☑ -l：显示套件的文件列表。
☑ -p<套件档>+：查询指定的 RPM 套件档。
☑ -q：使用询问模式，当遇到任何问题时，rpm 指令会先询问用户。
☑ -R：显示套件的关联性信息。
☑ -s：显示文件状态，本参数需配合-l 参数使用。
☑ -U<套件档>或--upgrade<套件档>：升级指定的套件档。
☑ -v：显示指令的执行过程。
☑ -vv：详细显示指令的执行过程，便于排错。
☑ -addsign<套件档>+：在指定的套件中加上新的签名认证。
☑ --allfiles：安装所有文件。
☑ --allmatches：删除符合指定的套件所包含的文件。
☑ --badreloc：发生错误时，重新配置文件。
☑ --buildroot<根目录>：设置产生套件时，欲当作根目录的目录。
☑ --changelog：显示套件的更改记录。
☑ --checksig<套件档>+：检验该套件的签名认证。
☑ --clean：完成套件的包装后，删除包装过程中所建立的目录。
☑ --dbpath<数据库目录>：设置欲存放 RPM 数据库的目录。
☑ --dump：显示每个文件的验证信息，本参数需配合-l 参数使用。
☑ --excludedocs：安装套件时不要安装文件。
☑ --excludepath<排除目录>：忽略在指定目录里的所有文件。
☑ --force：强行置换套件或文件。
☑ --ftpproxy<主机名称或 IP 地址>：指定 FTP 代理服务器。
☑ --ftpport<通信端口>：设置 FTP 服务器或代理服务器使用的通信端口。
☑ --help：在线帮助。
☑ --httpproxy<主机名称或 IP 地址>：指定 HTTP 代理服务器。
☑ --httpport<通信端口>：设置 HTTP 服务器或代理服务器使用的通信端口。
☑ --ignorearch：不验证套件档的结构正确性。
☑ --ignoreos：不检查软件包运行的操作系统。
☑ --ignoresize：安装前不检查磁盘空间是否足够。
☑ --includedocs：安装套件时一并安装文件。
☑ --initdb：RPM 包管理系统使用一个数据库来跟踪已安装的 RPM 软件包的信息，如名称、版本、依赖关系等。--initdb 参数将创建这个数据库，以备后续安装 RPM 包时使用。
☑ --justdb：更新数据库，但不变动任何文件。
☑ --nobulid：不执行任何完成阶段。
☑ --nodeps：不验证套件档的相互关联性。
☑ --nofiles：不验证文件的属性。
☑ --nogpg：略过所有 GPG 的签名认证。

- ☑ --nomd5：不使用 MD5 编码演算确认文件的大小与正确性。
- ☑ --nopgp：略过所有 PGP 的签名认证。
- ☑ --noorder：不重新编排套件的安装顺序，以便满足其彼此间的关联性。
- ☑ --noscripts：不执行任何安装 Script 文件。
- ☑ --notriggers：不执行该套件包装内的任何 Script 文件。
- ☑ --oldpackage：升级成旧版本的套件。
- ☑ --percent：安装套件时显示完成度百分比。
- ☑ --pipe<执行指令>：建立管道，把输出结果转为该执行指令的输入数据。
- ☑ --prefix<目的目录>：若重新配置文件，就把文件放到指定的目录下。
- ☑ --provides：查询该套件所提供的兼容度。
- ☑ --queryformat<档头格式>：设置档头的表示方式。
- ☑ --querytags：列出可用于档头格式的标签。
- ☑ --rcfile<配置文件>：使用指定的配置文件。
- ☑ --rebulid<套件档>：安装原始代码套件，重新产生二进制文件的套件。
- ☑ --rebuliddb：以现有的数据库为主，重建一份数据库。
- ☑ --recompile<套件档>：此参数的效果和指定--rebulid 参数类似，但不产生套件档。
- ☑ --relocate<原目录>=<新目录>：把本来会放到原目录下的文件改放到新目录。
- ☑ --replacefiles：强行置换文件。
- ☑ --replacepkgs：强行置换套件。
- ☑ --requires：查询该套件所需要的兼容度。
- ☑ --resing<套件档>+：删除现有认证，重新产生签名认证。
- ☑ --rmsource：完成套件的包装后，删除原始代码。
- ☑ --rmsource<文件>：删除原始代码和指定的文件。
- ☑ --root<根目录>：设置欲当作根目录的目录。
- ☑ --scripts：列出安装套件的 Script 的变量。
- ☑ --setperms：设置文件的权限。
- ☑ --setugids：设置文件的拥有者和所属群组。
- ☑ --short-circuit：直接略过指定完成阶段的步骤。
- ☑ --sign：产生 PGP 或 GPG 的签名认证。
- ☑ --target=<安装平台>+：设置产生的套件的安装平台。
- ☑ --test：仅作测试，并不真的安装套件。
- ☑ --timecheck<检查秒数>：设置检查时间的计时秒数。
- ☑ --triggeredby<套件档>：查询该套件的包装者。
- ☑ --triggers：展示套件档内的包装 Script。
- ☑ --verify：此参数的效果和指定-q 参数相同。
- ☑ --version：显示版本信息。
- ☑ --whatprovides<功能特性>：查询该套件对指定的功能特性所提供的兼容度。
- ☑ --whatrequires<功能特性>：查询该套件对指定的功能特性所需要的兼容度。

3. 包的构成

rpm 包的构成如图 7.10 所示。

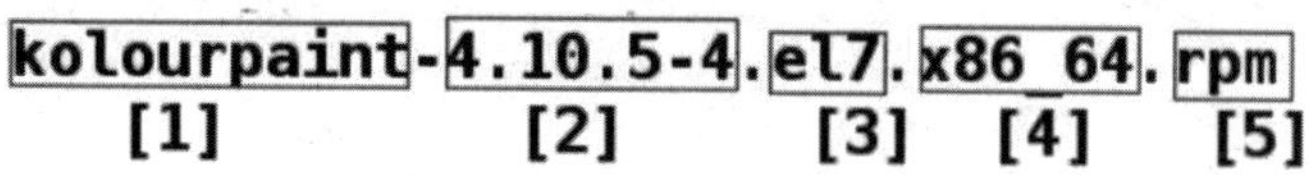

kolourpaint-4.10.5-4.el7.x86_64.rpm
[1]　[2]　[3]　[4]　[5]

图 7.10　rpm 包的构成

详细说明如下。

☑　[1]代表软件名。
☑　[2]代表版本。
☑　[3]代表适用系统。
☑　[4]代表系统架构。
☑　[5]代表适用 rpm 体系软件。

4. 包的依赖

常见的包依赖关系如下。

☑　树形依赖：a→b→c。
☑　环型依赖：a→b→c→a。
☑　模块依赖：通过 www.rpmfind.net 网站查询 libapr-1.so.0 的依赖模块，如图 7.11 所示。

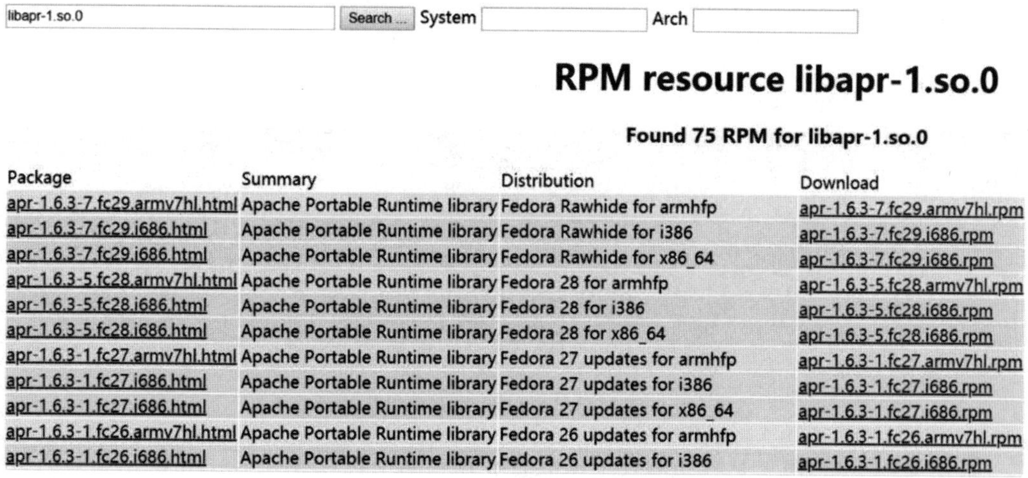

libapr-1.so.0　Search ...　System　Arch

RPM resource libapr-1.so.0

Found 75 RPM for libapr-1.so.0

Package	Summary	Distribution	Download
apr-1.6.3-7.fc29.armv7hl.html	Apache Portable Runtime library	Fedora Rawhide for armhfp	apr-1.6.3-7.fc29.armv7hl.rpm
apr-1.6.3-7.fc29.i686.html	Apache Portable Runtime library	Fedora Rawhide for i386	apr-1.6.3-7.fc29.i686.rpm
apr-1.6.3-7.fc29.i686.html	Apache Portable Runtime library	Fedora Rawhide for x86_64	apr-1.6.3-7.fc29.i686.rpm
apr-1.6.3-5.fc28.armv7hl.html	Apache Portable Runtime library	Fedora 28 for armhfp	apr-1.6.3-5.fc28.armv7hl.rpm
apr-1.6.3-5.fc28.i686.html	Apache Portable Runtime library	Fedora 28 for i386	apr-1.6.3-5.fc28.i686.rpm
apr-1.6.3-5.fc28.i686.html	Apache Portable Runtime library	Fedora 28 for x86_64	apr-1.6.3-5.fc28.i686.rpm
apr-1.6.3-1.fc27.armv7hl.html	Apache Portable Runtime library	Fedora 27 updates for armhfp	apr-1.6.3-1.fc27.armv7hl.rpm
apr-1.6.3-1.fc27.i686.html	Apache Portable Runtime library	Fedora 27 updates for i386	apr-1.6.3-1.fc27.i686.rpm
apr-1.6.3-1.fc27.i686.html	Apache Portable Runtime library	Fedora 27 updates for x86_64	apr-1.6.3-1.fc27.i686.rpm
apr-1.6.3-1.fc26.armv7hl.html	Apache Portable Runtime library	Fedora 26 updates for armhfp	apr-1.6.3-1.fc26.armv7hl.rpm
apr-1.6.3-1.fc26.i686.html	Apache Portable Runtime library	Fedora 26 updates for i386	apr-1.6.3-1.fc26.i686.rpm

图 7.11　网站查询 libapr-1.so.0 的依赖模块

5. 企业实战

【案例 1】显示当前系统中以 rpm 方式安装的软件列表。

命令如下，如图 7.12 所示。

```
[root@rcs-team-rocky ~]# rpm -qa
```

```
[root@rcs-team-rocky ~]# rpm -qa
words-3.0-28.el8.noarch
jbig2dec-libs-0.16-1.el8.x86_64
openblas-srpm-macros-2-2.el8.noarch
libXrender-0.9.10-7.el8.x86_64
polkit-0.115-13.el8_5.2.x86_64
dyninst-11.0.0-3.el8.x86_64
gpg-pubkey-6d745a60-60287f36
libXinerama-1.1.4-1.el8.x86_64
openssh-8.0p1-13.el8.x86_64
bash-4.4.20-4.el8_6.x86_64
xkeyboard-config-2.28-1.el8.noarch
apr-util-openssl-1.6.1-6.el8.1.x86_64
libdatrie-0.2.9-7.el8.x86_64
PackageKit-1.1.12-6.el8.0.2.x86_64
pcre2-10.32-3.el8_6.x86_64
xorg-x11-server-utils-7.7-27.el8.x86_64
python3-libstoragemgmt-1.9.1-3.el8.x86_64
perl-Pod-Escapes-1.07-395.el8.noarch
dbus-1.12.8-18.el8_6.1.x86_64
rpm-libs-4.14.3-23.el8.x86_64
xfsprogs-5.0.0-10.el8.x86_64
perl-Pod-Simple-3.35-395.el8.noarch
kernel-core-4.18.0-372.19.1.el8_6.x86_64
pkgconf-m4-1.4.2-1.el8.noarch
libbpf-0.4.0-3.el8.x86_64
perl-Getopt-Long-2.50-4.el8.noarch
pcre2-utf16-10.32-3.el8_6.x86_64
valgrind-3.18.1-7.el8.x86_64
sudo-1.8.29-8.el8.x86_64
perl-parent-0.237-1.el8.noarch
podman-catatonit-4.1.1-2.module+el8.6.0+997+05c9d812.x86_64
perl-threads-2.21-2.el8.x86_64
pcre2-devel-10.32-3.el8_6.x86_64
libgpg-error-1.31-1.el8.x86_64
rpm-plugin-systemd-inhibit-4.14.3-23.el8.x86_64
krb5-libs-1.18.2-14.el8.x86_64
fuse-libs-2.9.7-15.el8.x86_64
```

图 7.12　显示当前系统中以 rpm 方式安装的软件列表

【案例 2】显示当前系统中以 rpm 方式安装的软件个数。

命令如下，如图 7.13 所示。

```
[root@rcs-team-rocky ~]# rpm -qa | wc -l
```

```
[root@rcs-team-rocky ~]# rpm -qa | wc -l
864
[root@rcs-team-rocky ~]#
```

图 7.13　显示当前系统中以 rpm 方式安装的软件个数

【案例 3】显示指定软件包的详细信息（名称、版本、许可协议、用途、描述等）。

命令如下，如图 7.14 所示。

```
[root@rcs-team-rocky ~]# rpm -qi httpd
```

【案例 4】显示指定软件包在当前系统中的安装目录、文件列表。

命令如下，如图 7.15 所示。

```
[root@rcs-team-rocky ~]# rpm -ql httpd
```

```
[root@rcs-team-rocky ~]# rpm -qi httpd
Name        : httpd
Version     : 2.4.37
Release     : 47.module+el8.6.0+985+b8ff6398.2
Architecture: x86_64
Install Date: Thu 21 Jul 2022 02:46:19 PM CST
Group       : System Environment/Daemons
Size        : 4499410
License     : ASL 2.0
Signature   : RSA/SHA256, Wed 22 Jun 2022 10:25:03 PM CST, Key ID 15af5dac6d745a60
Source RPM  : httpd-2.4.37-47.module+el8.6.0+985+b8ff6398.2.src.rpm
Build Date  : Wed 22 Jun 2022 10:18:42 PM CST
Build Host  : ord1-prod-x86build005.svc.aws.rockylinux.org
Relocations : (not relocatable)
Packager    : infrastructure@rockylinux.org
Vendor      : Rocky
URL         : https://httpd.apache.org/
Summary     : Apache HTTP Server
Description :
The Apache HTTP Server is a powerful, efficient, and extensible
web server.
[root@rcs-team-rocky ~]#
```

图 7.14　显示 httpd 软件包的详细信息

```
[root@rcs-team-rocky ~]# rpm -ql httpd
/etc/httpd/conf
/etc/httpd/conf.d/autoindex.conf
/etc/httpd/conf.d/userdir.conf
/etc/httpd/conf.d/welcome.conf
/etc/httpd/conf.modules.d
/etc/httpd/conf.modules.d/00-base.conf
/etc/httpd/conf.modules.d/00-dav.conf
/etc/httpd/conf.modules.d/00-lua.conf
/etc/httpd/conf.modules.d/00-mpm.conf
/etc/httpd/conf.modules.d/00-optional.conf
/etc/httpd/conf.modules.d/00-proxy.conf
/etc/httpd/conf.modules.d/00-systemd.conf
/etc/httpd/conf.modules.d/01-cgi.conf
/etc/httpd/conf.modules.d/README
/etc/httpd/conf/httpd.conf
/etc/httpd/conf/magic
/etc/httpd/logs
/etc/httpd/modules
/etc/httpd/run
/etc/httpd/state
/etc/logrotate.d/httpd
/etc/sysconfig/htcacheclean
/run/httpd
/run/httpd/htcacheclean
/usr/lib/.build-id
/usr/lib/.build-id/01
/usr/lib/.build-id/01/c12b0545560359f6d91d2d3f1e2b9f619d5b64
/usr/lib/.build-id/02
/usr/lib/.build-id/02/4ac246139a7fd1d9129be2dfc9ab3e3a376c70
/usr/lib/.build-id/03
/usr/lib/.build-id/03/7ebee0ad6bc7cd175cc33ad19cffd93ee02e08
/usr/lib/.build-id/04
/usr/lib/.build-id/04/83ceb93f9624162a05e0b06ac2e641d2b53f84
/usr/lib/.build-id/08
```

图 7.15　显示 httpd 软件包在当前系统中的安装目录、文件列表

【案例 5】显示指定的文件或目录是由哪个软件包所安装的。

命令如下，如图 7.16 所示。

```
[root@rcs-team-rocky ~]# rpm -qf /usr/bin/vim
```

```
[root@rcs-team-rocky ~]# rpm -qf /usr/bin/vim
vim-enhanced-8.0.1763-19.el8_6.4.x86_64
[root@rcs-team-rocky ~]#
```

图 7.16　显示 vim 程序是由哪个软件包所安装的

【案例 6】通过 rpm 软件包安装软件。

下载 zsh 的 rpm 软件包，命令如下，如图 7.17 所示。

```
wget https://mirrors.tuna.tsinghua.edu.cn/centos/8-stream/BaseOS/x86_64/
os/Packages/zsh-5.5.1-10.el8.x86_64.rpm
```

```
[root@rcs-team-rocky /usr/local]# wget https://mirrors.tuna.tsinghua.edu.cn/centos/8-stream/BaseOS/x86_64/os/Packages/zsh-5.5.1-10.el8.x86_64.rpm
--2022-08-04 21:59:29--  https://mirrors.tuna.tsinghua.edu.cn/centos/8-stream/BaseOS/x86_64/os/Packages/zsh-5.5.1-10.el8.x86_64.rpm
Resolving mirrors.tuna.tsinghua.edu.cn (mirrors.tuna.tsinghua.edu.cn)... 101.6.15.130, 2402:f000:1:400::2
Connecting to mirrors.tuna.tsinghua.edu.cn (mirrors.tuna.tsinghua.edu.cn)|101.6.15.130|:443... connected.
HTTP request sent, awaiting response... 200 OK
Length: 3036328 (2.9M) [application/x-redhat-package-manager]
Saving to: 'zsh-5.5.1-10.el8.x86_64.rpm.1'

zsh-5.5.1-10.el8.x86_64.rpm.1          100%[=================================================>]   2.90M  10.0MB/s    in 0.3s

2022-08-04 21:59:31 (10.0 MB/s) - 'zsh-5.5.1-10.el8.x86_64.rpm.1' saved [3036328/3036328]

[root@rcs-team-rocky /usr/local]#
```

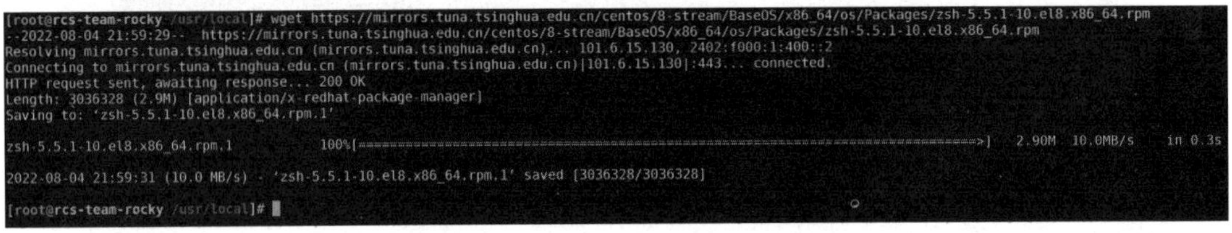

图 7.17　下载 zsh 的 rpm 软件包

下载完毕以后的 rpm 软件包信息如图 7.18 所示。

```
[root@rcs-team-rocky /usr/local]# ll
total 5100
drwxr-xr-x. 2 root root      25 Jul 21 15:51 bin
-rw-r--r--  1 root root 1140692 Jul 16 02:12 cockpit-navigator-0.5.8-2.el8.noarch.rpm
drwxr-xr-x. 2 root root       6 Oct 11  2021 etc
drwxr-xr-x. 2 root root       6 Oct 11  2021 games
drwxr-xr-x. 2 root root       6 Oct 11  2021 include
drwxr-xr-x. 2 root root       6 Oct 11  2021 lib
drwxr-xr-x. 3 root root      17 Jun 21 14:17 lib64
drwxr-xr-x. 2 root root       6 Oct 11  2021 libexec
drwxr-xr-x  9 1001 1001     186 Jul 15 14:39 nginx-1.18.0
-rw-r--r--  1 root root 1039530 Apr 21  2020 nginx-1.18.0.tar.gz
drwxr-xr-x. 2 root root       6 Oct 11  2021 sbin
drwxr-xr-x. 5 root root      49 Jun 21 14:17 share
drwxr-xr-x  3 root root      26 Jul 15 14:41 soft
drwxr-xr-x. 2 root root       6 Oct 11  2021 src
-rw-r--r--  1 root root 3036328 Jun 21 22:44 zsh-5.5.1-10.el8.x86_64.rpm
[root@rcs-team-rocky /usr/local]#
```

图 7.18　rpm 软件包信息

执行以下命令进行安装（忽略依赖关系，强制安装 zsh），如图 7.19 所示。

```
[root@rcs-team-rocky /usr/local]# rpm -ivh  --nodeps
zsh-5.5.1-10.el8.x86_64.rpm
```

```
[root@rcs-team-rocky /usr/local]# rpm -ivh  --nodeps zsh-5.5.1-10.el8.x86_64.rpm
warning: zsh-5.5.1-10.el8.x86_64.rpm: Header V3 RSA/SHA256 Signature, key ID 8483c65d: NOKEY
Verifying...                          ################################# [100%]
Preparing...                          ################################# [100%]
        package zsh-5.5.1-10.el8.x86_64 is already installed
[root@rcs-team-rocky /usr/local]#
```

图 7.19　忽略依赖关系，强制安装 zsh

当然也可以使用在线安装的方式安装 zsh，命令如下。

```
rpm -ivh  https://mirrors.tuna.tsinghua.edu.cn/centos/8-stream/BaseOS/
x86_64/os/Packages/zsh-5.5.1-10.el8.x86_64.rpm
```

进行安装时，如果遇到工作环境比较特殊的场景，如银行、证券等对保密性、安全性、合规性要求较为严格的企业，操作的服务器可能就没有外网，那么就需要我们在本地的计算机搭建一个版本一致的环境，在虚拟环境中下载或安装好工具，当测试没有问题时，再复制 rpm 包到服务器进行安装。

【案例 7】通过 rpm 卸载 httpd（忽略依赖关系，强制卸载）。

命令如下，如图 7.20 所示。

```
[root@rcs-team-rocky /usr/local]# rpm -e --nodeps httpd
```

```
[root@rcs-team-rocky /usr/local]# rpm -e --nodeps httpd
[root@rcs-team-rocky /usr/local]#
```

图 7.20　忽略依赖关系，强制卸载 httpd

【案例 8】通过 rpm 升级 zsh 软件。

命令如下，如图 7.21 所示。

```
[root@rcs-team-rocky /usr/local]# rpm -Uvh  zsh-5.5.1-10.el8.x86_64.rpm
```

```
[root@rcs-team-rocky /usr/local]# rpm -Uvh  zsh-5.5.1-10.el8.x86_64.rpm
warning: zsh-5.5.1-10.el8.x86_64.rpm: Header V3 RSA/SHA256 Signature, key ID 8483c65d: NOKEY
Verifying...                          ################################# [100%]
Preparing...                          ################################# [100%]
        package zsh-5.5.1-10.el8.x86_64 is already installed
[root@rcs-team-rocky /usr/local]#
```

图 7.21　rpm 升级 zsh 软件

7.1.3　源码编译方式安装软件

1．源码编译安装介绍

Linux 系统中的软件大多都是开源的，基于这个特点我们可以在软件的官方网站下载源码。如果你有足够的能力，也可以修改源码进行二次开发。另外，在编译安装时可以自由选择用户所需的功能，因为软件是编译安装的，更加适合自己的操作系统，更容易针对系统的 CPU 和架构进行优化，程序运行的效率更高、更稳定。

2．源码编译安装案例

下面通过源码编译的方式安装 Nginx。首先下载 Nginx 的源码到指定的目录中，命令如下，如图 7.22 所示。

```
[root@rcs-team-rocky /usr/local]# wget http://nginx.org/download/nginx-1.18.0.tar.gz
```

```
[root@rcs-team-rocky /usr/local]# wget http://nginx.org/download/nginx-1.18.0.tar.gz
--2022-08-04 23:20:24--  http://nginx.org/download/nginx-1.18.0.tar.gz
Resolving nginx.org (nginx.org)... 3.125.197.172, 52.58.199.22, 2a05:d014:edb:5702::6, ...
Connecting to nginx.org (nginx.org)|3.125.197.172|:80... connected.
HTTP request sent, awaiting response... 200 OK
Length: 1039530 (1015K) [application/octet-stream]
Saving to: 'nginx-1.18.0.tar.gz.1'

nginx-1.18.0.tar.gz.1          100%[==========================================>]  1015K  498KB/s   in 2.0s

2022-08-04 23:20:27 (498 KB/s) - 'nginx-1.18.0.tar.gz.1' saved [1039530/1039530]

[root@rcs-team-rocky /usr/local]#
[root@rcs-team-rocky /usr/local]# ll
total 6116
drwxr-xr-x. 2 root root      25 Jul 21 15:51 bin
-rw-r--r--  1 root root 1140692 Jul 16 02:12 cockpit-navigator-0.5.8-2.el8.noarch.rpm
drwxr-xr-x. 2 root root       6 Oct 11  2021 etc
drwxr-xr-x. 2 root root       6 Oct 11  2021 games
drwxr-xr-x. 2 root root       6 Oct 11  2021 include
drwxr-xr-x. 2 root root       6 Oct 11  2021 lib
drwxr-xr-x. 3 root root      17 Jun 21 14:17 lib64
drwxr-xr-x. 2 root root       6 Oct 11  2021 libexec
drwxr-xr-x  9 1001 1001     186 Jul 15 14:39 nginx-1.18.0
-rw-r--r--  1 root root 1039530 Apr 21  2020 nginx-1.18.0.tar.gz
```

图 7.22　下载 Nginx 的源码到/usr/local 目录中

下载完毕后得到 nginx-1.18.0.tar.gz 压缩文件，通过以下命令对压缩文件进行解压缩。

```
[root@rcs-team-rocky /usr/local]   # tar zxvf nginx-1.18.0.tar.gz
```

解压缩后得到 nginx-1.18.0 目录，执行以下命令进入目录中。

```
[root@rcs-team-rocky /usr/local]   # cd nginx-1.18.0
```

编译安装需要解决依赖问题，这里通过 dnf 安装 SSL 等相关依赖包，命令如下。

```
[root@rcs-team-rocky /usr/local/nginx-1.18.0]  #  dnf  install  -y  openssl
openssl-devel
```

安装完依赖包后，在 nginx-1.18.0/目录下执行配置命令并添加可选参数。

```
./configure \
--prefix=/usr/local/nginx \     #指定 Nginx 的安装路径
--user=nginx \                  #指定用户名
--group=nginx \                 #指定组名
--with-http_stub_status_module #启用http_stub_status_module模块以支持状态统计
```

这一步操作可能会需要几分钟，如果缺少模块或依赖，根据提示信息进行安装即可。安装完毕后，执行以下命令进行编译安装，如图 7.23 所示。

```
[root@rcs-team-rocky /usr/local/nginx-1.18.0]# make && make install
```

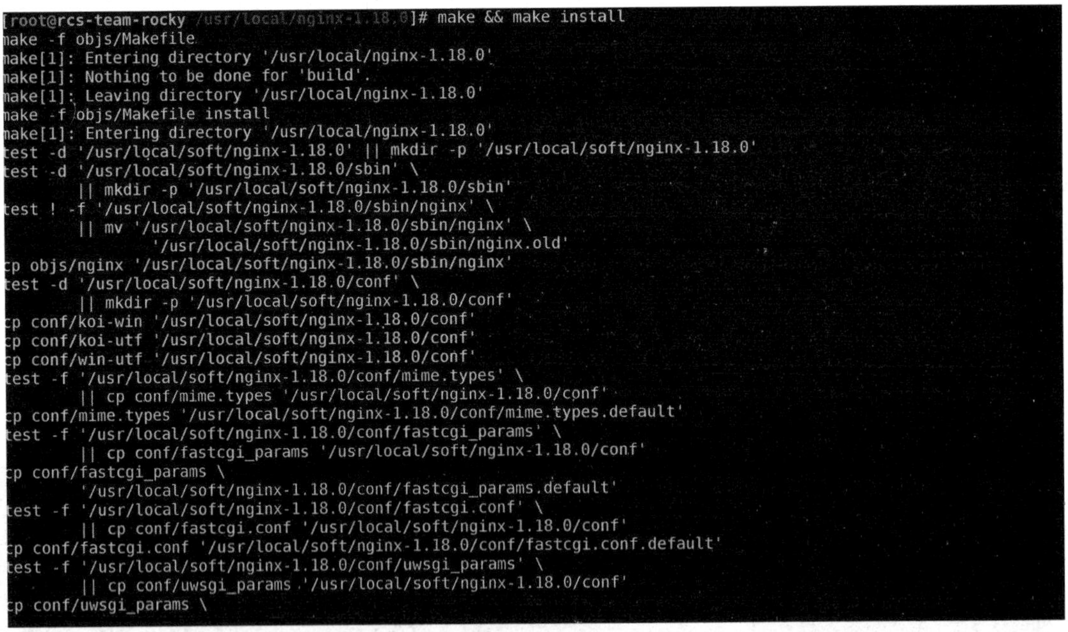

```
[root@rcs-team-rocky /usr/local/nginx-1.18.0]# make && make install
make -f objs/Makefile
make[1]: Entering directory '/usr/local/nginx-1.18.0'
make[1]: Nothing to be done for 'build'.
make[1]: Leaving directory '/usr/local/nginx-1.18.0'
make -f objs/Makefile install
make[1]: Entering directory '/usr/local/nginx-1.18.0'
test -d '/usr/local/soft/nginx-1.18.0' || mkdir -p '/usr/local/soft/nginx-1.18.0'
test -d '/usr/local/soft/nginx-1.18.0/sbin' \
        || mkdir -p '/usr/local/soft/nginx-1.18.0/sbin'
test ! -f '/usr/local/soft/nginx-1.18.0/sbin/nginx' \
        || mv '/usr/local/soft/nginx-1.18.0/sbin/nginx' \
                '/usr/local/soft/nginx-1.18.0/sbin/nginx.old'
cp objs/nginx '/usr/local/soft/nginx-1.18.0/sbin/nginx'
test -d '/usr/local/soft/nginx-1.18.0/conf' \
        || mkdir -p '/usr/local/soft/nginx-1.18.0/conf'
cp conf/koi-win '/usr/local/soft/nginx-1.18.0/conf'
cp conf/koi-utf '/usr/local/soft/nginx-1.18.0/conf'
cp conf/win-utf '/usr/local/soft/nginx-1.18.0/conf'
test -f '/usr/local/soft/nginx-1.18.0/conf/mime.types' \
        || cp conf/mime.types '/usr/local/soft/nginx-1.18.0/conf'
cp conf/mime.types '/usr/local/soft/nginx-1.18.0/conf/mime.types.default'
test -f '/usr/local/soft/nginx-1.18.0/conf/fastcgi_params' \
        || cp conf/fastcgi_params '/usr/local/soft/nginx-1.18.0/conf'
cp conf/fastcgi_params \
        '/usr/local/soft/nginx-1.18.0/conf/fastcgi_params.default'
test -f '/usr/local/soft/nginx-1.18.0/conf/fastcgi.conf' \
        || cp conf/fastcgi.conf '/usr/local/soft/nginx-1.18.0/conf'
cp conf/fastcgi.conf '/usr/local/soft/nginx-1.18.0/conf/fastcgi.conf.default'
test -f '/usr/local/soft/nginx-1.18.0/conf/uwsgi_params' \
        || cp conf/uwsgi_params '/usr/local/soft/nginx-1.18.0/conf'
cp conf/uwsgi_params \
```

图 7.23　源码编译方式安装 Nginx

3．编辑 Nginx 服务

```
vim /lib/systemd/system/nginx.service
[Unit]
Description=nginx
```

```
After=network.target
[Service]
Type=forking
PIDFile=/usr/local/ nginx-1.18.0/logs/nginx.pid
ExecStart=/usr/local/ nginx-1.18.0/sbin/nginx
ExecrReload=/bin/kill -s HUP $MAINPID
ExecrStop=/bin/kill -s QUIT $MAINPID
PrivateTmp=true
[Install]
WantedBy=multi-user.target
```

4．赋予服务权限

```
chmod 754 /lib/systemd/system/nginx.service#赋权，除 root 外，其他用户都不能修改
```

5．启动 Nginx 服务

```
systemctl start nginx.service                #开启 Nginx 服务
systemctl enable nginx.service               #设置 Nginx 服务开机自动启动
```

6．浏览器打开页面

这里可以在浏览器中输入 http://10.0.0.149，默认情况下防火墙的 80 端口是开启的，如果 80 端口未开启，则需要自己动手添加。这时就可以在浏览器中看到 Nginx 的欢迎页面，如图 7.24 所示。

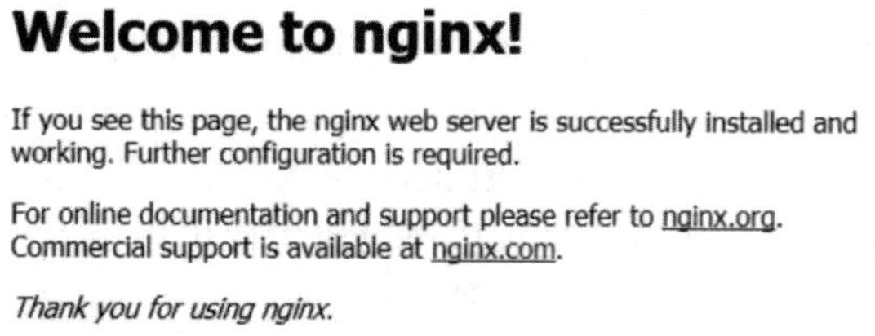

Welcome to nginx!
If you see this page, the nginx web server is successfully installed and working. Further configuration is required.
For online documentation and support please refer to nginx.org.
Commercial support is available at nginx.com.
Thank you for using nginx.

图 7.24　Nginx 的欢迎页面

7.2　SELinux 管理

1．SELinux 的概念

SELinux 是一种基于域-类型（domain-type）模型的强制访问控制安全系统，它由 NSA 编写并设计成内核模块后包含到内核中，某些安全相关的应用也被打了 SELinux 的补丁，相应的安全策略是 Linux 史上最杰出的新安全子系统。

众所周知，标准的 UNIX 安全模型是“任意的访问控制”，即任何程序对其资源享有完全的控制权。假设某个程序打算把含有潜在重要信息的文件放到/tmp 目录下，那么在 DAC 情况下没人能阻止它。

MAC 情况下的安全策略完全控制着对所有资源的访问，这是 MAC 和 DAC 本质的区

别。SELinux 里实现的 MAC 允许程序在/tmp 目录下建立文件，也允许这个文件按照 UNIX 权限字的要求对全世界可读，但是当 UNIX 许可检查应用后，SELinux 许可检查还要进一步判断用户对资源的访问是否被许可。

换句话说，尽管某些 UNIX 文件的权限被设置为 0777，但是用户也许仍然会被禁止读、写和执行该 UNIX 文件。在只有 DAC 的情况下，用户可以查看或更改属于他的任何文件。SELinux 则可以限制每一个进程对各种资源的访问和访问的权级，即当一个程序在使用含有敏感数据时，这些数据会被禁止写入那些低权级进程可读的文件中。

2. SELinux 的权限管理机制

- ☑ 自主访问控制：在没有使用 SELinux 的操作系统中，决定一个资源能否被访问的因素是某个资源是否拥有对应用户的权限（读、写、执行）。只要访问这个资源的进程符合以上条件的就可以被访问。root 用户不受任何限制，系统上的任何资源都可以无限制地访问，这种权限管理机制的主体是用户。
- ☑ 强制访问控制：在使用了 SELinux 的操作系统中，决定一个资源是否能被访问的因素除了上述因素之外，还需要判断每一类进程是否拥有对某一资源的访问权限。这样一来即使进程是以 root 身份运行的，也需要判断这个进程的类型以及允许访问的资源类型，才能决定是否允许访问某个资源，进程的活动空间也被压缩到最小。

3. SELinux 的 3 种状态

SELinux 一共有 3 种状态，分别是强制模式、宽容模式、关闭模式。

- ☑ 强制模式（enforcing），代表 SELinux 在运行中且已经开始限制域-类型之间的验证关系。
- ☑ 宽容模式（permissive），代表 SELinux 在运行中，不过不会限制域-类型之间的验证关系，即使验证不正确，进程仍可以对文件进行操作。如果验证不正确，则会发出警告。
- ☑ 关闭模式（disabled），当 SELinux 并没有实际运行时，可以通过 setenforce 命令设置前面的两种状态。而如果想修改为 disabled 状态时，则需要修改配置文件，同时重启系统。

4. SELinux 配置文件

SELinux 配置文件所在的路径为/etc/selinux/config，我们可以通过 vim 等文本编辑器进行编辑。SELinux 配置文件如图 7.25 所示。

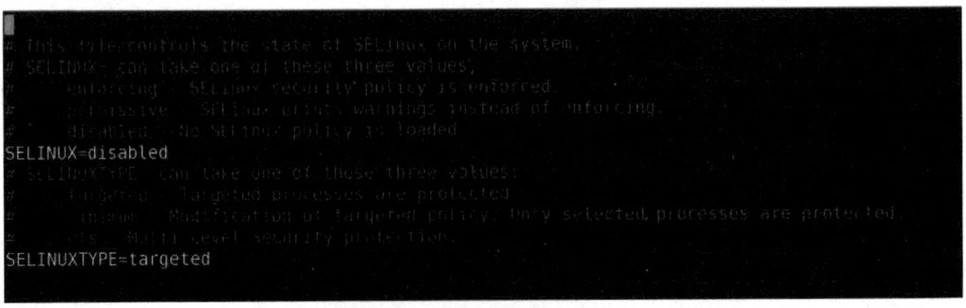

```
# This file controls the state of SELinux on the system.
# SELINUX= can take one of these three values:
#     enforcing - SELinux security policy is enforced.
#     permissive - SELinux prints warnings instead of enforcing.
#     disabled - No SELinux policy is loaded.
SELINUX=disabled
# SELINUXTYPE= can take one of these three values:
#     targeted - Targeted processes are protected,
#     minimum - Modification of targeted policy. Only selected processes are protected.
#     mls - Multi Level Security protection.
SELINUXTYPE=targeted
```

图 7.25　SELinux 配置文件

5. 关闭 SELinux 的方法

关闭 SELinux 的方法有临时关闭和永久关闭两种。

1）临时关闭

命令如下，如图 7.26 所示。

```
[root@rcs-team-rocky8.6 ~]# setenforce 0
```

```
[root@rcs-team-rocky8.6 ~]# setenforce 0
setenforce: SELinux is disabled
[root@rcs-team-rocky8.6 ~]#
```

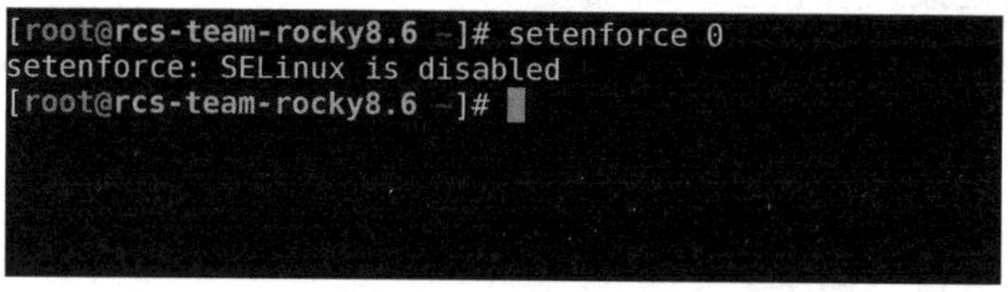

图 7.26　临时关闭 SELinux

2）永久关闭

命令如下，如图 7.27 所示。

```
[root@rcs-team-rocky8.6 ~]# sed -i 's/SELINUX=enforcing/SELINUX=disabled/
g' /etc/selinux/config
```

```
[root@rcs-team-rocky8.6 ~]# sed -i 's/SELINUX=enforcing/SELINUX=disabled/g' /etc/selinux/config
[root@rcs-team-rocky8.6 ~]# cat /etc/selinux/config

# This file controls the state of SELinux on the system.
# SELINUX= can take one of these three values:
#     enforcing - SELinux security policy is enforced.
#     permissive - SELinux prints warnings instead of enforcing.
#     disabled - No SELinux policy is loaded.
SELINUX=disabled
# SELINUXTYPE= can take one of these three values:
#     targeted - Targeted processes are protected,
#     minimum - Modification of targeted policy. Only selected processes are protected.
#     mls - Multi Level Security protection.
SELINUXTYPE=targeted


[root@rcs-team-rocky8.6 ~]#
```

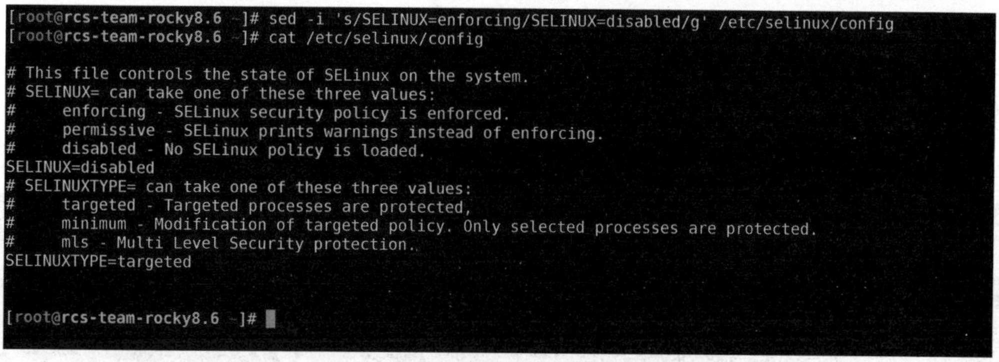

图 7.27　永久关闭 SELinux

注意：

需要重启系统，执行 reboot 或 shutdown -r now 命令即可。

7.3　计划任务管理

7.3.1　计划任务的概念

计划任务主要执行一些周期性的任务，如凌晨三点定时备份数据。类似于我们平时生活中的闹钟，定点执行。

一些恶意程序、木马、病毒等经常会通过计划任务来周期性地检查自身的健康情况，发现程序被杀毒程序杀死以后，就会远程从服务器下载新的病毒程序进行运行。计划任务是应急响应、溯源领域工作人员必会的一项技能。

我们在日常的工作中经常需要用到计划任务。使用计划任务的原因如下。

☑ 在业务波谷期，定期自动执行某些任务。

☑ 在无人值守的情况下，周期性地检查服务状态。

Rocky Linux 可以利用 crontab 来执行计划任务，依赖于 crond 的系统服务，这个服务是系统自带的，可以直接查看状态、启动、停止。

7.3.2 计划任务的分类

计划任务主要分为以下两类。

☑ 用户计划任务：Linux 系统中的每个用户可以定义自己的计划任务，周期性地执行脚本或程序。计划任务的内容存放在 crontab 文件中，每个用户都有自己的 crontab 文件。

☑ 系统计划任务：执行系统级别的周期性任务，如日志分割等操作。

1. 用户计划任务

Linux 系统本身就有很多的计划任务，所以 crond 服务是默认安装和启动的。crond 服务每分钟都会检查是否有需要执行的任务，如果有，则自动执行该任务。查看计划任务的服务状态的命令如下，如图 7.28 所示。

```
[root@rcs-team-rocky ~]# systemctl status crond
```

```
[root@rcs-team-rocky ~]# systemctl status crond
● crond.service - Command Scheduler
   Loaded: loaded (/usr/lib/systemd/system/crond.service; enabled; vendor preset: enabled)
   Active: active (running) since Thu 2022-08-04 11:02:15 CST; 3h 31min ago
 Main PID: 1049 (crond)
    Tasks: 1 (limit: 50504)
   Memory: 1.2M
   CGroup: /system.slice/crond.service
           └─1049 /usr/sbin/crond -n

Aug 04 11:02:15 rcs-team-rocky systemd[1]: Started Command Scheduler.
Aug 04 11:02:15 rcs-team-rocky crond[1049]: (CRON) STARTUP (1.5.2)
Aug 04 11:02:15 rcs-team-rocky crond[1049]: (CRON) INFO (Syslog will be used instead of sendmail.)
Aug 04 11:02:15 rcs-team-rocky crond[1049]: (CRON) INFO (RANDOM_DELAY will be scaled with factor 84% if used.)
Aug 04 11:02:15 rcs-team-rocky crond[1049]: (CRON) INFO (running with inotify support)
Aug 04 12:01:01 rcs-team-rocky CROND[7923]: (root) CMD (run-parts /etc/cron.hourly)
Aug 04 13:01:01 rcs-team-rocky CROND[8932]: (root) CMD (run-parts /etc/cron.hourly)
Aug 04 14:01:01 rcs-team-rocky CROND[9919]: (root) CMD (run-parts /etc/cron.hourly)
[root@rcs-team-rocky ~]#
```

图 7.28 查看计划任务的服务状态

crontab 是 Linux 下的定时任务管理工具，可以在指定时间执行指定的任务。

1）语法格式

```
crontab [参数] [-u 用户名]
```

2）参数详解

☑ -l：查看 crontab 文件列表。

☑ -e：编辑 crontab 文件列表。

☑ -r：删除 crontab 文件列表。

☑　-u 用户名：指定运行 crontab 任务的用户。crontab 文件可以存放在/etc/crontab（系统级）或用户家目录下（用户级）。默认情况下，crontab 命令操作的是当前用户的 crontab 文件，如果要操作其他用户的 crontab 文件，需要使用-u 参数指定用户名。

计划任务的时间格式包含 minute、hour、day of month、month、day of week 这几个字段。其中 minute 的取值为 0～59；hour 的取值为 0～23；day of month 是一个月当中的天数，其取值为 1～31；month 的取值为 1～12；day of week 表示星期几，其取值为 0～6，也可以采用星期几的英文单词缩写。计划任务的时间格式如图 7.29 所示。

```
# For details see man 4 crontabs

# Example of job definition:
# .---------------- minute (0 - 59)
# |  .------------- hour (0 - 23)
# |  |  .---------- day of month (1 - 31)
# |  |  |  .------- month (1 - 12) OR jan,feb,mar,apr ...
# |  |  |  |  .---- day of week (0 - 6) (Sunday=0 or 7) OR sun,mon,tue,wed,thu,fri,sat
# |  |  |  |  |
# *  *  *  *  * command to be executed
```

图 7.29　计划任务的时间格式

crontab 文件中的每个任务由两部分组成，即执行时间和执行命令。

3）特殊符号

☑　星号（*）：代表全部的值，day of month 字段如果是星号，则表示在满足其他字段的制约条件后每天执行该任务。

☑　逗号（,）：可以用逗号分隔开的值指定一个列表，表示不连续，如“1, 2, 5, 7, 8, 9”。

☑　中杠（-）：可以用中杠表示一个范围，如用“2-6”表示“2、3、4、5、6”。

☑　正斜线（/）：可以用正斜线指定时间的间隔频率，如 minute 字段，“0-30/5”表示在 0～30 分钟内每 5 分钟执行一次；“*/5”表示每 10 分钟执行一次。

4）企业实战

【案例 1】每两分钟执行一次 date 命令，结果输出到/tmp/date.log 文件。

这里使用 crontab -e 添加一条计划任务，命令如下，如图 7.30 所示。

```
*/1 * * * * /usr/bin/date>/tmp/date.log
```

```
*/1 * * * * /usr/bin/date>>/tmp/date.log
~
~
~
~
~
~
~
```

图 7.30　crontab -e 添加一条计划任务

命令执行完毕后，在/tmp 目录下的 data.log 文件中验证命令是否执行成功，如图 7.31 所示。

【案例 2】在每个小时的 5、10、15 分执行一次 date 命令。

```
5,10,15 * * * * /usr/bin/date>/tmp/date.log
```

```
[root@rcs-team-rocky /tmp]# ll
total 4
-rw-r--r-- 1 root root 29 Aug  4 14:52 date.log
drwxr-xr-x 2 root root 18 Aug  3 18:01 hsperfdata_root
drwx------ 3 root root 17 Aug  4 11:04 systemd-private-3919fa4a4d4e4e6f87d2f20530fbb2ce-httpd.service-pNqkWe
drwx------ 2 root root  6 Aug  4 11:02 vmware-root_895-3979642976
drwx------ 2 root root  6 Aug  3 17:59 vmware-root_914-2689209517
drwx------ 2 root root  6 Aug  4 07:00 vmware-root_917-4022308724
drwx------ 2 root root  6 Aug  3 18:03 vmware-root_927-3980167416
drwx------ 2 root root  6 Aug  4 10:32 vmware-root_930-2722763397
[root@rcs-team-rocky /tmp]# cat date.log
Thu Aug  4 14:52:01 CST 2022
[root@rcs-team-rocky /tmp]#
```

图 7.31　验证命令是否执行成功

【案例 3】在每个小时的 20～30 分的每一分钟执行一次 date 命令。

```
20-30 * * * * /usr/bin/date>/tmp/date.log
```

【案例 4】在每天的 10:30 执行一次 date 命令。

```
30 10 * * * /usr/bin/date>/tmp/date.log
```

【案例 5】在每个月 1 号的 02:30 执行一次 date 命令。

```
30 02 1 * * /usr/bin/date>/tmp/date.log
```

【案例 6】在每星期日的 02:30 执行一次 date 命令。

```
30 02 * * 0 /usr/bin/date>/tmp/date.log
```

5）计划任务日志

通过以上几个计划任务的案例加深了我们对计划任务的理解，在实际使用计划任务时会遇到一些问题，如想知道我们编写的某条计划任务是否成功执行了？如果没有成功执行，问题出在了哪里？计划任务和我们之前使用 Shell 命令的方式有所区别，它是不回显的，即它不会在屏幕上显现是否执行成功。如果想了解命令执行的情况，我们就需要通过计划任务日志（该日志位于/var/log/cron）去查看，计划任务日志如图 7.32 所示。

```
[root@rcs-team-rocky /var/log]# tail -f cron
Aug  4 14:49:28 rcs-team-rocky crontab[10462]: (root) BEGIN EDIT (root)
Aug  4 14:49:46 rcs-team-rocky crontab[10462]: (root) REPLACE (root)
Aug  4 14:49:46 rcs-team-rocky crontab[10462]: (root) END EDIT (root)
Aug  4 14:50:01 rcs-team-rocky crond[1049]: (root) RELOAD (/var/spool/cron/root)
Aug  4 14:50:01 rcs-team-rocky CROND[10470]: (root) CMD (/usr/bin/date>/tmp/date.log)
Aug  4 14:52:01 rcs-team-rocky CROND[10482]: (root) CMD (/usr/bin/date>/tmp/date.log)
Aug  4 14:53:50 rcs-team-rocky crontab[10493]: (root) LIST (root)
Aug  4 14:54:01 rcs-team-rocky CROND[10495]: (root) CMD (/usr/bin/date>/tmp/date.log)
Aug  4 14:56:01 rcs-team-rocky CROND[10962]: (root) CMD (/usr/bin/date>/tmp/date.log)
Aug  4 14:58:01 rcs-team-rocky CROND[10967]: (root) CMD (/usr/bin/date>/tmp/date.log)
```

图 7.32　计划任务日志

可以看到在图 7.32 中，我们通过 tail -f 命令打开了该日志，日志中有今天执行过的计划任务的列表，分别记录了编辑与结束编辑计划任务列表及用户计划任务的执行情况。

2．系统计划任务

系统计划任务的重要目录位于/etc 下，我们可以通过 find 命令进行查找。查找过滤系统计划任务的重要文件和目录如图 7.33 所示。

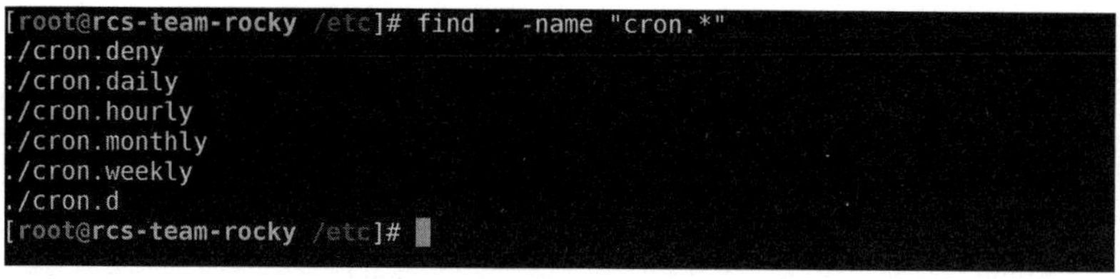

```
[root@rcs-team-rocky /etc]# find . -name "cron.*"
./cron.deny
./cron.daily
./cron.hourly
./cron.monthly
./cron.weekly
./cron.d
[root@rcs-team-rocky /etc]#
```

图 7.33　查找过滤系统计划任务的重要文件和目录

系统计划任务的重要文件和目录的查询结果如图 7.34 所示。

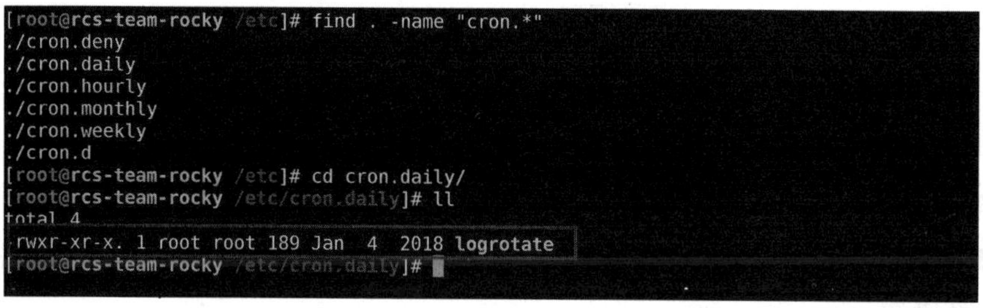

```
[root@rcs-team-rocky /etc]# find . -name "cron.*"
./cron.deny
./cron.daily
./cron.hourly
./cron.monthly
./cron.weekly
./cron.d
[root@rcs-team-rocky /etc]# cd cron.daily/
[root@rcs-team-rocky /etc/cron.daily]# ll
total 4
-rwxr-xr-x. 1 root root 189 Jan  4  2018 logrotate
[root@rcs-team-rocky /etc/cron.daily]#
```

图 7.34　系统计划任务的重要文件和目录的查询结果

在图 7.34 中的/etc/cron.daily 目录中可以看到有一个 logrotate 文件，该文件是 Linux 系统通过计划任务进行日志分割的工具。

系统计划任务的重要目录和文件列表如下。

☑ /etc/cron.d：系统的任务脚本，执行 rpm -ql cronie 可以看到该目录被 cronie 包安装。

☑ /etc/cron.hourly：每小时执行其内脚本，其中的 0anacron 文件调用 anacron 来执行任务，它被 cronie-anacron 包安装。

☑ /etc/cron.daily：每天执行其内脚本，也被 anacron 执行其内脚本，logrotate 调用脚本就在该目录内。

☑ /etc/cron.weekly：每周执行其内脚本。

☑ /etc/cron.monthly：每月执行其内脚本。

在类 UNIX 系统中，cron 是一个定时任务调度程序。在默认情况下，cron 允许所有用户创建定时任务，可以使用/etc/cron.allow 和/etc/cron.deny 两个文件控制哪些用户可以使用 cron。

☑ /etc/cron.allow 文件列出了允许使用 cron 的用户，该文件包含一行一个用户名。如果/etc/cron.allow 文件存在，只有该文件中列出的用户可以创建 cron 任务；如果/etc/cron.allow 文件不存在，则只要用户不在/etc/cron.deny 文件中，就可以使用 cron。

☑ /etc/cron.deny 文件列出了不允许使用 cron 的用户，该文件包含一行一个用户名。如果/etc/cron.deny 文件存在，其中列出的用户不能创建 cron 任务；如果/etc/cron.deny 文件不存在，则所有用户都可以使用 cron，除非他们在/etc/cron.allow 文件中被列出。

如果两个文件都不存在，那么除了 root 用户，所有用户都可以使用 cron。如果两个文件都存在，则只有/etc/cron.allow 文件中列出的用户可以使用 cron，/etc/cron.deny 文件中列出的用户不能使用 cron。

需要注意的是，/etc/cron.allow 和/etc/cron.deny 文件中只有用户名列表，每个用户名占一行。文件必须具有正确的权限，以便只有 root 用户可以编辑这些文件。

注意：

cron.allow 和 cron.deny 就是用户名的列表，每行一个用户名。例如 cron.deny 中有一行 jason，效果是，如果当前登录用户是 jason，执行 crontab -e 命令会提示不允许使用 crontab 命令。

7.4 系统性能监控命令

top 命令经常用来监控 Linux 系统的状况，是常用的性能分析工具，能够实时显示系统中各个进程的资源占用情况。

1. 语法格式

```
top [-d number] | top [-bnp]
```

2. 参数详解

- ☑ d：改变显示的更新速度。
- ☑ q：没有任何延迟的显示速度，如果使用者具有 superuser 的权限，则 top 命令将会以最高的优先序执行。
- ☑ c：切换显示模式。模式共有两种，一种是只显示执行档的名称，另一种是显示完整的路径与名称。
- ☑ S：累积模式，会将己完成或消失的子进程（dead child process）的 CPU 时间累积起来。
- ☑ s：安全模式，将交谈式指令取消，避免潜在的危机。
- ☑ i：不显示任何闲置或无用的进程。
- ☑ n：更新的次数，完成后将会退出 top 命令。
- ☑ b：批次档模式，搭配 n 参数一起使用，可以用来将 top 命令的结果输出到档案内。

3. 企业实战

【案例 1】显示系统信息。

命令如下，如图 7.35 所示。

```
[root@rcs-team.com-rocky ~]# top
```

top 命令显示的信息和 Windows 系统中的任务管理器类似，前 5 行会显示系统状态的监控及进程等相关信息。系统信息中的前 5 行内容如下。

第 1 行：top - 13:45:50 up 1 day, 2:43, 2 users, load average: 0.00, 0.00, 0.00

第 2 行：Tasks: 180 total, 1 running, 179 sleeping, 0 stopped, 0 zombie

第 3 行：%Cpu(s): 0.0 us, 0.0 sy,0.0 ni, 100.0 id, 0.0 wa, 0.0 hi, 0.0 si, 0.0 st

第 4 行：MiB Mem : 7928.6 total, 6665.8 free, 589.3 used, 673.5 buff/cache

第 5 行：MiB Swap: 2048.0 total, 2048.0 free, 0.0 used. 7052.4 avail Mem

第 1 行为任务队列信息，其参数的意义如表 7.1 所示。

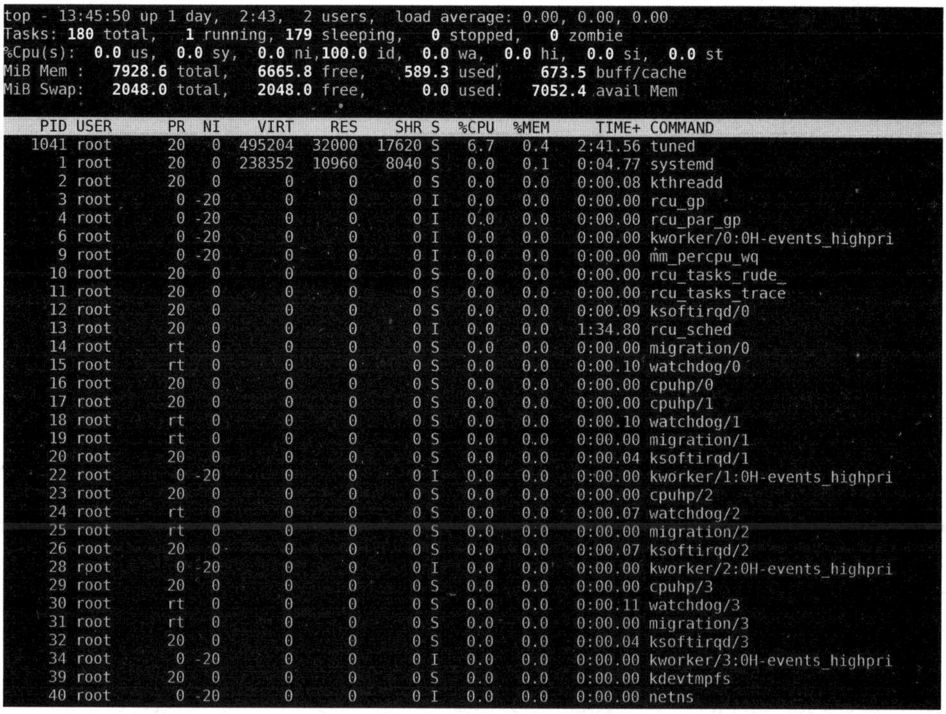

```
top - 13:45:50 up 1 day,  2:43,  2 users,  load average: 0.00, 0.00, 0.00
Tasks: 180 total,   1 running, 179 sleeping,   0 stopped,   0 zombie
%Cpu(s):  0.0 us,  0.0 sy,  0.0 ni,100.0 id,  0.0 wa,  0.0 hi,  0.0 si,  0.0 st
MiB Mem :   7928.6 total,   6665.8 free,    589.3 used,    673.5 buff/cache
MiB Swap:   2048.0 total,   2048.0 free,      0.0 used.   7052.4 avail Mem

    PID USER      PR  NI    VIRT    RES    SHR S  %CPU  %MEM     TIME+ COMMAND
   1041 root      20   0  495204  32000  17620 S   6.7   0.4   2:41.56 tuned
      1 root      20   0  238352  10960   8040 S   0.0   0.1   0:04.77 systemd
      2 root      20   0       0      0      0 S   0.0   0.0   0:00.08 kthreadd
      3 root       0 -20       0      0      0 I   0.0   0.0   0:00.00 rcu_gp
      4 root       0 -20       0      0      0 I   0.0   0.0   0:00.00 rcu_par_gp
      6 root       0 -20       0      0      0 I   0.0   0.0   0:00.00 kworker/0:0H-events_highpri
      9 root       0 -20       0      0      0 I   0.0   0.0   0:00.00 mm_percpu_wq
     10 root      20   0       0      0      0 S   0.0   0.0   0:00.00 rcu_tasks_rude_
     11 root      20   0       0      0      0 S   0.0   0.0   0:00.00 rcu_tasks_trace
     12 root      20   0       0      0      0 S   0.0   0.0   0:00.09 ksoftirqd/0
     13 root      20   0       0      0      0 I   0.0   0.0   1:34.80 rcu_sched
     14 root      rt   0       0      0      0 S   0.0   0.0   0:00.00 migration/0
     15 root      rt   0       0      0      0 S   0.0   0.0   0:00.10 watchdog/0
     16 root      20   0       0      0      0 S   0.0   0.0   0:00.00 cpuhp/0
     17 root      20   0       0      0      0 S   0.0   0.0   0:00.00 cpuhp/1
     18 root      rt   0       0      0      0 S   0.0   0.0   0:00.10 watchdog/1
     19 root      rt   0       0      0      0 S   0.0   0.0   0:00.00 migration/1
     20 root      20   0       0      0      0 S   0.0   0.0   0:00.04 ksoftirqd/1
     22 root       0 -20       0      0      0 I   0.0   0.0   0:00.00 kworker/1:0H-events_highpri
     23 root      20   0       0      0      0 S   0.0   0.0   0:00.00 cpuhp/2
     24 root      rt   0       0      0      0 S   0.0   0.0   0:00.07 watchdog/2
     25 root      rt   0       0      0      0 S   0.0   0.0   0:00.00 migration/2
     26 root      20   0       0      0      0 S   0.0   0.0   0:00.07 ksoftirqd/2
     28 root       0 -20       0      0      0 I   0.0   0.0   0:00.00 kworker/2:0H-events_highpri
     29 root      20   0       0      0      0 S   0.0   0.0   0:00.00 cpuhp/3
     30 root      rt   0       0      0      0 S   0.0   0.0   0:00.11 watchdog/3
     31 root      rt   0       0      0      0 S   0.0   0.0   0:00.00 migration/3
     32 root      20   0       0      0      0 S   0.0   0.0   0:00.04 ksoftirqd/3
     34 root       0 -20       0      0      0 I   0.0   0.0   0:00.00 kworker/3:0H-events_highpri
     39 root      20   0       0      0      0 S   0.0   0.0   0:00.00 kdevtmpfs
     40 root       0 -20       0      0      0 I   0.0   0.0   0:00.00 netns
```

图 7.35　显示系统信息

表 7.1　任务队列信息的参数意义

内　　容	意　　义
13:45:50	表示当前时间
up 1 day,　2:43	表示系统运行时间
2 users	当前登录用户数
load average: 0.00, 0.00, 0.00	系统负载，即任务队列的平均长度。3 个数值分别表示 1 分钟、5 分钟、15 分钟前到现在的平均值

第 2、3 行为进程和 CPU 的信息，其参数的意义如表 7.2 所示。

表 7.2　进程和 CPU 信息的参数意义

内　　容	意　　义
180 total	进程总数
1 running	正在运行的进程数
179 sleeping	睡眠的进程数
0 stopped	停止的进程数
0 zombie	僵尸进程数
0.0 us	用户空间占用 CPU 的百分比
0.0 sy	内核空间占用 CPU 的百分比
0.0 ni	用户进程空间内改变过优先级的进程占用 CPU 的百分比
100.0 id	空闲 CPU 的百分比
0.0 wa	等待输入输出的 CPU 的时间百分比
0.0 hi	硬中断占用 CPU 的百分比

续表

内　容	意　义
0.0 si	软中断占用 CPU 的百分比
0.0 st	是虚拟机进程在物理 CPU 上等待其 CPU 时间的百分比

第 4、5 行为内存信息，其参数的意义如表 7.3 所示。

表 7.3　内存信息的参数意义

内　容	意　义
MiB Mem :　7928.6 total	物理内存总量
6665.8 free	空闲内存总量
589.3 used	使用的物理内存总量
673.5 buff/cache	用作内核缓存的内存量
MiB Swap:　2048.0 total	交换区总量
2048.0 free	空闲交换区总量
0.0 used	使用的交换区总量
7052.4 avail Mem	代表可用于进程下一次分配的物理内存数量

【案例 2】显示系统信息，top 命令下显示每一个逻辑 CPU 的状况。

这种应用场景和 Windows 10 系统中的任务管理器是一样的，Windows 系统中通过图形化的方式显示逻辑 CPU 的状况，如图 7.36 所示。

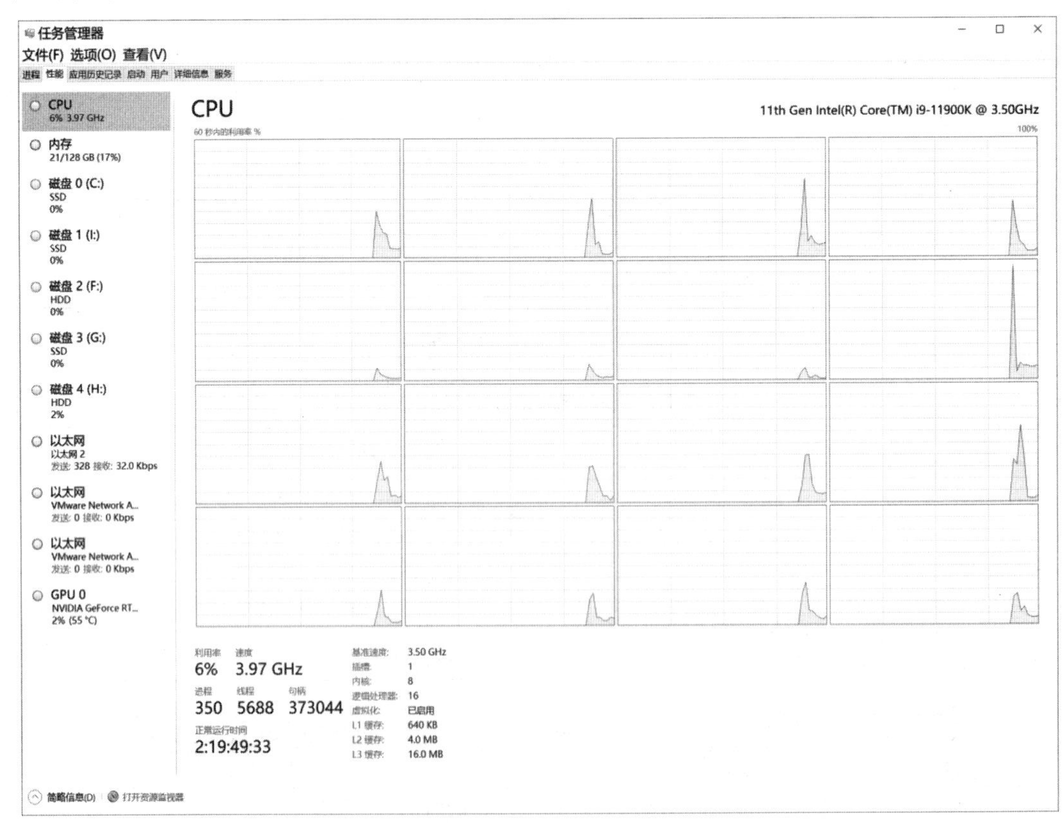

图 7.36　Windows 系统中显示逻辑 CPU 的状况

在 top 命令状态下输入数字 1 可以显示每个逻辑 CPU 的状况，如图 7.37 所示。

```
top - 14:06:42 up 1 day,  3:04,  2 users,  load average: 0.00, 0.00, 0.00
Tasks: 182 total,   1 running, 181 sleeping,   0 stopped,   0 zombie
%Cpu0  :  0.0 us,  0.0 sy,  0.0 ni,100.0 id,  0.0 wa,  0.0 hi,  0.0 si,  0.0 st
%Cpu1  :  0.0 us,  0.0 sy,  0.0 ni, 99.7 id,  0.0 wa,  0.0 hi,  0.3 si,  0.0 st
%Cpu2  :  0.0 us,  0.0 sy,  0.0 ni, 99.7 id,  0.0 wa,  0.0 hi,  0.3 si,  0.0 st
%Cpu3  :  0.3 us,  0.0 sy,  0.0 ni, 99.7 id,  0.0 wa,  0.0 hi,  0.0 si,  0.0 st
MiB Mem :   7928.6 total,   6664.2 free,    590.0 used,    674.4 buff/cache
MiB Swap:   2048.0 total,   2048.0 free,      0.0 used.   7051.6 avail Mem

    PID USER      PR  NI    VIRT    RES    SHR S  %CPU  %MEM     TIME+ COMMAND
     13 root      20   0       0      0      0 I   0.3   0.0   1:35.92 rcu_sched
    672 root      20   0       0      0      0 S   0.3   0.0   0:12.16 xfsaild/dm-0
   1041 root      20   0  495204  32000  17620 S   0.3   0.4   2:43.85 tuned
      1 root      20   0  238352  10960   8040 S   0.0   0.1   0:04.80 systemd
      2 root      20   0       0      0      0 S   0.0   0.0   0:00.08 kthreadd
      3 root       0 -20       0      0      0 I   0.0   0.0   0:00.00 rcu_gp
      4 root       0 -20       0      0      0 I   0.0   0.0   0:00.00 rcu_par_gp
      6 root       0 -20       0      0      0 I   0.0   0.0   0:00.00 kworker/0:0H-events_highpri
      9 root       0 -20       0      0      0 I   0.0   0.0   0:00.00 mm_percpu_wq
     10 root      20   0       0      0      0 S   0.0   0.0   0:00.00 rcu_tasks_rude_
     11 root      20   0       0      0      0 S   0.0   0.0   0:00.00 rcu_tasks_trace
     12 root      20   0       0      0      0 S   0.0   0.0   0:00.09 ksoftirqd/0
     14 root      rt   0       0      0      0 S   0.0   0.0   0:00.00 migration/0
     15 root      rt   0       0      0      0 S   0.0   0.0   0:00.10 watchdog/0
     16 root      20   0       0      0      0 S   0.0   0.0   0:00.00 cpuhp/0
     17 root      20   0       0      0      0 S   0.0   0.0   0:00.00 cpuhp/1
     18 root      rt   0       0      0      0 S   0.0   0.0   0:00.11 watchdog/1
     19 root      rt   0       0      0      0 S   0.0   0.0   0:00.00 migration/1
     20 root      20   0       0      0      0 S   0.0   0.0   0:00.04 ksoftirqd/1
     22 root       0 -20       0      0      0 I   0.0   0.0   0:00.00 kworker/1:0H-events_highpri
     23 root      20   0       0      0      0 S   0.0   0.0   0:00.00 cpuhp/2
     24 root      rt   0       0      0      0 S   0.0   0.0   0:00.07 watchdog/2
     25 root      rt   0       0      0      0 S   0.0   0.0   0:00.00 migration/2
     26 root      20   0       0      0      0 S   0.0   0.0   0:00.07 ksoftirqd/2
     28 root       0 -20       0      0      0 I   0.0   0.0   0:00.00 kworker/2:0H-events_highpri
     29 root      20   0       0      0      0 S   0.0   0.0   0:00.00 cpuhp/3
     30 root      rt   0       0      0      0 S   0.0   0.0   0:00.11 watchdog/3
     31 root      rt   0       0      0      0 S   0.0   0.0   0:00.00 migration/3
```

图 7.37　top 命令状态下显示每个逻辑 CPU 的状况

也可以在 top 命令状态下通过字母 f 进入编辑视图，显示基本视图中的字段信息，如图 7.38 所示。

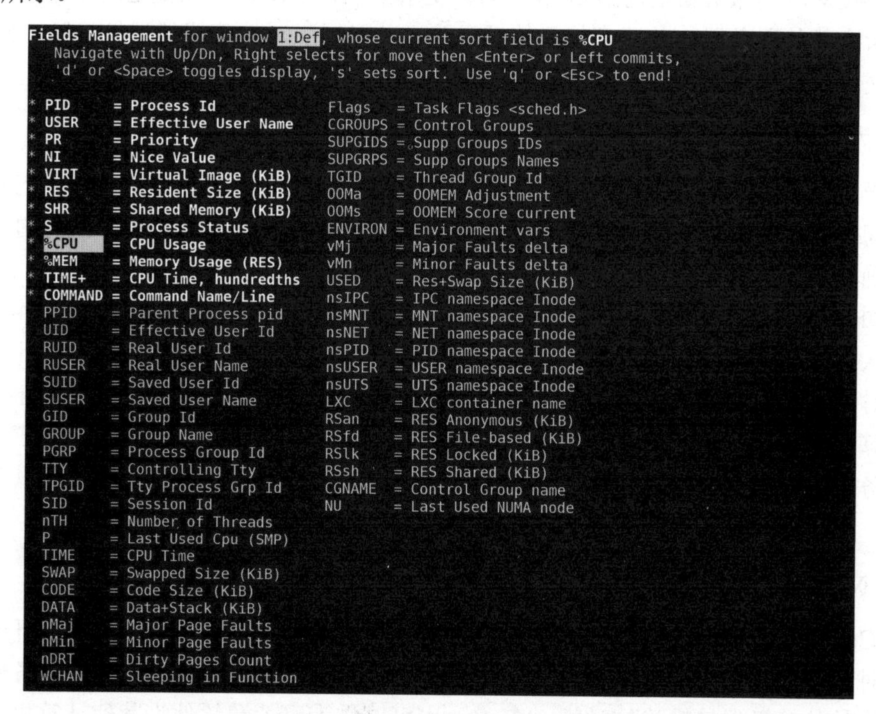

```
Fields Management for window 1:Def, whose current sort field is %CPU
   Navigate with Up/Dn, Right selects for move then <Enter> or Left commits,
   'd' or <Space> toggles display, 's' sets sort.  Use 'q' or <Esc> to end!

* PID     = Process Id               Flags    = Task Flags <sched.h>
* USER    = Effective User Name      CGROUPS  = Control Groups
* PR      = Priority                 SUPGIDS  = Supp Groups IDs
* NI      = Nice Value               SUPGRPS  = Supp Groups Names
* VIRT    = Virtual Image (KiB)      TGID     = Thread Group Id
* RES     = Resident Size (KiB)      OOMa     = OOMEM Adjustment
* SHR     = Shared Memory (KiB)      OOMs     = OOMEM Score current
* S       = Process Status           ENVIRON  = Environment vars
* %CPU    = CPU Usage                vMj      = Major Faults delta
* %MEM    = Memory Usage (RES)       vMn      = Minor Faults delta
* TIME+   = CPU Time, hundredths     USED     = Res+Swap Size (KiB)
* COMMAND = Command Name/Line        nsIPC    = IPC namespace Inode
  PPID    = Parent Process pid       nsMNT    = MNT namespace Inode
  UID     = Effective User Id        nsNET    = NET namespace Inode
  RUID    = Real User Id             nsPID    = PID namespace Inode
  RUSER   = Real User Name           nsUSER   = USER namespace Inode
  SUID    = Saved User Id            nsUTS    = UTS namespace Inode
  SUSER   = Saved User Name          LXC      = LXC container name
  GID     = Group Id                 RSan     = RES Anonymous (KiB)
  GROUP   = Group Name               RSfd     = RES File-based (KiB)
  PGRP    = Process Group Id         RSlk     = RES Locked (KiB)
  TTY     = Controlling Tty          RSsh     = RES Shared (KiB)
  TPGID   = Tty Process Grp Id       CGNAME   = Control Group name
  SID     = Session Id               NU       = Last Used NUMA node
  nTH     = Number of Threads
  P       = Last Used Cpu (SMP)
  TIME    = CPU Time
  SWAP    = Swapped Size (KiB)
  CODE    = Code Size (KiB)
  DATA    = Data+Stack (KiB)
  nMaj    = Major Page Faults
  nMin    = Minor Page Faults
  nDRT    = Dirty Pages Count
  WCHAN   = Sleeping in Function
```

图 7.38　top 命令状态下显示基本视图中的字段信息

7.5 NTP 服务

1. NTP 概述

网络时间协议（network time protocol，NTP），是用来同步网络中各台计算机时间的协议。它可以使计算机对其服务器或时钟源如石英钟、GPS 等做同步化，提供高精准度的时间校正，而且可以使用加密确认的方式来防止恶意攻击。

NTP 的目的是在无序的 Internet 环境中提供精确和健壮的时间服务。NTP 提供准确的时间，首先要有准确的时间来源，这一时间应该是国际标准时间 UTC（universal time coordinated，世界协调时）。NTP 获得 UTC 的时间来源可以是原子钟、天文台、卫星，也可以从 Internet 上获取。这样就有了准确而可靠的时间源，时间按 NTP 服务器的等级传播。

按照离外部 UTC 源的远近将所有服务器归入不同的 Stratum（层）中。Stratum-1 在顶层，有外部 UTC 接入；而 Stratum-2 则从 Stratum-1 获取时间；Stratum-3 从 Stratum-2 获取时间，以此类推，但 Stratum 层的总数限制在 15 以内。

所有这些服务器在逻辑上形成阶梯式的架构相互连接，而 Stratum-1 的时间服务器是整个系统的基础。计算机主机一般同多个时间服务器连接，利用统计学的算法过滤来自不同服务器的时间，以选择最佳的路径和来源校正主机的时间。即使在主机长时间无法与某一时钟服务器相联系的情况下，NTP 服务依然可以有效运转。

为防止对时间服务器的恶意破坏，NTP 使用了识别机制，检查发送过来的信息是否真正来自所宣称的服务器，并检查信息的返回路径，以提供对抗干扰的保护机制。NTP 时间同步报文中包含的时间是格林威治时间，是从 1900 年开始计算的秒数。

2. 为什么要使用 NTP 服务

对于为什么要使用 NTP 服务，可能很多人都不是非常了解，简单来说，我们希望服务器的时间是准确的、没有偏差的。其原因是为了确保数据插入和用户程序获得的计算机时间是准确的。

例如，在 Java 中 new date()会获得计算机当前的时间，如果当前的时间不准确，那么用户插入数据库的时间就是混乱的。

同时，我们也希望服务器的时区是准确的，如常使用的东八区和美国太平洋时间等。如果计算机因为什么原因导致时钟慢了，可以通过 NTP 服务进行同步。在实际工作中，如集群服务器的时间需要进行同步，这样使用计划任务才能准确地进行同步。所以对于服务器来说，在设置好时区后，NTP 服务是必须要启用的。

3. NTP 服务管理

在 CentOS 8 及以后的系统中使用 chrony 来提供 NTP 服务。chrony 是一个开源、自由的网络时间协议的客户端和服务器软件。它能让计算机保持系统时钟与时钟服务器同步，因此让你的计算机保持精确的时间，chrony 也可以作为服务端软件为其他计算机提供时间同步服务。

chrony 由两个程序组成，分别是 chronyd 和 chronyc。chronyd 是一个后台运行的守护进程，用于调整内核中运行的系统时钟和时钟服务器同步。它确定计算机增减时间的比率，并对此进行补偿。chronyc 提供了一个用户界面，用于监控性能并进行多样化的配置。它可以在 chronyd 实例控制的计算机上工作，也可以在一台不同的远程计算机上工作。

在 CentOS 上可以执行 dnf 命令进行安装 chrony，如果已经安装过 chrony，系统则会进行提示。

安装命令如下，如图 7.39 所示。

```
[root@rcs-team-rocky ~]# dnf install chrony
```

```
[root@rcs-team-rocky ~]# dnf install chrony
Last metadata expiration check: 2:24:26 ago on Thu 04 Aug 2022 09:38:00 PM CST.
Package chrony-4.1-1.el8.x86_64 is already installed.
Dependencies resolved.
Nothing to do.
Complete!
[root@rcs-team-rocky ~]#
```

图 7.39　dnf 命令安装 chrony 服务

服务安装以后可以通过 systemctl 进行管理，命令如下，如图 7.40 所示。

```
[root@rcs-team-rocky ~]# systemctl start chronyd
[root@rcs-team-rocky ~]# systemctl enable chronyd
```

```
[root@rcs-team-rocky ~]# systemctl start chronyd
[root@rcs-team-rocky ~]# systemctl enable chronyd
Created symlink /etc/systemd/system/multi-user.target.wants/chronyd.service → /usr/lib/systemd/system/chronyd.service.
[root@rcs-team-rocky ~]#
```

图 7.40　启动 chronyd 服务并设置为开机自动启动

当设置好 chronyd 服务以后就可以查看 NTP 服务器地址，命令如下，如图 7.41 所示。

```
[root@rcs-team-rocky ~]# chronyc sources
```

```
[root@rcs-team-rocky ~]# chronyc sources
MS Name/IP address         Stratum Poll Reach LastRx Last sample
===============================================================================
^? 139.199.214.202               2   6    17   113   -134ms[ +398ms] +/-   47ms
^* time.cloudflare.com           3   6    37    45   +343us[ +128ms] +/-  246ms
^- sv1.ggsrv.de                  2   6    71   105   -172ms[  -44ms] +/-  115ms
^- ntp6.flashdance.cx            2   6   107   105   -121ms[+7078us] +/-  248ms
[root@rcs-team-rocky ~]#
```

图 7.41　查看默认配置的 NTP 服务器地址

这里可以结合我们学过的知识，通过计划任务，如每天 00:00 同步时间。强制同步的命令如下，如图 7.42 所示。

```
[root@rcs-team-rocky ~]# chronyc -a makestep
```

```
[root@rcs-team-rocky ~]# chronyc -a makestep
200 OK
[root@rcs-team-rocky ~]#
```

图 7.42　强制同步

还可以检查当前的时区是否正确，命令如下，如图 7.43 所示。

```
[root@rcs-team-rocky ~]# date +%z
```

```
[root@rcs-team-rocky ~]# date +%z
+0800
[root@rcs-team-rocky ~]#
```

图 7.43 获取当前的时区

注意：

+0800 表示东八区。

输入 date 命令可以获取当前系统时间，命令如下，如图 7.44 所示。

```
[root@rcs-team-rocky ~]# date
```

```
[root@rcs-team-rocky ~]# date
Fri Aug  5 00:11:18 CST 2022
[root@rcs-team-rocky ~]#
```

图 7.44 获取当前系统时间

经过校验发现，当前的时区和时间均是正确的。

7.6 主机名称、语言和字符集管理

1. 主机名称管理

CentOS 7 以后可以通过 hostnamectl 命令进行主机名称的设置，Rocky Linux 同样适用。设置主机名称的好处是方便管理主机，避免名称重复造成混淆。

设置 Rocky Linux 系统主机名称为 rcs-team-rocky，命令如下，如图 7.45 所示。

```
[root@rcs-team-rocky ~]# hostnamectl set-hostname rcs-team-rocky
```

```
[root@rcs-team-rocky ~]# hostnamectl set-hostname rcs-team-rocky
[root@rcs-team-rocky ~]#
```

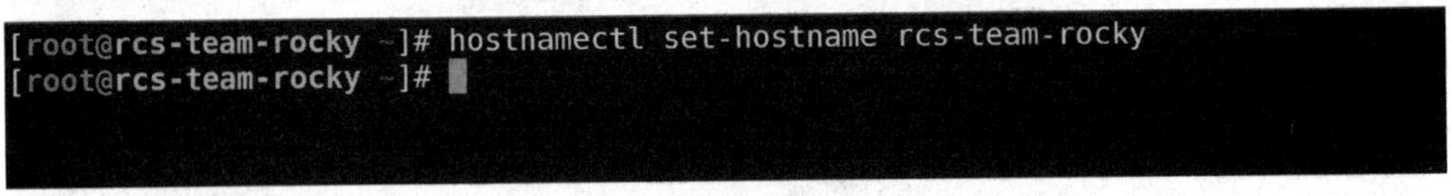

图 7.45 设置 Rocky Linux 系统主机名称

2. 语言和字符集管理

我们在安装系统时选择的是英语环境，所以在 locale.conf 配置文件中的 LANG 环境变量显示为 en_US.UTF-8，即英语-美国，字符集为 UTF-8。

使用 vim 编辑器修改 LANG 环境变量为我们想要的字符集，修改完需要保存 source /etc/locale.conf 配置文件。命令如下，如图 7.46 所示。

```
[root@rcs-team-rocky ~]# vim /etc/locale.conf
```

```
LANG="en_US.UTF-8"
~
~
```

图 7.46　显示当前的语言环境

我们也可以通过 locale 命令查看系统的环境字符集，如图 7.47 所示。

```
[root@rcs-team-rocky ~]# locale
LANG=en_US.UTF-8
LC_CTYPE="en_US.UTF-8"
LC_NUMERIC="en_US.UTF-8"
LC_TIME="en_US.UTF-8"
LC_COLLATE="en_US.UTF-8"
LC_MONETARY="en_US.UTF-8"
LC_MESSAGES="en_US.UTF-8"
LC_PAPER="en_US.UTF-8"
LC_NAME="en_US.UTF-8"
LC_ADDRESS="en_US.UTF-8"
LC_TELEPHONE="en_US.UTF-8"
LC_MEASUREMENT="en_US.UTF-8"
LC_IDENTIFICATION="en_US.UTF-8"
LC_ALL=
[root@rcs-team-rocky ~]#
```

图 7.47　查看系统的环境字符集

我们也可以在终端中直接使用 echo $LANG 命令输出系统的 LANG 环境变量的值，如图 7.48 所示。

```
[root@rcs-team-rocky ~]# echo $LANG
en_US.UTF-8
[root@rcs-team-rocky ~]#
```

图 7.48　输出系统的 LANG 环境变量的值

如果想要修改为中文字符集，那么我们可以将 LANG 环境变量的值修改为 zh_CN.UTF-8 即可。

第 8 章

网络管理

本章首先介绍网络基础，包括计算机网络组成组件、网络传输介质、OSI 模型、对等传输模型、TCP/IP 网络模型等。然后介绍常用的网络管理命令，让广大读者能够无缝迁移到新系统的使用中。最后介绍 firewalld 系统防火墙管理，并对一个企业实战案例进行分析。我们在实际工作中 80%以上的故障可能会出现在网络中，网络管理是在运维、安全领域网络中必不可少的技能。

8.1 网络基础

网络是由若干节点（node）和连接这些节点的链路构成的，表示诸多对象及其相互联系。网络就是几台计算机主机或是网络打印机之类的接口设备，通过网络线或无线网络的技术，将这些主机与设备连接起来，使得数据可以通过网络媒体（网络线以及其他网络卡等硬件）来传输的一种方式。

1. 计算机网络组成组件

计算机网络的组成组件如下。

☑ 节点：节点主要是指具有网络地址（IP）的设备之称，因此网络中的一般 PC、Linux 服务器、ADSL 调制解调器与网络打印机等都可以称为一个节点。那集线器（hub）是不是节点呢？由于它不具有 IP，因此 hub 不是节点。

☑ 服务器主机（server）：就网络联机的方向来说，提供数据以“响应”给用户的主机，都可以被称为是一个服务器。

☑ 工作站（workstation）或客户端（client）：任何可以在计算机网络输入的设备都可以是工作站，若就联机发起的方向来说，主动发起联机去“要求”数据的就可以称为是客户端。

☑ 网络卡（network interface card，NIC）：内建或是外插在主机上面的一个设备，主要提供网络联机的卡片，一般节点上都具有一个以上的网络卡，以达成网络联机的功能。

☑ 网络接口：利用软件设计出来的网络接口主要提供网络地址的任务。一张网卡至少可以搭配一个以上的网络接口；而每台主机内部其实也都拥有一个内部的网络接口，即循环测试接口（loopback）。

☑ 网络形态或拓朴（topology）：各个节点在网络上面的连接方式，一般是指物理连接方式，如星形等。

2. 网络传输介质

网络传输介质是指在网络中传输信息的载体，常用的传输介质分为有线传输介质（导向式）和无线传输介质（非导向式）两类。不同传输介质的特性也各不相同，它们不同的特性对网络中数据通信质量和通信速度有较大的影响。

有线传输介质包括双绞线、光纤、电缆。

无线传输介质包括红外、蓝牙、WIFI、微波。

3. OSI 模型

OSI 模型（open systems interconnection reference model，开放系统互连参考模型），是一种概念模型，它表征并标准化电信或计算系统的通信功能，而不考虑其基础内部结构和技术。其目标是提高多种通信系统与标准协议的互操作性。该模型将通信系统划分为抽象层。OSI 模型的原始版本定义了应用层、表示层、会话层、传输层、网络层、数据链路层、物理层七层，如图 8.1 所示。

OSI模型详解

序号	分层	作用	详述	协议
7	应用层	提供应用程序之间通信	用户的应用程序和网络之间的接口，如微信 QQ	HTTP、HTTPS、FTP、Telnet、SSH、SMTP\POP3等
6	表示层	处理数据格式、数据加密等	协商数据交换格式、加密方式等	SNMP
5	会话层	建立、维护、管理会话	允许用户使用简单易记的名称建立连接、系统API Socket	DNS
4	传输层	建立主机端到端的连接	提供终端到终端的可靠连接　(快递小哥)	TCP UDP
3	网络层	寻址和路由选择	数据通过寻址路由经过大型的网络判断 IP是否在一个网段	IP、ICMP
2	数据链路层	提供介质访问、链路管理等	这一层将数据分帧并处理流控制。指定网络拓扑结果，提供硬件寻址	ARP、Ethernet
1	物理层	比特流传输	将数据转换为可通过物理介质传送的电子信号（网卡）	IEEE802.1 IEEE802.11

图 8.1　OSI 模型

一个图层服务于它上面的图层，并由它下面的图层提供服务。OSI 七层网络模型、TCP/IP 四层概念模型及对应的网络协议如表 8.1 所示。

表 8.1　OSI 七层网络模型、TCP/IP 四层概念模型及对应的网络协议

OSI 七层网络模型	TCP/IP 四层概念模型	对应的网络协议
应用层	应用层	HTTP、TFTP、TFP、NFS、SMTP
表示层		Telnet、SNMP
会话层		SMTP、DNS
传输层	传输层	TCP、UDP
网络层	网络层	IP、ICMP、ARP、RARP、AKP、UUCP
数据链路层	数据链路层（网络接口层）	FDDI、Ethernet、PDN、PPP
物理层		IEEE 802.1A、IEEE 802.2～IEEE 802.11

各层的作用如下。

（1）物理层，主要定义物理设备标准，如网线的接口类型、光纤的接口类型、各种传输介质的传输速率等。它的主要作用是传输比特流（就是由 1、0 转换为电流强弱来进行传输，到达目的地后再转换为 1、0，即我们常说的数模转换与模数转换）。这一层的数据叫作比特。

（2）数据链路层，定义了如何让格式化数据进行传输，以及如何控制对物理介质的访问。这一层通常还提供错误检测和纠正功能，以确保数据的可靠传输。

（3）网络层，在位于不同地理位置的网络中的两个主机系统之间提供连接和路径选择。Internet 的发展使得从世界各站点访问信息的用户数大大增加，而网络层正是管理这种连接的层。

（4）传输层，定义了一些传输数据的协议和端口号（WWW 端口 80 等），协议如下。

- ☑ 传输控制协议（transmission control protocol，TCP）：传输效率低、可靠性强，用于传输可靠性要求高、数据量大的数据。
- ☑ 用户数据报协议（user datagram protocol，UDP）：与 TCP 特性恰恰相反，用于传输可靠性要求不高、数据量小的数据，如 QQ 聊天数据就是通过这种方式传输的。主要是将从下层接收的数据进行分段和传输，到达目的地址后再进行重组。常常把这一层数据叫作段。

（5）会话层，通过传输层（传输端口与接收端口的端口号）建立数据传输的通路。主要在用户的系统之间发起会话或接收会话请求（设备之间需要互相认识，可以是 IP，也可以是 MAC 或主机名）。

（6）表示层，可确保一个系统的应用层所发送的信息可以被另一个系统的应用层读取。例如，PC 程序与另一台计算机进行通信，其中一台计算机使用扩展二进制编码的十进制交换码（EBCDIC）；而另一台计算机则使用美国标准信息交换代码（ASCII）来表示相同的字符。如有必要，表示层会通过使用一种通用格式来实现多种数据格式之间的转换。

（7）应用层，是最靠近用户的 OSI 层，这一层为用户的应用程序（如电子邮件、文件传输和终端仿真）提供网络服务。

4．对等传输模型

网络中两台主机在数据传输过程中遵循对等传输模型，体现了两台主机之间数据传输过程中的数据报文封装、解封装过程，如图 8.2 所示。

对等传输模型

发送端	DATA	<--	---	---	---	---	数据	传输	过程	---	---	---	---	-->	DATA	接收端
应用层	AH	DATA	<--	---	---	---	---	---	---	---	---	---	-->	DATA	AH	应用层
表示层	PH	AH	DATA	<--	---	---	---	---	---	---	---	-->	DATA	AH	PH	表示层
会话层	SH	PH	AH	DATA	<--	---	---	---	---	---	-->	DATA	AH	PH	SH	会话层
传输层	TH	SH	PH	AH	DATA	<--	---	---	---	-->	DATA	AH	PH	SH	TH	传输层
网络层	NH	TH	SH	PH	AH	DATA	<--	---	-->	DATA	AH	PH	SH	TH	NH	网络层
数据链路层	DH	NH	TH	SH	PH	AH	DATA	<->	DATA	AH	PH	SH	TH	NH	DH	数据链路层
物理层	bits	DH	NH	TH	SH	PH	AH	DATA	AH	PH	SH	TH	NH	DH	bits	物理层

图 8.2　对等传输模型

5. TCP/IP 网络模型

TCP/IP 网络模型有两种叫法，一种是 TCP/IP 五层模型，另一种是 TCP/IP 四层模型。

1）TCP/IP 五层模型

所谓的 TCP/IP 五层模型是指把 OSI 模型中的应用层、表示层、会话层合并为应用层，传输层、网络层、数据链路层、物理层保持不变。TCP/IP 五层模型如图 8.3 所示。

TCP/IP 模型 5层分类

5	应用层	应用层
		表示层
		会话层
4	传输层	传输层
3	网络层	网络层
2	数据链路层	数据链路层
1	物理层	物理层

图 8.3　TCP/IP 五层模型

2）TCP/IP 四层模型

所谓的 TCP/IP 四层模型是指把 OSI 模型中的应用层、表示层、会话层合并为应用层，传输层和网络层保持不变，数据链路层和物理层合并在一起组成网络接口层，TCP/IP 四层模型如图 8.4 所示。

图 8.4　TCP/IP 四层模型

3）TCP/IP 建立连接三次握手过程抓包分析

如果想深入了解 TCP/IP 协议在建立连接的过程以及原理，我们就需要通过抓包工具进行分析。这里通过 Wireshark 软件进行抓包分析，分析步骤如下。

（1）启动 Wireshark 软件并选择网络连接。

首先启动 Wireshark 抓包工具，选择网络连接，可以看到网络连接的波形图。如果波形图不是很明显，请等待一段时间。Wireshark 软件启动界面如图 8.5 所示。

在图 8.5 所示网络连接的波形图，可以发现“以太网 2”连接产生了网络流量数据，所以此处选择该网卡。

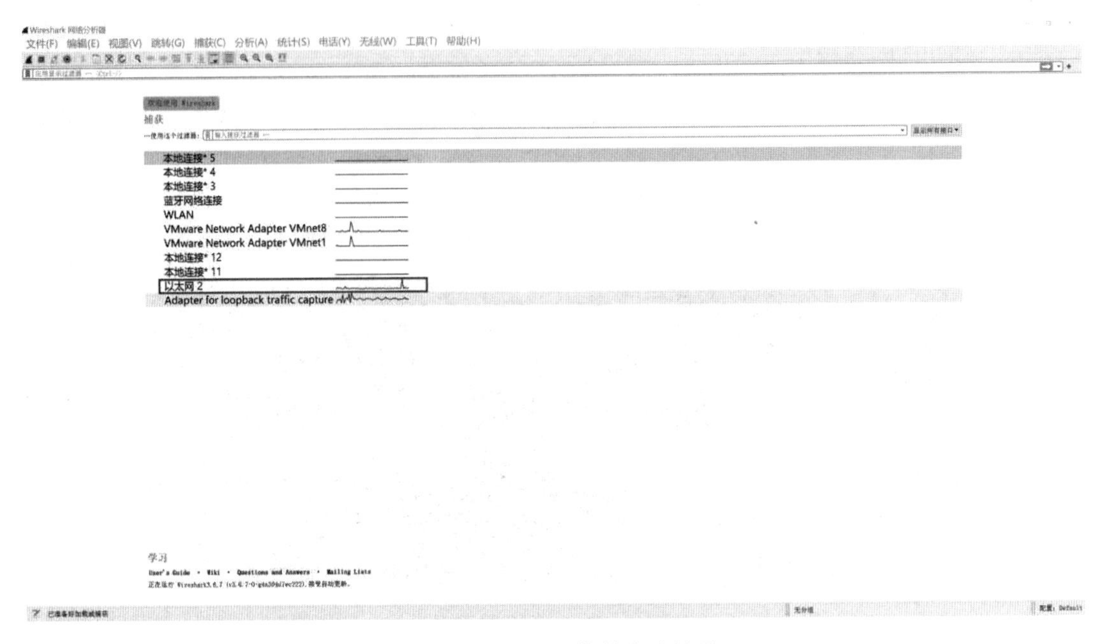

图 8.5　Wireshark 软件启动界面

（2）打开 Xshell 远程连接工具连接服务器。

此处连接一台阿里云服务器，方便读者进行 IP 地址的区分。读者在实验中可以选择本地虚拟机测试，Xshell 远程连接阿里云服务器如图 8.6 所示。

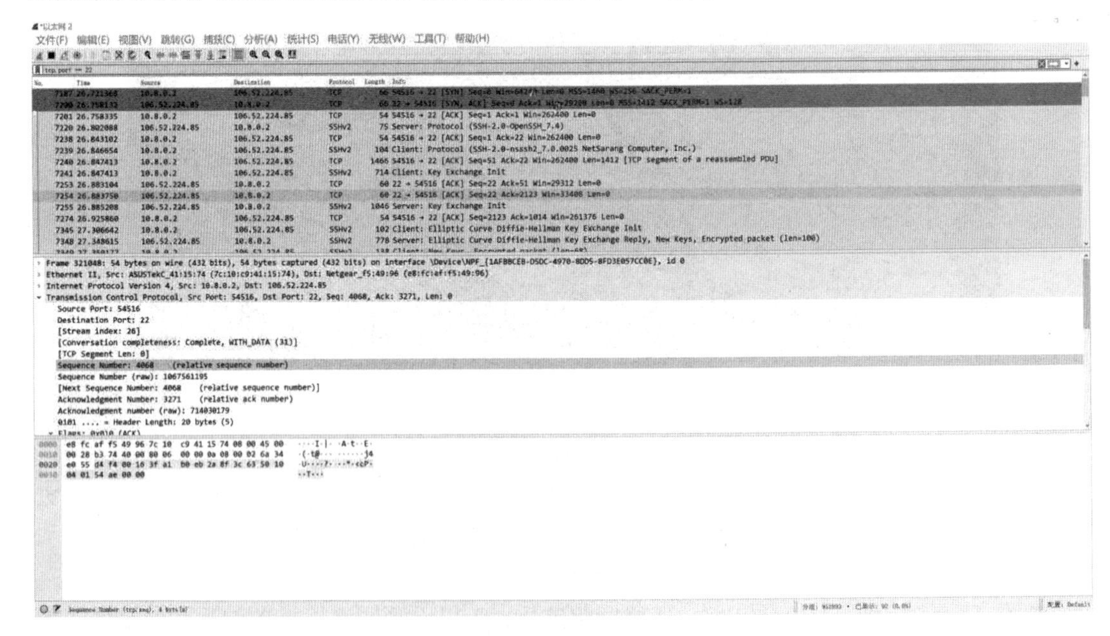

图 8.6　Xshell 远程连接阿里云服务器

（3）设置过滤条件并抓取数据。

Wireshark 软件支持设置过滤条件，如果不设置过滤条件，获得的数据则较多。这里设置过滤条件为 tcp.port == 22，即我们要抓取 SSH 协议远程登录的过程数据。SSH 协议是基于 TCP 实现的。下面对三次握手进行抓包分析。

第一次握手时，客户端向服务器发送 SYN 请求并发送 Seq（sequence number，序列号），此 Seq 的初始序号为 0。第一次握手抓包分析如图 8.7 所示。

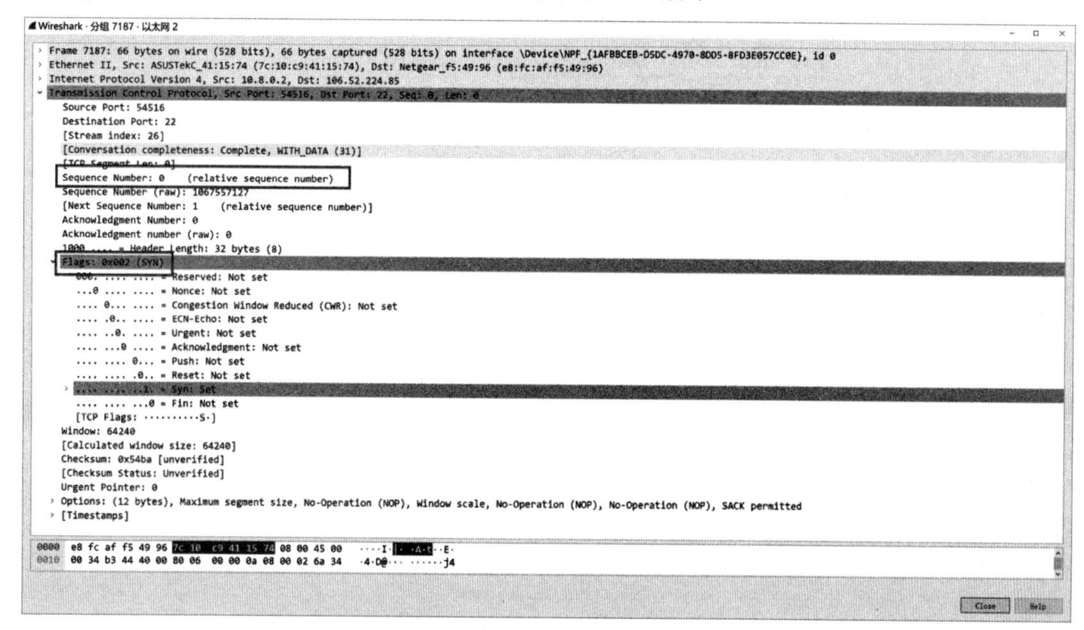

图 8.7　第一次握手抓包分析

第二次握手时，服务器向客户端发送 SYN 请求和 ACK 请求。Seq 服务器的初始序列号 Seq=0，并返回 ACK=1（第一握手时，客户端发送的 Seq 为 0，在第一次握手的基础上 ACK=Seq+1）。第二次握手抓包分析如图 8.8 所示。

```
Wireshark · 分组 7200 · 以太网 2
> Frame 7200: 66 bytes on wire (528 bits), 66 bytes captured (528 bits) on interface \Device\NPF_{1AFBBCEB-D5DC-4970-8DD5-8FD3E057CC0E}, id 0
> Ethernet II, Src: Netgear_f5:49:96 (e8:fc:af:f5:49:96), Dst: ASUSTekC_41:15:74 (7c:10:c9:41:15:74)
> Internet Protocol Version 4, Src: 106.52.224.85, Dst: 10.8.0.2
v Transmission Control Protocol, Src Port: 22, Dst Port: 54516, Seq: 0, Ack: 1, Len: 0
    Source Port: 22
    Destination Port: 54516
    [Stream index: 26]
    [Conversation completeness: Complete, WITH_DATA (31)]
    [TCP Segment Len: 0]
    Sequence Number: 0 ❶ (relative sequence number)
    Sequence Number (raw): 714026908
    [Next Sequence Number: 1    (relative sequence number)]
    Acknowledgment Number: 1 ❷ (relative ack number)
    Acknowledgment number (raw): 1067557128
    1000 .... = Header Length: 32 bytes (8)
  v Flags: 0x012 (SYN, ACK)
      000. .... .... = Reserved: Not set
      ...0 .... .... = Nonce: Not set
      .... 0... .... = Congestion Window Reduced (CWR): Not set
      .... .0.. .... = ECN-Echo: Not set
      .... ..0. .... = Urgent: Not set
      .... ...1 .... = Acknowledgment: Set
      .... .... 0... = Push: Not set
      .... .... .0.. = Reset: Not set
    > .... .... ..1. = Syn: Set
      .... .... ...0 = Fin: Not set
      [TCP Flags: ·······A··S·]
    Window: 29200
    [Calculated window size: 29200]
    Checksum: 0x98ad [unverified]
    [Checksum Status: Unverified]
    Urgent Pointer: 0
  > Options: (12 bytes), Maximum segment size, No-Operation (NOP), No-Operation (NOP), SACK permitted, No-Operation (NOP), Window scale
  > [Timestamps]
  > [SEQ/ACK analysis]
0000  7c 10 c9 41 15 74 e8 fc  af f5 49 96 08 00 45 00   |··A·t·· ··I···E·
0010  00 34 00 00 40 00 33 06  f3 30 6a 34 e0 55 0a 08   ·4··@·3· ·0j4·U··
                                                         Close  Help
```

图 8.8　第二次握手抓包分析

第三次握手时，客户端收到服务端的 SYN 以及 ACK 返回码后，客户端返回一个 ACK 码，并且返回确认号 ACK=1，并将自己的序列号 Seq 更新为 1。第三次握手抓包分析如图 8.9 所示。

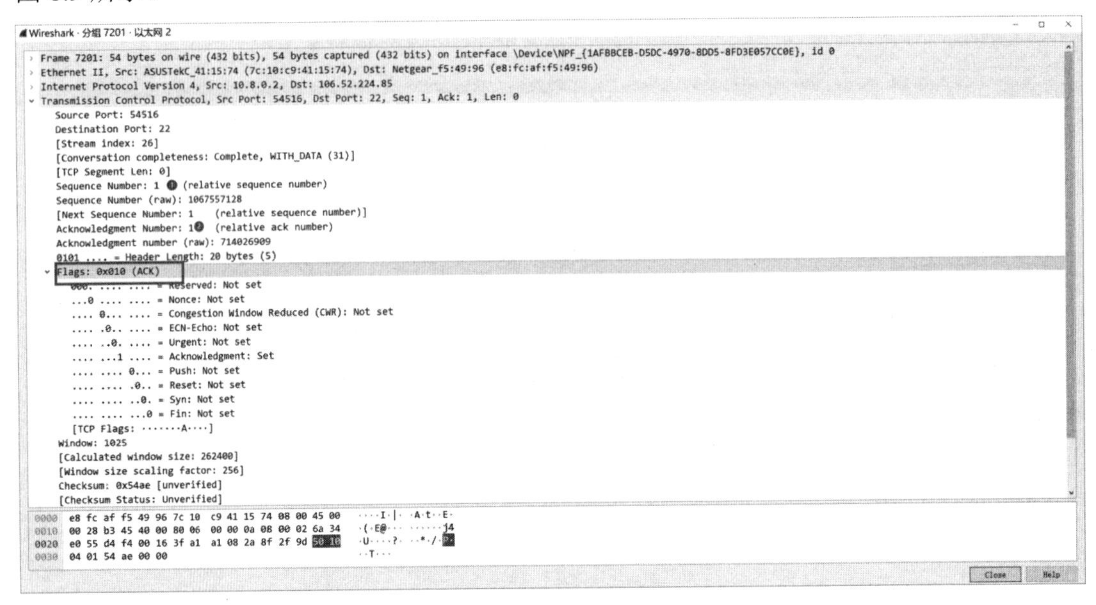

图 8.9　第三次握手抓包分析

（4）TCP/IP 协议断开连接四次挥手过程抓包分析。

当抓取 TCP 协议断开连接过程的数据包时，通常会进行四次挥手，下面分别进行介绍。

第一次挥手时，客户端向服务器端发送 FIN 请求，即断开连接请求、Seq 序列号以及 ACK 应答号，应答上一次数据通信过程中的 Seq 序列号，如图 8.10 所示。

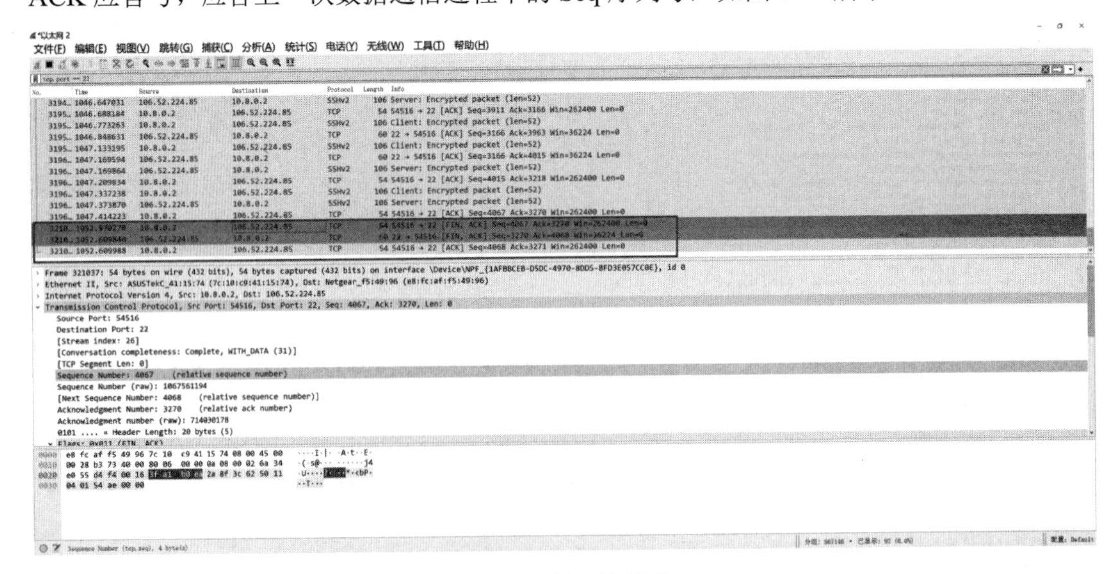

图 8.10　第一次挥手

第二次挥手时，服务端收到客户端的 FIN 报文段后，向客户端返回 ACK 确认报文段，表示对客户端断开请求的应答。此 ACK 报文段中的 ACK 值是服务器期望收到的下一个报文段的序号，即客户端发送的 FIN 报文段中的 Seq 值加 1。如图 8.11 所示，客户端发送的 Seq=4067 时，服务端应答的 ACK=Seq+1，即 ACK 为 4068。

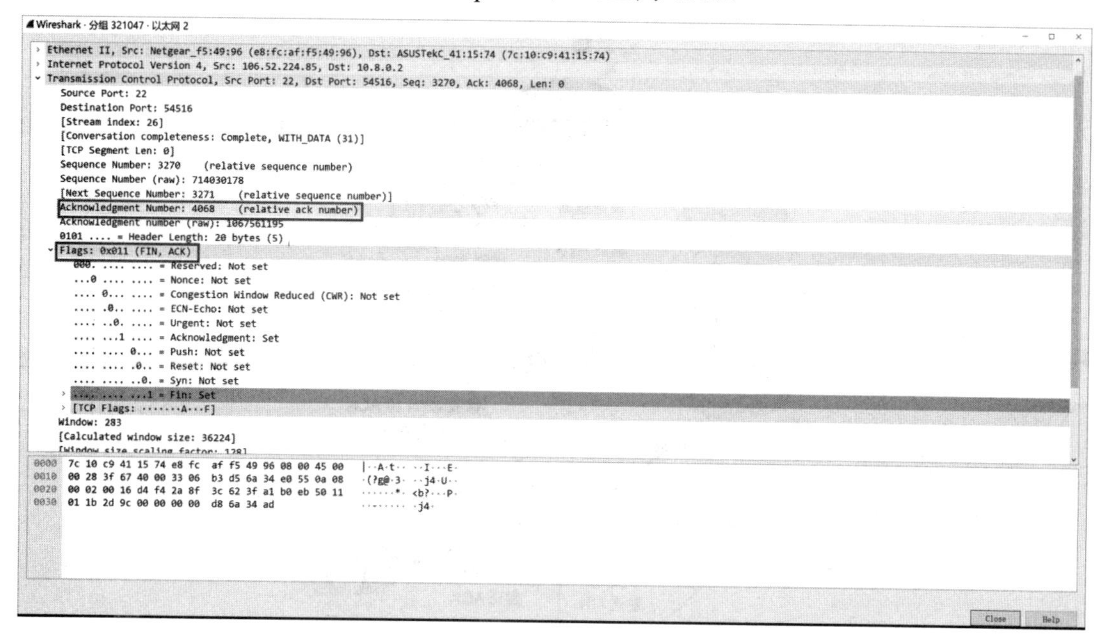

图 8.11　第二次挥手

第三次挥手时，服务器发送 FIN，表示服务器想发起断开请求，如图 8.12 所示。

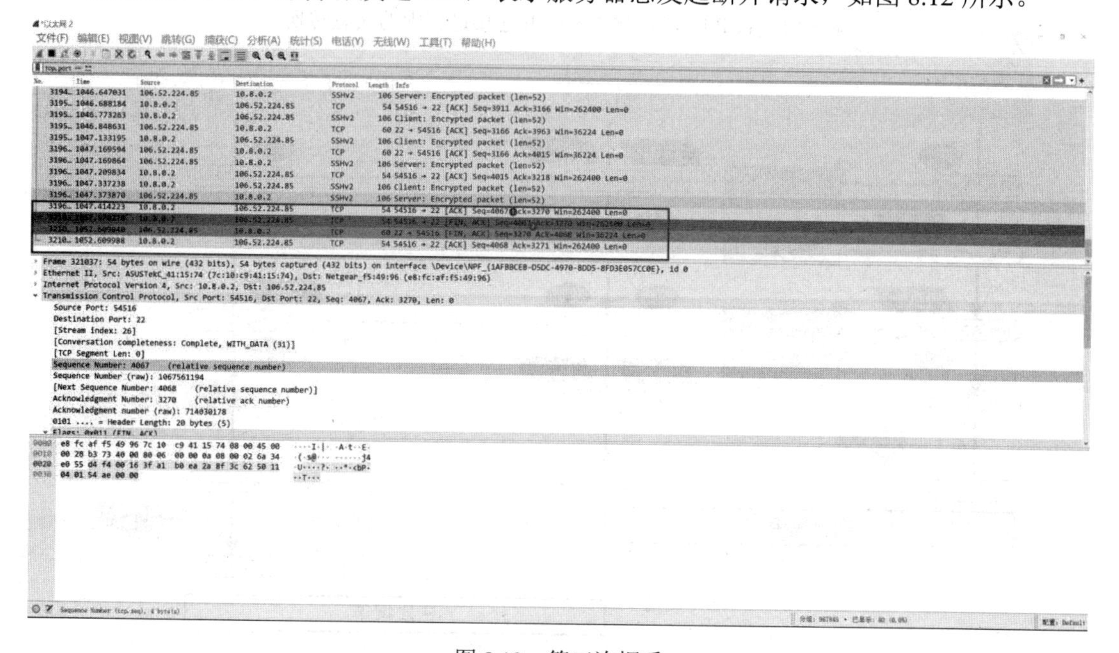

图 8.12　第三次挥手

第四次挥手时，客户端发送 ACK，断开连接。

（5）TCP/IP 协议建立和断开连接过程中的状态转换。

TCP/IP 协议在建立和断开连接的过程中伴随了 11 种状态的转换，如图 8.13 和图 8.14 所示。

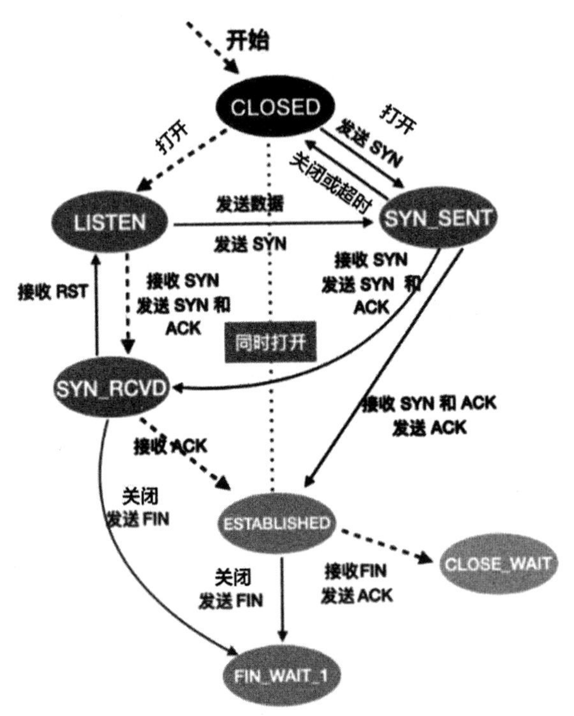

图 8.13　TCP/IP 协议建立和断开连接过程中的状态转换

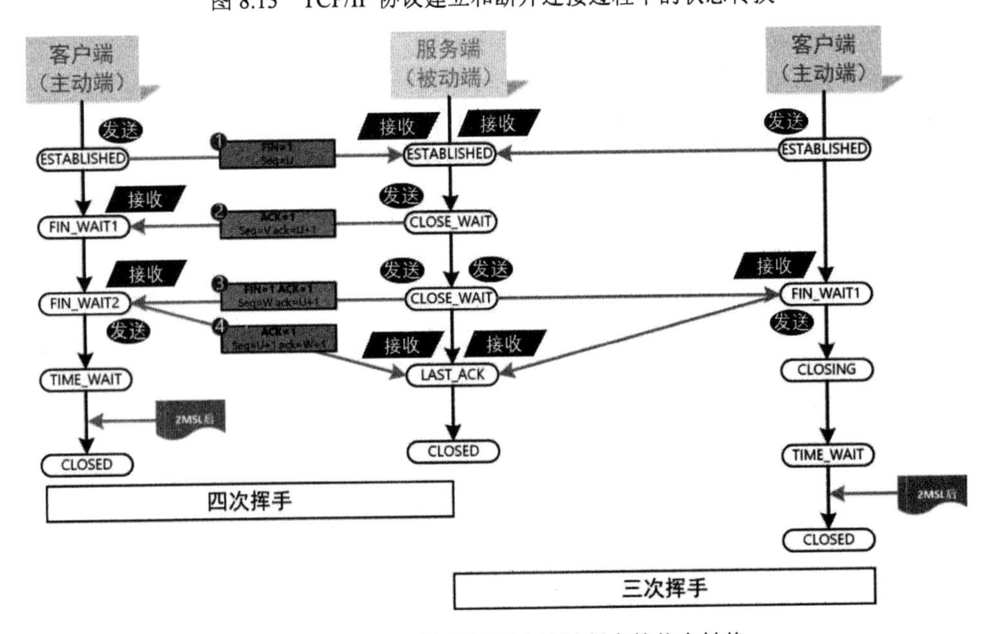

图 8.14　TCP/IP 协议断开连接过程中的状态转换

客户端独有的状态有 SYN_SENT、FIN_WAIT1、FIN_WAIT2、CLOSING、TIME_WAIT。
服务器独有的状态有 LISTEN、SYN_RCVD、CLOSE_WAIT、LAST_ACK。
共有的状态有 CLOSED、ESTABLISHED。

6．常见网络协议

1）网络协议

网络协议为计算机网络中进行数据交换而建立的规则、标准或约定的集合。

2）网络协议组成要素

网络协议由以下 3 个要素组成。

☑ 语义。语义解释控制信息每个部分的意义。它规定了需要发出何种控制信息，以及完成的动作与做出什么样的响应。
☑ 语法。语法是用户数据与控制信息的结构与格式，以及数据出现的顺序。
☑ 时序。时序是对事件发生顺序的详细说明（也可称为“同步”）。

人们形象地把这 3 个要素描述为语义表示要做什么、语法表示要怎么做，时序表示做的顺序。

3）网络协议工作方式

网络上的计算机之间是如何交换信息的呢？就像我们说话需要使用某种语言一样，在网络上的各台计算机之间也有一种语言，即网络协议，不同的计算机之间必须使用相同的网络协议才能进行通信。

网络协议是网络上所有设备（网络服务器、计算机、交换机、路由器、防火墙等）之间通信规则的集合，它规定了通信时信息必须采用的格式和这些格式的意义。大多数网络都采用分层的体系结构，每一层都建立在它的下层之上，向它的上一层提供一定的服务，而把如何实现这一服务的细节对上一层加以屏蔽。一台设备上的第 n 层与另一台设备上的第 n 层进行通信的规则就是第 n 层协议。在网络的各层中存在着许多协议，接收方和发送方同层的协议必须一致，否则，一方将无法识别另一方发出的信息。网络协议使网络上各种设备能够相互交换信息。

4）常用的网络协议

常用的网络协议如下。

☑ TCP/IP 协议
☑ UDP 协议
☑ ICMP 协议
☑ SMTP/POP3/IMAP 协议
☑ SSH 协议
☑ Telnet 协议
☑ DHCP 协议
☑ DNS 协议
☑ HTTP/HTTPS 协议等

8.2 常用的网络管理命令

8.2.1 ip 命令

ip 命令是 Linux 系统加强版的的网络配置工具，用于代替 ifconfig 命令。ip 命令的功能很多，基本上整合了 ifconfig 与 route 这两个命令的功能，它属于 iproute2 包的一个命令，其功能很强大。

1. 语法格式

```
ip [options] object [command [arguments]]
```

2. 参数详解

☑ options：是修改 IP 行为或改变其输出的选项。所有的选项都是以“-”字符开头，分为长和短两种形式。

☑ object：是要管理者获取信息的对象，如网络接口类型 eth0。

☑ command：设置针对指定对象执行的操作，它和对象的类型有关。一般情况下，ip 支持对象的增加（add）、删除（delete）和展示（show 或 list）。有些对象不支持这些操作，或有其他的一些命令。对于所有的对象，用户可以使用 help 参数获得帮助。

☑ arguments：是命令的一些参数，它们依赖于对象和命令。ip 命令支持两种类型的参数，即 flag 和 parameter，flag 由一个关键词组成；parameter 由一个关键词和一个数值组成。

示例命令如下。

```
ip a                      # 查看当前网络信息
ip addr show dev          # 查看是否已经生效
ip route                  # 查看当前网络路由条目信息
ip route list             # 查看当前网络路由条目信息，效果和 ip route 一样
ip route add              # 添加网络路由
ip route del              # 删除网络路由
ip route get              # 获取某条路由条目信息
ip route flush            # 擦除所有路由表
ip route flush cache      # 擦除路由表的缓存
```

3. 企业实战

【案例 1】查看系统所有网卡的信息。

命令如下，如图 8.15 所示。

```
[root@rcs-team-rocky8.6 ~]# ip a
```

【案例 2】查看当前网络路由条目信息。

使用 ip route 命令查看当前网络路由条目信息，命令如下，如图 8.16 所示。

```
[root@rcs-team-rocky8.6 ~]# ip route
```

```
[root@rcs-team-rocky8.6 ~]# ip a
1: lo: <LOOPBACK,UP,LOWER_UP> mtu 65536 qdisc noqueue state UNKNOWN group default qlen 1000
    link/loopback 00:00:00:00:00:00 brd 00:00:00:00:00:00
    inet 127.0.0.1/8 scope host lo
       valid_lft forever preferred_lft forever
    inet6 ::1/128 scope host
       valid_lft forever preferred_lft forever
2: ens160: <BROADCAST,MULTICAST,UP,LOWER_UP> mtu 1500 qdisc mq state UP group default qlen 1000
    link/ether 00:0c:29:9c:7a:7d brd ff:ff:ff:ff:ff:ff
    inet 10.0.0.11/8 brd 10.255.255.255 scope global noprefixroute ens160
       valid_lft forever preferred_lft forever
    inet6 fe80::20c:29ff:fe9c:7a7d/64 scope link noprefixroute
       valid_lft forever preferred_lft forever
3: ens224: <BROADCAST,MULTICAST,UP,LOWER_UP> mtu 1500 qdisc mq state UP group default qlen 1000
    link/ether 00:0c:29:9c:7a:87 brd ff:ff:ff:ff:ff:ff
    inet 192.168.110.10/8 brd 192.255.255.255 scope global noprefixroute ens224
       valid_lft forever preferred_lft forever
    inet6 fe80::20c:29ff:fe9c:7a87/64 scope link noprefixroute
       valid_lft forever preferred_lft forever
[root@rcs-team-rocky8.6 ~]#
```

图 8.15　查看系统所有网卡的信息

```
[root@rcs-team-rocky8.6 ~]# ip route
default via 10.0.0.2 dev ens160 proto static metric 102
10.0.0.0/8 dev ens160 proto kernel scope link src 10.0.0.11 metric 102
192.0.0.0/8 dev ens224 proto kernel scope link src 192.168.110.10 metric 103
```

图 8.16　使用 ip route 命令查看当前网络路由条目信息

使用 ip route list 命令查看当前网络路由条目信息，命令如下，如图 8.17 所示。

```
[root@rcs-team-rocky8.6 ~]# ip route list
```

```
[root@rcs-team-rocky8.6 ~]# ip route list
default via 10.0.0.2 dev ens160 proto static metric 102
10.0.0.0/8 dev ens160 proto kernel scope link src 10.0.0.11 metric 102
192.0.0.0/8 dev ens224 proto kernel scope link src 192.168.110.10 metric 103
```

图 8.17　使用 ip route list 命令查看当前网络路由条目信息

【案例 3】设置指定网卡的 IP 地址。

命令如下，如图 8.18 所示。

```
[root@rcs-team-rocky8.6 ~]# ip addr add 192.168.110.15/24 dev ens224
```

```
[root@rcs-team-rocky8.6 ~]# ip addr add 192.168.110.15/24 dev ens224
[root@rcs-team-rocky8.6 ~]# ip a
1: lo: <LOOPBACK,UP,LOWER_UP> mtu 65536 qdisc noqueue state UNKNOWN group default qlen 1000
    link/loopback 00:00:00:00:00:00 brd 00:00:00:00:00:00
    inet 127.0.0.1/8 scope host lo
       valid_lft forever preferred_lft forever
    inet6 ::1/128 scope host
       valid_lft forever preferred_lft forever
2: ens160: <BROADCAST,MULTICAST,UP,LOWER_UP> mtu 1500 qdisc mq state UP group default qlen 1000
    link/ether 00:0c:29:9c:7a:7d brd ff:ff:ff:ff:ff:ff
    inet 10.0.0.11/8 brd 10.255.255.255 scope global noprefixroute ens160
       valid_lft forever preferred_lft forever
    inet6 fe80::20c:29ff:fe9c:7a7d/64 scope link noprefixroute
       valid_lft forever preferred_lft forever
3: ens224: <BROADCAST,MULTICAST,UP,LOWER_UP> mtu 1500 qdisc mq state UP group default qlen 1000
    link/ether 00:0c:29:9c:7a:87 brd ff:ff:ff:ff:ff:ff
    inet 192.168.110.10/8 brd 192.255.255.255 scope global noprefixroute ens224
       valid_lft forever preferred_lft forever
    inet 192.168.110.15/24 scope global ens224
       valid_lft forever preferred_lft forever
    inet6 fe80::20c:29ff:fe9c:7a87/64 scope link noprefixroute
       valid_lft forever preferred_lft forever
[root@rcs-team-rocky8.6 ~]#
```

图 8.18　设置指定网卡的 IP 地址

【案例 4】删除指定网卡的 IP 地址。

命令如下，如图 8.19 所示。

```
[root@rcs-team-rocky8.6 ~]# ip addr del 192.168.110.15/24 dev ens224
```

```
[root@rcs-team-rocky8.6 ~]# ip addr del 192.168.110.15/24 dev ens224
[root@rcs-team-rocky8.6 ~]# ip a
1: lo: <LOOPBACK,UP,LOWER_UP> mtu 65536 qdisc noqueue state UNKNOWN group default qlen 1000
    link/loopback 00:00:00:00:00:00 brd 00:00:00:00:00:00
    inet 127.0.0.1/8 scope host lo
       valid_lft forever preferred_lft forever
    inet6 ::1/128 scope host
       valid_lft forever preferred_lft forever
2: ens160: <BROADCAST,MULTICAST,UP,LOWER_UP> mtu 1500 qdisc mq state UP group default qlen 1000
    link/ether 00:0c:29:20:67:ec brd ff:ff:ff:ff:ff:ff
    altname enp3s0
    inet 10.0.0.149/24 brd 10.0.0.255 scope global noprefixroute ens160
       valid_lft forever preferred_lft forever
    inet6 fe80::20c:29ff:fe20:67ec/64 scope link noprefixroute
       valid_lft forever preferred_lft forever
3: ens224: <BROADCAST,MULTICAST,UP,LOWER_UP> mtu 1500 qdisc mq state UP group default qlen 1000
    link/ether 00:0c:29:20:67:f6 brd ff:ff:ff:ff:ff:ff
    altname enp19s0
    inet6 fe80::20c:29ff:fe20:67f6/64 scope link noprefixroute
       valid_lft forever preferred_lft forever
[root@rcs-team-rocky8.6 ~]#
```

图 8.19　删除指定网卡的 IP 地址

【案例 5】查看指定网卡的信息。

命令如下，如图 8.20 所示。

```
[root@rcs-team-rocky8.6 ~]# ip addr show ens224
```

```
[root@rcs-team-rocky8.6 ~]# ip addr show ens224
3: ens224: <BROADCAST,MULTICAST,UP,LOWER_UP> mtu 1500 qdisc mq state UP group default qlen 1000
    link/ether 00:0c:29:9c:7a:87 brd ff:ff:ff:ff:ff:ff
    inet 192.168.110.10/8 brd 192.255.255.255 scope global noprefixroute ens224
       valid_lft forever preferred_lft forever
    inet6 fe80::20c:29ff:fe9c:7a87/64 scope link noprefixroute
       valid_lft forever preferred_lft forever
[root@rcs-team-rocky8.6 ~]#
```

图 8.20　查看指定网卡的信息

【案例 6】查看路由表中的某一路由条目信息。

命令如下，如图 8.21 所示。

```
[root@rcs-team-rocky8.6 ~]# ip route get 192.0.0.0
```

```
[root@rcs-team-rocky8.6 ~]# ip route get 192.0.0.0
broadcast 192.0.0.0 dev ens224 src 192.168.110.10 uid 0
    cache <local,brd>
[root@rcs-team-rocky8.6 ~]#
```

图 8.21　查看路由表中的某一路由条目信息

【案例 7】为网络添加一条路由条目。

命令如下，如图 8.22 所示。

```
[root@rcs-team-rocky8.6 ~]# ip route add 172.20.0.0/24 via 192.168.110.11
```

```
[root@rcs-team-rocky8.6  ]# ip route add 172.20.0.0/24 via 192.168.110.11
[root@rcs-team-rocky8.6  ]# ip route
default via 10.0.0.2 dev ens160 proto static metric 102
10.0.0.0/8 dev ens160 proto kernel scope link src 10.0.0.11 metric 102
172.20.0.0/24 via 192.168.110.11 dev ens224
192.0.0.0/8 dev ens224 proto kernel scope link src 192.168.110.10 metric 103
```

图 8.22　为网络添加一条路由条目

8.2.2　ping 命令

ping 命令用于验证与远程计算机的连接，该命令只有在安装了 TCP/IP 协议后才可以使用。ping 命令的主要作用是，通过发送数据包并接收应答信息检测两台计算机之间的网络是否连通。当网络出现故障时，可以用这个命令预测故障和确定故障地点。

1．语法格式

```
ping [options] <destination>
```

2．参数详解

options 是可选参数，常用的参数如下。

☑　-d：使用 socket 的 SO_DEBUG 功能。

☑　-c：指定发送报文的次数。

☑　-i：指定收发信息的时间间隔。

☑　-n：只输出数值。

☑　-v：详细显示指令的执行过程。

☑　-t：设置存活数值 TTL 的大小。

☑　-s：设置数据包的大小。

☑　-R：记录路由过程。

☑　-q：不显示指令的执行过程，与-v 参数的作用相反。

☑　-p：设置填满数据包的范本样式。

destination：目标主机，这里可以是 IP 地址。

3．企业实战

【案例 1】测试某个 IP 地址是否连通。

命令如下，如图 8.23 所示。

```
[root@rcs-team-rocky8.6 ~]# ping 10.0.0.2
```

【案例 2】服务器不能上网时的正确排查流程。

第一步：检查数据链路（网线、网卡是否都正常）。

第二步：检查网关是否能够连通。

第三步：测试 ping 114.114.114.114 地址，命令如下，如图 8.24 所示。

```
[root@rcs-team-rocky8.6 ~]# ping 114.114.114.114
```

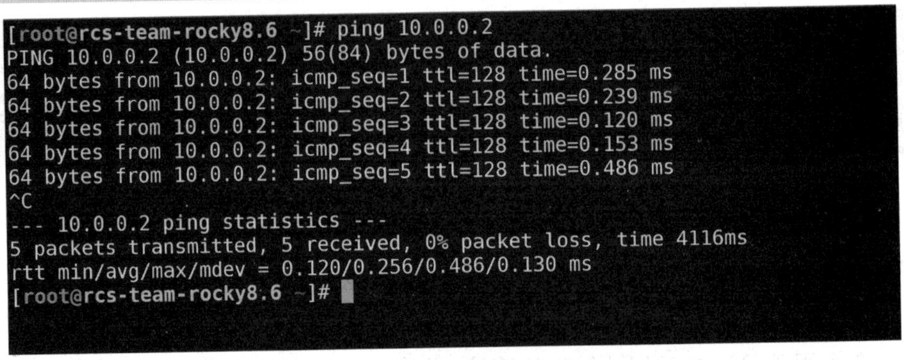

```
[root@rcs-team-rocky8.6 ~]# ping 10.0.0.2
PING 10.0.0.2 (10.0.0.2) 56(84) bytes of data.
64 bytes from 10.0.0.2: icmp_seq=1 ttl=128 time=0.285 ms
64 bytes from 10.0.0.2: icmp_seq=2 ttl=128 time=0.239 ms
64 bytes from 10.0.0.2: icmp_seq=3 ttl=128 time=0.120 ms
64 bytes from 10.0.0.2: icmp_seq=4 ttl=128 time=0.153 ms
64 bytes from 10.0.0.2: icmp_seq=5 ttl=128 time=0.486 ms
^C
--- 10.0.0.2 ping statistics ---
5 packets transmitted, 5 received, 0% packet loss, time 4116ms
rtt min/avg/max/mdev = 0.120/0.256/0.486/0.130 ms
[root@rcs-team-rocky8.6 ~]#
```

图 8.23　测试某个 IP 地址是否连通

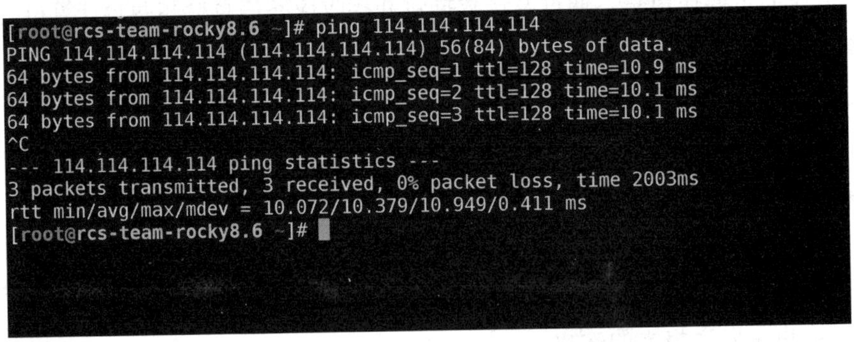

```
[root@rcs-team-rocky8.6 ~]# ping 114.114.114.114
PING 114.114.114.114 (114.114.114.114) 56(84) bytes of data.
64 bytes from 114.114.114.114: icmp_seq=1 ttl=128 time=10.9 ms
64 bytes from 114.114.114.114: icmp_seq=2 ttl=128 time=10.1 ms
64 bytes from 114.114.114.114: icmp_seq=3 ttl=128 time=10.1 ms
^C
--- 114.114.114.114 ping statistics ---
3 packets transmitted, 3 received, 0% packet loss, time 2003ms
rtt min/avg/max/mdev = 10.072/10.379/10.949/0.411 ms
[root@rcs-team-rocky8.6 ~]#
```

图 8.24　ping 一个公共 DNS 地址

第四步：ping www.baidu.com 域名，检测连通性，命令如下，如图 8.25 所示。

```
[root@rcs-team-rocky8.6 ~]# ping www.baidu.com
```

```
[root@rcs-team-rocky8.6 ~]# ping www.baidu.com
PING www.a.shifen.com (110.242.68.3) 56(84) bytes of data.
64 bytes from 110.242.68.3 (110.242.68.3): icmp_seq=1 ttl=128 time=9.55 ms
64 bytes from 110.242.68.3 (110.242.68.3): icmp_seq=2 ttl=128 time=9.06 ms
64 bytes from 110.242.68.3 (110.242.68.3): icmp_seq=3 ttl=128 time=9.91 ms
64 bytes from 110.242.68.3 (110.242.68.3): icmp_seq=4 ttl=128 time=9.69 ms
64 bytes from 110.242.68.3 (110.242.68.3): icmp_seq=5 ttl=128 time=9.58 ms
^C
--- www.a.shifen.com ping statistics ---
5 packets transmitted, 5 received, 0% packet loss, time 4008ms
rtt min/avg/max/mdev = 9.056/9.558/9.914/0.307 ms
[root@rcs-team-rocky8.6 ~]#
```

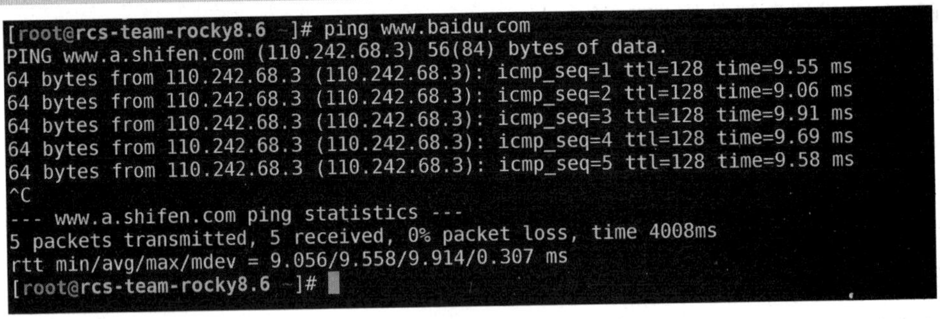

图 8.25　ping 一个外网域名

8.2.3　route 命令

在网络中，route 命令用来显示、添加、删除和修改网络的路由。

1．语法格式

```
route [-f] [-p] [Command] [Destination] [mask Netmask] [Gateway] [metric
Metric] [if Interface]
```

2. 参数详解

☑ -f：用于清除路由表。
☑ -p：用于创建永久路由。
☑ Command：主要有 print（打印）、add（添加）、delete（删除）、change（修改）4 个常用命令。
☑ Destination：表示到达的目的 IP 地址。
☑ mask Netmark：mask 表示子网掩码的关键字。Netmask 表示具体的子网掩码，如果不进行设置，系统默认设置成 255.255.255.255（单机的 IP 地址），添加掩码时要注意，特别是要确认添加的是某个 IP 地址还是 IP 网段，如果代表全部出口子网掩码，可用 0.0.0.0。
☑ Gateway：表示出口网关。
☑ metric Metric：表示到达目的网络的条数。
☑ if Interface：表示特殊路由的接口数。

3. 企业实战

【案例 1】查看当前路由表。

命令如下，如图 8.26 所示。

```
[root@rcs-team-rocky8.6 ~]# route -n
```

```
[root@rcs-team-rocky8.6 ~]# route -n
Kernel IP routing table
Destination     Gateway         Genmask         Flags Metric Ref    Use Iface
0.0.0.0         10.0.0.2        0.0.0.0         UG    100    0        0 ens160
10.0.0.0        0.0.0.0         255.255.255.0   U     100    0        0 ens160
10.0.0.0        0.0.0.0         255.0.0.0       U     100    0        0 ens160
10.88.0.0       0.0.0.0         255.255.0.0     U     0      0        0 cni-podman0
[root@rcs-team-rocky8.6 ~]#
```

图 8.26　查看当前路由表

【案例 2】给网络添加路由条目。

命令如下，如图 8.27 所示。

```
[root@rcs-team-rocky8.6 ~]# route add -net 192.168.110.0/24 gw 10.0.0.11
```

```
[root@rcs-team-rocky8.6 ~]# route add -net 192.168.110.0/24 gw 10.0.0.11
[root@rcs-team-rocky8.6 ~]# route -n
Kernel IP routing table
Destination     Gateway         Genmask         Flags Metric Ref    Use Iface
0.0.0.0         10.0.0.2        0.0.0.0         UG    100    0        0 ens160
10.0.0.0        0.0.0.0         255.255.255.0   U     100    0        0 ens160
10.0.0.0        0.0.0.0         255.0.0.0       U     100    0        0 ens160
192.168.110.0   10.0.0.11       255.255.255.0   UG    0      0        0 ens160
```

图 8.27　给网络添加路由条目

8.2.4　nmcli 命令

RHEL 7 与 CentOS 7 中默认的网络服务由 NetworkManager 提供，这是动态控制及配置网络的守护进程，它用于保持当前网络设备及连接处于工作状态，同时也支持传统的 ifcfg 类型的配置文件。

NetworkManager 可以用于以下类型的连接：Ethernet、VLANS、Bridges、Bonds、Teams、Wi-Fi、mobile boradband（如移动 3G）以及 IP-over-InfiniBand。针对这些网络类型，NetworkManager 可以配置它们的网络别名、IP 地址、静态路由、DNS、VPN 连接及很多其他的特殊参数。

接下来在 CentOS/RHEL 7 中讨论网络管理命令行工具——nmcli。

1. 语法格式

```
nmcli [ OPTIONS ] OBJECT { COMMAND | help }
```

2. 参数详解

OPTIONS 参数如下。

- ☑ -a | --ask：当使用该选项时，nmcli 将停止并要求输入任何缺失的必需参数，因此在非交互式目的（如脚本）中不要使用此选项。该选项控制了是否在连接到网络需要密码时提示输入密码。
- ☑ -c：控制颜色输出。
- ☑ -complete-args：得到最后一个参数的完整格式。
- ☑ -e：是否以简洁的表格模式转义“:”和“\”字符。注意，转义字符“\”。
- ☑ -f：指定某个命令希望输出的列，不同命令列不同。默认 common 是常见的，all 是全部。可以从 all 里面选择一些期望的写到本参数中，多个列用逗号分隔。
- ☑ -g：打印某个指定字段的值。如果指定了多个字段，则输出在一行，字段之间用冒号分隔。
- ☑ -h：帮助信息。
- ☑ -m：指定数据样式是表格形式，还是多行形式。多行形式是指每个字段或属性都单独一行输出。
- ☑ -p：用更适合人眼阅读的方式显示，包括头、数据对齐等。
- ☑ -t：用于计算处理，如脚本，以更适合的方式显示。
- ☑ -v：用于显示版本号。
- ☑ -w：此选项设置 nmcli 等待 NetworkManager 完成操作的超时时间。它对于可能需要较长时间才能完成的命令特别有用，如连接激活。

OBJECT：平时用的最多的就是 connection 和 device。这里需要简单了解二者的区别。device 叫作网络接口，是物理设备；connection 是连接，偏重于逻辑设置。

COMMAND | help：命令或帮助。

注意：

COMMAND 和 OBJECT 可以用全称也可以用简称，最少可以只用一个字母，建议用前三个字母。

示例命令如下。

```
nmcli c up eth0                    #启用网络连接
```

```
nmcli c down eth0                       #停用网络连接（可以被自动激活）
nmcli device disconnect eth0            #禁用网卡，防止被自动激活
nmcli device show                       #显示所有网络设备的详细信息
nmcli device show eth0                  #显示指定网络设备的详细信息
nmcli con delete eth0                   #删除网络连接的配置文件
nmcli con reload                        #重新加载网络配置文件
nmcli con add con-name dynamic ifname ens36 type ethernet #动态获取 IP 地址方式的网络连接配置
nmcli con add con-name static ifname ens36 autoconnect yes type ethernet ip4 10.10.10.10/24 gw4 10.10.10.1  #指定静态 IP 地址方式的网络连接配置
nmcli con up static                     #启动静态配置文件
nmcli con mod CON-NAME ipv4.addresses "10.10.10.10/24 10.10.10.1"  #修改 IP 配置及网关
nmcli con mod CON-NAME ipv4.gateway 10.10.10.1          #修改默认网关
nmcli con mod CON-NAME +ipv4.addresses 10.10.10.10/16   #添加第二个 IP 地址
nmcli con mod CON-NAME -ipv4.addresses 10.10.10.10/16   #删除第二个 IP 地址
nmcli con mod CON-NAME ipv4.dns 114.114.114.114         #添加第一个 dns
nmcli con mod CON-NAME +ipv4.dns  8.8.8.8               #添加第二个 dns
```

3. 企业实战

【案例 1】获取网络状态。

命令如下，如图 8.28 所示。

```
[root@rcs-team-rocky8.6 ~]# nmcli networking connectivity
```

```
[root@rcs-team-rocky8.6 ]# nmcli networking connectivity

[root@rcs-team-rocky8.6 ]#
```

图 8.28 获取网络状态

【案例 2】重启所有网络接口。

命令如下，如图 8.29 所示。

```
[root@rcs-team-rocky8.6 ~]# nmcli networking off && nmcli networking on
```

```
[root@rcs-team-rocky8.6 ]# nmcli networking off && nmcli networking on
[root@rcs-team-rocky8.6 ]#
```

图 8.29 重启所有网络接口

【案例 3】无线网络相关状态操作。

命令如下，如图 8.30 所示。

```
[root@rcs-team-rocky8.6 ~]# nmcli radio all
```

```
[root@rcs-team-rocky8.6 ]# nmcli radio all
WIFI-HW  WIFI      WWAN-HW  WWAN

[root@rcs-team-rocky8.6 ]# nmcli radio wifi

[root@rcs-team-rocky8.6 ]# nmcli radio wwan

[root@rcs-team-rocky8.6 ]#
```

图 8.30 无线网络相关状态操作

【案例 4】显示所有连接状态。

命令如下，如图 8.31 所示。

```
[root@rcs-team-rocky8.6 ~]# nmcli connection show
```

```
[root@rcs-team-rocky8.6 ~]# nmcli connection show
NAME    UUID                                    TYPE      DEVICE

[root@rcs-team-rocky8.6 ~]#
```

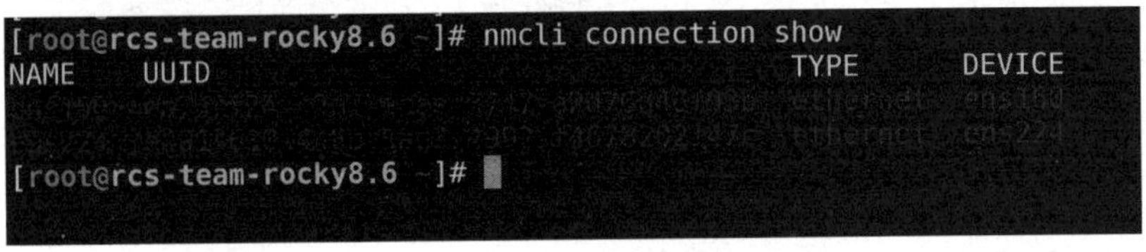

图 8.31　显示所有连接状态

【案例 5】显示设备连接状态。

命令如下，如图 8.32 所示。

```
[root@rcs-team-rocky8.6 ~]# nmcli device show
```

```
[root@rcs-team-rocky8.6 ~]# nmcli device show
GENERAL.DEVICE:                         ens160
GENERAL.TYPE:                           ethernet
GENERAL.HWADDR:                         00:0C:29:5E:B1:37
GENERAL.MTU:                            1500
GENERAL.STATE:                          100 (connected)
GENERAL.CONNECTION:                     ens160
GENERAL.CON-PATH:                       /org/freedesktop/NetworkManager/ActiveConnection/1
WIRED-PROPERTIES.CARRIER:               on
IP4.ADDRESS[1]:                         10.0.0.155/24
IP4.ADDRESS[2]:                         10.0.0.10/8
IP4.GATEWAY:                            10.0.0.2
IP4.ROUTE[1]:                           dst = 10.0.0.0/8, nh = 0.0.0.0, mt = 100
IP4.ROUTE[2]:                           dst = 0.0.0.0/0, nh = 10.0.0.2, mt = 100
IP4.ROUTE[3]:                           dst = 10.0.0.0/24, nh = 0.0.0.0, mt = 100
IP4.DNS[1]:                             10.0.0.2
IP4.DNS[2]:                             114.114.114.114
IP4.DOMAIN[1]:                          localdomain
IP6.ADDRESS[1]:                         fe80::20c:29ff:fe5e:b137/64
IP6.GATEWAY:                            --
IP6.ROUTE[1]:                           dst = fe80::/64, nh = ::, mt = 1024

GENERAL.DEVICE:                         lo
GENERAL.TYPE:                           loopback
GENERAL.HWADDR:                         00:00:00:00:00:00
GENERAL.MTU:                            65536
GENERAL.STATE:                          10 (unmanaged)
GENERAL.CONNECTION:                     --
GENERAL.CON-PATH:                       --
IP4.ADDRESS[1]:                         127.0.0.1/8
IP4.GATEWAY:                            --
IP6.ADDRESS[1]:                         ::1/128
IP6.GATEWAY:                            --
IP6.ROUTE[1]:                           dst = ::1/128, nh = ::, mt = 256
[root@rcs-team-rocky8.6 ~]#
```

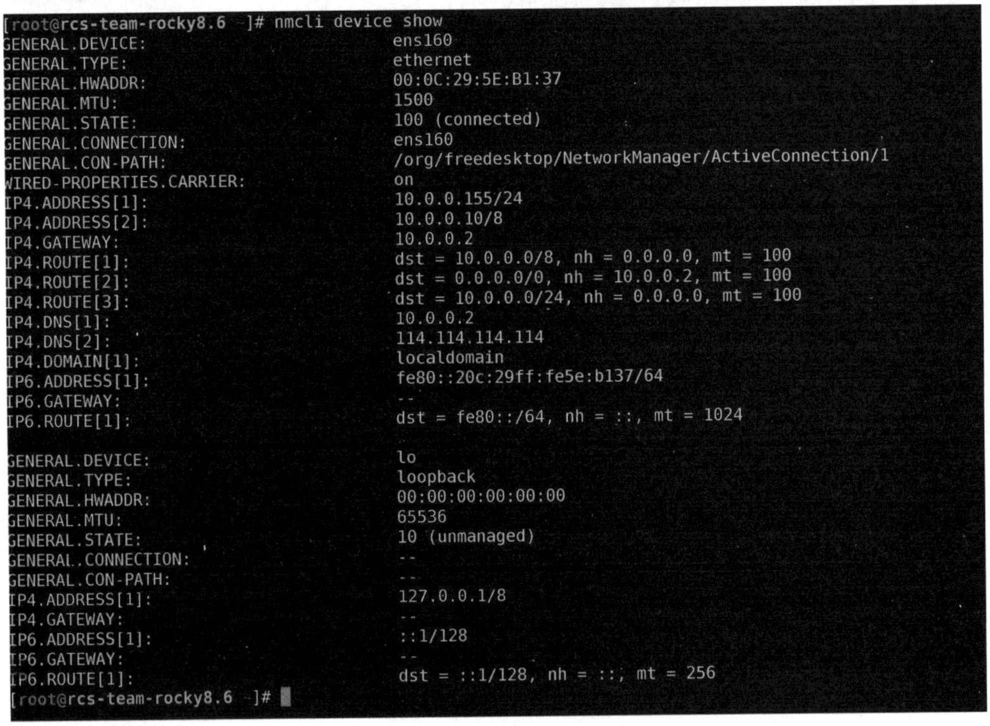

图 8.32　显示设备连接状态

8.2.5　netstat 命令

netstat 是一款命令行工具，可用于列出系统上所有的网络套接字连接情况，包括 TCP、UDP 及 UNIX 套接字，另外它还能列出处于监听状态（即等待接入请求）的套接字。如果想确认系统上的 Web 服务有没有启动，可以查看 80 端口有没有打开。netstat 命令是网管和系统管理员工作中的必备利器。

1．语法格式

```
netstat [-acCeFghilMnNoprstuvVwx][-A<网络类型>][--ip]
```

2．参数详解

- ☑ -a 或-all：显示所有连线中的 socket。
- ☑ -c 或-continuous：持续列出网络状态。
- ☑ -C 或-cache：显示路由器配置的块区信息。
- ☑ -e 或-extend：显示网络其他相关信息。
- ☑ -F 或-fib：显示路由缓存。
- ☑ -g 或-groups：显示多重广播功能群组组员名单。
- ☑ -h 或-help：在线帮助。
- ☑ -i 或-interfaces：显示网络界面信息表单。
- ☑ -l 或-listening：显示监控中的服务器的 socket。
- ☑ -M 或-masquerade：显示伪装的网络连线。
- ☑ -n 或-numeric：直接使用 IP 地址，而不通过域名服务器。
- ☑ -N 或-netlink 或-symbolic：显示网络硬件外围设备的符号连接名称。
- ☑ -o 或-timers：显示计时器。
- ☑ -p 或-programs：显示正在使用 socket 的程序识别码和程序名称。
- ☑ -r 或-route：显示路由表。
- ☑ -s 或-statistics：显示网络工作信息统计表。
- ☑ -t 或-tcp：显示 TCP 传输协议的连线状况。
- ☑ -u 或-udp：显示 UDP 传输协议的连线状况。
- ☑ -v 或-verbose：显示指令的执行过程。
- ☑ -V 或-version：显示版本信息。
- ☑ -w 或-raw：显示 RAW 传输协议的连线状况。
- ☑ -x 或-unix：此参数的效果和指定-A unix 参数相同。
- ☑ -A <网络类型>或-<网络类型>：列出该网络类型连线中的相关地址。
- ☑ --ip 或-inet：此参数的效果和指定-A inet 参数相同。

3．企业实战

【案例 1】显示详细的网络状况。

命令如下，如图 8.33 所示。

```
[root@rcs-team-rocky ~]# netstat -a
```

【案例 2】显示网络协议统计信息。

命令如下，如图 8.34 所示。

```
[root@rcs-team-rocky ~]# netstat -s
```

```
[root@rcs-team-rocky ~]# netstat -a
Active Internet connections (servers and established)
Proto Recv-Q Send-Q Local Address           Foreign Address         State
tcp        0      0 0.0.0.0:ssh             0.0.0.0:*               LISTEN
tcp        0      0 localhost:pmcd          0.0.0.0:*               LISTEN
tcp        0      0 0.0.0.0:pmcdproxy       0.0.0.0:*               LISTEN
tcp        0      0 0.0.0.0:pmwebapi        0.0.0.0:*               LISTEN
tcp        0      0 localhost:dey-sapi      0.0.0.0:*               LISTEN
tcp        0      0 localhost:redis         0.0.0.0:*               LISTEN
tcp        0      0 localhost:ssh           bogon:53095             ESTABLISHED
tcp        0    736 localhost:ssh           bogon:53119             ESTABLISHED
tcp        0      0 localhost:48382         localhost:redis         ESTABLISHED
tcp        0      0 localhost:redis         localhost:48382         ESTABLISHED
tcp6       0      0 [::]:ssh                [::]:*                  LISTEN
tcp6       0      0 localhost:pmcd          [::]:*                  LISTEN
tcp6       0      0 [::]:pmcdproxy          [::]:*                  LISTEN
tcp6       0      0 [::]:websm              [::]:*                  LISTEN
tcp6       0      0 [::]:pmwebapi           [::]:*                  LISTEN
tcp6       0      0 localhost:dey-sapi      [::]:*                  LISTEN
raw6       0      0 [::]:ipv6-icmp          [::]:*                  7
raw6       0      0 [::]:ipv6-icmp          [::]:*                  7
Active UNIX domain sockets (servers and established)
Proto RefCnt Flags       Type       State         I-Node   Path
unix  2      [ ACC ]     STREAM     LISTENING     33045    /run/pcp/pmlogger.1740.socket
unix  2      [ ACC ]     STREAM     LISTENING     26228    @irqbalance934.sock
unix  2      [ ACC ]     SEQPACKET  LISTENING     24646    /run/systemd/coredump
unix  2      [ ACC ]     STREAM     LISTENING     25489    /var/lib/sss/pipes/private/sbus-dp_implicit_files.937
unix  2      [ ACC ]     STREAM     LISTENING     24655    /run/lvm/lvmpolld.socket
unix  2      [ ACC ]     SEQPACKET  LISTENING     24662    /run/udev/control
unix  3      [ ]         DGRAM                    14169    /run/systemd/notify
unix  2      [ ]         DGRAM                    14171    /run/systemd/cgroups-agent
unix  2      [ ACC ]     STREAM     LISTENING     14187    /run/systemd/journal/stdout
unix  2      [ ACC ]     STREAM     LISTENING     27757    /var/run/vmware/guestServicePipe
unix  6      [ ]         DGRAM                    14191    /run/systemd/journal/socket
unix  2      [ ACC ]     STREAM     LISTENING     26224    /var/run/lsm/ipc/simc
```

图 8.33　显示详细的网络状况

```
[root@rcs-team-rocky ~]# netstat -s
Ip:
    Forwarding: 1
    1856 total packets received
    0 forwarded
    0 incoming packets discarded
    1855 incoming packets delivered
    1824 requests sent out
Icmp:
    8 ICMP messages received
    1 input ICMP message failed
    ICMP input histogram:
        destination unreachable: 8
    8 ICMP messages sent
    0 ICMP messages failed
    ICMP output histogram:
        destination unreachable: 8
IcmpMsg:
        InType3: 8
        OutType3: 8
Tcp:
    3 active connection openings
    4 passive connection openings
    1 failed connection attempts
    0 connection resets received
    4 connections established
    1836 segments received
    1805 segments sent out
    2 segments retransmitted
    0 bad segments received
    0 resets sent
Udp:
    5 packets received
    6 packets to unknown port received
    0 packet receive errors
    11 packets sent
    0 receive buffer errors
    0 send buffer errors
```

图 8.34　显示网络协议统计信息

【案例 3】显示网卡列表信息。

命令如下，如图 8.35 所示。

```
[root@rcs-team-rocky ~]# netstat -i
```

```
[root@rcs-team-rocky ~]# netstat -i
Kernel Interface table
Iface             MTU    RX-OK RX-ERR RX-DRP RX-OVR    TX-OK TX-ERR TX-DRP TX-OVR Flg
ens160           1500      235      0      0 0         223      0      0      0 BMRU
ens224           1500        0      0      0 0          15      0      0      0 BMRU
lo              65536     1624      0      0 0        1624      0      0      0 LRU
[root@rcs-team-rocky ~]#
```

图 8.35　显示网卡列表信息

【案例 4】查找特定端口的进程信息。

命令如下，如图 8.36 所示。

```
[root@rcs-team-rocky ~]# netstat -anp | grep ":22"
```

```
[root@rcs-team-rocky ~]# netstat -anp | grep ":22"
tcp        0      0 0.0.0.0:22              0.0.0.0:*               LISTEN      1065/sshd
tcp        0      0 10.0.0.11:22            10.0.0.1:53095          ESTABLISHED 1931/sshd: root [pr
tcp        0     36 10.0.0.11:22            10.0.0.1:53119          ESTABLISHED 1983/sshd: root [pr
tcp6       0      0 :::22                   :::*                    LISTEN      1065/sshd
[root@rcs-team-rocky ~]#
```

图 8.36　查找占用 22 端口的进程信息

【案例 5】列出所有 TCP 端口。

命令如下，如图 8.37 所示。

```
[root@rcs-team-rocky ~]# netstat -at
```

```
[root@rcs-team-rocky ~]# netstat -at
Active Internet connections (servers and established)
Proto Recv-Q Send-Q Local Address           Foreign Address         State
tcp        0      0 0.0.0.0:ssh             0.0.0.0:*               LISTEN
tcp        0      0 localhost:pmcd          0.0.0.0:*               LISTEN
tcp        0      0 0.0.0.0:pmcdproxy       0.0.0.0:*               LISTEN
tcp        0      0 0.0.0.0:pmwebapi        0.0.0.0:*               LISTEN
tcp        0      0 localhost:redis         0.0.0.0:*               LISTEN
tcp        0      0 localhost:ssh           bogon:53095             ESTABLISHED
tcp        0     36 localhost:ssh           bogon:53119             ESTABLISHED
tcp        0      0 localhost:48382         localhost:redis         ESTABLISHED
tcp        0      0 localhost:redis         localhost:48382         ESTABLISHED
tcp6       0      0 [::]:ssh                [::]:*                  LISTEN
tcp6       0      0 localhost:pmcd          [::]:*                  LISTEN
tcp6       0      0 [::]:pmcdproxy          [::]:*                  LISTEN
tcp6       0      0 [::]:websm              [::]:*                  LISTEN
tcp6       0      0 [::]:pmwebapi           [::]:*                  LISTEN
[root@rcs-team-rocky ~]#
```

图 8.37　列出所有 TCP 端口

【案例 6】列出所有监听 TCP 端口信息。

命令如下，如图 8.38 所示。

```
[root@rcs-team-rocky ~]# netstat -lt
```

【案例 7】列出所有监听 TCP 协议各种状态。

命令如下，如图 8.39 所示。

```
[root@rcs-team-rocky ~]# netstat -nat |awk '{print $6}'
```

```
[root@rcs-team-rocky ~]# netstat -lt
Active Internet connections (only servers)
Proto Recv-Q Send-Q Local Address           Foreign Address         State
tcp        0      0 0.0.0.0:ssh             0.0.0.0:*               LISTEN
tcp        0      0 localhost:pmcd          0.0.0.0:*               LISTEN
tcp        0      0 0.0.0.0:pmcdproxy       0.0.0.0:*               LISTEN
tcp        0      0 0.0.0.0:pmwebapi        0.0.0.0:*               LISTEN
tcp        0      0 localhost:redis         0.0.0.0:*               LISTEN
tcp6       0      0 [::]:ssh                [::]:*                  LISTEN
tcp6       0      0 localhost:pmcd          [::]:*                  LISTEN
tcp6       0      0 [::]:pmcdproxy          [::]:*                  LISTEN
tcp6       0      0 [::]:websm              [::]:*                  LISTEN
tcp6       0      0 [::]:pmwebapi           [::]:*                  LISTEN
[root@rcs-team-rocky ~]#
```

图 8.38　列出所有监听 TCP 端口信息

```
[root@rcs-team-rocky ~]# netstat -nat |awk '{print $6}'
established)
Foreign
LISTEN
LISTEN
LISTEN
LISTEN
LISTEN
ESTABLISHED
ESTABLISHED
ESTABLISHED
ESTABLISHED
LISTEN
LISTEN
LISTEN
LISTEN
LISTEN
```

图 8.39　列出所有监听 TCP 协议各种状态

【案例 8】列出访问某网站 80 端口的前 20 个 IP 地址。

命令如下，如图 8.40 所示。

```
[root@rcs-team-rocky8.6 ~]#netstat -nat|grep 80|awk '{print $5}'|awk -F:
'{print $1}'|sort|uniq -c|sort -nr|head -20
```

```
[root@rcs-team-rocky8.6 ~]# netstat -nat | grep 80 |awk '{print $5}'|awk -F: '{print $1}'|sort|uniq -c|sort -nr|head -20
      2 10.0.0.1
      1 10.0.0.149
      1
[root@rcs-team-rocky8.6 ~]#
```

图 8.40　列出访问某网站 80 端口的前 20 个 IP 地址

8.3　firewalld 系统防火墙管理

1. Linux 系统防火墙发展历史

防火墙经历了从墙到链再到表的发展，即由简单到复杂的过程。

防火墙工具经历了 ipfirewall→ipchains→iptables→nftables（正在推广）的变化。不同版本内核中的说明如下。

☑ Linux 2.0 版内核中，包过滤机制为 ipfw，管理工具是 ipfwadm。

☑ Linux 2.2 版内核中，包过滤机制为 ipchain，管理工具是 ipchains。

☑ Linux 2.4、2.6、3.0+版内核中，包过滤机制为 netfilter，管理工具是 iptables。
☑ Linux 3.1（3.13+）版内核中，包过滤机制为 netfilter，中间采取 daemon 动态管理防火墙，管理工具是 firewalld。

目前低版本的 firewalld 通过调用 iptables 命令，可以支持旧的 iptables 规则（在 firewalld 中叫作直接规则），同时 firewalld 兼顾了 iptables、ebtables、ip6tables 的功能。在 Rocky Linux 系统中使用的是 nftables 防火墙。

2．nftables 命令详解

nftables 是一个新式的数据包过滤框架，旨在替代现用的 iptables 的新的包过滤框架。nftables 诞生于 2008 年，2013 年年底合并到 Linux 内核，从 Linux 3.13 版本内核开始，大多数场景下 nftables 已经可以使用，但是完整的支持（即 nftables 的优先级高于 iptables）是在 Linux 3.15 版本内核。

nftables 旨在解决现有（ip/ip6）tables 工具存在的诸多限制。相对于旧的 iptables，nftables 最引人注目的功能包括改进性能、支持查询表、事务型规则更新、所有规则自动应用等。

nftables 主要由 3 个组件组成：内核实现、libnl netlink 通信和 nftables 用户空间。其中内核提供了一个 netlink 配置接口以及运行时规则集评估；libnl 包含了与内核通信的基本函数；用户空间可以通过 nftables 新引入的命令行工具 nft 和用户进行交互。

nft 通过在寄存器中储存和加载来交换数据，它的语法与 iptables 不同。nft 可以利用内核提供的表达式去模拟旧的 iptables 命令，在维持兼容性的同时获得更大的灵活性。简单来说，nft 是 iptables 及其衍生指令（ip6tables 和 arptables）的超集。

nftables 的特点如下。

☑ nftables 拥有一些高级的类似编程语言的能力，如定义变量和包含外部文件，即拥有使用额外脚本的能力。nftables 也可以用于多种地址簇的过滤和处理。
☑ 不同于 iptables，nftables 并不包含任何的内置表，需要哪些表并在这些表中添加什么处理规则等由管理员决定。
☑ 表包含规则链，规则链包含规则。

3．nftables 与 iptables 的区别

iptables 和 nftables 的区别如图 8.41 所示。

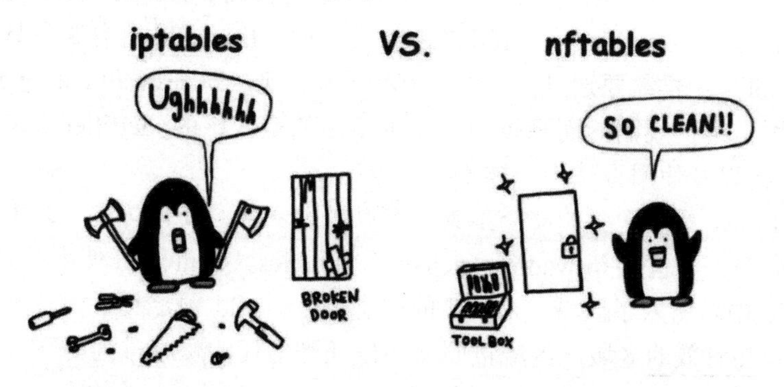

图 8.41　iptables 和 nftables 的区别

nftables 相对于 iptables 的优点如下。

☑ 更新速度更快：在 iptables 中添加一条规则，随着规则数量的增多，操作会变得非常慢。这种状况对 nftables 而言就不存在了，因为 nftables 使用原子的快速操作来更新规则集合。

☑ 内核更新更少：使用 iptables 时，每一个匹配或投递都需要内核模块的支持。因此，如果忘记一些东西或要添加新的功能时都需要重新编译内核。而在 nftables 中就不存在这种情况了，因为在 nftables 中，大部分工作是在用户态完成的，内核只知道一些基本指令（过滤是用伪状态机实现的）。例如，icmpv6 支持是通过 nft 工具的一个简单的补丁实现的，而在 iptables 中这种类型的更改则需要内核和 iptables 都升级才可以实现。

4．firewalld 与 nftables 和 iptables 的关系

firewalld 同时支持 iptables 和 nftables，在 0.8.0 版本中默认将使用 nftables。即 firewalld 是基于 nftfilter 防火墙的用户界面工具。而 iptables 和 nftables 是命令行工具。firewalld 引入区域的概念，可以动态配置，使防火墙配置及使用变得简便。

准确地说，iptables 命令的最底层是 netfilter，它的用户空间管理工具是 iptables。

nftables 命令是 iptables 命令的一个替代品并兼容 iptables 命令，最底层依然是 netfilter，它的用户空间管理工具是 nft，同时在 firewalld 的 0.8.0 版本也将默认支持 nftables 命令。firewalld 的官方网站地址为 https://firewalld.org/。

iptables 会把配置好的防火墙策略交给内核层的 netfilter 网络过滤器处理。firewalld 会把配置好的防火墙策略交给内核层的 nftables 包过滤框架处理。

在图 8.42 中我们可以看到 Rocky Linux 系统中当前 firewalld 的版本为 0.9.3。

```
[root@rcs-team-rocky ~]# firewall-cmd --version
0.9.3
[root@rcs-team-rocky ~]# 
```

图 8.42 查看系统 firewalld 的版本

5．firewalld 命令详解

Linux 系统上新的防火墙软件和原来的 iptables 的作用类似。firewall-cmd 是 firewalld 的命令行管理工具，firewalld 是 CentOS 7 的一大特性。firewalld 自身并不具备防火墙的功能，而是和 iptables 一样需要通过内核的 netfilter 来实现，即 firewalld 和 iptables 一样，它们的作用都是用于维护规则，而真正使用规则干活的是内核的 netfilter，只不过 firewalld 和 iptables 的结构以及使用方法不一样。

防火墙是 Linux 系统主要的安全工具，可以提供基本的安全防护，在 Linux 历史上已经使用过的防火墙工具包括 ipfwadm、ipchains、iptables（CentOS 6 使用的是 iptables）。

在 firewalld 中新引入了区域（zone）的概念。firewalld 预定义了如下 9 种网络区域。默认情况就有一些有效的区域，区域按照从不信任到信任的顺序排列如下。

（1）丢弃区域（drop zone）：如果使用丢弃区域，任何进入的数据包将被丢弃，类似

于 CentOS 6 上的 iptables -j drop，使用丢弃规则意味着将不存在响应。

（2）阻塞区域（block zone）：阻塞区域会拒绝进入的网络连接，返回 icmp-host-prohibited，只有服务器已经建立的连接会被通过，即只允许由该系统初始化的网络连接。

（3）公共区域（public zone）：只接受那些被选中的连接，默认只允许 ssh 和 dhcpv6-client，该区域是默认区域（公共区域也是默认区域，在没有任何配置的情况下使用的是公共区域）。

（4）外部区域（external zone）：这个区域相当于路由器的启动伪装选项，只有指定的连接会被接受，即 ssh，而其他的连接将被丢弃或不被接受。

（5）隔离区域（DMZ zone）：如果只想允许部分服务被外部访问，可以在隔离区域中定义，它也拥有只通过被选中连接的特性，即 ssh，这个区域又叫作非军事化区域。

（6）工作区域（work zone）：在这个区域中，只能定义内部网络，如私有网络通信才被允许，只允许 ssh、ipp-client 和 dhcpv6-client。

（7）家庭区域（home zone）：这个区域专门用于家庭环境，它同样只允许被选中的连接，即 ssh、ipp-client、mdns、samba-client 和 dhcpv6-client。

（8）内部区域（internal zone）：这个区域和工作区域类似，只允许通过被选中的连接，与家庭区域相同。

（9）信任区域（trusted zone）：允许所有网络通信通过，因为信任区域是最被信任的，即使没有设置任何的服务，那么也是被允许的，因为信任区域是允许所有连接的。

1）语法格式

```
firewalld-cmd [OPTIONS…]
```

2）参数详解

OPTIONS 参数详解如下。

- ☑ --get-zones：列出所有可用区域。
- ☑ --get-default-zone：列出默认区域。
- ☑ --set-default-zone=<ZONE>：设置默认区域。
- ☑ --get-active-zones：列出当前正在使用的区域。
- ☑ --add-source=<CIDR>[--zone=<ZONE>]：添加源地址的流量到指定区域，如果无--zone=选项，使用默认区域。
- ☑ --remove-source=<CIDR> [--zone=<ZONE>]：从指定区域删除源地址的流量，如果无--zone=选项，使用默认区域。
- ☑ --add-interface=<INTERFACE>[--zone=<ZONE>]：添加来自指定接口的流量到特定区域，如果无--zone=选项，使用默认区域。
- ☑ --change-interface=<INTERFACE>[--zone=<ZONE>]：改变指定接口至新的区域，如果无--zone=选项，使用默认区域。
- ☑ --add-service=<SERVICE> [--zone=<ZONE>]：允许服务的流量通过，如果无--zone=选项，使用默认区域。
- ☑ --add-port=<PORT/PROTOCOL>[--zone=<ZONE>]：允许指定端口和协议的流量，如果无--zone=选项，使用默认区域。

☑ --remove-service=<SERVICE> [--zone=<ZONE>]：从区域中删除指定服务，禁止该服务流量，如果无--zone=选项，使用默认区域。

☑ --remove-port=<PORT/PROTOCOL>[--zone=<ZONE>]：从区域中删除指定端口和协议，禁止该端口的流量，如果无--zone=选项，使用默认区域。

☑ --reload：更新防火墙规则。

☑ --list-services：查看开放的服务。

☑ --list-ports：查看开放的端口。

☑ --list-all [--zone=<ZONE>]：列出指定区域的所有配置信息，包括接口、源地址、端口、服务等，如果无--zone=选项，使用默认区域。

3）企业实战

【案例 1】开启、关闭、自启动、查看防火墙状态操作。

关闭防火墙，命令如下。

```
[root@rcs-team-rocky8.6 ~]# systemctl stop firewalld
```

查看防火墙状态，命令如下，如图 8.43 所示。

```
[root@rcs-team-rocky8.6 ~]# systemctl status firewalld
```

```
[root@rcs-team-rocky8.6 ~]# systemctl stop firewalld
[root@rcs-team-rocky8.6 ~]# systemctl status firewalld
● firewalld.service - firewalld - dynamic firewall daemon
   Loaded: loaded (/usr/lib/systemd/system/firewalld.service; enabled; vendor preset: enabled)
   Active: inactive (dead) since Wed 2022-08-03 23:18:45 CST; 8s ago
     Docs: man:firewalld(1)
  Process: 960 ExecStart=/usr/sbin/firewalld --nofork --nopid $FIREWALLD_ARGS (code=exited, status=0/SUCCESS)
 Main PID: 960 (code=exited, status=0/SUCCESS)

Aug 03 18:03:55 rcs-team-rocky8.6 systemd[1]: Starting firewalld - dynamic firewall daemon...
Aug 03 18:03:55 rcs-team-rocky8.6 systemd[1]: Started firewalld - dynamic firewall daemon.
Aug 03 18:03:55 rcs-team-rocky8.6 firewalld[960]: WARNING: AllowZoneDrifting is enabled. This is considered an insecure configuration option. It will be remov>
Aug 03 23:18:45 rcs-team-rocky8.6 systemd[1]: Stopping firewalld - dynamic firewall daemon...
Aug 03 23:18:45 rcs-team-rocky8.6 systemd[1]: firewalld.service: Succeeded.
Aug 03 23:18:45 rcs-team-rocky8.6 systemd[1]: Stopped firewalld - dynamic firewall daemon.
lines 1-13/13 (END)
```

图 8.43　关闭防火墙及查看防火墙状态

开启防火墙，命令如下，如图 8.44 所示。

```
[root@rcs-team-rocky8.6 ~]# systemctl start firewalld
```

```
[root@rcs-team-rocky8.6 ~]# systemctl start firewalld
[root@rcs-team-rocky8.6 ~]# systemctl status firewalld
● firewalld.service - firewalld - dynamic firewall daemon
   Loaded: loaded (/usr/lib/systemd/system/firewalld.service; enabled; vendor preset: enabled)
   Active: active (running) since Wed 2022-08-03 23:20:07 CST; 1s ago
     Docs: man:firewalld(1)
 Main PID: 22229 (firewalld)
    Tasks: 2 (limit: 50503)
   Memory: 23.8M
   CGroup: /system.slice/firewalld.service
           └─22229 /usr/libexec/platform-python -s /usr/sbin/firewalld --nofork --nopid

Aug 03 23:20:07 rcs-team-rocky8.6 systemd[1]: Starting firewalld - dynamic firewall daemon...
Aug 03 23:20:07 rcs-team-rocky8.6 systemd[1]: Started firewalld - dynamic firewall daemon.
Aug 03 23:20:08 rcs-team-rocky8.6 firewalld[22229]: WARNING: AllowZoneDrifting is enabled. This is considered an insecure configuration option. It will be rem>
lines 1-13/13 (END)
```

图 8.44　开启防火墙

设置开机自动启动，命令如下，如图 8.45 所示。

```
[root@rcs-team-rocky8.6 ~]# systemctl enable firewalld
```

设置禁止开机自动启动，命令如下，如图 8.46 所示。

```
[root@rcs-team-rocky8.6 ~]# systemctl disable firewalld
```

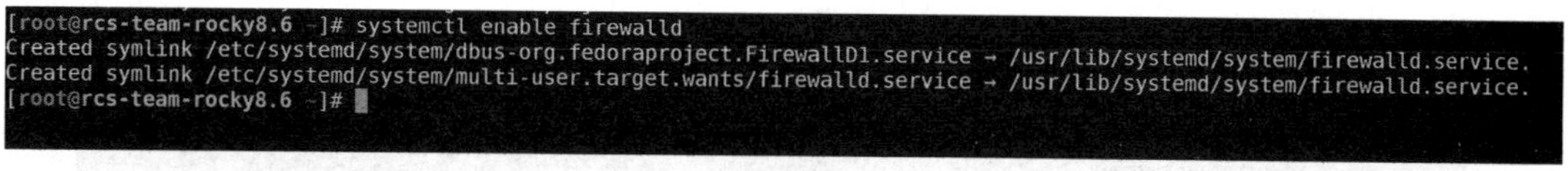

```
[root@rcs-team-rocky8.6 ~]# systemctl enable firewalld
Created symlink /etc/systemd/system/dbus-org.fedoraproject.FirewallD1.service → /usr/lib/systemd/system/firewalld.service.
Created symlink /etc/systemd/system/multi-user.target.wants/firewalld.service → /usr/lib/systemd/system/firewalld.service.
[root@rcs-team-rocky8.6 ~]#
```

图 8.45 设置开机自动启动

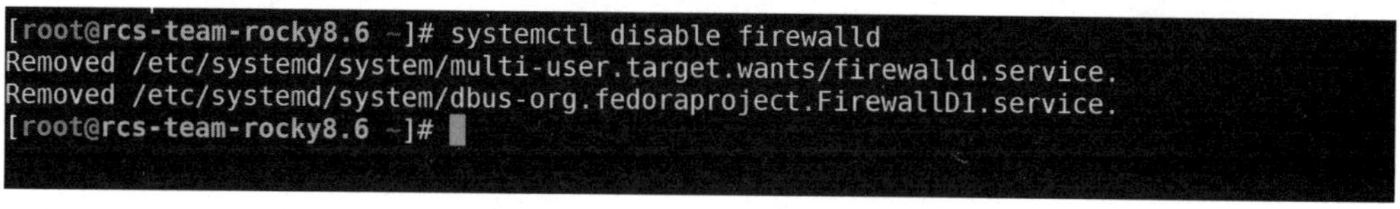

```
[root@rcs-team-rocky8.6 ~]# systemctl disable firewalld
Removed /etc/systemd/system/multi-user.target.wants/firewalld.service.
Removed /etc/systemd/system/dbus-org.fedoraproject.FirewallD1.service.
[root@rcs-team-rocky8.6 ~]#
```

图 8.46 设置禁止开机自动启动

【案例 2】添加 TCP 协议 8080 端口到公共区域。

添加 8080 端口的协议为 TCP，区域为公共，命令如下。

```
[root@rcs-team-rocky8.6 ~]# firewall-cmd  --permanent  --zone=public
--add-port  8080/tcp
```

动态重新加载配置，不用重启服务，命令如下，如图 8.47 所示。

```
[root@rcs-team-rocky8.6 ~]# firewall-cmd  --reload
```

```
[root@rcs-team-rocky8.6 ~]# firewall-cmd  --permanent  --zone=public  --add-port  8080/tcp
success
[root@rcs-team-rocky8.6 ~]# firewall-cmd  --reload
success
[root@rcs-team-rocky8.6 ~]#
```

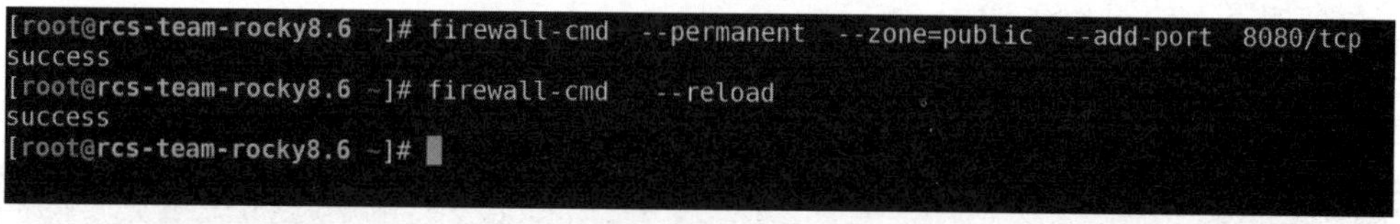

图 8.47 添加 TCP 协议 8080 端口到公共区域并重新载入配置

【案例 3】查看默认区域并设置 dmz 为默认区域。

命令如下，如图 8.48 所示。

```
[root@rcs-team-rocky8.6 ~]# firewall-cmd --get-default-zone
[root@rcs-team-rocky8.6 ~]# firewall-cmd --set-default-zone=dmz
```

```
[root@rcs-team-rocky8.6 ~]# firewall-cmd --get-default-zone
public
[root@rcs-team-rocky8.6 ~]# firewall-cmd --set-default-zone=dmz
success
[root@rcs-team-rocky8.6 ~]# firewall-cmd --get-default-zone
dmz
[root@rcs-team-rocky8.6 ~]#
```

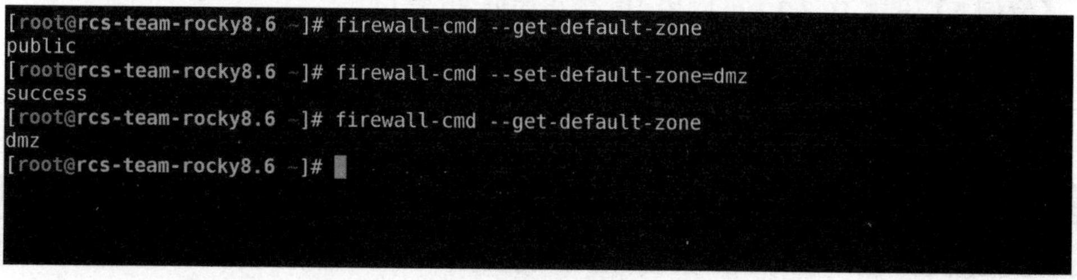

图 8.48 查看默认区域并设置 dmz 为默认区域

【案例 4】在 dmz 区域添加 MySQL 服务为永久规则。

命令如下，如图 8.49 所示。

```
[root@rcs-team-rocky8.6 ~]# firewall-cmd --permanent --zone=dmz
--add-service=mysql
[root@rcs-team-rocky8.6 ~]# firewall-cmd  --reload
```

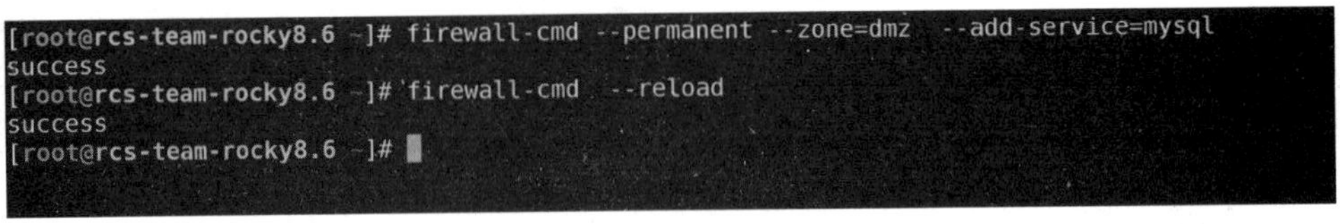

```
[root@rcs-team-rocky8.6 ~]# firewall-cmd --permanent --zone=dmz  --add-service=mysql
success
[root@rcs-team-rocky8.6 ~]# firewall-cmd  --reload
success
[root@rcs-team-rocky8.6 ~]#
```

图 8.49　在 dmz 区域添加 MySQL 服务为永久规则

【案例 5】查看默认区域所有开放的端口列表。

命令如下，如图 8.50 所示。

```
[root@rcs-team-rocky8.6 ~]#  firewall-cmd  --list-ports
```

```
[root@rcs-team-rocky8.6 ~]#  firewall-cmd  --list-ports
80/tcp 443/tcp 8080/tcp
[root@rcs-team-rocky8.6 ~]#
```

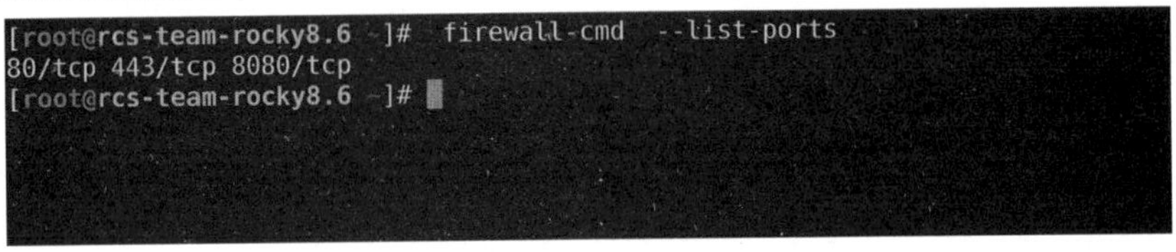

图 8.50　查看默认区域所有开放的端口列表

【案例 6】删除公共区域 TCP 协议的 8080 端口。

命令如下，如图 8.51 所示。

```
[root@rcs-team-rocky8.6 ~]# firewall-cmd  --permanent  --zone=public
--remove-port  8080/tcp
```

```
[root@rcs-team-rocky8.6 ~]#  firewall-cmd  --list-ports
80/tcp 443/tcp 8080/tcp
[root@rcs-team-rocky8.6 ~]# firewall-cmd  --permanent  --zone=public  --remove-port  8080/tcp
success
[root@rcs-team-rocky8.6 ~]#  firewall-cmd  --reload
success
[root@rcs-team-rocky8.6 ~]#
```

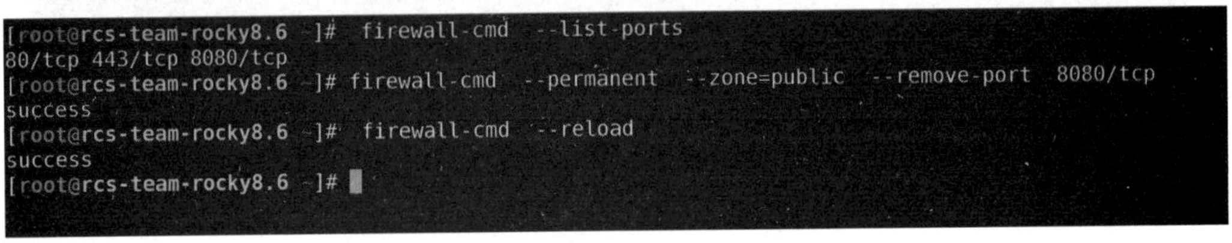

图 8.51　删除公共区域 TCP 协议的 8080 端口

【案例 7】设置 10.8.0.100 网段 IP 禁止访问 80 端口。

命令如下，如图 8.52 所示。

```
[root@rcs-team-rocky8.6 ~]# firewall-cmd --permanent --add-rich-rule="rule
family='ipv4' source address='10.8.0.100' port protocol='tcp' port='80' reject"
```

```
[root@rcs-team-rocky8.6 ~]# firewall-cmd --permanent --add-rich-rule="rule family='ipv4' source address='10.8.0.100' port protocol='tcp' port='80' reject'
success
[root@rcs-team-rocky8.6 ~]# firewall-cmd  --reload
success
[root@rcs-team-rocky8.6 ~]#
```

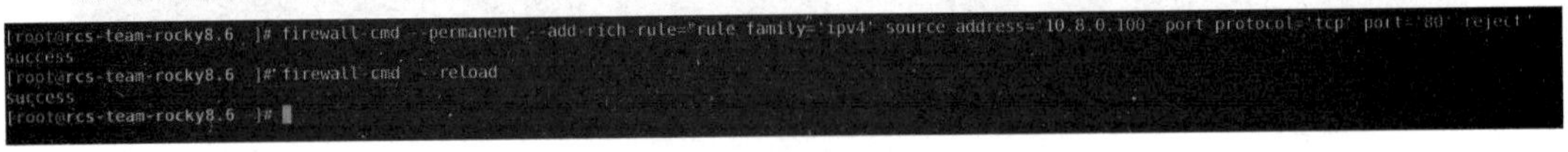

图 8.52　设置 10.8.0.100 网段 IP 禁止访问 80 端口

【案例 8】设置 192.168.1.0/24 网段 IP 禁止访问 80 端口。

命令如下，如图 8.53 所示。

```
[root@rcs-team-rocky8.6 ~]# firewall-cmd --permanent --add-rich-rule="rule
family='ipv4' source address='192.168.1.0/24' port protocol='tcp' port='80'
reject"
```

```
[root@rcs-team-rocky8.6 ~]# firewall-cmd --permanent --add-rich-rule="rule family='ipv4' source address='192.168.1.0/24' port protocol='tcp' port='80' reject"
success
[root@rcs-team-rocky8.6 ~]# firewall-cmd --reload
success
[root@rcs-team-rocky8.6 ~]#
```

图 8.53　设置 192.168.1.0/24 网段 IP 禁止访问 80 端口

【案例 9】解除限制 10.8.0.100 网段 IP 访问 80 端口。

命令如下，如图 8.54 所示。

```
[root@rcs-team-rocky8.6 ~]# firewall-cmd --permanent --remove-rich-rule=
"rule family='ipv4' source address='10.8.0.100' port protocol='tcp' port=
'80' accept"
```

```
[root@rcs-team-rocky8.6 ~]# firewall-cmd --permanent --remove-rich-rule="rule family='ipv4' source address='10.8.0.100' port protocol='tcp' port='80' accept"
success
[root@rcs-team-rocky8.6 ~]# firewall-cmd --reload
success
```

图 8.54　解除限制 10.8.0.100 网段 IP 访问 80 端口

【案例 10】解除限制 192.168.1.0/24 网段 IP 访问 80 端口。

命令如下，如图 8.55 所示。

```
[root@rcs-team-rocky8.6 ~]# firewall-cmd --permanent --remove-rich-rule=
"rule family='ipv4' source address='192.168.1.0/24' port protocol='tcp'
port='80' accept"
```

```
[root@rcs-team-rocky8.6 ~]# firewall-cmd --permanent --remove-rich-rule="rule family='ipv4' source address='192.168.1.0/24' port protocol='tcp' port='80' accep
t"
success
[root@rcs-team-rocky8.6 ~]# firewall-cmd --reload
success
[root@rcs-team-rocky8.6 ~]#
```

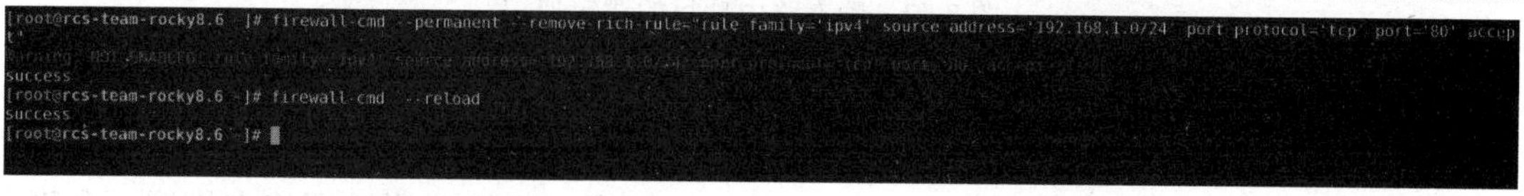

图 8.55　解除限制 192.168.1.0/24 网段 IP 访问 80 端口

【案例 11】本地 5555 端口 TCP 数据流量转发到本机 22 端口。

命令如下，如图 8.56 所示。

```
[root@rcs-team-rocky ~]# firewall-cmd --add-forward-port=port=5555:proto=
tcp:toport=22
```

```
[root@rcs-team-rocky ~]# firewall-cmd --add-forward-port=port=5555:proto=tcp:toport=22
success
[root@rcs-team-rocky ~]#
[root@rcs-team-rocky ~]# firewall-cmd --list-all
public (active)
  target: default
  icmp-block-inversion: no
  interfaces: ens160
  sources:
  services: cockpit dhcpv6-client ssh
  ports: 80/tcp 443/tcp 22/tcp
  protocols:
  forward: no
  masquerade: yes
  forward-ports:
        port=5555:proto=tcp:toport=22:toaddr=
  source-ports:
  icmp-blocks:
  rich rules:
[root@rcs-team-rocky ~]# ssh 10.0.0.149 5555
The authenticity of host '10.0.0.149 (10.0.0.149)' can't be established.
ECDSA key fingerprint is SHA256:+tSQBVchMXxq8ssz1L9LzjhJwLdyy+HG8zfgFS0jEB0.
Are you sure you want to continue connecting (yes/no/[fingerprint])? ^C
```

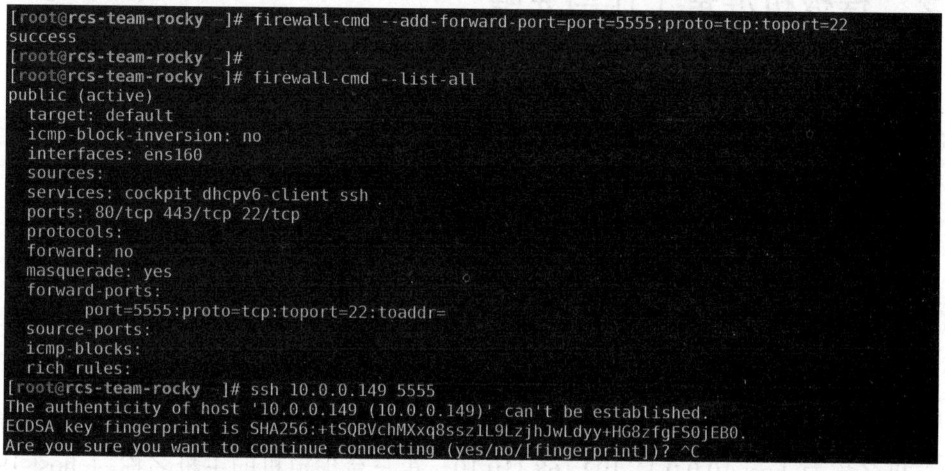

图 8.56　本地 5555 端口 TCP 数据流量转发到本机 22 端口

由于篇幅有限，这里不能一一地列举企业生产中遇到的所有问题，希望读者能够具体问题具体分析，灵活地运用相关命令以及参数，也可以结合定时任务、脚本等操作实现自动化封禁、解封 IP 等操作。

8.4 企业实战案例分析——静态路由项目

8.4.1 项目描述

静态路由项目的逻辑架构如图 8.57 所示。

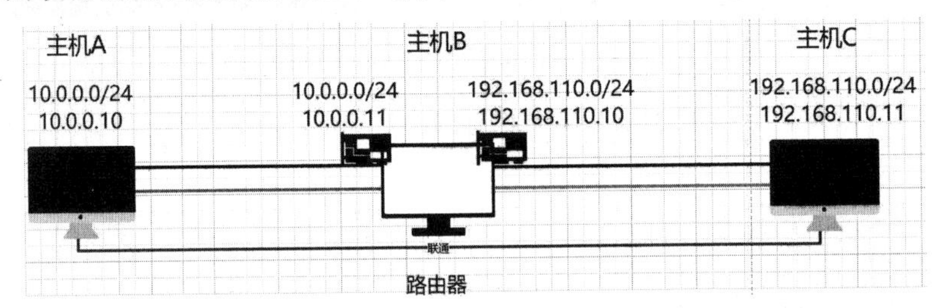

图 8.57 静态路由项目的逻辑架构

我们按照从左到右的顺序为主机编号，主机 A、主机 B、主机 C。这里主机 A 所处的网段为 10.0.0.0/24；主机 B 有两块网卡，其中一块网卡在 10.0.0.0/24 网段，另一块网卡在 192.168.110.0/24 网段；主机 C 在 192.168.110.0/24 网段。主机 B 在该网络中扮演一台静态路由的角色，需要开启内核转发。目前图 8.57 中的主机 A 和主机 C 是不能相互通信的，所以，该静态路由项目的目的是，通过静态路由添加路由条目，使主机 A 和主机 C 能够实现双向互通。

8.4.2 模板机准备工作与克隆

首先在项目所用模板机安装 net-tools，命令如下，如图 8.58 所示。

```
[root@rcs-team-rocky8.6 ~]# yum install -y net-tools
```

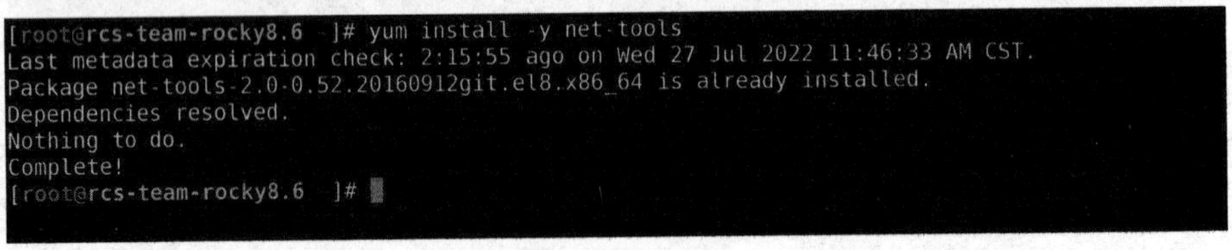

```
[root@rcs-team-rocky8.6 ~]# yum install -y net-tools
Last metadata expiration check: 2:15:55 ago on Wed 27 Jul 2022 11:46:33 AM CST.
Package net-tools-2.0-0.52.20160912git.el8.x86_64 is already installed.
Dependencies resolved.
Nothing to do.
Complete!
[root@rcs-team-rocky8.6 ~]#
```

图 8.58 项目所用模板机安装 net-tools

接下来需要克隆 3 台虚拟机，第一台虚拟机的主机名称为 host-10.0.0.10，第二台虚拟机的主机名称为 host-10.0.0.11-192.168.110.10，第三台虚拟机的主机名称为 host-192.168.

110.11，如图 8.59 所示。

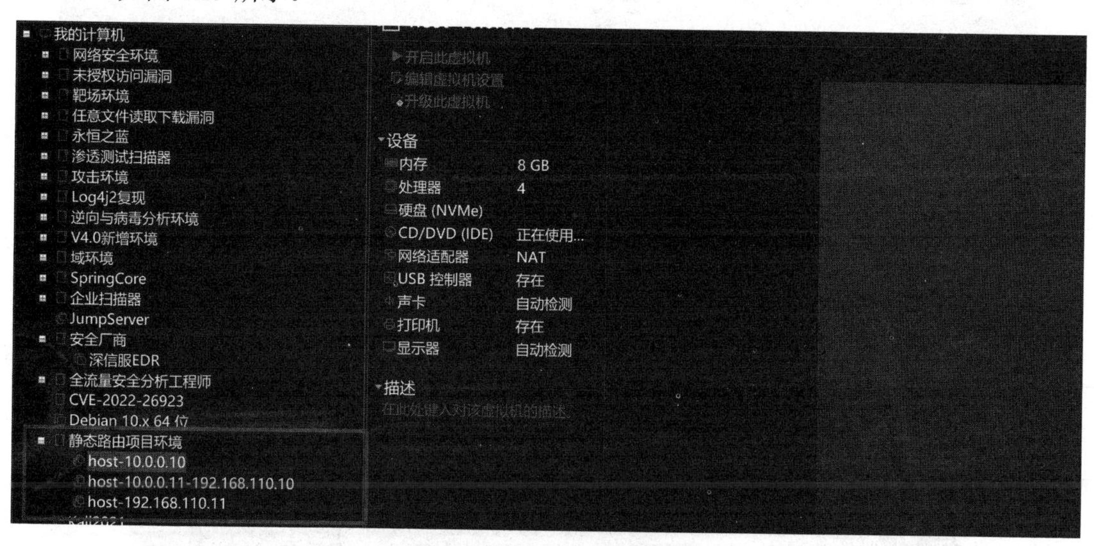

图 8.59　克隆 3 台虚拟机

8.4.3　配置虚拟机的静态 IP 地址

首先，配置第一台虚拟机的静态 IP 地址为 10.0.0.10，如图 8.60 所示。

```
[root@rcs-team-rocky8.6 ~]# ip a
1: lo: <LOOPBACK,UP,LOWER_UP> mtu 65536 qdisc noqueue state UNKNOWN group default qlen 1000
    link/loopback 00:00:00:00:00:00 brd 00:00:00:00:00:00
    inet 127.0.0.1/8 scope host lo
       valid_lft forever preferred_lft forever
    inet6 ::1/128 scope host
       valid_lft forever preferred_lft forever
2: ens160: <BROADCAST,MULTICAST,UP,LOWER_UP> mtu 1500 qdisc mq state UP group default qlen 1000
    link/ether 00:0c:29:5e:b1:37 brd ff:ff:ff:ff:ff:ff
    inet 10.0.0.10/8 brd 10.255.255.255 scope global noprefixroute ens160
       valid_lft forever preferred_lft forever
    inet 10.0.0.155/24 brd 10.0.0.255 scope global dynamic noprefixroute ens160
       valid_lft 1750sec preferred_lft 1750sec
    inet6 fe80::20c:29ff:fe5e:b137/64 scope link noprefixroute
       valid_lft forever preferred_lft forever
[root@rcs-team-rocky8.6 ~]#
```

图 8.60　配置第一台虚拟机的静态 IP 地址

然后，配置第二台虚拟机的静态 IP 地址，ens160 的 IP 为 10.0.0.11、ens224 的 IP 为 192.168.110.10。

这台主机在配置网卡时设置了双网卡，所以通过 ip a 命令查看网卡信息时，可以看到有两块网卡，即 ens160 和 ens224，如图 8.61 所示。

复制 ifcfg-ens160 网卡的配置文件为 ifcfg-ens224，命令如下。

```
[root@rcs-team-rocky8.6 /etc/sysconfig/network-scripts]# cp ifcfg-ens160
ifcfg-ens224
```

```
[root@rcs-team-rocky8.6 /etc/sysconfig/network-scripts]# ip a
1: lo: <LOOPBACK,UP,LOWER_UP> mtu 65536 qdisc noqueue state UNKNOWN group default qlen 1000
    link/loopback 00:00:00:00:00:00 brd 00:00:00:00:00:00
    inet 127.0.0.1/8 scope host lo
       valid_lft forever preferred_lft forever
    inet6 ::1/128 scope host
       valid_lft forever preferred_lft forever
2: ens160: <BROADCAST,MULTICAST,UP,LOWER_UP> mtu 1500 qdisc mq state UP group default qlen 1000
    link/ether 00:0c:29:9c:7a:7d brd ff:ff:ff:ff:ff:ff
    inet 10.0.0.11/8 brd 10.255.255.255 scope global noprefixroute ens160
       valid_lft forever preferred_lft forever
    inet 10.0.0.156/24 brd 10.0.0.255 scope global dynamic noprefixroute ens160
       valid_lft 1426sec preferred_lft 1426sec
    inet6 fe80::20c:29ff:fe9c:7a7d/64 scope link noprefixroute
       valid_lft forever preferred_lft forever
3: ens224: <BROADCAST,MULTICAST,UP,LOWER_UP> mtu 1500 qdisc mq state UP group default qlen 1000
```

图 8.61　配置第二台虚拟机的静态 IP 地址

最后，配置第三台虚拟机的静态 IP 地址为 192.168.110.11，如图 8.62 所示。

```
TYPE=Ethernet
PROXY_METHOD=none
BROWSER_ONLY=no
BOOTPROTO=dhcp
DEFROUTE=yes
IPV4_FAILURE_FATAL=no
IPV6INIT=yes
IPV6_AUTOCONF=yes
IPV6_DEFROUTE=yes
IPV6_FAILURE_FATAL=no
NAME=ens160
DEVICE=ens160
ONBOOT=yes
IPADDR=10.0.0.11
PREFIX=8
GATEWAY=10.0.0.2
DNS1=10.0.0.2
DNS2=114.114.114.114
```

图 8.62　配置第三台虚拟机的静态 IP 地址

复制网卡的配置文件时需要注意以下内容。

☑　修改 NAME 字段。

☑　修改 DEVICE 字段。

☑　修改 BOOTPROTO 字段。

☑　填写 IPADDR 字段。

接下来修改网卡名称，如图 8.63 所示。

```
TYPE=Ethernet
PROXY_METHOD=none
BROWSER_ONLY=no
BOOTPROTO=static
DEFROUTE=yes
IPV4_FAILURE_FATAL=no
IPV6INIT=yes
IPV6_AUTOCONF=yes
IPV6_DEFROUTE=yes
IPV6_FAILURE_FATAL=no
NAME=ens224
DEVICE=ens224
ONBOOT=yes
IPADDR=192.168.110.10
PREFIX=8
```

图 8.63　修改网卡名称

重启网卡，查看第一台主机的 IP 地址是否修改成功，如图 8.64 所示。

```
[root@rcs-team-rocky8.6 ~]# ip a
1: lo: <LOOPBACK,UP,LOWER_UP> mtu 65536 qdisc noqueue state UNKNOWN group defau
lt qlen 1000
    link/loopback 00:00:00:00:00:00 brd 00:00:00:00:00:00
    inet 127.0.0.1/8 scope host lo
       valid_lft forever preferred_lft forever
    inet6 ::1/128 scope host
       valid_lft forever preferred_lft forever
2: ens160: <BROADCAST,MULTICAST,UP,LOWER_UP> mtu 1500 qdisc mq state UP group d
efault qlen 1000
    link/ether 00:0c:29:9c:7a:7d brd ff:ff:ff:ff:ff:ff
    inet 10.0.0.11/8 brd 10.255.255.255 scope global noprefixroute ens160
       valid_lft forever preferred_lft forever
    inet 10.0.0.156/24 brd 10.0.0.255 scope global dynamic noprefixroute ens160
       valid_lft 1746sec preferred_lft 1746sec
    inet6 fe80::20c:29ff:fe9c:7a7d/64 scope link noprefixroute
       valid_lft forever preferred_lft forever
3: ens224: <BROADCAST,MULTICAST,UP,LOWER_UP> mtu 1500 qdisc mq state UP group d
efault qlen 1000
    link/ether 00:0c:29:9c:7a:87 brd ff:ff:ff:ff:ff:ff
    inet 192.168.110.10/8 brd 192.255.255.255 scope global noprefixroute ens224
       valid_lft forever preferred_lft forever
    inet6 fe80::20c:29ff:fe9c:7a87/64 scope link noprefixroute
       valid_lft forever preferred_lft forever
[root@rcs-team-rocky8.6 ~]#
```

图 8.64 重启网卡查看第一台主机的 IP 地址是否修改成功

配置好 IP 地址后，通过 nmcli 命令重启网卡 ens160 和 ens224，命令如下，如图 8.65 所示。

```
[root@rcs-team-rocky8.6 /etc/sysconfig/network-scripts]# nmcli c reload
[root@rcs-team-rocky8.6 /etc/sysconfig/network-scripts]# nmcli c up ens160
[root@rcs-team-rocky8.6 /etc/sysconfig/network-scripts]# nmcli c up ens224
```

```
[root@rcs-team-rocky8.6 /etc/sysconfig/network-scripts]# nmcli c reload
[root@rcs-team-rocky8.6 /etc/sysconfig/network-scripts]# nmcli c up ens160
Connection successfully activated (D-Bus active path: /org/freedesktop/NetworkManager/ActiveConnection/3)
[root@rcs-team-rocky8.6 /etc/sysconfig/network-scripts]# nmcli c up ens224
Connection successfully activated (D-Bus active path: /org/freedesktop/NetworkManager/ActiveConnection/4)
[root@rcs-team-rocky8.6 /etc/sysconfig/network-scripts]#
```

图 8.65 重启网卡 ens160 和 ens224

网卡重启后查看第二台主机的 IP 地址配置是否正确，如图 8.66 所示。

```
[root@rcs-team-rocky8.6 /etc/sysconfig/network-scripts]# ip a
1: lo: <LOOPBACK,UP,LOWER_UP> mtu 65536 qdisc noqueue state UNKNOWN group default qlen 1000
    link/loopback 00:00:00:00:00:00 brd 00:00:00:00:00:00
    inet 127.0.0.1/8 scope host lo
       valid_lft forever preferred_lft forever
    inet6 ::1/128 scope host
       valid_lft forever preferred_lft forever
2: ens160: <BROADCAST,MULTICAST,UP,LOWER_UP> mtu 1500 qdisc mq state UP group default qlen 1000
    link/ether 00:0c:29:9c:7a:7d brd ff:ff:ff:ff:ff:ff
    inet 10.0.0.11/8 brd 10.255.255.255 scope global noprefixroute ens160
       valid_lft forever preferred_lft forever
    inet 10.0.0.156/24 brd 10.0.0.255 scope global dynamic noprefixroute ens160
       valid_lft 1426sec preferred_lft 1426sec
    inet6 fe80::20c:29ff:fe9c:7a7d/64 scope link noprefixroute
       valid_lft forever preferred_lft forever
3: ens224: <BROADCAST,MULTICAST,UP,LOWER_UP> mtu 1500 qdisc mq state UP group default qlen 1000
    link/ether 00:0c:29:9c:7a:87 brd ff:ff:ff:ff:ff:ff
    inet 192.168.110.10/8 brd 192.255.255.255 scope global noprefixroute ens224
       valid_lft forever preferred_lft forever
    inet6 fe80::20c:29ff:fe9c:7a87/64 scope link noprefixroute
       valid_lft forever preferred_lft forever
```

图 8.66 检查第二台主机的 IP 地址配置是否正确

检查发现，第二台主机的 IP 地址配置正确。

接下来设置第三台主机的 LAN 区段为 192.168.110.0/24，主机的 IP 地址为 192.168.110.11，如图 8.67 所示。

```
TYPE=Ethernet
PROXY_METHOD=none
BROWSER_ONLY=no
DEFROUTE=yes
IPV4_FAILURE_FATAL=no
IPV6INIT=yes
IPV6_AUTOCONF=yes
IPV6_DEFROUTE=yes
IPV6_FAILURE_FATAL=no
NAME=ens160
DEVICE=ens160
ONBOOT=yes
IPADDR=192.168.110.11
PREFIX=8
```

图 8.67 第三台主机 IP 地址配置完毕

至此，3 台主机的 IP 地址都已经配置完毕。

8.4.4 连通测试实验

首先测试第一台主机，ping 10.0.0.10（本机）是否连通，如图 8.68 所示。

```
[root@rcs-team-rocky8.6 ~]# ping 10.0.0.10
PING 10.0.0.10 (10.0.0.10) 56(84) bytes of data.
64 bytes from 10.0.0.10: icmp_seq=1 ttl=64 time=0.057 ms
64 bytes from 10.0.0.10: icmp_seq=2 ttl=64 time=0.040 ms
64 bytes from 10.0.0.10: icmp_seq=3 ttl=64 time=0.051 ms
64 bytes from 10.0.0.10: icmp_seq=4 ttl=64 time=0.042 ms
64 bytes from 10.0.0.10: icmp_seq=5 ttl=64 time=0.045 ms
^C
--- 10.0.0.10 ping statistics ---
5 packets transmitted, 5 received, 0% packet loss, time 4078ms
rtt min/avg/max/mdev = 0.040/0.047/0.057/0.006 ms
[root@rcs-team-rocky8.6 ~]# ping 10.0.0.11
PING 10.0.0.11 (10.0.0.11) 56(84) bytes of data.
64 bytes from 10.0.0.11: icmp_seq=1 ttl=64 time=0.944 ms
64 bytes from 10.0.0.11: icmp_seq=2 ttl=64 time=0.211 ms
64 bytes from 10.0.0.11: icmp_seq=3 ttl=64 time=0.876 ms
64 bytes from 10.0.0.11: icmp_seq=4 ttl=64 time=0.218 ms
^C
--- 10.0.0.11 ping statistics ---
4 packets transmitted, 4 received, 0% packet loss, time 3050ms
rtt min/avg/max/mdev = 0.211/0.562/0.944/0.348 ms
[root@rcs-team-rocky8.6 ~]#
```

图 8.68 测试第一台主机的连通情况

然后 ping 10.0.0.11（第二台主机的 ens160 网卡）的连通情况，如图 8.69 所示。

```
[root@rcs-team-rocky8.6 ~]# ping 10.0.0.11
PING 10.0.0.11 (10.0.0.11) 56(84) bytes of data.
64 bytes from 10.0.0.11: icmp_seq=1 ttl=64 time=0.256 ms
64 bytes from 10.0.0.11: icmp_seq=2 ttl=64 time=0.711 ms
64 bytes from 10.0.0.11: icmp_seq=3 ttl=64 time=0.163 ms
64 bytes from 10.0.0.11: icmp_seq=4 ttl=64 time=1.78 ms
64 bytes from 10.0.0.11: icmp_seq=5 ttl=64 time=1.27 ms
64 bytes from 10.0.0.11: icmp_seq=6 ttl=64 time=0.387 ms
64 bytes from 10.0.0.11: icmp_seq=7 ttl=64 time=0.242 ms
64 bytes from 10.0.0.11: icmp_seq=8 ttl=64 time=0.190 ms
64 bytes from 10.0.0.11: icmp_seq=9 ttl=64 time=0.174 ms
64 bytes from 10.0.0.11: icmp_seq=10 ttl=64 time=0.207 ms
64 bytes from 10.0.0.11: icmp_seq=11 ttl=64 time=0.188 ms
64 bytes from 10.0.0.11: icmp_seq=12 ttl=64 time=0.210 ms
```

```
[root@rcs-team-rocky8.6 ~]# ping 10.0.0.10
PING 10.0.0.10 (10.0.0.10) 56(84) bytes of data.
64 bytes from 10.0.0.10: icmp_seq=1 ttl=64 time=0.324 ms
64 bytes from 10.0.0.10: icmp_seq=2 ttl=64 time=0.948 ms
64 bytes from 10.0.0.10: icmp_seq=3 ttl=64 time=0.478 ms
64 bytes from 10.0.0.10: icmp_seq=4 ttl=64 time=0.760 ms
64 bytes from 10.0.0.10: icmp_seq=5 ttl=64 time=0.298 ms
64 bytes from 10.0.0.10: icmp_seq=6 ttl=64 time=0.154 ms
```

图 8.69 测试第一台和第二台主机的连通情况

测试主机连通情况发现，第一台和第二台主机都可以连通。

接下来测试第二台主机（ens224 网卡）与第三台主机是否连通，如图 8.70 所示。

```
[root@rcs-team-rocky8.6 ~]# ping 192.168.110.10
PING 192.168.110.10 (192.168.110.10) 56(84) bytes of data.
64 bytes from 192.168.110.10: icmp_seq=1 ttl=64 time=0.043 ms
64 bytes from 192.168.110.10: icmp_seq=2 ttl=64 time=0.041 ms
64 bytes from 192.168.110.10: icmp_seq=3 ttl=64 time=0.067 ms
^C
--- 192.168.110.10 ping statistics ---
3 packets transmitted, 3 received, 0% packet loss, time 2030ms
rtt min/avg/max/mdev = 0.041/0.050/0.067/0.013 ms
[root@rcs-team-rocky8.6 ~]# ping 192.168.110.11
PING 192.168.110.11 (192.168.110.11) 56(84) bytes of data.
64 bytes from 192.168.110.11: icmp_seq=1 ttl=64 time=0.902 ms
64 bytes from 192.168.110.11: icmp_seq=2 ttl=64 time=0.320 ms
64 bytes from 192.168.110.11: icmp_seq=3 ttl=64 time=0.337 ms
64 bytes from 192.168.110.11: icmp_seq=4 ttl=64 time=0.607 ms
64 bytes from 192.168.110.11: icmp_seq=5 ttl=64 time=1.42 ms
64 bytes from 192.168.110.11: icmp_seq=6 ttl=64 time=0.606 ms
64 bytes from 192.168.110.11: icmp_seq=7 ttl=64 time=2.06 ms
64 bytes from 192.168.110.11: icmp_seq=8 ttl=64 time=0.244 ms
64 bytes from 192.168.110.11: icmp_seq=9 ttl=64 time=0.466 ms
64 bytes from 192.168.110.11: icmp_seq=10 ttl=64 time=0.229 ms
64 bytes from 192.168.110.11: icmp_seq=11 ttl=64 time=0.962 ms
^C
--- 192.168.110.11 ping statistics ---
11 packets transmitted, 11 received, 0% packet loss, time 10230ms
rtt min/avg/max/mdev = 0.229/0.740/2.061/0.543 ms
[root@rcs-team-rocky8.6 ~]#
```

图 8.70　测试第二台和第三主机的连通情况

测试结果发现，第二台主机和第三台主机能够正常通信。

8.4.5　开启内核路由转发

通过以下命令可以开启防火墙 IP 转发。

```
[root@rcs-team-rocky8.6 ~]# firewall-cmd --add-masquerade -permanent
```

重新载入防火墙配置，命令如下。

```
[root@rcs-team-rocky8.6 ~]# firewall-cmd -reload
```

查看是否开启内核路由转发的命令如下，如图 8.71 所示。

```
[root@rcs-team-rocky8.6 ~]# cat /proc/sys/net/ipv4/ip_forward
```

```
[root@rcs-team-rocky8.6 ~]# firewall-cmd --add-masquerade --permanent
success
[root@rcs-team-rocky8.6 ~]# firewall-cmd --reload
success
[root@rcs-team-rocky8.6 ~]# systemctl status firewalld
● firewalld.service - firewalld - dynamic firewall daemon
   Loaded: loaded (/usr/lib/systemd/system/firewalld.service; enabled; vendor >
   Active: active (running) since Wed 2022-07-27 14:54:49 CST; 52min ago
     Docs: man:firewalld(1)
 Main PID: 951 (firewalld)
    Tasks: 4 (limit: 50503)
   Memory: 35.7M
   CGroup: /system.slice/firewalld.service
           └─951 /usr/libexec/platform-python -s /usr/sbin/firewalld --nofork >

Jul 27 14:54:49 rcs-team-rocky8.6 systemd[1]: Starting firewalld - dynamic fir>
Jul 27 14:54:49 rcs-team-rocky8.6 systemd[1]: Started firewalld - dynamic fire>
Jul 27 14:54:50 rcs-team-rocky8.6 firewalld[951]: WARNING: AllowZoneDrifting i>
Jul 27 15:47:28 rcs-team-rocky8.6 firewalld[951]: WARNING: AllowZoneDrifting i>
[root@rcs-team-rocky8.6 ~]# cat /proc/sys/net/ipv4/ip_forward
1
```

图 8.71　第二台主机充当路由器角色，开启内核路由转发

结果为 1 表示开启，结果为 0 表示未开启。

通过 route-n 命令可以查看第一台主机当前的路由条目，如图 8.72 所示。

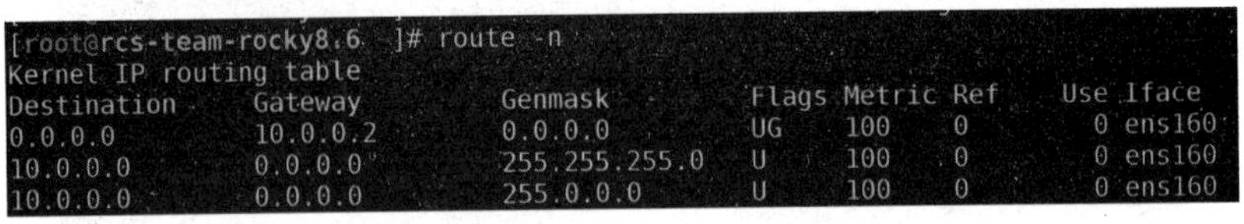

```
[root@rcs-team-rocky8.6 ~]# route -n
Kernel IP routing table
Destination     Gateway         Genmask         Flags Metric Ref    Use Iface
0.0.0.0         10.0.0.2        0.0.0.0         UG    100    0        0 ens160
10.0.0.0        0.0.0.0         255.255.255.0   U     100    0        0 ens160
10.0.0.0        0.0.0.0         255.0.0.0       U     100    0        0 ens160
```

图 8.72　查看第一台主机的路由条目

第一台主机（10.0.0.10）想要访问第三台主机（192.168.110.11），通过查询发现没有 192.168.110.0/24 网段的路由条目，所以应该添加一条路由条目，该路由条目经由第二台主机 ens160（10.0.0.11）网卡转发。

命令如下，如图 8.73 所示。

```
[root@rcs-team-rocky8.6 ~]# route add -net 192.168.110.0/24 gw 10.0.0.11
[root@rcs-team-rocky8.6 ~]# route -n
```

```
[root@rcs-team-rocky8.6 ~]# route add -net 192.168.110.0/24 gw 10.0.0.11
[root@rcs-team-rocky8.6 ~]# route -n
Kernel IP routing table
Destination     Gateway         Genmask         Flags Metric Ref    Use Iface
0.0.0.0         10.0.0.2        0.0.0.0         UG    100    0        0 ens160
10.0.0.0        0.0.0.0         255.255.255.0   U     100    0        0 ens160
10.0.0.0        0.0.0.0         255.0.0.0       U     100    0        0 ens160
192.168.110.0   10.0.0.11       255.255.255.0   UG    0      0        0 ens160
[root@rcs-team-rocky8.6 ~]# ping 192.168.110.10
PING 192.168.110.10 (192.168.110.10) 56(84) bytes of data.
64 bytes from 192.168.110.10: icmp_seq=1 ttl=64 time=0.284 ms
64 bytes from 192.168.110.10: icmp_seq=2 ttl=64 time=0.433 ms
64 bytes from 192.168.110.10: icmp_seq=3 ttl=64 time=0.196 ms
64 bytes from 192.168.110.10: icmp_seq=4 ttl=64 time=0.416 ms
64 bytes from 192.168.110.10: icmp_seq=5 ttl=64 time=0.244 ms
64 bytes from 192.168.110.10: icmp_seq=6 ttl=64 time=0.194 ms
64 bytes from 192.168.110.10: icmp_seq=7 ttl=64 time=0.265 ms
^C
--- 192.168.110.10 ping statistics ---
7 packets transmitted, 7 received, 0% packet loss, time 6171ms
rtt min/avg/max/mdev = 0.194/0.290/0.433/0.091 ms
[root@rcs-team-rocky8.6 ~]# ping 192.168.110.11
PING 192.168.110.11 (192.168.110.11) 56(84) bytes of data.
64 bytes from 192.168.110.11: icmp_seq=1 ttl=63 time=1.37 ms
64 bytes from 192.168.110.11: icmp_seq=2 ttl=63 time=0.339 ms
64 bytes from 192.168.110.11: icmp_seq=3 ttl=63 time=0.462 ms
64 bytes from 192.168.110.11: icmp_seq=4 ttl=63 time=0.466 ms
64 bytes from 192.168.110.11: icmp_seq=5 ttl=63 time=0.931 ms
^C
--- 192.168.110.11 ping statistics ---
5 packets transmitted, 5 received, 0% packet loss, time 4114ms
rtt min/avg/max/mdev = 0.339/0.714/1.373/0.386 ms
[root@rcs-team-rocky8.6 ~]#
```

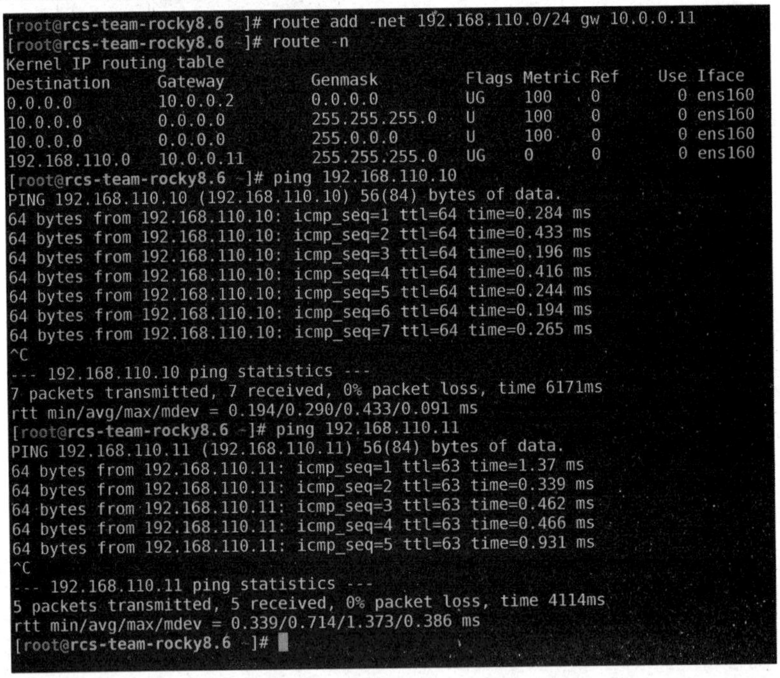

图 8.73　添加路由条目后，第一台主机和第三台主机通信

接下来测试第一台主机（10.0.0.10）与第三台主机（192.168.110.11）是否连通，经过测试发现已经可以连通。

同理，第三台主机（192.168.110.11）对于第一台主机（10.0.0.10）所在的 10.0.0.0/24 网段也不认识，即不存在路由条目。读者可以参照刚才第一台主机添加的路由条目进行操作即可。查看第三台主机路由条目如图 8.74 所示。

接下来查看路由表情况，命令如下，如图 8.75 所示。

```
[root@rcs-team-rocky8.6 ~]# route add -net 10.0.0.0/24 gw 192.168.110.10
```

```
[root@rcs-team-rocky8.6 ~]# route -n
```

```
[root@rcs-team-rocky8.6 ~]# route -n
Kernel IP routing table
Destination     Gateway         Genmask         Flags Metric Ref    Use Iface
192.0.0.0       0.0.0.0         255.0.0.0       U     100    0        0 ens160
[root@rcs-team-rocky8.6 ~]# ping 192.168.110.10
PING 192.168.110.10 (192.168.110.10) 56(84) bytes of data.
64 bytes from 192.168.110.10: icmp_seq=1 ttl=64 time=0.338 ms
64 bytes from 192.168.110.10: icmp_seq=2 ttl=64 time=0.215 ms
64 bytes from 192.168.110.10: icmp_seq=3 ttl=64 time=1.57 ms
^C
--- 192.168.110.10 ping statistics ---
3 packets transmitted, 3 received, 0% packet loss, time 2068ms
rtt min/avg/max/mdev = 0.215/0.707/1.568/0.610 ms
[root@rcs-team-rocky8.6 ~]# ping 10.0.0.11
connect: Network is unreachable
[root@rcs-team-rocky8.6 ~]# _
```

图 8.74 查看第三台主机路由条目

```
[root@rcs-team-rocky8.6 ~]# route -n
Kernel IP routing table
Destination     Gateway         Genmask         Flags Metric Ref    Use Iface
10.0.0.0        192.168.110.10  255.255.255.0   UG    0      0        0 ens160
192.0.0.0       0.0.0.0         255.0.0.0       U     100    0        0 ens160
[root@rcs-team-rocky8.6 ~]#
```

图 8.75 查看路由表情况

下面测试连通情况，如图 8.76 所示。

```
[root@rcs-team-rocky8.6 ~]# ping 10.0.0.10
PING 10.0.0.10 (10.0.0.10) 56(84) bytes of data.
64 bytes from 10.0.0.10: icmp_seq=1 ttl=63 time=0.945 ms
64 bytes from 10.0.0.10: icmp_seq=2 ttl=63 time=2.13 ms
64 bytes from 10.0.0.10: icmp_seq=3 ttl=63 time=0.628 ms
64 bytes from 10.0.0.10: icmp_seq=4 ttl=63 time=0.658 ms
64 bytes from 10.0.0.10: icmp_seq=5 ttl=63 time=2.30 ms
64 bytes from 10.0.0.10: icmp_seq=6 ttl=63 time=0.438 ms
64 bytes from 10.0.0.10: icmp_seq=7 ttl=63 time=0.374 ms
64 bytes from 10.0.0.10: icmp_seq=8 ttl=63 time=0.524 ms
64 bytes from 10.0.0.10: icmp_seq=9 ttl=63 time=0.512 ms
64 bytes from 10.0.0.10: icmp_seq=10 ttl=63 time=0.644 ms
64 bytes from 10.0.0.10: icmp_seq=11 ttl=63 time=0.917 ms
64 bytes from 10.0.0.10: icmp_seq=12 ttl=63 time=1.08 ms
64 bytes from 10.0.0.10: icmp_seq=13 ttl=63 time=0.826 ms
64 bytes from 10.0.0.10: icmp_seq=14 ttl=63 time=0.482 ms
64 bytes from 10.0.0.10: icmp_seq=15 ttl=63 time=0.928 ms
64 bytes from 10.0.0.10: icmp_seq=16 ttl=63 time=0.670 ms
64 bytes from 10.0.0.10: icmp_seq=17 ttl=63 time=1.63 ms
64 bytes from 10.0.0.10: icmp_seq=18 ttl=63 time=1.09 ms
64 bytes from 10.0.0.10: icmp_seq=19 ttl=63 time=0.486 ms
64 bytes from 10.0.0.10: icmp_seq=20 ttl=63 time=0.536 ms
64 bytes from 10.0.0.10: icmp_seq=21 ttl=63 time=0.838 ms
64 bytes from 10.0.0.10: icmp_seq=22 ttl=63 time=0.878 ms
64 bytes from 10.0.0.10: icmp_seq=23 ttl=63 time=0.599 ms
64 bytes from 10.0.0.10: icmp_seq=24 ttl=63 time=0.564 ms
64 bytes from 10.0.0.10: icmp_seq=25 ttl=63 time=5.75 ms
64 bytes from 10.0.0.10: icmp_seq=26 ttl=63 time=1.81 ms
64 bytes from 10.0.0.10: icmp_seq=27 ttl=63 time=0.538 ms
64 bytes from 10.0.0.10: icmp_seq=28 ttl=63 time=0.653 ms
64 bytes from 10.0.0.10: icmp_seq=29 ttl=63 time=0.730 ms
^C
--- 10.0.0.10 ping statistics ---
29 packets transmitted, 29 received, 0% packet loss, time 28406ms
rtt min/avg/max/mdev = 0.374/1.039/5.752/1.015 ms
[root@rcs-team-rocky8.6 ~]# _
```

图 8.76 实现回路，测试连通

测试发现，第三台主机（192.168.110.11）与第一台主机（10.0.0.10）已经连通，最终我们实现了该静态路由项目。

第 9 章

容器管理

本章主要介绍容器管理相关内容，包括容器技术的发展过程、Podman 容器管理、镜像管理、仓库管理、容器网络、数据卷和数据卷容器、容器监控等内容。

9.1 容器技术的发展过程

Linux 容器已逐渐成为一种关键的开源应用程序打包和交付技术，将轻量级应用程序隔离与基于映像的部署方法的灵活性相结合。RHEL 使用以下核心技术实施 Linux 容器。

☑ 控制组（cgroups）：用于资源管理。

☑ 命名空间（namespace）：用于进程隔离。

☑ SELinux：用于控制安全。

☑ 安全多租户。

以上这些技术降低了安全漏洞的可能性，并为用户提供生成和运行企业级容器的环境。

红帽 OpenShift 提供了强大的命令行和 Web UI 工具，用于构建、管理和运行容器，其单元称为 pod。红帽允许用户在 OpenShift 之外构建和管理各个容器和容器镜像。本节描述为执行在 RHEL 系统直接运行这些任务而提供的工具。

与其他容器工具实施不同，这里描述的工具不以单体 Docker 容器引擎和 Docker 命令为中心。相反，红帽提供了以下命令行工具，无须容器引擎即可运行。

☑ Podman：用于直接管理 pod 和容器镜像（run、stop、start、ps、attach 和 exec 等）。

☑ Buildah：用于构建、推送和签名容器镜像。

☑ Skopeo：用于复制、检查、删除和签名镜像。

☑ runc：为 Podman 和 Buildah 提供容器运行和构建功能。

☑ crun：可选运行时、可以配置，为 rootless 容器提供更大的灵活性、控制性和安全性。

由于这些工具与开放容器计划（OCI）兼容，因此它们可用于管理由 Docker 和其他兼容 OCI 的容器引擎生成和管理的相同 Linux 容器。然而，它们特别适用于直接在 RHEL 中运行在单节点用例。

1．Podman、Buildah 和 Skopeo 的特性

Rocky Linux 基于 CentOS 8.x 版本演变而来，所以 Rocky Linux 系统使用 Podman 容器代替了 CentOS 7.x 版本中的 Docker 容器的管理引擎，是系统默认的容器引擎管理工具。

Podman、Buildah 和 Skopeo 工具被开发用以取代 Docker 命令功能。这种情境中的每个工具都更加轻量级，并专注于功能子集。

Podman、Buildah 和 Skopeo 工具的主要优点如下。

☑ 以无根模式运行：rootless 容器更安全，因为它们在没有添加任何特权的情况下运行。

☑ 不需要守护进程：如果用户没有运行容器，Podman 就不会运行，而 Docker 始终运行一个守护进程。

☑ 原生 systemd 集成：Podman 允许用户创建 systemd 单元文件并将容器作为系统服务运行。

Podman、Skopeo 和 Buildah 的特性如下。

☑ Podman、Buildah 和 CRI-O 容器引擎都使用相同的后端存储目录 /var/lib/containers，而不是默认使用 Docker 的存储目录/var/lib/docker。

☑ 虽然 Podman、Buildah 和 CRI-O 共享相同的存储目录，但它们不能相互交互。这些工具可以共享镜像。

☑ 要以编程方式与 Podman 交互，用户可以使用 Podman v2.0 RESTful API，它可以在有根和无根环境中工作。

2．Podman 概述

Podman 是一个开源的容器运行时项目，可在大多数 Linux 平台上使用，其标志如图 9.1 所示。

图 9.1　Podman 标志

Podman 提供与 Docker 非常相似的功能。它不需要在用户的系统上运行任何守护进程，它也可以在没有 root 权限的情况下运行。Podman 可以管理和运行任何符合 OCI 规范的容器和容器镜像。Podman 提供了一个与 Docker 兼容的命令行前端来管理 Docker 镜像。

Podman 的特性如下。

☑ LXC、LXD（Go 语言开发）、systemd-nspawn 均可作为 Linux 容器，但缺少容器跨主机运行与应用打包的能力。

☑ Docker 与 Podman 可使用容器镜像实现应用打包发布，快速且轻量。

☑ Docker 与 Podman 都使用 runC（Go 语言开发）作为底层 oci-runtime。
☑ Docker 与 Podman 都支持 OCI Image Format（Go 语言开发），都能使用 Docker Hub 上的容器镜像，而 systemd-nspawn 无法使用它们的镜像。
☑ Podman 使用 CNI（Go 语言开发）作为 rootfull 容器的网络底层，其实现比 Docker 网络层略微简单，但原理相同。
☑ 相对于 LXD 和 systemd-nspawn，CNI 可以避免编写大量的网络规则。
☑ 为了实现普通用户 rootless 容器网络，Podman 可以使用 slirp4netns 程序，避免内核空间中的大量 veth pair 虚拟接口的出现，并且性能更好。
☑ Docker 运行容器时必须使用守护进程且需要 root 权限，这样会存在系统安全问题，而 Podman 针对此问题使用以下两个特性加以解决。
  ➢ Podman 支持无守护进程（no-daemon）运行容器。
  ➢ Podman 支持普通用户运行 rootless 容器，即普通用户直接运行容器，无须提权具备 root 权限。
☑ 虽然 Docker 与 Podman 的实现原理不同，但对于使用者而言，其 CLI 十分相似，因此可以平滑地从 Docker 过渡至 Podman。
☑ Podman 的目标不是容器的编排，编排可以使用更加专业的工具如 Kubernetes、OpenShift、Rancher 等，使用 Podman 可以更轻量地运行容器且不受 root 权限的安全问题影响，即便是 root 用户也无法查看其他普通用户空间下的容器，Podman 通过用户命名空间进行隔离。
☑ Podman 可使用 systemd service 单元文件直接管理容器，实现容器服务随系统启动而启动。
☑ Podman 集成了 CRIU，因此 Podman 中的容器可以在单机上热迁移。
☑ 由于 Kubernetes 将从 v1.24.x 版本后放弃使用 dockershim 接口层，容器运行时可选择使用 Containerd 或 CRI-O，两者虽然均支持 OCI Image 规范，但它们不是面向使用者或开发者直接管理容器或镜像的工具，而 Podman 可直接面向使用者或开发者操作容器或镜像。

3. 不需要 Docker 引擎运行容器

红帽从 RHEL8 中删除了 Docker 容器引擎和 Docker 命令。如果您仍然希望在 RHEL 中使用 Docker，可以从不同的上游项目获取 Docker，但在 RHEL8 中不被支持。

您可以安装 podman-docker 软件包，每次运行 Docker 命令时，它实际上都会运行 Podman 命令。Podman 还支持 Docker Socket API，因此 podman-docker 软件包还设置了/var/run/docker.sock 和/var/run/podman/podman.sock 之间的链接。因此，您可以继续使用 docker-py 和 docker-compose 工具运行 Docker API 命令，而无须 Docker 守护进程，Podman 将为请求提供服务。

Podman 命令和 Docker 命令一样，可以从容器文件或 Dockerfile 构建容器镜像。在容器文件和 Dockerfile 内，可用命令的作用同等。

Podman 不支持的 Docker 命令选项包括 network、node、plugin（Podman 不支持插件）、rename（Podman 使用 rm 和 create 命令重命名容器）、secret、service、stack 和 swarm（Podman

不支持 Docker swarm）。容器和镜像选项用于运行直接在 Podman 中使用的子命令。

4．为容器选择架构

容器技术因其一次构建、多平台部署的特性深受开发人员和运维人员的喜欢。在构建基础镜像时要选择合适的架构平台，因为需要基础镜像和分层镜像的支持。例如 Intel 64 和 AMD 64 位的平台，我们在构建基础镜像时，它是不支持 32 位平台的。除此之外还有以下架构和平台不被支持。

☑　IBM PowerPC 8 和 9 的 64 位（基础镜像和大部分层次镜像）。

☑　IBM Z 64 位（基础镜像和大多数层次镜像）。

☑　ARM 64 位（仅用于基础镜像）。

虽然还没有在所有构架中支持所有的红帽镜像，但目前几乎绝大多数的镜像都包含在所有列出的构架中。

9.2　Podman 容器管理

9.2.1　安装 Podman 及相关管理工具

Podman 是 Rocky Linux 系统默认的容器管理引擎，无须安装。Rocky Linux 不同的版本中默认的 Podman 版本会有所区别。

例如 Rocky Linux 8.5 发行版本中，默认的 Podman 版本为 3.3.1，Rocky Linux 不同版本中默认的 Podman 版本如图 9.2 所示。

Rocky Linux Podman版本			
序号	参数	Rocky Linux 8.65	Rocky Linux 8.6
1	Version	3.3.1	4.0.2
2	API Version	3.3.1	4.0.2
3	Go Version	go1.16.7	go1.17.7
4	Built	Wed Nov 10 09:48:06 2021	Mon May 16 00:45:11 2022
5	OS/Arch	linux/amd64	linux/amd64

图 9.2　Rocky Linux 不同版本中默认的 Podman 版本

为了方便通过 Cockpit 管理 Podman，我们可以安装 Podman 及相关管理工具。

下面安装 Podman 管理工具，命令如下，如图 9.3 所示。

```
[root@rcs-team-rocky8.6 ~]# dnf module install -y container-tools
```

所安装的容器管理工具包含 Podman、Skopeo、Buildah 等，各个工具的作用如下。

☑　Podman：直接管理容器和容器镜像。

☑　Skopeo：检查、复制、删除和签名镜像。

☑　Buildah：创建新的容器镜像。

```
Transaction test succeeded.
Running transaction
  Preparing        :                                                            1/1
  Installing       : python36-3.6.8-38.module+el8.5.0+671+195e4563.x86_64       1/11
  Running scriptlet: python36-3.6.8-38.module+el8.5.0+671+195e4563.x86_64       1/11
  Installing       : python3-pip-9.0.3-22.el8.rocky.0.noarch                    2/11
  Installing       : yajl-2.1.0-10.el8.x86_64                                   3/11
  Installing       : python3-pyxdg-0.25-16.el8.noarch                           4/11
  Installing       : python3-pytoml-0.1.14-5.git7dea353.el8.noarch              5/11
  Installing       : python3-podman-4.0.0-1.module+el8.6.0+785+d1251653.noarch  6/11
  Installing       : crun-1.4.4-1.module+el8.6.0+971+69b94baf.x86_64            7/11
  Installing       : udica-0.2.6-3.module+el8.6.0+971+69b94baf.noarch           8/11
  Installing       : toolbox-0.0.99.3-0.4.module+el8.6.0+971+69b94baf.x86_64    9/11
  Installing       : skopeo-2:1.6.1-2.module+el8.6.0+971+69b94baf.x86_64        10/11
  Installing       : cockpit-podman-43-1.module+el8.6.0+971+69b94baf.noarch     11/11
  Running scriptlet: cockpit-podman-43-1.module+el8.6.0+971+69b94baf.noarch     11/11
  Verifying        : cockpit-podman-43-1.module+el8.6.0+971+69b94baf.noarch     1/11
  Verifying        : crun-1.4.4-1.module+el8.6.0+971+69b94baf.x86_64            2/11
  Verifying        : python3-pip-9.0.3-22.el8.rocky.0.noarch                    3/11
  Verifying        : python3-podman-4.0.0-1.module+el8.6.0+785+d1251653.noarch  4/11
  Verifying        : python3-pytoml-0.1.14-5.git7dea353.el8.noarch              5/11
  Verifying        : python3-pyxdg-0.25-16.el8.noarch                           6/11
  Verifying        : python36-3.6.8-38.module+el8.5.0+671+195e4563.x86_64       7/11
  Verifying        : skopeo-2:1.6.1-2.module+el8.6.0+971+69b94baf.x86_64        8/11
  Verifying        : toolbox-0.0.99.3-0.4.module+el8.6.0+971+69b94baf.x86_64    9/11
  Verifying        : udica-0.2.6-3.module+el8.6.0+971+69b94baf.noarch           10/11
  Verifying        : yajl-2.1.0-10.el8.x86_64                                   11/11

Installed:
  cockpit-podman-43-1.module+el8.6.0+971+69b94baf.noarch        crun-1.4.4-1.module+el8.6.0+971+69b94baf.x86_64
  python3-pip-9.0.3-22.el8.rocky.0.noarch                       python3-podman-4.0.0-1.module+el8.6.0+785+d1251653.noarch
  python3-pytoml-0.1.14-5.git7dea353.el8.noarch                 python3-pyxdg-0.25-16.el8.noarch
  python36-3.6.8-38.module+el8.5.0+671+195e4563.x86_64          skopeo-2:1.6.1-2.module+el8.6.0+971+69b94baf.x86_64
  toolbox-0.0.99.3-0.4.module+el8.6.0+971+69b94baf.x86_64       udica-0.2.6-3.module+el8.6.0+971+69b94baf.noarch
  yajl-2.1.0-10.el8.x86_64

Complete!
[root@rcs-team-rocky8.6 ~]#
```

图 9.3　安装 Podman 管理工具

管理工具安装完毕以后，我们就可以在 Cockpit 中显示 Podman 容器的管理内容了。

9.2.2　通过 Cockpit 搜索镜像并创建容器

1．登录 Cockpit Podman 容器管理后台

在浏览器地址栏中输入 http://IP:9090 访问 Cockpit，然后输入用户名和密码，Cockpit 容器管理后台如图 9.4 所示。

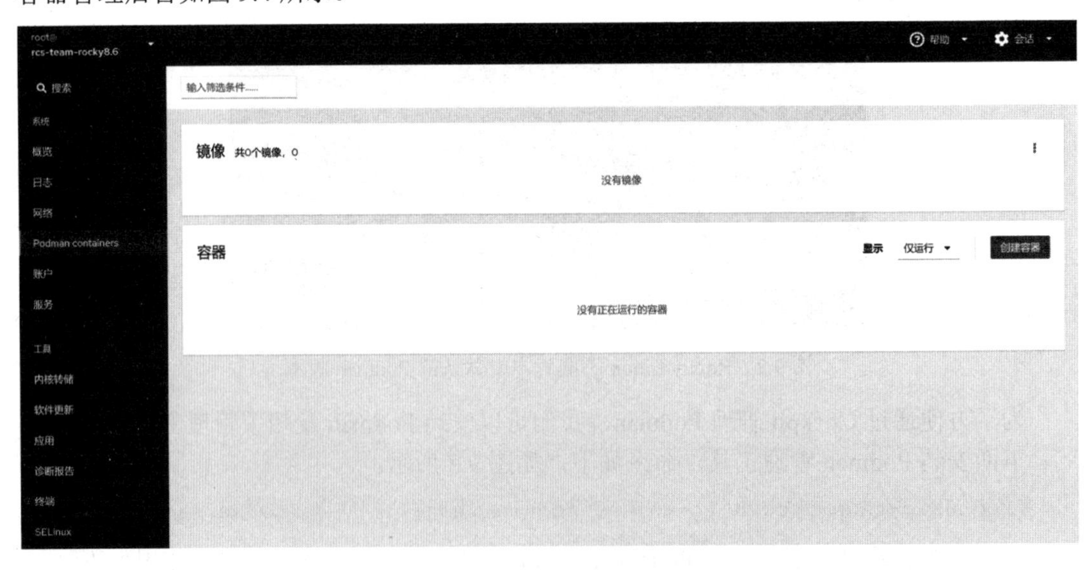

图 9.4　Cockpit 容器管理后台

2. 搜索容器镜像

通过 Web 端我们可以在 Cockpit 中直接搜索容器镜像并进行下载，如图 9.5 所示。

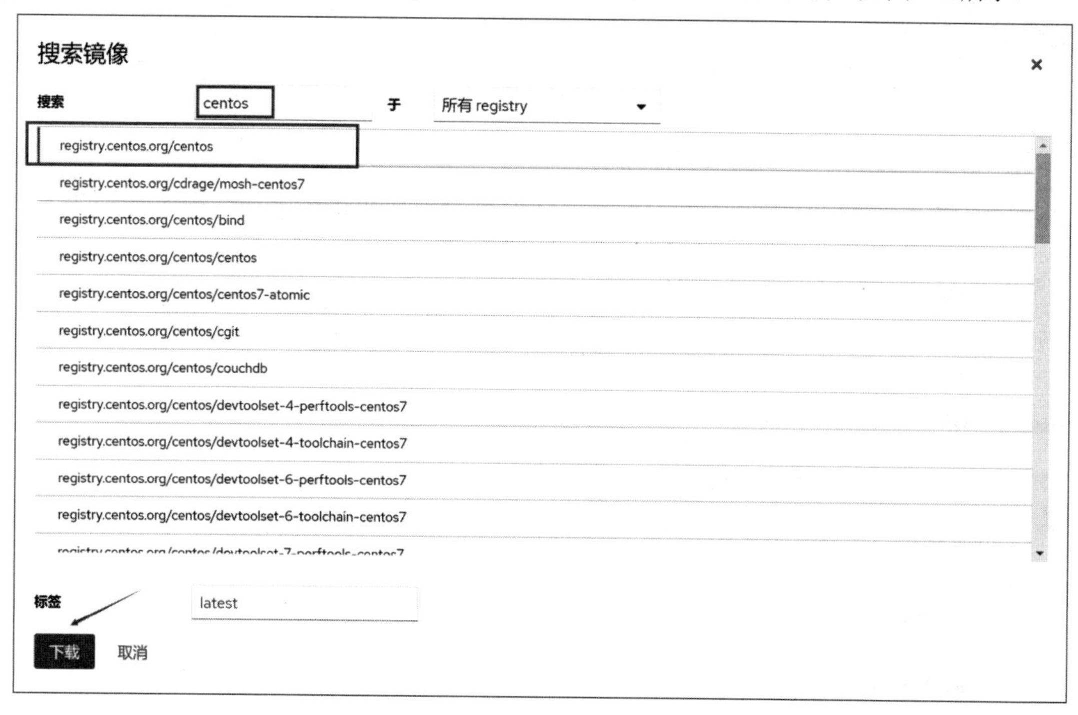

图 9.5 Cockpit 中搜索并下载容器镜像

3. 创建容器

通过 Web 图形化交互界面，我们可以快速地创建一个容器，如图 9.6 所示。

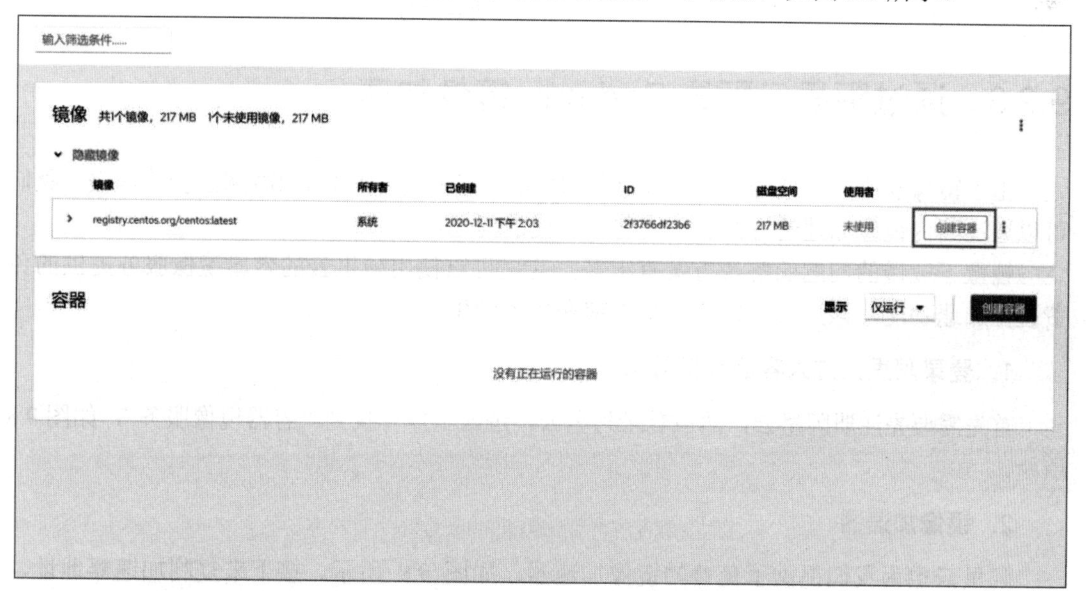

图 9.6 通过 Web 图形化交互界面创建容器

4. 设置容器参数

通过 Web 管理页面创建容器并设置参数，按照图 9.7 所示的①、②、③、④、⑤、⑥的顺序进行设置即可。

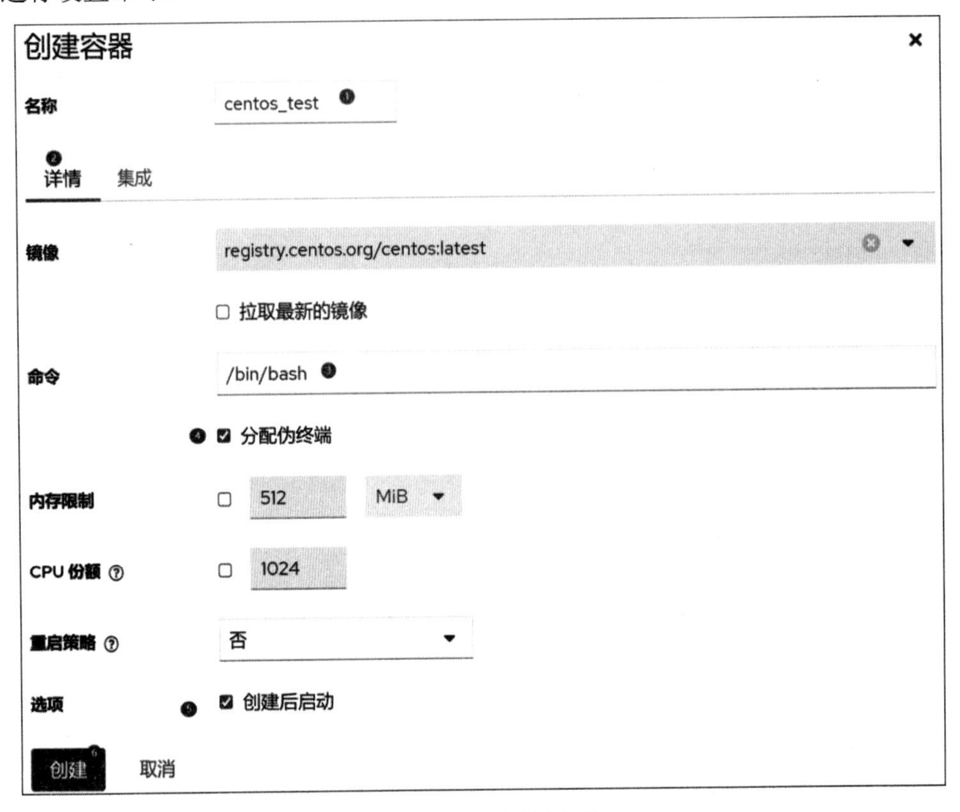

图 9.7 创建容器并设置参数

9.2.3 通过阿里云配置 Podman 镜像加速

由于镜像仓库一般使用的都是国外的 IP 地址，所以在国内访问时网速会比较慢。我们可以通过国内镜像加速的方式解决镜像下载慢的问题。

镜像下载慢的问题的解决方案有很多，这里可以使用阿里云的容器镜像服务提供的免费镜像加速功能，该方案非常适合个人或在校大学生使用。

1. 登录阿里云进入容器镜像服务

首先需要先注册阿里云，然后登录阿里云，进入工作台找到“容器镜像服务”，如图 9.8 所示。

2. 镜像加速器

阿里云也为我们提供了免费的镜像加速器，如图 9.9 所示。接下来复制加速器地址，每个用户的加速地址都是不一样的。

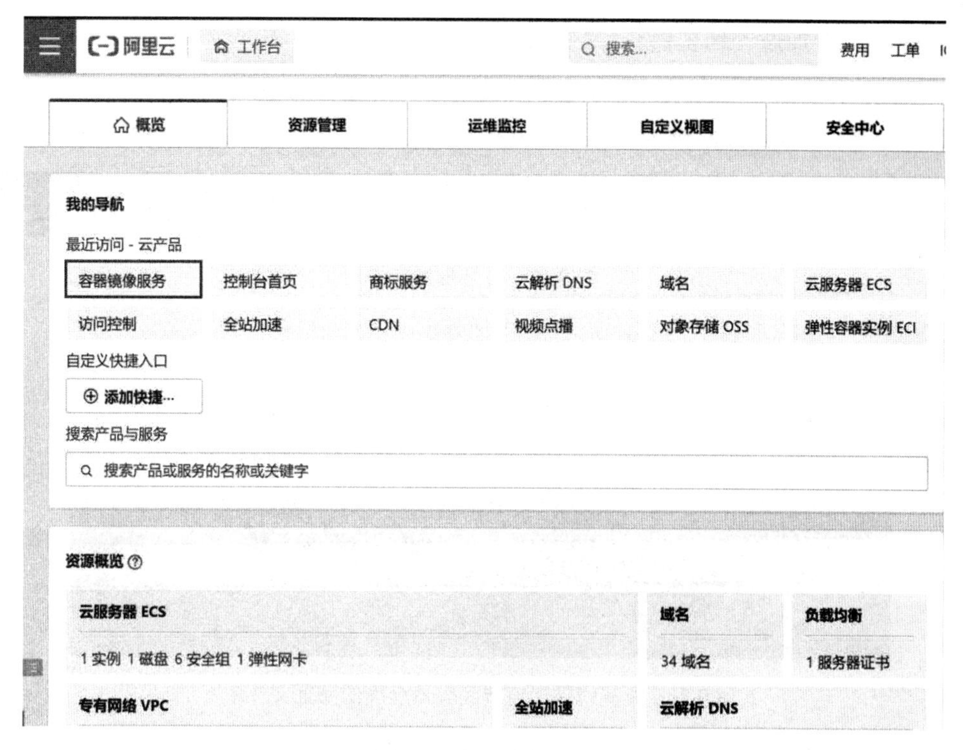

图 9.8　容器镜像服务

图 9.9　镜像加速器地址

这里需要注意，阿里云为我们每个用户提供一个镜像加速器地址，如果多人共享一个加速器，速度就会很慢。

获取加速器地址后我们需要配置 Rocky Linux 中的容器仓库的配置文件。

3．配置镜像加速器到容器仓库的配置文件中

使用 vim 打开配置文件 registries.conf，命令如下，如图 9.10 所示。

```
[root@rcs-team-rocky8.6 ~]# vim /etc/containers/registries.conf
```

```
[root@rcs-team-rocky8.6 ~]# vim /etc/containers/registries.conf
```

图 9.10　打开配置文件

在配置文件中添加以下内容，如图 9.11 所示。

```
unqualified-search-registries = ["docker.io"]
[[registry]]
prefix="docker.io"
location="c05xby84.mirror.aliyuncs.com"
```

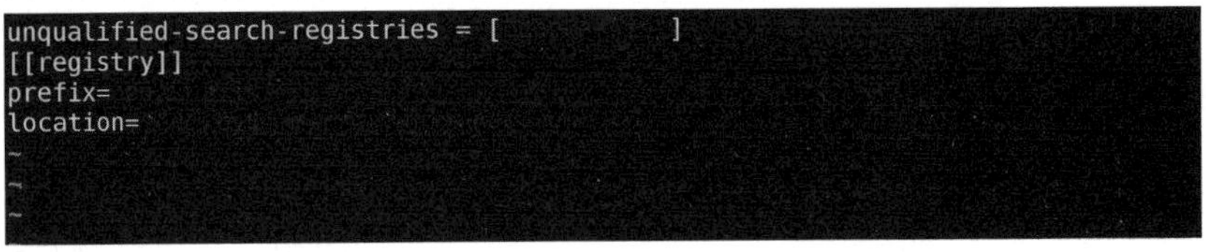

```
unqualified-search-registries = [            ]
[[registry]]
prefix=
location=
~
~
~
```

图 9.11　配置镜像加速器到容器仓库的配置文件中

配置文件添加完成以后，保存并退出。

4．重启 Podman 服务载入新的配置

重启 Podman 服务，命令如下。

```
[root@rcs-team-rocky8.6 ~]# systemctl restart podman
```

运行 hello-world，命令如下，如图 9.12 所示。

```
[root@rcs-team-rocky8.6 ~]# podman run hello-world
```

```
[root@rcs-team-rocky8.6 ~]# systemctl restart podman
[root@rcs-team-rocky8.6 ~]# podman run hello-world
Resolved "hello-world" as an alias (/etc/containers/registries.conf.d/000-shortnames.conf)
Trying to pull quay.io/podman/hello:latest...
Getting image source signatures
Copying blob 6c8555895de6 done
Copying config 1d72078243 done
Writing manifest to image destination
Storing signatures
!... Hello Podman World ...!

         .--"--.
       / -     - \
      / (O)   (O) \
   ~~~| -=(,Y,)=- |
    .---. /`  \   |~~
 ~/  o  o \~~~~.----. ~~
  | =(X)= |~  / (O (O) \
   ~~~~~~~  ~| =(Y_)=-  |
  ~~~~    ~~~|   U      |~~

Project:   https://github.com/containers/podman
Website:   https://podman.io
Documents: https://docs.podman.io
Twitter:   @Podman_io
[root@rcs-team-rocky8.6 ~]#
```

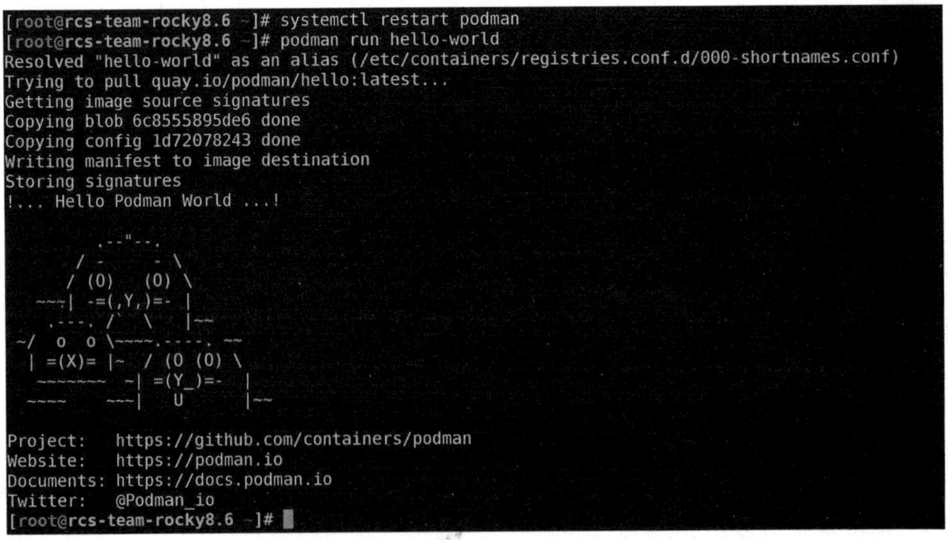

图 9.12　重启 Podman 服务并运行 hello-world

9.2.4　Podman 容器管理命令

1．运行容器

使用 podman run 命令可以运行容器。

1）语法格式

```
podman run -it 镜像进入系统交互的 Shell 名称
```

2）参数说明

- ☑ -i：表示通过交互式的操作。
- ☑ -t：表示终端。

示例命令如下，如图 9.13 所示。

```
[root@rcs-team-rocky8.6 ~]# podman run -it ubuntu /bin/bash
```

```
[root@rcs-team-rocky8.6 ~]# podman run -it ubuntu /bin/bash
Resolved "ubuntu" as an alias (/etc/containers/registries.conf.d/000-shortnames.conf)
Trying to pull docker.io/library/ubuntu:latest...
Getting image source signatures
Copying blob 7b1a6ab2e44d done
Copying config ba6acccedd done
Writing manifest to image destination
Storing signatures
root@a752163af06f:/# podman ps
```

图 9.13　run 命令运行容器

图 9.13 中的 ubuntu 表示使用的是 ubuntu 镜像。/bin/bash 表示创建好容器以交互式的 Shell 进入容器。

通过--name 参数可以指定容器名称，命令如下，如图 9.14 所示。

```
[root@rcs-team-rocky8.6 ~]# podman run -it --name ubuntu-18.04 ubuntu
/bin/bash
```

```
[root@rcs-team-rocky8.6 ~]# podman run -it --name ubuntu-18.04 ubuntu /bin/bash
root@63008ae5a3ae:/# █
```

图 9.14　指定容器名称

通过-d 参数可以指定后台运行容器，命令如下，如图 9.15 所示。

```
[root@rcs-team-rocky8.6 ~]# podman run -itd --name ubuntu-18.04-01 ubuntu
/bin/bash
```

```
[root@rcs-team-rocky8.6 ~]# podman run -itd --name ubuntu-18.04-01 ubuntu /bin/bash
97f9166fa427396b40ae9aa258b07052da2ca20359982b4bb5d22ea7de6bee55
```

图 9.15　指定后台运行容器

接下来通过 podman ps 命令查看容器运行状态，如图 9.16 所示。

```
[root@rcs-team-rocky8.6 ~]# podman ps
CONTAINER ID  IMAGE                                COMMAND    CREATED             STATUS                 PORTS   NAMES
30ea69f0ac48  registry.centos.org/centos:latest    /bin/bash  About an hour ago   Up About an hour ago           centos_test
97f9166fa427  docker.io/library/ubuntu:latest      /bin/bash  51 seconds ago      Up 51 seconds ago              ubuntu-18.04-01
[root@rcs-team-rocky8.6 ~]# █
```

图 9.16　查看容器运行状态

2．进入容器

进入容器有 exec 和 attach 两个内部命令。

推荐使用 exec 命令。使用 exit 命令退出容器时，容器不会终止运行。

exec 命令的语法格式如下。

```
podman exec -it 容器 ID 进入容器后执行的命令
```

使用 exec 命令进入容器，命令如下，如图 9.17 所示。

```
[root@rcs-team-rocky8.6 ~]# podman exec -it 97f9166fa427 /bin/bash
```

```
[root@rcs-team-rocky8.6 ~]# podman ps
CONTAINER ID  IMAGE                                COMMAND    CREATED             STATUS                 PORTS  NAMES
30ea69f0ac48  registry.centos.org/centos:latest    /bin/bash  About an hour ago   Up About an hour ago          centos_test
97f9166fa427  docker.io/library/ubuntu:latest      /bin/bash  51 seconds ago      Up 51 seconds ago             ubuntu-18.04-01
[root@rcs-team-rocky8.6 ~]# podman exec -it 97f9166fa427 /bin/bash
root@97f9166fa427:/# ls
bin  boot  dev  etc  home  lib  lib32  lib64  libx32  media  mnt  opt  proc  root  run  sbin  srv  sys  tmp  usr  var
root@97f9166fa427:/# exit
exit
[root@rcs-team-rocky8.6 ~]# podman ps
CONTAINER ID  IMAGE                                COMMAND    CREATED          STATUS              PORTS  NAMES
30ea69f0ac48  registry.centos.org/centos:latest    /bin/bash  2 hours ago      Up 2 hours ago             centos_test
97f9166fa427  docker.io/library/ubuntu:latest      /bin/bash  3 minutes ago    Up 3 minutes ago           ubuntu-18.04-01
[root@rcs-team-rocky8.6 ~]#
```

图 9.17　使用 exec 命令进入容器

不推荐使用 attach 命令。使用 exit 命令退出容器时，容器也一同终止运行。使用 attach 命令进入容器，命令如下，如图 9.18 所示。

```
[root@rcs-team-rocky8.6 ~]# podman attach 97f9166fa427
```

```
[root@rcs-team-rocky8.6 ~]# podman attach 97f9166fa427
root@97f9166fa427:/# ls
bin  boot  dev  etc  home  lib  lib32  lib64  libx32  media  mnt  opt  proc  root  run  sbin  srv  sys  tmp  usr  var
root@97f9166fa427:/# exit
exit

[root@rcs-team-rocky8.6 ~]# podman ps
CONTAINER ID  IMAGE                                COMMAND    CREATED       STATUS          PORTS  NAMES
30ea69f0ac48  registry.centos.org/centos:latest    /bin/bash  2 hours ago   Up 2 hours ago         centos_test
[root@rcs-team-rocky8.6 ~]#
```

图 9.18　使用 attach 命令进入容器

3．退出容器

退出容器时使用 exit 命令。语法格式如下。

```
exit
```

退出容器的命令如下，如图 9.19 所示。

```
root@a752163af06f:/# exit
```

```
root@a752163af06f:/# exit
exit
[root@rcs-team-rocky8.6 ~]# podman ps
CONTAINER ID  IMAGE                                COMMAND    CREATED            STATUS                PORTS  NAMES
30ea69f0ac48  registry.centos.org/centos:latest    /bin/bash  About an hour ago  Up About an hour ago         centos_test
[root@rcs-team-rocky8.6 ~]#
```

图 9.19　退出容器

4．查看运行中的容器

查看容器运行情况时使用 podman ps 命令（仅显示正在运行中的容器），命令如下，如

图 9.20 所示。

```
[root@rcs-team-rocky8.6 ~]# podman ps
```

```
[root@rcs-team-rocky8.6 ~]# podman ps
CONTAINER ID  IMAGE                                  COMMAND     CREATED              STATUS                  PORTS       NAMES
30ea69f0ac48  registry.centos.org/centos:latest  /bin/bash   About an hour ago    Up About an hour ago                centos_test
[root@rcs-team-rocky8.6 ~]#
```

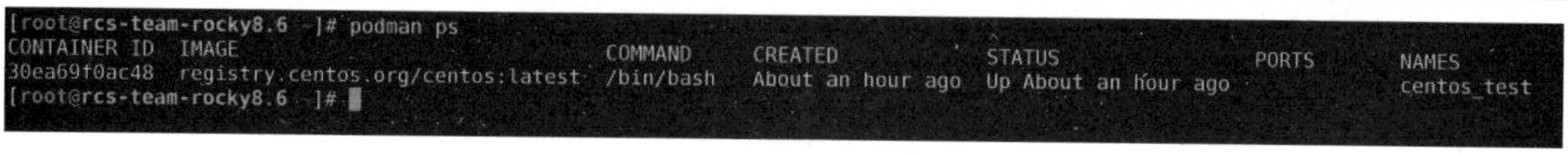

图 9.20　查看运行中的容器

通过 podman ps -a 命令可以查看所有状态（运行中、退出、被创建等）的容器，如图 9.21 所示。

```
[root@rcs-team-rocky8.6 ~]# podman ps -a
```

```
[root@rcs-team-rocky8.6 ~]# podman ps -a
CONTAINER ID  IMAGE                                       COMMAND     CREATED              STATUS                           PORTS       NAMES
30ea69f0ac48  registry.centos.org/centos:latest       /bin/bash   3 hours ago          Up 51 minutes ago                            centos_test
0f759cd5c890  docker.io/library/hello-world:latest    /hello      3 hours ago          Exited (0) 3 hours ago                       jolly_pasteur
a752163af06f  docker.io/library/ubuntu:latest         /bin/bash   About an hour ago    Exited (127) About an hour ago               quizzical_chandrasekhar
30b757f2c7ae  docker.io/library/hello-world:latest    /bin/sh     46 minutes ago       Created                                      naughty_lamport
163ad724128c  registry.centos.org/centos:latest       /bin/bash   46 minutes ago       Exited (0) 44 minutes ago                    serene_knuth
[root@rcs-team-rocky8.6 ~]#
```

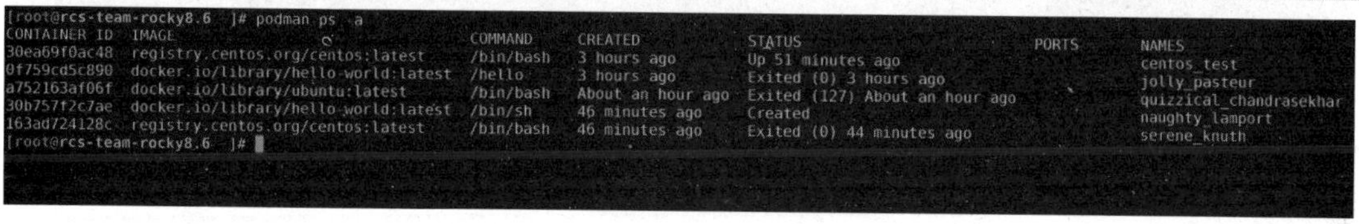

图 9.21　查看所有状态的容器

5．查看容器日志

通过 podman logs 命令可以查看容器的日志信息，这里把一个容器在运行状态下关闭 3 次，然后查看它的日志，命令如下，如图 9.22 所示。

```
[root@rcs-team-rocky8.6 ~]# podman stop 30ea69f0ac48
[root@rcs-team-rocky8.6 ~]# podman start 30ea69f0ac48
[root@rcs-team-rocky8.6 ~]# podman stop 30ea69f0ac48
[root@rcs-team-rocky8.6 ~]# podman start 30ea69f0ac48
[root@rcs-team-rocky8.6 ~]# podman stop 30ea69f0ac48
[root@rcs-team-rocky8.6 ~]# podman start 30ea69f0ac48
[root@rcs-team-rocky8.6 ~]# podman logs -f 30ea69f0ac48
```

```
[root@rcs-team-rocky8.6 ~]# podman ps
CONTAINER ID  IMAGE                                  COMMAND     CREATED      STATU
30ea69f0ac48  registry.centos.org/centos:latest  /bin/bash   2 hours ago  Up 2
[root@rcs-team-rocky8.6 ~]# podman logs 30ea69f0ac48
[root@rcs-team-rocky8.6 ~]# podman logs -f 30ea69f0ac48      ①
[root@30ea69f0ac48 /]# exit
[root@rcs-team-rocky8.6 ~]# podman logs -f 30ea69f0ac48      ②
[root@30ea69f0ac48 /]# exit
[root@30ea69f0ac48 /]# exit
[root@rcs-team-rocky8.6 ~]# podman logs -f 30ea69f0ac48
[root@30ea69f0ac48 /]# exit
[root@30ea69f0ac48 /]# exit
[root@rcs-team-rocky8.6 ~]# podman logs 30ea69f0ac48
[root@30ea69f0ac48 /]# exit
[root@30ea69f0ac48 /]# exit
[root@rcs-team-rocky8.6 ~]# podman logs 30ea69f0ac48
[root@30ea69f0ac48 /]# exit
[root@30ea69f0ac48 /]# exit
[root@rcs-team-rocky8.6 ~]# podman logs 30ea69f0ac48
[root@30ea69f0ac48 /]# exit
[root@30ea69f0ac48 /]# exit
[root@rcs-team-rocky8.6 ~]# podman logs 30ea69f0ac48
[root@30ea69f0ac48 /]# exit
[root@30ea69f0ac48 /]# exit
[root@30ea69f0ac48 /]# exit
[root@rcs-team-rocky8.6 ~]#
```

```
[root@rcs-team-rocky8.6 ~]# podman ps
CONTAINER ID  IMAGE                                  COMMAND     CREATED      STATU
S             PORTS       NAMES
30ea69f0ac48  registry.centos.org/centos:latest  /bin/bash   2 hours ago  Up 48
 seconds ago              centos_test
[root@rcs-team-rocky8.6 ~]# podman exec -it 30ea69f0ac48 /bin/bash
[root@30ea69f0ac48 /]# exit
exit
[root@rcs-team-rocky8.6 ~]# podman stop 30ea69f0ac48      ③
30ea69f0ac48
[root@rcs-team-rocky8.6 ~]# podman ps
CONTAINER ID  IMAGE       COMMAND     CREATED     STATUS      PORTS       NAMES
[root@rcs-team-rocky8.6 ~]# podman start 30ea69f0ac48     ④
30ea69f0ac48
[root@rcs-team-rocky8.6 ~]#
```

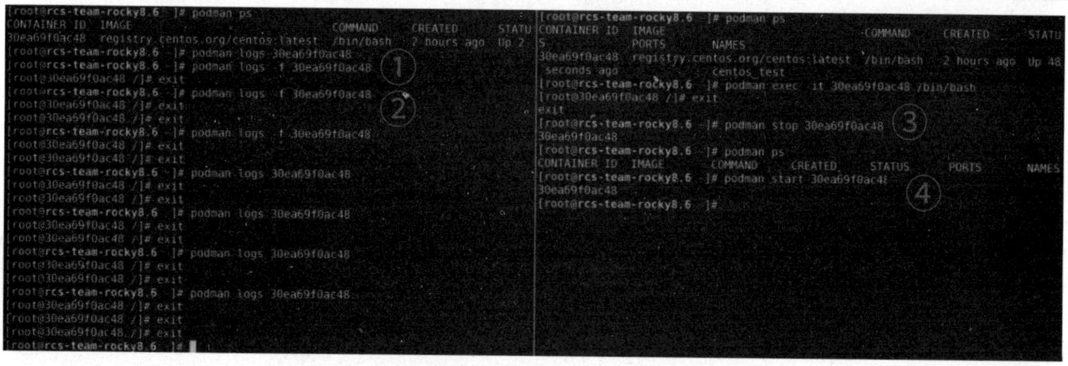

图 9.22　查看容器日志

在图 9.22 中可以发现，最后一次执行 podman logs 30ea69f0ac48 命令后会显示 3 个 exit，这表示容器退出了 3 次。

6. 重启运行中的容器

通过 podman restart 命令可以重启运行中的容器。语法格式如下。

```
podman restart 容器 ID
```

重启运行中的容器的命令如下，如图 9.23 所示。

```
[root@rcs-team-rocky8.6 ~]# podman restart 30ea69f0ac48
```

```
[root@rcs-team-rocky8.6 ~]# podman ps
CONTAINER ID  IMAGE                             COMMAND     CREATED      STATUS             PORTS       NAMES
30ea69f0ac48  registry.centos.org/centos:latest  /bin/bash  2 hours ago  Up 3 minutes ago               centos_test
[root@rcs-team-rocky8.6 ~]# podman restart 30ea69f0ac48
30ea69f0ac48ee6e6c95430649dabead8e62392f20de5beb3f950534bdd965c6
[root@rcs-team-rocky8.6 ~]#
```

图 9.23　重启运行中的容器

7. 停止容器运行

使用 podman stop 命令可以停止容器运行。语法格式如下。

```
podman stop 容器 ID
```

停止容器运行的命令如下，如图 9.24 所示。

```
[root@rcs-team-rocky8.6 ~]# podman stop 30ea69f0ac48
```

```
[root@rcs-team-rocky8.6 ~]# podman ps
CONTAINER ID  IMAGE                             COMMAND     CREATED      STATUS             PORTS       NAMES
30ea69f0ac48  registry.centos.org/centos:latest  /bin/bash  2 hours ago  Up 3 minutes ago               centos_test
[root@rcs-team-rocky8.6 ~]# podman restart 30ea69f0ac48
30ea69f0ac48ee6e6c95430649dabead8e62392f20de5beb3f950534bdd965c6
[root@rcs-team-rocky8.6 ~]# podman stop 30ea69f0ac48
30ea69f0ac48
[root@rcs-team-rocky8.6 ~]# podman ps
CONTAINER ID  IMAGE     COMMAND     CREATED     STATUS      PORTS       NAMES
[root@rcs-team-rocky8.6 ~]#
```

图 9.24　停止容器运行

当系统中运行的容器比较多时，如果我们想停止所有运行中的容器，可以通过$(podman ps -aq)方式获取所有运行中的容器的 ID，然后通过 podman stop 命令停止。命令如下，如图 9.25 所示。

```
[root@rcs-team-rocky8.6 ~]# podman stop $(podman ps -aq)
```

```
[root@rcs-team-rocky8.6 ~]# podman stop $(podman ps -aq)
a752163af06f
30b757f2c7ae
163ad724128c
30ea69f0ac48
0f759cd5c890
```

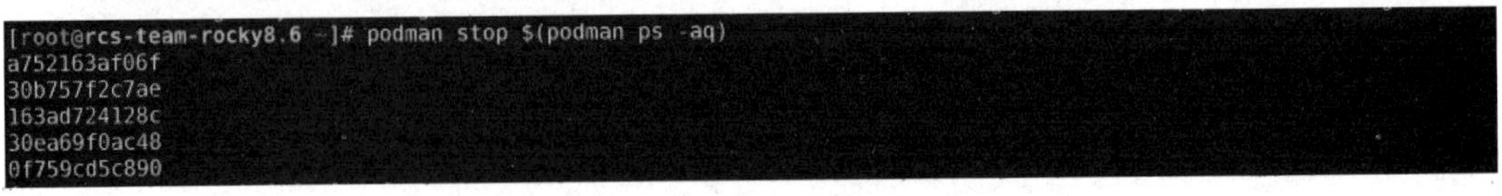

图 9.25　停止所有容器

8. 删除容器

使用 podman rm 命令可以删除容器。语法格式如下。

```
podman rm 容器 ID
```

删除容器的命令如下，如图 9.26 所示。

```
[root@rcs-team-rocky8.6 ~]# podman rm 97f9166fa427
```

```
[root@rcs-team-rocky8.6 ~]# podman ps -a
CONTAINER ID  IMAGE                                 COMMAND     CREATED         STATUS                     PORTS       NAMES
30ea69f0ac48  registry.centos.org/centos:latest     /bin/bash   2 hours ago     Exited (0) About a minute ago          centos_test
0f759cd5c890  docker.io/library/hello-world:latest  /hello      2 hours ago     Exited (0) 2 hours ago                 jolly_pasteur
a752163af06f  docker.io/library/ubuntu:latest       /bin/bash   32 minutes ago  Exited (127) 32 minutes ago            quizzical_chandrasekhar
63008ae5a3ae  docker.io/library/ubuntu:latest       /bin/bash   25 minutes ago  Exited (0) 23 minutes ago              ubuntu-18.04
97f9166fa427  docker.io/library/ubuntu:latest       /bin/bash   23 minutes ago  Exited (0) 18 minutes ago              ubuntu-18.04-01
[root@rcs-team-rocky8.6 ~]# podman rm 97f9166fa427
97f9166fa427396b40ae9aa258b07052da2ca20359982b4bb5d22ea7de6bee55
[root@rcs-team-rocky8.6 ~]# podman ps -a
CONTAINER ID  IMAGE                                 COMMAND     CREATED         STATUS                     PORTS       NAMES
30ea69f0ac48  registry.centos.org/centos:latest     /bin/bash   2 hours ago     Exited (0) About a minute ago          centos_test
0f759cd5c890  docker.io/library/hello-world:latest  /hello      2 hours ago     Exited (0) 2 hours ago                 jolly_pasteur
a752163af06f  docker.io/library/ubuntu:latest       /bin/bash   33 minutes ago  Exited (127) 32 minutes ago            quizzical_chandrasekhar
63008ae5a3ae  docker.io/library/ubuntu:latest       /bin/bash   26 minutes ago  Exited (0) 24 minutes ago              ubuntu-18.04
[root@rcs-team-rocky8.6 ~]#
```

图 9.26　删除容器

通过-f 参数可以强制删除容器，命令如下，如图 9.27 所示。

```
[root@rcs-team-rocky8.6 ~]# podman rm -f 63008ae5a3ae
```

```
[root@rcs-team-rocky8.6 ~]# podman ps -a
CONTAINER ID  IMAGE                                 COMMAND     CREATED         STATUS                     PORTS       NAMES
30ea69f0ac48  registry.centos.org/centos:latest     /bin/bash   2 hours ago     Exited (0) About a minute ago          centos_test
0f759cd5c890  docker.io/library/hello-world:latest  /hello      2 hours ago     Exited (0) 2 hours ago                 jolly_pasteur
a752163af06f  docker.io/library/ubuntu:latest       /bin/bash   33 minutes ago  Exited (127) 32 minutes ago            quizzical_chandrasekhar
63008ae5a3ae  docker.io/library/ubuntu:latest       /bin/bash   26 minutes ago  Exited (0) 24 minutes ago              ubuntu-18.04
[root@rcs-team-rocky8.6 ~]# podman rm -f 63008ae5a3ae
63008ae5a3aea2b81ee4eb74200fdf5c41a93511f43ef54bce19d822cf671722
[root@rcs-team-rocky8.6 ~]# podman ps -a
CONTAINER ID  IMAGE                                 COMMAND     CREATED         STATUS                     PORTS       NAMES
30ea69f0ac48  registry.centos.org/centos:latest     /bin/bash   2 hours ago     Exited (0) 2 minutes ago               centos_test
0f759cd5c890  docker.io/library/hello-world:latest  /hello      2 hours ago     Exited (0) 2 hours ago                 jolly_pasteur
a752163af06f  docker.io/library/ubuntu:latest       /bin/bash   34 minutes ago  Exited (127) 33 minutes ago            quizzical_chandrasekhar
[root@rcs-team-rocky8.6 ~]#
```

图 9.27　强制删除容器

通过 podman rm -f $(podman ps -aq)命令可以强制删除所有容器，命令如下，如图 9.28 所示。

```
[root@rcs-team-rocky8.6 ~]# podman rm -f $(podman ps -aq)
```

```
[root@rcs-team-rocky8.6 ~]# podman rm -f $(podman ps -aq)
0f759cd5c890ba14f5dde924163350d7d36eec68411b3681ba9f8c271aa409a8
a752163af06fb0fd8af91cd388ea9ba05ae0ba304021b6f23a2f589490b6f43a
30b757f2c7aefad045bc84e221a0fe1f0beaa10be169b31abd749f108f796dc0
163ad724128c0208e16d0385bfd3f876e15f60606868598d620cfebe3131989a
30ea69f0ac48ee6e6c95430649dabead8e62392f20de5beb3f950534bdd965c6
[root@rcs-team-rocky8.6 ~]#
```

图 9.28　强制删除所有容器

9. 查看容器的详细信息

如果想查看容器的详细信息（如镜像、网络、存储信息等），可以使用 podman inspect 命令。语法格式如下。

```
podman inspect 容器 ID
```

查看容器的详细信息的命令如下，如图 9.29 所示。

```
[root@rcs-team-rocky8.6 ~]# podman inspect 30ea69f0ac48
```

查看运行状态下容器的详细信息（如网络、IP 地址、MAC 地址、网关等信息）的命令如下，如图 9.30 所示。

```
[root@rcs-team-rocky8.6 ~]# podman inspect 30ea69f0ac48
```

```
"Dependencies": [],
"NetworkSettings": {
    "EndpointID": "",
    "Gateway": "",
    "IPAddress": "",
    "IPPrefixLen": 0,
    "IPv6Gateway": "",
    "GlobalIPv6Address": "",
    "GlobalIPv6PrefixLen": 0,
    "MacAddress": "",
    "Bridge": "",
    "SandboxID": "",
    "HairpinMode": false,
    "LinkLocalIPv6Address": "",
    "LinkLocalIPv6PrefixLen": 0,
    "Ports": {},
    "SandboxKey": "",
    "Networks": {
        "podman": {
            "EndpointID": "",
            "Gateway": "",
            "IPAddress": "",
            "IPPrefixLen": 0,
            "IPv6Gateway": "",
            "GlobalIPv6Address": "",
            "GlobalIPv6PrefixLen": 0,
            "MacAddress": "",
            "NetworkID": "podman",
            "DriverOpts": null,
            "IPAMConfig": null,
            "Links": null,
            "Aliases": [
                "30ea69f0ac48"
            ]
        }
    }
},
"Namespace": "",
```

图 9.29　查看容器的详细信息

```
"Dependencies": [],
"NetworkSettings": {
    "EndpointID": "",
    "Gateway": "10.88.0.1",
    "IPAddress": "10.88.0.12",
    "IPPrefixLen": 16,
    "IPv6Gateway": "",
    "GlobalIPv6Address": "",
    "GlobalIPv6PrefixLen": 0,
    "MacAddress": "7a:a9:c7:ec:c3:1a",
    "Bridge": "",
    "SandboxID": "",
    "HairpinMode": false,
    "LinkLocalIPv6Address": "",
    "LinkLocalIPv6PrefixLen": 0,
    "Ports": {},
    "SandboxKey": "/run/netns/netns-949e112b-cdfb-09d6-b4ac-28f498e90d28",
    "Networks": {
        "podman": {
            "EndpointID": "",
            "Gateway": "10.88.0.1",
            "IPAddress": "10.88.0.12",
            "IPPrefixLen": 16,
            "IPv6Gateway": "",
            "GlobalIPv6Address": "",
            "GlobalIPv6PrefixLen": 0,
            "MacAddress": "7a:a9:c7:ec:c3:1a",
            "NetworkID": "podman",
            "DriverOpts": null,
            "IPAMConfig": null,
            "Links": null,
            "Aliases": [
                "30ea69f0ac48"
            ]
        }
    }
},
"Namespace": "",
```

图 9.30　查看运行状态下容器的详细信息

10．宿主机与容器间的文件/文件夹复制

podman cp 命令可以实现容器与宿主机间的文件/文件夹复制。

1）语法格式

```
podman cp [L] SRC_PATH DEST_PATH
```

2）参数详解

☑ -L：保持源目标中的链接。

☑ SRC_PATH：表示容器/宿主机的源路径。

☑ DEST_PATH：表示容器/宿主机的目标路径。

3）企业实战

【案例 1】从宿主机复制到容器中。

把当前宿主机中的 Podmanfile 文件复制到容器的 01b6f8f8ceb9:/home 目录下，命令如下，如图 9.31 所示。

```
[root@rcs-team-rocky8.6 ~]# podman cp Podmanfile 01b6f8f8ceb9:/home
```

```
[root@rcs-team-rocky8.6 ~]# podman ps
CONTAINER ID  IMAGE                            COMMAND               CREATED      STATUS          PORTS   NAMES
2def2f0f7084  docker.io/library/busybox:latest  sh                    6 hours ago  Up 6 hours ago          bb
01b6f8f8ceb9  docker.io/library/nginx:latest    nginx -g daemon o...  6 hours ago  Up 6 hours ago          nginx-2
[root@rcs-team-rocky8.6 ~]# podman cp Podmanfile 01b6f8f8ceb9:/home
[root@rcs-team-rocky8.6 ~]# podman exec -it 01b6f8f8ceb9 /bin/bash
root@01b6f8f8ceb9:/# cd /home
root@01b6f8f8ceb9:/home# ls
Podmanfile
root@01b6f8f8ceb9:/home#
```

图 9.31　从宿主机复制到容器中

【案例 2】从容器复制到宿主机中。

把容器 01b6f8f8ceb9:/home 目录下的 Podmanfile 文件复制到宿主机的/tmp 目录下。命令如下，如图 9.32 所示。

```
[root@rcs-team-rocky8.6 ~]# podman cp 01b6f8f8ceb9:/home/Podmanfile /tmp/
```

```
[root@rcs-team-rocky8.6 ~]# podman cp 01b6f8f8ceb9:/home/Podmanfile /tmp/
[root@rcs-team-rocky8.6 ~]# ls -l /tmp/
total 16
-rw------- 1 root root  14 Jul 11 14:13 crontab.FkHhgp
drwxr-xr-x 2 root root  19 Jul 15 15:19 hsperfdata_root
-rw-r--r-- 1 root root 101 Jul 15 15:18 lua_Ybt09F
-rw-r--r-- 1 root root 307 Jul 20 14:21 Podmanfile
-rw-r--r-- 1 root root  19 Jul 17 02:25 rcs-team.txt
drwx------ 2 root root   6 Jul 15 15:20 vmware-root_78187-3194975525
drwx------ 2 root root   6 Jul 15 15:34 vmware-root_898-2722239165
drwx------ 2 root root   6 Jul 17 18:34 vmware-root_901-3988228452
drwx------ 2 root root   6 Jul 17 18:50 vmware-root_911-4013199080
drwx------ 2 root root   6 Jul 15 15:26 vmware-root_913-4013723377
drwx------ 2 root root   6 Jul 17 18:44 vmware-root_916-2689078442
drwx------ 2 root root   6 Jul 19 16:50 vmware-root_921-3980298495
drwx------ 2 root root   6 Jul 17 18:35 vmware-root_938-2689078411
drwx------ 2 root root   6 Jul 18 06:48 vmware-root_940-2689209484
drwx------ 2 root root   6 Jul 15 01:18 vmware-root_941-4022177618
drwx------ 2 root root   6 Jul  8 14:01 vmware-root_944-2697139479
[root@rcs-team-rocky8.6 ~]#
```

图 9.32　从容器复制到宿主机中

9.2.5 容器和镜像之间的转换

1. 镜像创建容器

镜像创建容器的命令如下。

```
[root@rcs-team-rocky8.6 ~]# podman run -it --name ubuntu-18.04 ubuntu
/bin/bash
```

2. 从容器创建为镜像

同样可以把自己在容器中的操作保存到新的镜像中。语法格式如下。

```
podman commit -a “提交镜像的作者” 容器ID 仓库/镜像名称:版本
```

从容器创建为镜像并将镜像提交到仓库中，命令如下，如图 9.33 和图 9.34 所示。

```
[root@rcs-team-rocky8.6 ~]# podman commit  -a "rcs-team" 4d22bedff01b
registry.cn-zhangjiakou.aliyuncs.com/rcs-team/student:v3
[root@rcs-team-rocky8.6 ~]# podman push registry.cn-zhangjiakou.aliyuncs.
com/rcs-team/student:v3
```

```
[root@rcs-team-rocky8.6 ~]# podman ps -a
CONTAINER ID  IMAGE                              COMMAND               CREATED         STATUS                     PORTS       NAMES
d77e2e84b83a  docker.io/library/ubuntu:20.04     /bin/bash             4 weeks ago     Exited (0) 4 weeks ago                 gallant_mahavira
b94959967b82  docker.io/library/ubuntu:20.04     bash                  4 weeks ago     Exited (0) 4 weeks ago                 romantic_jang
4d22bedff01b  quay.io/podman/hello:latest        /usr/local/bin/po...  16 minutes ago  Exited (0) 16 minutes ago              serene_blackburn
[root@rcs-team-rocky8.6 ~]# podman commit  -a "rcs-team" 4d22bedff01b  registry.cn-zhangjiakou.aliyuncs.com/rcs-team/student:v3
Getting image source signatures
Copying blob e89553b1c73e skipped: already exists
Copying blob f6a2cdfeb1fe done
Copying config 3d935b6e21 done
Writing manifest to image destination
Storing signatures
3d935b6e219adbf14c4d4f3f549656df9625edaa251dbb50d9c8bf4871ab01bf
[root@rcs-team-rocky8.6 ~]# podman push registry.cn-zhangjiakou.aliyuncs.com/rcs-team/student:v3
Getting image source signatures
Copying blob f6a2cdfeb1fe [--------------------------------------] 8.0b / 8.5KiB
Copying blob e89553b1c73e [--------------------------------------] 8.0b / 76.5KiB
```

图 9.33 从容器创建为镜像

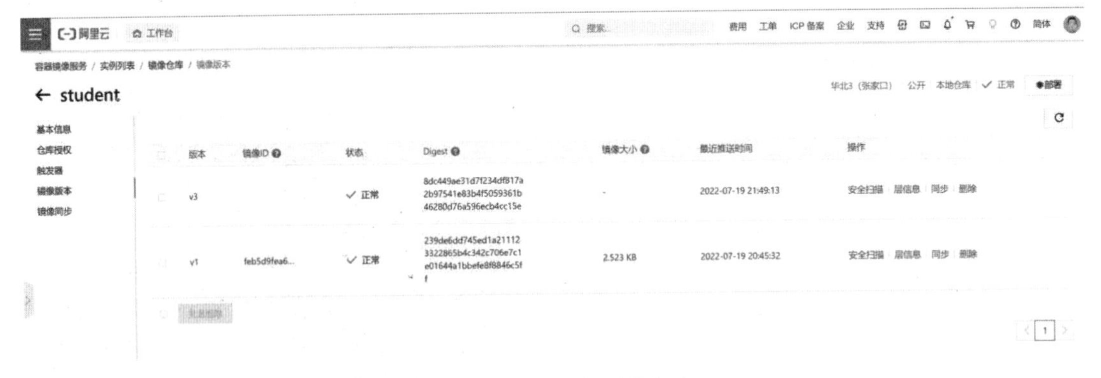

图 9.34 镜像提交到仓库中

注意：

这里不支持-m 参数，与 Docker 不同。

9.2.6　容器的资源限制

默认情况下，容器没有资源的使用限制，即可以使用主机内核调度程序允许的尽可能多的资源。Podman 提供了控制容器使用资源的方法，可以限制容器使用多少内存或 CPU 等，在 podman run 命令运行时配置标志，作用是实现资源限制功能。Podman 可以强制执行硬性内存限制，即只允许容器使用给定的内存大小。Podman 也可以执行非硬性内存限制，即容器可以使用尽可能多的内存，除非内核检测到主机上的内存不够用了。

1. 语法格式

```
podman run --cpus=1 -m=2g
```

2. 参数详解

☑ --cpus：限制虚拟 CPU 的个数。

☑ -m：内存使用限制。

3. 企业实战

【案例】通过限制容器的 CPU 和内存来实现容器的资源限制。

命令如下，如图 9.35 所示。

```
[root@rcs-team-rocky8.6 ~]# podman run --cpus=1 -m=2g --name nginx -d
docker.io/library/nginx
aa1858fdcbddb86519b4d4158322696139b0d54bda46c3413c85d620e00cb235
```

```
ID            NAME   CPU %  MEM USAGE / LIMIT  MEM %  NET IO          BLOCK IO           PIDS  CPU TIME     AVG CPU %
aa1858fdcbdd  nginx  --     4.317MB / 2.147GB  0.20%  768B / 1.434kB  8.192kB / 28.67kB  5     41.251214ms  1.24%
```

图 9.35　容器的资源限制

9.3　镜 像 管 理

9.3.1　搜索或查询镜像

1. 语法格式

```
podman search 镜像名称
```

2. 企业实战

【案例 1】podman 普通方式搜索镜像。

命令如下，如图 9.36 所示。

```
[root@rcs-team-rocky8.6 ~]# podman search centos
```

```
[root@rcs-team-rocky8.6 ~]# podman search centos
NAME                                                DESCRIPTION
docker.io/library/centos                            The official build of CentOS.
docker.io/kasmweb/centos-7-desktop                  CentOS 7 desktop for Kasm Workspaces
docker.io/bitnami/centos-base-buildpack             Centos base compilation image
docker.io/bitnami/centos-extras-base
docker.io/couchbase/centos7-systemd                 centos7-systemd images with additional debugging libraries
docker.io/dokken/centos-7                           CentOS 7 image for kitchen-dokken
docker.io/continuumio/centos5_gcc5_base
docker.io/dokken/centos-8                           CentOS 8 image for kitchen-dokken
docker.io/dokken/centos-6                           CentOS 6 image for kitchen-dokken
docker.io/spack/centos7                             CentOS 7 with Spack preinstalled
docker.io/spack/centos6                             CentOS 6 with Spack preinstalled
docker.io/datadog/centos-i386
docker.io/dokken/centos-stream-8
docker.io/corpusops/centos                          centos corpusops baseimage
docker.io/couchbase/centos-72-java-sdk
docker.io/couchbase/centos-72-jenkins-core
docker.io/dokken/centos-stream-9
docker.io/couchbase/centos-69-sdk-nodevtoolset-build
docker.io/fnndsc/centos-python3                     Source for a slim Centos-based Python3 image
docker.io/couchbase/centos-69-sdk-build
docker.io/couchbase/centos-70-sdk-build
docker.io/spack/centos-stream
docker.io/galaxy/centos-wheel
docker.io/galaxy/centos32-wheel
docker.io/galaxy/centos32
[root@rcs-team-rocky8.6 ~]#
```

图 9.36　podman 普通方式搜索镜像

【案例 2】搜索官方镜像。

如果想要找官方的镜像而忽略第三方或个人上传的镜像，可以添加--filter 参数，命令如下，podman 搜索官方镜像如图 9.37 所示。

```
[root@rcs-team-rocky8.6 ~]# podman search centos --filter=is-official
```

```
[root@rcs-team-rocky8.6 ~]# podman search centos --filter=is-official
NAME                      DESCRIPTION
docker.io/library/centos  The official build of CentOS.
[root@rcs-team-rocky8.6 ~]#
```

图 9.37　podman 搜索官方镜像

以上命令中的--filter 就是过滤器，is-official 是官方镜像的意思。这样做的好处是，保证镜像是由某些软件提供商官方提供的、更安全且版本也更稳定，不会存在挖矿病毒、后门等相关的恶意程序。所以我们平时在使用时优先使用官方提供的镜像。

9.3.2　下载（拉取）远程仓库镜像到本地

下载（拉取）镜像时使用的是 pull 命令。如果拉取镜像时不指定具体的仓库，那么系统会让我们选择仓库。

1．语法格式

```
podman pull 镜像名称
```

2．企业实战

【案例】下载 httpd 镜像到本地。

命令如下，如图 9.38 所示。

```
[root@rcs-team-rocky8.6 ~]# podman pull httpd
```

```
[root@rcs-team-rocky8.6 ~]# podman pull httpd
Resolved "httpd" as an alias (/var/cache/containers/short-name-aliases.conf)
Trying to pull docker.io/library/httpd:latest...
Getting image source signatures
Copying blob dcc4698797c8 done
Copying blob a2abf6c4d29d done
Copying blob 41c22baa66ec done
Copying blob d982c879c57e done
Copying blob 67283bbdd4a0 done
Copying config dabbfbe0c5 done
Writing manifest to image destination
Storing signatures
dabbfbe0c57b6e5cd4bc089818d3f664acfad496dc741c9a501e72d15e803b34
[root@rcs-team-rocky8.6 ~]#
```

图 9.38 下载 httpd 镜像到本地

也可以下载指定仓库中的镜像，命令如下，如图 9.39 所示。

```
[root@rcs-team-rocky8.6 ~]# podman pull docker.io/library/httpd
```

```
[root@rcs-team-rocky8.6 ~]# podman pull docker.io/library/httpd
Trying to pull docker.io/library/httpd:latest...
Getting image source signatures
Copying blob d982c879c57e skipped: already exists
Copying blob dcc4698797c8 skipped: already exists
Copying blob a2abf6c4d29d skipped: already exists
Copying blob 41c22baa66ec skipped: already exists
Copying blob 67283bbdd4a0 skipped: already exists
Copying config dabbfbe0c5 done
Writing manifest to image destination
Storing signatures
dabbfbe0c57b6e5cd4bc089818d3f664acfad496dc741c9a501e72d15e803b34
[root@rcs-team-rocky8.6 ~]#
```

图 9.39 下载指定仓库中的镜像

9.3.3 查看已经下载的本地镜像列表

通过 podman images 命令可以查看已经下载到本地的镜像列表。

1. 语法格式

```
podman images
```

2. 企业实战

【案例】查看已经下载的本地镜像列表。

命令如下，如图 9.40 所示。

```
[root@rcs-team-rocky8.6 ~]# podman images
```

```
[root@rcs-team-rocky8.6 ~]# podman images
REPOSITORY                                          TAG      IMAGE ID      CREATED         SIZE
registry.cn-zhangjiakou.aliyuncs.com/rcs-team/student v2     f5e8f1206ed3  3 hours ago     217 MB
localhost/test                                      latest   102ab1bed4db  3 hours ago     217 MB
<none>                                              <none>   13d9d8e15f84  3 hours ago     217 MB
docker.io/library/httpd                             latest   dabbfbe0c57b  7 months ago    148 MB
docker.io/library/ubuntu                            latest   ba6acccedd29  9 months ago    75.2 MB
docker.io/library/hello-world                       latest   feb5d9fea6a5  9 months ago    20.3 kB
registry.cn-zhangjiakou.aliyuncs.com/rcs-team/student v1     feb5d9fea6a5  9 months ago    20.3 kB
registry.centos.org/centos                          latest   2f3766df23b6  19 months ago   217 MB
[root@rcs-team-rocky8.6 ~]#
```

图 9.40 查看已经下载的本地镜像列表

图 9.40 中的各个列的说明如下。

☑ REPOSITORY：仓库。

☑ TAG：版本号。

☑ IMAGE ID：镜像 ID。

☑ CREATED：创建时间。

☑ SIZE：镜像大小。

9.3.4 给镜像指定标签

通过 podman tag 命令可以给镜像指定标签。

1. 语法格式

```
podman tag 镜像 ID 仓库/镜像:版本号
```

2. 企业实战

【案例】给镜像指定标签。

命令如下，如图 9.41 所示。

```
[root@rcs-team-rocky8.6 ~]# podman tag feb5d9fea6a5 registry.cn-zhangjiakou.
aliyuncs.com/rcs-team/student:v1
```

```
[root@rcs-team-rocky8.6 ~]# podman tag feb5d9fea6a5 registry.cn-zhangjiakou.aliyuncs.com/rcs-team/student:v1
[root@rcs-team-rocky8.6 ~]# podman images
REPOSITORY                                            TAG      IMAGE ID      CREATED         SIZE
docker.io/library/httpd                               latest   dabbfbe0c57b  7 months ago    148 MB
docker.io/library/hello-world                         latest   feb5d9fea6a5  9 months ago    19.9 kB
registry.cn-zhangjiakou.aliyuncs.com/rcs-team/student v1       feb5d9fea6a5  9 months ago    19.9 kB
registry.centos.org/centos                            latest   2f3766df23b6  19 months ago   217 MB
```

图 9.41　给镜像指定标签

9.3.5 删除镜像

通过 podman rmi 命令可以删除镜像。

1. 语法格式

```
podman rmi 镜像 ID
```

2. 企业实战

【案例】删除镜像。

删除镜像 ID 为 356b336643ad 的镜像，命令如下，如图 9.42 所示。

```
[root@rcs-team-rocky8.6 ~]# podman rmi 356b336643ad
```

```
[root@rcs-team-rocky8.6 ~]# podman images
REPOSITORY                                               TAG       IMAGE ID       CREATED          SIZE
registry.cn-zhangjiakou.aliyuncs.com/rcs-team/student   v3        356b336643ad   3 hours ago      217 MB
registry.cn-zhangjiakou.aliyuncs.com/rcs-team/student   v2        f5e8f1206ed3   3 hours ago      217 MB
localhost/test                                           latest    102ab1bed4db   3 hours ago      217 MB
<none>                                                   <none>    13d9d8e15f84   3 hours ago      217 MB
docker.io/library/httpd                                  latest    dabbfbe0c57b   7 months ago     148 MB
docker.io/library/ubuntu                                 latest    ba6acccedd29   9 months ago     75.2 MB
registry.cn-zhangjiakou.aliyuncs.com/rcs-team/student   v1        feb5d9fea6a5   9 months ago     20.3 kB
docker.io/library/hello-world                            latest    feb5d9fea6a5   9 months ago     20.3 kB
registry.centos.org/centos                               latest    2f3766df23b6   19 months ago    217 MB
[root@rcs-team-rocky8.6 ~]# podman rmi 356b336643ad
Untagged: registry.cn-zhangjiakou.aliyuncs.com/rcs-team/student:v3
Deleted: 356b336643adda8194502ece413821c739df3770143788f739a6a364c94e4bfa
[root@rcs-team-rocky8.6 ~]# podman images
REPOSITORY                                               TAG       IMAGE ID       CREATED          SIZE
registry.cn-zhangjiakou.aliyuncs.com/rcs-team/student   v2        f5e8f1206ed3   3 hours ago      217 MB
localhost/test                                           latest    102ab1bed4db   3 hours ago      217 MB
<none>                                                   <none>    13d9d8e15f84   3 hours ago      217 MB
docker.io/library/httpd                                  latest    dabbfbe0c57b   7 months ago     148 MB
docker.io/library/ubuntu                                 latest    ba6acccedd29   9 months ago     75.2 MB
docker.io/library/hello-world                            latest    feb5d9fea6a5   9 months ago     20.3 kB
registry.cn-zhangjiakou.aliyuncs.com/rcs-team/student   v1        feb5d9fea6a5   9 months ago     20.3 kB
registry.centos.org/centos                               latest    2f3766df23b6   19 months ago    217 MB
[root@rcs-team-rocky8.6 ~]#
```

图 9.42　删除镜像

9.3.6　Podmanfile 构建自定义镜像

在 Rocky Linux 中自定义镜像有两种方式：第一种是通过 podman commit 的方式把容器提交为镜像；第二种是通过 Podmanfile 或 Dockerfile 的方式自定义镜像。

Podmanfile 文件如图 9.43 所示。

```
FROM centos
RUN yum install -y vim tree wget curl lrzsz
RUN wget -O redis.tar.gz "http://download.redis.io/releases/redis-5.0.3.tar.gz"
RUN tar -xvf redis.tar.gz
~
```

图 9.43　Podmanfile 文件

Podmanfile 是一个用来构建镜像的文本文件，文本内容包含了一条条的构建镜像所需要的指令和说明。指令如下。

（1）FROM 指令：创建自定义镜像时需要基于 FROM 的一个基础镜像，这个基础镜像可以是已经存在的。

（2）RUN 指令：用于执行后面需要在基础镜像上执行的一些自定义的操作或命令。

RUN 指令有两种格式：

① 第一种：基于 Shell 的格式，即 RUN <命令行的命令>。

```
RUN cd /var/www
```

② 第二种：exec 格式，即 RUN ["可执行文件", "参数 1", "参数 2"]。

```
RUN ["./getapi.php","os","online"]
```

（3）COPY 指令：复制指令，表示从上下文目录中复制文件或目录到容器中指定的路径。

```
COPY app.txt /var
```

（4）ADD 指令：ADD 指令和 COPY 指令相似，官方推荐使用 COPY 指令。ADD 指令的优点是，执行源文件为 tar 压缩文件时，压缩格式为 gzip 或 bzip2，自动复制并解压缩到指定的路径中。ADD 指令的缺点是，在不解压的前提下，无法复制 tar 压缩文件，导致镜像在构建缓存的过程中失败，因此，可能会比较慢。

（5）USER 指令：用于指定执行后续命令的用户和用户组。

（6）CMD 指令：类似于 RUN，用于程序运行，但是二者执行的时间点不同：RUN 是在 podman build 镜像时使用；CMD 是在容器运行后执行的命令，为启动的容器指定默认要运行的程序，程序运行结束，容器也就结束。CMD 指令指定的程序可被 docker run 命令行参数中所指定要运行的程序所覆盖。

（7）ENV 指令：设置环境变量。如果定义了环境变量，在后续的指令中就可以使用这个环境变量了。

```
ENV NODE_VERSION 7.3.0
```

（8）VOLUME 指令：定义匿名数据卷。在启动容器时忘记挂载数据卷时，会自动挂载到匿名卷。

（9）EXPOSE 指令：仅仅只是声明端口。帮助镜像使用者理解这个镜像服务的端口，以便配置网络端口映射。

（10）WORKDIR 指令：指定工作目录。用 WORKDIR 指定的工作目录会在构建镜像的每一层中都存在。

9.3.7 构建自定义镜像

在 Rocky Linux 中可以通过 podman build 命令构建由 Podmanfile 和 Dockerfile 自定义的容器镜像。

1. 语法格式

```
podman build -f Podmanfile -t tag: version
```

2. 参数详解

☑ -f：如果不是 Dockerfile 格式的，通过-f 参数指定文件名称。

☑ -t tag: version：给镜像指定标记，tag 为自定义镜像的名称，version 为该自定义镜像的版本号。

3. 企业实战

【案例】构建自定义镜像。

命令如下，如图 9.44 所示。

```
[root@rcs-team-rocky8.6 ~]# podman build -f Podmanfile -t c8:v1 .
```

注意：

CentOS 8 已经停更了，所以，在使用 CentOS 镜像作为基础镜像时，安装一些程序时会提示安装失败。

```
[root@rcs-team-rocky8.6 ~]# podman build -f Podmanfile -t c8:v1 .
STEP 1/6: FROM centos
STEP 2/6: USER root
--> Using cache 1c53297377e3900dbeeca8d013f46cccd1dec87a2e4f49b2bf21dbb18a762515
--> 1c53297377e
STEP 3/6: COPY Centos-8.repo  /etc/yum.repos.d/
--> Using cache 27b82366312f67175b6c05943b66b760f9e1337831af2dfbcf59beef5523a3c4
--> 27b82366312
STEP 4/6: RUN cd /etc/yum.repos.d/ &&  sed -i 's/mirrorlist/#mirrorlist/g' /etc/yum.repos.d/CentOS-*
--> Using cache 01586590e52fe14dba27dd44e32acd688184bbc2f4304b8f838283dbf89ff31c
--> 01586590e52
STEP 5/6: RUN cd /etc/yum.repos.d/ && sed -i 's|#baseurl=http://mirror.centos.org|baseurl=http://vault.centos.org|g' /etc/yum.repos.d/CentOS
--> Using cache b63b49b25981d0abbc96d5334cdeab0a4379f8c47e4739593fee64f8a9fbfc30
--> b63b49b2598
STEP 6/6: RUN dnf install -y vim
--> Using cache 102cae8cc79fa6277258b8168c53b5f816a22bb92d89c659f22b73d7cb4bc9e5
COMMIT c8:v1
--> 102cae8cc79
Successfully tagged localhost/c8:v1
Successfully tagged localhost/c8.v1:latest
Successfully tagged localhost/111.v1:latest
102cae8cc79fa6277258b8168c53b5f816a22bb92d89c659f22b73d7cb4bc9e5
[root@rcs-team-rocky8.6 ~]#
```

图 9.44　podman build 命令构建自定义镜像

解决方案： 因为 CentOS 8 停更的原因，所以我们需要替换到原来源的一些信息，即通过 sed 命令进行替换。Podman 获取的 CentOS 镜像的默认版本为 8.3，如图 9.45 所示。

```
RUN cd /etc/yum.repos.d/ &&  sed -i 's/mirrorlist/#mirrorlist/g' /etc/yum.
repos.d/CentOS-*
RUN cd /etc/yum.repos.d/ && sed -i 's|#baseurl=http://mirror.centos.org|
baseurl=http://vault.centos.org|g' /etc/yum.repos.d/CentOS-*
```

```
FROM centos
USER root
COPY Centos-8.repo  /etc/yum.repos.d/
RUN cd /etc/yum.repos.d/ &&  sed -i 's/mirrorlist/#mirrorlist/g' /etc/yum.repos.d/CentOS-*
RUN cd /etc/yum.repos.d/ && sed -i 's|#baseurl=http://mirror.centos.org|baseurl=http://vault.centos.org|g' /etc/yum.repos.d/CentOS-*
RUN dnf install -y vim
~
~
```

图 9.45　自定义镜像 Podmanfile 8.3 的层次结构

镜像是按照分层的结构一层一层向上叠加的。例如创建一个 Tomcat 容器，那么最底层用的操作系统是 CentOS，在基于 CentOS 系统的上层再安装一个 Tomcat，即这样一层层地叠加。

通过 build 命令执行的过程发现，镜像创建的执行过程及层次结构如图 9.46 所示。

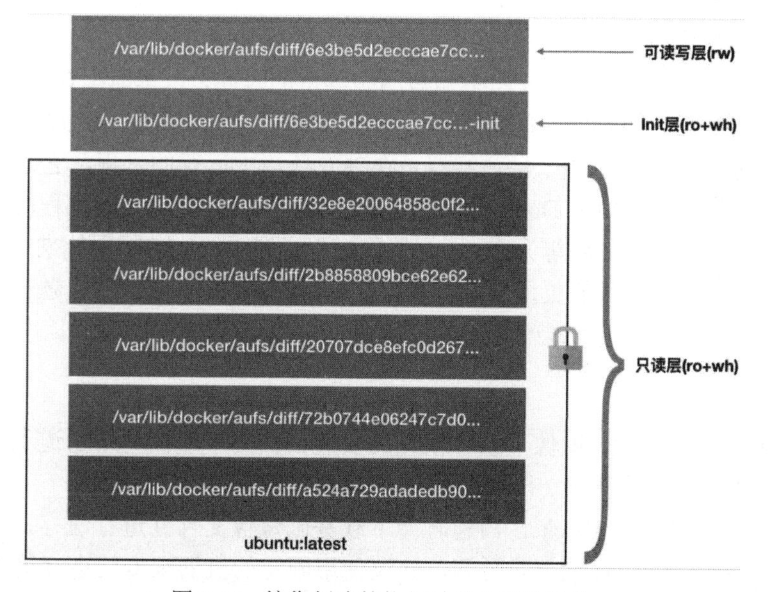

图 9.46　镜像创建的执行过程及层次结构

这是在容器中的一种镜像分层图，可以发现最上层是一个容器层，容器层和下方的镜像层是有所区别的。容器层是读写层，可对该层的文件进行读取和修改。镜像层是只读层，只能读取镜像层中的文件，不可修改，这是为什么镜像层的修改会生成新的镜像层的原因。

注意：

读写权限是对宿主机来说的，即宿主机对容器层具有写的权限。

图 9.46 还不是很全面，其实容器层与镜像层的中间一般有一个层——挂载层，一些挂载用的文件会在挂载层中。

容器层有一种特效叫 copy-on-write，这是指在容器层进行文件修改时，容器层会自上向下地逐层扫描镜像层寻找文件，找到文件后会复制一份副本到容器层中，再进行修改，这样不会影响镜像。

读者要注意对容器层删除文件的操作，容器层的文件是从镜像层复制来的，删除时要删除复制的文件，但如果没有复制的文件，就会生成一条删除记录，记录在 without 文件中，并屏蔽对该镜像层中对这个文件的读取。容器层被删除时，容器层内的所有文件都会失效，数据也会被删除。

采用这样的方式最好的场景就是共享资源，如果有多个镜像都是从相同的基础镜像构建来的，那么 Docker 只需要在磁盘上保持一份基础镜像，同时内存只用加载一份基础镜像，这样这份镜像就可以为其他的镜像服务了。

9.3.8 镜像优化

容器镜像的优化通常包含以下 3 个层次的优化。

1．时间优化

时间优化就是优化 Docker 镜像构建的速度，即优化镜像构建的时间。时间优化就是在 DevOps 环节自动构建镜像的过程中缩短网络等待的时间，以本地缓存的方式构建镜像，以减少镜像构建所需要等待的时间。Docker 是一个供软件开发人员和系统管理员使用容器构建、运行和分享应用程序的平台。容器是在独立环境中运行的进程，它运行在自己的文件系统上，该文件系统是使用 Docker 镜像构建的。镜像中包含运行应用程序所需要的一切（编译后的代码、依赖项、库等）。Docker 镜像可以通过 Dockerfile 文件来定义。从实际情况而言，镜像时间的优化可能更重要些，因为 Devops 流水线中最多的问题也是镜像构建的时间，如果构建时间长，那就会影响功能的部署，从而影响交付的时间。

2．网络优化

网络优化主要是为了让镜像下载、依赖的安装、代码下载在网络通道上更加通畅。通常是调整构建机器的网络质量、配置就近的加速仓库地址等。

（1）构建本地缓存：Docker 构建时会下载基础镜像文件并进行缓存，所以构建缓存优化时，为了减少镜像的传输下载时间，建议使用固定的机器来专门进行镜像的构建。

（2）镜像分层缓存：Docker 的一大特色就是镜像的存储分层，在 Dockerfile 中的每一个指令会对应到镜像的每一层，并且默认启用缓存，所以构建时每一层是否会缓存取决于 3 个关键因素：镜像父层没有发生变化、构建指令不变、添加文件校验和一致。构建指令满足这 3 个条件，这一层镜像构建就不会再执行，而是直接利用之前构建的结果，即缓存。

3．空间优化

空间优化，即优化 Docker 镜像的体积（也称为“镜像瘦身”）。

1）镜像的体积优化

为了优化 Docker 镜像的体积，通常建议使用 Alpine 类型的镜像，因为 Alpine 镜像和类似的其他镜像都经过了优化，其中仅包含最少、必须的软件包，所以它能够节省很多体积。

但是在使用 Alpine 镜像时，最好评估好 Alpine 镜像的弊端和风险。如果一定需要使用 Alpine 镜像，最好的方式是先使用 Alpine 镜像做基础镜像，在项目直接使用 Alpine 镜像之前进行一次初始化，然后再用初始化后的版本作为通用的基础镜像。

因为 Alpine 镜像体积小，其安装的依赖也少，所以会存在以下问题。

☑ 使用 Alpine 镜像程序容易报错：Alpine 镜像为了追求精简，很多依赖库都没有，当需要一些依赖动态链接库的程序运行时就容易报错，如 Go 的 cgo 调用。

☑ 域名解析行为与 glibc 有差异：Alpine 镜像的底层库是 musl libc，需要特殊做一些修复配置，并且有部分选项在 resolv.conf 中配置时不支持。

☑ 运行 bash 的 Shell 脚本时不兼容：因为没有内置 bash，所以运行 bash 的 Shell 脚本会不兼容。

使用 Alpine 镜像还会导致时区不一致、无法通过 lxcfs 提升容器资源可见性等问题。

2）规划镜像的层数

在编写 Dockerfile 时，根据实际情况去合并一些指令，尽量减少镜像的层级，以此优化体积。在 Dockerfile 中每执行一条指令就会提交一次修改，本次修改会保存成一个只读层挂载到联合文件系统，上面层的文件如果和下面层有冲突或不同时，会覆盖下面层的文件，所以每增加一层，镜像大小就会增加。但是在 Docker1.10 后有所改变，只有 RUN、COPY、ADD 指令会创建层，其他指令则会创建临时的中间镜像，不会直接增加构建的镜像大小。

3）多阶段构建镜像

对于镜像优化可以换一个角度去思考，即从多阶段构建镜像。将 Dockerfile 的构建配置环境分为软件的编译环境和运行环境。在 Dockerfile 中使用多个 FROM 指令，每个 FROM 指令都可以使用不同的基础镜像，并且配置出独立的子构建阶段，达到构建安全、构建速度快且镜像文件体积小的目的。

4．案例分析——控制镜像的大小

该案例是典型的空间优化的一部分，通过使用容器专用的基础镜像版本，我们可以获得 75.2 MB 的 Ubuntu 系统的镜像。接下来查看容器镜像大小，如图 9.47 所示。

我们可以使用云原生生态中的基础镜像，如 CoreOS（50 MB 以下）就是专门为云原生而生的操作系统，它体积小巧，安装完毕以后约为 40 MB。

```
[root@rcs-team-rocky8.6 ~]# podman images
REPOSITORY                                              TAG      IMAGE ID      CREATED         SIZE
localhost/c8                                            v1       102cae8cc79f  23 hours ago    310 MB
registry.cn-zhangjiakou.aliyuncs.com/rcs-team/student   v2       f5e8f1206ed3  40 hours ago    217 MB
localhost/test                                          latest   102ab1bed4db  40 hours ago    217 MB
docker.io/library/busybox                               latest   beae173ccac6  6 months ago    1.46 MB
docker.io/library/nginx                                 latest   605c77e624dd  6 months ago    146 MB
docker.io/library/tomcat                                latest   fb5657adc892  7 months ago    692 MB
docker.io/library/redis                                 latest   7614ae9453d1  7 months ago    116 MB
docker.io/library/python                                latest   a5d7930b60cc  7 months ago    939 MB
docker.io/library/mysql                                 latest   3218b38490ce  7 months ago    521 MB
docker.io/library/httpd                                 latest   dabbfbe0c57b  7 months ago    148 MB
docker.io/library/ubuntu                                latest   ba6acccedd29  9 months ago    75.2 MB
docker.io/library/hello-world                           latest   feb5d9fea6a5  10 months ago   20.3 kB
registry.cn-zhangjiakou.aliyuncs.com/rcs-team/student   v1       feb5d9fea6a5  10 months ago   20.3 kB
registry.centos.org/centos                              latest   2f3766df23b6  19 months ago   217 MB
docker.io/area39/pikachu                                latest   28e6ebc041de  2 years ago     872 MB
docker.io/bluedata/centos7                              latest   d3967b3ba9a8  3 years ago     333 MB
docker.io/vulnerables/web-dvwa                          latest   ab0d83586b6e  3 years ago     725 MB
[root@rcs-team-rocky8.6 ~]#
```

图 9.47　查看容器镜像大小

CoreOS 是一个基于 Linux 内核的轻量级操作系统，它的设计旨在关注开源操作系统内核的新兴使用，用于大量基于云计算的虚拟服务器。为计算机集群的基础设施建设而生，专注于自动化、轻松部署、安全、可靠、规模化。

作为一个操作系统，CoreOS 提供了在应用容器内部署应用所需要的基础功能环境以及一系列用于服务发现和配置共享的内建工具。

传统的服务器操作系统，包括大多数 Linux 发行版，每隔几年都会更换。在这期间，开发者会不断用安全补丁和更新完善系统，但是不会进行特别大的改动，最终这个操作系统以及其上的软件会慢慢僵化。但是 CoreOS 的思想是成为一个随时可被替换的操作系统，在这个替换的过程中，应用程序的运行不会被打断。

假设 CoreOS 有两个 root 分区，root A 和 root B。CoreOS 会与更新服务进行交互，查找更新并自动下载可用的更新，如果初始状态下，系统在 root A 下启动，更新就会被安装到 root B，重新在 root B 下启动系统就可以完成更新。在这个过程中，被更新的机器不需要从负载集群中移除。同时，为了保证其他应用程序不被打断，CoreOS 会通过 Linux cgroups 限制更新过程中的硬盘和网络 I/O。

CoreOS 为现代网络的服务器量身定做，Polvi 团队对这个服务器操作系统做了最大的精简，所有附加的功能都被剔除了，并将操作系统和应用程序做了完全的分离。CoreOS 的核心思想是降低操作系统和应用程序之间的耦合度，使运行这些服务器的公司可以更快速、更廉价地更新自己的线上业务。

在 CoreOS 中，所有应用程序都被装在一个个“集装箱”（container）中，这些集装箱就像一个个软件代码的小气泡，通过最简单的接口运行在操作系统之上。这意味着你可以轻松地将应用程序在操作系统和计算机之间转移，就像是在轮船和火车上搬运箱子一样，同时这也意味着可以在不中断应用程序的情况下更新操作系统。Polvi 说：“我们之所以能够持续、快速地更新操作系统就在于我们能够保证应用程序的持续运行。”

开发一个这样的系统比想象中要复杂得多，但是 Google 已经在 ChromeOS 上做了很多基础性的工作，并且一个现有的集装箱项目 Docker 也解决了很多软件构建的问题。CoreOS 和 ChromeOS 一样，都是基于 Linux 内核，运行 container 的方式也类似于其他 Linux 操作系统。

9.4　仓 库 管 理

仓库在整个容器知识体系中是非常重要的。常见的容器仓库有公共镜像仓库、私有镜像仓库、企业镜像仓库等。我们可以通过 Docker Hub 官方镜像仓库、阿里云仓库来管理镜像。

1．Docker Hub 官方镜像仓库

Docker Hub 官方镜像仓库如图 9.48 所示。

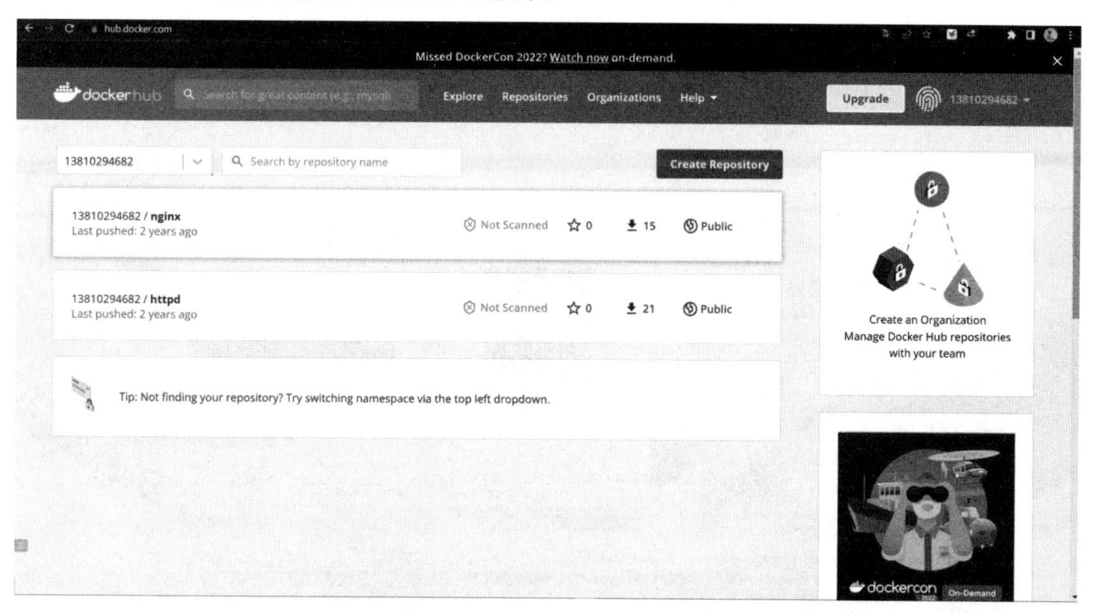

图 9.48　Docker Hub 官方镜像仓库

我们可以在网页上创建镜像仓库，将权限设置为公有、私有等，如图 9.49 所示。

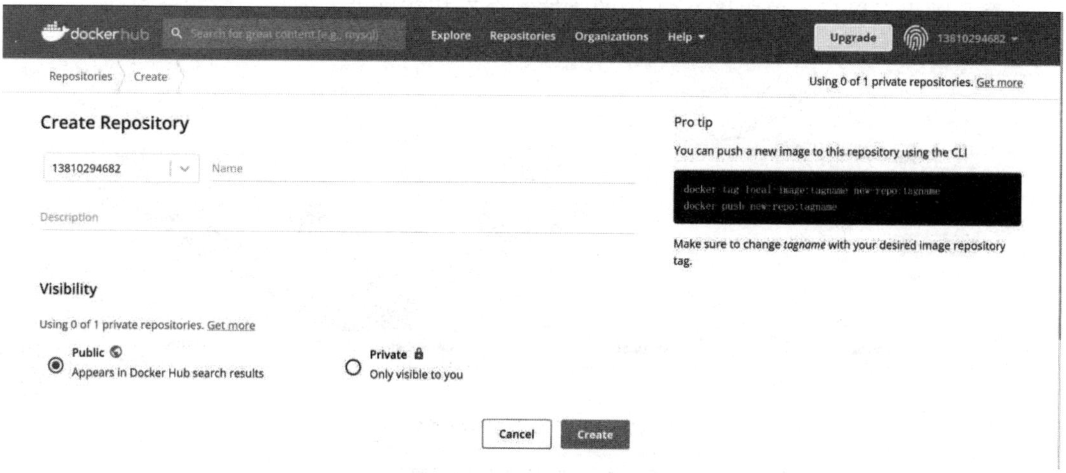

图 9.49　创建镜像仓库

2. 阿里云仓库

阿里云仓库是国内头部云计算厂商提供的免费的容器镜像服务，用来托管我们的容器镜像，个人或企业用户可以免费使用。

阿里云仓库拥有访问权限控制，用户可以根据自己访问的需要将仓库设置为公共或私有，免去了专业运维人员搭建容器镜像仓库的过程。只需要完成阿里云注册，就可以在控制台中搜索“容器镜像服务”，通过该入口就可以进入阿里云容器镜像服务控制台。

9.4.1 阿里云公有仓库

首先需要在阿里云注册一个账号，然后使用该账号登录阿里云，如图 9.50 所示。

图 9.50 阿里云登录界面

登录阿里云以后，单击图 9.51 中的“控制台”超链接进入阿里云控制台界面。

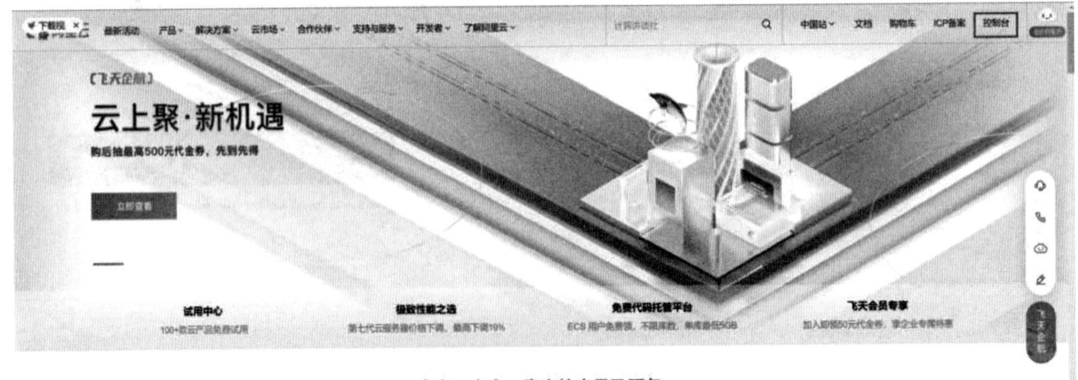

图 9.51 阿里云登录后界面

在图 9.52 的控制台界面中找到“容器镜像服务”或在图 9.51 中顶部的搜索框搜索“容器镜像服务”都可以进入容器镜像服务。

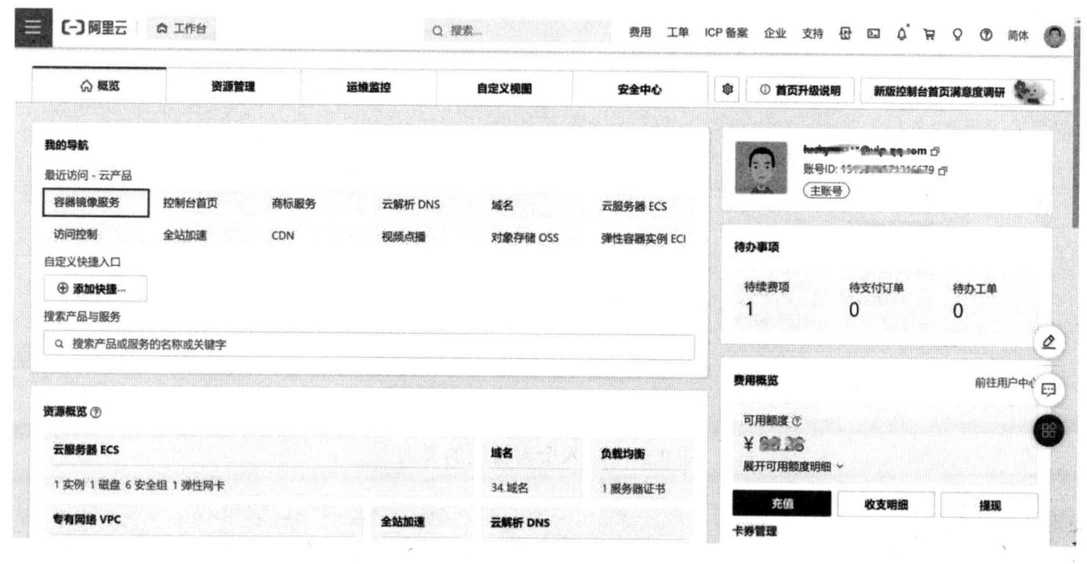

图 9.52　阿里云控制台

单击图 9.53 中左侧的“实例列表”，在“实例列表”处选择“个人实例”选项。

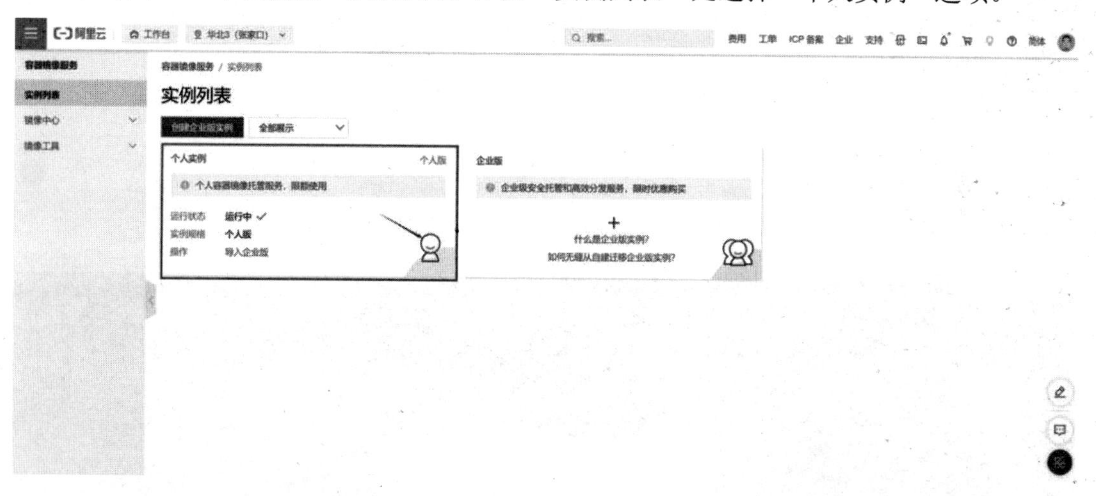

图 9.53　选择“个人实例”选项

进入“个人实例”以后，如图 9.54 所示，单击左侧的“命名空间”，如图 9.55 所示。

单击“创建命令空间”按钮创建一个新的命名空间。在“创建命名空间”对话框中输入命名空间的名称，如图 9.56 所示。

还可以设置“命名空间”的仓库类型为公开或私有，命名空间访问权限设置界面如图 9.57 所示。

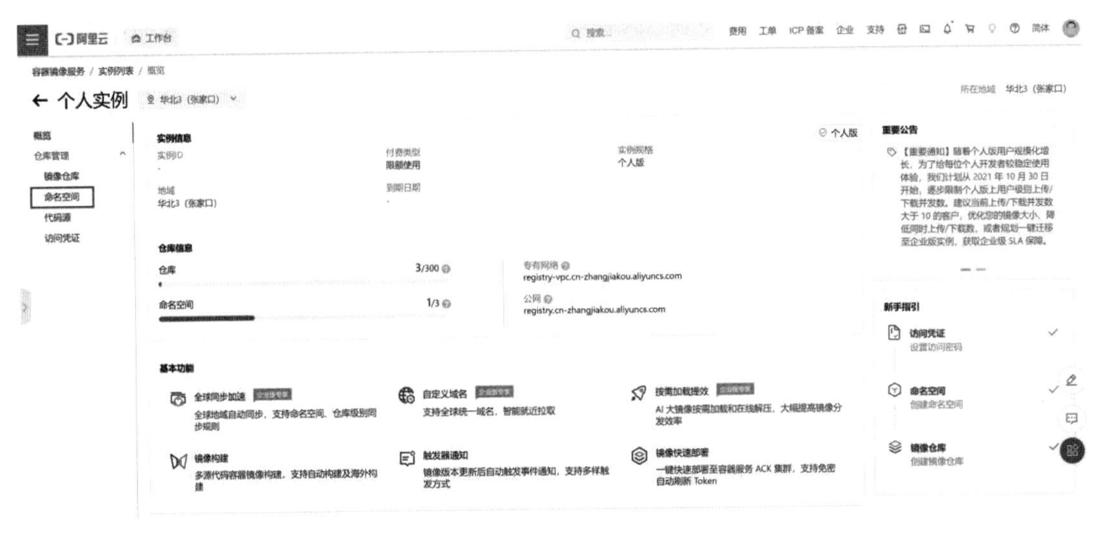

图 9.54　进入个人实例的界面

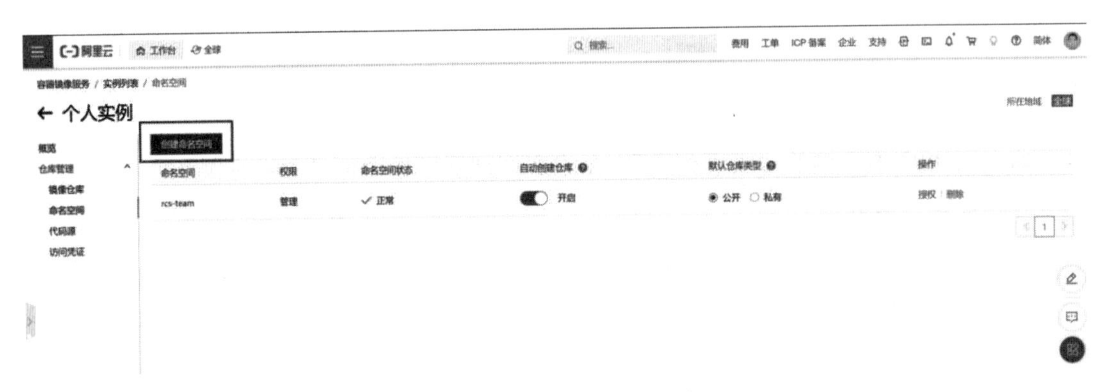

图 9.55　单击左侧的“命名空间”

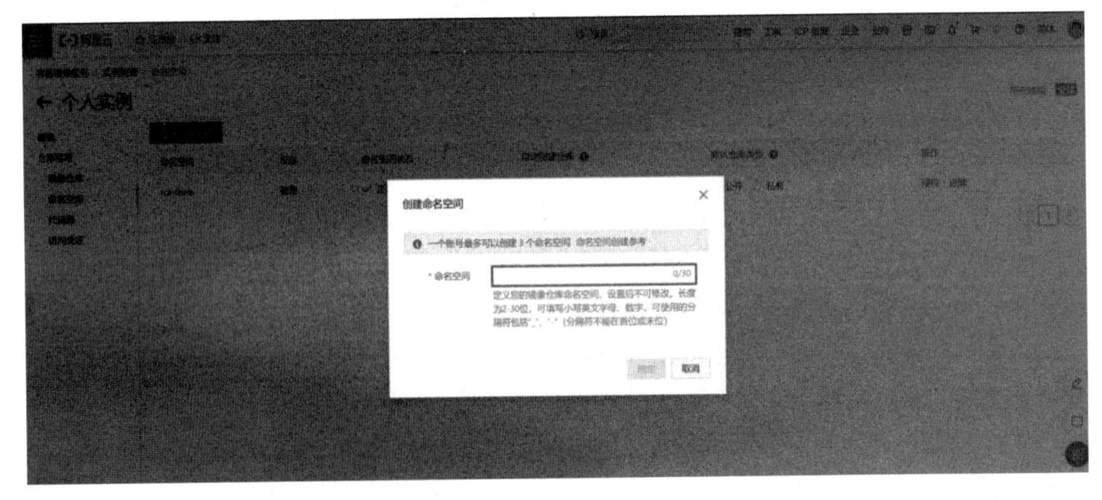

图 9.56　“创建命名空间”对话框

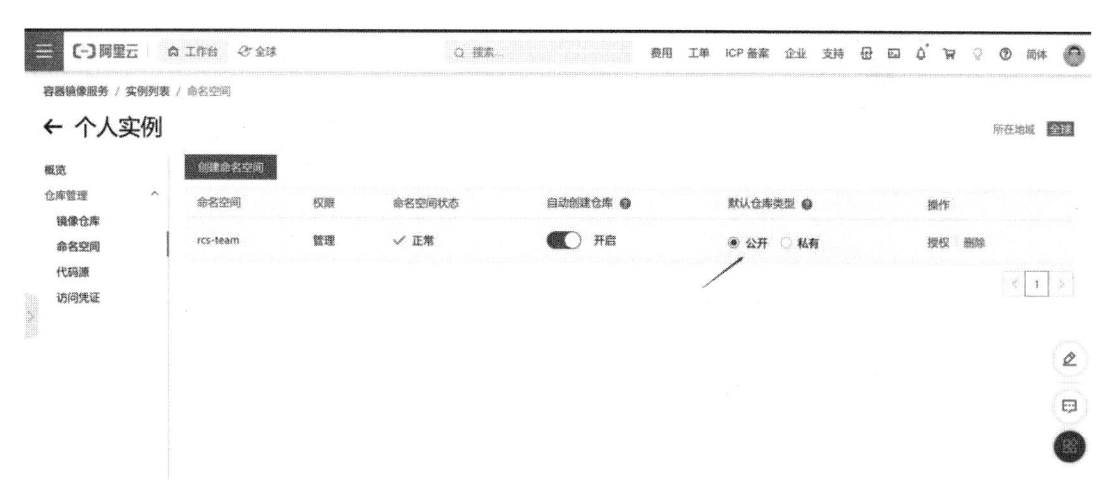

图 9.57　命名空间访问权限设置界面

公开类型和私有类型的区别如下。

☑　公开：所有人都可以访问，强调开源、共享、便于访问。

☑　私有：只适用于自己可以访问，强调保密性、安全性、合规性。

创建好命名空间后就可以创建镜像仓库了，单击“创建镜像仓库”按钮，如图 9.58 所示。

图 9.58　创建镜像仓库

在图 9.59 中选择刚才创建好的命名空间——rcs-team，设置“仓库名称”为 student。注意，这里仓库名称需要使用小写英文字母、数字或分隔符。设置“仓库类型”为 “公开”，在“摘要”处输入对于该仓库的简单描述，读者根据实际情况进行填写即可。

单击“下一步”按钮，进入管理代码源界面，如图 9.60 所示。可以集成云 Code、GitHub、私有 GitLab，以及本地仓库的代码等，这里的代码源选择“本地仓库”，然后单击“创建镜像仓库”按钮即可完成仓库的创建。

仓库创建完毕即可查看仓库的基本信息（这里包含仓库的公网地址、专有网络、仓库地域、仓库名称、摘要等信息），如图 9.61 所示。

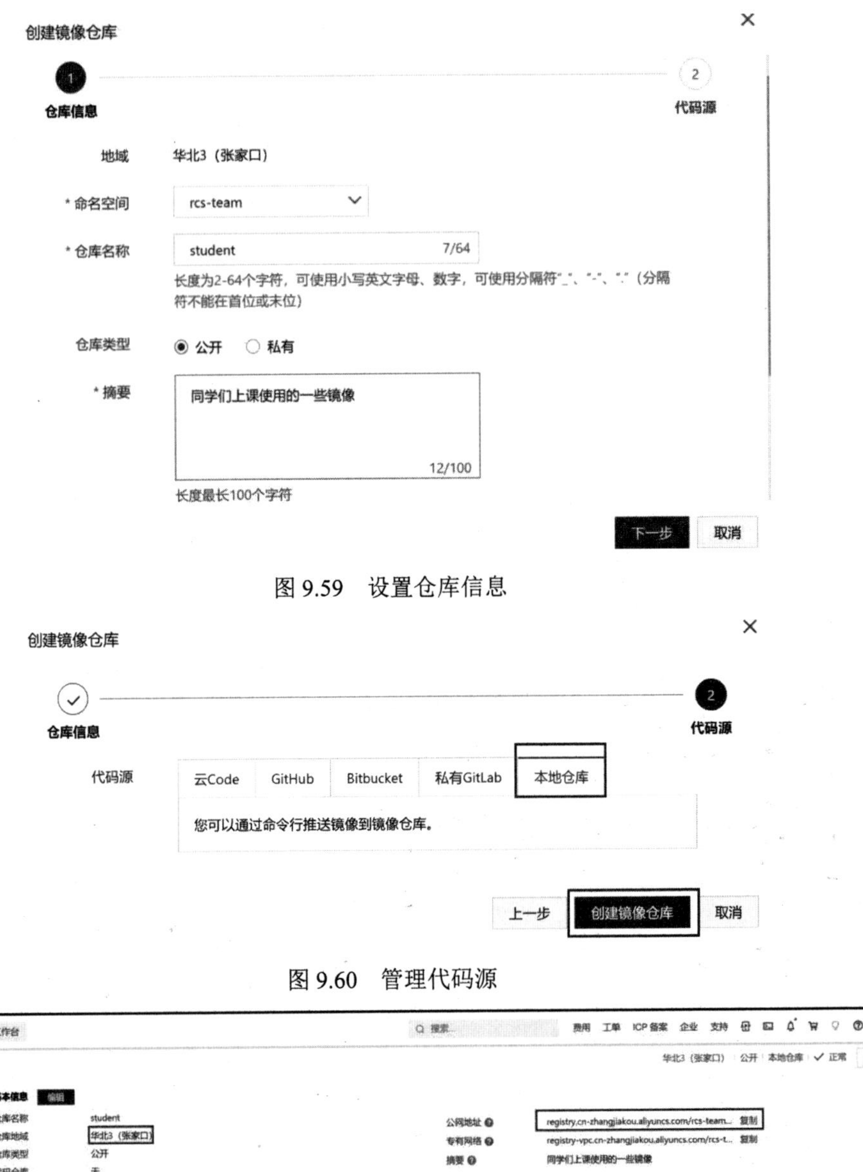

图 9.59 设置仓库信息

图 9.60 管理代码源

图 9.61 创建好的仓库的基本信息

9.4.2　给镜像指定标记

如果想将本地的镜像上传到远程仓库中，可以使用 podman tag 命令为本地的镜像指定标记。语法格式如下。

```
podman tag  镜像 ID 仓库地址/命名空间/仓库:版本号
```

下面给本地容器镜像打标记，命令如下，如图 9.62 所示。

```
podman tag feb5d9fea6a5 registry.cn-zhangjiakou.aliyuncs.com/rcs-team/
student:v1
```

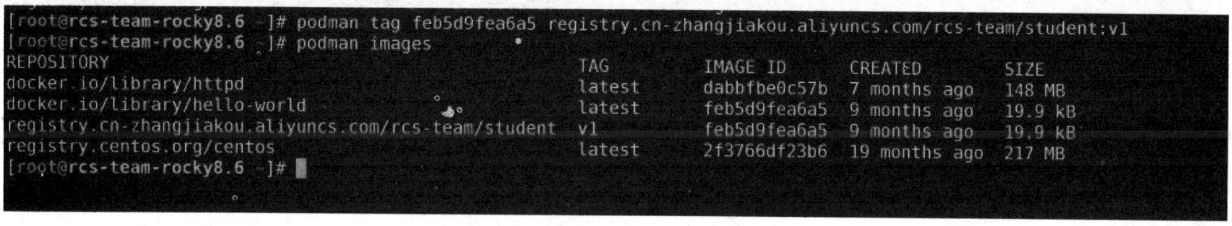

```
[root@rcs-team-rocky8.6 ~]# podman tag feb5d9fea6a5 registry.cn-zhangjiakou.aliyuncs.com/rcs-team/student:v1
[root@rcs-team-rocky8.6 ~]# podman images
REPOSITORY                                             TAG      IMAGE ID      CREATED         SIZE
docker.io/library/httpd                                latest   dabbfbe0c57b  7 months ago    148 MB
docker.io/library/hello-world                          latest   feb5d9fea6a5  9 months ago    19.9 kB
registry.cn-zhangjiakou.aliyuncs.com/rcs-team/student  v1       feb5d9fea6a5  9 months ago    19.9 kB
registry.centos.org/centos                             latest   2f3766df23b6  19 months ago   217 MB
[root@rcs-team-rocky8.6 ~]#
```

图 9.62　给本地容器镜像指定标记

9.4.3　登录阿里云镜像仓库

9.4.2 节已经成功地将我们要上传到远程仓库的镜像指定了标记，要想把自己的镜像上传到指定的镜像仓库中，这一步很重要。登录镜像仓库时可以使用 podman login 命令。

1. 语法格式

```
podman login --username=用户名 仓库地址
```

2. 参数详解

☑　用户名：用于登录到远程仓库的账号。

☑　仓库地址：远程仓库的访问地址（在阿里云注册好以后会有提示）。

3. 企业实战

【案例】登录阿里云镜像仓库。

```
[root@rcs-team-rocky8.6 ~]# podman login --username=lucky269532@vip.qq.com
registry.cn-zhangjiakou.aliyuncs.com
```

在图 9.63 中的“Password:”处输入自己的密码，当显示“Login Succeeded!”时，则表示成功登录阿里云镜像仓库。

```
[root@rcs-team-rocky8.6 ~]# podman login --username=lucky269532@vip.qq.com registry.cn-zhangjiakou.aliyuncs.com
Password:
Login Succeeded!
[root@rcs-team-rocky8.6 ~]#
```

图 9.63　登录阿里云镜像仓库

9.4.4 上传（推送）本地镜像到远程仓库中

上传（推送）本地镜像到远程仓库中时可以使用 podman push 命令。语法格式如下。

```
podman push  网址/命名空间/仓库:[镜像版本号]
```

首先查看要上传的镜像文件，如图 9.64 所示。

```
[root@rcs-team-rocky8.6 ~]# podman images
REPOSITORY                                             TAG     IMAGE ID      CREATED         SIZE
docker.io/library/httpd                                latest  dabbfbe0c57b  7 months ago    148 MB
docker.io/library/hello-world                          latest  feb5d9fea6a5  9 months ago    19.9 kB
registry.cn-zhangjiakou.aliyuncs.com/rcs-team/student  v1      feb5d9fea6a5  9 months ago    19.9 kB
registry.centos.org/centos                             latest  2f3766df23b6  19 months ago   217 MB
[root@rcs-team-rocky8.6 ~]#
```

图 9.64　查看要上传的镜像文件

这时也可以到仓库基本信息界面中查看推送镜像的命令，如图 9.65 所示。

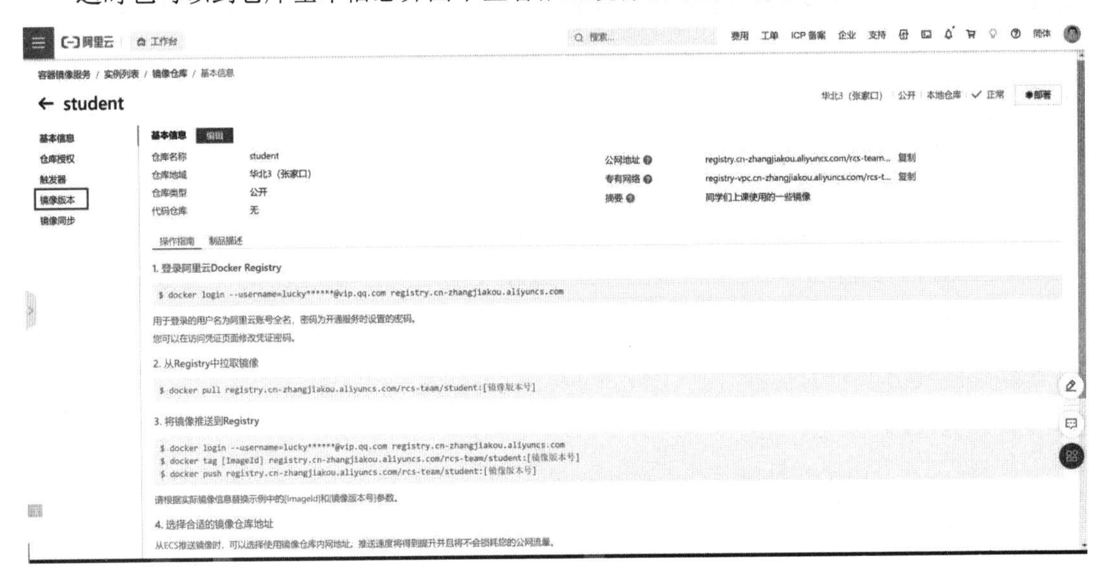

图 9.65　查看推送镜像的命令

接下来使用 podman push 命令推送镜像到远程仓库中，如图 9.66 所示。

```
[root@rcs-team-rocky8.6 ~]# podman  push registry.cn-zhangjiakou.aliyuncs.com/rcs-team/student:v1
```

```
[root@rcs-team-rocky8.6 ~]# podman  push registry.cn-zhangjiakou.aliyuncs.com/rcs-team/student:v1
Getting image source signatures
Copying blob 44f2b372045f skipped: already exists
Copying config feb5d9fea6 done
```

图 9.66　推送镜像到远程仓库

然后在远程仓库的管理界面查看推送镜像的版本，如图 9.67 所示。

图 9.67　查看推送镜像的版本

可以看到，v1 版本的镜像已经推送完毕。在图 9.67 中的“操作”选项中可以进行删除、同步、查看镜像层信息及安全扫描等操作。

在图 9.67 中的“操作”选项中单击“层信息”可以看到镜像的层级结构，如图 9.68 所示。

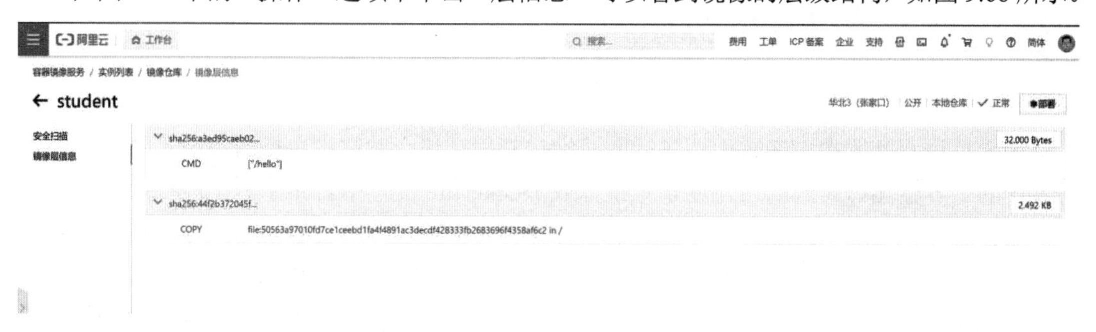

图 9.68　镜像的层级结构

该镜像分为两层，分别是 sha256:44f2b372045f 和 sha256:a3ed95caeb02，这两层执行不同的命令。当我们的镜像上传到阿里云的镜像仓库以后，首先能看到的是镜像的层的信息和镜像存储的层次结构。同时在图 9.68 的左侧菜单中也可以发现安全扫描的功能，所谓的安全扫描其实是指扫描容器镜像，通过自动化的方式扫描在该镜像中是否存在恶意程序，如挖矿程序、勒索病毒等。随着容器技术越来越流行，镜像安全也越来越多地被人们所关注，据国外不完全的统计，在 Docker hub 仓库中保存的公共的镜像中，约有 70%都存在着恶意挖矿等程序，这也提醒我们要提高对镜像安全的关注度，树立安全意识。

9.4.5　下载镜像到本地

上传到远程仓库的镜像，当权限为公有时，我们可以把该镜像地址分发给需要使用该镜像的用户，用户可以在其他计算机下载镜像到本地。命令如下，如图 9.69 所示。

```
[root@rcs-team-rocky8.6 ~]# podman  pull registry.cn-zhangjiakou.aliyuncs.
com/rcs-team/student:v3
```

```
[root@rcs-team-rocky8.6 ~]# podman  pull registry.cn-zhangjiakou.aliyuncs.com/rcs-team/student:v3
Trying to pull registry.cn-zhangjiakou.aliyuncs.com/rcs-team/student:v3...
Getting image source signatures
Copying blob b2fabd0b7efa skipped: already exists
Copying blob d397d026b634 skipped: already exists
Copying config 356b336643 done
Writing manifest to image destination
Storing signatures
356b336643adda8194502ece413821c739df3770143788f739a6a364c94e4bfa
```

图 9.69　下载镜像到本地

9.5　容器网络

在容器中使用网络是我们平时较为常见的一种操作，本节讲解容器端口暴露与映射、容器网络架构以及 Podman 网络管理与底层实现。

9.5.1　容器端口暴露与映射

1. 容器端口暴露

如果只进行容器端口暴露而不进行容器端口映射，那么发往宿主机的流量是不会转发到容器中的。容器端口暴露的常见场景是镜像或 Dockerfile 文件中自带了一个或一组暴露的端口，这样做的目的是，提醒用户容器中的服务监听了哪些端口。容器端口暴露还可以为其他命令提供所需的信息，即和其他命令结合起来使用。容器端口暴露可以通过在 Dockerfile 文件中使用 EXPOSE 指令实现，也可以在 docker run 命令启动容器时使用--expose 选项实现。

下面举一个端口暴露和端口映射结合使用的例子。

拉取最新的 busybox 镜像，并启动一个名为 busybox-1 的容器，然后暴露容器的 80 端口。容器端口暴露命令如下，如图 9.70 所示。

```
[root@rcs-team-rocky8.6 ~]# podman run -itd --name busybox-1 -p 80  busybox
[root@rcs-team-rocky8.6 ~]# podman ps
[root@rcs-team-rocky8.6 ~]# podman exec -it 55fefa8b6562 /bin/sh
/ # cd /var
/var # httpd -h www
/var # netstat -anlp
```

```
[root@rcs-team-rocky8.6 ~]# podman run -itd --name busybox-1 -p 80  busybox
55fefa8b6562d95abf1f33b1d4c479a7802b69d6f135ab1fb83bad06019775c5
[root@rcs-team-rocky8.6 ~]# podman ps
CONTAINER ID  IMAGE                           COMMAND     CREATED        STATUS            PORTS                  NAMES
55fefa8b6562  docker.io/library/busybox:latest  sh        7 seconds ago  Up 7 seconds ago  0.0.0.0:39045->80/tcp  busybox-1
[root@rcs-team-rocky8.6 ~]# podman exec -it 55fefa8b6562 /bin/sh
/ # cd /var
/var # httpd -h www
/var # netstat -anlp
Active Internet connections (servers and established)
Proto Recv-Q Send-Q Local Address           Foreign Address         State       PID/Program name
tcp        0      0 :::80                   :::*                    LISTEN      20/httpd
udp        0      0 127.0.0.1:8125          0.0.0.0:*                           -
udp        0      0 ::1:8125                :::*                                -
Active UNIX domain sockets (servers and established)
Proto RefCnt Flags       Type       State         I-Node PID/Program name    Path
/var #
```

图 9.70　容器端口暴露

2. 容器端口映射

当我们想要在外部主机访问容器内部数据时，因外部主机不能直接访问到容器，这时我们可以同宿主机 IP 及端口进行容器端口映射，即可以通过-p 参数实现。

1）语法格式

```
podman run -itd --name 自定义容器名称 -p 主机端口:容器端口  镜像名称
```

容器端口映射命令如下，如图 9.71 所示。

```
[root@rcs-team-rocky8.6 ~]# podman run -itd --name busybox-1 -p 81:80 busybox
```

```
[root@rcs-team-rocky8.6 ~]# podman run -itd --name busybox-1 -p 81:80  busybox
a2ddea3467ebd7ecc0ee9d8dec903c0d4e7516938686432cdbe08778199348a5
[root@rcs-team-rocky8.6 ~]# podman ps
CONTAINER ID  IMAGE                           COMMAND     CREATED         STATUS             PORTS                 NAMES
a2ddea3467eb  docker.io/library/busybox:latest  sh          8 seconds ago   Up 9 seconds ago   0.0.0.0:81->80/tcp    busybox-1
[root@rcs-team-rocky8.6 ~]# podman exec -it a2d /bin/sh
/ # cd var
/var # httpd -h www
/var # exit
[root@rcs-team-rocky8.6 ~]# curl 127.0.0.1:81
<HTML><HEAD><TITLE>404 Not Found</TITLE></HEAD>
<BODY><H1>404 Not Found</H1>
The requested URL was not found
</BODY></HTML>
[root@rcs-team-rocky8.6 ~]#
```

图 9.71　容器端口映射

这是需要广大读者掌握的一种常见的在项目中部署容器的方式，即通过宿主机访问容器内部的服务。通常需要我们掌握宿主机的防火墙配置、IP 地址配置与查看以及宿主机相关配置等内容。对于初学者来说，容易将容器端口映射和容器端口暴露混淆。容器端口映射是以后我们在实践过程中需要掌握的技能。

端口映射是把容器的端口映射为宿主机的一个随机或特定端口，使外部用户可以访问容器内提供的服务。其原理是在容器底层做了 iptables 地址转发，转出的流量做 SNAT 源地址转发，转入的流量做 DNAT 目标地址转发。

常见的端口映射大致可以总结为以下 4 种。

☑　随机端口映射：把容器的端口随机映射为宿主机的一个端口。

☑　指定端口映射：把容器的端口映射为宿主机的指定端口。

☑　指定网卡随机端口映射：把容器的端口映射为宿主机的指定网卡的随机端口。

☑　指定网卡指定端口映射：把容器的端口映射为宿主机的指定网卡的指定端口。

2）企业实战

【案例 1】随机端口映射。

这里我们启动一个 Tomcat 容器，把 Tomcat 容器的 8080 端口映射到宿主机的随机端口。命令如下，如图 9.72 所示。

```
[root@rcs-team.com-rocky ~]# podman run -itd -P tomcat:latest
```

可以看到宿主机的随机端口为 38741。

【案例 2】指定端口映射。

命令如下，如图 9.73 所示。

```
[root@rcs-team.com-rocky ~]# podman run -itd -p 8080:8080 tomcat:latest
```

```
[root@rcs-team.com-rocky ~]# podman run -itd -P tomcat:latest
16c7a30a745c34a7d15018b5f56d0b6f2a2bbf7e62885aa38504fbe8527fd8e4
[root@rcs-team.com-rocky ~]# podman ps
CONTAINER ID  IMAGE                            COMMAND           CREATED         STATUS             PORTS
              NAMES
16c7a30a745c  docker.io/library/tomcat:latest  catalina.sh run  13 seconds ago  Up 12 seconds ago  0.0.0.0
:38741->8080/tcp  gallant_mahavira
[root@rcs-team.com-rocky ~]#
```

图 9.72　随机端口映射

```
[root@rcs-team.com-rocky ~]# podman run -itd -p 8080:8080 tomcat:latest
4bed0c3086ce2e4c1599a539cfae91e428f01c5880c2131a62057d6cfac96715
[root@rcs-team.com-rocky ~]# podman ps
CONTAINER ID  IMAGE                            COMMAND          CREATED        STATUS            PORTS
4bed0c3086ce  docker.io/library/tomcat:latest  catalina.sh run  3 seconds ago  Up 3 seconds ago  0.0.0.0:8
[root@rcs-team.com-rocky ~]#
```

图 9.73　指定端口映射

【案例 3】指定网卡随机端口映射。

这里以 ens33 网卡的 IP 地址 10.0.0.149 为例，首先指定网卡，然后映射 8080 端口到 36563 端口，命令如下，如图 9.74 所示。

```
[root@rcs-team.com-rocky ~]# podman run -itd -p 10.0.0.149::8080 tomcat:
latest
```

```
[root@rcs-team.com-rocky ~]# podman run -itd -p 10.0.0.149::8080 tomcat:latest
0f27b126861b7af02ccf44a7ad6dda44459202164647a9c82a02ec2899ac6f1f
[root@rcs-team.com-rocky ~]# podman ps
CONTAINER ID  IMAGE                            COMMAND          CREATED        STATUS            PORTS
              NAMES
0f27b126861b  docker.io/library/tomcat:latest  catalina.sh run  3 seconds ago  Up 3 seconds ago  10.0.0.14
9:36563->8080/tcp  serene_blackburn
[root@rcs-team.com-rocky ~]#
```

图 9.74　指定网卡随机端口映射

【案例 4】指定网卡指定端口映射。

下面以指定 ens33 网卡的 IP 地址 10.0.0.149 为例，将该网卡的 8080 端口映射到容器的 8080 端口，命令如下，如图 9.75 所示。

```
[root@rcs-team.com-rocky ~]# podman run -itd -p 10.0.0.149:8080:8080
tomcat:latest
```

以上演示的都是单一的一个端口映射，在项目中也经常会遇到多个端口映射的情况，可以通过多个-p 参数来完成，如通过-p 80:80 -p 443:443 的方式访问。

```
[root@rcs-team.com-rocky ~]# podman run -itd -p 10.0.0.149:8080:8080 tomcat:latest
7c1e61c0b77ead4cb1b6e39b6ba1befd8870ff993df1313eaf02ffbdd18cb512
[root@rcs-team.com-rocky ~]# podman ps
CONTAINER ID  IMAGE                            COMMAND          CREATED        STATUS            PORTS
              NAMES
7c1e61c0b77e  docker.io/library/tomcat:latest  catalina.sh run  3 seconds ago  Up 3 seconds ago  10.0.0.14
9:8080->8080/tcp  lucid_lederberg
[root@rcs-team.com-rocky ~]#
```

图 9.75　指定网卡指定端口映射

9.5.2　容器网络架构

在 Rocky Linux 中通过 ip a 命令可以查看网卡信息，如图 9.76 所示。

```
[root@rcs-team-rocky8.6 ~]# ip a
1: lo: <LOOPBACK,UP,LOWER_UP> mtu 65536 qdisc noqueue state UNKNOWN group default qlen 1000
    link/loopback 00:00:00:00:00:00 brd 00:00:00:00:00:00
    inet 127.0.0.1/8 scope host lo
       valid_lft forever preferred_lft forever
    inet6 ::1/128 scope host
       valid_lft forever preferred_lft forever
2: ens160: <BROADCAST,MULTICAST,UP,LOWER_UP> mtu 1500 qdisc mq state UP group default qlen 1000
    link/ether 00:0c:29:a0:e3:95 brd ff:ff:ff:ff:ff:ff
    inet 10.0.0.149/24 brd 10.0.0.255 scope global dynamic noprefixroute ens160
       valid_lft 1587sec preferred_lft 1587sec
    inet6 fe80::20c:29ff:fea0:e395/64 scope link noprefixroute
       valid_lft forever preferred_lft forever
3: cni-podman0: <NO-CARRIER,BROADCAST,MULTICAST,UP> mtu 1500 qdisc noqueue state DOWN group default qlen 1000
    link/ether 1e:22:02:d4:75:91 brd ff:ff:ff:ff:ff:ff
    inet 10.88.0.1/16 brd 10.88.255.255 scope global cni-podman0
       valid_lft forever preferred_lft forever
    inet6 fe80::1c22:2ff:fed4:7591/64 scope link
       valid_lft forever preferred_lft forever
[root@rcs-team-rocky8.6 ~]#
```

图 9.76　查看网卡信息

下面对图 9.76 中的网卡信息进行分析说明。

☑ lo：表示本地回环地址。

☑ ens160：表示 VMware 虚拟机的网卡名称，如果是公有云服务器主机，网卡名称为 eth0；如果是真实的物理服务器，以 Dell 服务器为例，网卡名称为 em1。

☑ cni-podman0：podman0 为虚拟网桥，可以看到 10.88.0.1 地址，相当于一个路由器的功能，本地服务通过这个路由可以连接不同的容器。

每启动一个容器就会产生一个容器 IP 地址，默认网段是 10.88.0.xxx。常见的 Podman 容器网络架构有以下 4 种模式。

1．桥接模式（默认）

首先在默认桥接网络上创建网络堆栈，命令如下，如图 9.77 所示。

```
[root@rcs-team-rocky8.6 ~]# podman run  -d nginx
```

查看容器的 IP 地址命令如下，如图 9.78 所示。

```
[root@rcs-team-rocky8.6 ~]# podman inspect c1b8ecb823c1 | grep IPAdd*
```

2．none 模式

该模式关闭了容器的网络功能，仅有本地回环，无法与外界或其他 pod 通信。命令如下，如图 9.79 所示。

```
[root@rcs-team-rocky8.6 ~]# podman run  -d --name=nginx-1 --net=none nginx
```

```
[root@rcs-team-rocky8.6 ~]# podman run  -d nginx
 docker.io/library/nginx:latest
Trying to pull docker.io/library/nginx:latest...
Getting image source signatures
Copying blob a9edb18cadd1 done
Copying blob a0bcbecc962e done
Copying blob a2abf6c4d29d done
Copying blob 186b1aaa4aa6 done
Copying blob 589b7251471a done
Copying blob b4df32aa5a72 done
Copying config 605c77e624 done
Writing manifest to image destination
Storing signatures
9a8bb1dbed8de93b1e3d4a2284358c3b48a37e96b057c82f627aceb078c15b9c
[root@rcs-team-rocky8.6 ~]# podman ps
CONTAINER ID  IMAGE                           COMMAND               CREATED         STATUS             PORTS                  NAMES
55fefa8b6562  docker.io/library/busybox:latest  sh                  9 minutes ago   Up 9 minutes ago   0.0.0.0:39045->80/tcp  busybox-1
9a8bb1dbed8d  docker.io/library/nginx:latest  nginx -g daemon o...  25 seconds ago  Up 25 seconds ago                         lucid_lederberg
[root@rcs-team-rocky8.6 ~]#
```

图 9.77　桥接模式

```
[root@rcs-team-rocky8.6 ~]# podman inspect c1b8ecb823c1 | grep IPAdd*
            "IPAddress": "10.88.0.21",
                    "IPAddress": "10.88.0.21",
[root@rcs-team-rocky8.6 ~]#
```

图 9.78　查看容器 IP 地址

```
[root@rcs-team-rocky8.6 ~]# podman run  -d --name=nginx-1 --net=none nginx
0f1c2e41c186cc1c8d8ea5069d461980df68ddb5dd378ed47d76425855f526da
[root@rcs-team-rocky8.6 ~]# podman ps
CONTAINER ID  IMAGE                           COMMAND               CREATED         STATUS             PORTS       NAMES
c1b8ecb823c1  docker.io/library/nginx:latest  nginx -g daemon o...  4 minutes ago   Up 4 minutes ago               bold_mendel
0f1c2e41c186  docker.io/library/nginx:latest  nginx -g daemon o...  6 seconds ago   Up 6 seconds ago               nginx-1
[root@rcs-team-rocky8.6 ~]# podman inspect 0f1c2e41c186 | grep IPAdd*
            "IPAddress": "",
[root@rcs-team-rocky8.6 ~]#
```

图 9.79　none 模式

可以发现没有获取到 10.88.0.xx 网段的 IP 地址。

3. host 模式

容器不会虚拟出自己的网卡、配置自己的 IP 地址等，而是需要使用宿主机的 IP 地址和端口。这时可以通过在浏览器输入当前主机的 IP 地址的方式进行访问。命令如下，host 模式的 Nginx 欢迎页如图 9.80 所示。

```
[root@rcs-team-rocky8.6 ~]# podman run --network=host nginx
```

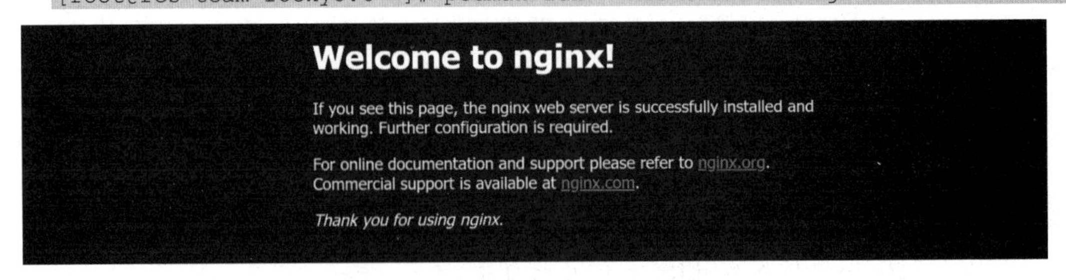

Welcome to nginx!
If you see this page, the nginx web server is successfully installed and working. Further configuration is required.
For online documentation and support please refer to nginx.org.
Commercial support is available at nginx.com.
Thank you for using nginx.

图 9.80　host 模式的 Nginx 欢迎页

4. container:<id>模式

该模式是指创建新容器时，通过“--net container:容器名称或 ID”的方式指定其和已经存在的某个容器共享一个 Network Namespace。两个容器之间进行通信，实现了一个容器和另一个容器共享网卡资源，这时新建的容器就不会拥有自己的独立 IP，而是共享已经存在容器的端口范围等网络资源，两个容器的进程通过 lo 网卡设备通信。命令如下，如图 9.81 所示。

```
[root@rcs-team-rocky8.6 ~]# podman  run  -itd --name bb busybox
[root@rcs-team-rocky8.6 ~]# podman run -d --name nginx --net container:bb nginx
```

```
[root@rcs-team-rocky8.6 ~]# podman  run  -itd --name bb busybox
a68c31b8e22051058c2a69130ba4b48d60da2ee9de024eddd91bcf4b63a24e80
[root@rcs-team-rocky8.6 ~]#
[root@rcs-team-rocky8.6 ~]#
[root@rcs-team-rocky8.6 ~]# podman run -d --name nginx --net container:bb nginx
a0d25e786eb5cfb529526ccd05376c98de28171eef93f1a0f41c3f6fd3286645
[root@rcs-team-rocky8.6 ~]#
[root@rcs-team-rocky8.6 ~]# podman exec -it bb /bin/sh
/ # netstat antp
Active Internet connections (w/o servers)
Proto Recv-Q Send-Q Local Address           Foreign Address         State
tcp        0      0 localhost:40934         localhost:80            TIME_WAIT
tcp        0      0 localhost:40926         localhost:80            TIME_WAIT
tcp        0      0 localhost:54144         localhost:80            TIME_WAIT
tcp        0      0 localhost:54104         localhost:80            TIME_WAIT
tcp        0      0 localhost:45858         localhost:80            TIME_WAIT
tcp        0      0 localhost:40888         localhost:80            TIME_WAIT
tcp        0      0 localhost:54134         localhost:80            TIME_WAIT
tcp        0      0 localhost:40902         localhost:80            TIME_WAIT
tcp        0      0 localhost:45806         localhost:80            TIME_WAIT
tcp        0      0 localhost:41212         localhost:80            TIME_WAIT
tcp        0      0 localhost:40942         localhost:80            TIME_WAIT
tcp        0      0 localhost:40944         localhost:80            TIME_WAIT
tcp        0      0 localhost:40958         localhost:80            TIME_WAIT
tcp        0      0 localhost:54128         localhost:80            TIME_WAIT
tcp        0      0 localhost:40910         localhost:80            TIME_WAIT
tcp        0      0 localhost:54124         localhost:80            TIME_WAIT
tcp        0      0 localhost:40950         localhost:80            TIME_WAIT
tcp        0      0 localhost:45844         localhost:80            TIME_WAIT
tcp        0      0 localhost:45770         localhost:80            TIME_WAIT
tcp        0      0 localhost:45850         localhost:80            TIME_WAIT
tcp        0      0 localhost:54150         localhost:80            TIME_WAIT
tcp        0      0 localhost:54172         localhost:80            TIME_WAIT
tcp        0      0 localhost:45816         localhost:80            TIME_WAIT
tcp        0      0 localhost:54116         localhost:80            TIME_WAIT
tcp        0      0 localhost:54154         localhost:80            TIME_WAIT
tcp        0      0 localhost:45830         localhost:80            TIME_WAIT
```

图 9.81　容器 busybox 已经开放了 80 端口

容器内查看 IP 地址如图 9.82 所示。

```
/ # ip a
1: lo: <LOOPBACK,UP,LOWER_UP> mtu 65536 qdisc noqueue qlen 1000
    link/loopback 00:00:00:00:00:00 brd 00:00:00:00:00:00
    inet 127.0.0.1/8 scope host lo
       valid_lft forever preferred_lft forever
    inet6 ::1/128 scope host
       valid_lft forever preferred_lft forever
2: eth0@if24: <BROADCAST,MULTICAST,UP,LOWER_UP,M-DOWN> mtu 1500 qdisc noqueue
    link/ether d6:f5:68:0d:6d:de brd ff:ff:ff:ff:ff:ff
    inet 10.88.0.22/16 brd 10.88.255.255 scope global eth0
       valid_lft forever preferred_lft forever
    inet6 fe80::d4f5:68ff:fe0d:6dde/64 scope link
       valid_lft forever preferred_lft forever
```

图 9.82　容器内查看 IP 地址

我们可以到宿主机上通过 curl 10.88.0.22 命令验证，如果看到 Nginx 的欢迎界面，证明两个容器可以上网，如图 9.83 所示。

```
[root@rcs-team-rocky8.6 ~]# curl 10.88.0.22
<!DOCTYPE html>
<html>
<head>
<title>Welcome to nginx!</title>
<style>
html { color-scheme: light dark; }
body { width: 35em; margin: 0 auto;
font-family: Tahoma, Verdana, Arial, sans-serif; }
</style>
</head>
<body>
<h1>Welcome to nginx!</h1>
<p>If you see this page, the nginx web server is successfully installed and
working. Further configuration is required.</p>

<p>For online documentation and support please refer to
<a href="http://nginx.org/">nginx.org</a>.<br/>
Commercial support is available at
<a href="http://nginx.com/">nginx.com</a>.</p>

<p><em>Thank you for using nginx.</em></p>
</body>
</html>
[root@rcs-team-rocky8.6 ~]#
```

图 9.83　curl 命令验证上网

接下来查看两个容器的 IP 地址是否一致，如图 9.84 所示。

```
[root@rcs-team-rocky8.6 ~]# podman ps
CONTAINER ID  IMAGE                             COMMAND               CREATED         STATUS             PORTS       NAMES
c1b8ecb823c1  docker.io/library/nginx:latest    nginx -g daemon o...  23 minutes ago  Up 23 minutes ago              bold_mendel
0f1c2e41c186  docker.io/library/nginx:latest    nginx -g daemon o...  18 minutes ago  Up 18 minutes ago              nginx-1
8eaed8d72e89  docker.io/library/busybox:latest  sh                    8 minutes ago   Up 8 minutes ago               bb
1ce6d2066d68  docker.io/library/nginx:latest    nginx -g daemon o...  8 minutes ago   Up 8 minutes ago               nginx
[root@rcs-team-rocky8.6 ~]# podman inspect 8eaed8d72e89 | grep IPAdd*
               "IPAddress": "10.88.0.22",
                       "IPAddress": "10.88.0.22",
[root@rcs-team-rocky8.6 ~]# podman inspect 1ce6d2066d68 | grep IPAdd*
               "IPAddress": "10.88.0.22",
                       "IPAddress": "10.88.0.22",
[root@rcs-team-rocky8.6 ~]#
```

图 9.84　查看两个容器的 IP 地址是否一致

9.5.3　Podman 网络管理与底层实现

通过 podman network ls 命令可以查看当前网络模式。

查看网络模式的命令如下，如图 9.85 所示。

```
podman network ls
```

```
[root@rcs-team-rocky8.6 ~]# podman network ls
NETWORK ID    NAME      DRIVER
2f259bab93aa  podman    bridge
[root@rcs-team-rocky8.6 ~]#
```

图 9.85　查看网络模式

从图 9.85 可以发现，当前默认的网络模式为 bridge。默认情况下，root 用户创建的容器使用 bridge 网络模式，并且在未创建任何容器前，系统上不会自动创建 cni-podman0 网桥，只有创建容器后才会自动生成。

root 用户使用全局范围内的 CNI 插件，podman 默认使用 bridge、portmap 插件。配置文件可以在/etc/cni/net.d/目录下查看。

1．Podman 的网络实现原理

Podman 的网络使用的是 iptables 转发，不支持 Ubuntu 操作系统 ufw 防火墙的开放、禁用端口的操作。所以开启 ufw 防火墙以后，Podman 转发的端口基本上只能本地访问了（读者在使用时要注意）。

想要了解 Podman 的网络原理，可以通过系统的网络命令来查看网卡接口信息，命令如下，如图 9.86 所示。

```
ip a
```

```
[root@rcs-team-rocky8.6 ~]# ip a
1: lo: <LOOPBACK,UP,LOWER_UP> mtu 65536 qdisc noqueue state UNKNOWN group default qlen 1000
    link/loopback 00:00:00:00:00:00 brd 00:00:00:00:00:00
    inet 127.0.0.1/8 scope host lo
       valid_lft forever preferred_lft forever
    inet6 ::1/128 scope host
       valid_lft forever preferred_lft forever
2: ens160: <BROADCAST,MULTICAST,UP,LOWER_UP> mtu 1500 qdisc mq state UP group default qlen 1000
    link/ether 00:0c:29:a0:e3:95 brd ff:ff:ff:ff:ff:ff
    inet 10.0.0.149/24 brd 10.0.0.255 scope global dynamic noprefixroute ens160
       valid_lft 1587sec preferred_lft 1587sec
    inet6 fe80::20c:29ff:fea0:e395/64 scope link noprefixroute
       valid_lft forever preferred_lft forever
3: cni-podman0: <NO-CARRIER,BROADCAST,MULTICAST,UP> mtu 1500 qdisc noqueue state DOWN group default qlen 1000
    link/ether 1e:22:02:d4:75:91 brd ff:ff:ff:ff:ff:ff
    inet 10.88.0.1/16 brd 10.88.255.255 scope global cni-podman0
       valid_lft forever preferred_lft forever
    inet6 fe80::1c22:2ff:fed4:7591/64 scope link
       valid_lft forever preferred_lft forever
[root@rcs-team-rocky8.6 ~]#
```

图 9.86　查看网卡接口信息

查看网络 IP 地址时可以看到有一个名为 cni-podman0 的网桥，默认网段是 10.88.0.1/16。

通过图 9.86 可以看到，系统中有一个虚拟网络接口 cni-podman0，该接口使用 iptables 防火墙对所有的相关 cni 都做了转发。

可以通过以下命令可以查看 iptables 中 nat 表的规则，如图 9.87 所示。

```
iptables -L -t nat
```

```
[root@rcs-team.com-rocky ~]# iptables -L -t nat
Chain PREROUTING (policy ACCEPT)
target     prot opt source               destination
CNI-HOSTPORT-DNAT  all  --  anywhere             anywhere             ADDRTYPE match dst-type LOCAL

Chain INPUT (policy ACCEPT)
target     prot opt source               destination

Chain POSTROUTING (policy ACCEPT)
target     prot opt source               destination
CNI-HOSTPORT-MASQ  all  --  anywhere             anywhere             /* CNI portfwd requiring masquerade */
CNI-c13272e38af3ee24b4f0382f  all  --  localhost            anywhere             /* name: "podman" id: "7c1e61c0b77ead4c
dd18cb512" */

Chain OUTPUT (policy ACCEPT)
target     prot opt source               destination
CNI-HOSTPORT-DNAT  all  --  anywhere             anywhere             ADDRTYPE match dst-type LOCAL

Chain CNI-HOSTPORT-SETMARK (2 references)
target     prot opt source               destination
MARK       all  --  anywhere             anywhere             /* CNI portfwd masquerade mark */ MARK or 0x2000

Chain CNI-HOSTPORT-MASQ (1 references)
target     prot opt source               destination
MASQUERADE  all  --  anywhere             anywhere             mark match 0x2000/0x2000

Chain CNI-HOSTPORT-DNAT (2 references)
target     prot opt source               destination
CNI-DN-c13272e38af3ee24b4f03  tcp  --  anywhere             anywhere             /* dnat name: "podman" id: "7c1e61c0b77
02ffbdd18cb512" */ multiport dports webcache
```

图 9.87　查看 iptables 中 nat 表的规则

如图 9.87 所示，root 用户创建具有端口映射的容器时，iptables 的 filter 表与 nat 表的规则会发生变化（如新增规则）。iptables 有着复杂的表、规则链，由于篇幅有限，这里不展开讲解。希望读者了解 Podman 网络底层的实现是靠 iptables 实现的即可。

2. 企业实战

【案例】当从外部访问容器内 Web 服务时，查看涉及的宿主机 iptables 的访问情况。

从图 9.88 可以看出，当从外部访问容器内 Web 服务时，流量将通过 PREROUTING 链和自定义链（CNI-HOSTPORT-DNAT、CNI-DN-xxxx、DNAT），经由 FORWARD 链和自定义链（CNI-FORWARD）的三层转发与 cni-podman0 网桥的两层转发进入容器，容器对外响应的流量将经过 cni-podman0 网桥转发，并经过 CNI-FORWARD 链、POSTROUTING 链和自定义链（CNI-HOSTPORT-MASQ）转出容器宿主机。

```
Chain PREROUTING (policy ACCEPT 0 packets, 0 bytes)
 pkts bytes target     prot opt in     out     source               destination
  629 33219 CNI-HOSTPORT-DNAT  all  --  *      *       0.0.0.0/0            0.0.0.0/0
 ADDRTYPE match dst-type LOCAL
Chain CNI-HOSTPORT-DNAT (2 references)
 pkts bytes target     prot opt in     out     source               destination
 1075 59756 CNI-DN-86e2d36cd9e101b3954f1  tcp  --  *      *       0.0.0.0/0            0.0.0.0/0
           /* dnat name: "podman" id: "cc43000d86e1e66b00ec9244055ea046a282c0b875369dfa1958e3cc
eaf5ff8c" */ multiport dports 8843
Chain CNI-DN-86e2d36cd9e101b3954f1 (1 references)
 pkts bytes target     prot opt in     out     source               destination
    0     0 CNI-HOSTPORT-SETMARK  tcp  --  *      *       10.88.0.0/16         0.0.0.0/0
    tcp dpt:8843
    0     0 CNI-HOSTPORT-SETMARK  tcp  --  *      *       127.0.0.1            0.0.0.0/0
    tcp dpt:8843
 1075 59756 DNAT       tcp  --  *      *       0.0.0.0/0            0.0.0.0/0            tcp dpt
:8843 to:10.88.0.2:443
Chain CNI-FORWARD (1 references)
 pkts bytes target     prot opt in     out     source               destination
70697   50M CNI-ADMIN  all  --  *      *       0.0.0.0/0            0.0.0.0/0            /* CNI
firewall plugin admin overrides */
13720 1483K ACCEPT     all  --  *      *       0.0.0.0/0            10.88.0.2            ctstate
 RELATED,ESTABLISHED
 9314   26M ACCEPT     all  --  *      *       10.88.0.2            0.0.0.0/0
Chain POSTROUTING (policy ACCEPT 0 packets, 0 bytes)
 pkts bytes target     prot opt in     out     source               destination
11057 1057K CNI-HOSTPORT-MASQ  all  --  *      *       0.0.0.0/0            0.0.0.0/0
 /* CNI portfwd requiring masquerade */
```

图 9.88　外部访问容器内 Web 服务时 iptables 的访问情况

9.6　数据卷和数据卷容器

数据卷是一个可供一个或多个容器使用的特殊目录，它将主机操作系统目录直接映射进容器。如果用户需要在多个容器之间共享一些持续更新的数据，最简单的方式是使用数据卷容器。数据卷容器也是一个容器，但是它的目的是专门提供数据卷给其他容器挂载。二者是比较容易混淆的概念，所以笔者这里特将数据卷和数据卷容器两个概念进行讲解，方便大家区分和理解。

9.6.1　数据卷

数据卷是一个供容器使用的特殊目录，位于容器中，可将宿主机的目录挂载到数据卷上，对数据卷的修改操作立即可见，并且更新数据时不会影响镜像，从而实现数据在宿主机与容器之间的迁移。数据卷的使用类似于 Linux 系统下对目录进行的 mount 操作。数据卷如图 9.89 所示。

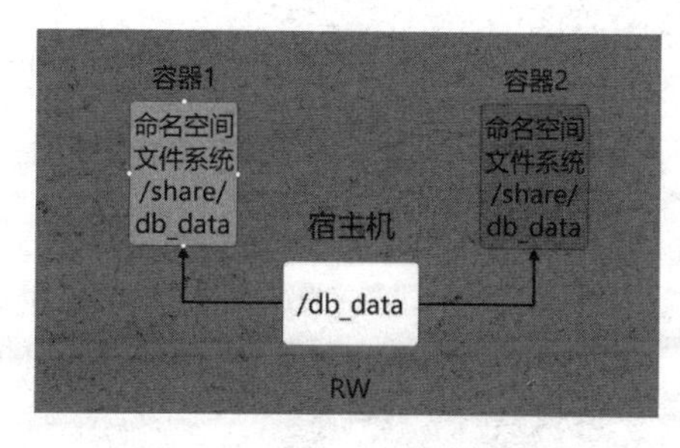

图 9.89　数据卷

1. 语法格式

```
podman run -it -v 宿主机要挂载的目录:容器要挂载的目录
```

2. 参数详解

☑　宿主机要挂载的目录，宿主机目录如果不存在，则会自动生成。

☑　容器要挂载的目录，容器目录不可以为相对路径。

这样宿主机目录和容器内的目录就互通了，可以互相传输文件。

3. 企业实战

【案例 1】挂载数据卷。

命令如下，如图 9.90 所示。

```
[root@rcs-team-rocky8.6 ~]# podman run -it -v /var/www/html:/var/www/html
-p 8080:80 httpd
```

```
[root@rcs-team-rocky8.6 ]# podman run -it -v /var/www/html:/var/www/html -p 8080:80 httpd
AH00558: httpd: Could not reliably determine the server's fully qualified domain name, using 10.88.0.39
is message
AH00558: httpd: Could not reliably determine the server's fully qualified domain name, using 10.88.0.39
is message
[Wed Jul 20 12:47:31.036333 2022] [mpm_event:notice] [pid 1:tid 139853869653312] AH00489: Apache/2.4.52
[Wed Jul 20 12:47:31.036420 2022] [core:notice] [pid 1:tid 139853869653312] AH00094: Command line: 'htt
10.0.0.1 - - [20/Jul/2022:12:47:53 +0000] "GET / HTTP/1.1" 200 45
10.0.0.1 - - [20/Jul/2022:12:47:53 +0000] "GET /favicon.ico HTTP/1.1" 404 196
```

图 9.90　挂载数据卷

图 9.90 中的-v 参数以后的/var/www/html 是宿主机的数据，我们可以同时挂载到多个容器中。当宿主机中/var/www/html 中的数据发生变化时，容器中的数据也会自动发生变化。这里冒号（:）是分隔符，冒号前面的内容表示宿主机中的数据，冒号后面的内容表示容器的挂载点。

【案例 2】挂载数据卷实例。

命令如下，如图 9.91 所示。

```
[root@rcs-team-rocky8.6 ~]# podman run -d -name web-01  -v /root/test:/db_
data httpd
```

```
[root@rcs-team-rocky8.6 ~/test]# podman run -d --name web-01 -v /root/test:/db_data httpd
75113b0ee0641042c44867348897b28d9b8d3841f816b1af31e2db62e8b0b052
[root@rcs-team-rocky8.6 ~/test]# podman ps
CONTAINER ID  IMAGE                           COMMAND           CREATED        STATUS            PORTS       NAMES
75113b0ee064  docker.io/library/httpd:latest  httpd-foreground  9 seconds ago  Up 9 seconds ago              web-01
[root@rcs-team-rocky8.6 ~/test]#
[root@rcs-team-rocky8.6 ~/test]# ll
total 4
-rw-r--r-- 1 root root 9 Jul 21 13:35 a.txt
[root@rcs-team-rocky8.6 ~/test]# cat a.txt
20220721
75113b0ee064
[root@rcs-team-rocky8.6 ~/test]#

[root@rcs-team-rocky8.6 ~/test]# podman exec -it web-01 /bin/bash
root@75113b0ee064:/usr/local/apache2# ls
bin  build  cgi-bin  conf  error  htdocs  icons  include  logs  modules
root@75113b0ee064:/usr/local/apache2# cd /
root@75113b0ee064:/# ls
bin  boot  db_data  dev  etc  home  lib  lib64  media  mnt  opt  proc  root  run  sbin  srv  sys  tmp  usr  var
root@75113b0ee064:/# cd db_data/
root@75113b0ee064:/db_data# ll
bash: ll: command not found
root@75113b0ee064:/db_data# ls
a.txt
root@75113b0ee064:/db_data# cat a.txt
20220721
root@75113b0ee064:/db_data# echo "75113b0ee064">>a.txt
root@75113b0ee064:/db_data# cat a.txt
20220721
75113b0ee064
root@75113b0ee064:/db_data#
```

图 9.91　挂载数据卷实例

9.6.2　数据卷容器

如果需要在容器之间共享一些数据，最简单的方法就是使用数据卷容器。数据卷容器是一个普通的容器，专门提供数据卷给其他容器挂载使用。

这样的应用场景比较多，典型的如 MySQL 数据库，如果是普通的容器，当容器终止就会造成数据丢失，这样我们就可以利用数据卷容器创建多个容器，防止宕机导致数据丢失。

1. 语法格式

```
podman run -id --name [container_name1] --volumes-from [container_name]
[images]
```

2. 参数详解

☑ container_name1：表示数据卷容器的名称。

☑ --volumes-from：表示命令参数。

☑ container_name：表示容器的名称。

☑ images：表示容器使用的镜像名称。

3. 企业实战

【案例】数据卷容器。

命令如下，如图 9.92 所示。

```
[root@rcs-team-rocky8.6 ~]# podman run -itd --name db_data -v /db_data ubuntu
[root@rcs-team-rocky8.6 ~]# podman run -id --name db1 --volumes-from db_data
ubuntu
```

```
[root@rcs-team-rocky8.6 ~]# podman run -itd --name db_data -v /db_data ubuntu
b20a88a716dad8c1aa24a9ad01e7bd755f4be5a933f00e51138649d708dede08
[root@rcs-team-rocky8.6 ~]# podman run -id --name db1 --volumes-from db_data ubuntu
c78415f6fff0f7db88aa956f8db564915cde37d8685ea3898f7f9529f5eb9f73
[root@rcs-team-rocky8.6 ~]# podman exec -it db1 bash
root@c78415f6fff0:/# ls
bin  boot  db_data  dev  etc  home  lib  lib32  lib64  libx32  media  mnt  opt  proc  root  run  sbin  srv  sys  tmp  usr  var
root@c78415f6fff0:/#
```

图 9.92　数据卷容器

在该案例中首先通过命令创建了一个容器，得到容器的 ID 是 b20a88a716dad8c1aa24a9ad01e7bd755f4be5a933f00e51138649d708dede08，然后再通过命令创建数据卷容器，数据卷容器挂载了刚才创建的容器，实现了通过容器间共享数据的功能。

9.7　容器监控

容器监控和单机监控、集群监控一样，都是非常重要的技能。特别是容器，因为启动速度快、启动的容器多，有时候会遇到各种问题。这就需要运维人员通过及时有效的监控手段，对容器的运维状态、日志、网络、存储、消耗资源的情况等进行数字化或图形化的显示，并对一些关键参数进行自动化的监控并告警。

9.7.1　Podman 自带的监控命令

1. podman stats 命令

podman stats 是 podman 容器系统自带的容器状态监控命令，我们可以通过 podman stats 和容器标识信息来查看当前容器状态的基本信息，如容器的标识信息、名称、CPU 使用情况、内存使用情况、网络使用情况等。

1）语法格式

```
podman stats 容器的标识信息
```

2）企业实战

【案例】查看容器标识信息为 aa1858fdcbdd 的容器状态。

命令如下，如图 9.93 所示。

```
[root@rcs-team-rocky8.6 ~]# podman stats aa1858fdcbdd
```

```
ID            NAME   CPU %  MEM USAGE / LIMIT  MEM %  NET IO             BLOCK IO           PIDS  CPU TIME     AVG CPU %
aa1858fdcbdd  nginx  2.49%  4.317MB / 2.147GB  0.20%  908B / 1.574kB    8.192kB / 28.67kB  5     41.251214ms  2.49%
```

图 9.93　podman stats 命令

2. podman top 命令

如果想知道容器中运行了哪些进程，可以使用 podman top 命令。

1）语法格式

```
podman top 容器的标识信息
```

2）企业实战

【案例】查看容器标识信息为 aa1858fdcbdd 的容器中运行了哪些进程。

命令如下，如图 9.94 所示。

```
[root@rcs-team-rocky8.6 ~]# podman top aa1858fdcbdd
```

```
[root@rcs-team-rocky8.6 ~]# podman top aa1858fdcbdd
USER    PID   PPID   %CPU    ELAPSED             TTY   TIME   COMMAND
root    1     0      0.000   5m21.49704008s      ?     0s     nginx: master process nginx -g daemon off;
nginx   31    1      0.000   5m21.497158373s     ?     0s     nginx: worker process
nginx   32    1      0.000   5m21.4971801s       ?     0s     nginx: worker process
nginx   33    1      0.000   5m21.497202587s     ?     0s     nginx: worker process
nginx   34    1      0.000   5m21.497221236s     ?     0s     nginx: worker process
[root@rcs-team-rocky8.6 ~]#
```

图 9.94　podman top 命令

3．podman ps 命令

podman ps 命令可以显示当前运行容器的状态。

1）语法格式

```
podman ps [options]
```

2）参数详解

options 参数如下。

☑　-a：显示所有状态下的容器（包括退出等）。

☑　-q：显示容器的 ID。

3）企业实战

【案例】查看当前运行容器的状态。

命令如下，如图 9.95 所示。

```
[root@rcs-team-rocky8.6 ~]# podman ps
[root@rcs-team-rocky8.6 ~]# podman ps -a
[root@rcs-team-rocky8.6 ~]# podman ps -aq
```

```
[root@rcs-team-rocky8.6 ~]# podman ps
CONTAINER ID  IMAGE                           COMMAND               CREATED        STATUS            PORTS   NAMES
aa1858fdcbdd  docker.io/library/nginx:latest  nginx -g daemon o...  8 minutes ago  Up 8 minutes ago          nginx
[root@rcs-team-rocky8.6 ~]# podman ps -a
CONTAINER ID  IMAGE                           COMMAND               CREATED        STATUS            PORTS   NAMES
aa1858fdcbdd  docker.io/library/nginx:latest  nginx -g daemon o...  8 minutes ago  Up 8 minutes ago          nginx
[root@rcs-team-rocky8.6 ~]# podman ps -aq
aa1858fdcbdd
[root@rcs-team-rocky8.6 ~]#
```

图 9.95　podman ps 命令

4）扩展应用

podman ps 命令可以和我们之前学习过的命令组合使用，如一次性停止系统中的所有容器，则可以通过如下命令实现。

```
podman stop $(podman ps -aq)
```

9.7.2　Rocky Linux Cockpit 监控 Podman

推荐使用 Rocky Linux 下的可视化的容器监控工具 Cockpit 监控 Podman，Cockpit 提供了容器的详情、日志，Web 控制台，容器的启动、停止、重启等功能。

1. Web 控制台的方式进入容器

这里通过 Web 控制台的方式进入容器，如图 9.96 所示。

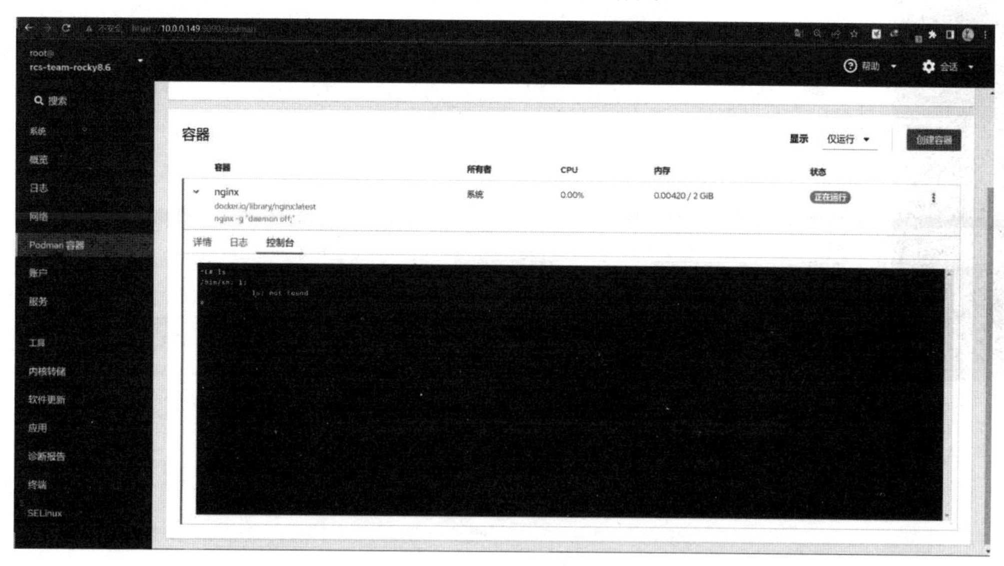

图 9.96　Web 控制台方式进入容器

2. 查看容器的日志

这里通过在线的形式查看容器的日志，如图 9.97 所示。

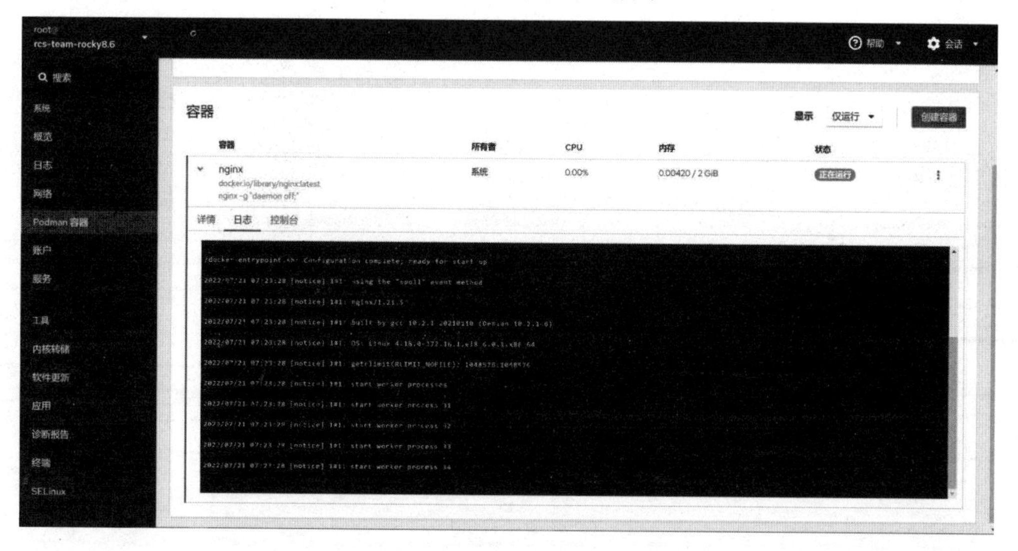

图 9.97　查看容器的日志

3．查看容器的详情

这里通过在线的形式查看容器的详情，如图 9.98 所示。

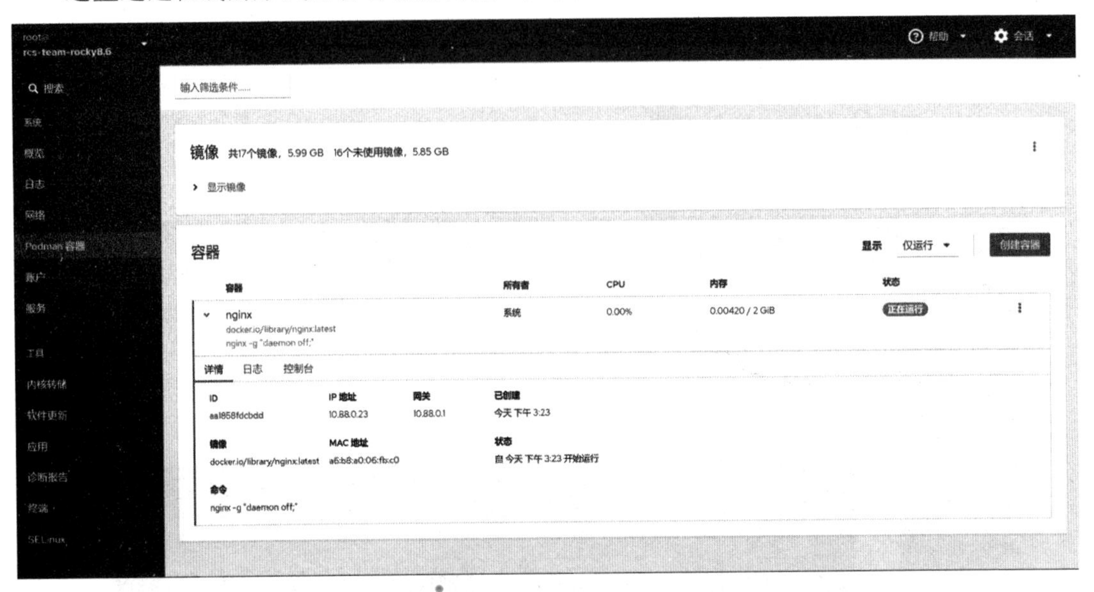

图 9.98 查看容器的详情

第 10 章

Linux 系统内核优化

本章重点讲解 Linux 系统内核优化的一些技巧，以满足我们日常在运维、安全、开发、测试等需求。另外本章提供的安全加固思路，能有效地避免 SYN 洪水攻击，开启恶意的 ICMP 错误信息保护等。

10.1 内核参数优化

Linux 系统内核中有非常多的参数，而对这些内核参数的优化会显著地提高内核的稳定性，在业务高峰期时，可以保证内核尽可能的稳定高效，而不是在遇到某些 DDOS 洪水时，Linux 内核就崩溃。总体来说，系统内核的优化是系统稳定高效地运行的一个重要的且强有力的保障。

Linux 系统的内核参数是可以按照它们的功能进行一个简单的分类，大体上可以分为网络层面、文件系统层面（即文件打开数、文件的读写性能等参数）、内存层面和内核层面。

通常 Linux 系统使用最低的内核参数，就像 CPU 一样，通常是降频使用的，这么做的目的无非是为了系统的稳定性，但系统的性能会有很多的牺牲。另外，这些默认的参数仅仅是针对普通的日常运行来说的。而生产环境中，第一是需要提高服务器的性能，从而保证生产活动中的很多任务能够圆满完成（如文件打开数如果不做优化，有时会发现某些程序运行不正常），第二是某些安全性方面的提升，如网络层面的优化可以使服务器自身就可以有一定的网络防御能力，毕竟装甲厚度高一点对服务器的安全也是有一定的好处。

1．修改内核配置文件

命令如下，如图 10.1 所示。

```
[root@rcs-team-rocky /]# vim /etc/sysctl.conf
```

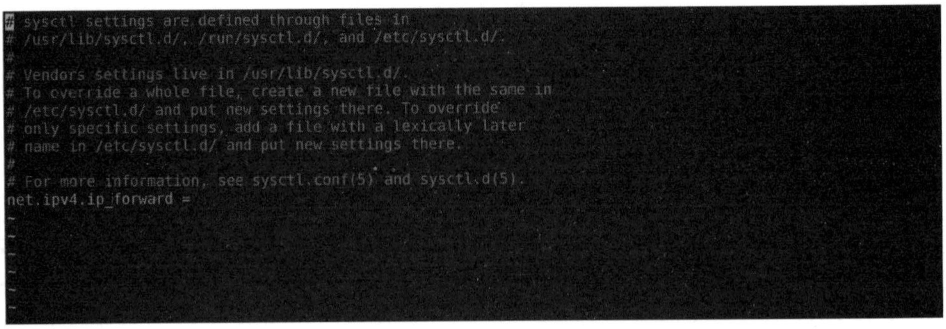

```
# sysctl settings are defined through files in
# /usr/lib/sysctl.d/, /run/sysctl.d/, and /etc/sysctl.d/.
#
# Vendors settings live in /usr/lib/sysctl.d/.
# To override a whole file, create a new file with the same in
# /etc/sysctl.d/ and put new settings there. To override
# only specific settings, add a file with a lexically later
# name in /etc/sysctl.d/ and put new settings there.
#
# For more information, see sysctl.conf(5) and sysctl.d(5).
net.ipv4.ip_forward =
~
~
~
~
~
~
```

图 10.1　修改内核配置文件

2. 刷新内核配置文件

命令如下，如图 10.2 所示。

```
[root@rcs-team-rocky /]# sysctl -p
```

```
[root@rcs-team-rocky /]# sysctl -p
net.ipv4.ip_forward = 1
[root@rcs-team-rocky /]#
```

图 10.2　刷新内核配置文件

3. 关闭 IPv6 相关的配置

命令如下，如图 10.3 所示。

```
net.ipv6.conf.all.disable_ipv6 = 1
net.ipv6.conf.default.disable_ipv6 = 1
```

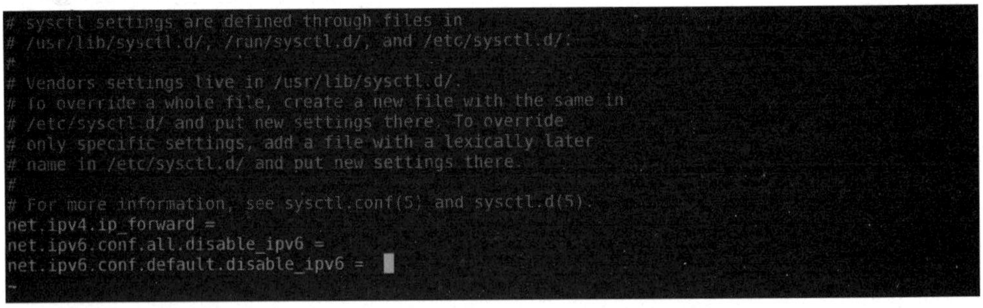

```
# sysctl settings are defined through files in
# /usr/lib/sysctl.d/, /run/sysctl.d/, and /etc/sysctl.d/.
#
# Vendors settings live in /usr/lib/sysctl.d/.
# To override a whole file, create a new file with the same in
# /etc/sysctl.d/ and put new settings there. To override
# only specific settings, add a file with a lexically later
# name in /etc/sysctl.d/ and put new settings there.
#
# For more information, see sysctl.conf(5) and sysctl.d(5).
net.ipv4.ip_forward =
net.ipv6.conf.all.disable_ipv6 =
net.ipv6.conf.default.disable_ipv6 =
~
```

图 10.3　关闭 IPv6 相关的配置

4. 避免放大攻击

命令如下，如图 10.4 所示。

```
net.ipv4.icmp_echo_ignore_broadcasts = 1
```

5. 开启恶意的 ICMP 错误信息保护

命令如下，如图 10.5 所示。

```
net.ipv4.icmp_ignore_bogus_error_responses = 1
```

```
# sysctl settings are defined through files in
# /usr/lib/sysctl.d/, /run/sysctl.d/, and /etc/sysctl.d/.
#
# Vendors settings live in /usr/lib/sysctl.d/.
# To override a whole file, create a new file with the same in
# /etc/sysctl.d/ and put new settings there. To override
# only specific settings, add a file with a lexically later
# name in /etc/sysctl.d/ and put new settings there.
#
# For more information, see sysctl.conf(5) and sysctl.d(5).
net.ipv4.ip_forward =
net.ipv6.conf.all.disable_ipv6 =
net.ipv6.conf.default.disable_ipv6 =
net.ipv4.icmp_echo_ignore_broadcasts =
```

图 10.4　避免放大攻击

```
# sysctl settings are defined through files in
# /usr/lib/sysctl.d/, /run/sysctl.d/, and /etc/sysctl.d/.
#
# Vendors settings live in /usr/lib/sysctl.d/.
# To override a whole file, create a new file with the same in
# /etc/sysctl.d/ and put new settings there. To override
# only specific settings, add a file with a lexically later
# name in /etc/sysctl.d/ and put new settings there.
#
# For more information, see sysctl.conf(5) and sysctl.d(5).
net.ipv4.ip_forward =
net.ipv6.conf.all.disable_ipv6 =
net.ipv6.conf.default.disable_ipv6 =
net.ipv4.icmp_echo_ignore_broadcasts =
net.ipv4.icmp_ignore_bogus_error_responses =
~
~
~
~
~
~
~
-- INSERT --                                              15,47         All
```

图 10.5　开启恶意的 ICMP 错误信息保护

6．关闭路由转发

命令如下，如图 10.6 所示。

```
net.ipv4.ip_forward = 0
```

```
# sysctl settings are defined through files in
# /usr/lib/sysctl.d/, /run/sysctl.d/, and /etc/sysctl.d/.
#
# Vendors settings live in /usr/lib/sysctl.d/.
# To override a whole file, create a new file with the same in
# /etc/sysctl.d/ and put new settings there. To override
# only specific settings, add a file with a lexically later
# name in /etc/sysctl.d/ and put new settings there.
#
# For more information, see sysctl.conf(5) and sysctl.d(5).
net.ipv4.ip_forward =
net.ipv6.conf.all.disable_ipv6 =
net.ipv6.conf.default.disable_ipv6 =
net.ipv4.icmp_echo_ignore_broadcasts =
net.ipv4.icmp_ignore_bogus_error_responses =
~
~
```

图 10.6　关闭路由转发

7．开启反向路径过滤

命令如下，如图 10.7 所示。

```
net.ipv4.conf.all.rp_filter = 1
net.ipv4.conf.default.rp_filter = 1
```

```
# sysctl settings are defined through files in
# /usr/lib/sysctl.d/, /run/sysctl.d/, and /etc/sysctl.d/.
#
# Vendors settings live in /usr/lib/sysctl.d/.
# To override a whole file, create a new file with the same in
# /etc/sysctl.d/ and put new settings there. To override
# only specific settings, add a file with a lexically later
# name in /etc/sysctl.d/ and put new settings there.
#
# For more information, see sysctl.conf(5) and sysctl.d(5).
net.ipv4.ip_forward =
net.ipv6.conf.all.disable_ipv6 =
net.ipv6.conf.default.disable_ipv6 =
net.ipv4.icmp_echo_ignore_broadcasts =
net.ipv4.icmp_ignore_bogus_error_responses =
net.ipv4.conf.all.rp_filter =
net.ipv4.conf.default.rp_filter =
```

图 10.7　开启反向路径过滤

8. 处理无源路由的包

命令如下，如图 10.8 所示。

```
net.ipv4.conf.all.accept_source_route = 0
net.ipv4.conf.default.accept_source_route = 0
```

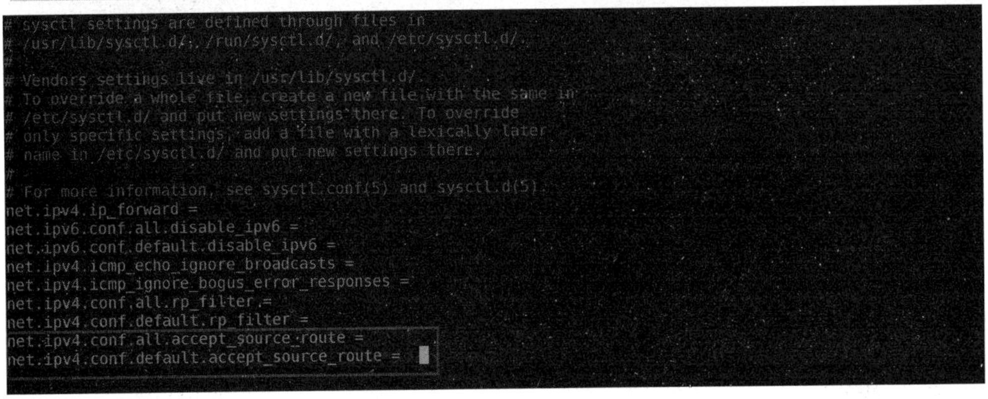

```
# sysctl settings are defined through files in
# /usr/lib/sysctl.d/, /run/sysctl.d/, and /etc/sysctl.d/.
#
# Vendors settings live in /usr/lib/sysctl.d/.
# To override a whole file, create a new file with the same in
# /etc/sysctl.d/ and put new settings there. To override
# only specific settings, add a file with a lexically later
# name in /etc/sysctl.d/ and put new settings there.
#
# For more information, see sysctl.conf(5) and sysctl.d(5).
net.ipv4.ip_forward =
net.ipv6.conf.all.disable_ipv6 =
net.ipv6.conf.default.disable_ipv6 =
net.ipv4.icmp_echo_ignore_broadcasts =
net.ipv4.icmp_ignore_bogus_error_responses =
net.ipv4.conf.all.rp_filter =
net.ipv4.conf.default.rp_filter =
net.ipv4.conf.all.accept_source_route =
net.ipv4.conf.default.accept_source_route =
```

图 10.8　处理无源路由的包

9. 为 core 文件名添加 pid 作为扩展名

命令如下，如图 10.9 所示。

```
kernel.core_uses_pid = 1
```

```
net.ipv4.ip_forward =
net.ipv6.conf.all.disable_ipv6 =
net.ipv6.conf.default.disable_ipv6 =
net.ipv4.icmp_echo_ignore_broadcasts =
net.ipv4.icmp_ignore_bogus_error_responses =
net.ipv4.conf.all.rp_filter =
net.ipv4.conf.default.rp_filter =
net.ipv4.conf.all.accept_source_route =
net.ipv4.conf.default.accept_source_route =
kernel.core_uses_pid =
```

图 10.9　为 core 文件名添加 pid 作为扩展名

10. 开启 SYN 洪水攻击保护

命令如下，如图 10.10 所示。

```
net.ipv4.tcp_syncookies = 1
```

```
net.ipv4.ip_forward =
net.ipv6.conf.all.disable_ipv6 =
net.ipv6.conf.default.disable_ipv6 =
net.ipv4.icmp_echo_ignore_broadcasts =
net.ipv4.icmp_ignore_bogus_error_responses =
net.ipv4.conf.all.rp_filter =
net.ipv4.conf.default.rp_filter =
net.ipv4.conf.all.accept_source_route =
net.ipv4.conf.default.accept_source_route =
kernel.core_uses_pid =
net.ipv4.tcp_syncookies =
```

图 10.10　开启 SYN 洪水攻击保护

11. 防止 DoS 攻击

命令如下，如图 10.11 所示。

```
net.ipv4.tcp_max_orphans = 3276800
```

```
net.ipv4.ip_forward =
net.ipv6.conf.all.disable_ipv6 =
net.ipv6.conf.default.disable_ipv6 =
net.ipv4.icmp_echo_ignore_broadcasts =
net.ipv4.icmp_ignore_bogus_error_responses =
net.ipv4.conf.all.rp_filter =
net.ipv4.conf.default.rp_filter =
net.ipv4.conf.all.accept_source_route =
net.ipv4.conf.default.accept_source_route =
kernel.core_uses_pid =
net.ipv4.tcp_syncookies =
net.ipv4.tcp_max_orphans =
```

图 10.11　防止 DoS 攻击

12. 禁止修改路由表

命令如下，如图 10.12 所示。

```
net.ipv4.conf.all.accept_redirects = 0
net.ipv4.conf.default.accept_redirects = 0
net.ipv4.conf.all.secure_redirects = 0
net.ipv4.conf.default.secure_redirects = 0
```

```
net.ipv4.conf.all.accept_redirects =
net.ipv4.conf.default.accept_redirects =
net.ipv4.conf.all.secure_redirects =
net.ipv4.conf.default.secure_redirects =
```

图 10.12　禁止修改路由表

10.2　Linux 内核相关命令

1. 查看当前系统内核信息

获取 Linux 内核信息时，如 Linux 内核的版本号可以通过 uname -a 命令获取。uname -a 命令会显示系统名、节点名称、操作系统的发行版号、内核版本、硬件平台等信息。查看当前系统内核信息的命令如下，如图 10.13 所示。

```
[root@rcs-team.com-rocky ~]# uname -a
```

```
[root@rcs-team.com-rocky ~]# uname -a
Linux rcs-team.com-rocky 4.18.0-425.3.1.el8.x86_64 #1 SMP Wed Nov 9 20:13:27 UTC 2022 x86_64 x86_64 x86_64
 GNU/Linux
[root@rcs-team.com-rocky ~]#
```

图 10.13　查看当前系统内核信息

图 10.13 中内核信息详解如下。

☑ Linux：系统名。

☑ rcs-team.com-rocky：节点名称。

☑ 4.18.0-425.3.1.el8.x86_64：表示操作系统的发行版号。命名规则为主版本号 4，次版本号 18（奇数为开发版本，偶数为稳定版本），修订版本号为 0，即修改的次数，此次版本的第 N 次修改，即第 425 次修改。el8 表示 Red Hat Enterprise Linux 8。x86_64 表示编译框架为 64 位。

☑ #1 SMP Wed Nov 9 20:13:27 UTC 2022：表示内核版本。

☑ x86_64：表示硬件平台。

☑ x86_64：表示系统处理器体系结构。

☑ GNU/Linux：表示操作系统。

2．查看当前操作系统版本信息

通过 cat /proc/version 方式查看当前操作系统版本信息与通过 uname -a 方式获得的内核信息是一样的。它们都会把当前 Linux 内核信息详细地显示出来，但是用这种方式并不能准确地知道当前操作系统的发行版本号是什么。如果需要知道当前操作系统的发行版本号，可通过 cat /etc/redhat-release 命令来查看的。查看当前操作系统版本信息的命令如下，如图 10.14 所示。

```
[root@rcs-team.com-rocky ~]# cat /proc/version
```

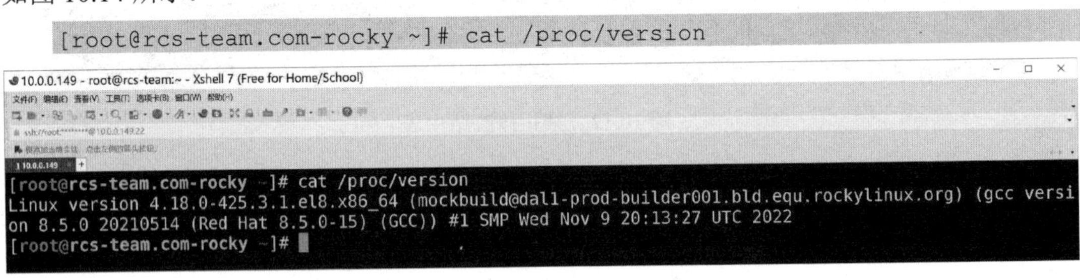

图 10.14　查看当前操作系统版本信息

3．查看 CPU 相关信息

Linux 系统中提供了 proc 文件系统显示系统的软硬件信息。如果想了解系统中 CPU 的提供商和相关配置信息，则可以通过/proc/cpuinfo 文件获得。

查看 CPU 相关信息的命令如下。

```
[root@rcs-team.com-rocky ~]# cat /proc/cpuinfo
```

基于不同指令集架构（instruction set architecture，ISA）的 CPU 产生的/proc/cpuinfo 文件不一样，基于 X86 指令集 CPU 的/proc/cpuinfo 文件包含如下内容，如图 10.15 所示。

```
[root@rcs-team-rocky8.6 ~]# cat /proc/cpuinfo
processor       : 0
vendor_id       : GenuineIntel
cpu family      : 6
model           : 167
model name      : 11th Gen Intel(R) Core(TM) i9-11900K @ 3.50GHz
stepping        : 1
microcode       : 0xffffffff
cpu MHz         : 3503.996
cache size      : 16384 KB
physical id     : 0
siblings        : 2
core id         : 0
cpu cores       : 2
apicid          : 0
initial apicid  : 0
fpu             : yes
fpu_exception   : yes
cpuid level     : 27
wp              : yes
flags           : fpu vme de pse tsc msr pae mce cx8 apic sep mtrr pge mca cmov pat pse36 clflush mmx fxsr sse sse2 ss ht syscall nx pdpelgb rdtscp lm constant
_tsc arch_perfmon rep_good nopl xtopology tsc_reliable nonstop_tsc cpuid pni pclmulqdq ssse3 fma cx16 pcid sse4_1 sse4_2 x2apic movbe popcnt tsc_deadline_timer
 aes xsave avx f16c rdrand hypervisor lahf_lm abm 3dnowprefetch invpcid_single pti ssbd ibrs ibpb stibp fsgsbase tsc_adjust bmi1 avx2 smep bmi2 erms invpcid av
x512f avx512dq rdseed adx smap avx512ifma clflushopt avx512cd sha_ni avx512bw avx512vl xsaveopt xsavec xgetbv1 xsaves arat avx512vbmi umip avx512_vbmi2 gfni va
es vpclmulqdq avx512_vnni avx512_bitalg avx512_vpopcntdq rdpid fsrm flush_l1d arch_capabilities
bugs            : cpu_meltdown spectre_v1 spectre_v2 spec_store_bypass l1tf mds swapgs mmio_stale_data retbleed
bogomips        : 7007.99
clflush size    : 64
cache_alignment : 64
address sizes   : 45 bits physical, 48 bits virtual
power management:

processor       : 1
vendor_id       : GenuineIntel
cpu family      : 6
model           : 167
model name      : 11th Gen Intel(R) Core(TM) i9-11900K @ 3.50GHz
stepping        : 1
microcode       : 0xffffffff
cpu MHz         : 3503.996
cache size      : 16384 KB
physical id     : 0
siblings        : 2
core id         : 0
cpu cores       : 2
apicid          : 0
initial apicid  : 0
fpu             : yes
fpu_exception   : yes
cpuid level     : 27
wp              : yes
flags           : fpu vme de pse tsc msr pae mce cx8 apic sep mtrr pge mca cmov pat pse36 clflush mmx fxsr sse sse2 ss ht syscall nx pdpelgb rdtscp lm constant
_tsc arch_perfmon rep_good nopl xtopology tsc_reliable nonstop_tsc cpuid pni pclmulqdq ssse3 fma cx16 pcid sse4_1 sse4_2 x2apic movbe popcnt tsc_deadline_timer
 aes xsave avx f16c rdrand hypervisor lahf_lm abm 3dnowprefetch invpcid_single pti ssbd ibrs ibpb stibp fsgsbase tsc_adjust bmi1 avx2 smep bmi2 erms invpcid av
x512f avx512dq rdseed adx smap avx512ifma clflushopt avx512cd sha_ni avx512bw avx512vl xsaveopt xsavec xgetbv1 xsaves arat avx512vbmi umip avx512_vbmi2 gfni va
es vpclmulqdq avx512_vnni avx512_bitalg avx512_vpopcntdq rdpid fsrm flush_l1d arch_capabilities
bugs            : cpu_meltdown spectre_v1 spectre_v2 spec_store_bypass l1tf mds swapgs mmio_stale_data retbleed
bogomips        : 7007.99
clflush size    : 64
cache_alignment : 64
address sizes   : 45 bits physical, 48 bits virtual
power management:
```

图 10.15　查看 CPU 相关信息

图 10.15 中各个输出项的含义如下。

☑ processor：处理器编号。
☑ vendor_id：处理器制造商标识，此处为 GenuineIntel，表示是英特尔的处理器。
☑ cpu family：处理器系列。
☑ model：处理器型号。
☑ model name：处理器型号名称。
☑ stepping：步进号。
☑ microcode：微码版本。
☑ cpu MHz：处理器频率。
☑ cache size：缓存大小。
☑ physical id：物理处理器标识。
☑ siblings：同一物理处理器上的核心线程数。
☑ core id：核心编号。

☑ cpu cores：物理处理器上的核心数。
☑ apicid：APIC（advanced programmable interrupt controller，高级可编程中断控制器）标识。
☑ initial apicid：初始的 apicid 数值。
☑ fpu：浮点数单元是否存在。
☑ fpu_exception：浮点数单元是否支持异常处理。
☑ cpuid level：CPUID 等级。
☑ wp：写保护是否启用。
☑ flags：处理器的特性标志，列出了一系列特性，如 fpu、sse、avx 等。
☑ bugs：处理器的已知问题或漏洞，列出了一系列已知的问题或漏洞。
☑ bogomips：处理器的性能指标。
☑ clflush size：clflush 指令的缓存行大小。
☑ cache_alignment：缓存的对齐方式。
☑ address sizes：物理地址和虚拟地址的位数。
☑ power management：电源管理的相关信息。

4．查看内存相关信息

/proc/meminfo 是了解 Linux 系统内存使用状况的主要接口，我们常用的 free、vmstat 等命令就是通过它获取数据的，/proc/meminfo 所包含的信息比 free 等命令要丰富得多。我们可以通过如下命令查看内核详细的内存信息，如图 10.16 所示。

```
[root@rcs-team.com-rocky ~]# cat /proc/meminfo
```

/proc/meminfo 参数的说明如下。

☑ MemTotal：系统的总物理内存大小。
☑ MemFree：系统中未使用的物理内存大小。
☑ MemAvailable：估计的可用于启动新应用程序，而无须交换的内存量。
☑ Buffers：临时存储块设备读写的缓冲区大小。
☑ Cached：被用作缓存的内存大小。
☑ SwapCached：被换入的内存大小。
☑ Active：活跃的或最近使用过的内存大小。
☑ Inactive：不活跃的内存大小。
☑ Active(anon)和 Inactive(anon)：Active 和 Inactive 内存中被匿名程序使用的内存大小。
☑ Active(file)和 Inactive(file)：Active 和 Inactive 内存中被文件映射的内存大小。
☑ Unevictable：不可驱逐的内存大小，即永远不会被交换出去的内存。
☑ SwapTotal 和 SwapFree：交换空间的总大小和可用大小。
☑ Dirty：等待写入磁盘的内存大小。
☑ Writeback：写回的页面大小，表示正在写回磁盘的页面数量。
☑ AnonPages：未映射到文件的内存大小。

```
[root@rcs-team.com-rocky ~]# cat /proc/meminfo
MemTotal:        8118796 kB
MemFree:         5395864 kB
MemAvailable:    6242148 kB
Buffers:            5280 kB
Cached:          1333632 kB
SwapCached:            0 kB
Active:           638680 kB
Inactive:        1387876 kB
Active(anon):     202524 kB
Inactive(anon):   838532 kB
Active(file):     436156 kB
Inactive(file):   549344 kB
Unevictable:           0 kB
Mlocked:               0 kB
SwapTotal:       2097148 kB
SwapFree:        2097148 kB
Dirty:                52 kB
Writeback:             0 kB
AnonPages:        675136 kB
Mapped:           254308 kB
Shmem:            353412 kB
KReclaimable:     162876 kB
Slab:             303848 kB
SReclaimable:     162876 kB
SUnreclaim:       140972 kB
KernelStack:        6672 kB
PageTables:        11248 kB
NFS_Unstable:          0 kB
Bounce:                0 kB
WritebackTmp:          0 kB
CommitLimit:     6156544 kB
Committed_AS:    1971872 kB
VmallocTotal:   34359738367 kB
VmallocUsed:           0 kB
VmallocChunk:          0 kB
Percpu:            85504 kB
HardwareCorrupted:     0 kB
AnonHugePages:    495616 kB
ShmemHugePages:        0 kB
ShmemPmdMapped:        0 kB
FileHugePages:         0 kB
FilePmdMapped:         0 kB
HugePages_Total:       0
HugePages_Free:        0
HugePages_Rsvd:        0
HugePages_Surp:        0
Hugepagesize:       2048 kB
Hugetlb:               0 kB
DirectMap4k:      280384 kB
DirectMap2M:     7059456 kB
DirectMap1G:     3145728 kB
[root@rcs-team.com-rocky ~]#
```

图 10.16　查看内存相关信息

☑ Mapped：映射到文件的内存大小。

☑ Shmem：共享内存大小。

☑ Slab：内核数据结构缓存的大小。

☑ SReclaimable：可回收的 Slab 缓存大小。

☑ SUnreclaim：不可回收的 Slab 缓存大小。

☑ KernelStack：内核栈的大小。

☑ PageTables：管理内存分页的页表大小。

☑ NFS_Unstable：表示不稳定的 NFS（network file system）内存大小。NFS 是一种分布式文件系统协议，允许不同的计算机通过网络共享文件。当使用 NFS 进行文件操作时，会涉及缓存数据以提高性能的过程。

- ☑ Bounce：弹跳缓冲区大小。
- ☑ CommitLimit：当前系统可承诺（分配给进程）的最大内存量。
- ☑ Committed_AS：至目前为止系统承诺的内存量，这个值可能超过 CommitLimit。
- ☑ VmallocTotal、VmallocUsed 和 VmallocChunk：虚拟内存的总量、已使用量和最大连续未使用内存块。
- ☑ AnonHugePages：使用大页分配的未映射页的内存大小。
- ☑ HugePages_Total、HugePages_Free、HugePages_Rsvd 和 HugePages_Surp：系统中总的、空闲的、预留的和超额的大页数量。
- ☑ Hugepagesize：大页的大小。
- ☑ DirectMap4k、DirectMap2M、DirectMap1G：可以直接映射到物理内存的 4K 页面、2M 页面和 1G 页面的数量。

5．查看操作系统位数

在 Linux 操作系统安装软件或第三方库时，多数情况需要我们知道操作系统的架构是 64 位还是 32 位。如果在不清楚自己的操作系统位数时下载错误的版本以后，很有可能导致软件或第三库安装失败，从而在程序运行的过程中出现各种各样的问题。

查看操作系统位数的命令如下，如图 10.17 所示。

```
[root@rcs-team.com-rocky ~]# getconf LONG_BIT
```

```
[root@rcs-team.com-rocky ~]# getconf LONG_BIT
64
[root@rcs-team.com-rocky ~]#
```

图 10.17　查看操作系统位数

6．获取系统版本信息

除了上述命令以外，我们还可以通过 dmesg 命令来获取系统的版本信息。在运行 dmesg 时，它会显示大量信息。dmesg 的输出通常通过 less 或 grep 参数查看，这使得查找要检查的信息更加容易。dmesg 命令显示 Linux 内核的环形缓冲区（ring buffer）信息，我们可以在多个操作级别获得大量的系统信息，如系统架构、CPU、安装的硬件、RAM 等。

内核会将系统开机信息存储在环形缓冲区中，可以使用 dmesg 命令查看，开机信息保存在/var/log/dmesg 文件中。

查看系统版本信息的命令如下，如图 10.18 所示。

```
[root@rcs-team.com-rocky ~]# dmesg | grep Linux
```

7．升级内核版本到软件仓库中的最新版

Linux 中，我们可以通过 yum 命令在已经安装的安装源中查找内核版本并升级到最新版本，如果软件安装源中的内核版本为最新，在通过 yum 命令进行查看时则会提示“Nothing to do”。如果不是最新版本，则会自动升级。除了采用在线升级的方式升级 Linux 内核，我们还可以通过下载 Linux 内核项目的源码的方式进行手动编译安装。但该过程相对操作起来比较复杂，不适合零基础的读者进行操作。升级内核到最新版本的命令如下，如图 10.19 所示。

```
[root@rcs-team.com-rocky ~]# yum update kernel
```

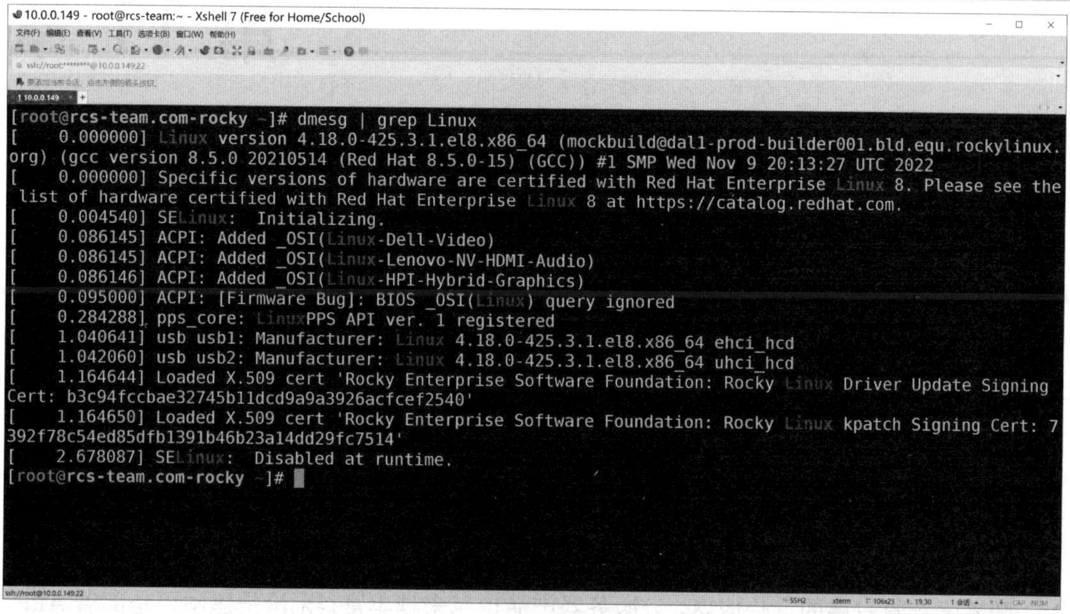
10.0.0.149 - root@rcs-team:~ - Xshell 7 (Free for Home/School)
[root@rcs-team.com-rocky ~]# dmesg | grep Linux
[0.000000] Linux version 4.18.0-425.3.1.el8.x86_64 (mockbuild@dal1-prod-builder001.bld.equ.rockylinux.org) (gcc version 8.5.0 20210514 (Red Hat 8.5.0-15) (GCC)) #1 SMP Wed Nov 9 20:13:27 UTC 2022
[0.000000] Specific versions of hardware are certified with Red Hat Enterprise Linux 8. Please see the list of hardware certified with Red Hat Enterprise Linux 8 at https://catalog.redhat.com.
[0.004540] SELinux: Initializing.
[0.086145] ACPI: Added _OSI(Linux-Dell-Video)
[0.086145] ACPI: Added _OSI(Linux-Lenovo-NV-HDMI-Audio)
[0.086146] ACPI: Added _OSI(Linux-HPI-Hybrid-Graphics)
[0.095000] ACPI: [Firmware Bug]: BIOS _OSI(Linux) query ignored
[0.284288] pps_core: LinuxPPS API ver. 1 registered
[1.040641] usb usb1: Manufacturer: Linux 4.18.0-425.3.1.el8.x86_64 ehci_hcd
[1.042060] usb usb2: Manufacturer: Linux 4.18.0-425.3.1.el8.x86_64 uhci_hcd
[1.164644] Loaded X.509 cert 'Rocky Enterprise Software Foundation: Rocky Linux Driver Update Signing Cert: b3c94fccbae32745b11dcd9a9a3926acfcef2540'
[1.164650] Loaded X.509 cert 'Rocky Enterprise Software Foundation: Rocky Linux kpatch Signing Cert: 7392f78c54ed85dfb1391b46b23a14dd29fc7514'
[2.678087] SELinux: Disabled at runtime.
[root@rcs-team.com-rocky ~]#

图 10.18　查看系统版本信息

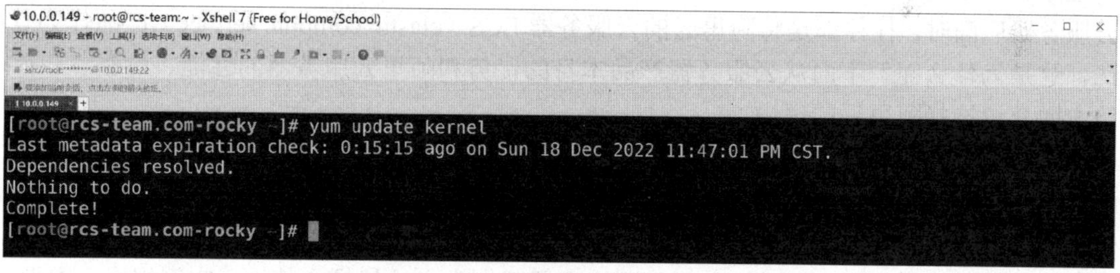
10.0.0.149 - root@rcs-team:~ - Xshell 7 (Free for Home/School)
[root@rcs-team.com-rocky ~]# yum update kernel
Last metadata expiration check: 0:15:15 ago on Sun 18 Dec 2022 11:47:01 PM CST.
Dependencies resolved.
Nothing to do.
Complete!
[root@rcs-team.com-rocky ~]#

图 10.19　升级内核到最新版本

第 11 章

中小型企业上云解决方案

云计算的兴起为中小型企业节省了巨大的 IT 基础设施投入，同时降低了企业的运维成本。本章将重点讲解中小型企业上云的一些解决方案。

11.1 阿里云云服务器 ECS

随着云计算发展的日趋成熟，云服务器产品也越来越丰富，无论是建站还是部署 APP、小程序、数据处理等场景，用户都将云服务器产品作为了上云的首选，而很多用户在选择云服务器厂商时，往往都是将阿里云的云服务器 ECS（elastic compute service）产品作为首选，这是为什么呢？下面从云服务器产品本身的优势和阿里云服务器的性能、价格、口碑等方面介绍选择阿里云的理由。

理由一：性能。

阿里云服务器是一种高效、计算能力可弹性伸缩的云计算服务，用户可根据业务需要，随时创建、修改、释放云服务器 ECS 配置。它运行于阿里云自研的飞天操作系统，具有计算性能可弹性伸缩、存储空间可扩展、网络配置可自定义的低耦合特性。实例规格、磁盘、网络、操作系统等作为云服务器 ECS 的组成部分，可像搭积木一样任意组合卸载，满足用户的多样化需求。

云计算最大的优势就在于弹性。目前，阿里云已拥有在数分钟内开出一家中型互联网公司所需要的 IT 资源的能力，这就能够保证大部分企业在云上所构建的业务都能承受巨大的业务量压力。

（1）计算弹性：纵向的弹性，即单个服务器的配置变更。在传统 IDC 模式下很难做到对单个服务器进行变更配置。而对于阿里云，当用户购买了云服务器或存储的容量后，可以根据业务量的增长或减少自由变更自己的配置。横向的弹性，对于游戏应用或直播平台出现的高峰期，若在传统的 IDC 模式下，用户根本无法立即准备资源；而在云计算模式下却可以使用弹性的方式帮助客户度过这样的高峰。当业务高峰消失时，可以将多余的资源释放，以减少业务成本的开支。利用横向的扩展和缩减，配合阿里云的弹性伸缩，完全可以做到定时定量的伸缩，或按照业务的负载进行伸缩。关于横向弹性的具体应用，请参考弹性伸缩。

（2）存储弹性：阿里云拥有很强的存储弹性。当存储量增多时，对于传统的 IDC 方案，用户只能不断地增加服务器，而这样扩展的服务器数量是有限的。在云计算模式下，将为用户提供海量的存储，当用户需要时可以直接购买，为存储提供最大保障。

（3）网络弹性：云上的网络具有非常大的灵活性，只要购买了阿里云的专有网络，那么所有的网络配置与线下 IDC 机房配置可以是完全相同的，并且可以拥有更多的可能性。可实现各个机房之间的互联互通、各个机房之间的安全域隔离，对专有网络内所有的网络配置和规划都会非常灵活。

总之，对于阿里云的弹性而言，计算弹性、存储弹性、网络弹性以及用户对于业务架构重新规划的弹性，用户可以使用任意方式去组合自己的业务，阿里云都能够满足用户的需求。

理由二：价格。

对于用户来说，无论选择哪个云服务厂商的云服务器产品，价格往往都会是重点考虑的因素之一，如果购买小服务商的价格非常便宜的云服务器，并不能保证网站的访问速度、应用的响应和运行速度，所以尽量不要选择价格太便宜的云服务器，但是也需要尽量把价格控制在自己的预算之内。

目前，阿里云服务器在价格方面做了很多优惠，尤其是对初次购买阿里云服务器的新用户，阿里云提供了免费的代金券。

理由三：口碑。

阿里云创立于 2009 年，属于国内最早做云服务器产品的服务商，经过多年口碑的积累，用过阿里云服务器的用户都觉得很不错，所以很多用户看到使用阿里云服务器的评价后，对阿里云服务器就更有信心了。下面是一些比较有代表性的阿里云服务器的使用感受。

（1）性能方面：在接触阿里云之前，我们所使用的一般都是传统服务器，由于平台会有较大的调用量，所以机房都需要安排专人看守，另外公网 IP 价格比较高，网络也不是很稳定，经常会出现死机的情况，只能无奈地物理启动。

（2）数据备份方面：数据库自行搭建，每天都只能通过手动的方法备份，而且集群扩容就必须要停机，这使得运维的成本越来越高。物理服务器数据存储的安全性较低，很难备份、也同样很难扩容，这就导致成本资源较高且有明显浪费的现象。

（3）操作方面：自从选择阿里云的服务之后，发现所有的运维操作都具备一键化的效果，在储存上没有限制，而且安全可靠，非常适合于我们这样的人工智能开放平台，能够有效减少运营过程中的人力成本。

（4）售后方面：在使用阿里云时会发现，售后服务的响应比较快，无论是什么样的问题都可以得到响应。RESTful 接口具有简单易用的特点，能有效轻松地实现脚本化的管理。

（5）生态服务方面：阿里云拥有着齐全的服务，无论是数据库或是负载均衡，还是安全储存，都有成熟的解决方案，能够有效降低运维过程中的成本，让开发者集中注意力在业务开发上。

1. 注册阿里云账号

打开阿里云官方网站，有账号的用户可以直接登录，没有账号的用户可以通过支付宝或手机号进行注册。阿里云账号注册界面如图 11.1 所示。

图 11.1 阿里云账号注册界面

2. 登录阿里云

进入登录阿里云界面后，使用自己的账号进行登录。阿里云登录界面如图 11.2 所示。

图 11.2 阿里云登录界面

3. 控制台

登录阿里云以后我们可以在界面上选择“工作台”选项卡，即可进入如图 11.3 所示的阿里云工作台主界面中，该界面显示阿里云服务的概览、资源管理、运维监控、自定义视图、安全中心等内容。

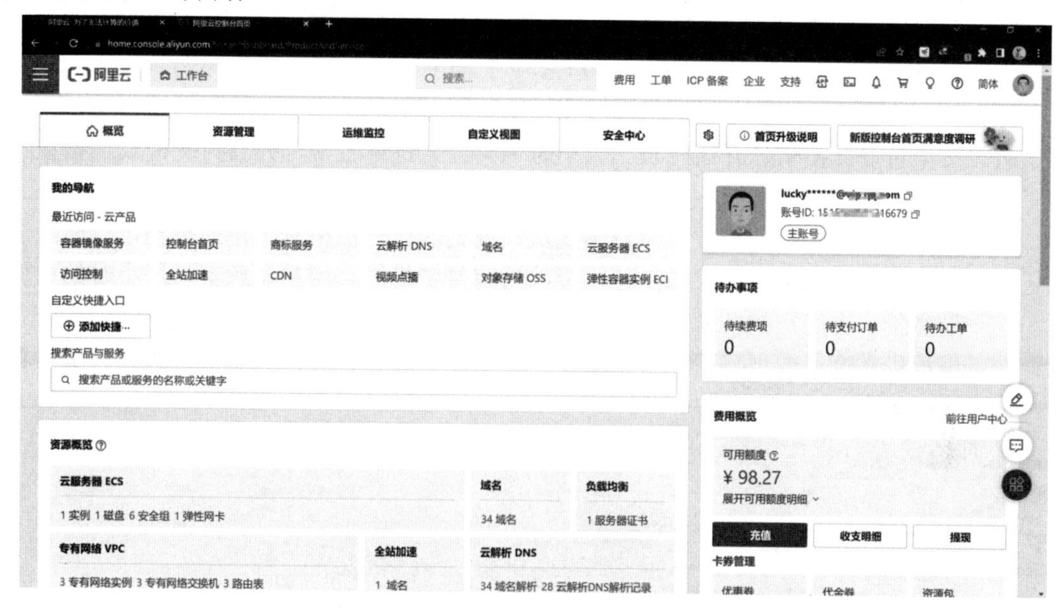

图 11.3 阿里云工作台

4. 云服务器

在工作台中可以显示购买的云服务器 ECS，我们可以创建实例和管理实例（即云主机）。云服务器界面如图 11.4 所示。

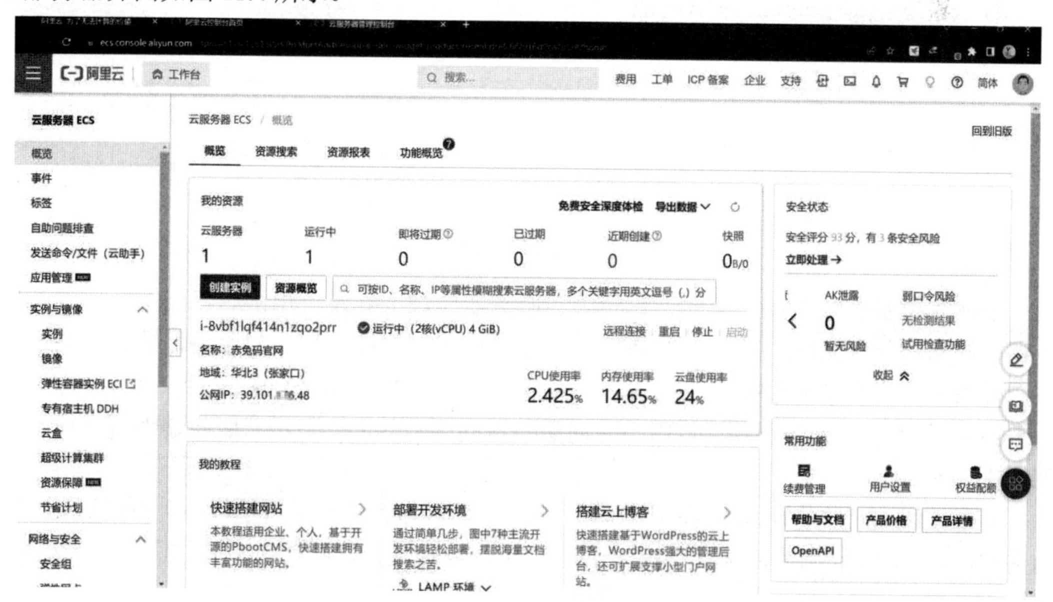

图 11.4 云服务器界面

1）购买云服务器

如果要体验阿里云的各种服务，首先需要购买一台云服务器，学生凭借学生证、企业第一入驻都可以享受一些优惠。

进入创建实例界面，我们可以看到云服务器的付费模式有以下 3 种，如图 11.5 所示。

- ☑ 包年包月：按月购买及续费，为预付费模式。若购买中国内地地域的 ECS 用于网站 Web 访问，请及时备案。若 ECS 用于 SLB，请前往 SLB 新购界面购买带宽，ECS 仅需保留少量带宽以便用户管理。
- ☑ 按量付费：按实际开通时长（以小时为单位）进行收费，为后付费模式。按量付费的云服务器不支持备案服务。
- ☑ 抢占式实例：相对于按量付费模式，该模式的实例价格有一定的折扣，价格随供求波动，按实际使用时长进行收费，为后付费模式。用户愿意支付每小时的实例最高价，当用户的出价高于当前市场成交价时，用户的实例就会运行。阿里云会根据供需资源或市场成交价的变化释放用户的抢占式实例，抢占式实例不支持备案服务。

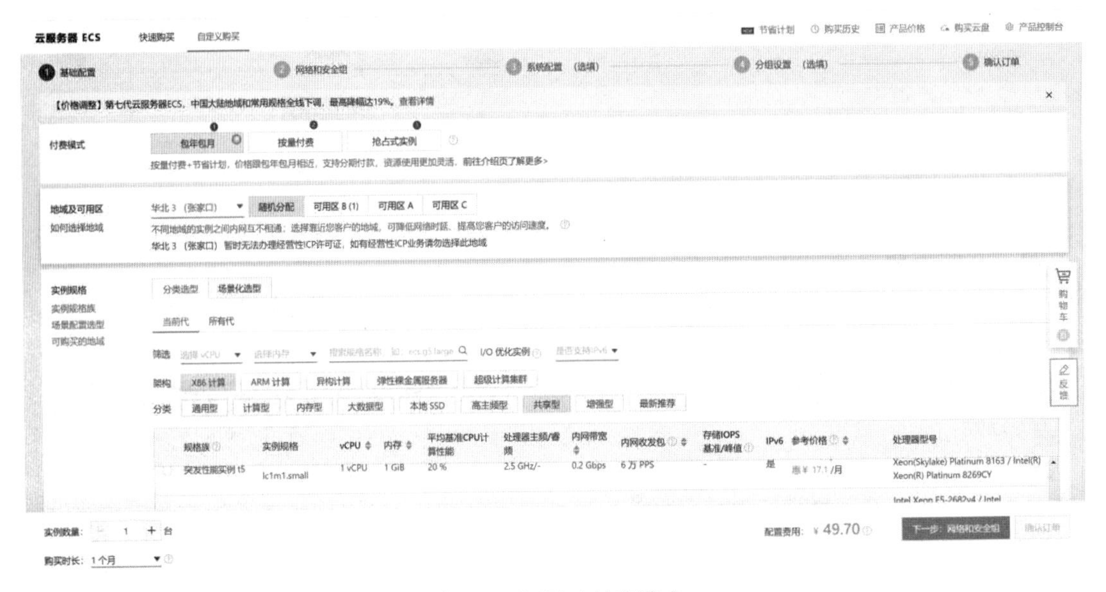

图 11.5　阿里云付费模式

了解完付费模式以后，下面讲解阿里云服务器地域选择及可用区。我们平时在选购服务器时根据自己真实的地理位置选择离您较近的地域，这样我们访问服务器的速度会快一些。互联网公司为了兼顾南、北方的用户访问网站或 APP，通常会购买南、北方不同地域的 ECS 服务器，以提升不同地域用户访问服务器的用户体验。阿里云服务器地域及可用区如图 11.6 所示。

如果地域选择“华北 3”区，则会显示 3 个可用区域，分别是可用区 A、可用区 B、可用区 C。当然，我们也可以选择“随机分配”。选择完地域后，继续向下操作选择实例规格，如图 11.7 所示。

图 11.6　阿里云服务器地域及可用区

图 11.7　选择实例规格

如图 11.7 所示，我们可以选择 CPU 个数、配置内存大小、配置架构为 X86 计算或 ARM 计算等，也可以在给出的规格列表中选择适合自己需求的服务器，添加完实例数量即可。

然后继续选择服务器的操作系统，如图 11.8 所示。

图 11.8　选择服务器的操作系统

如图 11.8 所示，镜像可以选择为公共镜像、自定义镜像、共享镜像、镜像市场及社区镜像。不同镜像的说明如下。

☑ 公共镜像：由阿里云官方或第三方合作厂商提供的系统基础镜像，仅包括初始系统环境，请根据您的实际情况自助配置应用环境或相关软件即可。

☑ 自定义镜像：基于用户系统快照生成，包括初始系统环境、应用环境和配置相关软件。选择自定义镜像创建云服务器可以节省用户的重复配置时间。

☑ 共享镜像：是其他账号的自定义镜像主动共享给用户使用的镜像。阿里云不保证其他账号共享给用户的镜像的完整性和安全性，使用共享镜像时需要自行承担风险。

☑ 镜像市场：提供经严格审核的优质镜像，预装操作系统、应用环境和各类软件，无须配置，可一键部署云服务器，满足建站/应用开发/可视化管理等个性化需求。

☑ 社区镜像：由其他阿里云用户发布的镜像。阿里云不保证镜像的完整性和安全性，使用社区镜像时需要自行承担风险。

服务器镜像、存储、快照服务配置界面如图 11.9 所示。

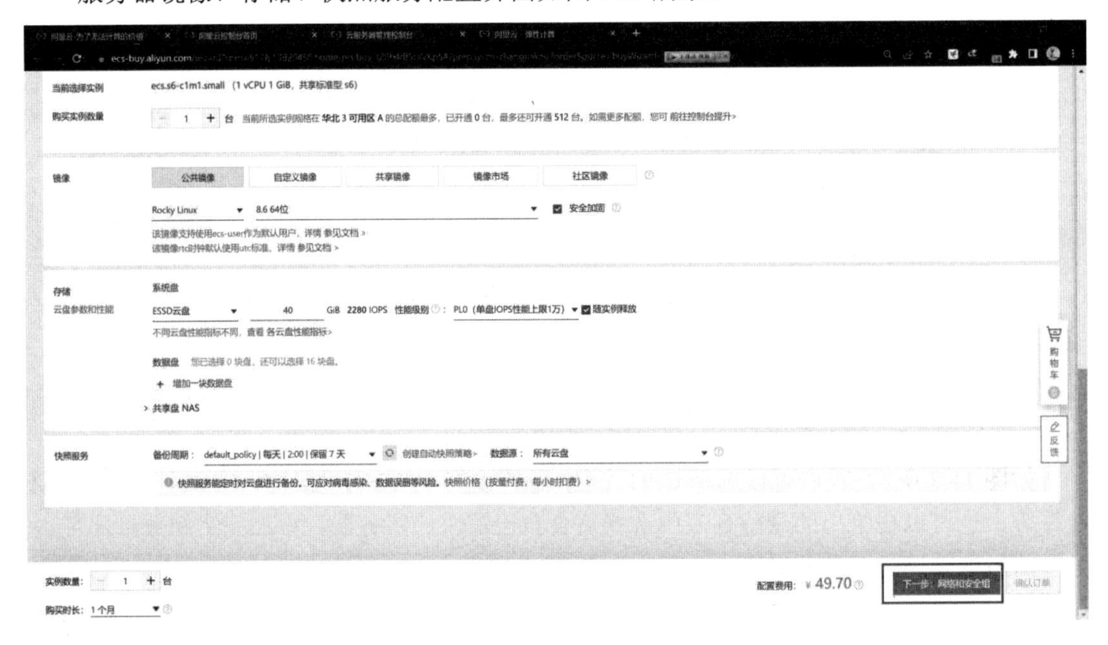

图 11.9　服务器镜像、存储、快照服务配置界面

在图 11.9 中选择了 Rocky Linux 8.6 64 位的系统镜像，存储的系统盘选择的是 ESSD 云盘，容量为 40 GB。快照服务中设置备份周期为每天 2:00 并保留 7 天的备份策略，数据源选择的是所有云盘。

设置完以上信息后，单击“下一步：网络和安全组”按钮，进入网络、公网 IP、安全组、弹性网卡配置界面，如图 11.10 所示。

按照图 11.10 中的数字标记进行配置即可，可以根据实际需求选择带宽大小。设置完后单击“下一步：系统配置”按钮，进入登录凭证、实例名称配置界面，如图 11.11 所示。

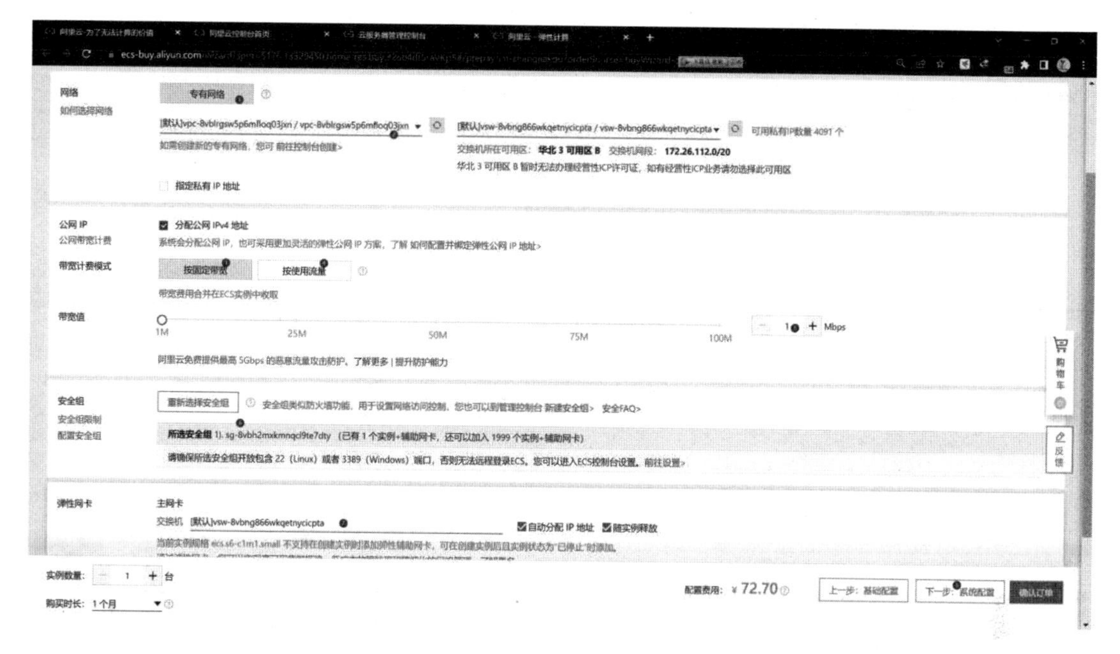

图 11.10　网络、公网 IP、安全组、弹性网卡配置界面

图 11.11　登录凭证、实例名称配置界面

登录凭证选择“自定义密码”，登录密码和确认密码输入相同的密码即可。单击“下一步：分组设置”按钮进入分组设置界面（这步操作为选填，可以忽略，直接下单），如图 11.12 所示。

服务器配置选择完毕后，直接单击“确认订单”按钮进入选择购买时长界面，如图 11.13 所示。

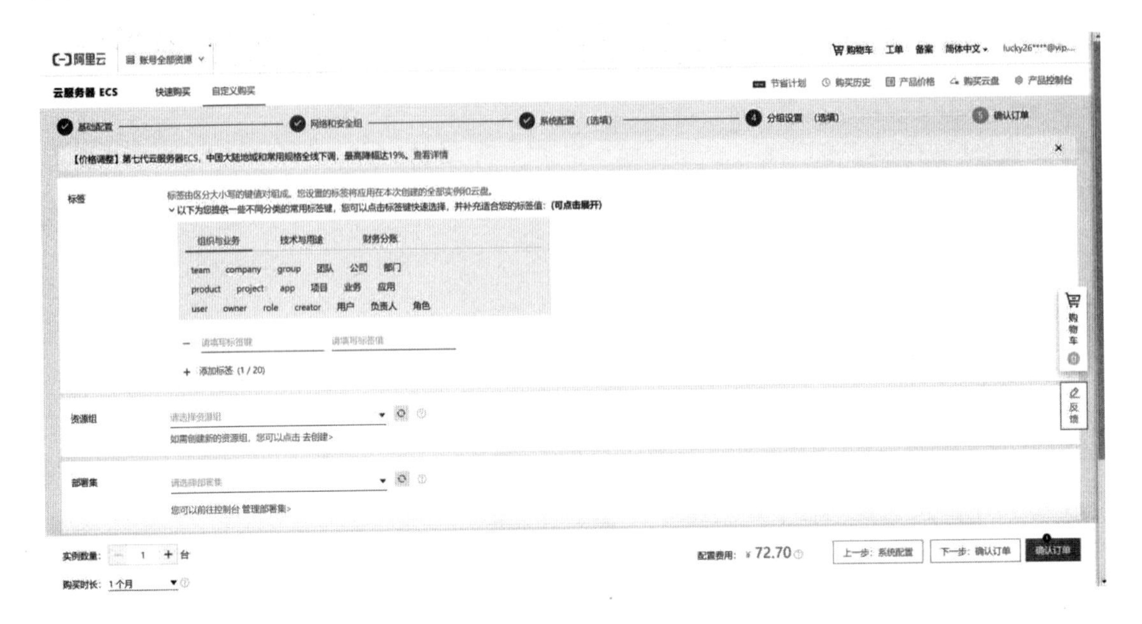

图 11.12　分组设置界面

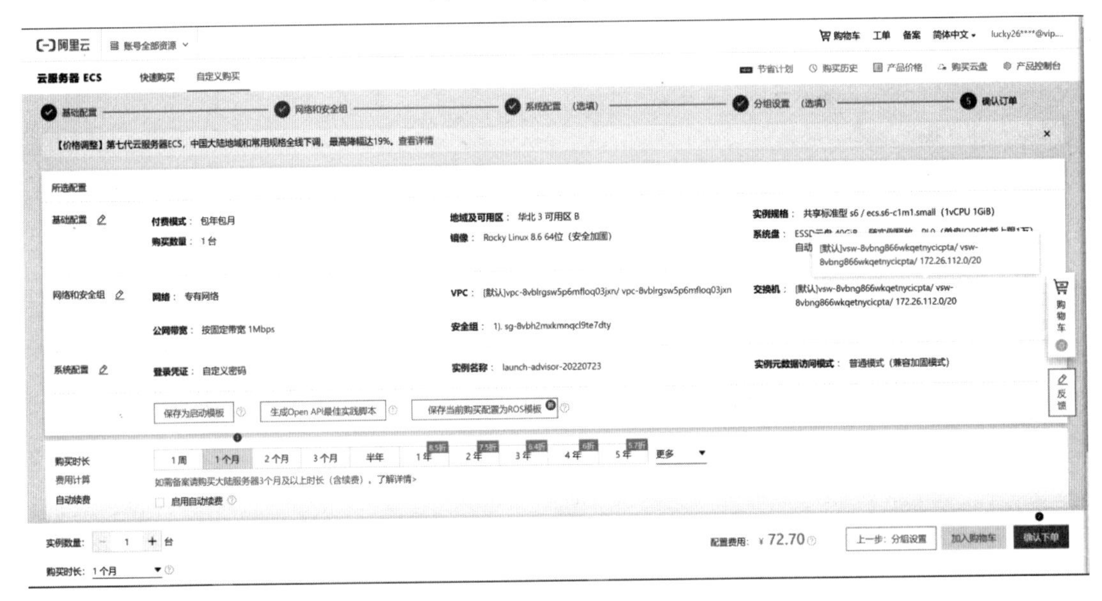

图 11.13　选择购买时长界面

根据自己的需要选择购买时长即可，然后单击“确认下单”按钮，进入签署协议界面，如图 11.14 所示。

协议签署完毕后，单击“签署并下单”按钮进入支付界面，如图 11.15 所示。

用户根据自己最方便的支付方式下单支付就可以了，笔者通过支付宝扫码支付的演示就完成了，如图 11.16 所示。

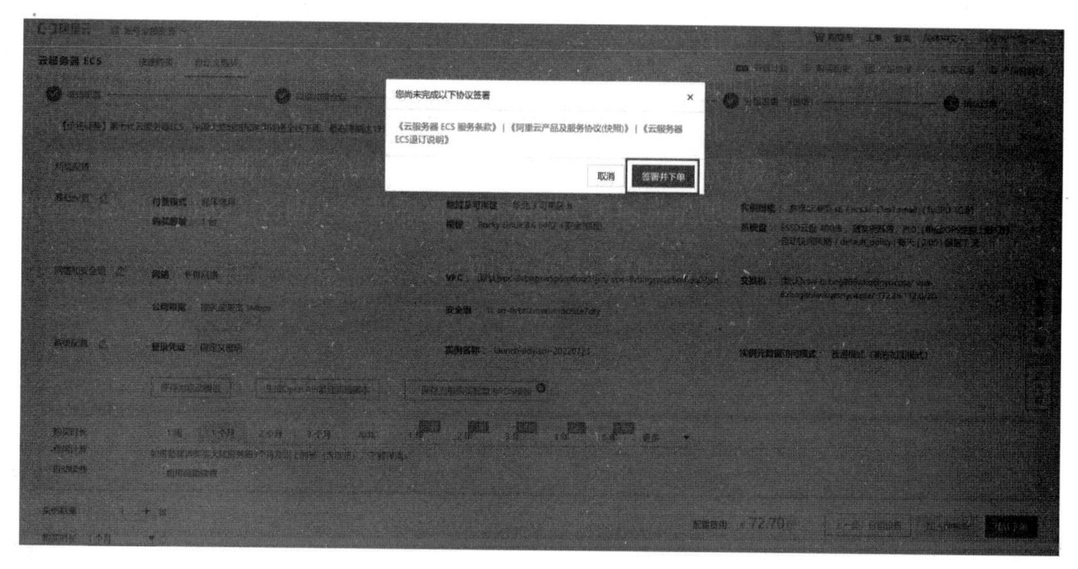

图 11.14　签署协议界面

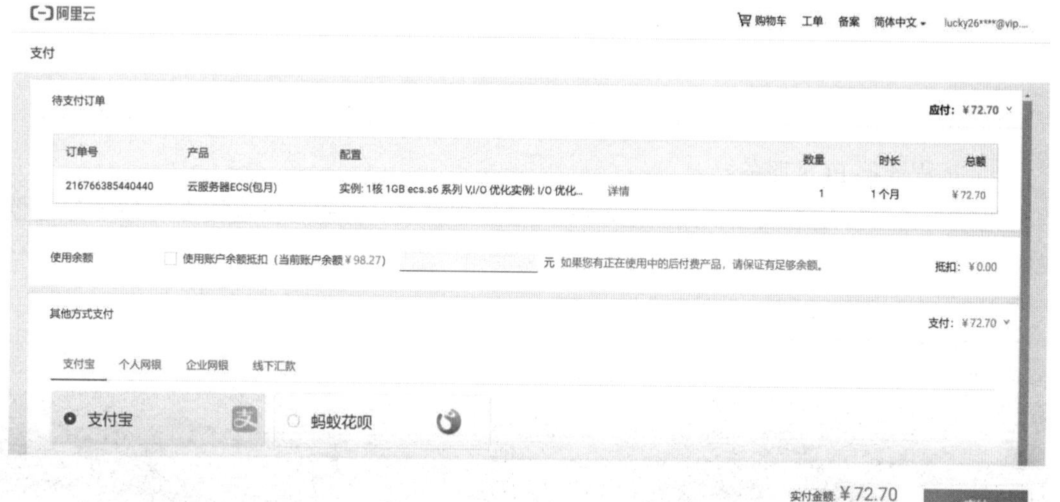

图 11.15　支付界面

图 11.16　支付宝支付方式

支付完毕以后，购买 ECS 服务器的操作就成功了。在工作台中就可以看到我们的 ECS 服务器了，如图 11.17 所示。

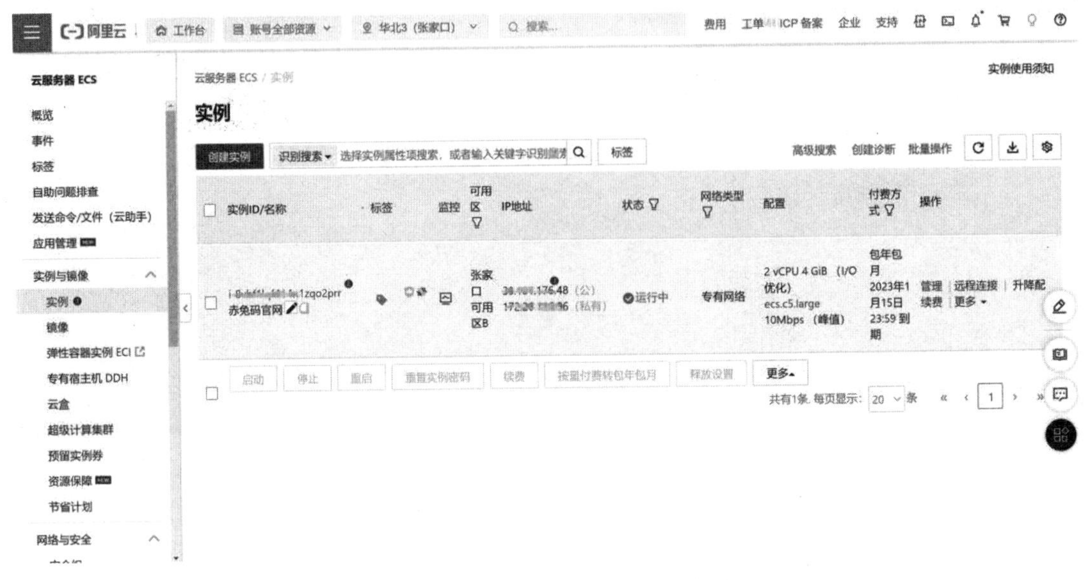

图 11.17　工作台中查看 ECS 服务器

2）远程连接 ECS 服务器

通过 Xshell 等远程连接工具，输入 IP 地址、用户名、密码可以远程连接 ECS 服务器，如图 11.18 所示。

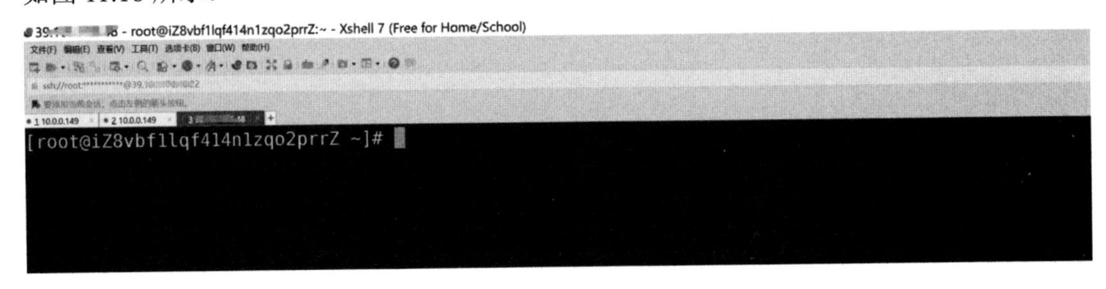

图 11.18　Xshell 远程连接 ECS 服务器

3）添加安全组规则

为确保 ECS 云主机的安全，阿里云服务器提供了安全组，我们可以通过安全组管理外部用户与 ECS 云服务的连接。下面选择安全组，如图 11.19 所示。

通过图 11.19 中①或②所示的位置，都可以进入安全组的配置界面，如图 11.20 所示。

在安全组界面可以创建安全组，修改、克隆、还原规则，管理实例，配置规则和管理弹性网卡。

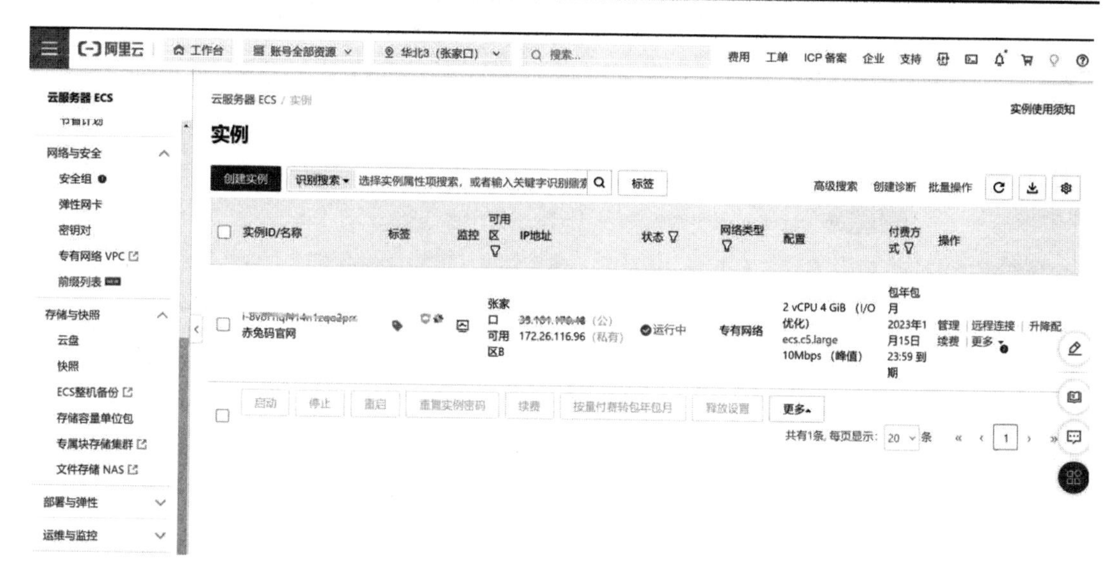

图 11.19　选择安全组

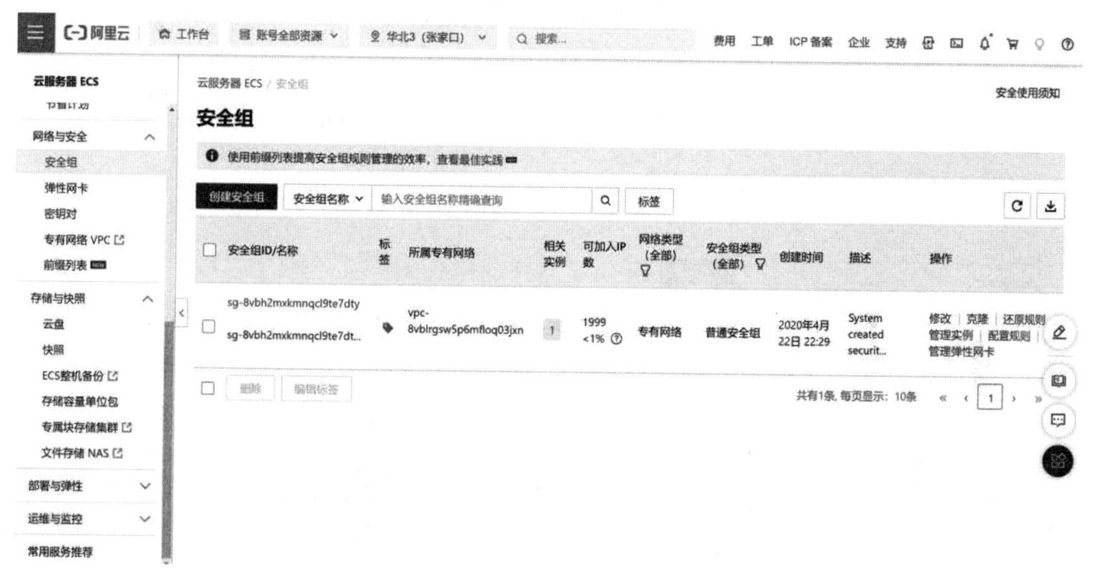

图 11.20　安全组配置界面

接下来配置安全组规则，如图 11.21 所示。

当我们在云服务器 ECS 上部署服务时，如部署的一个 Nginx 网站映射了 8080 端口，其实外部用户由于安全组的规则的设置是访问不到 8080 端口的，那么就需要用户添加一条规则开放 8080 端口的访问。接下来手动添加规则，如图 11.22 所示。

在图 11.22 中单击“手动添加”按钮，进入填写规则信息界面，如图 11.23 所示。读者根据需求提示填写信息即可。

在图 11.23 中填写要开放的端口范围、授权对象、描述等信息。笔者填写的规则信息如图 11.24 所示。端口范围的填写格式为 8888/8888，授权对象 0.0.0.0/0 表示任意网段，描述文本框填写的是“测试”，单击操作中的“保存”按钮即可完成规则信息的填写。

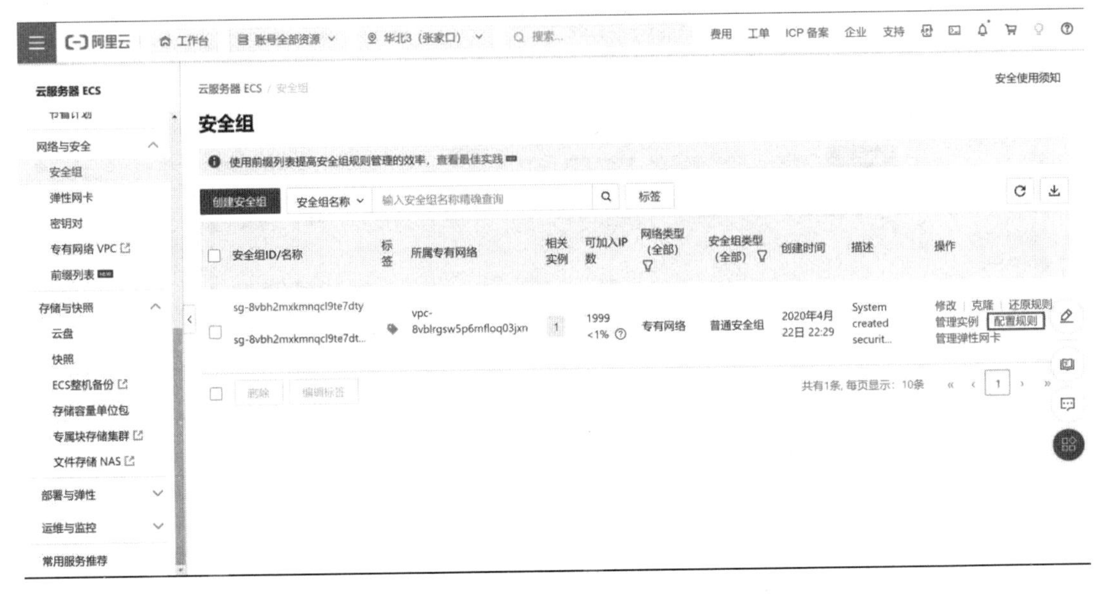

图 11.21　配置安全组规则

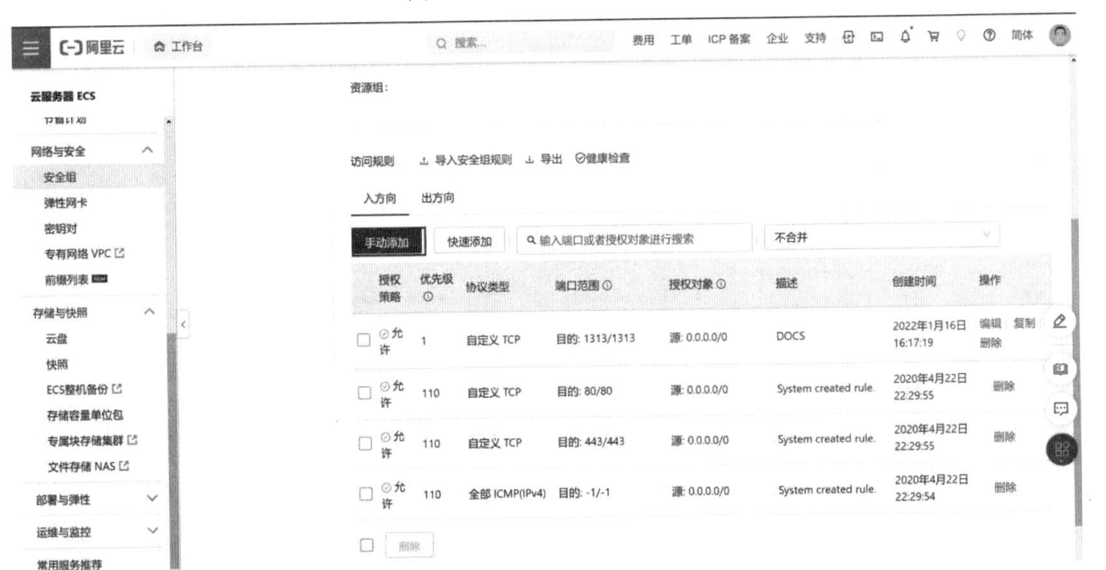

图 11.22　手动添加规则

图 11.23　填写规则信息界面

图 11.24 填写要开放的端口范围、授权对象、描述等信息

注意：

这里授权对象的源根据自己的真实需求开放访问服务的网段即可。0.0.0.0/0 表示所有 IP 地址均可访问我们的服务器，但是在实际工作中，这样配置对于数据库等重要的服务来说是有风险的，所以读者要根据实际情况进行灵活的配置。

11.2 域名购买

购买了 ECS 服务器以后，阿里云为 ECS 服务器提供了一个公网 IP 地址使用户能够访问自己的 ECS 服务器。对于专业人士来说，这种方式并不陌生，但是对于普通用户来说，这种访问服务器的方式显然不够友好。所以这时为了给用户提供更好的用户体验，就需要购买一个自己的域名。下面介绍域名购买的过程。

首先打开阿里云工作台入口，如图 11.25 所示。

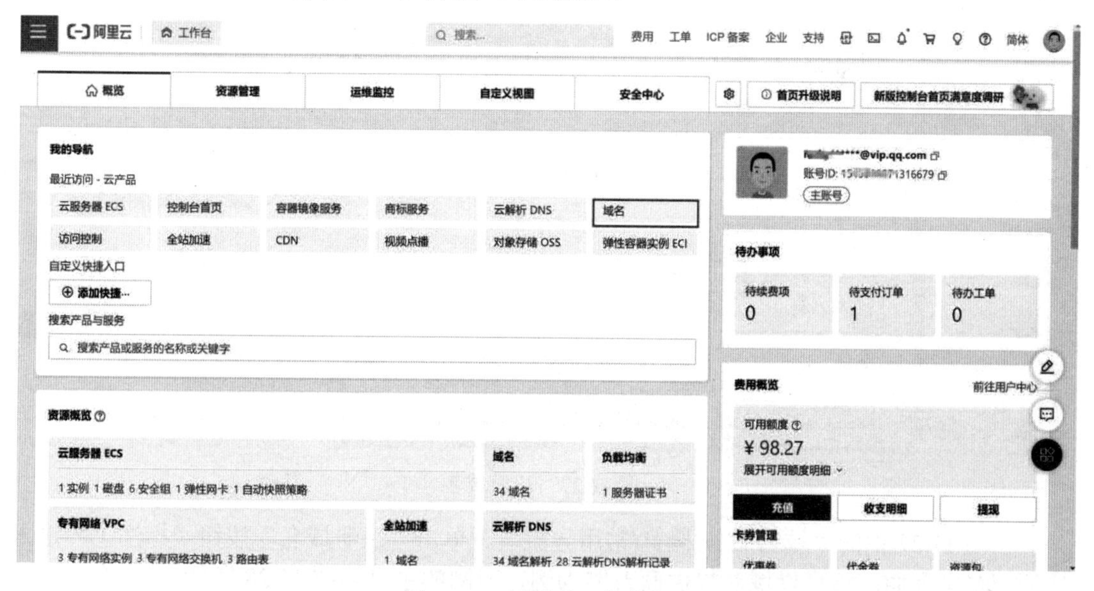

图 11.25 阿里云工作台入口

在图 11.25 中可以通过“我的导航”中的“域名”入口进入域名服务中，如图 11.26 所示。

如图 11.26 所示，域名服务提供了“概览”“域名列表”“历史域名记录”“信息模板”

“批量操作”“域名转入”“邮箱验证”“操作记录”“我的下载”“安全锁管理”等功能。

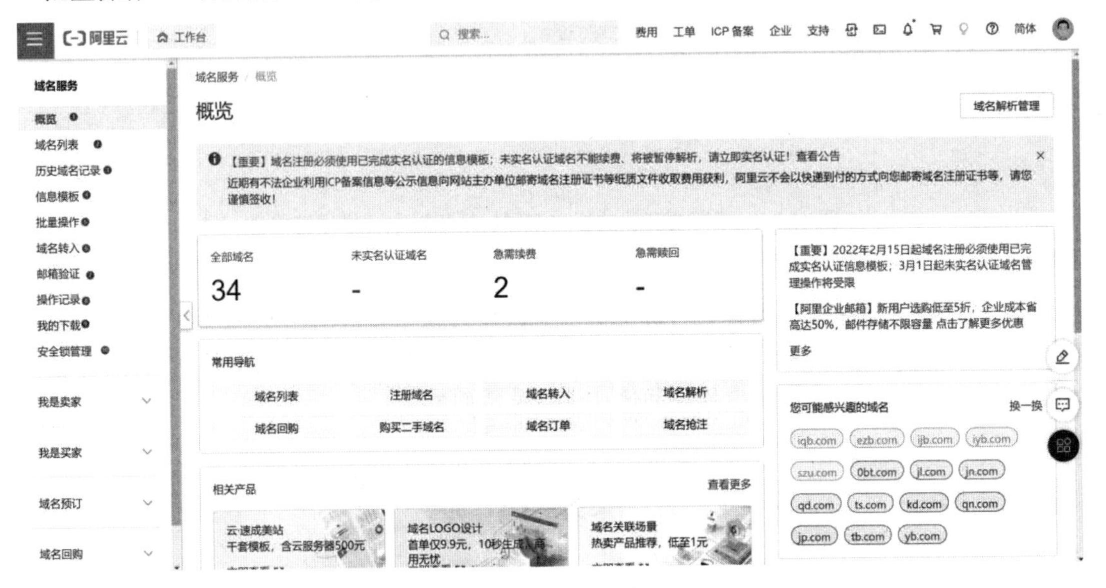

图 11.26　域名服务

接下来进入阿里云工作台注册域名，如图 11.27 所示。

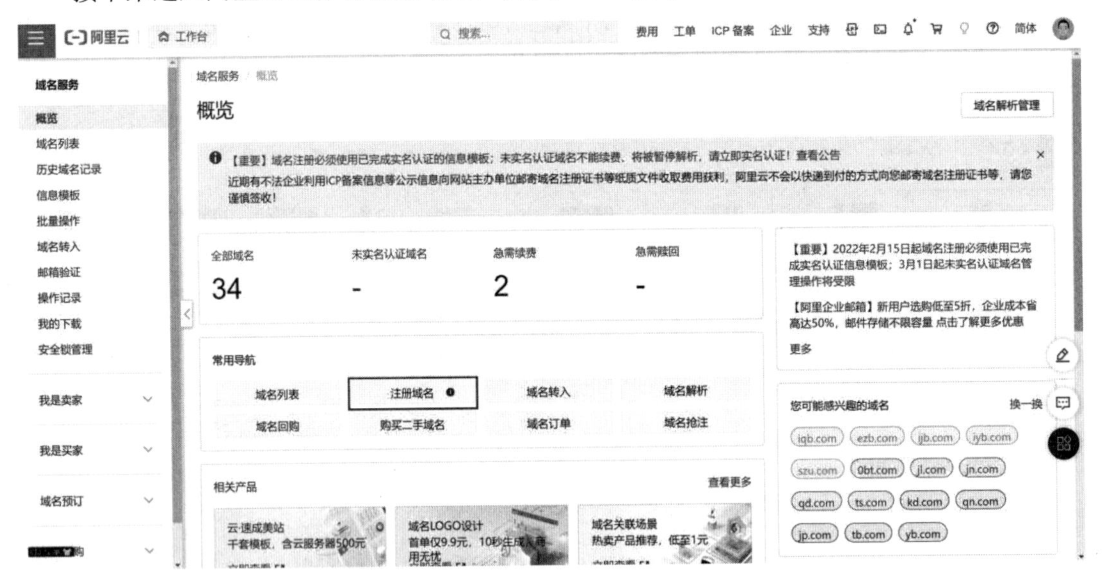

图 11.27　注册域名

在图 11.27 中的“域名服务/概览/常用导航”下单击“注册域名”按钮（标注①）进入注册域名主界面。这里以域名提供商万网为例，万网的主页如图 11.28 所示。

注册域名之前可以在图 11.28 中的域名输入框中输入想要注册的域名进行查询，如果该域名没有被别人注册，那么我们是可以购买的。如笔者在域名输入框中输入 rcs-team，如图 11.29 所示。

域名查询结果如图 11.30 所示，可以发现域名 rcs-team 已经被注册了，系统会推荐一些相似的且未注册的域名供我们选择。

图 11.28　万网

图 11.29　查询域名

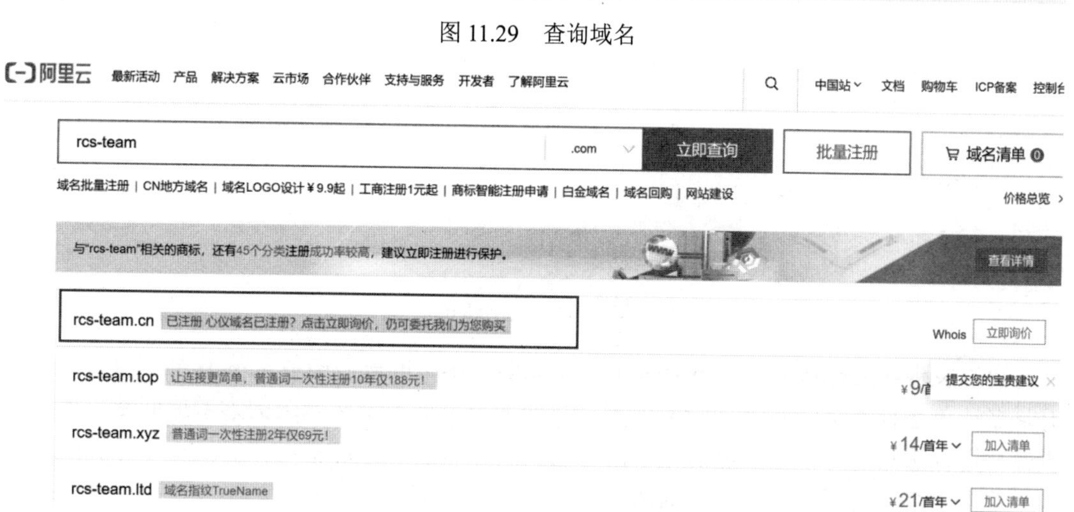

图 11.30　域名查询结果

推荐域名如图 11.31 所示。

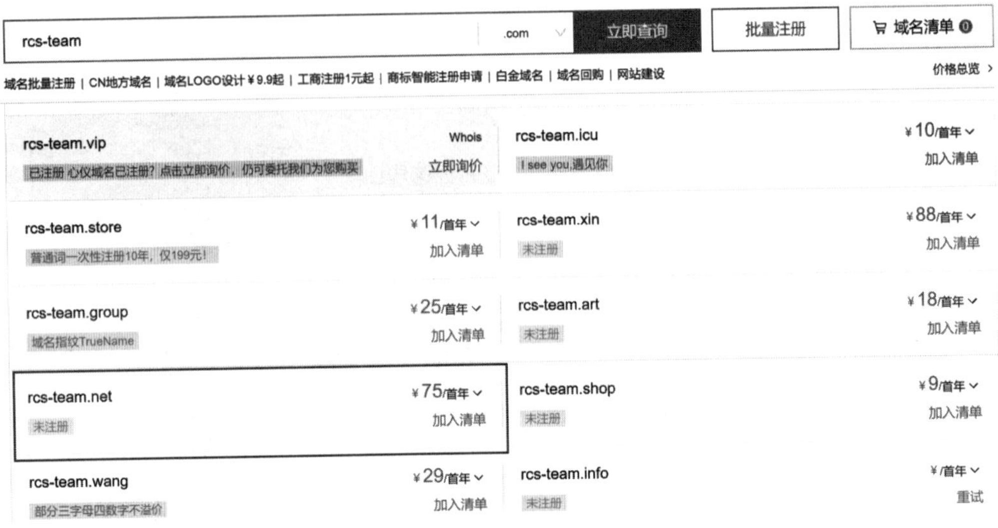

图 11.31　推荐域名

笔者选择推荐域名中的 rcs-team.net，单击图 11.31 中 rcs-team.net 域名后的“加入清单”按钮即可将域名加入域名清单中，如图 11.32 所示。

图 11.32　域名清单

可以发现我们把域名加入域名清单后，域名清单中的域名的数量从 0 变成 1。下面打开域名清单进行购买，如图 11.33 所示，页面右下方的方框区域内的为增值服务，读者根据需要进行选择即可，这里取消选中复选框。

单击“立即购买”按钮进入确认订单界面，如图 11.34 所示。

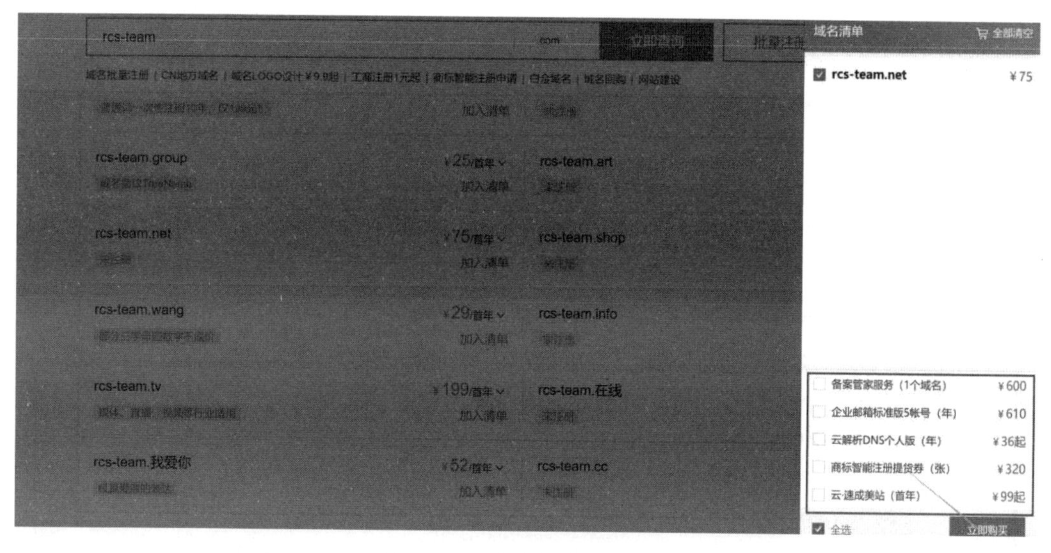

图 11.33　域名清单立即购买

图 11.34　确认订单界面

选中“我已阅读，理解并接受[域名服务条款]”复选框，接下来选择域名持有者类型，如图 11.35 所示。

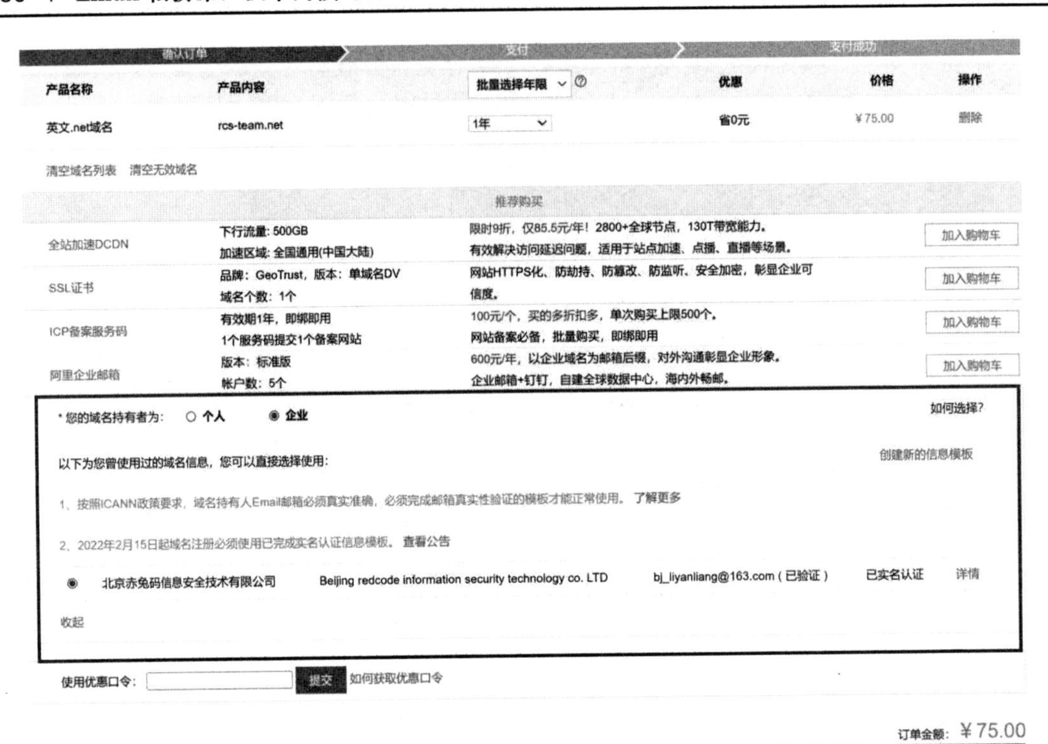

图 11.35 选择域名持有者类型

购买域名之前需要填写域名持有者的类型，域名持有者有“个人”“企业”两个选项。笔者的“您的域名持有者为”选择的是“企业”（读者在购买时根据自己需求进行填写，是个人用户就选择个人，是企业用户就选择企业）。

单击“立即购买”按钮即可进入支付界面，如图 11.36 所示。

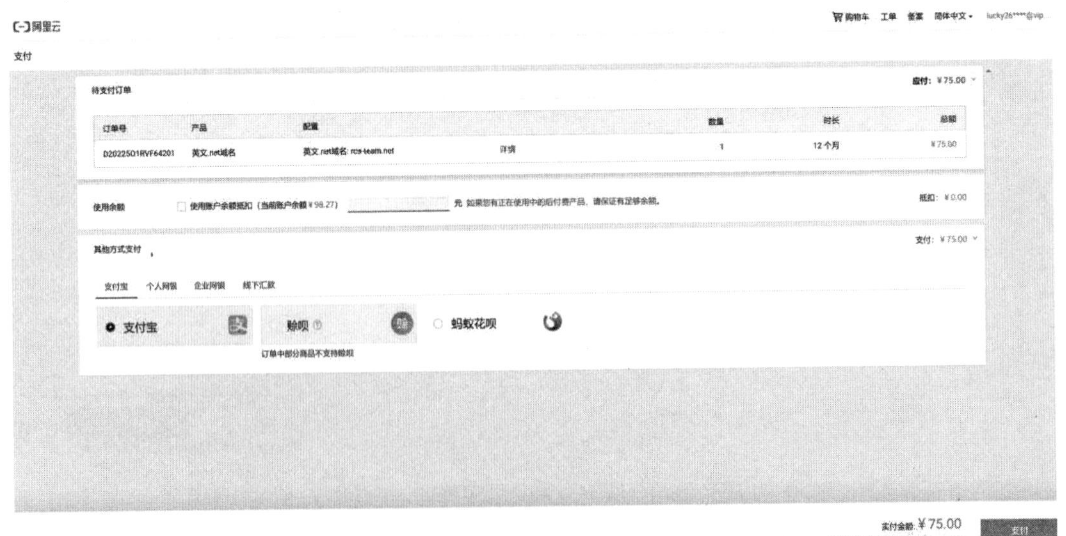

图 11.36 支付界面

单击“支付”按钮，通过支付宝、蚂蚁花呗等支付方式即可完成支付。购买域名成功后，可以在域名控制台的域名列表中查看已购买的域名，如图 11.37 所示。

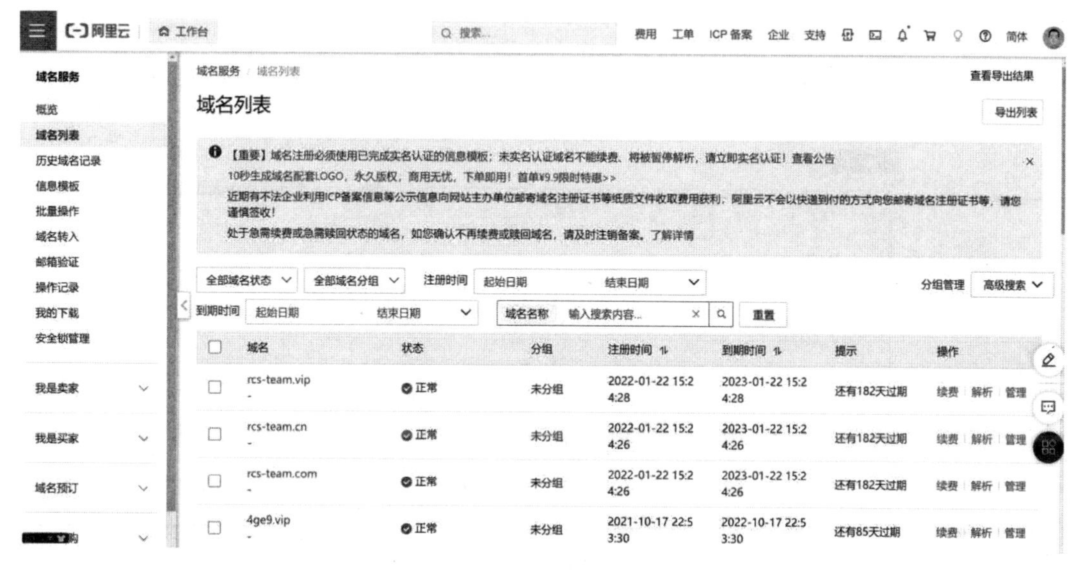

图 11.37　域名列表

11.3　域 名 解 析

购买完域名以后，需要配置域名地址解析，即让购买的域名指向之前购买的云服务器 ECS，这样才能够通过域名访问我们的服务器。

在图 11.38 所示的域名列表中选择域名。

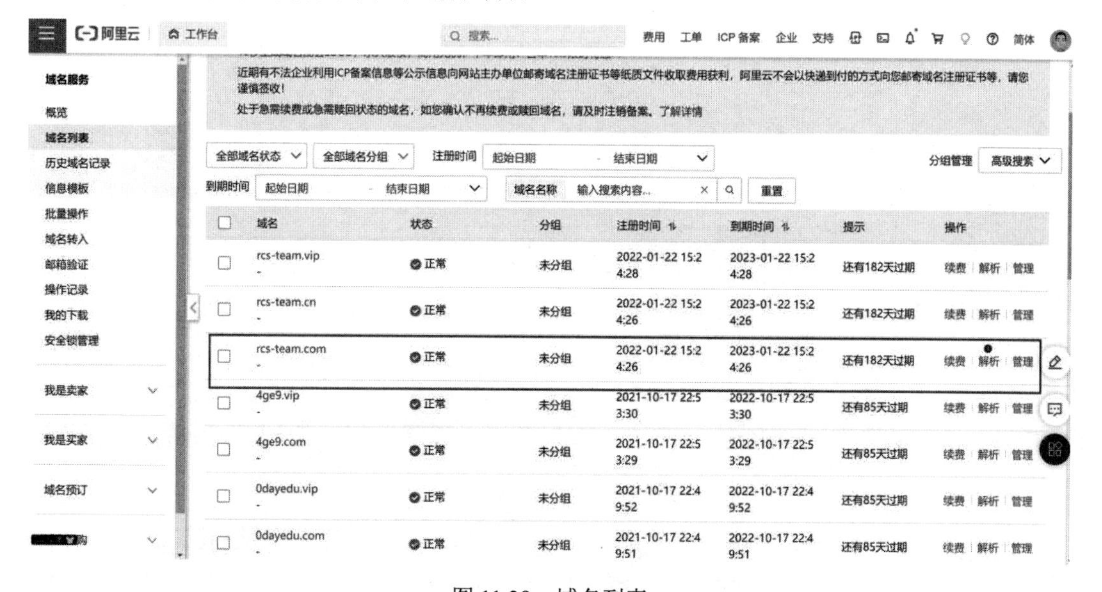

图 11.38　域名列表

单击域名对应操作中的“解析”按钮即可进入域名解析设置界面，如图 11.39 所示。

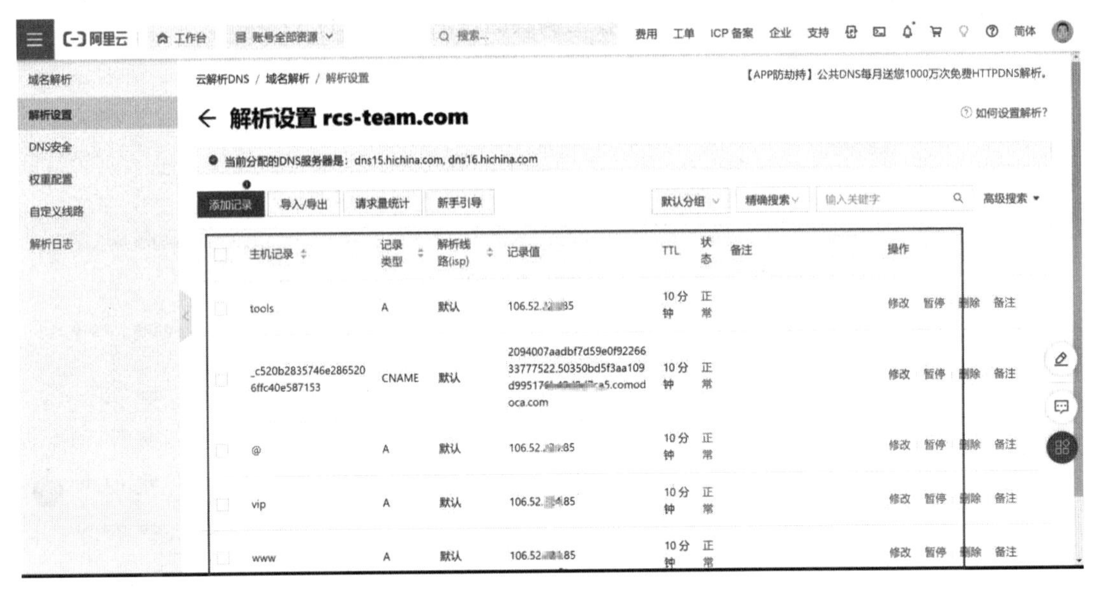

图 11.39　域名解析设置界面

如图 11.39 方框中所示，已经为我们配置好了域名解析的“主机记录”“记录类型”“解析线路（isp）”“记录值”“TTL”“状态”“备注”等内容。

下面添加一条记录类型为 A 的记录，为域名提供域名以及 Web 服务器的绑定，如图 11.40 所示。

添加记录

记录类型：

A- 将域名指向一个IPV4地址

主机记录：

请输入主机记录　.rcs-team.com

解析线路：

默认 - 必填！未匹配到智能解析线路时，返回【默认】线路设置结果

* 记录值：

请输入记录值

* TTL：

10 分钟

取消　确认

图 11.40　添加记录类型为 A 的记录

在图 11.40 中，“主机记录”处显示的是我们的二级域名，如 vip.rcs-team.com。“解析线路”选择默认，“记录值”就是购买的 ECS 服务器的 IP 公网地址，填写完毕以后单击“确认”按钮，等待设置生效。

11.4　域 名 备 案

1. 备案介绍

在中华人民共和国境内提供互联网信息服务，应当依法履行 ICP 备案和公安备案手续，阿里云为用户免费提供 ICP 备案服务。阿里云 ICP 备案如图 11.41 所示。

图 11.41　阿里云 ICP 备案

2. 备案流程

阿里云备案流程可以简单概括为填写信息→人脸核验→阿里云初审→短信核验→管局终审，如图 11.42 所示。

图 11.42　阿里云备案流程

3. 备案案例

下面进行备案案例的详细介绍，如图 11.43 所示。

图 11.43　备案案例介绍

备案成功后，在“我的备案”里可以查看已经备案成功的信息，如图 11.44 所示。备案信息包括“备案主体”“备案网站”等。备案主体包括 ICP 主体备案号（如果不是北京地区的用户，备案号跟笔者的会有所区别）、备案状态、主办单位名称等。备案网站包括网站名称、网站备案号、网站域名等。

图 11.44　“我的 ICP 备案信息”界面

注意：

根据《中华人民共和国网络安全法》规定，凡是中国大陆境内的个人或企业购买的域名都需要进行域名备案。

4. 域名备案流程

下面详细讲解域名备案的流程。

1）填写基础信息进行校验

在阿里云 ICP 代备案管理系统，根据界面提示及要求填写主办单位信息和域名信息等，系统将根据用户所填信息，自动校验是否可以进行 ICP 备案。

2）填写主办单位信息

填写 ICP 备案主办单位的真实信息。

3）填写网站信息

填写网站信息以及网站负责人的真实信息。

4）上传资料及真实性核验

使用最新版阿里云 APP 拍摄真实证件材料和 ICP 备案资料原件的照片并上传，在上传部分实人资料时需同步进行人脸识别，才能完成真实性核验。

5）信息核验

在提交 ICP 备案申请订单前，请在此步骤中仔细确认您的主体、网站、接入等备案信息是否正确，确认无误后提交备案订单。

6）ICP 备案初审

提交 ICP 备案申请后，阿里云 ICP 备案审核专员会对用户提交的备案信息进行初步审核。

7）邮寄资料

完成上述信息填写及资料上传后，阿里云会进行 ICP 备案信息初审，初审过程中根据用户提交的资料及各地管局的要求，有可能需要用户按照系统指示，邮寄资料至指定地点。

8）短信核验

根据工信部最新要求，自 2020 年 8 月 17 日起，各省市进行 ICP 备案申请时需通过工信部备案管理系统进行短信核验，需进行短信核验的 ICP 备案类型请参见需要短信核验的 ICP 备案类型（详见阿里云网站）。

9）管局审核

初审完成后，阿里云 ICP 备案审核专员会将 ICP 备案申请转交至对应管局处做最终的管局审核。管局审核通过后，用户的 ICP 备案即已完成，审核结果会发送至用户的手机和邮箱。

10）ICP 备案进度及结果查询

ICP 备案申请信息成功提交至管局系统后（管局审核的时间一般为 1～20 个工作日），用户可以随时登录阿里云 ICP 代备案管理系统查看 ICP 备案进度。详细信息请参见 ICP 备案进度及结果查询（登录阿里云网站查询）。

11）ICP 备案后处理

ICP 备案成功后，用户需要在网站底部添加 ICP 备案号并链接至工信部网站，部分省份还要求在网站底部添加版权所有。若网站涉及经营性业务，用户需在 ICP 备案后申请经营性 ICP 许可证。待各网站在工信部备案成功后，需在网站开通之日起 30 日内提交公安联网备案申请。具体操作请参见 ICP 备案后处理（登录阿里云网站搜索 ICP 备案后处理）。

11.5　数字证书管理服务

网站为了提高数据传输的安全性，一般都需要支持 HTTPS 协议。我们配置网站 HTTPS 访问的一个重要因素是 SSL 证书。SSL 证书是网站安全、APP 应用上架以及浏览器安全提示的必备产品。阿里云数字证书管理服务如图 11.45 所示。

图 11.45 数字证书管理服务

在图 11.45 中单击“数字证书管理服务/概览”下的 “立即购买”按钮即可进入证书购买界面。使用阿里云服务器时，我们可以通过阿里云提供的免费 SSL 证书实现 HTTPS 访问网站。免费证书如图 11.46 所示。

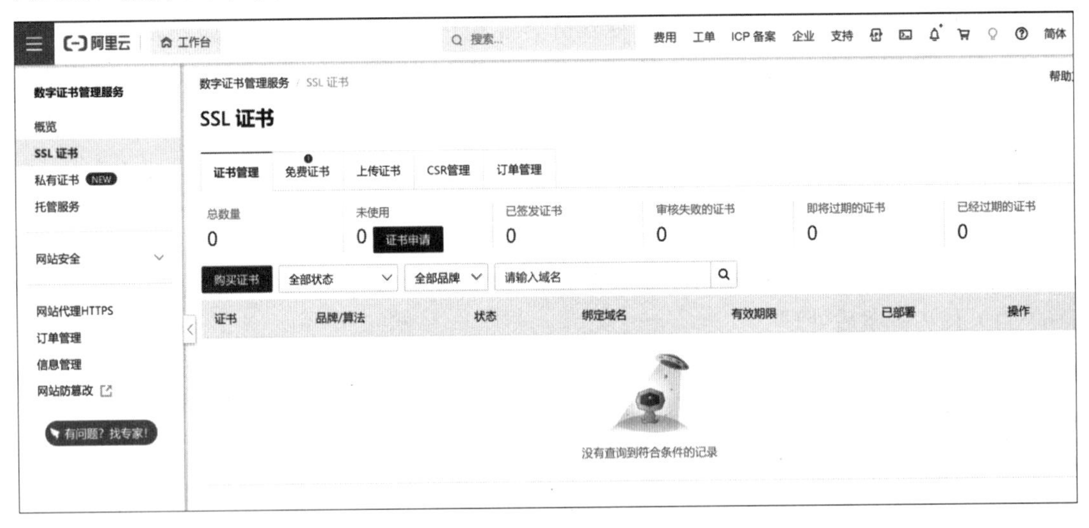

图 11.46 免费证书

免费证书是针对我们的二级域名提供的免费单域名证书，建议用于测试。下面申请免费证书，在图 11.47 所示的界面中选择购买数量为 20，SSL 证书服务为“DV 单域名证书【免费试用】”。

单击“立即购买”按钮即可进入“确认订单”界面，如图 11.48 所示。

在“确认订单”界面确认购买的证书，这里的应付款为 0.00 元，单击“去支付”按钮进行支付即可。接下来创建证书，如图 11.49 所示。

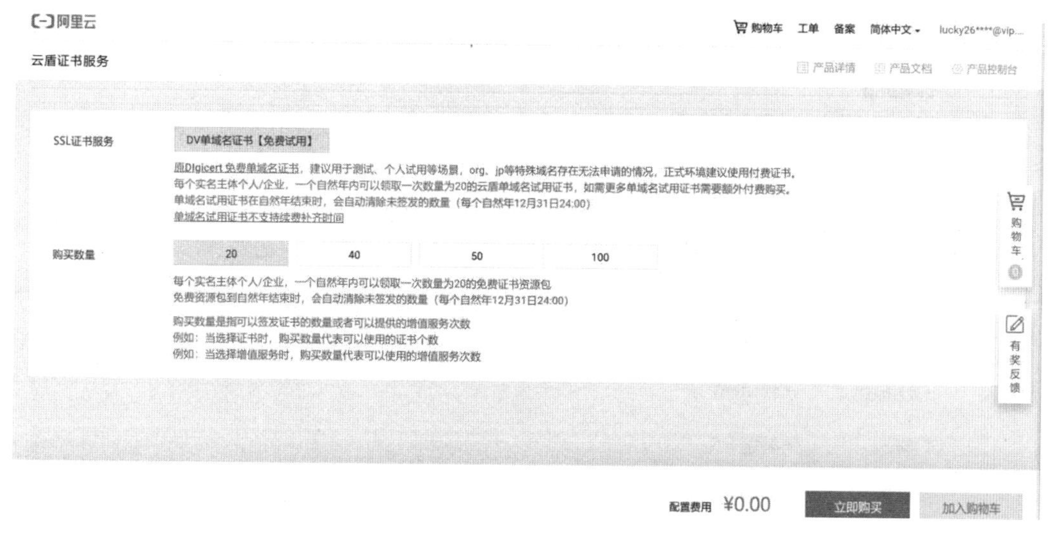

图 11.47　申请免费证书 20 个

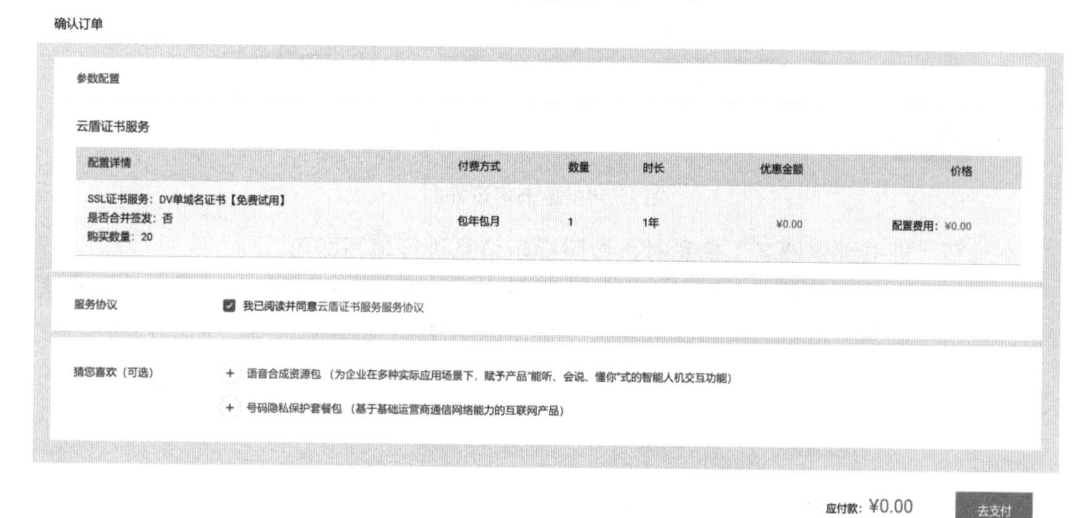

图 11.48　确认订单界面

图 11.49　创建证书

单击“创建证书 20/20”按钮，进入“证书申请”界面，如图 11.50 所示。

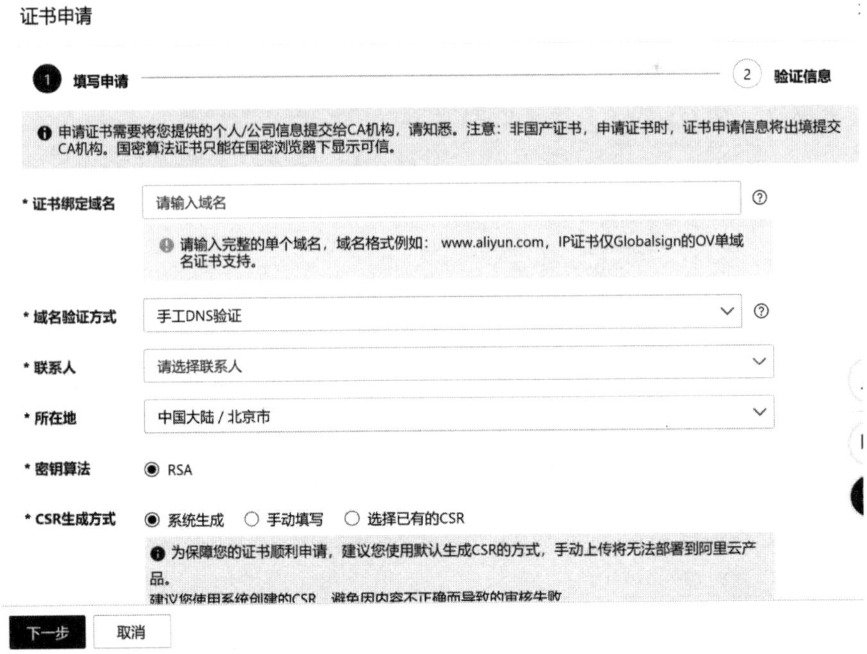

证书申请

1 填写申请　2 验证信息

申请证书需要将您提供的个人/公司信息提交给CA机构，请知悉。注意：非国产证书，申请证书时，证书申请信息将出境提交CA机构。国密算法证书只能在国密浏览器下显示可信。

* 证书绑定域名　请输入域名

请输入完整的单个域名，域名格式例如：www.aliyun.com，IP证书仅Globalsign的OV单域名证书支持。

* 域名验证方式　手工DNS验证

* 联系人　请选择联系人

* 所在地　中国大陆 / 北京市

* 密钥算法　RSA

* CSR生成方式　系统生成　手动填写　选择已有的CSR

为保障您的证书顺利申请，建议您使用默认生成CSR的方式，手动上传将无法部署到阿里云产品。

下一步　取消

图 11.50　证书申请界面

在填写“证书绑定域名”信息时，按照提示信息进行填写即可。

证书申请中的“联系人”可以选择新建联系人，如图 11.51 所示。联系人信息确认无误后，单击“确定”按钮即可新建联系人，并返回至图 11.50 中。

新建联系人

* 联系人姓名　李彦章

* 邮箱地址　bj_[illegible]@163.com

* 手机号码　[illegible]94682

身份证号　请输入身份证号

申请OV、EV证书需要填写身份证号。

是否接受证书到期提醒　是　否

确定　取消

图 11.51　新建联系人界面

单击图 11.50 中的“下一步”按钮，即可进入如图 11.52 所示的界面。

根据图 11.52 中的提示信息，在域名控制台中填写方框中信息到对应的域名解析中，单击“验证”按钮验证 DNS 信息是否填写正确。完成 DNS 信息验证后，单击“提交审核”按钮，如图 11.53 所示。

证书申请

填写申请 验证信息

三步完成DNS验证

1 登录域名管理控制台

如果域名在阿里云，请登录阿里云DNS控制台操作。如果您使用其他厂商的域名，请登录对应的域名管理控制台

2 在域名控制台添加DNS解析记录

请按以下提示，在您的域名控制台添加DNS解析配置

配置项目	配置项值
域名授权验证类型	DNS
记录类型	TXT
主机记录	_dnsauth 复制
记录值	2022072400000011ce5qns1wk89ynrkvrhrx28lecj2lakcpiwd7uyhh5vh1rhly 复制

3 验证DNS信息是否填写正确

上一步 提交审核 取消

图 11.52 完成信息填写

图 11.53 完成验证，提交审核

接下来签发并下载证书，如图 11.54 所示。

单击“下载”按钮即可进入证书下载界面，如图 11.55 所示。

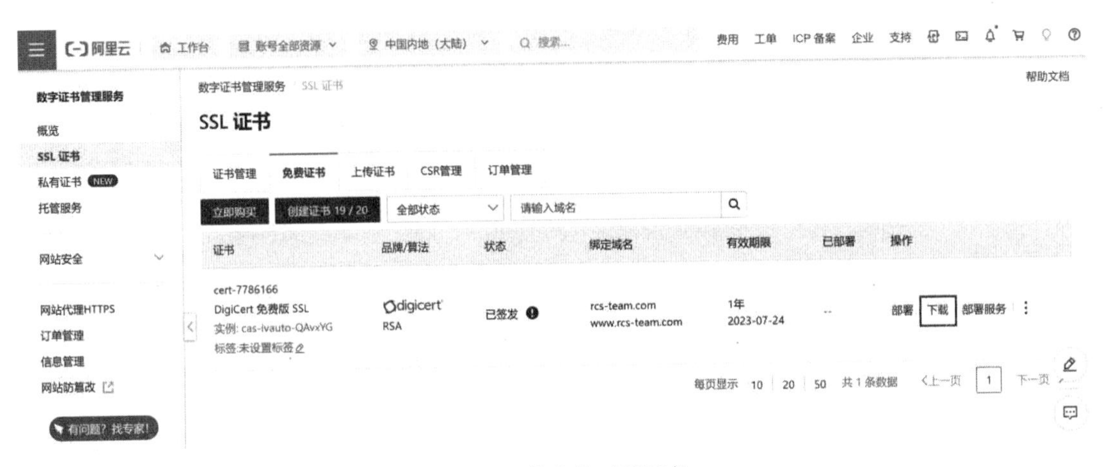

图 11.54　签发并下载证书

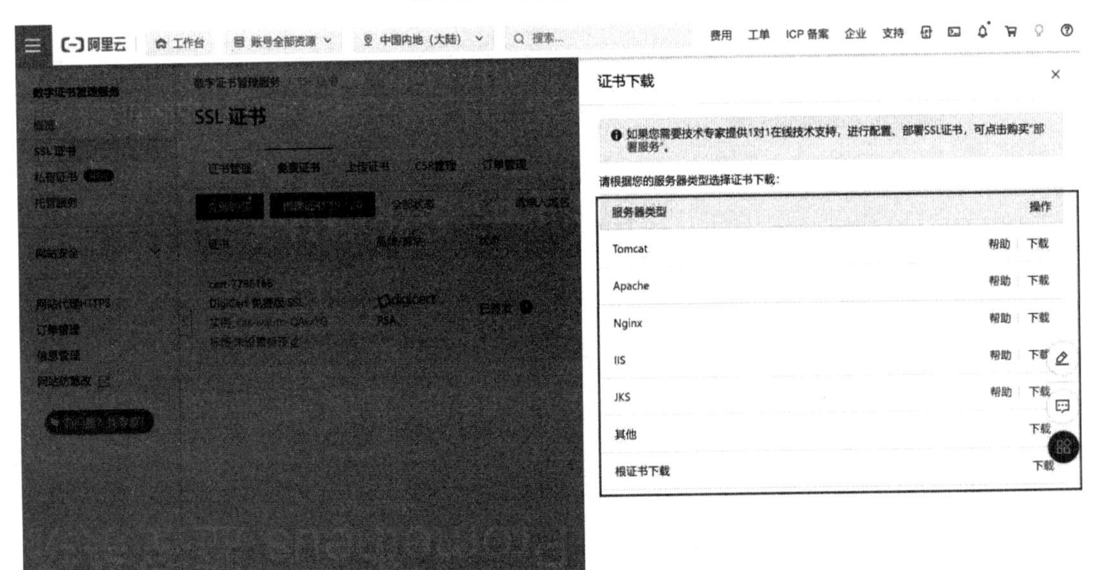

图 11.55　证书下载界面

读者根据服务器类型下载即可。可以将已签发的 SSL 证书安装到 Nginx 或 Tengine 服务器上。

11.6　在 Nginx 服务器上安装证书

本节介绍如何下载 SSL 证书并在 Nginx 服务器上安装该证书。

1．前提条件

首先准备已经通过数字证书管理服务控制台的签发证书，然后准备远程登录工具（如 PuTTY、Xshell）用于登录您的 Web 服务器。

注意：

本文以 CentOS 8/Rocky Linux8 操作系统、Nginx 1.14.1 服务器系统为例进行说明。由于服务器系统版本不同，读者在操作过程中使用的命令可能会略有区别。

2. 安装步骤

1）下载证书到本地

（1）登录数字证书管理服务控制台。

（2）在左侧导航栏，单击 SSL 证书。

（3）单击目标证书操作列的“下载”按钮。

（4）在证书下载面板单击 Nginx 服务器操作列的“下载”按钮。该操作会将 Nginx 服务器证书压缩包下载到本地，并保存在浏览器的默认下载位置。

（5）打开浏览器的默认下载位置，解压已下载的 Nginx 服务器证书压缩包文件。

解压后的证书文件如图 11.56 所示。

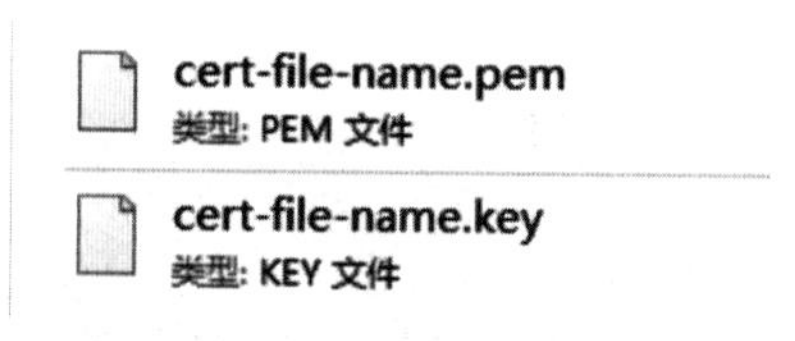

图 11.56　解压后的证书文件

从图 11.56 可以看出证书文件主要有 pem 和 key 两种格式：pem 格式的证书是采用 Base64 编码的文本文件，用户可以根据需要将证书文件修改成其他格式。关于证书格式转换的具体操作，请参见如何转换证书格式（登录阿里云网站搜索“转换证书格式”）。key 格式的证书是一个私钥文件。

注意：

如果您在申请证书时将 CSR 生成方式设置为手动填写，则下载的证书文件压缩包中不会包含 key 格式的文件，您需要手动创建证书私钥文件。具体操作请参见创建私钥（登录阿里云网站搜索“创建私钥”）。

2）在 Nginx 服务器上安装证书

在 Nginx 独立服务器上安装证书与在 Nginx 虚拟主机上安装证书的具体操作不同。

安装步骤如下。

（1）登录 Nginx 服务器。

（2）在 Nginx 安装目录（默认目录为/usr/local/nginx/conf）下创建一个用于存放证书的目录 cert，命令如下。

```
cd /usr/local/nginx/conf      #进入 Nginx 默认安装目录。如果您修改过默认安装目录，请根据实际配置调整
mkdir cert                    #创建证书目录，命名为 cert
```

（3）使用远程登录工具附带的本地文件上传功能，将证书文件和私钥文件上传到 Nginx 服务器的证书目录（本书中证书目录为/usr/local/nginx/conf/cert）。

注意：

如果您在申请证书时将CSR生成方式设置为手动填写，请将您手动创建的证书私钥文件上传至/usr/local/nginx/conf/cert目录下。

（4）编辑Nginx配置文件nginx.conf，修改与证书相关的配置。

执行以下命令，打开配置文件。

```
vim /usr/local/nginx/conf/nginx.conf
```

注意：

nginx.conf默认保存在/usr/local/nginx/conf目录下。如果您修改过nginx.conf的位置，请将/usr/local/nginx/conf/nginx.conf替换成修改的内容。

按i键进入编辑模式，在配置文件中定位到HTTP协议代码片段（http{}），并在HTTP协议代码中添加以下server配置（如果server配置已存在，按照以下注释内容修改相应配置即可）。

```
server {
listen 443 ssl;
    #配置 HTTPS 的默认访问端口为 443
    #如果未在此处配置 HTTPS 的默认访问端口，可能会造成 Nginx 无法启动
    #如果使用 Nginx 1.15.0 及以上版本，请使用 listen 443 ssl 代替 listen 443 和 sl on
server_name yourdomain;
root html;
index index.html index.htm;
ssl_certificate cert/cert-file-name.pem;
ssl_certificate_key cert/cert-file-name.key;
ssl_session_timeout 5m;
    ssl_ciphers  ECDHE-RSA-AES128-GCM-SHA256:ECDHE:ECDH:AES:HIGH:!  NULL:!
aNULL:! MD5:!ADH:!RC4;
    #表示使用的是加密套件的类型
    ssl_protocols TLSv1.1 TLSv1.2 TLSv1.3;  #表示使用的是 TLS 协议的类型，您需要
自行评估是否配置 TLSv1.1 协议
ssl_prefer_server_ciphers on;
location / {
        root html;                          #Web 网站程序存放的目录
        index index.html index.htm;
    }
}
```

使用示例代码前，请注意替换以下内容。

① yourdomain：替换成证书绑定的域名。

② cert-file-name.pem：替换成步骤（3）中上传的证书文件的名称。

③ cert-file-name.key：替换成步骤（3）中上传的证书私钥文件的名称。

server配置中以ssl开头的属性表示与证书配置有关。

设置HTTP请求自动跳转HTTPS（可选）。

如果您希望所有的 HTTP 访问自动跳转到 HTTPS 页面，则可以在需要跳转的 HTTP 站点下添加以下 rewrite 语句。

```
server {
listen 80;
    server_name yourdomain;      #需要将 yourdomain 替换成证书绑定的域名
rewrite ^(.*)$ https://$host$1;#将所有 HTTP 请求通过 rewrite 指令重定向到 HTTPS
location / {
index index.html index.htm;
    }
}
```

注意：

该代码片段需要放置在 nginx.conf 文件中 server {}代码段后面，即设置 HTTP 请求自动跳转 HTTPS 后，在 nginx.conf 文件中会存在两个 server{}代码段。

警告：

如果您使用的是阿里云云服务器 ECS，必须在 ECS 管理控制台的安全组界面，配置放行 80 端口和 443 端口，否则访问网站可能会出现异常。

修改完成后，按 Esc 键，输入:wq！并按 Enter 键，即可保存修改后的配置文件并退出编辑模式。

（5）重启 Nginx 服务。

```
cd /usr/local/nginx/sbin          #进入 Nginx 服务的可执行目录
./nginx -s reload                 #重新载入配置文件
```

重启 Nginx 服务时可能收到的报错信息及排查方法如下。

① 如果收到 the "ssl" parameter requires ngx_http_ssl_module 报错信息，您需要重新编译 Nginx，并在编译安装时加上--with-http_ssl_module 配置。

② 如果收到"/cert/3970497_demo.aliyundoc.com.pem":BIO_new_file() failed (SSL: error:02001002:system library:fopen:No such file or directory:fopen('/cert/3970497_demo. aliyundoc.com.pem','r') error:2006D080:BIO routines:BIO_new_file:no such file 报错信息，您需要去掉证书相对路径最前面的“/”。如您需要去掉/cert/cert-file-name.pem 最前面的“/”，使用正确的相对路径，即 cert/cert-file-name.pem。

3）在 Nginx 虚拟主机上安装证书

在不同的虚拟主机上安装证书，需要执行不同的操作步骤。如果您使用的是阿里云的云虚拟主机，具体操作请参见开启 HTTPS 加密访问。如果您使用的是其他品牌的虚拟主机，请参考对应的虚拟主机安装证书的操作指南。

4）验证证书是否安装成功

证书安装完成后，可以通过访问证书的绑定域名验证该证书是否安装成功。在浏览器中输入 https://yourdomain 形式的网址。

注意：

需要将 yourdomain 替换成证书绑定的域名。如果网页地址栏出现小锁标志，表示证书已经安装成功，如图 11.57 所示。

图 11.57　验证证书是否安装成功

第 12 章

Prometheus 监控系统

本章主要介绍 Prometheus，它是一款在企业中应用广泛且备受好评的监控软件，具有分布式、集群监控、微服务监控等功能。

下面以 Prometheus 监控主机为案例进行详细讲解。

12.1 Prometheus 系统概述

Prometheus 是新一代的监控系统解决方案，原生支持云环境，可以和 Kubernetes 无缝对接，是容器化监控解决方案的不二之选。当然对传统的监控方案也能够兼容，自定义和用开源社区提供的各种 exporter，无疑又为 Prometheus 丰满了羽翼，Prometheus 的架构图如图 12.1 所示。

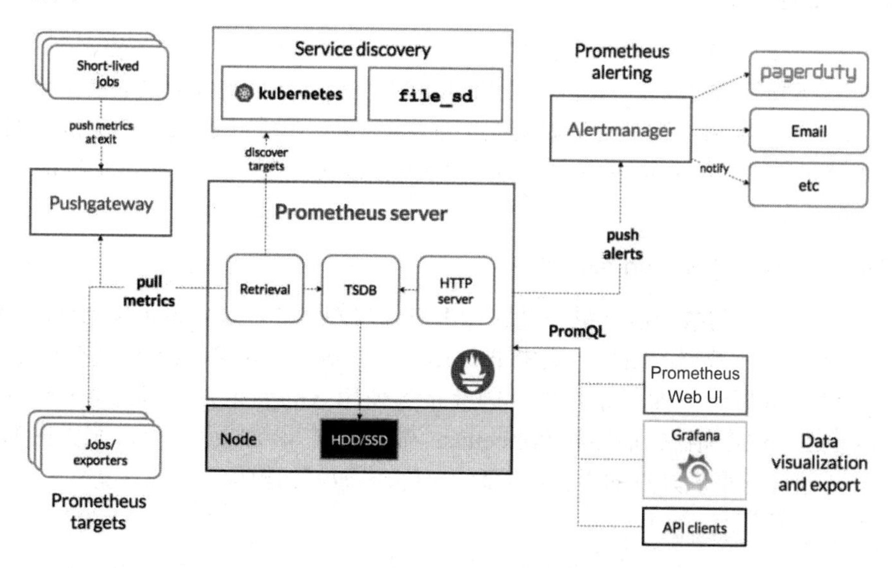

图 12.1 Prometheus 架构图

下面介绍 Prometheus 的各组件及组件的功能。

1．Prometheus server

它是 Prometheus 的主程序，本身也是一个时序数据库，负责整个监控集群的数据拉取、处理、计算和存储。和 Zabbix 采取 push 方式监控数据不同，Prometheus 监控数据的方式如下。

- ☑ Prometheus 的设计是使用 pull 方式由服务端主动拉取监控数据。关于 push 和 pull 两种方式优缺点的争论一直存在，这里不再过多赘述。当 Prometheus 拉取数据之后首先进行的操作是对数据的处理，即根据配置的数据格式或标签进行转换或删除等操作。
- ☑ 数据处理完成后，根据 rule 中配置的规则进行计算，例如 CPU 使用率达到 80% 是一条告警规则，则 Prometheus 会对数据进行计算，查看是否命中规则，如命中，则发送消息给 AlertManager 组件，否则不做操作。
- ☑ 完成上面的一些操作之后，Prometheus 会根据配置时间周期保存数据到本地或第三方存储中。

以上便是 Prometheus server 组件及其功能的大致讲解，细节方面未做过多分析。

2．AlertManager

它是 Prometheus 的告警组件，负责整个集群的告警发送、分组、调度、警告抑制等。AlertManager 本身是不做告警规则计算，即 AlertManager 不去计算当前的监控取值是否达到用户设定的阈值，该部分规则计算是由 Prometheus server 完成的，AlertManager 监听 Prometheus server 发来的消息，然后再结合自己的配置，如等待周期、重复发送告警时间、路由匹配等配置项，把接收到的消息发送到指定的接收者。同时它还支持多种告警接收方式，如常见的邮件、企业微信、钉钉等。

3．Pushgateway

它是 Prometheus 的一个中间网管组件，类似于 Zabbix 的 zabbix-proxy。适用于一些不支持 pull 方式获取数据的场景，如自定义 Shell 脚本监控服务的健康状态，由于没办法直接让 Prometheus 拉取数据，这时就可以借助 Pushgateway，它是支持推送数据的，我们可以把对应的数据按照 Prometheus 的格式推送到 Pushgateway，然后配置 Prometheus server 拉取 Pushgateway 即可。

4．Data visualization and export

它是 Prometheus 的数据展示组件。图 12.1 右下角的组件，如 Grafana、Prometheus Web UI 是用来图形化展示数据的组件，其中 Prometheus Web UI 是 Prometheus 项目原生的 UI 界面，但是在数据展示方面不太好用，因此推荐使用 Grafana 展示数据，Grafana 支持 Prometheus 的 PromQL 语法，能够和 Prometheus 数据库交互，加上 Grafana 强大的 UI 功能，我们可以轻松地获取很多好看的界面，同时也有很多做好的模板可以使用。

5．Service discovery

它是 Prometheus 的服务发现组件。对一个监控系统来说，服务自动发现肯定是一个最基础的功能，试想如果没有服务自动发现功能，添加 10000 台主机到监控系统该是种什么体验？还好，Prometheus 是有该组件的，而且还很多，并且支持多种自动发现机制，如基于文件、DNS、consul、zookeeper、etcd、kubernetes 等服务的自动发现。

12.2　Podman 部署 Prometheus

下载 Prometheus 镜像的命令如下，如图 12.2 所示。

```
[root@rcs-team-rocky8.6 ~]# podman pull prom/prometheus
```

```
[root@rcs-team-rocky8.6 ~]# podman pull prom/prometheus
Trying to pull docker.io/prom/prometheus:latest...
Getting image source signatures
Copying blob 827843f6afe6 skipped: already exists
Copying blob 3cb635b06aa2 skipped: already exists
Copying blob 3d272942eeaf skipped: already exists
Copying blob 33d6c9635e0f skipped: already exists
Copying blob 34f699df6fe0 skipped: already exists
Copying blob 7e785cfa34da skipped: already exists
Copying blob f2af7323bed8 skipped: already exists
Copying blob 170620261a59 skipped: already exists
Copying blob 05e324559e3b skipped: already exists
Copying blob ec35f5996032 skipped: already exists
Copying blob 5509173eb708 skipped: already exists
Copying blob c16675a6a294 skipped: already exists
Copying config a3d385fc29 done
Writing manifest to image destination
Storing signatures
a3d385fc29f926eed67f0d60ffaf72d199f3f9c24af5d55cd1802f2dc1dc9b4b
[root@rcs-team-rocky8.6 ~]#
```

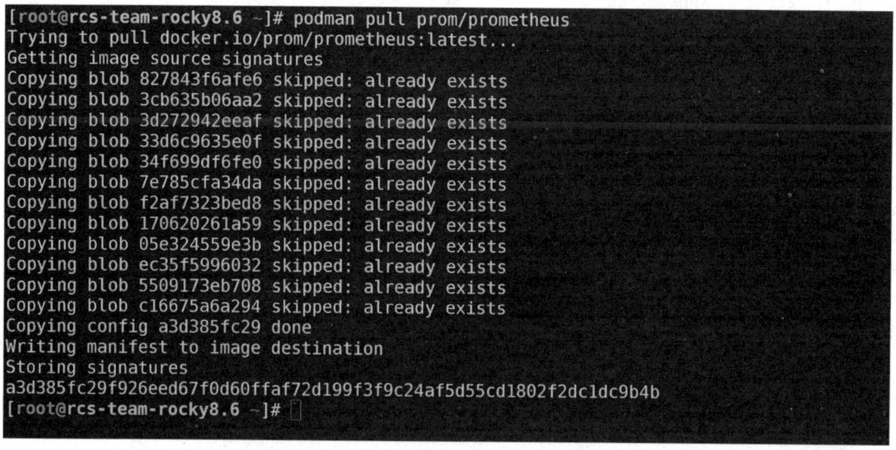

图 12.2　下载 Prometheus 镜像

接下来通过-p 参数映射容器的 9090 端口到宿主机的 9091 端口，命令如下。

```
[root@rcs-team-rocky8.6 ~/prometheus_conf]# podman run --name prometheus -d
-p  9091:9090  -v  /root/prometheus_conf/prometheus.yml:/etc/prometheus/
prometheus.yml docker.io/prom/prometheus
```

需要注意的是，Rocky Linux 系统 Cockpit 占用了 9090 端口，因此会产生端口冲突。

接下来创建 prometheus_conf 目录，命令如下，如图 12.3 所示。

```
[root@rcs-team-rocky8.6 ~]# mkdir prometheus_conf && cd prometheus_conf
```

```
[root@rcs-team-rocky8.6 ~]# mkdir prometheus_conf && cd prometheus_conf
[root@rcs-team-rocky8.6 ~/prometheus_conf]#
```

图 12.3　创建 prometheus_conf 目录

下面通过 vim 编辑配置文件 prometheus.yml。

```
global:
  scrape_interval: 15s
  scrape_timeout: 10s
  evaluation_interval: 15s
```

```
alerting:
  alertmanagers:
  - follow_redirects: true
    scheme: http
    timeout: 10s
    api_version: v2
    static_configs:
    - targets: []
scrape_configs:
- job_name: prometheus
  honor_timestamps: true
  scrape_interval: 15s
  scrape_timeout: 10s
  metrics_path: /metrics
  scheme: http
  follow_redirects: true
  static_configs:
  - targets:
    - localhost:9090
- job_name: node
  honor_timestamps: true
  scrape_interval: 15s
  scrape_timeout: 10s
  metrics_path: /metrics
  scheme: http
  follow_redirects: true
  static_configs:
  - targets:
    - 10.0.0.149:9100
```

接下来通过以下命令查看容器状态，如图 12.4 所示。

```
[root@rcs-team-rocky8.6 ~/data]# podman ps
```

```
[root@rcs-team-rocky8.6 ~/data]# podman ps
CONTAINER ID  IMAGE                             COMMAND               CREATED         STATUS             PORTS                   NAMES
be63902cdf88  docker.io/prom/prometheus:latest  --config.file=/et...  25 seconds ago  Up 25 seconds ago  0.0.0.0:9091->9090/tcp  prometheus
[root@rcs-team-rocky8.6 ~/data]#
```

图 12.4　查看容器状态

在浏览器地址栏中输入 http://本机 IP:9091 进入 Prometheus 主界面，如图 12.5 所示。

图 12.5　Prometheus 主界面

选择 Prometheus 状态栏中的 Status 选项，并找到 Configuration 配置文件内容，如图 12.6 所示。

图 12.6　Configuration 配置文件内容

12.3　Podman 安装 Grafana

首先通过 Podman 拉取 Grafana 镜像，准备创建容器。下载镜像的命令如下，如图 12.7 所示。

```
[root@rcs-team-rocky8.6 ~]# podman pull docker.io/grafana/grafana
```

```
[root@rcs-team-rocky8.6 ~]# podman pull docker.io/grafana/grafana
Trying to pull docker.io/grafana/grafana:latest...
Getting image source signatures
Copying blob 97518928ae5f done
Copying blob 5b58818b7f48 done
Copying blob 07f94c8f51cd done
Copying blob ce8cf00ff6aa done
Copying blob 4e368e1b924c done
Copying blob 867f7fdd92d9 done
Copying blob d9a64d9fd162 done
Copying blob 387c55415012 done
Copying blob 4000fdbdd2a3 done
Copying blob e44858b5f948 done
Copying config 9b957e0983 done
Writing manifest to image destination
Storing signatures
9b957e098315598ae58c7a62bcc140ed086bbe619b38c31a52b21abbd5eb21e2
[root@rcs-team-rocky8.6 ~]#
```

图 12.7　下载 docker.io/grafana/grafana 镜像

接下来创建 grafana_data 目录并启动容器，命令如下，如图 12.8 所示。

```
[root@rcs-team-rocky8.6 ~]# mkdir grafana_data & cd grafana_data
[root@rcs-team-rocky8.6 ~/grafana_data]# podman run --name grafana -d -p
3000:3000  -v $(pwd):/grafana_data/db:Z grafana
```

```
[root@rcs-team-rocky8.6 ~]# mkdir grafana_data && cd grafana_data
[root@rcs-team-rocky8.6 ~/grafana_data]# podman run --name grafana -d -p 3000:3000 -v $(pwd):/grafana_data/db:Z grafana
0d973ab2ff14697e983e8f6c5a40a54ecf551afb08192e1f98ebd6cfb1412593
[root@rcs-team-rocky8.6 ~/grafana_data]#
```

图 12.8　创建 grafana_data 目录并启动容器

查看容器状态的命令如下，如图 12.9 所示。

```
[root@rcs-team-rocky8.6 ~/grafana_data]# podman ps
```

```
[root@rcs-team-rocky8.6 ~/grafana_data]# podman ps
CONTAINER ID  IMAGE                              COMMAND               CREATED             STATUS                 PORTS                   NAMES
be63902cdf88  docker.io/prom/prometheus:latest  --config.file=/et...  18 minutes ago      Up 18 minutes ago      0.0.0.0:9091->9090/tcp  prometheus
0d973ab2ff14  docker.io/grafana/grafana:latest                        About a minute ago  Up About a minute ago  0.0.0.0:3000->3000/tcp  grafana
[root@rcs-team-rocky8.6 ~/grafana_data]#
```

图 12.9　查看容器状态

容器成功运行以后，在浏览器地址栏中输入 http://IP:3000 即可显示 Grafana 的登录界面，如图 12.10 所示。

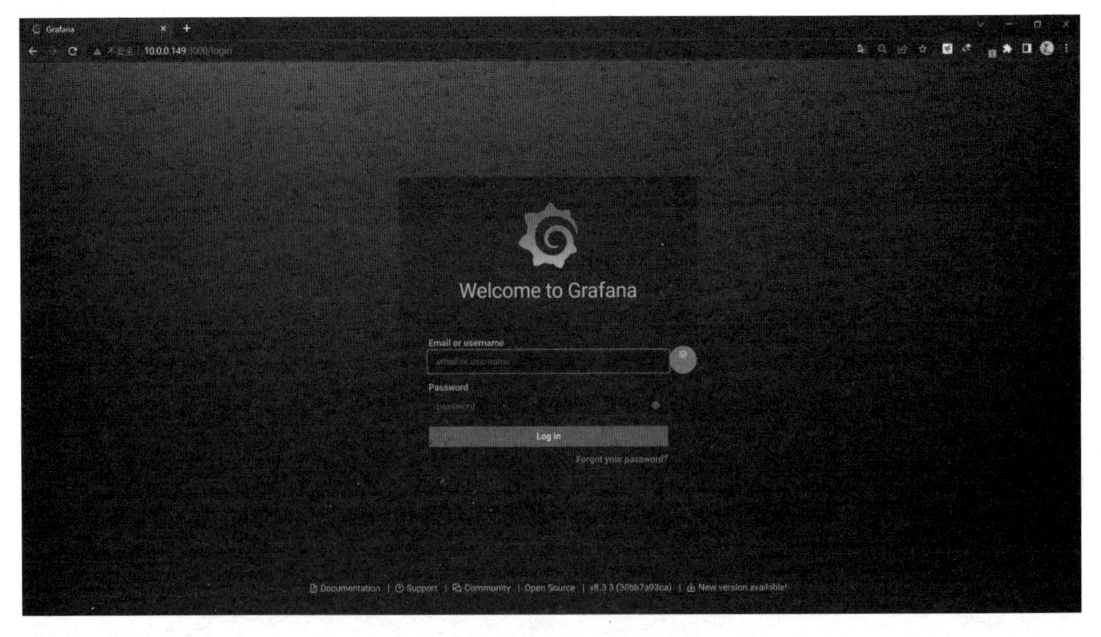

图 12.10　Grafana 的登录界面

输入默认用户名 admin，密码 admin，然后单击 Log in 按钮即可进入 Grafana 主界面，如图 12.11 所示。

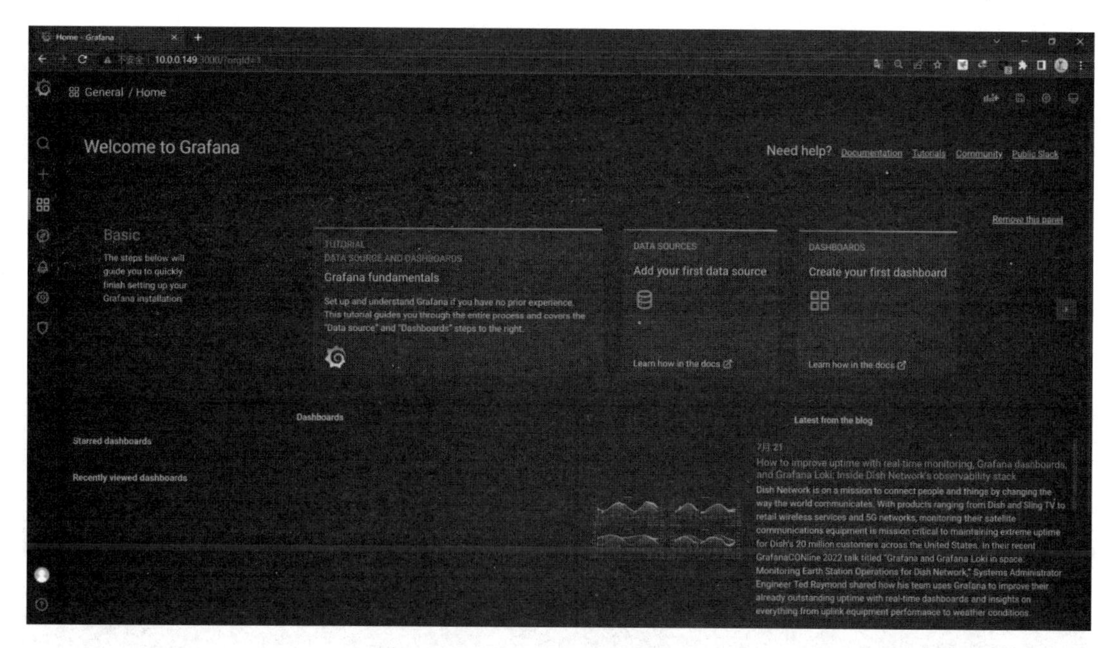

图 12.11　Grafana 主界面

12.4　Podman 安装 node-exporter

node-exporter 用于采集 node 的运行指标，包括 node 的 CPU、load、filesystem、meminfo、network 等基础监控指标，类似于 Zabbix 监控系统的 zabbix agent。

node-exporter 由 Prometheus 官方提供、维护，属于监控指标收集类 UNIX 内核操作系统的必备的 exporter。

首先下载 node-exporter 镜像，命令如下，如图 12.12 所示。

```
[root@rcs-team-rocky8.6 ~]# podman pull docker.io/prom/node-exporter
```

```
[root@rcs-team-rocky8.6 ~]# podman pull docker.io/prom/node-exporter
Trying to pull docker.io/prom/node-exporter:latest...
Getting image source signatures
Copying blob aa2a8d90b84c done
Copying blob b5db1e299295 done
Copying blob b45d31ee2d7f done
Copying config 1dbe0e9319 done
Writing manifest to image destination
Storing signatures
1dbe0e931976487e20e5cfb272087e08a9779c88fd5e9617ed7042dd9751ec26
[root@rcs-team-rocky8.6 ~]#
```

图 12.12　下载 node-exporter 镜像

然后运行 node-exporter 容器并查看容器状态，命令如下，如图 12.13 所示。

```
[root@rcs-team-rocky8.6 ~]# podman run -d -p 9100:9100 docker.io/prom/
node-exporter
[root@rcs-team-rocky8.6 ~]# podman ps
```

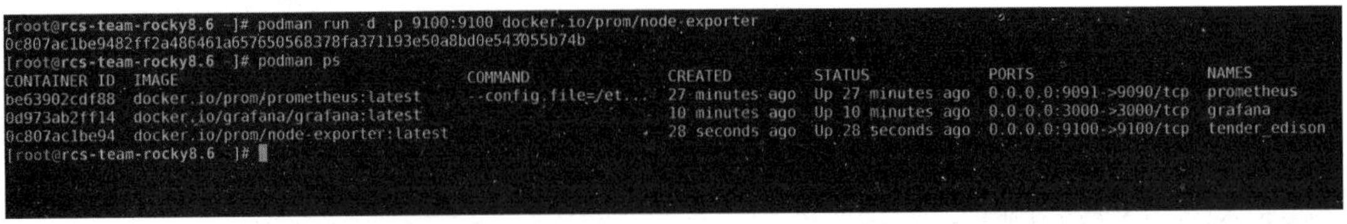

```
[root@rcs-team-rocky8.6 ~]# podman run -d -p 9100:9100 docker.io/prom/node-exporter
0c807ac1be9482ff2a486461a657650568378fa371193e50a8bd0e543055b74b
[root@rcs-team-rocky8.6 ~]# podman ps
CONTAINER ID  IMAGE                                 COMMAND               CREATED         STATUS             PORTS                   NAMES
be63902cdf88  docker.io/prom/prometheus:latest      --config.file=/et...  27 minutes ago  Up 27 minutes ago  0.0.0.0:9091->9090/tcp  prometheus
0d973ab2ff14  docker.io/grafana/grafana:latest                            10 minutes ago  Up 10 minutes ago  0.0.0.0:3000->3000/tcp  grafana
0c807ac1be94  docker.io/prom/node-exporter:latest                         28 seconds ago  Up 28 seconds ago  0.0.0.0:9100->9100/tcp  tender_edison
[root@rcs-team-rocky8.6 ~]#
```

图 12.13　运行 node-exporter 容器并查看容器状态

下面运行 Prometheus 显示监控项。在 Prometheus 的 Status 状态栏中选择 Targets 选项，如图 12.14 所示。

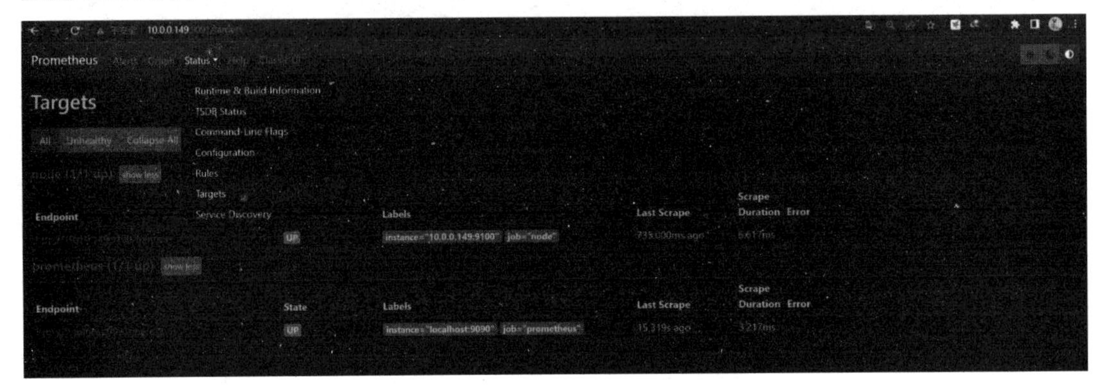

图 12.14　运行 Prometheus 显示监控项

接下来查看监控项状态，如图 12.15 所示。

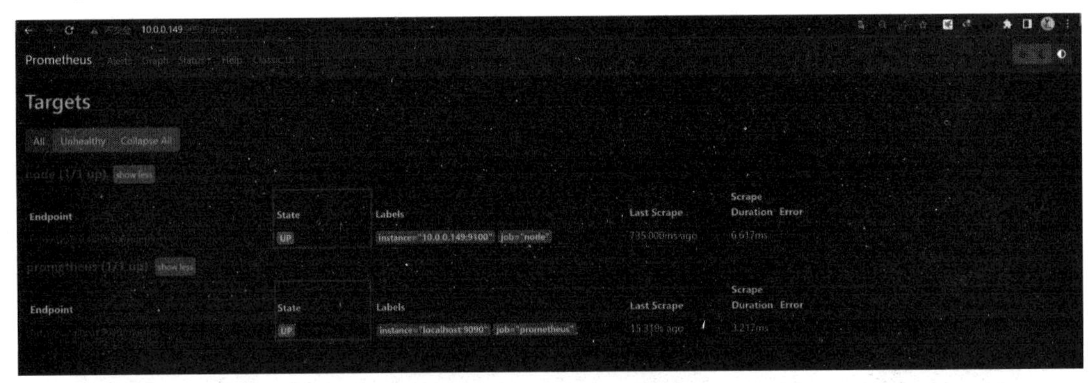

图 12.15　查看监控项状态

当 prometheus 和 node 的 State 都显示为 UP 时，表示 Prometheus 监控已经能够成功获取数据。

12.5　设置 Grafana 的数据来源

Grafana 是用于可视化大型测量数据的开源程序，提供了强大和优雅的方式去创建、共享、浏览数据。Dashboard 中显示了不同 metric 数据源中的数据。

Grafana 是一个可视化工具，即可用来展示数据。它和 Zabbix、Prometheus 的本质区别在于它不能解决监控问题，仅用于展示。即在监控领域，Grafana 需要配合 Zabbix、Prometheus 等工具一起使用，以获取数据源。

Grafana 是一个开源的监控数据分析和可视化套件。常用于对基础设施和应用数据分析的时间序列数据进行可视化分析，也可以用于其他需要数据可视化分析的领域。Grafana 可以帮助用户查询、可视化、告警、分析用户所在意的指标和数据。

下面使用 Grafana 展示通过 node-exporter 获取的数据，操作步骤如下。

首先在 Grafana 中设置数据来源，如图 12.16 所示。

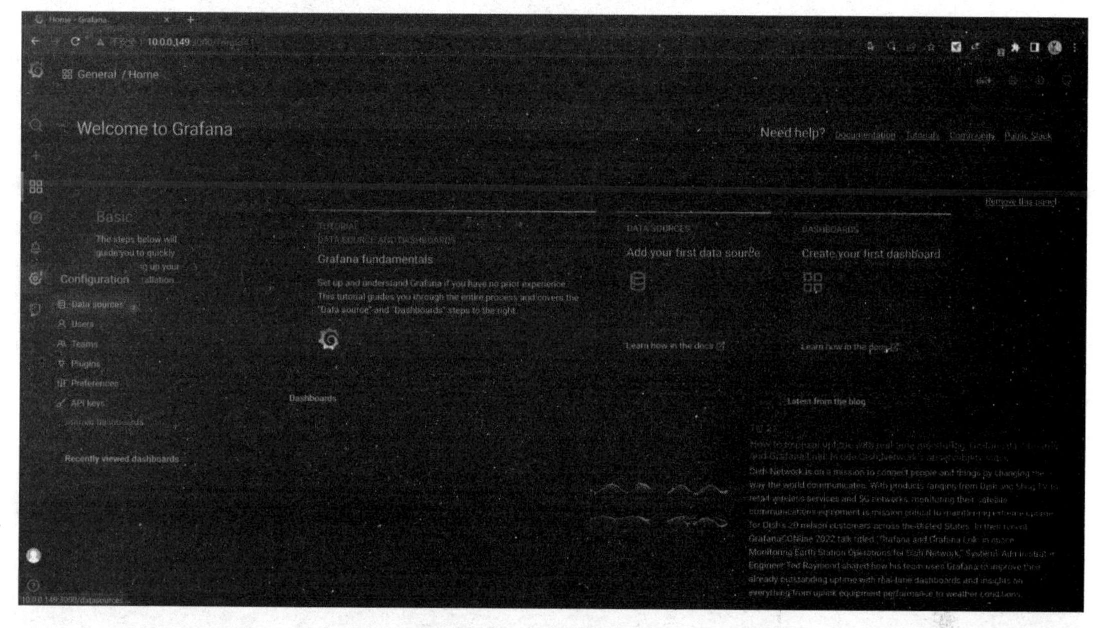

图 12.16 设置数据来源

然后在如图 12.17 所示界面添加数据源。

图 12.17 添加数据源

单击 Add data source 按钮添加数据源，弹出如图 12.18 所示界面，这里添加数据来源为 Prometheus，即选择 Prometheus 选项即可。

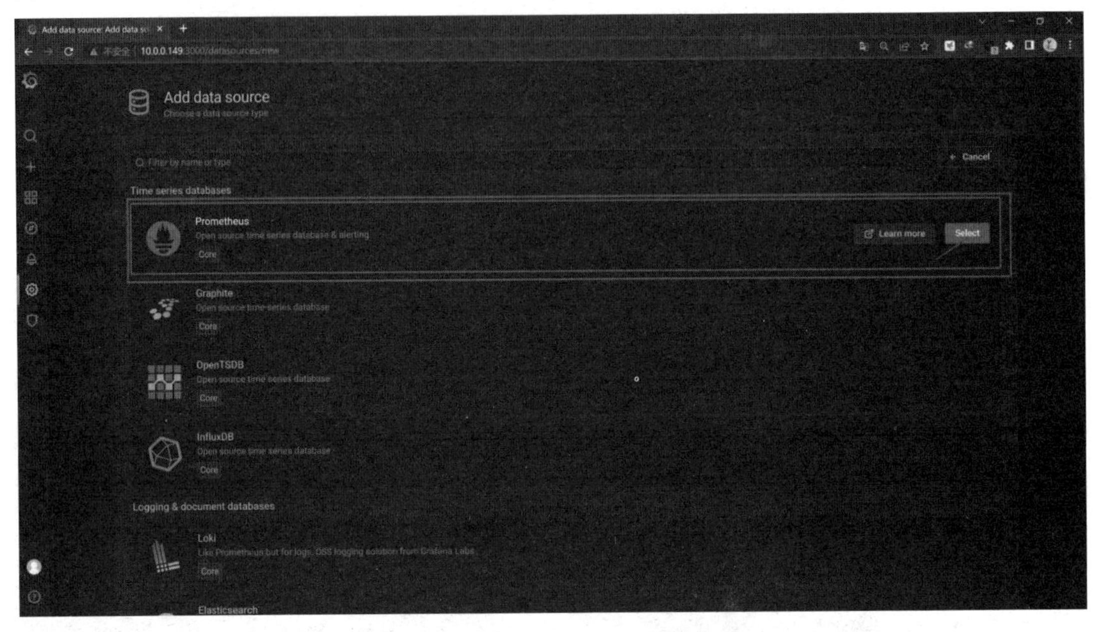

图 12.18　添加 Prometheus 为数据源

设置 Prometheus 的数据 URL 为 http://10.0.0.149:9091，如图 12.19 所示。

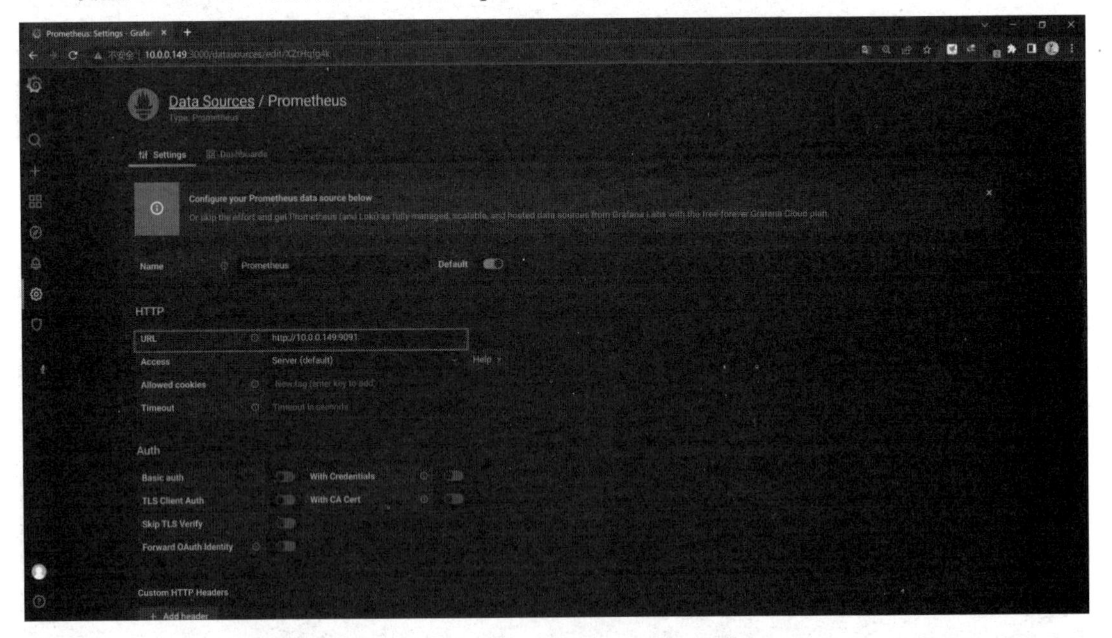

图 12.19　设置 Prometheus 的数据 URL

设置好数据来源后，单击 Save & test 按钮即可进行保存并测试，如图 12.20 所示。

图 12.20　保存并测试

12.6　添加 Grafana 的仪表盘

Grafana 是一个跨平台的、开源的度量分析和可视化工具，可以将查询采集的数据，以可视化的方式进行展示，是网络架构和应用分析中最流行的时序数据展示工具。它具有快速灵活的客户端图表，面板插件有许多不同方式的可视化指标和日志，官方库中具有丰富的仪表盘插件，支持如热图、折线图、图表等多种展示方式。

下面介绍 Grafana 基本的概念。

（1）Data Source—数据源。

Grafana 支持多种不同的时序数据库数据源，Grafana 对每种数据源提供不同的查询方法，而且能很好地支持每种数据源的特性。

支持的数据源有 Graphite、InfluxDB、OpenTSDB、Prometheus、Elasticsearch、CloudWatch、KairosDB 和 Zabbix 等。用户可以将多个数据源的数据合并到一个单独的仪表盘上，但每个面板都绑定到特定的数据源。

（2）Dashboard—仪表盘。

仪表盘是 Grafana 的核心特性，它由一个或多个面板组成。面板是用于展示特定数据集的视觉元素，每个面板都可以配置为显示来自一个或多个数据源的数据，如 Prometheus、Graphite、Elasticsearch、InfluxDB 等。

（3）Row—行。

行是 Grafana 在仪表盘界面的逻辑分区器，用于将多个面板连接在一起。

（4）Panel—面板。

面板是 Grafana 最基本的展示单位。每个面板提供一个查询编辑器（依赖于面板中选择的数据源），允许用户利用查询编辑器编辑出一个完美的展示图像。面板提供各种各样的样式和格式供选项，支持拖曳在仪表盘上重排，并且可以调整大小。

目前有 4 个面板类型：图像、状态、面板列表、表格，但是也支持文本类型。

（5）Query Editor—查询管理。

Query Editor 顾名思义，就是查询管理，每个面板都提供一个 Query Editor，我们可以通过编写语句控制面板展示不同的图表。

介绍完了 Grafana 的基本功能以后，我们就可以添加仪表盘了，添加过程如下。

单击图 12.21 中左侧导航栏中的“+”图标，在弹出的快捷菜单中单击 Import 按钮即可添加 Grafana 仪表盘。

图 12.21　添加 Grafana 仪表盘

在图 12.22 中输入 ID 为 8919 的仪表盘，单击 Load 按钮。

图 12.22　输入 ID 为 8919 的仪表盘

接下来选择数据来源为 Prometheus，然后单击 Import 按钮，如图 12.23 所示。

图 12.23 选择数据来源为 Prometheus

12.7 Node Exporter Dashboard

Grafana 官方和社区对已经做好了常用的 Dashboard，所以 Node Exporter Dashboard 不需要自定义，直接使用开源社区创建好的模板即可。

使用该仪表盘的前提条件：① Prometheus 已经安装部署完毕；② node-exporter 已经安装部署完毕；③ Grafana 已经安装部署完毕。满足这 3 个条件后，我们就可以使用 Node Exporter Dashboard 了。

下面切换导入的 Node Exporter Dashboard 界面，仪表盘会显示主机、CPU、内存、磁盘、网络使用率等信息，如图 12.24 所示。

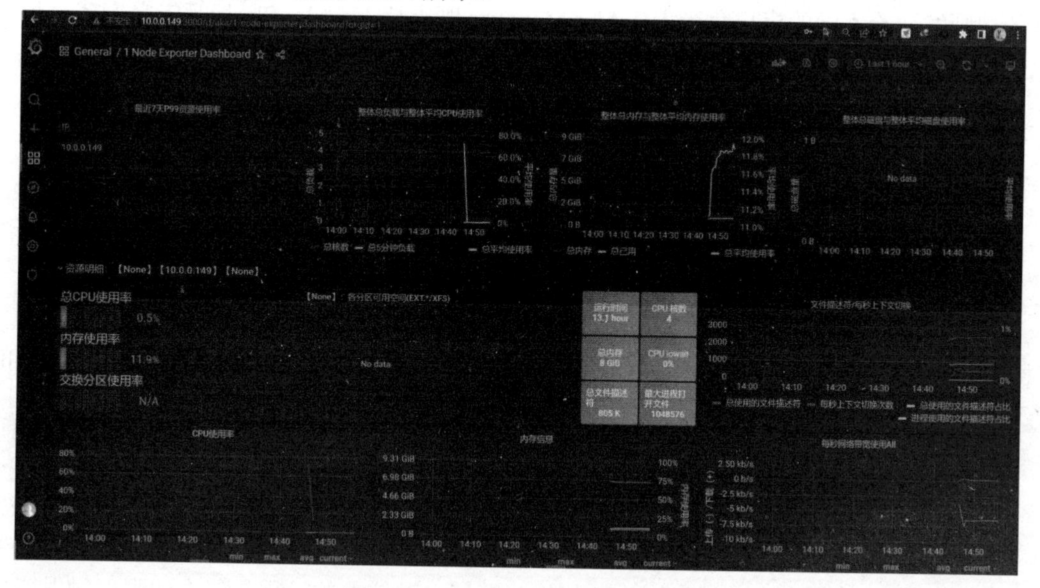

图 12.24 Node Exporter Dashboard

12.8 AlertManager 实现告警功能

在运维工作中最重要的事情就是监控，而在监控中最重要的就是告警功能，这样可以使我们收到告警之后及时处理，以免事态发展到无可挽回的地步，从而给企业带来更多的损失。

由于服务是 24 小时运行的，但是人不能像机器一样 24 小时不休息，这就需要我们通过自动化的脚本、服务等协助完成 24 小时不间断的监控与告警工作。这里可以根据我们设定的告警阈值，通过钉钉、微信、短信、邮件等方式实现告警。

所谓告警，就是通过 Prometheus 获取我们指定的监控项的数据，如 CPU 使用率、内存使用率。通过该监控项的数据评估系统的健康程度，当 CPU 使用率为 100%时，这时系统响应速度就会很慢，因此用户提交的指令就有可能得不到及时的响应。如果 CPU 使用率持续为 100%，就会造成服务器温度过高、程序崩溃、异常等问题。为了保证服务器的健康运转，在正常的上班时间可以通过实时查看监控大屏观察 CPU 的使用情况，到了夜间休息或不方便查看监控大屏时，就需要监控系统给我们提供告警功能。

1．AlertManager 介绍

Prometheus 包含一个告警模块——AlertManager，AlertManager 主要用于接收 Prometheus 发送的告警信息，它支持丰富的告警通知渠道，而且很容易做到告警信息进行去重、降噪、分组等，是一款前卫的告警通知系统。

AlertManager 是一个独立的告警模块，接收 Prometheus 等客户端发来的警报时，会进行分组、删除重复等处理，并将它们通过路由发送给正确的接收器；告警方式可以按照不同的规则发送给不同的模块负责人，AlertManager 既支持 Email、Slack 等告警方式，也可以通过 webhook 接入钉钉等国内 IM 工具。

2．设置告警和通知的主要步骤

（1）设置和配置 AlertManager。

（2）配置 Prometheus 与 AlertManager 对话。

（3）在 Prometheus 中创建告警规则。

3．告警的 3 种状态

（1）pending：警报被激活，但是低于设置的持续时间。这里的持续时间即 rule 中的 FOR 字段设置的时间。该状态下不发送报警。

（2）firing：警报已被激活，而且超出设置的持续时间。该状态下发送报警。

（3）inactive：当既不是 pending，也不是 firing 时，状态变为 inactive。

4．Prometheus 触发一条告警的过程

从监控系统发出告警到手机短信、邮件、钉钉、微信上的过程是怎么的呢？触发告警

的过程如图 12.25 所示。

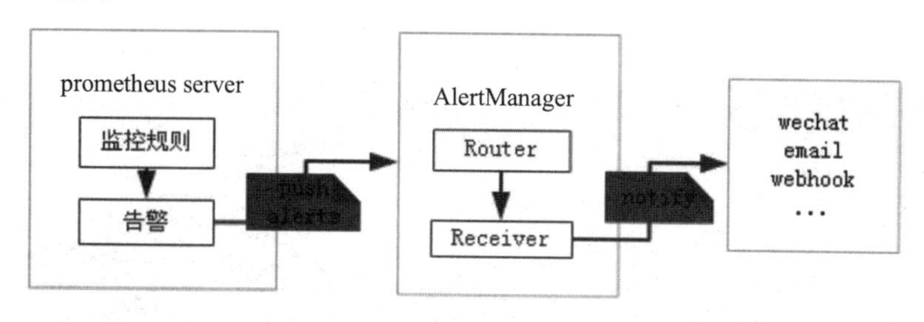

图 12.25　触发一条告警的过程

首先，由 Prometheus 获取想要的监控项数据，可以是实时刷新的数据，也可以只是每隔一段时间刷新一次的数据，给它配置监控规则和告警的规则。这里就包含了触发告警的阈值，如果 CPU 占用率为 100%就已经来不及处理了，那么我们就需要设置一个阈值，这个值可能是 CPU 占用率为 80%或 85%，当 CPU 占用率达到或超过该值，并持续一段时间时，Prometheus 就要触发告警，推送告警信息给 AlertManager。

其次，AlertManager 收到告警信息以后，对告警信息进行分组，确认告警的媒体类型，通过我们提前设置好的如手机短信、钉钉、微信、邮件等形式发送告警信息。

5. Podman 部署 AlertManager

部署步骤如下。

1）创建配置文件

创建 alertmanager.yml 配置文件，如图 12.26 所示。

图 12.26　创建配置文件

2）创建告警规则

创建 firstrules.yml 告警规则，如图 12.27 所示。

3）启动 AlertManager

搜索 AlertManager 的镜像，即找到 docker.io/prom/alertmanager，命令如下，如图 12.28

所示。

```
[root@rcs-team-rocky8.6 ~]# podman search alertmanager
```

```
groups
  name  general
  rules
  - alert  InstanceDown
    expr  up ==
    for  1m
    labels
      severity  error
    annotations
      summary
      description
```

图 12.27 创建告警规则

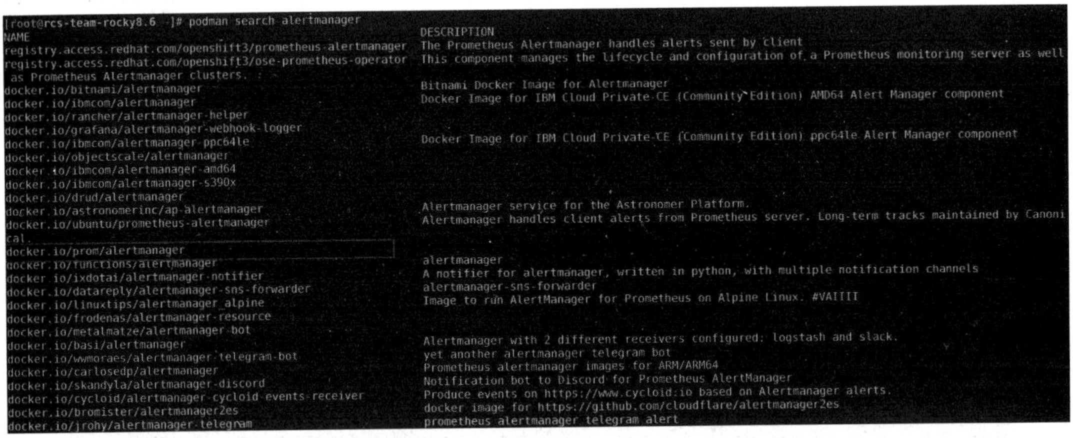

```
[root@rcs-team-rocky8.6 ~]# podman search alertmanager
NAME                                                          DESCRIPTION
registry.access.redhat.com/openshift3/prometheus-alertmanager The Prometheus Alertmanager handles alerts sent by client
registry.access.redhat.com/openshift3/ose-prometheus-operator This component manages the lifecycle and configuration of a Prometheus monitoring server as well
 as Prometheus Alertmanager clusters.
docker.io/bitnami/alertmanager                                Bitnami Docker Image for Alertmanager
docker.io/ibmcom/alertmanager                                 Docker Image for IBM Cloud Private-CE (Community Edition) AMD64 Alert Manager component
docker.io/rancher/alertmanager-helper
docker.io/grafana/alertmanager-webhook-logger
docker.io/ibmcom/alertmanager-ppc64le                         Docker Image for IBM Cloud Private-CE (Community Edition) ppc64le Alert Manager component
docker.io/objectscale/alertmanager
docker.io/ibmcom/alertmanager-amd64
docker.io/ibmcom/alertmanager-s390x
docker.io/drud/alertmanager
docker.io/astronomerinc/ap-alertmanager                       Alertmanager service for the Astronomer Platform.
docker.io/ubuntu/prometheus-alertmanager                      Alertmanager handles client alerts from Prometheus server. Long-term tracks maintained by Canoni
cal.
docker.io/prom/alertmanager
docker.io/functions/alertmanager                              alertmanager
docker.io/ixdotai/alertmanager-notifier                       A notifier for alertmanager, written in python, with multiple notification channels
docker.io/datareply/alertmanager-sns-forwarder                alertmanager-sns-forwarder
docker.io/linuxtips/alertmanager_alpine                       Image to run AlertManager for Prometheus on Alpine Linux. #VAIIII
docker.io/frodenas/alertmanager-resource
docker.io/metalmatze/alertmanager-bot
docker.io/basi/alertmanager                                   Alertmanager with 2 different receivers configured: logstash and slack.
docker.io/wwmoraes/alertmanager-telegram-bot                  yet another alertmanager telegram bot
docker.io/carlosedp/alertmanager                              Prometheus alertmanager images for ARM/ARM64
docker.io/skandyla/alertmanager-discord                       Notification bot to Discord for Prometheus AlertManager
docker.io/cycloid/alertmanager-cycloid-events-receiver        Produce events on https://www.cycloid.io based on Alertmanager alerts.
docker.io/bromister/alertmanager2es                           docker image for https://github.com/cloudflare/alertmanager2es
docker.io/jrohy/alertmanager-telegram                         prometheus alertmanager telegram alert
```

图 12.28 搜索 AlertManager 的镜像

接下来启动容器并查看容器启动的状态，命令如下，如图 12.29 所示。

```
[root@rcs-team-rocky8.6 ~/prometheus_conf]# podman run -d -p 9093:9093
--name alertmanager -v /root/prometheus_conf/alertmanager.yml:/etc/
alertmanager/alertmanager.yml -v /root/prometheus_conf/template:/etc/
alertmanager/template docker.io/prom/alertmanager
```

```
[root@rcs-team-rocky8.6 ~/prometheus_conf]# podman run -d -p 9093:9093 --name alertmanager -v /root/prometheus_conf/alertmanager.yml:/etc/alertmanager/alertman
ager.yml -v /root/prometheus_conf/template:/etc/alertmanager/template docker.io/prom/alertmanager
f7fa353c88867250221fdac1bbbab7af8f46c0e87e273054740c01a3d53ca8e5
[root@rcs-team-rocky8.6 ~/prometheus_conf]# podman ps
CONTAINER ID  IMAGE                                          COMMAND               CREATED        STATUS              PORTS                   NAMES
cb01def44589  docker.io/prom/node-exporter:latest                                  8 hours ago    Up 5 hours ago      0.0.0.0:9100->9100/tcp  node-exp
3e62bd692d82  docker.io/prom/prometheus:latest               --config.file=/et...  8 hours ago    Up 5 hours ago      0.0.0.0:9091->9090/tcp  prometheus
8c91de11e5f4  docker.io/grafana/grafana:latest                                     8 hours ago    Up 5 hours ago      0.0.0.0:3000->3000/tcp  grafana
501e4368fc37  quay.io/navidys/prometheus-podman-exporter:latest                    5 hours ago    Up 5 hours ago                              dazzling_euler
f7fa353c8886  docker.io/prom/alertmanager:latest             --config.file=/et...  4 seconds ago  Up 5 seconds ago    0.0.0.0:9093->9093/tcp  alertmanager
[root@rcs-team-rocky8.6 ~/prometheus_conf]#
```

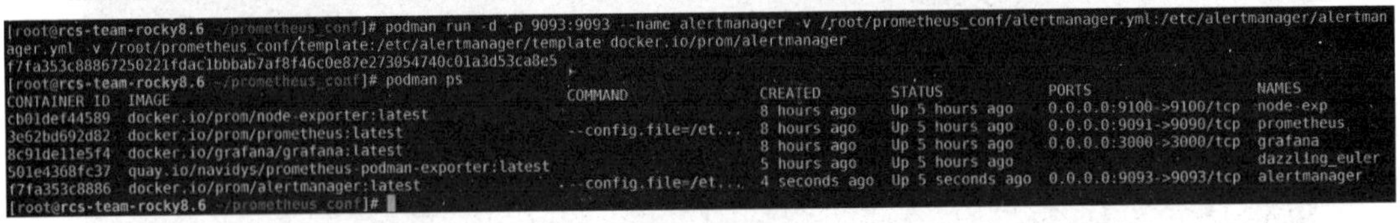

图 12.29 启动容器并查看容器启动的状态

在浏览器地址栏中输入 http://10.0.0.149:9093 /#/status，如图 12.30 所示。

4）修改 Prometheus 配置文件

修改 Prometheus 配置文件，如图 12.31 所示。

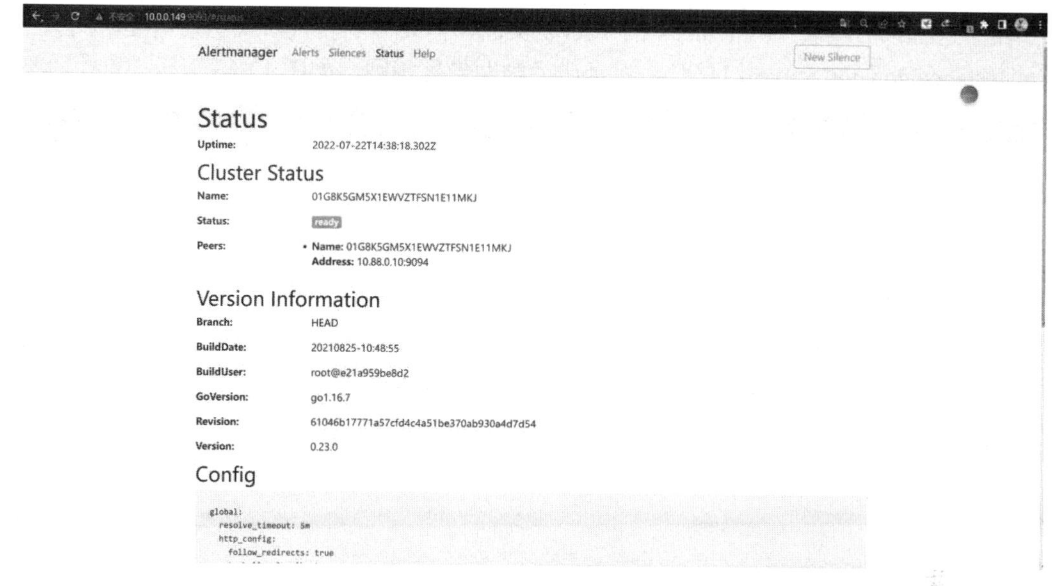

图 12.30　浏览器查看状态

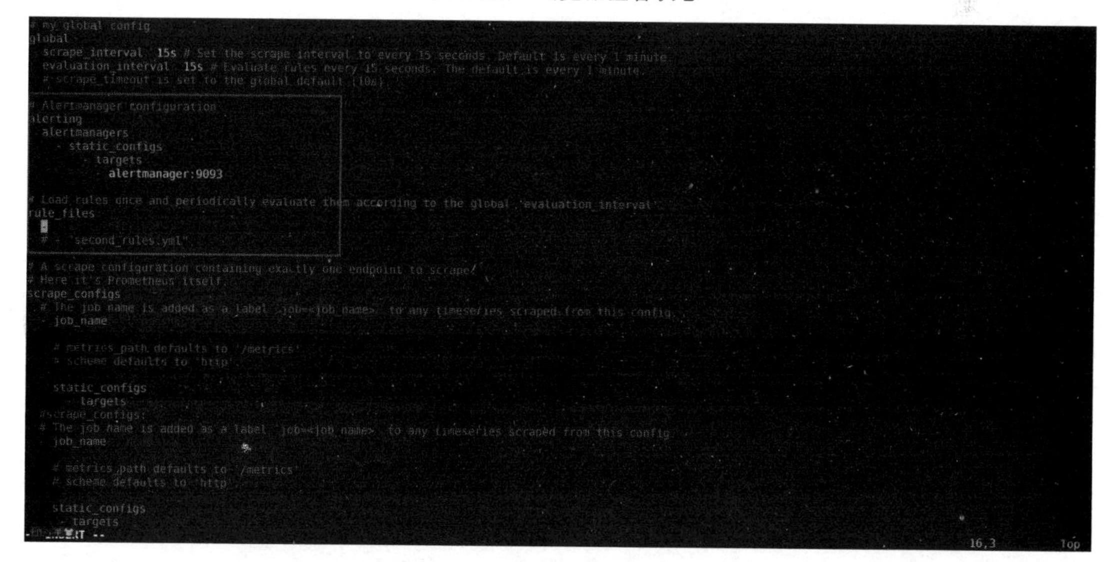

图 12.31　修改 Prometheus 配置文件

修改完后停止 Prometheus 容器并重启。

5）模拟故障

这里终止 node-exporter 容器的进程 node-exp，模拟故障点触发告警规则，如图 12.32 所示。

```
[root@rcs-team-rocky8.6 ~/prometheus_conf]# podman ps
CONTAINER ID  IMAGE                                          COMMAND               CREATED         STATUS              PORTS                     NAMES
cb01def44589  docker.io/prom/node-exporter:latest                                  9 hours ago     Up 6 hours ago      0.0.0.0:9100->9100/tcp    node-exp
3e62bd692d82  docker.io/prom/prometheus:latest               --config.file=/et...  9 hours ago     Up 14 minutes ago   0.0.0.0:9091->9090/tcp    prometheus
8c91de11e5f4  docker.io/grafana/grafana:latest                                     9 hours ago     Up 6 hours ago      0.0.0.0:3000->3000/tcp    grafana
501e4368fc37  quay.io/navidys/prometheus-podman-exporter:latest                    6 hours ago     Up 6 hours ago                                dazzling_euler
f7fa353c8886  docker.io/prom/alertmanager:latest             --config.file=/et...  49 minutes ago  Up 38 minutes ago   0.0.0.0:9093->9093/tcp    alertmanager
[root@rcs-team-rocky8.6 ~/prometheus_conf]# podman kill cb01def44589
```

图 12.32　模拟故障

结束进程以后刷新 Prometheus 的 Alerts 页面，需要多刷新几次（触发需要时间）。当显示 InstanceDown(1 active)信息时，表示已经触发告警规则，如图 12.33 所示。

图 12.33　显示 InstanceDown(1 active)信息

6）收到告警邮件

这里发现微信提醒收到了一份告警邮件，如图 12.34 所示。

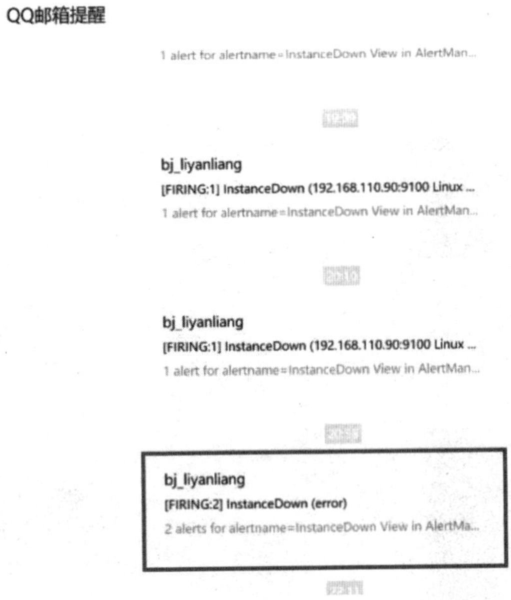

图 12.34　收到告警邮件

这里使用邮件告警方式的目的是为了方便读者在学习中跟着教程进行配置。读者也可以通过企业微信、钉钉等机器人实现企业微信群、钉钉群的告警提醒。另外，多种告警方式也可以同时使用。

12.9　Prometheus 监控 Podman-Exporter 扩展

开源项目 prometheus-podman-exporter 的地址为 https://github.com/containers/prometheus-podman-exporter。运行以下命令可以监控 Podman 数据，通过 TCP 协议的 8888 端口来提供

Podman 远程的 API 访问。命令如下，如图 12.35 所示。

```
[root@rcs-team-rocky8.6 ~]# podman system service tcp://10.0.0.149:8888
--time=0 &
[root@rcs-team-rocky8.6 ~]# ps -ef | grep socket
```

```
[root@rcs-team-rocky8.6 ~]# podman system service tcp://10.0.0.149:8888 --time=0 &
[1] 501130
[root@rcs-team-rocky8.6 ~]# ps -ef | grep socket
root        4034    2351  0 17:20 pts/1    00:00:00 grep --color=auto socket
[1]+  Exit 125                podman system service tcp://10.0.0.149:8888 --time=0
```

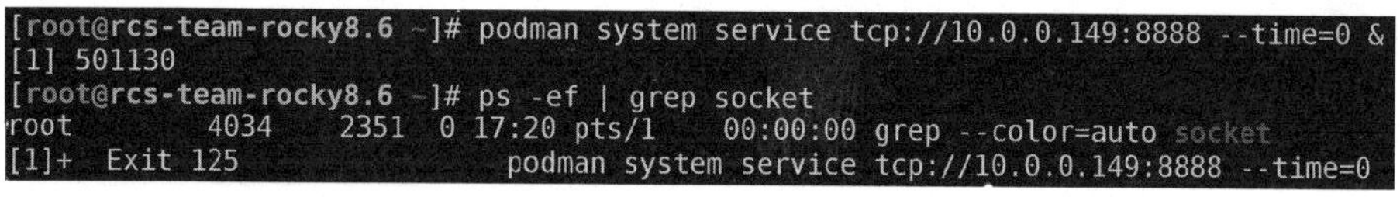

图 12.35　Podman API 操作

如图 12.35 所示，我们通过系统进程过滤发现 Podman 的系统服务运行成功，可以通过远程 API 的模式访问 10.0.0.149 这台 Podman 的主机。

当然我们也可以通过执行以下命令自定义容器网络，即通过指定端口访问 Podman 的远程 API，如图 12.36 所示。

```
[root@rcs-team-rocky8.6 ~]# podman run -e CONTAINER_HOST=tcp://
10.0.0.149:8888 --network=host -p 9882:9882 quay.io/navidys/prometheus-
podman-exporter:latest
```

```
[root@rcs-team-rocky8.6 ~]# podman run -e CONTAINER_HOST=tcp://10.0.0.149:8888 --network=host -p 9882:9882 quay.io/navidys/prometheus-podman-exporter:latest
Port mappings have been discarded as one of the Host, Container, Pod, and None network modes are in use
ts=2022-07-22T09:21:31.133Z caller=exporter.go:57 level=info msg="Starting podman-prometheus-exporter" version="(version=1.0.0, branch=HEAD, revision=1)"
ts=2022-07-22T09:21:31.133Z caller=handler.go:93 level=info msg="enabled collectors"
ts=2022-07-22T09:21:31.133Z caller=handler.go:104 level=info collector=container
ts=2022-07-22T09:21:31.133Z caller=exporter.go:68 level=info msg="Listening on" address=:9882
ts=2022-07-22T09:21:31.133Z caller=tls_config.go:195 level=info msg="TLS is disabled." http2=false
```

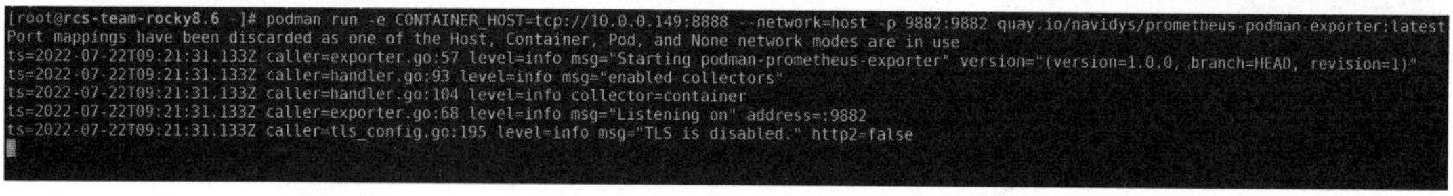

图 12.36　远程端口方式连接

在浏览器的地址栏中输入 http://10.0.0.149:9882/metrics 即可获取 Podman 的监控数据，如图 12.37 所示。

图 12.37　获取监控数据

第 13 章

Podman 企业实战

本章主要介绍在 Rocky Linux 8.6 系统中使用 Podman 容器技术，快速部署企业中常见的各种容器、靶场和服务。

13.1 Podman 安装容器

1. 安装 Ubuntu

Ubuntu 系统的镜像还是比较稳定的，首先通过 podman search ubuntu 命令搜索 Ubuntu 的镜像，然后直接通过 podman run 的方式运行即可，命令如下，如图 13.1 所示。

```
[root@rcs-team-rocky8.6 ~]# podman run -it docker.io/library/ubuntu/bin/ bash
```

```
[root@rcs-team-rocky8.6 ~]# podman search ubuntu
NAME                                       DESCRIPTION
docker.io/library/ubuntu                   Ubuntu is a Debian-based Linux operating system based on free software.
docker.io/library/websphere-liberty        WebSphere Liberty multi-architecture images based on Ubuntu 18.04
docker.io/library/ubuntu-debootstrap       DEPRECATED; use "ubuntu" instead
docker.io/library/neurodebian              NeuroDebian provides neuroscience research software for Debian, Ubuntu, and other derivatives.
docker.io/library/open-liberty             Open Liberty multi-architecture images based on Ubuntu 18.04
docker.io/library/ubuntu-upstart           DEPRECATED, as is Upstart (find other process supervisor!)
docker.io/ubuntu/nginx                     Nginx, a high-performance reverse proxy & web server. Long-term tracks maintained by Canonical.
docker.io/ubuntu/cortex                    Cortex provides storage for Prometheus. Long-term versions maintained by Canonical.
docker.io/ubuntu/apache2                   Apache, a secure & extensible open-source HTTP server. Long-term tracks maintained by Canonical.
docker.io/ubuntu/squid                     Squid is a caching proxy for the Web. Long-term versions maintained by Canonical.
docker.io/ubuntu/redis                     Redis, an open source key-value store. Long-term versions maintained by Canonical.
docker.io/ubuntu/bind9                     BIND 9 is a very flexible, full-featured DNS system. Long-term versions maintained by Canonical.
docker.io/ubuntu/postgres                  PostgreSQL is an open source object-relational database. Long-term versions maintained by Canonical.
docker.io/ubuntu/mysql                     MySQL open source fast, stable, multi-thread SQL database. Long-term tracks maintained by Canonical.
docker.io/ubuntu/prometheus                Prometheus is a systems and service monitoring system. Long-term versions maintained by Canonical.
docker.io/ubuntu/memcached                 Memcached, in-memory keyvalue store for small data chunks. Long-term tracks maintained by Canonical.
docker.io/ubuntu/grafana                   Grafana, a feature rich metrics dashboard & graph editor. Long-term tracks maintained by Canonical.
docker.io/ubuntu/prometheus-alertmanager   Alertmanager handles client alerts from Prometheus server. Long-term tracks maintained by Canonical.
docker.io/ubuntu/cassandra                 Cassandra, an open source NoSQL distributed database. Long-term versions maintained by Canonical.
docker.io/ubuntu/telegraf                  Telegraf collects, processes, aggregates & writes metrics. Long-term tracks maintained by Canonical.
docker.io/ubuntu/kafka                     Apache Kafka, a distributed event streaming platform. Long-term tracks maintained by Canonical.
docker.io/ubuntu/zookeeper                 ZooKeeper maintains configuration information centrally. Long-term tracks maintained by Canonical.
docker.io/kasmweb/ubuntu-bionic-desktop    Ubuntu productivity desktop for Kasm Workspaces
docker.io/ubuntu/loki                      Grafana Loki, a log aggregation system like Prometheus. Long-term tracks maintained by Canonical.
docker.io/bitnami/ubuntu-base-buildpack    Ubuntu base compilation image
[root@rcs-team-rocky8.6 ~]# podman run -it docker.io/library/ubuntu /bin/bash
root@1b22d13bfe20:/# ls
bin  boot  dev  etc  home  lib  lib32  lib64  libx32  media  mnt  opt  proc  root  run  sbin  srv  sys  tmp  usr  var
root@1b22d13bfe20:/#
```

图 13.1　运行 Ubuntu

2．安装 CentOS 7

运行 CentOS 系统时要特别注意，因为 Rocky Linux Podman 仓库中默认的 CentOS 为 8.x 版本，由于该版本已经停止更新了，所以在安装镜像时需要搜索 CentOS 7 的镜像，命令如下，如图 13.2 所示。

```
[root@rcs-team-rocky8.6 ~]# podman run -it docker.io/bluedata/centos7
/bin/bash
```

```
[root@rcs-team-rocky8.6 ~]# podman run -it docker.io/bluedata/centos7 /bin/bash
[root@e17b4577a532 /]# ls
anaconda-post.log  bin  lib  lib64  sbin  tmp
[root@e17b4577a532 /]# cat /etc/redhat-release
CentOS Linux release 7.5.1804 (Core)
[root@e17b4577a532 /]#
```

图 13.2　运行 CentOS 7

3．安装 Nginx

Nginx 是常见的 Web 应用程序，可以直接运行如下命令进行安装。

```
[root@rcs-team-rocky8.6 ~]# podman run -itd --name nginx-web -p 8081:80 nginx
```

在浏览器地址栏中输入 http://10.0.0.149:8081，如图 13.3 所示。

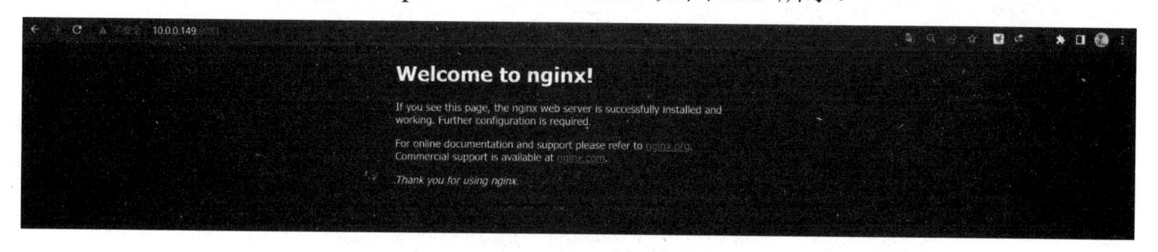

图 13.3　运行 Nginx

4．安装 Tomcat

安装 Tomcat 容器的命令如下，如图 13.4 所示。

```
[root@rcs-team-rocky8.6 ~]# podman run -d --name tomcat -p 8080:8080
docker.io/library/tomcat
```

```
[root@rcs-team-rocky8.6 ~]# podman run -d --name tomcat -p 8080:8080 docker.io/library/tomcat
Trying to pull docker.io/library/tomcat:latest...
Getting image source signatures
Copying blob dc120c3e0290 skipped: already exists
Copying blob 9b829c73b52b skipped: already exists
Copying blob 6494e4811622 skipped: already exists
Copying blob 668f6fcc5fa5 skipped: already exists
Copying blob cb5b7ae36172 skipped: already exists
Copying blob 0e29546d541c skipped: already exists
Copying blob 8f7c0eebb7b1 skipped: already exists
Copying blob 77b694f83996 skipped: already exists
Copying blob 0f611256ec3a done
Copying blob 4f25def12f23 done
Copying config fb5657adc8 done
Writing manifest to image destination
Storing signatures
b9e5ea83f0965d2be4c4022fde2fe70015a7083f10d726cd7c470af6dddf56a8
[root@rcs-team-rocky8.6 ~]#
```

图 13.4　运行 Tomcat

接下来可以进一步优化启动，添加数据卷，命令如下，如图 13.5 所示。

```
[root@rcs-team-rocky8.6 ~]# podman run -d --name tomcat-v1 -p 8081:8080 -v
```

```
$PWD/test:/usr/local/tomcat/webapps/test  docker.io/library/tomcat
```

```
[root@rcs-team-rocky8.6 ~]# podman run -d --name tomcat-v1 -p 8081:8080 -v $PWD/test:/usr/local/tomcat/webapps/test  docker.io/library/tomcat
c503bebde473c2d3294e01fbd6429b6fb6bc00b5f8e838864e99fb3867a12dd0
[root@rcs-team-rocky8.6 ~]#
```

图 13.5　优化启动

挂载目录的过程如图 13.6 所示。

```
[root@rcs-team-rocky8.6 ~]# podman rm -f $(podman ps -aq)
d497d68e11004dc32bef305c561dd8eb646e6c5f07ca272d50112e3191d2c6f4
8947a3222a810f66f3a766274fc2c457e8bdf0cda51078105da67cef5a47a2ad
[root@rcs-team-rocky8.6 ~]# podman run --name tomcat-01 -d -p 8081:8080 -v $PWD/test:/usr/local/tomcat/webapps/test/ docker.io/library/tomcat
8217aaadeeb9ecb6a21a60ce0b114936e59da887294dcef2b507f9d251f80694
[root@rcs-team-rocky8.6 ~]# podman ps
CONTAINER ID  IMAGE                            COMMAND          CREATED         STATUS             PORTS                   NAMES
8217aaadeeb9  docker.io/library/tomcat:latest  catalina.sh run  4 seconds ago   Up 4 seconds ago   0.0.0.0:8081->8080/tcp  tomcat-01
[root@rcs-team-rocky8.6 ~]# podman exec -it 8217aaadeeb9 /bin/bash
root@8217aaadeeb9:/usr/local/tomcat# ls
BUILDING.txt  CONTRIBUTING.md  LICENSE  NOTICE  README.md  RELEASE-NOTES  RUNNING.txt  bin  conf  lib  logs  native-jni-lib  temp  webapps  webapps.dist  work
root@8217aaadeeb9:/usr/local/tomcat# cd /usr/local/tomcat/webapps
root@8217aaadeeb9:/usr/local/tomcat/webapps# ls
test
root@8217aaadeeb9:/usr/local/tomcat/webapps#
```

图 13.6　挂载目录

可以发现，Tomcat 存放 war 包的路径为/usr/local/tomcat/webapps/test。

5．安装 Redis

使用如下命令启动 Redis。

```
[root@rcs-team-rocky8.6 ~]# podman run -itd --name redis -p 26379:6379 redis
```

使用 podman ps 命令查看运行状态，如图 13.7 所示。

```
[root@rcs-team-rocky8.6 ~]# podman ps
CONTAINER ID  IMAGE                           COMMAND       CREATED         STATUS             PORTS                    NAMES
77393ce493ca  docker.io/library/redis:latest  redis-server  25 seconds ago  Up 25 seconds ago  0.0.0.0:26379->6379/tcp  redis
[root@rcs-team-rocky8.6 ~]#
```

图 13.7　启动容器并查看运行状态

当然我们一般都是在测试环境中使用容器部署，不推荐在线上生产环境中直接安装。Redis 安装以后需要设置 Redis 的配置文件，以免造成 Redis 未授权漏洞的出现。

6．安装 MySQL

通过 Podman 可以快速部署 MySQL 容器，命令如下，如图 13.8 所示。

```
[root@rcs-team-rocky8.6 ~]# podman run -itd --name mysql-test -p 3306:3306
-e MYSQL_ROOT_PASSWORD=123456 mysql
```

```
[root@rcs-team-rocky8.6 ~]# podman run -itd --name mysql-test -p 3306:3306 -e MYSQL_ROOT_PASSWORD=123456 mysql
  docker.io/library/mysql:latest
Trying to pull docker.io/library/mysql:latest...
Getting image source signatures
Copying blob 37d5d7efb64e done
Copying blob 72a69066d2fe done
Copying blob ac563158d721 done
Copying blob 626033c43d70 done
Copying blob 99da31dd6142 done
Copying blob 93619dbc5b36 done
Copying blob d2ba16033dad done
Copying blob 688ba7d5c01a done
Copying blob 00e060b6d11d done
Copying blob 4d7cfa90e6ea done
Copying blob 1c04857f594f done
Copying blob e0431212d27d done
Copying config 3218b38490 done
Writing manifest to image destination
Storing signatures
e48e5d892275e1c5eb4286ee0954992f114c6ef43619341f02a88d1787db177f
[root@rcs-team-rocky8.6 ~]#
```

图 13.8　运行 MySQL

接下来查看容器运行状态，如图 13.9 所示。

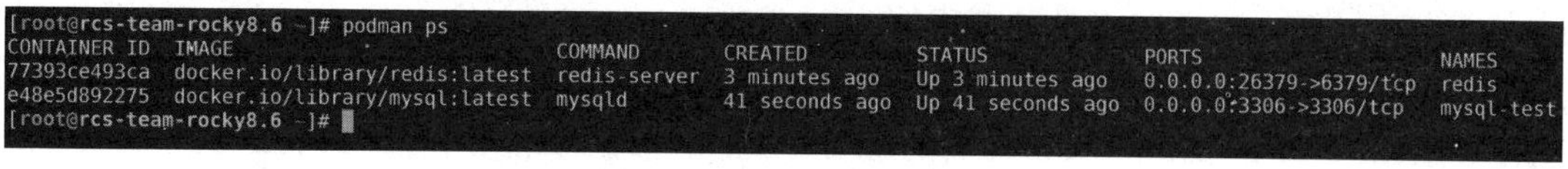

```
[root@rcs-team-rocky8.6 ~]# podman ps
CONTAINER ID  IMAGE                           COMMAND       CREATED         STATUS             PORTS                     NAMES
77393ce493ca  docker.io/library/redis:latest  redis-server  3 minutes ago   Up 3 minutes ago   0.0.0.0:26379->6379/tcp  redis
e48e5d892275  docker.io/library/mysql:latest  mysqld        41 seconds ago  Up 41 seconds ago  0.0.0.0:3306->3306/tcp   mysql-test
[root@rcs-team-rocky8.6 ~]#
```

图 13.9　查看容器运行状态

执行 podman exec -it mysql-test /bin/bash 命令即可进入容器。当出现如图 13.10 所示 MySQL 版本信息时，表示已进入 MySQL 容器。

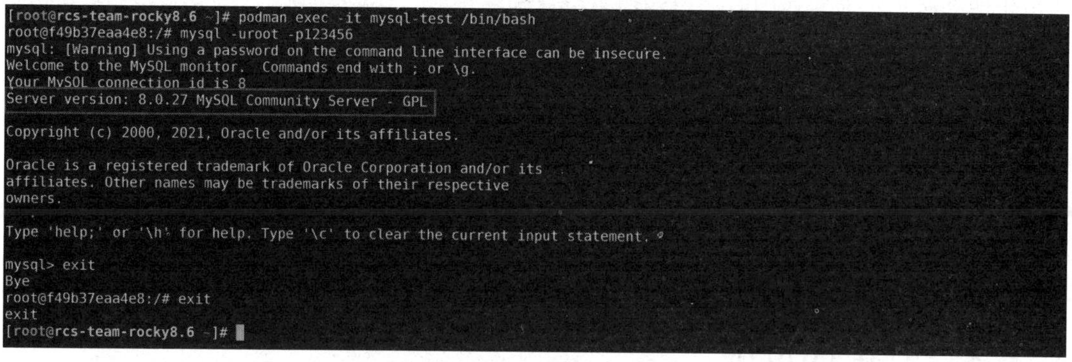

```
[root@rcs-team-rocky8.6 ~]# podman exec -it mysql-test /bin/bash
root@f49b37eaa4e8:/# mysql -uroot -p123456
mysql: [Warning] Using a password on the command line interface can be insecure.
Welcome to the MySQL monitor.  Commands end with ; or \g.
Your MySQL connection id is 8
Server version: 8.0.27 MySQL Community Server - GPL

Copyright (c) 2000, 2021, Oracle and/or its affiliates.

Oracle is a registered trademark of Oracle Corporation and/or its
affiliates. Other names may be trademarks of their respective
owners.

Type 'help;' or '\h' for help. Type '\c' to clear the current input statement.

mysql> exit
Bye
root@f49b37eaa4e8:/# exit
exit
[root@rcs-team-rocky8.6 ~]#
```

图 13.10　进入 MySQL 容器

7. 安装 Apache

命令如下。

```
[root@rcs-team-rocky8.6 ~]# podman run -d --name apache -p 8080:80 httpd
```

执行 podman ps 命令查看状态，如图 13.11 所示。

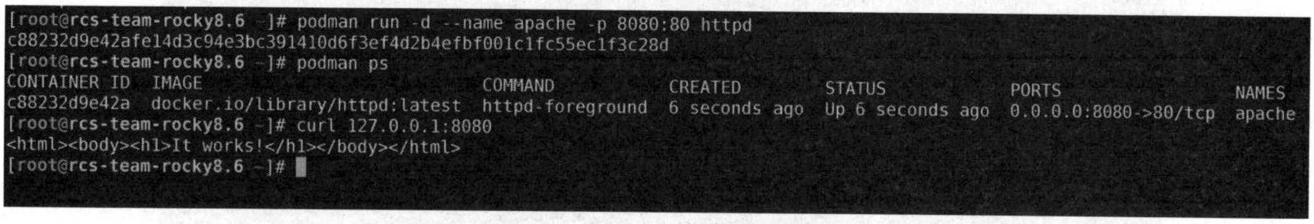

```
[root@rcs-team-rocky8.6 ~]# podman run -d --name apache -p 8080:80 httpd
c88232d9e42afe14d3c94e3bc391410d6f3ef4d2b4efbf001c1fc55ec1f3c28d
[root@rcs-team-rocky8.6 ~]# podman ps
CONTAINER ID  IMAGE                           COMMAND           CREATED        STATUS            PORTS                 NAMES
c88232d9e42a  docker.io/library/httpd:latest  httpd-foreground  6 seconds ago  Up 6 seconds ago  0.0.0.0:8080->80/tcp  apache
[root@rcs-team-rocky8.6 ~]# curl 127.0.0.1:8080
<html><body><h1>It works!</h1></body></html>
[root@rcs-team-rocky8.6 ~]#
```

图 13.11　运行容器并查看状态

13.2　Podman 安装靶场

在学习网络安全的过程中，我们会使用各种各样的靶场进行漏洞挖掘实践以熟悉漏洞原理。常见的靶场有 DVWA、Pikachu、bWAPP、XSS-Labs、SQL-Labs、Upload-Labs 等。

DVWA 是一个用来进行安全脆弱性鉴定的 PHP/MySQL Web 应用，旨在为安全专业人员测试自己的专业技能和工具提供合法的环境，帮助 Web 开发者更好地理解 Web 应用安全防范的过程。

DVWA 共包含 10 个攻击模块，分别是 Brute Force（暴力破解）、Command Injection（命

令行注入)、CSRF（跨站请求伪造)、File Inclusion（文件包含)、File Upload（文件上传)、Insecure CAPTCHA（不安全的验证码)、SQL Injection（SQL 注入)、SQL Injection（blind）（SQL 盲注)、XSS（reflected)（反射型跨站脚本)、XSS（stored)（存储型跨站脚本)。DVWA 包含 OWASP TOP10 的所有攻击漏洞的练习环境，可一站式解决所有 Web 渗透的学习环境。

另外，DVWA 还可以手动调整靶机源码的安全级别，安全级别分别为 Low、Medium、High、Impossible，级别越高，安全防护越严格，渗透难度越大。一般来说，Low 级别基本没有做防护或只是做了最简单的防护，很容易被成功渗透；而 Medium 级别会使用到一些非常粗糙的防护，需要使用者懂得如何去绕过防护措施；High 级别的防护则会大大提高防护的级别，一般来说，High 级别的防护需要经验非常丰富的人员才能成功渗透。

bWAPP 也是一个非常适合白帽子练习和学习的 Web 应用靶场平台，有很全的漏洞练习示例，通常在晚上时的资源比较多。相比 DVWA 和 pikachu，bWAPP 算是比较完美的靶场了，靶场分为低、中、高 3 种不同的安全等级，读者可根据自己的掌握情况选择不同的安全等级进行练习。其他靶场也都是针对特定功能的漏洞进行练习的，如 XSS-Labs 就是针对 XSS 漏洞进行练习的靶场；SQL-Labs 是针对 SQL 注入漏洞进行练习的靶场；Upload-Labs 是针对上传漏洞进行练习的靶场。

13.2.1 安装 DVWA

从 DVWA 官网拉取镜像文件到本地，命令如下，如图 13.12 所示。

```
[root@rcs-team-rocky8.6 ~]# podman pull vulnerables/web-dvwa
```

```
[root@rcs-team-rocky8.6 ~]# podman pull vulnerables/web-dvwa
  docker.io/vulnerables/web-dvwa:latest
Trying to pull docker.io/vulnerables/web-dvwa:latest...
Getting image source signatures
Copying blob 2cd72dba8257 done
Copying blob eb05d18be401 done
Copying blob 6cff5f35147f done
Copying blob 3e17c6eae66c done
Copying blob e9968e5981d2 done
Copying blob 0c57df616dbf done
Copying blob 098cffd43466 done
Copying blob b3d64a33242d done
Copying config ab0d83586b done
Writing manifest to image destination
Storing signatures
ab0d83586b6e8799bb549ab91914402e47e3bcc7eea0c5cdf43755d56150cc6a
[root@rcs-team-rocky8.6 ~]#
```

图 13.12　拉取镜像

接下来运行容器，映射端口 5555:80，命令如下，如图 13.13 所示。

```
[root@rcs-team-rocky8.6 ~]# podman run -itd --name=dvwa -p 5555:80
vulnerables/web-dvwa
```

命令中的参数详解如下。

☑ --name=dvwa 表示设置容器名称为 dvwa。

☑ -p 5555:80 表示将容器的 80 端口映射到宿主机的 5555 端口，即可以通过访问宿主机的 5555 端口来访问 DVWA 应用。

☑ vulnerables/web-dvwa 表示仓库/镜像。

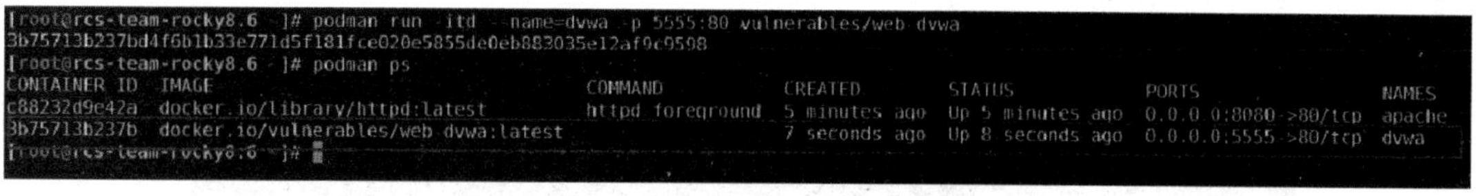

```
[root@rcs-team-rocky8.6 ~]# podman run -itd --name=dvwa -p 5555:80 vulnerables/web-dvwa
3b75713b237bd4f6b1b33e771d5f181fce020e5855de0eb883035e12af9c9598
[root@rcs-team-rocky8.6 ~]# podman ps
CONTAINER ID  IMAGE                                COMMAND             CREATED          STATUS              PORTS                   NAMES
c88232d9e42a  docker.io/library/httpd:latest       httpd-foreground    5 minutes ago    Up 5 minutes ago    0.0.0.0:8080->80/tcp    apache
3b75713b237b  docker.io/vulnerables/web-dvwa:latest                    7 seconds ago    Up 8 seconds ago    0.0.0.0:5555->80/tcp    dvwa
[root@rcs-team-rocky8.6 ~]#
```

图 13.13　安装 DVWA

靶场运行起来以后，通过浏览器访问 IP:5555，DVWA 的登录界面如图 13.14 所示。

图 13.14　DVWA 的登录界面

输入用户名和密码后进入 DVWA，如图 13.15 所示。

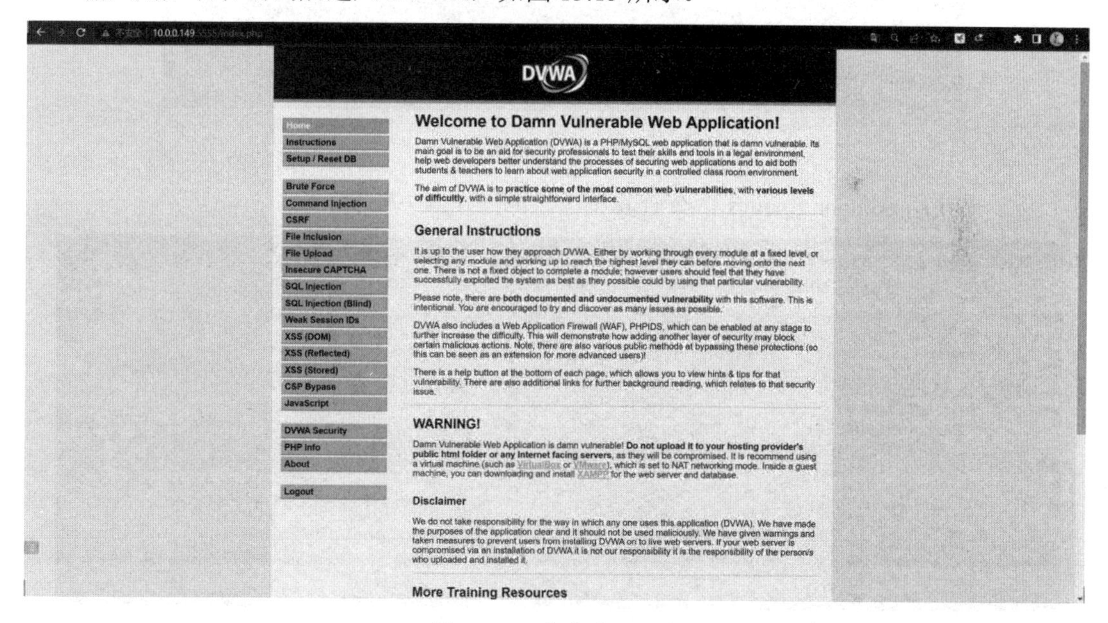

图 13.15　登录后 DVWA

13.2.2　安装 Pikachu

Pikachu 是一个带有漏洞的 Web 应用系统，包含暴力破解、SQL 注入等常见的 Web 安全漏洞。

下载镜像命令如下，如图 13.16 所示。

```
[root@rcs-team-rocky8.6 ~]# podman pull  area39/pikachu
```

```
[root@rcs-team-rocky8.6 ~]# podman pull  area39/pikachu
  docker.io/area39/pikachu:latest
Trying to pull docker.io/area39/pikachu:latest...
Getting image source signatures
Copying blob d39ece66b667 done
Copying blob c5d85cf7a05f done
Copying blob b6b268720157 done
Copying blob 01b8b12bad90 done
Copying blob e12192999ff1 done
Copying blob c64513b74145 done
Copying blob c75fcebdae6f done
Copying blob 65599be66378 done
Copying blob 3842c680efa8 done
Copying blob 87b4f02da429 done
Copying blob 9cbd01d2a616 done
Copying blob 3eaf806e3765 done
Copying blob 4843096104ad done
Copying blob 356abac40837 done
Copying blob 98a362be1edb done
Copying blob 959f6424d70e done
Copying blob e25f59d389d6 done
Copying blob 7d24ec17af71 done
Copying blob 8c321ce0469f done
Copying blob 208aa50d52d5 done
Copying blob bbee4b7ddaaf done
Copying blob 5cdb92267944 done
Copying blob 145bbfa86189 done
Copying blob 4afb52d803aa done
Copying blob 2b4983eea06b done
Copying blob 937a4090ac88 done
Copying blob 9575fa89c765 done
Copying blob 159690a20e94 done
Copying blob 604b62c0f613 done
Copying blob 0b9e08503c76 done
Copying blob 547ca47d0234 done
Copying blob ddfafb750d27 done
Copying blob 3afc878341b1 done
Copying blob f085516d6b0e done
```

图 13.16 下载镜像

接下来使用 podman images 命令查看镜像，如图 13.17 所示。

```
[root@rcs-team-rocky8.6 ~]# podman images
REPOSITORY                                           TAG     IMAGE ID      CREATED        SIZE
localhost/c8                                         v1      102cae8cc79f  9 hours ago    310 MB
registry.cn-zhangjiakou.aliyuncs.com/rcs-team/student v2     f5e8f1206ed3  26 hours ago   217 MB
localhost/test                                       latest  102ab1bed4db  26 hours ago   217 MB
docker.io/library/busybox                            latest  beae173ccac6  6 months ago   1.46 MB
docker.io/library/nginx                              latest  605c77e624dd  6 months ago   146 MB
docker.io/library/tomcat                             latest  fb5657adc892  6 months ago   692 MB
docker.io/library/redis                              latest  7614ae9453d1  7 months ago   116 MB
docker.io/library/mysql                              latest  3218b38490ce  7 months ago   521 MB
docker.io/library/httpd                              latest  dabbfbe0c57b  7 months ago   148 MB
docker.io/library/ubuntu                             latest  ba6acccedd29  9 months ago   75.2 MB
registry.cn-zhangjiakou.aliyuncs.com/rcs-team/student v1     feb5d9fea6a5  9 months ago   20.3 kB
docker.io/library/hello-world                        latest  feb5d9fea6a5  9 months ago   20.3 kB
registry.centos.org/centos                           latest  2f3766df23b6  19 months ago  217 MB
docker.io/area39/pikachu                             latest  28e6ebc041de  2 years ago    872 MB
docker.io/bluedata/centos7                           latest  d3967b3ba9a8  3 years ago    333 MB
docker.io/vulnerables/web-dvwa                       latest  ab0d83586b6e  3 years ago    725 MB
[root@rcs-team-rocky8.6 ~]# 
```

图 13.17 查看镜像

运行容器指定特殊的端口 9000，并通过宿主机的 80 端口进行访问，命令如下，如图 13.18 所示。

```
[root@rcs-team-rocky8.6 ~]# podman run --name pikachu -d -p 9000:80 docker.io/
area39/pikachu
```

```
[root@rcs-team-rocky8.6 ~]# podman run --name pikachu -d -p 9000:80 docker.io/area39/pikachu
df82eadaeb06f059e822efd4ded64922597b040ff6712cda77315437b56e8a7d
[root@rcs-team-rocky8.6 ~]# podman ps
CONTAINER ID  IMAGE                            COMMAND     CREATED         STATUS             PORTS                 NAMES
df82eadaeb06  docker.io/area39/pikachu:latest  /run.sh     6 seconds ago   Up 5 seconds ago   0.0.0.0:9000->80/tcp  pikachu
[root@rcs-team-rocky8.6 ~]#
```

图 13.18　运行 Pikachu

通过浏览器访问 http://10.0.0.149:9000 即可进入 Pikachu 系统，如图 13.19 所示。

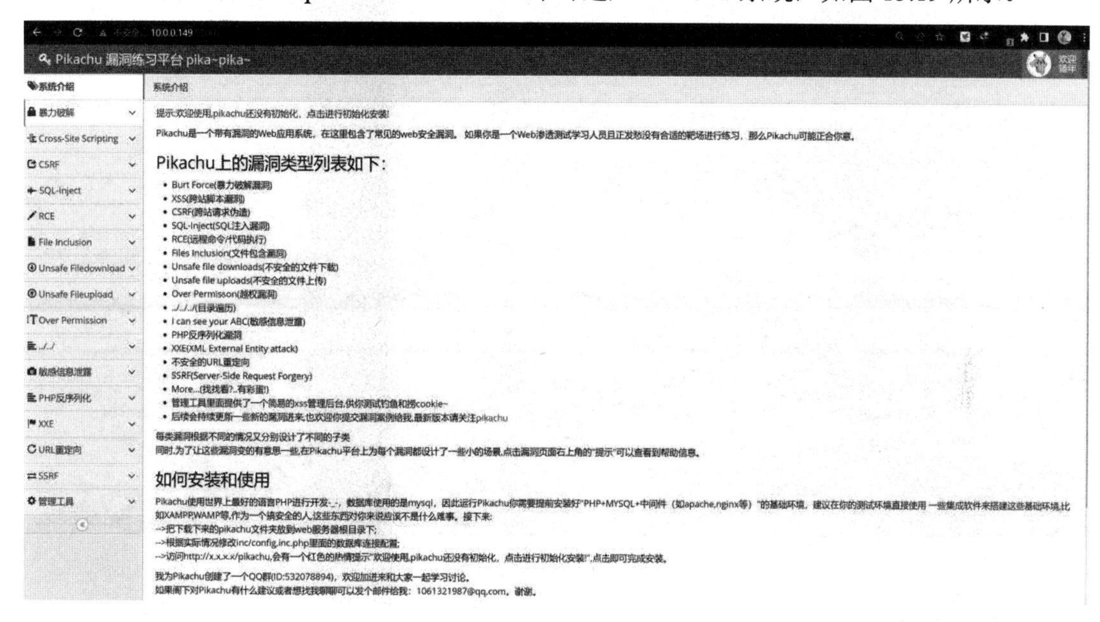

图 13.19　登录后 Pikachu 系统

13.3　Podman 安装服务

13.3.1　安装 FTP

安装 FTP 的步骤如下。

1．搜索 vsftpd 镜像

搜索镜像的命令如下，如图 13.20 所示。

```
[root@rcs-team-rocky8.6 ~]# podman search vsftpd
```

2．开放防火墙端口

开放防火墙端口的命令如下。

```
firewall-cmd --permanent --add-port=20/tcp
firewall-cmd --permanent --add-port=21/tcp
firewall-cmd --permanent --add-port=21100/tcp
firewall-cmd --permanent --add-port=21101/tcp
```

```
firewall-cmd --permanent --add-port=21102/tcp
firewall-cmd --permanent --add-port=21103/tcp
firewall-cmd --permanent --add-port=21104/tcp
firewall-cmd --permanent --add-port=21105/tcp
firewall-cmd --permanent --add-port=21106/tcp
firewall-cmd --permanent --add-port=21107/tcp
firewall-cmd --permanent --add-port=21108/tcp
firewall-cmd --permanent --add-port=21109/tcp
firewall-cmd --permanent --add-port=21110/tcp
firewall-cmd --reload
```

```
[root@rcs-team-rocky8.6 ]# podman search vsftpd
NAME                                      DESCRIPTION
docker.io/fauria/vsftpd                   vsftpd Docker image based on Centos 7. Supports passive mode and virtual users.
docker.io/panubo/vsftpd                   vsftpd - Secure, fast FTP server
docker.io/markhobson/vsftpd
docker.io/loicmathieu/vsftpd              vsftpd container
docker.io/xfmike/vsftpd-anon
docker.io/million12/vsftpd                VSFTPD Server in a Docker
docker.io/rhrn/vsftpd                     FTPS server
docker.io/benssson/vsftpd                 copy of wildscamp/vsftpd but with pasv_addr_resolve=YES
docker.io/avenus/vsftpd-alpine            Docker image of vsftpd server based on Alpine 3.4
docker.io/xfmike/vsftpd-test
docker.io/undying/vsftpd                  Vsftpd Docker Container
docker.io/zloystrelok/vsftpd              fixed fork vsftpd
docker.io/dmanas/vsftpd-mysql
docker.io/sparkpos/vsftpd-nginx           vsftpd and nginx in one image. see more detail in docker-compose.yml
docker.io/ledermann/vsftpd                Clone of helderco/docker-vsftpd, just to provide an up-to-date image
docker.io/valus/vsftpd                    vsftpd on CentOS 7 for internal usage.
docker.io/dolphyvn/vsftpd_priv
docker.io/instantlinux/vsftpd             A clean, easy-to-use, tiny yet full-featured installation of vsftpd wrapped in Alpine.
docker.io/wildscamp/vsftpd                An FTP server designed to simplify local development environments.
docker.io/mikenye/vsftpd-anon-uploads     A generic, ready-to-go anonymous ftp server that includes anonymous upload ability.
docker.io/omacast21/vsftpd
docker.io/shourai/vsftpd-alpine           vsftpd based on alpine
docker.io/akue/vsftpd                     vsftpd Docker image based on Centos 7. Supports passive mode, virtual users, SSL (based on fauria)
docker.io/lstcml/vsftpd                   ftp服务端，支持多用户多目录
docker.io/maladotant/vsftpd
[root@rcs-team-rocky8.6 ]#
```

图 13.20　搜索镜像

3. 拉取镜像到本地

拉取镜像的命令如下，如图 13.21 所示。

```
[root@rcs-team-rocky8.6 ~]# podman pull docker.io/fauria/vsftpd
```

```
[root@rcs-team-rocky8.6 ~]# podman pull docker.io/fauria/vsftpd
Trying to pull docker.io/fauria/vsftpd:latest...
Getting image source signatures
Copying blob fc18a09c86d0 done
Copying blob 10d192add873 done
Copying blob c7a98e8d62f5 done
Copying blob 75f829a71a1c done
Copying blob a1a6b490d7c7 done
Copying blob ad2cabfec967 done
Copying blob 8b8bdebbfc97 done
Copying blob e89f582c70f5 done
Copying blob 5397e9c5e314 done
Copying blob 026ae919720d done
Copying config 007276d720 done
Writing manifest to image destination
Storing signatures
007276d7208bc325876de4a0b39f2f0e8e6d545b5fc85a502f304cb565253749
```

图 13.21　拉取镜像

下载完成后启动 FTP 服务，命令如下，如图 13.22 所示。

```
[root@rcs-team-rocky8.6 ~]# podman run -d -p 20:20 -p 21:21 -p 21100-21110:
21100-21110 -v /root/vsftpd:/home/vsftpd -e FTP_USER=root -e FTP_PASS=root
-e PASV_ADDRESS=10.0.0.149 -e PASV_MIN_PORT=21100 -e PASV_MAX_PORT=21110
--name vsftpd --restart=always fauria/vsftpd
```

```
[root@rcs-team-rocky8.6 ~]# podman run -d -p 20:20 -p 21:21 -p 21100-21110:21100-21110 -v /root/vsftpd:/home/vsftpd -e FTP_USER=root -e FTP_PASS=root -e PASV_ADDRESS=10.0.0.149 -e PASV_MIN_PORT=21100 -e PASV_MAX_PORT=21110 --name vsftpd --restart=always fauria/vsftpd
2ff9f08d6b11b2e4791135cece628b6ee06aa54748c718ef5d494d9ee9834481
[root@rcs-team-rocky8.6 ~]# podman ps
CONTAINER ID  IMAGE                                 COMMAND               CREATED         STATUS             PORTS
              NAMES
cb01def44589  docker.io/prom/node-exporter:latest                         2 days ago      Up 2 days ago      0.0.0.0:9100->9100/tcp
              node-exp
3e62bd692d82  docker.io/prom/prometheus:latest      --config.file=/et...  2 days ago      Up 2 days ago      0.0.0.0:9091->9090/tcp
              prometheus
8c91de11e5f4  docker.io/grafana/grafana:latest                            2 days ago      Up 2 days ago      0.0.0.0:3000->3000/tcp
              grafana
f7fa353c8886  docker.io/prom/alertmanager:latest    --config.file=/et...  2 days ago      Up 2 days ago      0.0.0.0:9093->9093/tcp
              alertmanager
2ff9f08d6b11  docker.io/fauria/vsftpd:latest        /usr/sbin/run-vsf...  47 seconds ago  Up 48 seconds ago  0.0.0.0:20-21->20-21/tcp, 0.0.0.0:21100-21110->21100-21110/tcp  vsftpd
[root@rcs-team-rocky8.6 ~]#
```

图 13.22　启动 FTP 服务

成功启动 FTP 服务后，我们就可以到 Windows 系统的终端中验证 FTP 服务是否安装成功了。

打开终端验证 FTP 服务是否安装成功，首先在终端输入 ftp，然后输入 open 10.0.0.149，接下来输入用户 root，密码 root，如图 13.23 所示。

```
PS C:\Users\RCS-TEAM> ftp
ftp> open 10.0.0.149
连接到 10.0.0.149。
220 (vsFTPd 3.0.2)
200 Always in UTF8 mode.
用户(10.0.0.149:(none)): root
331 Please specify the password.
密码:
230 Login successful.
ftp>
```

图 13.23　验证 FTP 服务是否安装成功

4．创建虚拟用户

进入容器内部，创建虚拟用户列表，命令如下，如图 13.24 所示。

```
[root@rcs-team-rocky8.6 ~]# podman exec -it 2ff9f08d6b11 /bin/bash
```

```
[root@rcs-team-rocky8.6 ~]# podman exec -it 2ff9f08d6b11 /bin/bash
[root@2ff9f08d6b11 /]# ls
anaconda-post.log  bin  dev  etc  home  lib  lib64  media  mnt  opt  proc  root  run  sbin  srv  sys  tmp  usr  var
[root@2ff9f08d6b11 /]# cd /etc/vsftpd/
[root@2ff9f08d6b11 vsftpd]# ls
ftpusers  user_list  virtual_users.db  virtual_users.txt  vsftpd.conf  vsftpd_conf_migrate.sh
[root@2ff9f08d6b11 vsftpd]#
```

图 13.24　进入容器

进入容器后，在/etc/vsftpd 目录下找到 virtual_users.txt 文件，使用 vi 打开文件，如图 13.25 所示。

```
root
root
~
```

图 13.25　打开 virtual_users.txt 文件

图 13.25 中的 root 是用户名和密码，是安装时创建的。读者可以按照这个格式在下面创建新的用户。例如，“admin #Admin@123”中“#”前面的内容 admin 为用户名，“#”后面的内容 Admin@123 为密码。

使用如下命令写入数据库，如图 13.26 所示。

```
[root@2ff9f08d6b11 vsftpd]# /usr/bin/db_load -T -t hash -f /etc/vsftpd/
```

```
virtual_users.txt /etc/vsftpd/virtual_users.db
```

```
[root@2ff9f08d6b11 vsftpd]# vi virtual_users.txt
[root@2ff9f08d6b11 vsftpd]#
[root@2ff9f08d6b11 vsftpd]# /usr/bin/db_load -T -t hash -f /etc/vsftpd/virtual_users.txt /etc/vsftpd/virtual_users.db
[root@2ff9f08d6b11 vsftpd]#
```

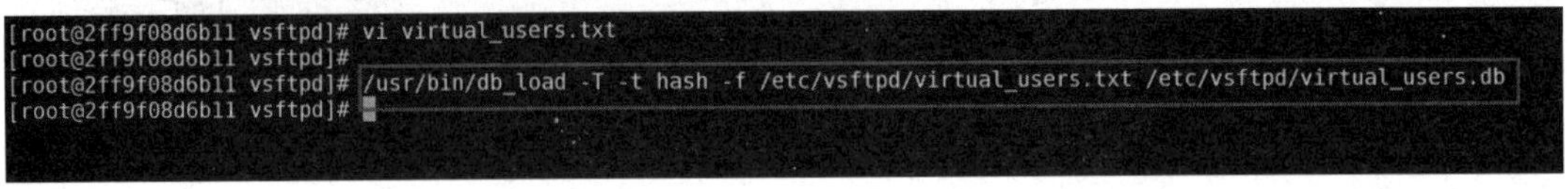

图 13.26 写入数据库

13.3.2 安装 GitLab

GitLab 是一个 Git 的代码托管工具，免费的社区版允许我们在本地搭建代码托管网站，付费的企业版网站可以在线托管代码。传统的方式是手动下载 GitLab 的软件包，然后搭建相关的运行环境。不过这种方式非常麻烦，如果更换机器，所有的配置工作又得重来一遍。如果想快速部署，可以通过 Podman 或 Docker 容器进行部署。

搜索 gitlab-ce 镜像的命令如下，如图 13.27 所示。

```
[root@rcs-team-rocky8.6 ~]# podman search gitlab-ce
```

```
[root@rcs-team-rocky8.6 ~]# podman search gitlab-ce
NAME                                                 DESCRIPTION
docker.io/drud/gitlab-ce
docker.io/gitlab/gitlab-ce                           GitLab Community Edition docker image based on the Omnibus package
docker.io/slpcat/gitlab-ce                           gitlab-ce最新社区版10.1.0, omnibus二进制包
docker.io/yrzr/gitlab-ce-arm64v8                     GitLab Community Edition docker image for arm64v8
docker.io/polinux/gitlab-ce                          GitLab-CE on Steroids (Extra features - see Readme)
docker.io/gitlab/gitlab-ce-qa                        GitLab QA has a test suite that allows end-to-end tests. https://gitlab.com/gitlab-org/gitlab-qa
docker.io/twang2218/gitlab-ce-zh                     汉化的 GitLab 社区版 Docker Image
docker.io/imachineml/gitlab-ce
docker.io/beginor/gitlab-ce                          GitLab Community Edition with zh-cn
docker.io/visualon/gitlab-ce                         customized gitlab-ce docker image
docker.io/marq/gitlab-ce-subgit                      A GitLab container with SubGit included.
docker.io/jbuncle/gitlab-ce
docker.io/lezapedrola/gitlab-ce
docker.io/oidatiftla/gitlab-ce                       Mirror of gitlab/gitlab-ce with more tags (major and major.minor)
docker.io/toshi0123/gitlab-ce                        gitlab-ce based on alpine linux
docker.io/visitsb/gitlab-ce                          Fixes official https://hub.docker.com/r/gitlab/gitlab-ce for locale settings and permissions
docker.io/sstruss/gitlab-ce-armhf                    gitlab-ce armhf image for armv7/armhf platform
docker.io/projectatomic/gitlab-centos7-atomicapp     Gitlab Atomic App
docker.io/idoall/gitlab-ce                           gitlab-ce
docker.io/lizhenliang/gitlab-ce-zh
docker.io/computersciencehouse/gitlab-ce-oidc        GitLab CE Docker image with OpenID Connect support
docker.io/chefplatform/gitlab-ce-kitchen             Docker image based on gitlab/gitlab-ce provisionned to be used in test kitchen (with chef installed)
docker.io/mjvdende/gitlab-ce                         gitlab-ce pimped with latest postgresql-client
docker.io/yums/gitlab-ce-pages                       Unofficial GitLab pages for GitLab CE
docker.io/rigoford/gitlab-ce                         Basic GitLab Community Edition
```

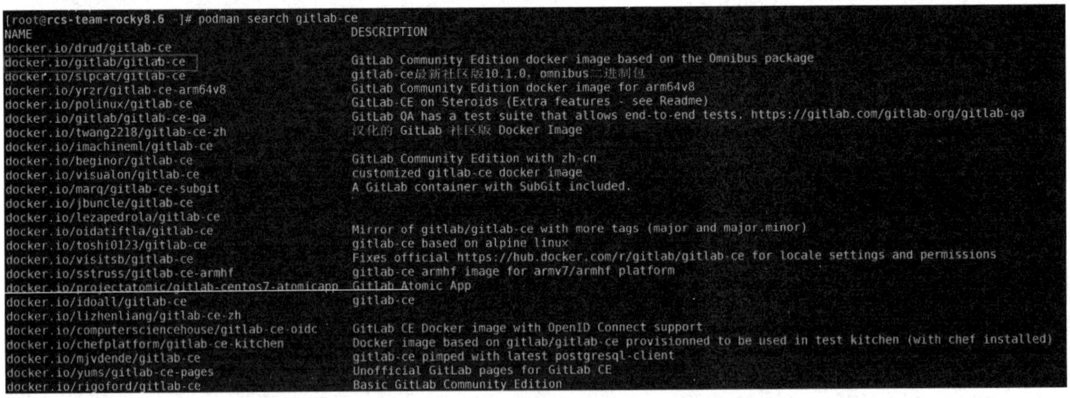

图 13.27 搜索 gitlab-ce 镜像

拉取 gitlab-ce 镜像的命令如下，如图 13.28 所示。

```
[root@rcs-team-rocky8.6 ~]# podman pull docker.io/gitlab/gitlab-ce
```

```
[root@rcs-team-rocky8.6 ~]# podman pull docker.io/gitlab/gitlab-ce
Trying to pull docker.io/gitlab/gitlab-ce:latest...
Getting image source signatures
Copying blob 7b1a6ab2e44d skipped: already exists
Copying blob 839c111a7d43 done
Copying blob 4989fee924bc done
Copying blob bb6bfd78fa06 done
Copying blob 2c03ae575fcd done
Copying blob f50912690f18 done
Copying blob 6c37b8f20a77 done
Copying blob 666a7fb30a46 done
Copying config 46cd695456 done
Writing manifest to image destination
Storing signatures
46cd6954564a5a4ba6edd0cb19f6e0594d8a84c9d4a10a49f5f2caa485981fe8
[root@rcs-team-rocky8.6 ~]#
```

图 13.28 拉取 gitlab-ce 镜像

接下来创建目录并运行 GitLab，命令如下，如图 13.29 所示。

```
[root@rcs-team-rocky8.6 ~]# mkdir -p /usr/local/gitlab/etc
[root@rcs-team-rocky8.6 ~]# mkdir -p /usr/local/gitlab/log
[root@rcs-team-rocky8.6 ~]# mkdir -p /usr/local/gitlab/data
[root@rcs-team-rocky8.6 ~]# podman run -d -p 443:443 -p 80:80 -p 8022:22
--restart always --name gitlab -v /usr/local/gitlab/etc:/etc/gitlab -v
/usr/local/gitlab/log:/var/log/gitlab -v
/usr/local/gitlab/data:/var/opt/gitlab --privileged=true
docker.io/gitlab/gitlab-ce
```

```
[root@rcs-team-rocky8.6 ~]# podman run -d -p 443:443 -p 80:80 -p 8022:22 --restart always --name gitlab -v /usr/local/gitlab/etc:/etc/gitlab -v /usr/local/gitl
ab/log:/var/log/gitlab -v /usr/local/gitlab/data:/var/opt/gitlab --privileged=true docker.io/gitlab/gitlab-ce
f09597e61717c5418d8e9f19216be69f4f947dfb0f2c683a9fa8e78a593de5dd
[root@rcs-team-rocky8.6 ~]# podman ps
CONTAINER ID  IMAGE                              COMMAND           CREATED         STATUS                             PORTS
              NAMES
f09597e61717  docker.io/gitlab/gitlab-ce:latest  /assets/wrapper  21 seconds ago  Up 22 seconds ago (starting)  0.0.0.0:80->80/tcp, 0.0.0.0:443->443/tcp, 0.0.0
.0:8022->22/tcp  gitlab
[root@rcs-team-rocky8.6 ~]#
```

图 13.29　运行 GitLab

容器启动配置文件中的 URL 已经被注释，所以直接通过 http://IP 的方式即可访问 GitLab。GitLab 登录界面如图 13.30 所示。

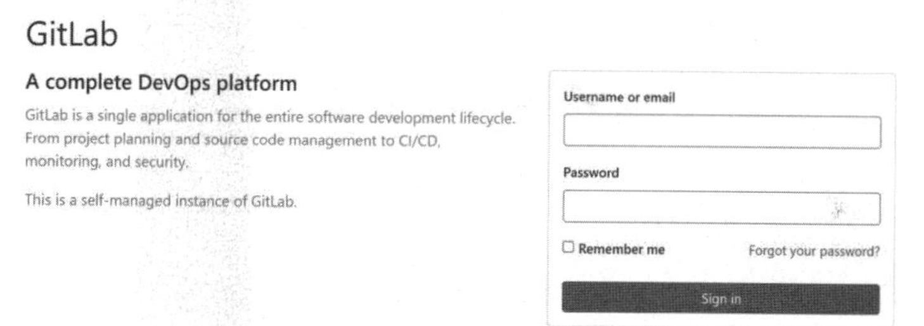

图 13.30　GitLab 登录界面

13.3.3　安装 Jenkins

安装 Jenkins 的步骤如下。

1. 下载镜像到本地

下载 Jenkins 镜像到本地的命令如下，如图 13.31 所示。

```
[root@rcs-team-rocky8.6 ~]# podman pull jenkins/jenkins
```

```
[root@rcs-team-rocky8.6 ~]# podman pull jenkins/jenkins
  docker.io/jenkins/jenkins:latest
Trying to pull docker.io/jenkins/jenkins:latest...
Getting image source signatures
Copying blob 0e29546d541c skipped: already exists
Copying blob edbe48067464 done
Copying blob cf91f018150b done
Copying blob fa23ca93dd6b done
Copying blob f67fc70d671a done
Copying blob a98e88c6f0f0 done
Copying blob 11bbb8c402a7 done
Copying blob 00159d993c13 done
Copying blob 071d309df04b done
Copying blob 78599f36e494 done
Copying blob f28fb40a17cf done
Copying blob 3f1a51ea9f7f done
Copying blob 26e724f0bfad done
Copying blob 896a32d969fb done
Copying blob b377e1ae1384 done
Copying blob d3cdbe7e8b9f done
Copying blob f3b40ebc3458 done
Copying config 55860ee0cd done
Writing manifest to image destination
Storing signatures
55860ee0cd73d12eb711e4c40fa2302d105e0b7e2c1df906488871445ee56df7
[root@rcs-team-rocky8.6 ~]#
```

图 13.31　下载镜像到本地

2. 创建 Jenkins 存放数据的目录并运行容器

执行以下命令，创建挂载目录并运行容器。

```
[root@rcs-team-rocky8.6 ~]# mkdir -p /usr/local/jenkins && chmod 777
/usr/local/jenkins
[root@rcs-team-rocky8.6 ~]# docker run -d \
>     -p 8888:8080 \
>     -p 50000:50000 \
>     -v /usr/local/jenkins:/var/jenkins_home \
>     -v /etc/localtime:/etc/localtime \
>     --restart=always \
>     --name=jenkins \
>     jenkins/jenkins
3e8e0b3783cb9902e79e4a2156e7d472b4e64f2580ed289a7ff974cfe746050b
```

命令中的参数详解如下。

☑ -d：后台运行容器。

☑ -p 8888:8080：将容器的 8080 端口映射到服务器的 8888 端口。

☑ -p 50000:50000：将容器的 50000 端口映射到服务器的 50000 端口。

☑ -v /usr/local/jenkins:/var/jenkins_home：将容器中 Jenkins 的工作目录/var/jenkins_home 挂载到服务器的/usr/local/jenkins 下。

☑ -v /etc/localtime:/etc/localtime：让容器使用和服务器同样的时间设置。

☑ --restart=always：设置容器的重启策略为 Docker 重启时自动重启。

☑ --name=jenkins：给容器起别名。

通过 podman ps 命令查看容器的运行情况，如图 13.32 所示。

在浏览器地址栏中输入 http:IP:8888 解锁 Jenkins，密码存放位置为/var/jenkins_home/secrets/initialAdminPassword，如图 13.33 所示。

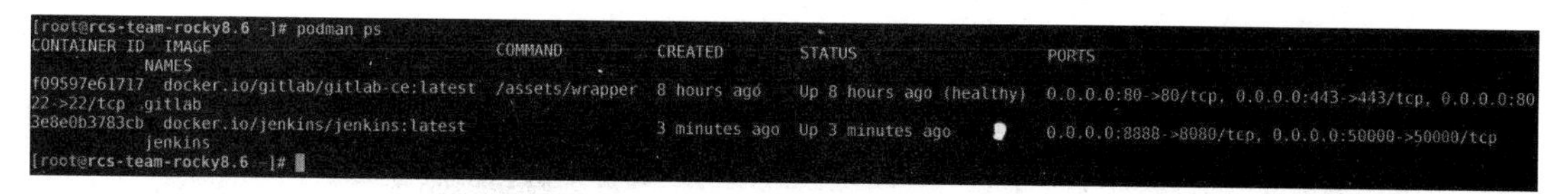

图 13.32　查看容器的运行情况

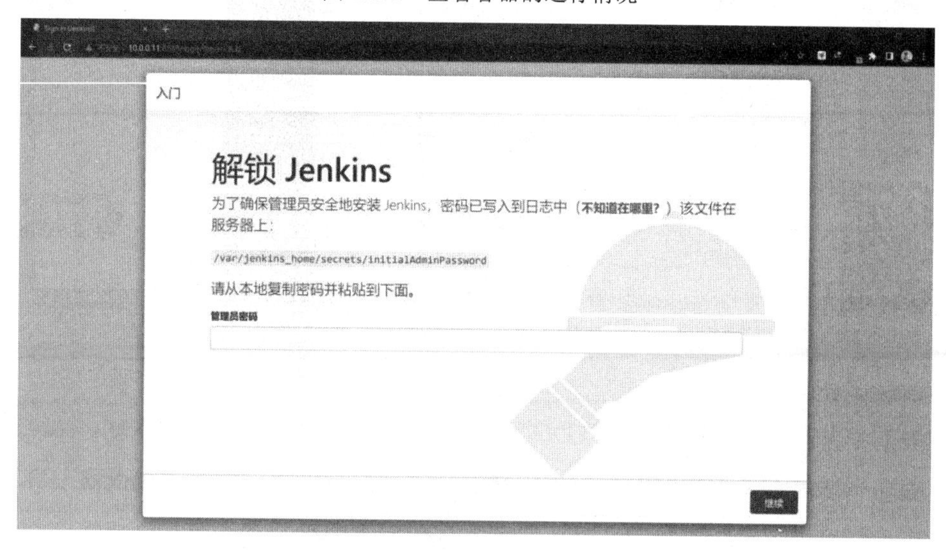

图 13.33　浏览器访问 Jenkins 的界面

也可以在挂载创建容器时的挂载目录中查看密码，命令如下。

```
[root@rcs-team-rocky8.6 ~]# cat /usr/local/jenkins/secrets/
 initialAdminPassword
7cb21ddbf7dd4f4f852c6334f768f399
[root@rcs-team-rocky8.6 ~]#
```

进入系统后，安装推荐的插件，如图 13.34 所示。

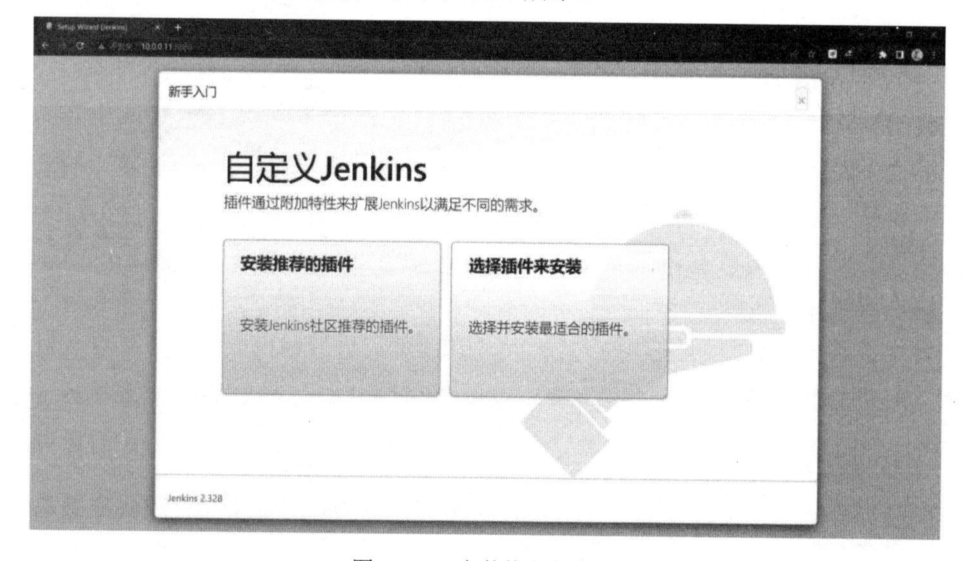

图 13.34　安装推荐的插件

安装插件的过程如图 13.35 所示。

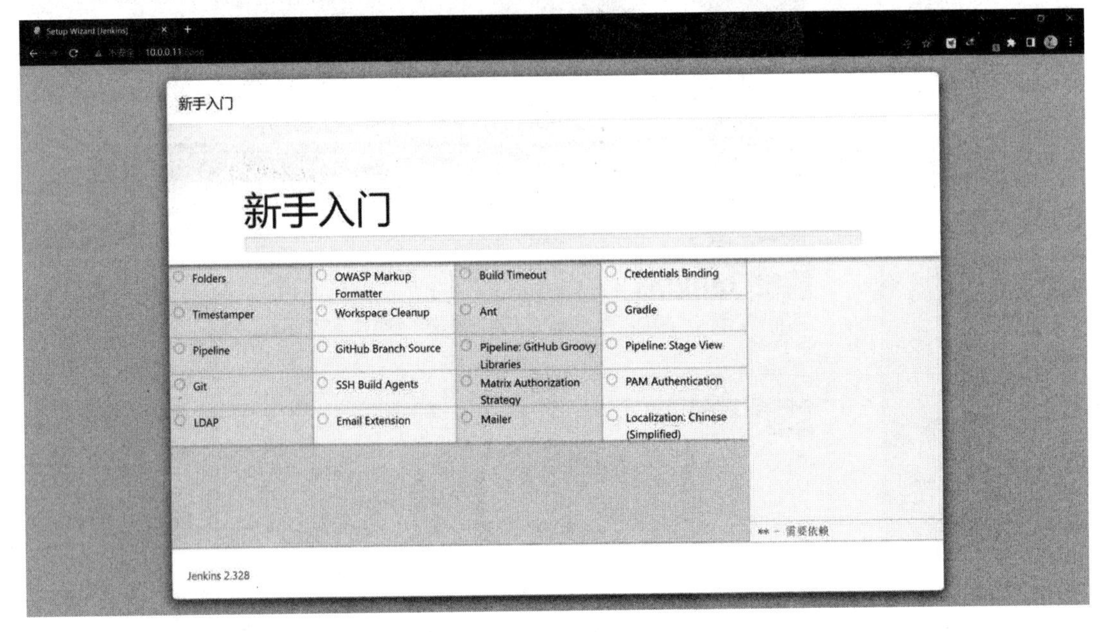

图 13.35 Jenkins 安装插件的过程

开始安装插件需要等待一段时间，耐心等待即可。

注意：

由于一些国外镜像的问题，国内的镜像访问速度也会比较慢，我们可以通过 https://mirrors.tuna.tsinghua.edu.cn/jenkins/updates/update-center.json 的 Jenkins 源替换。